AF544577

Sonntag

Sportphysiotherapie für Hunde

Sporthunde erfolgreich betreuen und therapieren

Silke Meermann, Christiane Gräff

280 Abbildungen

Sonntag Verlag · Stuttgart

Anschriften
Dr. Silke **Meermann**
Tierarztpraxis Am Schlagbaum
Am Schlagbaum 2a
59192 Bergkamen
Deutschland

Christiane **Gräff**, M.Sc. Physiotherapie
Fit for Vet's - Tierphysiotherapie
Neuwiesenstraße 4
76689 Karlsdorf-Neuthard
Deutschland

Bibliografische Information der Deutschen Nationalbibliothek
Die Deutsche Nationalbibliothek verzeichnet diese Publikation in der Deutschen Nationalbibliografie; detaillierte bibliografische Daten sind im Internet über http://dnb.d-nb.de abrufbar.

Ihre Meinung ist uns wichtig! Bitte schreiben Sie uns unter: www.thieme.de/service/feedback.html

Rüdigerstraße 14
70469 Stuttgart
Deutschland

www.sonntag-verlag.de

Printed in Germany

Satz: Druckhaus Götz GmbH, Ludwigsburg
Zeichnungen: BITmap, Mannheim; Angelika Brauner, Hohenpeißenberg
Druck: Westermann Druck Zwickau GmbH
Umschlagfoto: Thinkstock
Umschlaggestaltung: Thieme Verlagsgruppe

DOI 10.1055/b-004-129 979

ISBN 978-3-13-205871-2 1 2 3 4 5 6

Auch erhältlich als E-Book:
eISBN (PDF) 978-3-13-205881-1
eISBN (epub) 978-3-13-205891-0

Wichtiger Hinweis: Wie jede Wissenschaft ist die Veterinärmedizin ständigen Entwicklungen unterworfen. Forschung und klinische Erfahrung erweitern unsere Erkenntnisse, insbesondere was Behandlung und medikamentöse Therapie anbelangt. Soweit in diesem Werk eine Dosierung oder eine Applikation erwähnt wird, darf der Leser zwar darauf vertrauen, dass Autoren, Herausgeber und Verlag große Sorgfalt darauf verwandt haben, dass diese Angabe **dem Wissensstand bei Fertigstellung des Werkes** entspricht.
Für Angaben über Dosierungsanweisungen und Applikationsformen kann vom Verlag jedoch keine Gewähr übernommen werden. **Jeder Benutzer ist angehalten**, durch sorgfältige Prüfung der Beipackzettel der verwendeten Präparate und gegebenenfalls nach Konsultation eines Spezialisten festzustellen, ob die dort gegebene Empfehlung für Dosierungen oder die Beachtung von Kontraindikationen gegenüber der Angabe in diesem Buch abweicht. Eine solche Prüfung ist besonders wichtig bei selten verwendeten Präparaten oder solchen, die neu auf den Markt gebracht worden sind. **Jede Dosierung oder Applikation erfolgt auf eigene Gefahr des Benutzers.** Autoren und Verlag appellieren an jeden Benutzer, ihm etwa auffallende Ungenauigkeiten dem Verlag mitzuteilen.
Vor der Anwendung bei Tieren, die der Lebensmittelgewinnung dienen, ist auf die in den einzelnen deutschsprachigen Ländern unterschiedlichen Zulassungen und Anwendungsbeschränkungen zu achten.

Geschützte Warennamen (Warenzeichen ®) werden nicht immer besonders kenntlich gemacht. Aus dem Fehlen eines solchen Hinweises kann also nicht geschlossen werden, dass es sich um einen freien Warennamen handelt.

Vorwort

Obwohl mittlerweile immer mehr Hunde in den verschiedenen Sportarten spezifisch und auf technisch hohem Niveau ausgebildet und auf Wettkämpfen geführt werden, spielt der gezielte sportphysiotherapeutische Trainingsaufbau dabei oft nur eine untergeordnete Rolle. Dies spiegelt sich leider auch im häufigen Auftreten akuter Sportverletzungen sowie in überlastungsbedingten degenerativen Erkrankungen wie Spondylosen und Arthrosen bei Sporthunden wider.

„Vor einigen Jahren kam eine Besitzerin mit ihrem 9-jährigen Deutschen Schäferhund in die Praxis zur physiotherapeutischen Behandlung aufgrund von fortgeschrittener Hüftgelenksarthrose und hochgradigen Spondylosen. Während der zweiten Therapiesitzung bemerkte die Besitzerin zerknirscht: „Mhm – ich glaube, ich habe ihn durch den Sport ziemlich ruiniert." Ich erkundigte mich, welche Sportart sie mit ihrem Hund betrieben hatte, und war ehrlich bestürzt, als ich erfuhr, dass sie – wie ich selber auch – Turnierhundsportlerin war. Ihr Hund war bereits früh sehr erfolgreich im Vierkampf und er errang mit ihr schon im Alter von drei Jahren den Landesmeister-Titel. Allerdings musste der Hund bereits ein Jahr später aus dem Sport genommen werden, da die Verschleißerscheinungen an den Hüften und im Rücken bereits so weit fortgeschritten waren, dass an Turnierhundsport nicht mehr zu denken war. Ich selber war ein halbes Jahr zuvor mit meiner damals bereits zehneinhalbjährigen Border-Collie-Hündin „Lynn" noch Vizelandesmeisterin – ebenfalls im Vierkampf – geworden und für mich war es daher eigentlich fast nicht vorstellbar, dass auch diese Sportart einem Hund derartig schaden kann.

In unserer Turnierhundsportmannschaft hatte ich das Glück, dass von Anfang an auch Trainingsgrundsätze für die körperliche Ausbildung der Hunde berücksichtigt wurden und das Auf- und Abwärmen (für Mensch und Hund) selbstverständlicher Bestandteil jeder Trainingseinheit ist. Außerdem werden alle neuen Teilnehmer durch die Trainerinnen ermutigt, sich selbst und ihre Hunde vor Beginn der Ausbildung medizinisch durchchecken zu lassen, und wann immer Auffälligkeiten im Bewegungsverhalten der Hunde auftreten, werden sie aus dem Training genommen, bis die Ursache abgeklärt und behoben ist. Dabei fand und findet ein laufender Austausch zwischen unseren Trainerinnen einerseits und mir als Tierärztin mit physiotherapeutischer Zusatzausbildung andererseits statt. All dies sind sicherlich Gründe dafür, dass die meisten (zwei- und) vierbeinigen Sportler unserer Mannschaft erst in fortgeschrittenem Alter „in Rente gehen".

Wie Ausbildung und Training jenes Schäferhundes im Einzelnen ausgesehen haben, weiß ich nicht, und es ist sicherlich denkbar, dass bei ihm auch noch andere ungünstige Faktoren wie beispielsweise die genetische Veranlagung für das frühe Auftreten extremer Verschleißerscheinungen verantwortlich waren – dennoch hat mich diese Begebenheit sehr nachdenklich gemacht und dadurch mit zur Entstehung dieses Buches beigetragen und dazu geführt, dass ich mittlerweile regelmäßig Praxis-Workshops für Hundesportler, aber auch Theorie-Seminare für Trainer im Deutschen Verband für Gebrauchshundsport gebe."

(Silke Meermann)

„Für mich gehört Sport schon immer zum Leben, sportliche Betätigung bedeutet für mich Lebensqualität. Ich habe lange Jahre Fußball gespielt und im Seniorenbereich Mittel- und Langstreckenläufe absolviert. Noch heute jogge ich regelmäßig mit meinen Hunden. Ein Warm-up und Cool-down ist für mich genauso selbstverständlich wie eine gezielte Trainingssteuerung und ein entsprechendes Ausgleichstraining.

Meine ersten Erfahrungen mit Hundesport sammelte ich bei einem zehnwöchigen Einsteigerkurs für Agility: Ich staunte nicht schlecht, als die Hunde ohne Aufwärmtraining die verschiedenen Geräte absolvieren sollten. In den Pausen zwischen den einzelnen Übungen wurden die Hunde einfach abgelegt, auch wenn das Gras nass war. Nach Beendigung des Trainings kamen die Hunde

ohne ein gezieltes Abwärmen sofort ins Auto.
Schon in der vierten Trainingsstunde wurden die Hürden auf eine Höhe von 60 cm eingestellt.
Niemand machte sich darüber Gedanken, dass körperliche Strukturen entsprechend Zeit brauchen, um sich an Belastungen zu adaptieren. Für mich war das der Zeitpunkt, den Kurs abzubrechen. Ich hatte einfach Sorge, dass ich meinen damals einjährigen Hund überfordern würde.
Aufgrund dieser Erfahrung wuchs in mir der Wunsch, diese Missstände anzugehen. Gleichzeitig wurden in unserer tierphysiotherapeutischen Praxis auch immer mehr Sporthunde vorgestellt.
Mir fiel auf, dass die Muskulatur vieler Sporthunde schmerzhaft verspannt und verkürzt war; es zeigten sich Fehlhaltungsmuster mit Muskeldysbalancen und Überlastungsschäden – alles Hinweise auf ein falsches bzw. einseitiges körperliches Training.
Seit dieser Zeit führe ich regelmäßig Workshops in Hundesportvereinen zu den Themen Auf- und Abwärmen sowie Trainingslehre durch. Die große Nachfrage zeigt, dass sich Hundesportler und Hundetrainer zunehmend Gedanken über Trainingslehre und Trainingssteuerung machen.
In meiner sportphysiotherapeutischen Ausbildung im Humanbereich wurden u. a. die Themen Trainingssteuerung, Training am Gerät, Leistungsdiagnostik, Biomechanik, Neurophysiologie und Ernährung gelehrt – von einer solch umfassenden Ausbildung sind wir in der Hundesportphysiotherapie immer noch meilenweit entfernt. Ähnlich sieht es leider auch im Bereich der Grundlagenforschung zum Thema Trainingssteuerung und Trainingseffekte beim Hund aus – während es hier im Humanbereich umfangreiches Studienmaterial gibt, fehlen solche Untersuchungen beim Hund bisher."

(Christiane Gräff)

Wenn man als Mensch eine Sportart betreibt – sei es Fußball oder Volleyball, Judo oder Ballet, Leichtathletik oder Turnen –, so ist es völlig selbstverständlich, dass jede Trainingseinheit mit einem entsprechenden Aufwärmen beginnt. Auch ein Turnierreiter würde nicht in den Parcours einreiten, ohne vorher sein Pferd „abgeritten", also aufgewärmt zu haben. So wie das Aufwärmen mittlerweile integraler Bestandteil des Trainings auch im Breitensportbereich ist, finden sich vor allem im Leistungssportbereich Physiotherapeuten, von denen die Mannschaft oder die Einzelathleten professionell sportphysiotherapeutisch betreut werden.

Auch im **Hundesport** lässt sich beobachten, dass hier in den letzten Jahren ein Umdenkprozess begonnen hat. Einerseits bieten viele Hundesportverbände und Vereine mittlerweile Seminare und Lehrgänge für Trainer und Sportler zum Thema „Warm-up und Cool-down" beim Hund an. Andererseits suchen auch mehr und mehr Sportler von sich aus den Weg zum Tierphysiotherapeuten, Osteopathen oder Chiropraktiker, wenn ihr Tier eine Sportverletzung erlitten hat oder operiert wurde; aber auch dann, wenn sie körperliche Probleme bei ihrem Tier als Ursache für unbefriedigende Trainings- oder Turnierergebnisse vermuten. Wie wichtig dieser Prozess ist, wird auch daran deutlich, dass im vergangenen Jahr (2016) die deutsche Agility-Mannschaft bei der Weltmeisterschaft erstmalig von einer Human- und Tierphysiotherapeutin begleitet wurde und so erfolgreich abschnitt wie nie zuvor!

Leider ist es dennoch weiterhin keine Seltenheit, dass die vierbeinigen Sportler auf Hundesportturnieren überhaupt nicht oder mit nur ungeeigneten Methoden auf ihren Prüfungslauf vorbereitet und vor allem nach einem Lauf auch meist direkt wieder ins Auto oder in ihre Box „weggepackt" werden. Nicht viel besser sieht die Situation auf vielen Hundeplätzen im Training aus: Selbst dort, wo vielleicht noch ein kurzes Warm-up durchgeführt wird, liegen die Hunde zwischen den einzelnen Übungseinheiten meist einfach angebunden am Zaun oder in ihren Kennels.

Eine weitere Schwierigkeit entsteht bisweilen dort, wo Hundesportler einerseits und Tierärzte sowie Tierphysiotherapeuten andererseits nicht dieselbe Sprache sprechen. Dabei kann sich jedoch die Suche nach einem geeigneten Therapeuten unter Umständen schwierig gestalten, da für den Bereich der Sportphysiotherapie beim Hund bislang kaum qualifizierte Fort- und Weiterbildungsangebote existieren.

Überlegt man als Therapeut, sein Angebot im Bereich der Sportphysiotherapie für Hunde zu erweitern und hat bisher noch keine Erfahrungen im Hundesport gesammelt, so sollte man sich zumindest mit der **Grundhaltung** identifizieren, die für Sportphysiotherapeuten im Humanbereich wie folgt beschrieben wird:

> *„Der moderne Sportphysiotherapeut benötigt in der Betreuung von Sportlern Verständnis für den Sport, den Sportler und dessen sportliche Ziele. Bei einer Verletzung des Sportlers steht allerdings die Fürsorgepflicht gegenüber dem Athleten an erster Stelle. Der Sportphysiotherapeut muss unabhängig von den äußeren Erwartungen und Einflüssen die Sportfähigkeit eines Sportlers bzw. die Belastbarkeit von verletzten Strukturen beurteilen.“*

Teilt man diese grundsätzliche Ansicht nicht, sondern ist eher der Meinung, dass Sport für Hunde (und Menschen?!) eher schädlich sei, wird man wahrscheinlich niemals ein wirklich guter Sportphysiotherapeut werden.

Die Sportphysiotherapie zielt also nicht nur darauf ab, den Partner Hund zu sportlichen Höchstleistungen zu bringen oder nach Operationen und Verletzungen möglichst schnell eine Rückkehr in den Sport zu ermöglichen – zentraler Gedanke ist vielmehr auch die **Prävention** von Sportverletzungen durch die Berücksichtigung allgemeiner Trainingsgrundsätze sowie individueller Besonderheiten.

Mit dem vorliegenden Buch möchten wir dazu beitragen, dass die Sportphysiotherapie im Hundesport genauso ein selbstverständlicher Bestandteil wird, wie dies im Humanbereich mittlerweile schon der Fall ist.

Wir möchten uns an **Tierärzte und Tierphysiotherapeuten** wenden, da diese meist die direkten Ansprechpartner der einzelnen Besitzer sind, wenn sie Fragen zum Bewegungsapparat ihres Tieres haben. Hier ergibt sich in der Praxis bisweilen die Schwierigkeit, dass sie oft erst dann zu Rate gezogen werden, wenn der Hund bereits verletzt und eine Therapie erforderlich ist.

Daher richtet sich das Buch auch an **Hundetrainer**, da sie die Möglichkeit haben, durch eine sinnvolle körperliche Ausbildung der Hunde einen effektiven Beitrag zur Verletzungsprophylaxe zu leisten. Sie sind außerdem wichtige Multiplikatoren, da sie viele Besitzer und dadurch viele Sportteams gleichzeitig erreichen.

Viele Hundesporttrainer sind selbst auch **erfolgreiche Hundesportler** – sie und ihre Hunde profitieren besonders von einer individuellen sportphysiotherapeutischen Beratung bzw. Anleitung. Gleichzeitig haben sie aber auch in ihrer jeweiligen Sportszene eine nicht zu unterschätzende Vorbildfunktion: Ihr Umgang mit den eigenen Hunden wird viel beachtet und von Nacheiferern kopiert.

Nicht zuletzt möchten wir auch **Leistungsrichter und Prüfer** ansprechen und ermutigen, sich kritisch mit den Belastungen und Anforderungen der eigenen Sportart auseinanderzusetzen und auch die jeweiligen Prüfungsordnungen auf ihre Bedeutung für die gesundheitlichen Belastungen der Hunde hin zu überprüfen. Wir möchten sie darüber hinaus ermutigen, entschlossen aufzutreten, wenn ihnen auf Turnieren oder Prüfungen Hunde vorgestellt werden, die aufgrund von körperlichen Problemen eigentlich nicht in der Lage sind zu starten. Ein Prüfungsausschluss führt zwar sicherlich zu einer kurzfristigen Enttäuschung beim Hundesportler – kann aber dem Hund auf lange Sicht Probleme ersparen!

Wir möchten mit diesem Buch dazu beitragen, dass mehr Hunde ihren Sport mit Spaß und ohne Schmerzen bis ins hohe Alter ausüben können – und weniger Besitzer mit gemischten Gefühlen auf die sportliche Karriere ihrer Hunde zurückblicken müssen. Unsere Hunde möglichst lange körperlich gesund, geistig fit und sportlich aktiv zu halten, sollte gemeinsames Ziel von Besitzern, Trainern, Leistungsrichtern und Funktionären sowie natürlich auch von Tierärzten und Tierphysiotherapeuten sein!

Wir möchten alle Beteiligten dazu ermutigen, ihr Training zu überdenken und gegebenenfalls umzustellen – eine solche Umstellung unter sportphysiotherapeutischen Gesichtspunkten erfordert meist keine teuren Anschaffungen, wohl aber ein Umdenken im Kopf!

Ascheberg und Karlsdorf-Neuthard im Januar 2017

Silke Meermann und Christiane Gräff

Danksagung

Unser Dank gilt unseren Familien, Kolleginnen und Freunden, die uns die Zeit gegeben und uns den Rücken freigehalten haben, sodass wir uns diesem Buchprojekt widmen konnten. Insbesondere möchten wir Jonna, Mads und Volker Brümmer, Bettina Walker und Britta Westermann danken.

Auch bei unseren Hunden Andi, Ebby, Maira, Shari und Taff möchten wir uns für die Geduld als Fotomodelle sowie für die langen Stunden zu unseren Füßen unter dem Schreibtisch bedanken. Auch Lynn und Xantha haben uns in Gedanken das ein oder andere Mal über die Schulter geschaut und wussten es – wie immer – besser.

Ein besonderer Dank gilt außerdem allen Hundesportlern und Besitzern, die sich und ihre Hunde für die zahlreichen Fotos zur Verfügung gestellt oder uns ihre eigenen Fotos als Bildmaterial überlassen haben: Heike Appelbaum; Kunibert Barth; Louise, Simon und Dr. Ulrike Beckschulte; Mark Berkenbusch; Margot Beuth mit Ferdi; Julian Blum; Alexander Bölling; Petra Brinkmann; Dr. Nina Büchel; Petra Deggendorfer; Anne Eisemann; Didi Gäng; Carina und Mathias Godbarsen; Carmen Irmen; Benjamin Klöck; Frank Kunzmann; Sandra Malice; Andrea Manthey; Susanne Meermann; Marie France Mühlschlegel; Lisa Müller; Anja Mucha; Christine Nölke; Beate Oertel; Martina Panter; Ingrid Raufhake; Pia Reiterer; Dr. Christine Sachse; Martin Schlockermann; Miriam Schmidt; Birgit Schüssler; Markus Seeberger; Stefanie Schaub; Erika Slaby; Franziska Stau; Christina Thiel; Frank van Loh; Susanne Voss; Saskia Zirkel; Andrea Zumdick sowie allen Sportlern und Mitgliedern des HSV Münster e. V. Ein besonderer Dank gilt außerdem Martin Preissner für seine Großzügigkeit, der uns als professioneller Fotograf seine Bilder gegen eine Spende an einen Tierschutzverein zur Verfügung gestellt hat.

Schließlich möchten wir all unseren Hundsportlern, die wir in unseren Praxen betreuen durften, danken: Euch ist dieses Buch gewidmet! Bedanken möchten wir uns vor allem für euer Vertrauen, das ihr uns tagtäglich entgegenbringt und für die geduldige Beantwortung unserer unzähligen Fragen!

Danke auch an das Team vom Sonntag Verlag für das uns entgegengebrachte Vertrauen und den Mut, neue Themen anzugehen.

Geleitwort

Hundesportler setzen sich sehr intensiv und umfangreich mit der Gesundheit ihrer Hunde einerseits und deren Gesunderhaltung im Sport andererseits auseinander. Um dies fachlich unterstützt tun zu können, bedürfen sie der veterinärmedizinischen Beratung, die aber nicht nur nach der Schulmedizin, sondern auch an ganzheitlichen Methoden wie der Homöopathie, Osteopathie und Physiotherapie ausgerichtet ist und deren Therapiemethoden je nach Bedarf zur Anwendung bringt. Zu diesen Themen in Kombination mit dem Hundesport gibt es bisher keine Literatur in Deutschland, die beide Zielgruppen, die medizinischen Fachkräfte und die Hundesportler, gleichermaßen anspricht und diese dadurch in ihren gegenseitigen Bemühungen unterstützt.

In diesem Buch konzentriert sich der medizinische Part auf die Physiotherapie oder besser gesagt auf „Sportphysiotherapie für Tiere“ – sicherlich das schwierigere Kapitel. Da diese Thematik in Deutschland in den Lehrplänen der Hochschulen gar nicht vorkommt, gibt es natürlich auch keine staatlich anerkannten Fortbildungen etwa für Veterinärmediziner oder auch Physiotherapeuten (Humanbereich) mit erfolgreich abgeschlossener Ausbildung, die gerne einfach mehr Wissen erwerben möchten, z. B. über die Belastungen von Hunden im Sport. Insoweit erachte ich diesen Teil als immens wichtig. Es kann Veterinärmedizinern, die sicherlich immer häufiger mit Sportverletzungen ihrer Patienten konfrontiert werden, dabei helfen – wie es bereits auch viele Hundesportler tun –, schon präventiv im Training zu unterstützen und den Hund richtig vorzubereiten, damit es gar nicht erst zu dauerhaften Schäden kommt. Auch kann dieser Teil das „Wie“ einer sinnvollen Nach- oder Mitbehandlung von Sportverletzungen aufzeigen.

Der zweite Teil des Buches befasst sich mit den 15 verschiedenen Sportarten, die aktiv mit dem Hund – mit den vom Körperbau sehr unterschiedlichen Hunden – innerhalb des Verbandes für das Deutsche Hundewesen nach den in der jeweiligen Sparte einheitlichen Regeln betrieben werden. Die Regeln werden immer dem Jetzt und Heute angepasst, und dabei sind Geschichte und Herkunft der Sportart, die nicht nur die Basis dieses Sports ausmachen, sondern auch bei der weiteren Entwicklung immer wieder reflektiert werden sollten bzw. in den Fokus zu stellen sind, nur allzu schnell vergessen.

Die Entscheidung, ein wissenschaftliches Buch auch lesenswert für den Hundesportler zu gestalten, ist meines Erachtens nur deshalb so hervorragend gelungen, weil die Autoren in beiden Bereichen dieses Buches Fachkompetenz besitzen: als Veterinärmedizinerinnen wie auch als aktive Hundesportlerinnen in Training und Wettkampf. Dieses Zusammenspiel macht den Inhalt des Buches einzigartig.

Entsprechend weit gefächert sehe ich den Leserkreis dieses wertvollen Beitrags zur Kynologie. Ich bin überzeugt davon, dass sowohl Veterinärmediziner, Physiotherapeuten, Ausbilder und Hundesportler beim Lesen dieses Buches auf ihre Kosten kommen. Ich empfehle es auch jedem gewissenhaften Hundefreund als Lektüre. Denn wer dieses Buch liest oder besser gesagt studiert, kann auf sehr angenehme Art und Weise sehr viel für sich und seinen Hund lernen.

Christa Bremer
Vizepräsidentin des Verbandes für das Deutsche Hundewesen

Abkürzungsverzeichnis

A1–3 *Leistungsklassen im Agility*
AAS *Allgemeines Anpassungssyndrom nach Selye*
ADP *Adenosindiphosphat*
AMP *Adenosinmonophosphat*
APr 1–3 *Arbeitsprüfung 1–3 für Gebrauchshunde (Schwierigkeitsstufen 1–3)*
AST *Aspartat-Aminotransferase (Enzym)*
ATP *Adenosintriphosphat; Energieträgermolekül*
BH *Begleithundprüfung*
BMI *Body-Mass-Index*
BSP *Bundessiegerprüfung*
BWS *Brustwirbelsäule*
C *Cholesterin (Cholesterol)*
CACL *Certificat d'Aptitude au Championat des Courses de Lévriers*
CEKS *Cauda-equina-Kompressions-Syndrom*
CK *Kreatinkinase (Muskelenzym)*
CP *Kreatinphosphat*
CSC *Combination Speed Cup (Teildisziplin des THS; Staffel-Hindernislauf)*
COX-1-, COX-2-Hemmer *Cyclo-Oxygenase-1- und -2-Hemmer; Klassifizierung nicht-steroidaler Antiphlogistika*
CT *Computertomografie*
DJD *Degenerative Joint Disease; englische Bezeichnung für degenerative Gelenkerkrankungen; Arthrose*
DLSS *degenerative lumbosakrale Stenose*
DM *Deutsche Meisterschaft (z. B. dhv-DM, VDH-DM)*
DSH *Deutscher Schäferhund*
ED *Ellbogendysplasie*
EKG *Elektrokardiografie*
EMG *Elektromyografie*
ESR *Extensions-Seitneigungs-Rotations-Fehlstellung (osteopathischer Begriff; Benennung einer osteopathischen Dysfunktion, die mit einer Fehlstellung des betroffenen Wirbelsäulensegments in Extension, Seitneigung und Rotation einhergeht)*
Ex.Im *extensive Intervallmethode (Abkürzung im Trainingsplan)*
EZM *extrazelluläre Matrix*
FG-Fasern *fast glycolytic fibres*
FOG-Fasern *fast oxidative glycolytic fibres*
FH1, FH2 und IPO FH *Fährtenprüfung; Schwierigkeitsstufen 1, 2 und Internationale Prüfungsordnung*
FPr1–3 *Fährtenprüfung ohne Ausbildungskennzeichen*
FT-Fasern *Fast-Twitch-Fasern*
GAG *Glykosaminoglykane*
HD *Hüftdysplasie, Hüftgelenksdysplasie*
HGLM *Hintergliedmaße*
HWS *Halswirbelsäule*
HZP *Herbstzuchtprüfung (für Jagdhunde)*
IPO *Internationale Prüfungsordnung*
LDH *Laktatdehydrogenase (Muskelenzym)*
LSSS *lumbosakrales Stenose-Syndrom*
LSÜ *lumbosakraler Übergang*
LWS *Lendenwirbelsäule*
Lz *Langzeitintervall (Angabe im Trainingsplan)*
MCH *mittlerer korpuskulärer Hämoglobingehalt; Hämoglobinkoeffizient*
MCV *mittleres korpuskuläres Volumen*
MRT *Magnetresonanztomografie (Kernspintomografie)*
Mz *Mittelzeitintervall (Angabe im Trainingsplan)*
NMES *neuromuskuläre Elektrostimulation (Form der Elektrotherapie)*
NSA; NSAID *nicht-steroidale Antiphlogistika; Englisch: non-steroidal anti-inflammative drugs; Substanzklasse schmerz- und entzündungshemmender Medikamente*
O1–3 *Prüfungsklassen im Obedience; Schwierigkeitsstufen 1–3*
OA *Osteoarthritis; im englischen Sprachgebrauch für degenerative Gelenkerkrankungen, Arthrosen*
OCD *Osteochondrosis dissecans*
P *Pause; Angabe im Trainingsplan*
P_i *anorganisches Phosphat*
PROM *passive range of motion; passiver Bewegungsumfang*
QSC *Qualification Speed Cup (Disziplin im Turnierhundsport, bei der 2 Teams im K.-o.-System gegeneinander laufen)*

REKOM/ REKOM-Training *Regenerations- bzw. Kompensationstraining; ruhige Ausdauereinheit*
RGT-Regel *Reaktions-Geschwindigkeits-Temperatur-Regel*
RH *Rettungshund*
ROM *range of motion; Bewegungsspielraum; jeweils als aktiver und passiver Bewegungsspielraum (AROM und PROM)*
SBS *sphenobasiläre Synchondrose; Begriff aus der kraniosakralen Osteopathie*
SchH *Schutzhundprüfung*
SIG *Sakroiliakalgelenk*
SO-Fasern *slow oxidative fibres*
SP *Serienpause; Angabe im Trainingsplan*
SPr1–3 *Schutzdienstprüfung, Schwierigkeitsstufen 1–3*
ST-Fasern *Slow-Twitch-Fasern*
TCM *Traditionelle Chinesische Medizin*
TENS *transkutane elektrische Nerven- bzw. Neuro-Stimulation (Form der Elektrotherapie)*
TLÜ *thorakolumbaler Übergang*
UMN *unteres Motorneuron*
UPr1–3 *Unterordnungsprüfung 1–3*
VGLM *Vordergliedmaße*
VGP *Verband-Gebrauchsprüfung (Jagdhundwesen)*
VJP *Jugendsuche (Jagdhundwesen)*
VK1–3 *Vierkampf, Schwierigkeitsstufen 1–3; Teildisziplin im THS*
VPG *Vielseitigkeitsprüfung für Gebrauchshunde*
WP *Wiederholungspause; Begriff im Trainingsplan*
WS *Wirbelsäule*
ZNS *Zentralnervensystem (Gehirn und Rückenmark)*
ZOS *Ziel-Objekt-Suche*
ZTÜ *zervikothorakaler Übergang*

Verbände und Institutionen

ABCD *Arbeitsgemeinschaft Border Collie Deutschland*
ASB *Arbeiter-Samariter-Bund*
ATF *Akademie für Tierärztliche Fortbildung der Bundestierärztekammer*
BLV *Bayerischer Landesverband für Hundesport*
BRH *Bundesverband Rettungshunde*
BZRH *Bundesverband zertifizierter Rettungshundestaffeln*
dhv *Deutscher Hundesportverband (übergeordneter Verband; swhv, HSVRM, BLV, SGSV, DSV und BRH sind dessen Mitgliedsverbände)*
DLRG *Deutsche Lebensrettungsgesellschaft*
DRK *Deutsches Rotes Kreuz*
DRV *Deutscher Rettungshundeverein*
DSV *Deutscher Sporthundverband e. V.*
DVG *Deutscher Verband der Gebrauchshundsportvereine*
DWZRV *Deutscher Windhundzucht- und Rennverband*
ECF *European Cani-Cross Federation*
FCI *Federation Cynologique Internationale*
HSVRM *Hundesportverband Rhein Main e. V.*
IFSS *International Federation of Sleddog Sport*
IRO *Internationale Rettungshunde Organisation*
ISDVMA *International Sled Dog Veterinary Medical Association (internationale tiermedizinische Vereinigung für Schlittenhunde)*
JGHV *Jagdgebrauchshundverband*
SGSV *Schutz- und Gebrauchshundesportverband*
SV *Verein für Deutsche Schäferhunde*
swhv *Südwestdeutscher Hundesportverband*
THW *Technisches Hilfswerk*
VDH *Verband für das Deutsche Hundewesen*
VDSV *Verband Deutscher Schlittenhundesport Vereine*
WSA *World Sleddog Association*

Inhaltsverzeichnis

Teil 1

Theorie

Teil 2

Trainingspraxis

Autorenvorstellung

Dr. Silke Meermann

- Studium der Tiermedizin und Approbation als Tierärztin, Tierärztliche Hochschule Hannover 2002
- Abschluss der Zusatzausbildung Veterinärchiropraktik (EAVC) und Zertifizierung durch die International Veterinary Chiropractic Association 2005
- Gründung der Tierarztpraxis Am Schlagbaum gemeinsam mit Britta Westermann in Bergkamen 2008
- Abschluss der Zusatzausbildung Physiotherapie für Kleintiere am Vierbeiner Reha-Zentrum Bad Wildungen 2008
- Abschluss der Zusatzausbildung Canine Osteopathie, FBZ-vet Karlsdorf-Neuthard 2008
- Promotion zum Dr. med. vet. über Verhaltensauffälligkeiten bei Border Collies und Australian Shepherds, TiHo Hannover 2009
- Erlangung der Zusatzbezeichnung Physiotherapie und Rehabilitation beim Kleintier, Tierärztekammer Westfalen-Lippe 2015
- Dozententätigkeit u. a. für DIPO, DVG, FBZ-vet, GGTM und IAVC
- Veröffentlichungen:
  Border Collies – Hunde auf der Grenze zwischen Genie und Wahnsinn, Cadmos 2005
  Handbuch Hundekrankheiten, Cadmos 2005; Osteopathie bei Hunden, Ulmer 2007
  Veröffentlichungen in verschiedenen Zeitschriften (u. a. HundeWeltSport, Der Hund, Partner Hund, Zeitschrift für Ganzheitliche Tiermedizin, HundeSport etc.)
- Hundesport:
  Vizelandesmeisterin und BSP-Teilnahme im THS CSC 2010 und im THS Vierkampf 2011

Christiane Gräff, M.Sc. Physiotherapie

- Abschluss der humanphysiotherapeutischen Ausbildung, Physiotherapieschule Neustadt/Weinstraße 1989
- Gründung der Gemeinschaftspraxis Physioteam Forst gemeinsam mit Erika Slaby in Forst 1992
- Weiterbildung Osteopathie, AVT College Prof. Dr. M. Beck Nagold 1994–2001
- Weiterbildung Sportphysiotherapie, International Academy for Sportscience Mainz 1994
- Abschluss der tierphysiotherapeutischen Ausbildung, 1. DAHP 2001
- Gründung der tierphysiotherapeutischen Praxis Fit for Vet's gemeinsam mit Bettina Walker in Karlsdorf-Neuthard 2003
- Gründung des Fortbildungszentrums für Tierphysiotherapeuten und Tierärzte FBZ-vet in Karlsdorf-Neuthard 2007
- Zertifikatslehrgang Weiterbildung Tierphysiotherapie im ZVK e. V. an der Physioakademie in Wremen, in Kooperation mit dem Cursuszentrum Dierverzorging in Barneveld/Niederlande 2009
- Verleihung des akademischen Grades Master of Science in Physiotherapie, Fakultät für Gesundheit und Medizin der Donau-Universität Krems 2012
- Humanheilpraktikerin, geprüft Gesundheitsamt Karlsruhe 2015
- Dozententätigkeit für FBZ-vet und GGTM
- Veröffentlichungen:
  Osteopathie bei Hunden, Ulmer 2007
  Veröffentlichungen in verschiedenen Zeitschriften (u. a. AgilityLive, Beardie Revue)

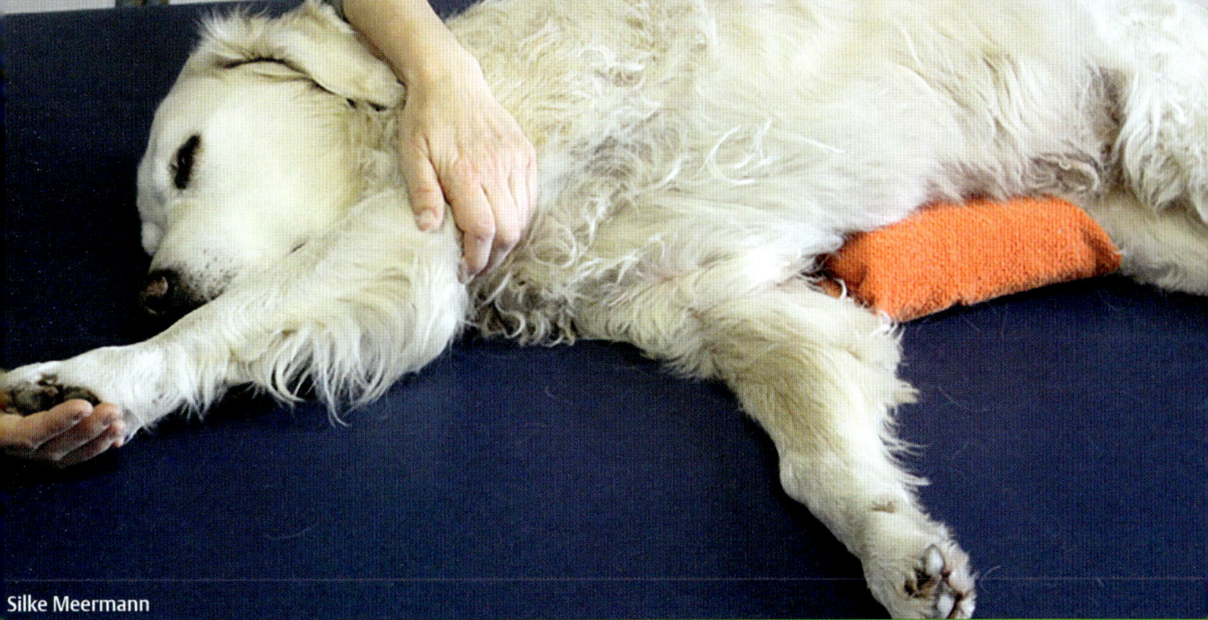

Teil 1 Theorie

1 Hundesport braucht professionelle Physiotherapie

1.1 Aufgaben der Sportphysiotherapie

Die angestrebte Professionalisierung des Hundesports erfordert unseres Erachtens eine Spezialisierung im Bereich der Tiermedizin und der Tierphysiotherapie. Dies soll ein kleines Beispiel aus der Praxis verdeutlichen: Eine Lahmheitsuntersuchung beinhaltet normalerweise nur das Vorführen des Hundes im Schritt und im Trab. Oftmals haben Sportler bei ihren Tieren jedoch nur leichte Bewegungsabweichungen im Galopp, im Sprung oder in bestimmten Wendungen oder Hinderniskombinationen bemerkt – Veränderungen, die von einer normalen Lahmheitsuntersuchung nicht erfasst werden können. Der Therapeut wird bei seiner Befundung wahrscheinlich ein „Gangbild ohne besondere Befunde“ notieren. Damit sich der Tierarzt oder Therapeut von den Beobachtungen des Hundeführers ein Bild machen kann, ist oft ein Handyvideo sehr nützlich. Wird dies im Vorbericht jedoch nicht gesondert erfragt oder aber unaufgefordert vom aufmerksamen Besitzer mitgebracht, wird der Besuch beim Therapeuten nicht sehr erfolgreich sein. Die Hundeführer fühlen sich dann häufig unverstanden und ein Wechsel von Therapeut zu Therapeut ist die Folge. Bisweilen finden sich aber auch aufseiten der Tierärzte und Therapeuten Unverständnis bzw. Vorbehalte in Bezug auf den sportlichen Einsatz von Hunden, da vielleicht die eigene Idee von einem „glücklichen Hundeleben“ eben nicht zwangsläufig auch eine sportliche Ausbildung und Turnierlaufbahn beinhaltet. Hier sollte man sich als Tierarzt und Therapeut dann vielleicht fragen, ob man Patienten mit sportlichen Ambitionen und sportphysiotherapeutischen Fragestellungen nicht lieber in eine andere Praxis überweist – und als Hundesportler oder -trainer ist man wahrscheinlich umgekehrt auch bei einem Tierarzt oder Therapeuten mit Erfahrungen im Hundesport und entsprechenden Fortbildungen im Bereich der Sportphysiotherapie besser aufgehoben. Die Sportphysiotherapie innerhalb des Hundesports erfüllt gleich mehrere Aufgaben: Bei Sportverletzungen und Überlastungsschäden ist eine gute sportphysiotherapeutische Nachbehandlung entscheidend für die erfolgreiche Rückkehr in den Sport. Durch präventive sportphysiotherapeutische Maßnahmen wie z. B. ein funktionelles Warm-up können Verletzungen vermieden werden. Eine sportphysiotherapeutische Betreuung des Sporthundes führt außerdem zu einer Leistungsoptimierung. Hierzu ist jedoch sicherlich zu sagen, dass auch im Bereich des sportphysiotherapeutischen Arbeitens niemals die **sportlichen Ambitionen** der Besitzer über das gesundheitliche Wohl des Hundes gestellt werden dürfen. Bisweilen bedarf es hier tatsächlich einer couragierten Aufklärung der Hundehalter durch den Tierarzt oder Therapeuten, dass unter bestimmten Voraussetzungen (z. B. bei Vorliegen einer Hüftgelenksdysplasie; nach einem operierten Kreuzbandriss) eine weitere sportliche Karriere auf Wettkampfniveau nicht realistisch bzw. nicht im Sinne des **Tierschutzes** ist. Denn hier besteht ein deutlicher Unterschied zwischen zwei- und vierbeinigen Sportlern: Der Mensch als Sportler ist für seinen Körper selbst verantwortlich, er kann für sich entscheiden, was er seinem Körper zumuten kann oder will. Im Hundesport übernimmt der Mensch jedoch Verantwortung für ein anderes Lebewesen, welches sich oft nicht so eindeutig äußern kann. Vor allem Hunde, die bereits viele positive emotionale Erfahrungen im Hundesport gesammelt haben, „hoch im Trieb stehen“, d. h. also eine hohe Motivationslage mitbringen, oder aber ihrem Besitzer einfach alles recht machen möchten, signalisieren im Sportumfeld meist nicht, dass sie Schmerzen haben. Hier sind eine gute Tierbeobachtung und ein hohes Maß an Verantwortungsbewusstsein – optimalerweise bei Sportler, Trainer und Therapeut – gefragt!

1.2 Physiotherapie versus Sportphysiotherapie

Der Begriff **Physiotherapie** hat griechische Wurzeln und bedeutet übersetzt so viel wie „Naturheilbehandlung“ (von physis: „Natur“ und therapeia: „Dienstleistung“, „Behandlung“). Er beschreibt die Behandlung gestörter Körperfunktionen mit natürlichen Therapiemethoden und wird außerdem definiert als die äußerliche Anwendung von Heilmitteln vor allem im Bereich des Bewegungsapparats. Der Erhalt und die Verbesserung der Bewegungs- und Funktionsfähigkeit des Körpers stehen dabei als Therapieziele im Vordergrund. Der Beruf des Physiotherapeuten im Humanbereich zählt zu den therapeutisch-rehabilitativen Heilberufen im Gesundheitswesen. Die Ausbildung zum Physiotherapeuten ist eine bundesweit einheitlich geregelte schulische Ausbildung an einer staatlich anerkannten Berufsfachschule für Physiotherapie. Die Ausbildung dauert drei Jahre. Die Modernisierung des Bildungswesens und neue Herausforderungen im Gesundheitswesen führten in den letzten Jahren zu einer Weiterentwicklung der Heilberufe. Im Vordergrund steht hier die Professionalisierung der Physiotherapie. So haben sich bereits seit 1999 unterschiedliche physiotherapeutische Hochschulstudiengänge in Deutschland etabliert.

1.2.1 Was ist Physiotherapie?

Orientiert man sich an der vom Weltverband für Physiotherapie herausgegebenen Definition, so kann Physiotherapie als ein Beruf begriffen werden, der sich mit der Wiederherstellung und der Erhaltung der Gesundheit und dem Wohlbefinden bzw. Wohlfühlen sowie der Behandlung von Beeinträchtigungen und Dysfunktionen der menschlichen Bewegung befasst. Diese Beeinträchtigungen können aus angeborenen Fehlhaltungen oder Deformitäten resultieren, auf Traumata und Fehlbelastungen zurückgehen, aber ebenso aus psychischen und emotionalen Dysfunktionen entstehen. Da die Bewegungseinschränkungen meistens mit Schwierigkeiten in der Ausführung funktioneller Aktivitäten einhergehen, ist das primäre Ziel, die Klienten bei der Erlangung des größtmöglichen Bewegungspotenzials oder der möglichst normalen Funktion zu begleiten und damit deren Teilhabe am gesellschaftlichen Leben zu fördern und zu unterstützen. Um diese Ziele zu erreichen, sind Physiotherapeuten in der Lage, Schmerzen zu lindern, das Gelenkspiel zu erweitern, die Atemfunktion zu schulen, die Balance und die motorische Kontrolle sowie die Muskelkraft zu vergrößern. Damit beinhaltet die Rolle des Physiotherapeuten aber auch, Klienten und ggf. ihre Familien anzulernen und über die Bedingungen und das Management aufzuklären, wie die maximale Lebensqualität wiederzuerlangen ist.

Aus der Definition wird ersichtlich, dass die Förderung von Gesundheit und Wohlbefinden von Einzelpersonen und der Gesellschaft im Allgemeinen im Vordergrund der physiotherapeutischen Arbeit stehen. Im deutschen Sprachgebrauch wird teilweise der Begriff **Physikalische Therapie** synonym zur Physiotherapie verwendet. Dabei bezeichnet die physikalische Therapie streng genommen nur diejenigen Therapieformen, bei denen physikalische Reize zur Anwendung kommen (also z. B. Wärmeanwendung, Magnetfeldtherapie, Elektrotherapie etc.) und bezieht sich somit nur auf einen Teilbereich der Physiotherapie. Auch im Hinblick auf den Begriff **Physikalische Medizin** gibt es inhaltlich weite Überschneidungsfelder mit der Physiotherapie bzw. der Physikalischen Therapie. Dabei bezieht sich die korrekte Verwendung des Begriffes „Physikalische und Rehabilitative Medizin“ jedoch ausschließlich auf eine ärztliche Tätigkeit: Fachärzte für Physikalische und Rehabilitative Medizin haben im Anschluss an ihr allgemeines Studium eine fünfjährige Weiterbildung mit anschließender Facharztprüfung absolviert. Ausbildung und Prüfung umfassen u. a. die Bereiche Erkennung von Krankheiten und fachbezogene Diagnostik, Prävention, Behandlung und Rehabilitation von Erkrankungen und Schädigungen mit Methoden der Physikalischen Therapie, der Manuellen Therapie und der Naturheilverfahren sowie die Erstellung von Rehabilitationsplänen.

Im Bereich der **Tierphysiotherapie** lassen sich die einzelnen Begriffe oft noch schwieriger definieren und schlechter voneinander abgrenzen. Dies liegt in erster Linie daran, dass es hier bislang keinerlei staatliche Regelungen in Bezug auf die Ausbildung, Prüfung und Berufsausübung des

Tierphysiotherapeuten gibt. Im Bereich der Tiermedizin existieren für Tierärzte Möglichkeiten zur Weiterbildung und Erlangung einer Zusatzbezeichnung ähnlich der Weiterbildung zum Facharzt für Physikalische und Rehabilitative Medizin im Humanbereich – allerdings finden sich auch hier keine deutschlandweit einheitlichen Bezeichnungen, was der Tatsache geschuldet ist, dass die Weiterbildungsordnungen für Tierärzte durch die Tierärztekammern der einzelnen Bundesländer zum Teil sehr unterschiedlich geregelt werden.

Die **Ursprünge** der Sportphysiotherapie beim Menschen lassen sich – ähnlich wie auch die Wurzeln anderer physiotherapeutischer Maßnahmen wie beispielsweise die der Massage – bis in die Antike zurückverfolgen. So finden sich bereits bei Hippokrates, Galen und Epiktet Beschreibungen verschiedener Behandlungen bei Athleten der antiken olympischen Spiele, insbesondere bei Läufern und bei Sportlern, die in Kampfsportarten gegeneinander antraten. In der Neuzeit trugen ebenfalls olympische Spiele dazu bei, dass die Sportphysiotherapie weiter an Bedeutung gewann: So wurde ihre Rolle durch die offizielle Ablehnung jeglicher pharmakologischer Manipulationen im Zusammenhang mit den olympischen Spielen 1976 in Montreal seitdem noch deutlich gestärkt.

Definition

Die Sportphysiotherapie versteht sich als Teilgebiet der Physiotherapie, deren **Ziel** es ist, die Gesundheit des Menschen zu fördern und zur Gesunderhaltung der Bevölkerung durch sportliche Aktivität beizutragen.

Die Sportphysiotherapie umfasst dadurch sowohl die Beratung im Hinblick auf die Förderung eines aktiven Lebensstils sowie in Bezug auf alle sportlichen Aktivitäten als auch therapeutische Interventionen, sofern diese notwendig werden. Insgesamt lässt sich die Sportphysiotherapie so in vier **Teilbereiche** untergliedern:

a) **Verletzungsprävention:** Dies geschieht immer unter Berücksichtigung der individuellen sportlichen Aktivität des Athleten einerseits und unter Einbeziehung sportartenspezifischer Aspekte andererseits.
   - Verringerung der Verletzungshäufigkeit durch Identifizierung von Verletzungsrisiken
   - Information und Training von Sportler und Trainer zur Minimierung von Verletzungsrisiken

b) **Akute Intervention:** Nach akuten Verletzungen im Zusammenhang mit sportlichem Training oder Wettkampf muss auf diese Sportverletzungen in Absprache mit anderen medizinischen Betreuern reagiert werden.

c) **Rehabilitation:** Die Rehabilitation hat das Ziel, dass der Sportler nach einer Verletzung oder einem Eingriff sicher zu seinem optimalen Leistungslevel zurückkehren kann. Hierbei steht insbesondere die Entwicklung von Therapie- und Trainingsplänen auf der Basis evidenzbasierter Erkenntnisse im Vordergrund.

d) **Leistungssteigerung:** Um die Leistung eines Sportlers zu optimieren, muss zunächst die sportliche Ist-Leistung ermittelt und bewertet werden. Auf dieser Basis können dann leistungsbezogene Trainingspläne erstellt und Ratschläge zur Optimierung der Bedingungen für das Erreichen der Maximalleistung erarbeitet werden. In der Praxis besteht meist ein deutlicher Unterschied zwischen dem Breiten- und Leistungssportbereich: Sind Sportphysiotherapeuten im Breitensport in erster Linie an der Therapie von Sportverletzungen beteiligt, so liegt im Leistungssport ein stärkeres Augenmerk auf der Prophylaxe von Verletzungen einerseits und der Leistungsoptimierung andererseits. Im Humanbereich obliegt die Ausübung der Sportphysiotherapie in Deutschland momentan den Physiotherapeuten. Für sie besteht die Möglichkeit zur beruflichen **Weiterbildung.** Durch Absolvierung der vom Deutschen Olympischen Sportbund zertifizierten Weiterbildung mit 280 Unterrichtseinheiten kann die Zusatzqualifikation „DOSB-Sportphysiotherapie" erlangt werden. Dabei wird momentan jedoch diskutiert, ob diese Form der Weiterbildung noch zeitgemäß ist. Es gibt sowohl Vorschläge, hier noch eine weitergehende Spezialisierung im Sinne eines eigenen Ausbildungs- bzw. Studienganges mit eigener beruflicher Qualifikation und staatlicher Anerkennung anzustreben, als auch Überlegungen, die Ausbildung im Bereich der Sportphysiotherapie nur noch in Form eines akademischen Studienganges im Sinne eines Bachelor- oder Masterstudiums anzubieten.

In Bezug auf ihr **Selbstverständnis** formulieren Sportphysiotherapeuten zum Teil sehr hohe ethische und fachliche Anforderungen: So sehen sie sich zum einen als Spezialisten, die ihre Tätigkeit unter Einhaltung professioneller Standards in den Dienst von Athleten aller Alters- und Leistungsgruppen stellen und deren Bedürfnissen entsprechend anpassen. Sie bringen Verständnis für die Sportler selbst, aber auch für deren Verletzungen und für den auf ihnen lastenden Umgebungsdruck auf. Zum anderen begreifen sie sich als Pioniere auf ihrem Gebiet, die sich durch evidenzbasierte Forschung an der Entwicklung neuen Wissens beteiligen und dieses auch in die Praxis einbringen. Dabei bringen sie eine aufgeschlossene, aber zugleich kritisch hinterfragende Grundhaltung mit.

1.2.2 Sportphysiotherapie beim Hund

Die **Entwicklung** der Sportphysiotherapie beim Hund steckt zurzeit noch in den Kinderschuhen. Dies wird auch daran deutlich, dass bisher kaum wissenschaftliche Publikationen oder Fachbücher zu dieser Thematik existieren.

Dennoch finden in den letzten Jahren immer häufiger Hundebesitzer aufgrund von sportphysiotherapeutischen Fragestellungen den Weg in eine Tierarzt- oder Tierphysiotherapie-Praxis. Dabei stehen insgesamt sehr ähnliche Themen im Blickpunkt, wie dies auch im Humanbereich der Fall ist:

- Wie kann ich meinen Hund körperlich so aufbauen und trainieren, dass er die Turniersaison möglichst ohne Verletzungen übersteht?
- Kann ich das Training meines Hundes aus körperlicher bzw. (sport-)physiotherapeutischer Sicht optimieren, um im Wettkampf noch bessere Ergebnisse zu erzielen?
- Was kann ich nach einer Trainingspause, einer Erkrankung oder Verletzung tun, damit mein Hund möglichst schnell und gut wieder ins Training einsteigen kann?
- Ist es nach einer Verletzung überhaupt realistisch, dass der Hund wieder sein ursprüngliches Leistungsniveau erreicht und im Wettkampf starten kann?

Die Sportphysiotherapie beim Hund verfolgt dadurch sicherlich primär individuelle **Ziele**, die

▶ **Abb. 1.1** Ausreichend Bewegung zählt zu den wichtigsten Grundbedürfnissen unserer Hunde. Ein aktiver Lebensstil, ausgewogene Ernährung und ausreichend Ruhezeiten begünstigen ein gesundes und langes Hundeleben. (Foto: Marie France Mühlschlegel, Karlsruhe)

durch die einzelnen Mensch-Hund-Teams vorgegeben werden. Dies ist auch dem Umstand geschuldet, dass Hunde „Privatpatienten" sind und Maßnahmen zur Gesundheitsvorsorge nicht gefördert werden. Eine sportphysiotherapeutische Beratung und Behandlung wird daher meist nur von entsprechend interessierten bzw. ambitionierten Besitzern in Anspruch genommen. Der Grundgedanke, die Gesundheit aller Hunde durch einen aktiveren Lebensstil und sportliche Betätigung zu fördern, tritt dadurch in der Praxis in den Hintergrund, obwohl der Anteil der Hunde in Deutschland, die davon profitieren könnten, sicherlich ähnlich hoch ist wie beim Menschen (▶ **Abb. 1.1**).

So ist die Mehrzahl der heute in unseren Wohnungen und Häusern gehaltenen Hunde „arbeitslos" und bewegt sich dadurch auch wesentlich weniger als ihre Vorfahren. Darüber hinaus gibt es mittlerweile einige Hunderassen und -typen, für die allein durch ihre körperlichen Voraussetzungen ein sportlich-aktives Leben kaum mehr möglich ist. Hier sind sicherlich an erster Stelle die brachyzephalen Rassen (z. B. Mops, Shi-Tsu, Bulldogge) zu nennen, bei denen die Einengung der oberen Luftwege nicht selten zu Atemnot oder sogar Bewusstseinsausfällen (Synkopen) führen kann. Aber auch viele Zwerghunde werden bisweilen kaum als Lebewesen mit einem ausgeprägten Bewegungsdrang wahrgenommen, sondern eher wie Accessoires auf dem Arm ihrer Besitzer durch die Gegend getragen. Wenn so auch die Verletzungs-

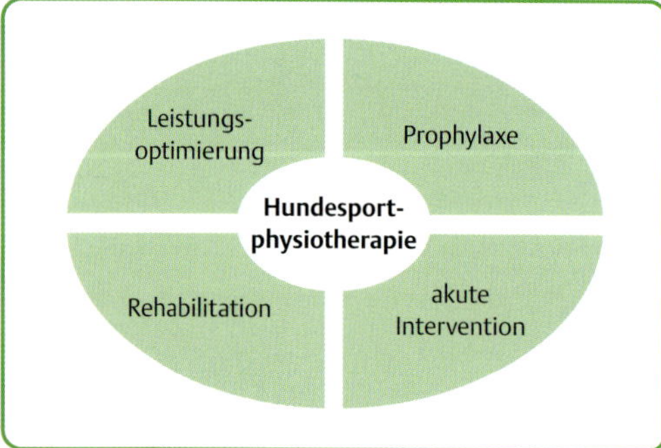

▶ **Abb. 1.2** Aufgabenfelder der Hundesportphysiotherapie.

prophylaxe und Gesundheitsförderung stärker auf den einzelnen Hund ausgerichtet sind, ergibt sich dennoch bezüglich der **Teilbereiche** der Sportphysiotherapie eine dem Humanbereich analoge Gliederung. Die Sportphysiotherapie für Hunde umfasst entsprechend folgende Bereiche (▶ **Abb. 1.2**):

- Prophylaxe von Verletzungen und Überlastungsschäden im Sport
- Therapie und Rehabilitation von Sportverletzungen
- Trainingslehre und Leistungsoptimierung

Die Sportphysiotherapie nutzt dabei in Prävention und Therapie im Wesentlichen alle Therapieformen, die auch sonst im Bereich der Physiotherapie beim Hund zur Anwendung kommen. Diese umfassen passive Maßnahmen, vor allem aber auch aktive Maßnahmen im Sinne der aktiven Bewegungstherapie mit und ohne (Sport-)Geräte sowie physikalische Therapieformen (▶ **Abb. 1.3**).

Da im Bereich der Tierphysiotherapie nicht einmal eine einheitliche Grundausbildung existiert, sind die Möglichkeiten zur **Fortbildung** auf dem Gebiet der Sportphysiotherapie für Hunde noch uneinheitlicher. Eine Weiterbildung für Tierärzte zum Hundesportmediziner gibt es derzeit in Deutschland noch nicht. Lediglich an der Tiermedizinischen Fakultät in Maisons-Alfort (Frankreich) und den beiden amerikanischen Universitäten Auburn und Florida existiert solch ein sportmedizinscher Zweig. Die International Sled Dog Veterinary Medical Association (ISDVMA, internationale tiermedizinische Vereinigung für Schlittenhunde) ist ein 400 Mitglieder starker Fachverband für Tierärzte, der sich seit der Gründung 1991 um das Wohlergehen und die Gesunderhaltung von

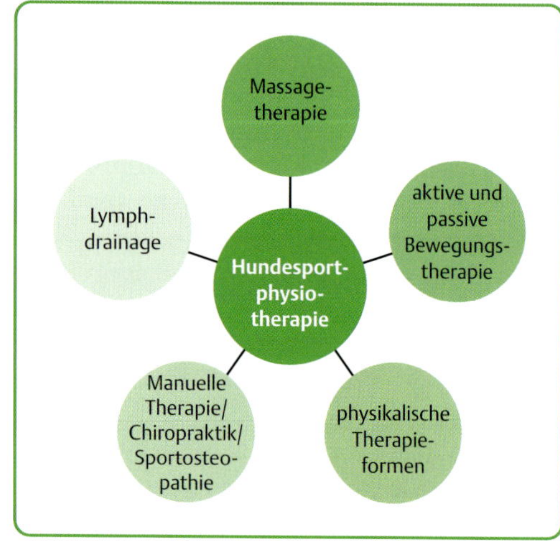

▶ **Abb. 1.3** Die verschiedenen Therapieformen in der Hundesportphysiotherapie.

Schlittenhunden bemüht. Die ISDVMA vergibt jährlich Stipendien an zahlreiche Tiermedizinstudenten, die sich für diesen Bereich der Tiermedizin interessieren. Da jedoch auch Sporthunde mit ihren spezifischen Anforderungen und therapeutischen Fragestellungen eine kompetente Betreuung benötigen, ist es notwendig, dass sich die Sportphysiotherapie bzw. die Sportmedizin als Spezialgebiete innerhalb der Veterinärmedizin in Deutschland weiterentwickeln.

1.3 Interdisziplinäre Zusammenarbeit

Der Hundesportphysiotherapeut begegnet in seiner Arbeit verschiedenen Zielgruppen. Zu diesen Zielgruppen gehören nicht nur die Breiten- und Leistungssportler, sondern auch die dienstlich und jagdlich geführten Hunde. Die Herausforderungen in der Hundesportphysiotherapie stellen also zum einen die sehr unterschiedlichen Zielgruppen und dadurch auch unterschiedlichen Fragestellungen dar, zum anderen muss hier in besonderem Maße auch immer der Besitzer und zum Teil auch der Trainer in die Therapie- und Trainingsgestaltung mit einbezogen werden. Dies erfordert nicht nur eine entsprechende fachliche Qualifikation im Umgang mit dem Sporthund, darüber hinaus sollte

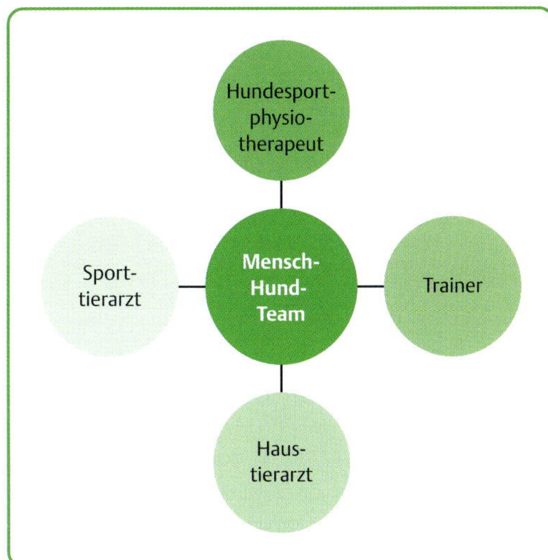

▶ **Abb. 1.4** Das multidisziplinäre Team – das Mensch-Hund-Team steht im Mittelpunkt. Die verschiedenen Disziplinen tauschen Informationen aus und stimmen verschiedene Maßnahmen ab.

der Hundesportphysiotherapeut als direkter Ansprechpartner für den Hundeführer auch über ein hohes Maß an Kommunikationsfähigkeit und -bereitschaft verfügen. Das sportlerzentrierte Arbeiten ist sehr vielschichtig und bedarf einer intensiven Zusammenarbeit von Hundesportphysiotherapeuten, Trainern und den behandelnden Tierärzten (▶ **Abb. 1.4**).

Entscheidend für die Zusammenarbeit ist das Entwickeln eines Therapie- und Trainingsziels, an dem gemeinsam auf den unterschiedlichen Ebenen gearbeitet wird. Das Ziel sollte immer aus einer Perspektive entwickelt werden, die sich am Mensch-Hund-Team orientiert. Bei der Zusammenarbeit geht es hauptsächlich um das Austauschen von Informationen und das Abstimmen verschiedener Maßnahmen, um den gesamten Behandlungsprozess so effektiv und effizient wie möglich zu gestalten. Dies kann beispielsweise bedeuten, dass der Hundesportphysiotherapeut auf der ersten Ebene direkt vor Ort in der Praxis den Hund manuell oder mithilfe physikalischer Methoden behandelt. Auf der zweiten Ebene gibt er Anleitungen an den Besitzer weiter, wie dieser durch bestimmte Übungen, die er täglich zu Hause mit dem Hund durchführt, den Therapiefortschritt unterstützen kann. Die dritte Ebene bezieht das Training im Verein oder in der Hundeschule mit ein. Auch hier können Modifikationen notwendig werden, um das gemeinsame Ziel zu erreichen, z. B., indem auf ein gezieltes Warm-up und Cool-down geachtet wird oder aber der zu therapierende Hund (vorübergehend) von bestimmten Übungen ausgenommen wird. Die Möglichkeiten einer effektiven interdisziplinären Zusammenarbeit sollen an einem Beispiel verdeutlicht werden.

1.3.1 Praxisbeispiel

Sina, eine zweijährige deutsche Schäferhündin, wird im Gebrauchshundsport in der Klasse 2 geführt. Wegen einer **Pyometra** (eitrige Gebärmutterentzündung) musste eine Kastration durchgeführt werden. Für die Entfernung von Gebärmutter und Eierstöcken wurde bei Sina der Bauch durch einen hinter dem Nabel beginnenden Schnitt eröffnet. Dieser Schnitt wird mittig durch die sog. Rektusscheide gesetzt. Die Rektusscheide ist eine Sehnenplatte, die genau in der Körpermitte liegt und von den Bauchmuskeln gebildet wird. Durch diese Sehnenplatte werden alle Bauchmuskeln zu einer funktionellen Einheit zusammengeschlossen. Die Bauchmuskeln sind wichtige Beuger und Stabilisatoren für die Wirbelsäule, sie tragen die Eingeweide und unterstützen die Atmung. Gerade beim Sprung oder beim Galopp werden die Bauchmuskeln maximal beansprucht. Die Heilungszeit der Sehnenplatte nach der Operation beträgt ungefähr drei Monate. Zwar werden schon nach 14 Tagen die Fäden gezogen, dann ist aber nur die Wunde geschlossen und das Gewebe ist noch nicht belastungsstabil. Das bedeutet, dass eine Hündin nach einer solchen Operation, aber auch nach einer normalen Kastration erst nach drei Monaten wieder voll belastet werden kann. Es ist daher enorm wichtig, dass der behandelnde Tierarzt und auch der Hundesportphysiotherapeut den Besitzer und den Trainer über Heilungsverlauf und Heilungszeit des Gewebes aufklären. Ziel der Zusammenarbeit ist es in diesem Fall, Sina schnellstmöglich wieder an ihr vorheriges Leistungsmaximum heranzubringen. Hierzu gehören eine zielgerichtete Therapie sowie eine sinnvolle Trainingsplanung und -gestaltung. Wir erleben es oftmals in der Praxis, dass Sporthunde schon kurz nach dem Ziehen der Hautfäden wieder voll belastet werden. Das kann einerseits zu Verwachsungen und Verklebungen und andererseits zu erheblichen Einschränkungen der Narbenbeweglichkeit führen. Auch sehen wir häufig, dass der Sporthund eine Fehlhaltung bzw. Schonhaltung entwickelt, indem er sich z. B. beim Sprung nicht maximal streckt und die Sprünge taxiert. Verwachsungen, Einschränkungen der Narbenbeweglichkeit und Fehlhaltungen können dann im Laufe der Zeit zu Wirbelsäulenproblemen führen. Die physiotherapeutische Behandlung beginnt am zweiten Tag nach der Operation. Im Vordergrund der Therapie steht die Narbenbehandlung. Ziel der manuellen Narbenbehandlung ist die Verbesserung der Dehnfähigkeit und der Widerstandsfähigkeit des Gewebes sowie eine Verminderung der überschießenden Gewebesensibilität. Der Physiotherapeut kann den Heilungsverlauf kontrollieren und bei eventuellen Wundheilungsstörungen den behandelnden Tierarzt sofort informieren. Im weiteren Verlauf der Therapie kann ab dem fünften Tag mit koordinativen Übungen begonnen werden. Das Koordinationsprogramm kann vom Hundeführer als Heimübungsprogramm durchgeführt werden. Ab der vierten Woche sollte ein Training zur Verbesserung der aeroben Leistungsfähigkeit erfolgen. Der Hundeführer kann hierbei von seinem Trainer unterstützt werden, deshalb ist der Austausch zwischen Hundesportphysiotherapeut und Hundetrainer im Hinblick auf die optimale Rehabilitation sehr wichtig. Fährtenarbeit und Übungen aus der Unterordnung sind ab der sechsten Woche wieder möglich. Schutzarbeit, Schrägwand und Meterhürde können ab der zwölften Woche nach Operation wieder trainiert werden. Am Ende der Rehabilitation sollte der Hundesportphysiotherapeut den behandelnden Tierarzt über den Verlauf und das Ergebnis der Rehabilitation informieren.

Sinas Fallbeispiel verdeutlicht, wie wichtig der Austausch von Informationen und das Abstimmen der Behandlungsmaßnahmen der am Rehabilitationsprozess beteiligten Akteure ist, um ein optimales Ergebnis zu erzielen.

2 Die gebräuchlichsten Hundesportarten von A–Z im Überblick

2.1 Einfluss der Motivation auf die Belastung

Definition

Im offiziellen Sprachgebrauch des Verbandes für das Deutsche Hundewesen (VDH) bezeichnet der Begriff **Hundeführer** diejenige Person, die den Hund im Training sowie auf Prüfungen und Wettkämpfen führt. Der Hundeführer muss dabei nicht mit dem Halter oder Eigentümer des Hundes identisch sein. In der Beschreibung derjenigen Sportarten, die traditionell unter dem Dach des VDH ausgeübt werden, haben wir diesen Begriff entsprechend übernommen. In vielen jüngeren Sportarten hat sich dieser Begriff jedoch nicht durchgesetzt; dort wird in der Regel die Bezeichnung **Hundesportler/in** verwendet. Diese erscheint auch uns zeitgemäß und wird daher bei der Beschreibung der neueren Sportarten sowie im allgemeinen Teil des Buches von uns benutzt.

Im Folgenden werden die derzeit in Deutschland am häufigsten ausgeübten Hundesportarten zunächst beschrieben und mit ihrer Entstehungsgeschichte sowie dem jeweiligen Regelwerk kurz umrissen. Dabei erhebt die Auswahl der hier behandelten Sportarten keinen Anspruch auf Vollständigkeit – Hundesport ist ein vergleichsweise junger Sport, der auch in den letzten Jahrzehnten immer wieder neue Sportarten und Disziplinen hervorgebracht hat. Die hier dargestellten Verhältnisse in Bezug auf **Regelwerke** und Prüfungsordnung entsprechen – sofern vorhanden – den momentan (2016) geltenden Vorschriften des VDH bzw. der FCI (Federation Cynologique Internationale). Einige Sportarten unterliegen teilweise in anderen Ländern anderen Regelwerken. Auch geben sich nicht dem VDH angeschlossene Vereine z. T. andere Reglements. Die in Deutschland jeweils aktuell gültigen Reglements für die verschiedenen Hundesportarten sind über die Homepage des VDH unter www.vdh.de jeweils als PDF-Dateien erhältlich. In vielen Sportarten gibt es zusätzlich zu den sog. Prüfungsordnungen, die jeweils das eigentliche Reglement enthalten, Richtlinien und Leitfäden, die darüber hinausgehende Informationen geben.

Vor allem im Agility finden sich auch zahlreiche Hundeschulen, die ein **„Just-for-Fun-Training"** anbieten und dafür meist auch die standardisierten Geräte nutzen, oftmals aber ganz andere Lernziele verfolgen, als dies in einem wettkampforientierten Training der Fall ist. Der Ansatz, durch eine solche Trainingsgestaltung den menschlichen Ehrgeiz und dadurch den Leistungsdruck aus dem Training herauszunehmen und so den Mensch-Hund-Teams einfach ein positives, gemeinsames Bewegungserlebnis zu bieten, ist sicherlich gut und kommt vielen Freizeitsportlern entgegen. Allerdings sollte man trotzdem kritisch hinterfragen, ob durch ein solches „Just-for-Fun-Training" tatsächlich auch die körperlichen Risiken für den Hund minimiert – oder vielleicht auch schlichtweg nur unterschätzt – werden!

Dagegen spricht vor allem, dass die **Motivationslage** des Hundes im Sport eine völlig andere sein kann als die seines Besitzers. Läuft der Besitzer vielleicht ein wenig schneller, weil er sich dadurch ein Qualifikationsergebnis, eine gute Platzierung oder einen Pokal erhofft, beeinflussen solche abstrakten Belohnungen den körperlichen Einsatz des Hundes gar nicht oder nur indirekt. Wirft der Hundeführer dagegen zur Belohnung nach dem Zieleinlauf den Ball für seinen Hund, so wird dieser mit voller Geschwindigkeit und vollem körperlichen Einsatz hinterherjagen – egal, ob er zuvor nur drei Hürden in einem Trainingsparcours absolviert oder die Deutsche Meisterschaft gewonnen hat. Für die meisten Hunde gibt es keinen Unterschied zwischen einer „Just-for-Fun-Aufgabe" und einer „ernsten Anforderung": Hoch motivierte Hunde geben meist bei jeder ihnen gestellten Aufgabe hundertprozentigen Einsatz, um ihrem Besitzer zu gefallen und ihre Sache möglichst gut (und schnell) zu machen. Und andersherum ist glücklicherweise auch die Mehrzahl der erfolgreichen Turnierhunde mittlerweile so positiv aufgebaut und trainiert, dass sie auch in einer Prüfungssituation freudig und motiviert arbeiten und „Spaß" zu haben scheinen.

Oftmals unterschätzen aber auch Trainer und Freizeitsportler die **körperlichen Anforderungen** an die Hunde sowie das Ausmaß der Belastung in einem „Fun-Training". Die Hunde sind aus sportphysiotherapeutischer Sicht oft viel schlechter vorbereitet, da in der Regel nicht darauf geachtet wird, dass außerhalb des Parcourstrainings auch die motorischen Hauptbeanspruchungsformen trainiert werden. Meist beschränkt sich das Training auch nur auf die Sommermonate ohne entsprechendes Ausgleichs- oder Erhaltungsprogramm im Winter. Darüber hinaus werden außerdem die Hunde meist einfach „irgendwie" über Hürden und Hindernisse geschickt, ohne dass zuvor ein systematisches, auf die körperlichen Fähigkeiten ausgerichtetes Sprungtraining erfolgt. Da sich die meisten „Fun-Trainings" vor allem daran orientieren, dass die menschlichen Sportler „Spaß" haben, stehen außerdem in der Gestaltung der einzelnen Trainingsstunden oftmals „gesellschaftliche Aspekte" im Vordergrund, während die Grundsätze der Sportphysiotherapie nur selten berücksichtigt werden. Die Tatsache, dass es sich ja nicht um ein wettkampforientiertes Training handelt, scheint vielfach ausreichend, um auf ein Auf- und Abwärmen der Hunde zu verzichten. Vor und nach dem Training sowie zwischen den eigenen Trainingsläufen steht dann meist eher das Gespräch mit den anderen Teilnehmern und nicht die Vorbereitung oder das Auflockern des Hundes im Vordergrund.

2.2 Agility

2.2.1 Geschichte und Herkunft

Der Begriff **Agility** stammt aus dem Englischen und bedeutet so viel wie „Geschicklichkeit" oder „Behändigkeit". Im Rahmen der Crufts Dog Show im Jahr 1977 wurde Peter Meanwell gefragt, ob er nicht für das nächste Jahr ein Pausenprogramm organisieren könne. Daraufhin fand im Jahr 1978 die erste Agility-Vorführung von zwei Teams statt; für die Hindernisse und den Parcours diente der Pferde-Springsport als Vorbild. Das Publikum war so begeistert, dass die Veranstaltung im Folgejahr wiederholt bzw. fortgesetzt wurde und nun bereits ein Vorentscheid zur Ermittlung der besten drei Teams erfolgte. Seitdem fand die Sportart von England aus eine schnelle Verbreitung in andere Länder. In den 1980er-Jahren gelangte das Agility auch nach Deutschland und gehört hier jetzt mit zu den beliebtesten und am weitesten verbreiteten Hundesportarten und wird von fast allen Vereinen sowie einer Vielzahl von Hundeschulen angeboten. Dabei hat sich die Sportart vom Prinzip her kaum verändert: Im Mittelpunkt steht weiterhin die möglichst schnelle und fehlerlose Bewältigung eines Hindernisparcours. Prinzipiell können Hunde aller Rassen sowie Mischlinge im Agility geführt werden, dabei wird in verschiedenen Größenklassen gestartet.

In Deutschland sind die meisten Vereine und Verbände, die Turniere und Wettkämpfe organisieren, dem VDH angeschlossen und entsprechend dient hier die Prüfungsordnung des VDH vom 01.01.2013 als zugrunde liegendes Regelwerk. Darüber hinaus existieren in Deutschland einige weitere Vereine und Verbände außerhalb des VDH, die sich eigene, z. T. abweichende Reglements vorgeben. Auf internationaler Ebene werden Meisterschaften von der FCI organisiert – anders als auf nationalem Niveau sind hier jedoch nur noch Rassehunde mit FCI-Zuchtpapieren anerkannt. Darüber hinaus gibt es jedoch noch weitere Organisationen, welche Europa- und Weltmeisterschaften veranstalten, die zum Teil auch für Hunde ohne Abstammungsnachweis und Mischlingshunde offen sind.

2.2.2 Die Sportart

Im Agility geht es darum, dass ein Hund – dirigiert von seinem Hundeführer – einen Hindernisparcours möglichst fehlerfrei innerhalb einer vorgegebenen Standardzeit bewältigt. Dabei umfasst der Parcours bis zu 22 verschiedene Hindernisse, die durch Nummern markiert sind und in der vorgegebenen Reihenfolge absolviert werden müssen. Diese Reihenfolge ist jedoch nicht fix, sondern variabel und der Parcoursverlauf wird auf jedem Wettkampf neu durch den Leistungsrichter vorgegeben. Agility ist eine auf Geschicklichkeit und Geschwindigkeit ausgelegte Sprungsportart, welche dadurch naturgemäß relativ hohe Anforderungen an die körperliche Fitness der Hunde stellt. Dennoch lautet der Leitspruch für diese Sportart: „Agility is fun“, d. h., der Spaß an der gemeinsamen sportlichen Betätigung sollte stets im Vordergrund stehen und eine Überforderung des Hundes unbedingt vermieden werden!

Im Agility läuft der Hund im Parcours prinzipiell frei. Auch, um kein Verletzungsrisiko einzugehen, trägt er weder Leine noch Halsband oder Geschirr. Der Hund darf darüber hinaus während des Laufes nicht vom Hundeführer berührt werden; er wird lediglich durch dessen Stimme (Hörzeichen) und Körpersprache durch den Parcours geführt. Daraus wird deutlich, dass in dieser Sportart nicht nur ein hohes Maß an Geschicklichkeit des Hundes gefordert ist, sondern dass auch die Kommunikation und Zusammenarbeit im Mensch-Hund-Team möglichst optimal funktionieren muss.

Da prinzipiell Hunde aller Rassen und Mischlinge zugelassen sind, erfolgt für eine bessere Chancengleichheit auf Wettkämpfen die Einteilung in verschiedene **Größenklassen**. Außerdem wird zwischen „A- oder Prüfungsläufen“ einerseits und dem „Jumping“ andererseits unterschieden; darüber hinaus gibt es weitere Läufe, die als „Spiele“ bezeichnet und nicht offiziell gewertet werden. Während der Parcours im „Jumping“ lediglich aus Hürden und Sprunghindernissen besteht, kann der Parcours im „A-Lauf“ alle Hindernisse, also zusätzlich zu den Sprüngen auch Tunnel, Slalom und die sog. Kontaktzonengeräte, enthalten. Die Bewertung der Läufe erfolgt ähnlich wie beim Springreiten: Für einen Fehler oder eine Verweigerungen an einem Hindernis erhält das Team Strafpunkte, eine dreimalige Verweigerung oder eine falsche Reihenfolge bzw. ausgelassene Hindernisse führen zu einer Disqualifizierung.

Ähnlich wie in anderen Hundesportarten existieren auch im Agility zusätzlich zu den Größenklassen noch verschiedene **Leistungsklassen**.

Da im Agility ausschließlich die Zeit gemessen und bewertet wird, die der Hund zur Absolvierung des Parcours vom ersten bis zum letzten Hindernis benötigt, kann der Hundeführer den Hund so führen, dass dieser einen möglichst optimalen Laufweg in kürzester Zeit nehmen kann. Der Hund kann also am Start abgesetzt und dann abgerufen werden, er darf wahlweise links oder rechts geführt werden, wobei die Seite auch beliebig gewechselt werden kann, und der Hund darf außerdem vorausgeschickt werden (dies stellt einen wesentlichen Unterschied zum Turnierhundsport dar, wo der Hund ausschließlich links geführt werden darf und auf derselben Höhe mit dem Besitzer laufen sollte). Es werden „Belgische“ und „Französische Wechsel“ (jeweils vor dem Hund) vom Wechsel hinter dem Hund („Back Cross“) unterschieden.

2.2.3 Regelwerk, Leistungs- und Prüfungsklassen

Im Agility werden die meisten Wettkämpfe in Deutschland in VDH-assoziierten Vereinen bzw. Verbänden veranstaltet und entsprechend gemäß den Richtlinien der Prüfungsordnung des VDH durchgeführt. Um im Agility an Turnieren teilnehmen zu können, muss der Hund wie in den meisten anderen Hundesportarten auch die Begleithundprüfung bestanden haben.

Gestartet wird in verschiedenen Größen- und Leistungsklassen. Die Einteilung in **Größenklassen** soll einerseits für mehr Chancengleichheit in Bezug auf unterschiedlich große Hunde sorgen und andererseits die körperlichen Belastungen vor allem für die kleineren Hunde gering halten (► **Abb. 2.1**). Je nach Verband werden 2–4 Größenklassen unterschieden. Das VDH-Reglement sieht 3 Größenklassen vor. Die Einteilung erfolgt gemäß der Widerristhöhe der Hunde wie folgt:

- Small (S): kleiner 35,00 cm
- Medium (M): über 35,00 und unter 43,00 cm
- Large (L): über 43,00 cm

In den verschiedenen Größenklassen sind die Abmessungen der Hindernisse unterschiedlich, wobei die Hindernishöhe in der kleinsten Größenklasse am niedrigsten und in der größten Klasse am höchsten ist. So betragen die Hürdenhöhen in den einzelnen Klassen:

- Small (S): 25–35 cm
- Medium (M): 35–45 cm
- Large (L): 55–65 cm

Darüber hinaus erfolgt eine Einteilung in verschiedene **Leistungsklassen**, die unterschiedliche

▸ **Abb. 2.1** Im Agility erfolgt die Einteilung der Hunde in verschiedene Größenklassen. Border Collies fallen meist in die größte Klasse. Dabei liegt die Widerristhöhe vieler Border Collies oft nur knapp über der Grenze von 43 cm, dennoch müssen sie dadurch im Wettkampf Sprunghöhen von bis zu 65 cm überwinden. Aktuelle Studien haben ergeben, dass dadurch die Belastungen, die im Absprung an den Gelenken der Hinterhand sowie in der Flugphase und bei der Landung an den Gelenken der Vorderhand entstehen, besonders hoch sind [1], [6], [4], [50]. Das Verletzungsrisiko von Border Collies im Agility liegt deutlich höher als das von Hunden anderer Rassen. (Foto: Silke Meermann)

Schwierigkeitsgrade beinhalten. Die unterste Leistungsklasse wird als **A1** bezeichnet; der Hund muss hier ein Mindestalter von 18 Monaten aufweisen, um starten zu können. Die mittlere Leistungsklasse ist die **A2** und die höchste Leistungsklasse die **A3**. Um von einer Klasse in die jeweils nächsthöhere aufsteigen zu können, muss mindestens dreimal ein Nullfehler-Lauf mit der Note „vorzüglich" unter mindestens zwei verschiedenen Leistungsrichtern absolviert werden. Für einen Fehler an einem Hindernis erhält das Team fünf Fehlerpunkte; darüber hinaus wird ein Überschreiten der Standardzeit mit Zeitstrafpunkten geahndet. Von Leistungsklasse zu Leistungsklasse wird die Schwierigkeit zum einen durch eine größere Hindernishöhe gesteigert, zum anderen aber auch durch einen anspruchsvolleren Parcoursverlauf, der den Hund beispielsweise stärker verleitet, die Hindernisse in der falschen Reihenfolge zu nehmen.

Neben den drei verschiedenen Leistungsklassen gibt es eine zusätzliche **Seniorenklasse**; diese wurde eingerichtet, um älteren Hunden die Möglichkeit zu geben, weiterhin auf Turnieren starten zu können, und gleichzeitig aber die körperlichen Belastungen für diese Hunde gezielt zu verringern. Um in der Seniorenklasse starten zu dürfen, muss der Hund mindestens sechs Jahre alt sein – die Einstufung in diese Klasse liegt jedoch im Ermessen des Hundeführers, d. h., er kann seinen Hund auch weiterhin in den normalen Leistungsklassen starten lassen. Lediglich umgekehrt ist nach einem einmaligen Start in der Seniorenklasse keine Rückkehr mehr in die offene Klasse möglich. In der Seniorenklasse sollte der Parcours etwa das Niveau der Leistungsklasse A2 besitzen; die Hindernisse sind dabei etwa 5–10 cm niedriger als in der jeweiligen Größenklasse. Die Wand wird auf 1,50 cm abgesenkt und der Parcours der Seniorenklasse darf weder einen Reifen noch einen Slalom enthalten.

Die **Geräte**, die im Agility in den verschiedenen Größenklassen im Parcours vorkommen, sind prinzipiell gleich, unterscheiden sich aber in den verschiedenen Wettkampfklassen hinsichtlich ihrer Abmessungen und vor allem in ihrer Höhe. Zu den offiziellen Agility-Geräten gehören der **Tisch**, die Sprunghindernisse **Hürde, Besenhürde, Viadukt, Mauer, Reifen** und **Weitsprung**, der **Slalom**, die Kontaktzonengeräte **Wippe**, **Steg** und **A-Wand** sowie die **Tunnel**.

Hürden sind die häufigsten Hindernisse im Parcours; sie bestehen jeweils aus zwei Seitenteilen und einer Stange, wobei die Stange nur lose aufliegen darf, sodass sie bei einer Berührung durch den Hund sofort herunterfällt. Das Herunterfallen einer Stange bzw. eines Abwurfteils wird mit Fehlerpunkten bestraft (▸ **Abb. 2.2**).

Der **Slalom** im Agility besteht aus 12 Stangen, welche etwa 3–5 cm dick und 1–1,20 m hoch sind; die Weite zwischen den einzelnen Stangen beträgt 60 cm (▸ **Abb. 2.3**). Der Hund muss rechts von der ersten Stange in den Slalom einfädeln; ein falsches Einlaufen gilt als Verweigerung, das Auslassen von Stangen sowie das Verlassen des Slaloms an der falschen Stelle werden als Fehler gewertet. Bei Fehlern muss der Slalom entweder von der Fehlerstelle oder vom Anfang wiederholt werden.

Wippe, Laufsteg und A-Wand sind im Agility als sog. **Kontaktzonengeräte** konzipiert; sie besitzen am Auf- und Abgang farblich gekennzeichnete Bereiche, die als Kontaktzonen bezeichnet werden und vom Hund mindestens mit einer Pfote berührt werden müssen (▸ **Abb. 2.4**).

▸ **Abb. 2.2** Hürden sind die häufigsten Geräte im Agility. Sie haben jeweils nur eine lose aufliegende Stange und ihre Höhe ist in den verschiedenen Größenklassen unterschiedlich. Der Hürdensprung wurde als eines der Geräte ermittelt, an denen es besonders häufig zu Verletzungen kommt. Die oft hohe Anzahl an Sprüngen im Training führt außerdem zu einer repetitiven Belastung des Bewegungsapparats. Die hohe Belastung bei der Landung auf dem erstauffußenden Vorderbein kann so zu Reizungen der Bizepsursprungssehnen führen. (aus: Meermann S. Sportphysiotherapie für Hunde. ZGTM 2016; 30: 23–29)

▸ **Abb. 2.3** Der Slalom besteht aus 12 Stangen mit einem Abstand von jeweils 60 cm. Dabei können die Hunde ihn mit zwei unterschiedlichen Techniken, dem „Fädeln", wie hier im Bild sichtbar, und dem „Wedeln" durchlaufen. Das „Fädeln" ist in der Regel die schnellere Technik, führt aber zu stärkeren Flexionsmomenten in der Wirbelsäule sowie zu höheren Torsionsbelastungen vor allem an den Gelenken der Vordergliedmaßen. Welche Technik ein Hund wählt, ist abhängig von der Trainingsmethodik, aber auch vom Verhältnis der Körperlänge des Hundes in Relation zum Abstand der Tore; längere Hunde bevorzugen in der Regel das „Fädeln". (Foto: Silke Meermann)

▸ **Abb. 2.4** Die A-Wand ist eines der sog. Kontaktzonengeräte im Agility. Die Kontaktzone ist farbig markiert; sie muss beim Aufgang und Abgang mit mindestens einer Pfote getroffen werden. Harte Querlatten stellen ein Verletzungsrisiko für Pfotenballen und Zehenknochen dar; ungeeignete Beläge lassen die Wand bei Regen rutschig werden. (Foto: Silke Meermann)

Durch diese Vorgabe soll insgesamt die körperliche Belastung der Hunde verringert werden, da sie einerseits am Aufgang des Gerätes abbremsen müssen und andererseits auch nicht einfach mit einem großen Sprung auf- und abspringen dürfen. Ein Auslassen der Kontaktzonen wird als Fehler bewertet. Alle Kontaktzonengeräte müssen eine rutschfeste Oberfläche besitzen. Die Kontaktzonen von Steg und Wippe sind jeweils 90 cm hoch, diese beiden Geräte besitzen dabei eine Breite von 30 cm. Die Kontaktzone der A-Wand ist 106 cm hoch und die Wand ist mindestens 90 cm breit. Bei den **Tunneln** werden zwei Arten unterschieden: Der feste Tunnel mit einem Durchmesser von 60 cm und einer Länge von 3–6 m einerseits und der Sack- oder Stofftunnel andererseits.

2.2.4 Körperliche Anforderungen und bevorzugte Rassen

Im Agility sind prinzipiell **alle Hunderassen** und **Mischlinge** zugelassen (▸ Abb. 2.5), lediglich auf internationalen Meisterschaften, die von der FCI veranstaltet werden, sind nur Rassehunde mit FCI-Zuchtpapieren zugelassen.

Durch die Einteilung in verschiedene Größenklassen spielt die Körpergröße alleine keine besondere Rolle, allerdings sieht man insgesamt relativ wenige sehr große Hunde. Diese haben oft einer-

▸ **Abb. 2.5** Im Agility sind Hunde aller Rassen und Mischlinge zugelassen; Laufhundtypen sind vom Körperbau her eher im Vorteil. Um die körperlichen Belastungsanforderungen für den individuellen Hund im Agility besser einschätzen zu können, sollten neben der Widerristhöhe auch die Beinlänge und das Körpergewicht des Hundes berücksichtigt werden. Hunde mit relativ langem Körper, schwerem Knochenbau und kurzen Beinen können zwar auch sehr erfolgreich in dieser Sportart sein, die Belastungen, denen sie ausgesetzt sind, sind jedoch ungleich höher als bei Hunden mit relativ langen Beinen und leichterem Körperbau. (Foto: Silke Meermann)

seits Probleme mit den Abmessungen einiger Geräte (z. B. Durchmesser des Tunnels) und sind einfach nicht so schnell und wendig wie die mittelgroßen Hunderassen, die in die Large-Kategorie fallen. Da Agility als schnelle Sprungsportart konzipiert wurde, sind generell **Laufhundtypen** von der Körperform her im Vorteil (z. B. Small und Medium: Shelties; z. B. Large: Border Collies, Australian Shepherds), chondrodystrophische oder brachyzephale Hunde (z. B. Dackel, Bassets, Möpse, Bulldoggen) sind selten; siehe auch Kapitel Körperliche Voraussetzungen und Bewegungstypen (S. 124). Aktuelle Untersuchungen zum Sprungverhalten von Hunden haben jedoch ergeben, dass Hunde, die in Relation zu ihrer Körpergröße höhere Hürden überspringen müssen, größeren körperlichen Belastungen ausgesetzt sind. So kommt es bei einem hohen Sprung in der Absprungphase zu einer relativ stärkeren Streckung der Sprunggelenke sowie der Kreuzdarmbeingelenke; in der Flugphase werden dagegen die Schultergelenke stärker gebeugt. Insgesamt ergeben sich so die höchsten Belastungen für die kleineren Hunde, die in der Large-Gruppe starten müssen und mit einer Schulterhöhe von knapp über 43 cm Hürdenhöhen von bis zu 65 cm überspringen müssen. Zur Verringerung des Verletzungsrisikos im Agility sollte daher das FCI-Reglement im Hinblick auf die Einteilung der Größenklassen und die entsprechenden Hindernishöhen überdacht werden [1], [6], [4], [5], [74].

Da im Agility hohe Anforderungen an die Trainierbarkeit der Hunde sowie an die Fähigkeit zur Kooperation mit dem Partner Mensch gestellt werden, kommen vor allem Hüte- und Jagdhunderassen zum Einsatz; in der höchsten Größenklasse sind vor allem Border Collies, Australian Shepherds und Belgische Schäferhunde anzutreffen; in den kleineren Klassen variieren die Rassen etwas mehr; häufig sind hier Shelties, Miniature Australian Shepherds und Terrierrassen anzutreffen, aber auch Kooikerhondjes und Bergers des Pyrenées. Studien zum Sprungverhalten verschiedener Hundetypen im Agility konnten außerdem zeigen, dass Collie-Rassen eine signifikant höhere Sprunggeschwindigkeit entwickeln, was im Wettkampf von Vorteil ist. Auch unterscheiden sie sich in ihrem Sprungstil insofern von Hunden anderer Rassen, dass bei ihnen in der Flugphase der Oberrand der Skapula höher liegt als Kopf- und Schwanzansatz. Allerdings zeigten vor allem Border Collies in retrospektiven Untersuchungen auch ein etwa 1,7-fach erhöhtes Verletzungsrisiko im Gegensatz zu anderen Hunden [1], [6], [4], [5], [50].

2.3 Dog Dancing

2.3.1 Geschichte und Herkunft

Die noch relativ junge Sportart Dog Dancing hat sich aus dem Obedience entwickelt und hat ihre Ursprünge in den USA und in Großbritannien. Erste Dog-Dancing-Vorführungen gab es auf der Crufts Dog Show Anfang der 1990er-Jahre. 2005 fand ebenfalls bei Crufts dann der erste offizielle Wettbewerb in dieser neuen Sportart statt und 2010 wurde im Rahmen der FCI-Welthundeausstellung in Herning (Dänemark) die erste FCI-Weltmeisterschaft im Dog Dancing veranstaltet. In Deutschland ist die Sportart bisher nicht vom VDH anerkannt; Wettbewerbe werden hier unter dem Dachverband des Vereins DogDance International e. V. veranstaltet, welcher sich 2009 gegründet hat.

2.3.2 Die Sportart

Der Begriff Dog Dancing beschreibt das Tanzen zu Musik zusammen mit dem Hund. Da sich der Sport aus dem Obedience entwickelt hat, stellt auch hier die Fußarbeit die Basis der Sportart dar. In einer Choreografie werden dann verschiedene Kunststücke mit möglichst präzise ausgeführter Fußarbeit verbunden. Dabei wird zwischen der Disziplin „Heelwork To Music", bei der die Choreografie zu zwei Dritteln aus der Fußarbeit besteht, und der Disziplin „Freestyle" unterschieden, bei der höchstens ein Drittel Fußarbeit gezeigt werden darf.

Anders als im Obedience wird die Fußarbeit jedoch nicht nur auf der linken Körperseite des Hundeführers gezeigt, sondern der Hund kann auch auf der rechten Körperseite geführt werden. Darüber hinaus bewegt sich das Team im Dog Dancing auch nicht nur vorwärts, sondern auch das Rückwärts- oder Seitwärts-Gehen sind Elemente des Heelwork To Music. Im Hinblick auf die Kunststücke, die in die Fußarbeit eingebaut werden, sind der Fantasie des Hundeführers keine Grenzen gesetzt. Häufig gezeigte Übungen sind beispielsweise der Beinslalom, der Spanische Schritt, Tricks mit den Pfoten, Drehungen und Sprünge, welche z. B. über die Beine oder Arme des Hundeführers erfolgen. Alle Kunststücke können nah beim Hundeführer, aber auch auf Distanz gezeigt werden.

2.3.3 Regelwerk, Leistungs- und Prüfungsklassen

In der Regel wird zwischen „**Fun-Klassen**", bei denen keine Bewertung nach Punkten erfolgt, und den **Offiziellen Klassen** unterschieden, wo die Vorführung der Teams durch einen oder mehrere Richter nach Punkten beurteilt wird. In den offiziellen Klassen erfolgt die Einteilung nach Schwierigkeitsgrad in die **Klasse 1**, **Klasse 2** und **Klasse 3**; darüber hinaus gibt es gesonderte Klassen für **Senioren-Hunde** und **Hunde mit Handicap** sowie eine Klasse für Junioren (bezogen auf die Hundeführer). Auch Choreografien mit mehreren Hunden werden in den Klassen **Trio** und **Quartett** bewertet. Ein Team kann maximal 200 Punkte erreichen, dabei machen die artistische und die technische Note jeweils 100 Punkte aus. In die artistische Note fließen die Teilbereiche Teamwork, Dynamik, Konzept und Choreografie mit ein, die technische Note umfasst die Teilbereiche Fluss, Ausführung, Inhalt und Schwierigkeitsgrad.

2.3.4 Körperliche Anforderungen und bevorzugte Rassen

Prinzipiell ist das Dog Dancing für **Hunde aller Rassen** und **Mischlinge** geeignet. Auch das Regelwerk des DogDance International e. V. lässt alle Hunde zu, lediglich auf FCI-Veranstaltungen müssen die Hunde einer von der FCI anerkannten Rasse und einem anerkannten Verein angehören.

Für die im Dog Dancing gezeigten Kunststücke sowie für die Fußarbeit spielt die Körpergröße des Hundes nur eine sehr untergeordnete Rolle. Die Motivation zur Zusammenarbeit mit dem Hundeführer sowie die **Gelehrigkeit** der Hunde sind jedoch von großer Bedeutung, sodass sich auch hier häufig ähnliche Rassen wie im Obedience finden: Bei den mittelgroßen Rassen dominieren Border Collies und Australian Shepherds, bei den kleineren Rassen Shelties und Papillons.

Die **körperlichen Belastungen** im Dog Dancing sind im Vergleich zu den schnellen Sprungsportarten wie beispielsweise Agility oder Dog Frisbee deutlich geringer: Die Hunde bewegen sich bei der **Fußarbeit** in der Regel im Schritt oder im Trab. Dabei ist die Belastung durch die Fußarbeit auch weniger einseitig als im Obedience oder im Unterordnungsteil der anderen Hundesportarten, da die Hunde im Dog Dancing auf beiden Seiten geführt werden dürfen und sich das Team nicht nur vorwärts, sondern auch rückwärts und seitwärts bewegen darf. Die Belastungen, die durch die verschiedenen **Kunststücke** entstehen, können dagegen je nach Trick sehr unterschiedlich sein. Vor allem dann, wenn eine hohe Anzahl von Sprüngen über die Arme oder Beine des Hundeführers gezeigt wird, kommt es zu ähnlichen Belastungen wie in anderen Sprungsportarten. Die Mehrzahl der sonstigen Kunststücke ist jedoch kaum belastend, sondern eher förderlich für Beweglichkeit und Koordination des Hundes: So finden sich viele Übungen aus dem Dog Dancing nicht nur im Aufwärm-Programm für andere Hundesportarten wieder, sondern stellen auch wichtige aktive bewegungstherapeutische Übungen für Hunde in

▶ **Abb. 2.6** Das „Tanzen“ und das „Männchenmachen“ sind Übungen, die im Dog Dancing vorkommen, aber auch als physiotherapeutische Bewegungsübungen zum Einsatz kommen. Beide Übungen erfordern eine stabile Rumpfmuskulatur sowie eine gute koordinative Körperbeherrschung. (Foto: Silke Meermann)

der Physiotherapie und Rehabilitation dar. Dies gilt beispielsweise für das „Winken“ mit den Vorderpfoten (Kräftigung der Muskulatur der Vordergliedmaßen), das „Tanzen“ (▶ **Abb. 2.6**) und das „Männchenmachen“ (▶ **Abb. 2.6**; Kräftigung der Rückenmuskulatur) sowie den „Beinslalom“ (Förderung der Flexibilität der Wirbelsäule). So ergeben sich aus körperlicher bzw. gesundheitlicher Sicht kaum Einschränkungen für die Ausübung dieser Sportart; auch durch die Einrichtung einer Senioren- und Handicap-Klasse zeigt sich dieser Sport besonders offen für Hunde mit Erkrankungen im Bereich des Bewegungsapparats.

2.4 Fährtenarbeit

2.4.1 Geschichte und Herkunft

Seit Langem macht sich der Mensch in verschiedenen Bereichen die gute Nase des Hundes bei der Suche nach Personen, Tieren oder Gegenständen zunutze: So werden bei der Jagd seit mehreren Jahrhunderten zum einen sog. Meutehunde wie beispielsweise Beagle, Foxhounds, Bassets und Bracken eingesetzt, um die Spur des Wildes zu verfolgen. Aus Tierschutzgründen ist diese Form der Jagdausübung in Deutschland heute verboten. Bei den heutigen Schleppjagden legt ein Reiter mit dem „Fuchs-Pferd“ eine Spur, der die Meute dann folgt. Zum anderen kommen Jagdhunde bei der Nachsuche nach angeschossenen oder durch einen Autounfall verwundeten Tieren zum Einsatz. Darüber hinaus wird auch in der Rettungshundearbeit die Fähigkeit des Hundes, menschlichen Geruch wahrzunehmen und anzuzeigen, genutzt. Im Diensthund-Sektor kommen einerseits Hunde zum Einsatz, die auf ganz spezielle Gerüche (z. B. Drogen, Sprengstoff) trainiert sind, zum anderen werden teilweise aber auch Hunde eingesetzt, die nach einem Verbrechen die Spur des Täters aufnehmen und verfolgen können. Bei allen diesen Arbeitsaufgaben orientieren sich die Hunde meist an einem Gesamtgeruch, der sich aus dem Leitgeruch eines Lebewesens einerseits und dem Fährtengeruch, der sich durch mechanische Bodenverletzungen ergibt, zusammensetzt. Im Sportbereich sowie für spezielle Arbeitsaufgaben wird hier jedoch noch stärker differenziert: So folgen Hunde, die im **Mantrailing** (S. 48) ausgebildet sind, nur dem Individualgeruch einer Person, während sich Fährtenhunde ausschließlich an der Fährte am Boden orientieren sollen. Die Geruchsspur bei der Fährtenarbeit entsteht durch den veränderten Geruch der mechanisch beschädigten Bodenoberfläche und durch zertretene Pflanzen und Kleinstlebewesen. Eine solche Fährte kann also nur im offenen Gelände gelegt werden, sie bleibt auch meist nur über wenige Stunden für den Hund wahrnehmbar. Hieraus wird deutlich, warum die reine Fährtenarbeit für praktische Arbeitseinsätze weniger geeignet ist.

2.4.2 Die Sportart

Die Fährtenarbeit als Hundesport kann als Teil des Vielseitigkeitssportes, aber auch als eigenständige Sportart betrieben werden. Dementsprechend können Prüfungen entweder als „Abteilung A" im Rahmen der Gebrauchshundprüfungen oder als reine Fährtenprüfungen abgelegt werden.

Bei der Fährte handelt es sich um eine Spur, die gezielt vom sog. Fährtenleger auf einer Wiese oder einem Acker gelegt wird. Auf der Fährte werden mehrere Gegenstände abgelegt, die der Fährtenleger zuvor bei sich getragen hat. Der Hund muss diese Spur ausarbeiten und die Gegenstände anzeigen oder aufnehmen. Man unterscheidet zwischen einer Eigenfährte, die vom Hundeführer selber gelegt wird, und einer Fremdfährte, die eine dem Hund unbekannte Person legt. Dabei wird die Fährte zu Beginn der Ausbildung meist durch den Hundeführer selber gelegt und der Hund wird bereits nach relativ kurzer Zeit darauf angesetzt. Mit dem Ausbildungsstand wird dann nicht nur die Fährte länger, sondern auch der zeitliche Abstand größer, in welchem der Hund auf die Fährte angesetzt wird, und die Fährte wird durch fremde Personen gelegt. Dabei muss der Hund lernen, sich ganz auf seine geruchliche Wahrnehmung zu konzentrieren. Er sollte eine Fährte ruhig und sicher mit tiefer Nase und möglichst selbstständig ohne Einwirkungen des Hundeführers ausarbeiten. Der Begriff „fährtenrein" bezeichnet dann einen Hund, der eine Fährte sauber ausarbeitet und dabei sämtliche Verleitungen ignoriert.

2.4.3 Regelwerk, Leistungs- und Prüfungsklassen

Fährtenhundprüfungen können als „Abteilung A" der Gebrauchshundprüfungen, aber auch als eigenständige Fährtenprüfungen abgelegt werden. Dabei wird zwischen den Prüfungen nach nationalem Regelwerk (FPr1, FPr2 und FPr3) und den anspruchsvolleren Prüfungen, die ein Ausbildungskennzeichen nach FCI-Vorgaben darstellen (FH1, FH2 und IPO FH), unterschieden. Eingangsvoraussetzung für alle Prüfungen ist die bestandene Begleithundprüfung. Für die Teilnahme an den Prüfungen FH1 und FH2 muss der Hund mindestens 18 Monate und für die Teilnahme an der IPO FH mindestens 20 Monate alt sein. Insgesamt können auf einer Prüfung 100 Punkte erreicht werden, die Prüfung gilt mit 70 erreichten Punkten als bestanden.

Bei den einfachsten Prüfungen ist die Fährte, auf die der Hund angesetzt wird, nur 20 min alt und etwa 250 m lang. Bei der schwierigsten Prüfung, der IPO FH, muss der Hund hingegen an zwei verschiedenen Tagen zwei Fährten, die von unterschiedlichen Personen an unterschiedlichen Orten gelegt wurden, ausarbeiten. Dabei sind die Fährten jeweils 1800 Schritte lang und bereits 180 min alt, wenn der Hund darauf angesetzt wird. Der Verlauf der Fährte ändert mehrfach die Richtung (vorgegeben sind sieben Winkel, davon mindestens zwei spitze Winkel und mindestens ein halbkreisförmiger Schenkel) und die Fährte wird von zwei frischen Fährten, sog. Verleitungen, gekreuzt, von denen sich der Hund jedoch nicht ablenken lassen darf. Darüber hinaus sind auf der Fährte sieben Gegenstände (Holz, Leder, Kunststoff) ausgelegt, die der Hund aufnehmen oder anzeigen muss.

2.4.4 Körperliche Anforderungen und bevorzugte Rassen

Prinzipiell kann Fährtenarbeit mit **Hunden aller Rassen** sowie mit **Mischlingen** betrieben werden. Dabei sind im Fährtenhundsport durch die Nähe zum Vielseitigkeitssport vorwiegend klassische Gebrauchshundrassen zu finden, aber auch Jagdhunderassen sind weit verbreitet. Viele der typischen Meute- und Schweißhunde haben deutlich mehr Geruchsrezeptoren pro Quadratzentimeter Nasenschleimhaut als andere Rassen, sodass sie für die Nasenarbeit besonders geeignet sind. Demgegenüber eignen sich brachyzephale Rassen von den körperlichen Voraussetzungen her eher weniger für die Fährtenarbeit. Dennoch sind im Fährtensport auch viele Boxer sehr erfolgreich, da letztendlich auch individuelle Fähigkeiten sowie die Zusammenarbeit mit dem Hundeführer entscheidend sind.

▸ **Abb. 2.7** Flyball. (Foto: Martin Schlockermann, Unna)

a Im Flyball starten zwei Mannschaften auf parallel aufgebauten Bahnen im K.-o.-System. Der enge Aufbau beider Bahnen nebeneinander bei der Arbeit mit hochmotivierten Hunden stellt hohe Herausforderungen an die Konzentrationsfähigkeit der Hunde. Der Stress, den die Teilnahme an einem solchen Turnier für einen Hund darstellt, sollte nicht unterschätzt werden.

b Am Ende der Bahn steht die sog. Flyball-Maschine. Durch die Bauweise der neueren Maschinen nehmen die Hunde dabei den Ball während der „Schwimmerwende" auf. Dabei wird die Wendung von der Mehrzahl der Hunde immer nur in eine, die bevorzugte Richtung, ausgeführt. Dadurch sowie durch die hohen Anlaufgeschwindigkeiten kommt es zu starken und sehr einseitigen Belastungen an den Gelenken der Vordergliedmaßen sowie im Bereich der Wirbelsäule.

c Die Hunde einer Mannschaft starten nacheinander wie bei einem Staffellauf. Auch dies erfordert ein hohes Maß an Konzentration sowie Abstimmung im Team.

2.5 Flyball

2.5.1 Geschichte und Herkunft

Flyball entstand Anfang der 1970er-Jahre in den USA, als der Besitzer eines „ballverrückten" Hundes eine Kiste baute, an der der Hund über ein Pedal den Ballwurf mit der Pfote selbst auslösen konnte. Hieraus entwickelte sich in den folgenden Jahren eine Team-Sportart, die in den 1990er-Jahren auch nach Europa kam. In Deutschland fand die erste Flyball-Veranstaltung 1991 im Rahmen der Welthundeausstellung in Dortmund statt, zu diesem Zeitpunkt noch mit massiven Holzhürden und Katapult-Maschinen. Bis zur regelmäßigen Austragung von Flyball-Turnieren in Deutschland dauerte es dann noch einmal weitere zehn Jahre, mittlerweile wird die Sportart jedoch von zahlreichen Vereinen unter dem Dach des VDH angeboten.

2.5.2 Die Sportart

Flyball ist eine Wettkampfsportart, bei der mindestens zwei Mannschaften mit jeweils vier Mensch-Hund-Teams auf parallel aufgebauten Wettkampfbahnen (▸ **Abb. 2.7a**) gegeneinander antreten. Wettkämpfe werden im Runden- oder K.-o.-System ausgetragen und können draußen oder in der Halle stattfinden. Die Wettkampfbahnen haben eine Länge von 16 m von der Start- und Ziel-Linie auf der einen Seite bis hin zur Flyball-Maschine (▸ **Abb. 2.7b**) auf der anderen Seite. Der Abstand zwischen den parallel aufgebauten Bahnen beträgt dabei nur 4,6–6,6 m. Auf jeder Wettkampfbahn befinden sich vier Hürden; die Höhe der Hürden richtet sich nach der Schulterhöhe des

▶ **Abb. 2.8** Flyball ist eine schnelle Sprungsportart und gehört dadurch zu den High-Impact-Sportarten. Die Hunde tragen ein Geschirr, um am Start besser gehalten werden zu können; viele Hunde tragen außerdem Bandagen zum Schutz der Daumenkrallen. Das Geschirr (S. 169) sollte unbedingt so beschaffen sein, dass die Bewegungsfreiheit von Schulterblättern und Schultergelenken nicht eingeschränkt wird. (Foto: Martin Schlockermann, Unna)

jeweils kleinsten Hundes im Team. Nachdem die Startfreigabe erfolgt ist, überqueren die jeweils ersten Hunde die Startlinie, jeder Hund überwindet dann zunächst die vier Hürden auf seiner Bahn, dann löst er die Flyball-Maschine aus und läuft mit dem Ball im Maul möglichst schnell über die vier Hürden zurück zur Start- und Ziellinie. Wie bei einem Staffellauf startet dann der nächste Hund eines Teams; dieser darf die Start- und Ziellinie aber erst in dem Moment in Richtung Ballwurfmaschine hin überqueren, wenn der vorherige Hund die Linie in Gegenrichtung überquert. Dabei ist jeweils die „Nasenhöhe" der Hunde entscheidend (▶ **Abb. 2.7c**). Die Laufzeit wird dabei in der Regel über eine Lichtschranke ermittelt oder alternativ mit der Stoppuhr genommen.

Flyball ist nicht nur eine Sprung-, sondern auch eine extrem schnelle Sportart (▶ **Abb. 2.8**) und zählt dadurch zu den „High-Impact"-Sportarten, bei denen es zu hohen Schnellkraftbelastungen des Bewegungsapparats (S. 157) kommt. Gute Flyball-Teams benötigen weniger als 20 sec zwischen dem Start des ersten und dem Zieleinlauf des letzten Hundes. Vor allem durch die Einführung der „Schwimmerwende" kommt es zusätzlich zu stark einseitigen körperlichen Belastungen der Hunde, da die Wendung in der Regel immer nur in eine Richtung ausgeführt wird. Darüber hinaus ist auch die Motivationslage der Hunde durch die Arbeit über Beute- und Geschwindigkeitsreize meist sehr hoch, was durch die sympathikotone Reaktionslage ein hohes Risiko für akute Verletzungen birgt.

2.5.3 Regelwerk, Leistungs- und Prüfungsklassen

Wettkämpfe im Flyball werden nach dem VDH-Flyball-Reglement von 2005 durchgeführt, zu dem es mittlerweile einige Ergänzungen gibt. Jede Mannschaft besteht dabei aus mindestens vier Mensch-Hund-Teams, zusätzlich dürfen bis zu zwei Reserve-Teams gemeldet werden. Jede Mannschaft hat außerdem einen eigenen „Ball-Lader", der dafür sorgt, dass die Maschine zwischen zwei Hunden jeweils wieder mit einem neuen Ball bestückt wird. Vor allem auf kleineren Wettkämpfen darf jede Mannschaft ihre eigene Flyball-Maschine mitbringen, vorausgesetzt, dass diese die Anforderungen des Reglements erfüllt. Auf größeren Meisterschaften werden identische Maschinen vom Veranstalter gestellt.

Vor einem Wettkampf muss jede Mannschaft ihre sog. Richt- oder Referenzzeit angeben; anhand dieser Referenzzeit erfolgt die Einteilung in verschiedene Divisionen, sodass immer etwa gleich starke Mannschaften gegeneinander starten. Damit eine Mannschaft sich keinen Vorteil dadurch erwirbt, dass sie eine langsamere Referenzzeit angibt, als es ihrer tatsächlichen Maximalzeit entspricht, wird jeder Lauf, der mindestens 0,5 sec schneller ist als die angegebene Referenzzeit, als verloren gewertet („Break Out"). Damit ein Wettkampf anerkannt wird, müssen mindestens vier Mannschaften pro Division gemeldet sein.

Macht ein Team einen Fehler, wird der betroffene Hund mit einer „Strafrunde" belegt. Das bedeutet, dass er im Anschluss an den vierten und eigentlich letzten Hund der Mannschaft noch einmal starten muss. Solche Fehler können z. B. ein zu früher Wechsel bzw. ein Frühstart sein, aber auch der Verlust des Balles oder das Auslassen oder Umwerfen einer Hürde.

2.5.4 Körperliche Anforderungen und bevorzugte Rassen

Flyball-Wettkämpfe sind prinzipiell für **Hunde aller Rassen** sowie für **Mischlinge** offen. Das Mindestalter für eine Wettkampfteilnahme ist dabei mit 15 Monaten festgeschrieben und verletzte oder erkrankte Hunde werden durch das Reglement explizit vom Wettkampf ausgeschlossen.

Die Sprunghöhe ist im Flyball mit maximal 35 cm im Vergleich zu anderen Hundesportarten relativ niedrig. Die Höhe wird außerdem der Widerristhöhe des kleinsten Hundes im Team angepasst. Die Hürden lassen sich stufenweise einstellen und zwar auf 17,5 cm, 20 cm, 22,5 cm, 25 cm, 27,5 cm, 30 cm, 32,5 cm und 35 cm. Die Hürdenhöhe wird dabei wie folgt festgelegt: Von der Widerristhöhe des kleinsten Hundes werden 12,5 cm abgezogen und dann auf die nächstfolgende Hürdenhöhe abgerundet. Ist der kleinste Hund eines Teams beispielsweise ein Border Collie mit einer Schulterhöhe von 47 cm, so ergibt sich eine Hürdenhöhe von 32,5 cm (47 cm – 12,5 cm = 34,5 cm; abgerundet auf 32,5 cm). Im Agility müsste derselbe Hund Hürden von bis zu 65 cm Höhe überwinden. Durch diese niedrigen Hürden einerseits und die hohen Geschwindigkeiten andererseits ergibt sich für die Sprünge im Flyball eine relativ flache Sprungbahn (▶ Abb. 2.9a).

Während zu Beginn der Einführung der Sportart Flyball in Deutschland durch den VDH im Jahr 1991 hauptsächlich noch „**Katapult-Boxen**" eingesetzt wurden, die der ursprünglichen Flyball-Maschine nachempfunden waren, sind diese mittlerweile fast überall durch „**Zweiloch-Vollpedal-Boxen**" ersetzt worden. Um mit der Vorderpfote gezielt das Pedal einer Katapult-Box betätigen zu können, muss der Hund abbremsen. Auch erfordert es eine hohe Geschicklichkeit, den dann im hohen Bogen geworfenen Ball aus der Luft zu fangen. Die neuen Boxen hingegen ermöglichen es dem Hund, die schräge Ebene im Bogen bzw. in einer „**Schwimmerwende**" (▶ Abb. 2.9b) zu laufen und den Ball dabei aus dem Loch zu nehmen. Die

▶ **Abb. 2.9** (Foto: Martin Schlockermann, Unna)

a Durch die relativ niedrige Hürdenhöhe kommt es im Flyball zu hohen Geschwindigkeiten und einer flachen Sprungtechnik. Dies wiederum führt in Kombination mit der hohen Anzahl an Wiederholungen vor allem zu repetitiven Belastungen des Weichteilgewebes.

b Die Zweiloch-Vollpedal-Boxen und die „Schwimmerwende" sollten die körperlichen Belastungen für die Hunde reduzieren. Dabei liegen bislang keine wissenschaftlichen Untersuchungen über die tatsächlichen Gelenkbelastungen bei der „Schwimmerwende" vor.

c Durch die hohen Geschwindigkeiten kommt es jedoch auch hier häufig zu Stauchungen im Bereich von Wirbelsäule und Gelenken.

Einführung dieser Zweiloch-Vollpedal-Boxen und der Schwimmerwende als neue Technik hatte auch die Minimierung der Belastung der Vordergliedmaßen der Hunde zum Ziel, hat die Sportart vor allem aber noch schneller gemacht. Dabei muss insbesondere berücksichtigt werden, dass die Hunde die Schwimmerwende in der Regel immer in die gleiche, für sie leichter und schneller auszuführende Richtung machen, sodass es bei Hunden, die intensiv im Flyball trainiert werden, ohne dass das Training entsprechende Ausgleichsmaßnahmen erhält, oft zu extremen muskulären Dysbalancen und asymmetrischen Unterschieden in der Wirbelsäulen- und Gelenkflexibilität kommt (▶ **Abb. 2.9c**).

Generell sieht man auch im Flyball vorwiegend wendige **Laufhundtypen**; insbesondere Border Collies sind häufig vertreten. Dabei ist zu berücksichtigen, dass allein eine hohe Motivationslage in Bezug auf den Ball sowie Schnelligkeit und Beweglichkeit nicht ausreichen, damit ein Hund erfolgreich im Flyball trainiert und gestartet werden kann. Entscheidend sind auch ein hohes Konzentrationsvermögen und ein gutes, souveränes Sozialverhalten, da die Ablenkungen vor allem im Wettkampf durch die zahlreichen Teams extrem hoch sind. So ist die Start- und Ziellinie, an der die Hunde einer Mannschaft in entgegengesetzten Richtungen aneinander vorbeilaufen müssen, nur 1 m breit und die zweite Wettkampfbahn, auf der die gegnerische Mannschaft startet, nur 4,6–6,6 m entfernt.

Zu berücksichtigen ist außerdem, dass der stark **repetitive Charakter** der Sportart unter Umständen jedoch nicht nur körperliche Probleme nach sich zieht, sondern auch stereotype Verhaltensauffälligkeiten fördern kann; auch hier scheinen Hütehunderassen wie Border Collies wiederum besonders gefährdet.

2.6 Frisbee

2.6.1 Geschichte und Herkunft

Dog Frisbee oder auch Disc Dogging stammt wie viele andere Hundesportarten auch aus den USA. Anfang der 1970er-Jahre erfreute sich das Frisbee-Spiel vor allem bei Studenten großer Beliebtheit. Im August 1974 sorgte dann Alex Stein für Aufsehen, als er mit seinem Whippet „Ashley" in der Pause eines Baseball-Meisterschaftsspiels auf das Feld lief und ohne Genehmigung eine Frisbee-Show hinlegte, von der das Publikum sofort begeistert war. Eine neue Hundesportart war geboren und in den folgenden Jahren gründeten sich verschiedene Organisationen, die nationale und internationale Wettkämpfe austragen.

2.6.2 Die Sportart

Im Flyball werden im Wesentlichen drei verschiedene Disziplinen unterschieden: Freestyle, Mini-Distance und Long-Distance.

Beim Freestyle zeigt ein Mensch-Hund-Team eine selbst entworfene, zweiminütige Choreografie zu einer beliebigen Musik. Dabei werden verschiedene Wurftechniken des Menschen mit verschiedenen Tricks des Hundes kombiniert und es werden je nach Regelwerk mehrere Scheiben (7–10) eingesetzt. Die Bewertung geschieht nach verschiedenen Kriterien; dabei werden die Schwierigkeit und die Ausführung der Wurftechniken des Menschen, aber auch die Athletik und Geschicklichkeit des Hundes sowie Komposition und Kreativität der Kür mit einbezogen. Zu den Tricks, die die Hunde beim Freestyle zeigen, gehören unter anderem Körpersprünge, „Vaults", das Fangen der Scheibe aus der Luft („air catches") mit oder ohne Drehungen („Flips").

Beim Mini-Distance muss das Mensch-Hund-Team versuchen, innerhalb einer vorgegebenen Zeit (60 oder 90 sec) möglichst viele Punkte zu erzielen. Dabei ist das Spielfeld in verschiedene Zonen eingeteilt und das Team erhält Punkte für jede vom Hund gefangene und zurückgebrachte Scheibe. Je weiter die Zone vom Werfer entfernt ist, desto höher ist die Punktzahl, die das Team für die gefangene Scheibe erhält. Außerdem gibt es Extrapunkte, wenn der Hund die Scheibe im Sprung fängt („in the air", der Hund befindet sich mit allen vier Pfoten in der Luft).

Beim Long-Distance hat jedes Team drei Würfe, die jedoch nur dann gewertet werden, wenn die Scheibe vom Hund gefangen wird. Ziel ist es, die Scheibe jeweils so weit wie möglich zu werfen.

2.6.3 Regelwerk, Leistungs- und Prüfungsklassen

Da Wettkämpfe im Dog Frisbee von verschiedenen Organisationen durchgeführt werden, gibt es hier auch etwas unterschiedliche Reglements. Dies bezieht sich z. B. auf die Vorgaben für die Anzahl der

Wurfscheiben im Freestyle oder die Zeitdauer, bei der ein Team im Mini-Distance Punkte sammeln kann. Auch die Qualifikationsregeln für die Teilnahme an Meisterschaften sind unterschiedlich. Bisher ist die Sportart in Deutschland nicht vom VDH anerkannt, sodass es hier auch kein einheitliches Regelwerk bzw. keine einheitliche Prüfungsordnung gibt. In der Regel wird in zwei Schwierigkeitsklassen gestartet, der Anfänger- oder Beginner-Klasse und der offenen Klasse.

2.6.4 Körperliche Anforderungen und bevorzugte Rassen

Im Dog Frisbee gibt es keinerlei Beschränkungen hinsichtlich der Hunderasse, auch **Mischlinge** sind zugelassen und ein Abstammungsnachweis wird von keiner Organisation vorgeschrieben. Geeignet sind **alle Hunde**, die sich über Bewegungs- und Geschwindigkeits- bzw. Beutereize motivieren lassen. Dabei sind die körperlichen Anforderungen, die die Sportart an die Hunde stellt, sehr hoch und nur absolut gesunde Hunde mit einer ausgezeichneten körperlichen Fitness sollten diese Sportart ausüben. Hunde mit Einschränkungen im Bereich des Bewegungsapparats, chondrodystrophische Hundetypen sowie übergewichtige Hunde sollten diese Sportart keinesfalls ausüben. Weniger entscheidend ist dagegen die Körpergröße bzw. Schulterhöhe des Hundes, da der Werfer über die jeweilige Wurftechnik hierauf Rücksicht nehmen kann. Hütehunde wie Border Collies und Australian Shepherds, aber auch Belgische Schäferhunde (▶ **Abb. 2.10**) sieht man häufig im Dog Frisbee, aber auch Whippets, Jack-Russel-Terrier, Pudel und Mischlinge werden sehr erfolgreich auf Wettkämpfen geführt.

Die hohe Motivationslage der Hunde über Bewegungs- bzw. Beutereize (fliegende Scheibe) ist zusätzlich zu den zum Teil sehr schwierigen Tricks, die die Hunde in hoher Geschwindigkeit ausüben, mit verantwortlich für das hohe Verletzungsrisiko, das diese Sportart mit sich bringt (▶ **Abb. 2.11**).

Zu beachten ist außerdem, dass ausschließlich mit Scheiben trainiert und gespielt werden sollte, die speziell für Hunde entwickelt und hergestellt wurden. Es gibt Scheiben in verschiedenen Größen und aus unterschiedlichen Materialien, die aber alle so beschaffen sind, dass sie das Hundemaul beim Fangen nicht verletzen. Turnierscheiben haben dabei einen Durchmesser von 24 cm und ein Gewicht von 100 g. Es sollte außerdem darauf geachtet werden, dass auf einem möglichst ebenen, rutschfesten Untergrund gespielt wird.

▶ **Abb. 2.10** Belgische Schäferhunde wie Malinois eignen sich ähnlich wie andere Hütehunderassen für die Sportart Frisbee. Trainiert wird mit speziellen Hunde-Frisbee-Scheiben. (Foto: Petra Deggendorfer, Hockenheim)

▶ **Abb. 2.11** Landet der Hund nach einem Sprung nicht wie im Galopp kurz nacheinander auf beiden Vorderbeinen, so entstehen starke Kompressions- und Torsionskräfte auf den erstauffußenden Gliedmaßen wie hier auf dem rechten Vorder- und Hinterbein. (Foto: Silke Meermann)

2.7 Gebrauchshundsport

2.7.1 Geschichte und Herkunft

Der erste Schutzhundwettbewerb in Deutschland fand im Jahre 1906 statt und wurde von einem Deutschen Schäferhund gewonnen. Von Anfang an entwickelte sich diese Sportart in Anlehnung an die Ausbildung von Polizei- und Diensthunden. Vor allem in den letzten Jahren wurde es jedoch nicht mehr als zeitgemäß angesehen, die Hunde im Sport auch zum Angriff auf Menschen auszubilden, sodass die Betonung heute auf der Selbstverteidigung des Hundes und der Verteidigung seines Hundeführers liegt. Darüber hinaus wird heute deutlich zwischen Diensthunden einerseits und Schutzhunden andererseits differenziert: Diensthunde können im Notfall auch zum Angriff auf Menschen eingesetzt werden; dies wird als „Zivilschärfe“ bezeichnet. Der Einsatz von Diensthunden ist jedoch den Behörden vorbehalten bzw. bedarf spezieller behördlicher Genehmigungen, wenn sie von privaten Sicherheitsdiensten geführt werden. Demgegenüber wird der im Schutzdienst geführte Sporthund spielerisch über den Beutetrieb auf den Schutzärmel trainiert; er muss außerdem zuvor eine Begleithundprüfung (BH) ablegen und dabei seine Unbefangenheit gegenüber Menschen unter Beweis stellen.

Während diese Sportart ursprünglich als Schutzhundsport bezeichnet wurde und auch die entsprechenden Prüfungen so benannt wurden (Schutzhundprüfung 1–3; SchH 1–3), wurden diese Begriffe bis 2011 von der Bezeichnung Vielseitigkeitssport abgelöst und die Prüfungen wurden als Vielseitigkeitsprüfungen für Gebrauchshunde (VPG 1–3) bezeichnet. Seit 2012 werden die Prüfungen nach einer von der FCI vorgegebenen Internationalen Prüfungsordnung abgehalten und als IPO 1–3 benannt; daher wird zum Teil der Begriff IPO auch als Synonym für den Gebrauchshundsport verwendet. Dies ist jedoch eigentlich irreführend, da mittlerweile auch in anderen Sportarten (z. B. Obedience) mit einer internationalen Prüfungsordnung gearbeitet wird.

2.7.2 Die Sportart

Der Gebrauchshundsport besteht nicht nur aus dem eigentlichen Schutzdienst, sondern umfasst noch weitere Disziplinen, sog. Abteilungen, in denen die Hunde ihre Vielseitigkeit unter Beweis stellen müssen. Als **Abteilung A** wird die Fährtenarbeit bezeichnet, als **Abteilung B** der Unterordnungs- bzw. Gehorsamsteil und als **Abteilung C** der eigentliche Schutzdienst. Auch die **Ausdauerprüfung** wird als Teil dieser Sportart angesehen.

▸ **Abb. 2.12** Die Hürde im Gebrauchshundsport ist unabhängig von der Größe des Hundes immer 1 m hoch. Durch das Gewicht des Apportels wirken bei der Landung sehr hohe Kräfte auf die erstauffußende, hier linke Vordergliedmaße. Auf dem Foto wird nicht nur die starke Hyperflexion im Bereich der Karpalgelenke, sondern auch die Hyperextension von unterer Halswirbelsäule und zervikothorakalem Übergang deutlich. Im Bereich von Brust- und Lendenwirbelsäule kommt es dagegen vorwiegend zu axial wirkenden Kompressionskräften. (Foto: Andrea Manthey, Lahr)

Die **Fährtenarbeit** (S. 32) wurde bereits oben beschrieben. Die **Unterordnung** umfasst die Fußarbeit in der Freifolge, aber auch weitere Übungen wie „Sitz aus der Bewegung“, „Steh aus dem Laufschritt“, „Ablegen in Verbindung mit Herankommen“, das „Voraussenden mit Hinlegen“ und das „Ablegen unter Ablenkung“, wobei die Ablenkung darin besteht, dass aus einer kleinkalibrigen Pistole ein Schuss abgegeben wird, von dem sich der Hund völlig unbeeindruckt zeigen sollte. Darüber hinaus umfasst der Unterordnungsteil für Gebrauchshunde auch das „Bringen auf ebener Erde“, das „Bringen über eine Hürde“ (▸ **Abb. 2.12**) und das „Bringen über eine Schrägwand“ (▸ **Abb. 2.13**). Die Bringhölzer haben dabei ein Gewicht von 2000 g (auf ebener Erde) bzw. von 650 g (beim Bringen über die Hürde bzw. die Schrägwand). Die Hürde ist unabhängig von der Größe des Hundes immer 1 m hoch und die Schrägwand hat eine Höhe von 1,80 m bei deutlich steilerem Winkel, als dies beispielsweise bei den Schrägwänden im Agility oder THS der Fall ist. Auch der **Schutzdienst** umfasst verschiedene Aufgabenstellungen, dabei geht es in allen Teilaufgaben darum, wie sich der Hund gegenüber dem Schutzdiensthelfer bzw. Figuranten verhält und ob er dabei stets unter dem Kommando und der Kontrolle des Hundeführers

▸ **Abb. 2.13** Die Schrägwand im Gebrauchshundsport ist insgesamt 1,80 m hoch. Auch hier wird die Belastung beim Aufsprung und vor allem bei der Landung durch das Gewicht des Apportels noch erhöht. Dabei ist die Wand derart steil gestellt, dass ein Abbremsen oder Herablaufen nicht möglich ist. (Foto: Andrea Manthey, Lahr)

▸ **Abb. 2.14** Im Gebrauchshundsport trägt der Figurant einen Schutzärmel. Der Hund wird auf den Ärmel konditioniert und muss dabei stets unter dem Kommando des Hundeführers stehen. Je nachdem, wie der Schutzdiensthelfer den Hund beim Anbiss annimmt, kann es dabei zu sehr unterschiedlichen Belastungen kommen. (Foto: Carina Godbarsen, Rastatt)

steht. Der Figurant trägt an einem Arm den sog. Schutzdienst-Ärmel (▸ **Abb. 2.14**) und hält in der anderen Hand einen Stock aus einem weichen Kunststoffmaterial, mit dem er den Hund durch Schläge reizt. Zu den einzelnen Schutzdienstübungen gehört das „Revieren", bei dem der Hund sechs Verstecke nach dem Figuranten absuchen muss, das „Stellen und Verbellen" (▸ **Abb. 2.15**) sowie die „Verhinderung eines Fluchtversuchs" des Figuranten und die „Abwehr eines Angriffs aus der Bewachungsphase". Beim „Rückentransport" geht der Figurant vor dem Hundeführer und dem Hund und weitere Übungen sind der „Überfall auf den Hund aus dem Rückentransport" und der „Angriff auf den Hund aus der Bewegung".

▸ **Abb. 2.15** Das Stellen und Verbellen des Figuranten im Versteck ist Teil des Schutzdienstes. Bei diesem Übungsteil entstehen keine besonderen körperlichen Belastungsmomente für den Hund. (Foto: Andrea Manthey, Lahr)

Während in Deutschland der klassische Schutzdienst am weitesten verbreitet ist, hat sich in den Niederlanden, in Belgien und in Frankreich das **Mondioring** bzw. der **Ring-Sport** entwickelt. Diese Sportart unterscheidet sich vom klassischen Schutzdienst vor allem darin, dass der Figurant nicht nur einen Schutzärmel, sondern ein komplettes Schutzkostüm trägt und den Hund mit dem Stock nur bedrohen und reizen, aber nicht schlagen und berühren darf. Darüber hinaus darf der Hund in diesen Sportarten den Figuranten niemals selbstständig, sondern immer nur auf das Kommando des Hundeführers hin angreifen. Auch für diese Sportart existieren mittlerweile von der FCI anerkannte Prüfungsordnungen.

2.7.3 Regelwerk, Leistungs- und Prüfungsklassen

Gebrauchshundprüfungen, die nach der Internationalen Prüfungsordnung abgehalten werden und sog. Ausbildungskennzeichen der FCI darstellen, umfassen immer alle drei Abteilungen (Fährte, Unterordnung und Schutzdienst). Diese werden als IPO 1, IPO 2 und IPO 3 bezeichnet. Bei Bestehen der IPO 3 mit sehr gutem oder vorzüglichem Gesamturteil darf der Hund dann entsprechend den Titel „Internationaler Arbeits-Champion" führen. Darüber hinaus können auf nationaler Ebene aber auch Prüfungen in den jeweiligen Einzeldisziplinen ausgerichtet werden. Diese heißen dann Fährtenprüfung 1–3 (FPr 1–3), Unterordnungsprüfung 1–3 (UPr 1–3) und Schutzdienstprüfung 1–3 (SPr 1–3). Auch kombinierte Unterordnungs- und Schutzdienstprüfungen (APr 1–3) werden ausgerichtet. Eingangsvoraussetzung für alle Prüfungen ist die bestandene Begleithundprüfung (BH); für die Qualifikation für die nächsthöhere Prüfungsstufe müssen jeweils Mindestpunktzahlen erreicht werden, die dann zur Teilnahme in der höheren Prüfungsklasse berechtigen. Prüfungen werden von Sportvereinen und -verbänden, aber auch von den Rasseverbänden der Gebrauchshundrassen ausgerichtet.

2.7.4 Körperliche Anforderungen und bevorzugte Rassen

Prinzipiell kann der Gebrauchshundsport mit **Hunden aller Rassen** sowie mit **Mischlingen** ausgeübt werden. Strenge Zulassungsvoraussetzungen hinsichtlich der Rassen gibt es allerdings zum Teil bei den Prüfungen und Meisterschaften der Rassehundverbände sowie auf internationalen FCI-Veranstaltungen. Zu den klassischen Gebrauchshundrassen gehören der **Deutsche Schäferhund**, der **Deutsche Boxer**, der **Dobermann**, der **Rottweiler**, der **Hovawart** und der **Riesenschnauzer** sowie der **Airedale Terrier**, der **Malinois** und der **Bouvier**.

Vor allem die Übungen des Schutzdienstteils sowie das Bringen der Apportel mit Gewichten von jeweils 650 bzw. 2000 g und der Sprung über die Meterhürde und das Überwinden der 1,80 m hohen Schrägwand setzen auch eine **gewisse Mindestgröße** der Hunde voraus, sodass kleine Hunde in der Regel nicht im Gebrauchshundsport geführt

▶ **Abb. 2.16** Beim Sprung in den Ärmel kommt es zu einer starken negativen Beschleunigung des Hundes. Je nachdem, wie der Schutzdiensthelfer den Hund annimmt, werden dabei unterschiedliche anatomische Strukturen belastet. In dieser Abbildung wirken nicht nur Kompressions-, sondern vor allem auch Torsionskräfte im Bereich der Wirbelsäule ein. (Foto: Carina Godbarsen, Rastatt)

werden. Dabei sind die körperlichen Anforderungen an die Hunde bei den verschiedenen Übungen sehr unterschiedlich: Im Unterordnungsteil können durch die Fußarbeit während der Freifolge vor allem Verspannungen sowie Muskeldysbalancen durch stark einseitiges Arbeiten entstehen. Die Sprunghöhe ist außerdem mit 1 m deutlich höher als in allen anderen Sportarten, allerdings muss sie im Rahmen einer Prüfung insgesamt nur zweimal überwunden werden, wobei der Hund beim Rücksprung zusätzlich das 650 g schwere Apportel trägt. Auch die Schrägwand ist mit 1,80 m deutlich höher und wesentlich steiler als die Schrägwände in den übrigen Sportarten, wodurch ebenfalls hohe Belastungen entstehen. Um die Schrägwand überwinden zu können, benötigt der Hund eine hohe Grundgeschwindigkeit und außerdem eine gute Körperspannung. Vor allem bei der Landung entstehen dann hohe Kompressionskräfte an den Gelenkflächen der erstauffußenden Vordergliedmaße sowie im Bereich der Weichteilstrukturen.

Im Bereich des Schutzdienstes ist die „Verhinderung des Fluchtversuches" des Figuranten die Aufgabe, bei der es leider immer wieder auch zu Verletzungen der Hunde kommt: Die Hunde nehmen über eine Distanz von etwa 50–60 m eine enorme Geschwindigkeit auf und springen dann mit geöffnetem Fang in den Beuteärmel des Schutzdiensthelfers, wodurch sie eine starke negative Beschleunigung erfahren (▶ **Abb. 2.16**). Dadurch kann es zu Verletzungen im Bereich der Maulhöhle, aber auch zu Stauchungen der Halswirbelsäule kommen. Da sich die einstauchenden Kräfte über die gesamte Wirbelsäule fortsetzen, können aber auch weiter hinten gelegene Teile der Wirbelsäule und insbesondere auch der lumbosakrale Übergang in Mitleidenschaft gezogen werden. Ob es bei dieser Übung zu Verletzungen der Hunde kommt, ist ganz entscheidend auch davon abhängig, wie gut der Schutzdiensthelfer den Hund „annimmt“ und die Vorwärtsbewegung abbremst.

▶ **Abb. 2.17** Border Collie in der typisch geduckten Hütehaltung; Border Collies gehören zu den Schaf- bzw. Koppelgebrauchshunden. Ihr Körperbau mit den relativ stark gewinkelten Vorder- und Hintergliedmaßen ist für diese geduckte Arbeitshaltung sowie für die schnellen seitlichen Bewegungen, die in der Hütearbeit gefordert sind, von Vorteil. Dieser Körperbau macht sie darüber hinaus für die Belastungsanforderungen im Agility besonders geeignet. (Foto: Silke Meermann)

2.8 Hütearbeit

2.8.1 Geschichte und Herkunft

Im Laufe der Domestikation vom Wolf zum Hund stand wahrscheinlich das gemeinsame Jagen zu Beginn dieses Prozesses. Mit der Domestikation von Wildwiederkäuern wie Rentieren, Schafen und Ziegen war der Mensch jedoch nicht mehr allein auf die Jagd angewiesen und es entwickelten sich Hunde, die zur Verteidigung der Herden gegenüber Raubtieren, aber auch zum Zusammenhalten und Treiben des Viehs eingesetzt werden konnten. Neben Schlittenhunden, Wind- und Jagdhunden werden Herdengebrauchshunde so schon sehr lange zum Vorteil des Menschen eingesetzt. Dabei führten die Vielfalt der landschaftlichen und wirtschaftlichen Gegebenheiten sowie die Haltung unterschiedlicher Arten von Vieh zur Entwicklung verschiedener Hundetypen. Als **Herdengebrauchshunde** werden dabei alle Hunde bezeichnet, die für einen Schäfer oder Hirten arbeiten:

- **Herdenschutz**- bzw. **Hirtenhunde**: Hierbei handelt es sich um große, schwere Hunde, die bereits als Welpen mit dem Vieh sozialisiert werden und dann unmittelbar bei der Herde leben. Ihre Aufgabe ist es, die Herde vor Raubtieren zu schützen. Zu diesen Hunden gehören z. B. der Kuvasz, der Kangal, der Komondor, der Maremmano-Abbruzzese, der Pyrenäen-Berghund, verschiedene Owtscharkas und andere.
- **Treib**- oder **Kuhhunde**: In dieser Gruppe werden Hunde zusammengefasst, die beim Weideauf- und -abtrieb von Vieh, insbesondere von Kühen und Rindern, zum Einsatz kommen. Typische Vertreter dieser Gruppe sind die Schweizer Sennenhunde, aber auch Rottweiler, Corgis, Australian Cattledogs, Bouviers des Flandres und andere.
- **Hüte**- bzw. **Schäferhunde**: Diese Gruppe umfasst Hunde, die für die typische kontinentale Hütearbeit unter beengten Verhältnissen auf Feld- und Wegeweiden zum Einsatz kommen. In diese Gruppe fallen der Deutsche Schäferhund, die nicht von der FCI anerkannten Altdeutschen Hütehunde (Pommerscher Hütehund, Schafpudel, Gelbbacken, Harzer Füchse und Tiger), aber auch die Belgischen (Malinois, Tervueren, Groenendael, Laekneois), Holländischen (Hollandse Herdershond) und Französischen Schäferhundrassen (Beauceron, Briard, Picard etc).
- **Schaf**- bzw. **Koppelgebrauchshunde**: Hunde dieser Rassegruppe werden eingesetzt, um kleine, flüchtige Tiergruppen, in der Regel Schafe, auf weitläufigen Weiden einzusammeln und umzutreiben. Diese Gruppe umfasst vor allem Border Collies (▶ **Abb. 2.17**) und Kelpies.

Während der Mensch sich bei den Herdenschutzhunden vor allem deren Verteidigungsverhalten zunutze machte, entstanden die übrigen Herdengebrauchshunde dadurch, dass spezielle Verhaltenssequenzen des Jagdverhaltens züchterisch

▶ **Abb. 2.18** Das Verhalten, das Hütehunde bei der Arbeit an Vieh zeigen, entstammt dem Funktionskreis des Jagdverhaltens; entsprechend hoch ist dabei ihre Motivationslage. Diese hohe jagdliche Motivation kann dazu führen, dass die Hunde ihre eigenen körperlichen Fähigkeiten überschätzen, woraus ein relativ hohes Risiko für akute Verletzungen resultiert. (Foto: Silke Meermann)

modifiziert und gefestigt wurden. Die Verhaltensweisen, die Hütehunde gegenüber dem Vieh zeigen, entsprechen also dem Jagdverhalten, wobei jeweils nur mit den Hunden weitergezüchtet wurde, bei denen kein Tötungsbiss erfolgte und die in ihrem Verhalten gut durch den Menschen kontrollierbar waren (▶ **Abb. 2.18**). Diese Eigenschaften machen Hunde dieser Rassegruppe zu beliebten Sporthunden, da sie sich durch eine sehr hohe, ursprünglich jagdlich bedingte Motivation bei gleichzeitiger Kontrollierbarkeit auszeichnen.

2.8.2 Leistungshüten und Hütewettbewerbe

Da sich die einzelnen Hunderassen in Anpassung an zum Teil sehr spezifische Arbeitsbedingungen entwickelt haben und sich so auch heute noch in ihrer Arbeitsweise am Vieh zum Teil stark unterscheiden, werden Hütewettbewerbe in der Regel von den jeweiligen Rasseverbänden ausgerichtet. In einzelnen Rassevereinen finden auch Eignungstests am Vieh als Voraussetzung für eine Zuchtzulassung statt. Diese Tests haben keinen Wettkampfcharakter.

Im Vergleich zu anderen Hundesportarten spielen Hütewettbewerbe und Arbeitsprüfungen zahlenmäßig nur eine untergeordnete Rolle. Neben dem Leistungshüten für Deutsche Schäferhunde, welches vom SV ausgerichtet wird, werden in Deutschland vor allem Sheepdog Trials für Border Collies und verwandte Rassen von der Arbeitsgemeinschaft Border Collie Deutschland (ABCD) veranstaltet.

Leistungshüten Das Leistungshüten für Deutsche Schäferhunde wird vom SV ausgerichtet und zu den Gebrauchshundprüfungen gerechnet; entsprechend sind hierzu nur Deutsche Schäferhunde mit Zuchtpapieren des SV zugelassen. Die Arbeitsaufgaben orientieren sich an Situationen, die bei der Arbeit mit großen Schafherden, insbesondere beim Hüten auf nicht eingezäuntem Gelände und beim Umtrieb im Straßenverkehr, auftreten können. Der Schäfer führt dabei in der Regel zwei Hunde, den Haupt- und den Beihund, die Herdengröße beträgt je nach Ausschreibung der Prüfung mindestens 200 bzw. 300 Schafe. Zu den Aufgaben des Leistungshütens gehören unter anderem das Auspferchen der Schafe, das Überwinden einer Brücke, die Arbeit im Straßenverkehr, das weite und das enge Gehüt, der Engweg und zum Schluss das Einpferchen. Beurteilt werden aber auch weitere Eigenschaften des Hundes wie Gehorsam, Selbstständigkeit, Fleiß und der gezielte Griff (= Biss) auf Kommando des Schäfers.

Sheepdog Trials In Deutschland veranstaltet die ABCD regelmäßig sog. Sheepdog Trials, Hütewettbewerbe, für Border Collies und verwandte Rassen. Diese orientieren sich an den Arbeitsbedingungen, wie sie in Großbritannien im 19. Jahrhundert typisch waren, aber auch heutzutage auf dem europäischen Kontinent in der Koppelhaltung auftreten. Dabei muss der Hund eine kleine Gruppe von Schafen durch einen Parcours aus Toren und Zäunen bewegen. Je nach Leistungsklasse befindet er sich dabei mehrere hundert Meter entfernt von seinem Handler (Hundeführer) und befolgt dessen Pfeifkommandos mit präzisen Stopps und Richtungswechseln. Zu den Aufgaben, die bei einem Sheepdog Trial bewertet werden, gehören der Suchlauf des Hundes vom Schäfer zur Schafgruppe (Outrun), das Anbewegen der Schafgruppe (Lift), das Bringen der Schafe zum Schäfer (Fetch) und das Weg- bzw. Quertreiben (▶ **Abb. 2.19**) der Schafe zu einem vom Schäfer entfernten Ziel wie beispielsweise einem Tor oder Pferch (Drive). Auch

▶ **Abb. 2.19** Auch das Wegtreiben der Schafe unabhängig von der Position des Schäfers ist Teil der Sheepdog Trials und orientiert sich an tatsächlich vorkommenden Arbeitsaufgaben. Je ruhiger und kontrollierter dabei die Arbeitsweise eines Hundes ist, umso geringer ist dadurch sein Verletzungsrisiko. (Foto: Silke Meermann)

▶ **Abb. 2.20** Der Einsatz an Vieh bringt zahlreiche Verletzungsrisiken mit sich, die bei anderen Sportarten keine Rolle spielen. Anders als ein sicher umzäunter Hundesportplatz mit gut gepflegtem Untergrund hat eine Weidefläche oft Unebenheiten und Löcher. Auch vom Vieh selber, insbesondere von Rindern, geht durch Kopf- und Hornstöße, aber auch durch Tritte ein Verletzungsrisiko für den Hund aus. (Foto: Silke Meermann)

das Teilen der Gruppe (Shed), das Vereinzeln eines Schafes (Single) und das Einpferchen (Pen) sind weitere Aufgabenstellungen. Wettbewerbe finden in drei Schwierigkeitsstufen statt: Klasse 1 (Anfänger; hier darf der Schäfer zum Teil noch mit dem Hund mitgehen), Klasse 2 (Fortgeschrittene) und Klasse 3 (Offene Klasse).

2.8.3 Körperliche Anforderungen und bevorzugte Rassen

Zu Eignungsprüfungen und Arbeitstests sind in der Regel nur die **Hunde der jeweiligen Rasse** bzw. des jeweiligen Rassezuchtvereins zugelassen; Mischlinge und auch Hütehunde anderer Rassen sind in der Regel nicht zugelassen. Bei den Sheepdog Trials der ABCD sind auch Hunde ohne Papiere zugelassen und das Reglement erlaubt es ebenfalls, mit Mischlingen oder Hunden anderer Rassen an den Start zu gehen. Jedoch sind die Arbeitsaufgaben vor allem in den höheren Leistungsklassen so speziell, dass sie in der Regel nur von Border Collies und Kelpies ausgeführt werden können, die in Anpassung an diese spezifische Arbeitsweise gezüchtet wurden.

Unabhängig davon, welche Hunderasse zur Hütearbeit zum Einsatz kommt, gelten in Bezug auf die körperlichen Anforderungen jedoch ähnliche Grundsätze: So birgt das Arbeitsumfeld mit Vieh im Stall oder auf der Weide insgesamt deutlich höhere Verletzungsrisiken als die sportliche Betätigung auf einem Hundeplatz mit eigens dafür konstruierten Geräten. Verletzungen der Hunde durch **Tritte** oder **Hornstöße** von Schafen und Rindern, aber auch **Rissverletzungen** an Weidezäunen sind keine Seltenheit (▶ **Abb. 2.20**). Da die Hunde bei der Arbeit an Vieh Verhaltenssequenzen aus dem Jagdverhalten zeigen, ist dieses selbstbelohnend, d. h., die **Motivationslage** der Hunde ist hoch und die Rücksichtnahme auf die eigene körperliche Gesundheit daher meist entsprechend niedrig. Die Hunde zeigen körperliche Probleme nicht während der Hütearbeit, sondern meist erst danach. Darüber hinaus stellt die Hütearbeit generell hohe Anforderungen an die körperliche Fitness der Hunde: Dies gilt für den Bewegungsapparat, aber je nach Art und Dauer der Arbeit sowie abhängig von den Witterungsbedingungen auch für das Herz-Kreislauf-System. Vor allem dann, wenn die Hunde für längere Arbeitsaufgaben eingesetzt werden, benötigen sie eine gute Kraftausdauer. Die Arbeit am Vieh erfordert außerdem ein sehr gutes Koordinationsvermögen, da die Hunde in der Regel auf unebenem Untergrund arbeiten und darüber hinaus die Bewegungen der gehüteten Tiere laufend neue Reaktionen des Hundes bedingen, sodass er oftmals in einer Bewegung stoppen und sich blitzschnell in die entgegengesetzte Richtung bewegen muss.

2.9 Jagdliches Arbeiten

2.9.1 Bedeutung der Jagd

Als **Jagdhunde** werden Hunde bezeichnet, die dem Menschen als Gehilfen bei der Jagd dienen. Unter dem Begriff werden verschiedene Hundetypen und -rassen zusammengefasst, die ursprünglich für verschiedene jagdliche Zwecke gezüchtet wurden. Dies sind Stöberhunde, Vorstehhunde, Apportierhunde, Schweißhunde, Erdhunde und die Jagdhunde im engeren Sinne, also Bracken und Meutehunde.

Als **Jagdgebrauchshund** wird demgegenüber im deutschen Sprachgebrauch ein Hund bezeichnet, der tatsächlich jagdlich geführt wird. Dabei ist in Deutschland das Führen eines Jagdhundes Voraussetzung für waidgerechtes Jagen und wird gesetzlich auf Länderebene geregelt. Vor allem bei der sog. **Nachsuche**, also der Suche nach angeschossenem oder verunfalltem Wild, ist der Einsatz eines ausgebildeten Jagdhundes unerlässlich und der Jagdgebrauchshundverband betont, dass eine waidgerechte Jagdausübung aus jagdethischen, tierschutzgerechten und jagdwirtschaftlichen Gründen ohne brauchbaren Jagdhund nicht möglich ist.

Heute werden in Deutschland verschiedene Formen der Jagd unterschieden, bei denen auch Hunde auf unterschiedliche Weise zum Einsatz kommen.

Im Wald geht entweder ein Einzeljäger auf die Pirsch bzw. die Ansitzjagd oder es werden Gruppenjagden in Form von Treib- und Stöber- oder Drückjagden durchgeführt. Das **Stöbern** bezeichnet die Arbeit vor dem Schuss, bei der der Hund das Wild sucht und „aufstöbert“, um es dann bellend vor das Gewehr des Jägers zu treiben. Dieses Bellen auf der Fährte wird als „spurlaut“ bezeichnet. Für diese Form der Jagd werden Hunde verschiedener Typen eingesetzt.

Im offenen Gelände stehen die sog. **Suche** als Arbeit vor dem Schuss und das **Apportieren** als Arbeit nach dem Schuss im Vordergrund. Für die Suche eignen sich besonders Vorstehhunde, Pointer und Setter: Sie zeigen das Wild durch Verharren mit steifer Körperhaltung an. Dabei handelt es sich um eine Beutegreifhemmung, deren Grundlage weitgehend genetisch bedingt ist. Für das Apportieren werden häufig Retriever-Rassen eingesetzt. Viele jüngere deutsche Hunderassen wie der Deutsch Drahthaar, der Deutsch Kurzhaar, der Kleine und der Große Münsterländer zeichnen sich aber durch ihre Vielseitigkeit aus und können sowohl zum Stöbern, zur Suche als auch zum Apportieren eingesetzt werden.

▶ **Abb. 2.21** Vor allem Retriever eignen sich zur Wasserarbeit. Hierbei wird zwischen jagdlicher Arbeit, Rettungshundearbeit und Dummy-Sport unterschieden. Ein typisches Syndrom, welches im Zusammenhang mit der Wasserarbeit auftreten kann, ist die „Wasserrute“, auch als „Limber-Tail-Syndrom“ bezeichnet. Körperlich schlecht trainierte Hunde sind besonders gefährdet, außerdem scheinen kalte Wassertemperaturen dieses Syndrom zu begünstigen. (Foto: Marie France Mühlschlegel, Karlsruhe)

Bei der **Wasserarbeit** werden die Aufgaben des Hundes ebenfalls in die Arbeit vor und nach dem Schuss unterteilt. Dabei erfolgt hier sowohl das Aufscheuchen des Wassergeflügels als auch das Apportieren der geschossenen Vögel schwimmend aus dem Wasser. Hier werden vor allem Retriever und Spaniels eingesetzt. Im JGHV wird die Wasserarbeit im Rahmen der Brauchbarkeitsprüfung für Jagdhunde überprüft. Retriever können außerdem Arbeitsprüfungen im Felde, sog. **Field Trials**, nach FCI-Reglement ablegen. Die Wasserarbeit als **Form der Jagd** muss von der Wasserarbeit als **Teil der Rettungshundearbeit** (S. 54) unterschieden werden. Darüber hinaus existiert mittlerweile auch eine Form der **Wasserarbeit als Hundesport**, bei der verschiedene Dummys (▶ **Abb. 2.21**) und Gegenstände wie Paddel und Surfbretter vom Hund aus dem Wasser an Land oder zu einem Boot gebracht werden müssen.

Die **Schweißarbeit** oder Nachsuche dient dem Auffinden von angeschossenem oder durch einen

Autounfall verletztem Wild. Dabei folgt der Hund der Fährte des verletzten Wildes an einer etwa 10 m langen Lederleine (dem „Schweißriemen"). Diese Arbeit ähnelt in vielerlei Hinsicht der Fährtenarbeit (S. 32). Hier kommen vor allem Schweißhunderassen zum Einsatz.

Bei der **Baujagd** werden vor allem kleine Hunderassen wie Dackel und Terrier eingesetzt, um beispielsweise Füchse und Dachse aus ihren Bauten herauszutreiben. Allerdings ist diese Form der Jagd aus Tierschutzgründen umstritten und daher in einigen Bundesländern mittlerweile auch durch das jeweilige Landesjagdgesetz verboten.

Ebenfalls aus Tierschutzgründen ist die **Hetz- oder Meutejagd**, bei der das Wild über weite Strecken von einer Hundemeute verfolgt und gehetzt wird, in Deutschland mittlerweile verboten. Es existieren jedoch auch hier noch einige Hundemeuten, die zu Schleppjagden eingesetzt werden: Dabei folgen die Hunde einer beispielsweise durch einen Reiter gelegten Fährte bzw. Schleppe.

2.9.2 Geschichte der Jagd

Hunde wurden bereits zu Beginn des Domestikationsprozesses als Jagdhelfer eingesetzt, dabei ähnelte die Jagdweise noch stark dem wölfischen Jagdverhalten. Wichtiges Domestikationsmerkmal war zu Beginn der Aggressionsverlust gegenüber Menschen bei der Jagd. Bereits in der **Antike** begann dann jedoch die Entstehung verschiedener Hundetypen für unterschiedliche jagdliche Zwecke. Zunächst entwickelten sich Wind- und Laufhundtypen, später auch schwerere Hunde vom Molossertyp.

Diente die Jagd zunächst noch dem Nahrungserwerb und durfte von allen freien Menschen ausgeübt werden, war sie im **Mittelalter** dem Adel vorbehalten. Besonderer Beliebtheit erfreute sich hier die normannische „Parforce"-Jagd, bei der Hirsche durch einen Leithund aufgestöbert und dann von der Meute gehetzt und gestellt wurden.

Mit der Entwicklung der Feuerwaffen und durch den Rückgang der Haarwildbestände in Europa entwickelte sich in der **Neuzeit** vor allem auch die Jagd auf Wildvögel. Im 19. Jahrhundert begann man in England mit der gezielten Zucht verschiedener Hunderassen und der Erfassung in Zucht- bzw. Stammbüchern: So entstanden in dieser Zeit beispielsweise die Foxhounds (zur Meutejagd auf Füchse) und Harrier (zur Meutejagd auf Hasen), als Vorstehhunde die Pointer („to point" = zeigen, anzeigen) und Setter („to set" = setzen; Setter = Hunde, die ursprünglich durch Absetzen bzw. Ablegen Wild anzeigen) sowie die Retriever für das Apportieren und die Wasserarbeit.

In Deutschland wurden die ersten Jagdhundvereine bereits in der ersten Hälfte des 19. Jahrhunderts gegründet. Aus ihnen entstand 1879 die „Delegierten-Commission", welche sich aus fünf Vereinen zusammensetzte, die das erste „Deutsche Hundestammbuch" für alle Rassen begründete. Hier nahm aber bald der Hundesport eine immer wichtigere Rolle ein, während das Jagdwesen in den Hintergrund trat, sodass sich die Kommission im Jahr 1899 wieder trennte und der „Verband der Vereine für Prüfung von Gebrauchshunden zur Jagd", der spätere Jagdgebrauchshundverband (JGHV), gegründet wurde. Trotz der Zwangspausen während der Weltkriege haben sich der Zweck und die Ausrichtung dieses Verbandes bis heute im Wesentlichen nicht verändert und der JGHV versteht sich weiter als Instrument zur Pflege des Jagdgebrauchshundwesens innerhalb des allgemeinen Jagdwesens.

2.9.3 Regelwerk, Leistungs- und Prüfungsklassen

In Deutschland regelt der Jagdgebrauchshundverband (JGHV) die Zucht, Ausbildung und Prüfung von Jagdhunden, in ihm sind über 300 einzelne Vereine assoziiert. Dabei werden nur reinrassige Hunde mit Ahnentafel zur Zucht und zu Prüfungen zugelassen. Es wird zwischen **Anlagenprüfungen** einerseits, zu denen die Jugendsuche (VJP) und die Herbstzuchtprüfung (HZP) gehören, und der **Verband-Gebrauchsprüfung** oder auch „Meisterprüfung" (VGP) andererseits unterschieden, durch die der Hund bei Bestehen zum Jagdgebrauchshund wird. Darüber hinaus gibt es Spezialprüfungen für bestimmte Rassen und auch für bestimmte Teile der jagdlichen Ausbildung. Der JGHV führt sämtliche Prüfungsergebnisse in einem Leistungsstammbuch, dem jährlich erscheinenden Deutschen Gebrauchshundstammbuch, auf.

2.9.4 Körperliche Anforderungen und bevorzugte Rassen

Je nach Art und Zweck der Jagd sind verschiedene Hundetypen und -rassen entstanden, die zum Teil sehr unterschiedliche körperbauliche Voraussetzungen aufweisen. In Deutschland sind für den Einsatz zur Jagd nach den Landesjagdgesetzen nur Jagdgebrauchshunde zugelassen. Diese müssen entsprechend einer der vom JGHV **anerkannten Jagdhunderassen** angehören, über eine Ahnentafel verfügen und die vorgeschriebenen Prüfungen abgelegt haben. Zu den vom JGHV anerkannten Jagdhunderassen gehören unter anderen:

- „**Allrounder**“: Deutsch Drahthaar, Deutsch Kurzhaar, Deutsch Langhaar, Deutsch Stichelhaar, Kleiner und Großer Münsterländer (▶ **Abb. 2.22**)
- **Bracken**: Alpenländische Dachsbracke, Brandl-Bracke, Deutsche Bracke, Westfälische Dachsbracke, Tiroler Bracke; französische Bracken: Braque Bourbonnais, Braque d'Auvergne, Braque Francais, Braque St. Germain
- **Dachshunde** und **Terrier** (Dackel bzw. Teckel, verschiedene Schläge; Deutscher Jagdterrier, Foxterrier, Parson-Russel-Terrier)
- **Meutehunde**: Beagle, Bloodhounds, Coonhounds, Foxhounds, Harrier
- **Retriever**: Chesapeake Bay Retriever, Curly-Coated-Retriever, Flat-Coated-Retriever, Golden Retriever, Labrador Retriever, Nova Scotia Duck Tolling Retriever
- **Schweißhunde**: Bayerischer Gebirgsschweißhund, Hannoverscher Schweißhund, Bloodhounds
- **Spaniels** (English Cocker Spaniel, Welsh Springer Spaniel, English Springer Spaniel) und Epagneuls (Epagneul Francais, Epagneul Breton, Epagneul Picard, Epagneul Bleu Picard, Epagneul Pont Audemer)
- **Vorstehhunde** (z. B. Magyar Vizsla, Griffon), **Pointer** und **Setter** (English Setter, Irish Setter, Gordon Setter)
- Windhunde (S. 64)

Ganz allgemein birgt der jagdliche Einsatz von Hunden besondere gesundheitliche Risiken: Sowohl Verletzungen durch Dornen und Äste im Unterholz kommen häufig vor als auch Verletzungen durch wehrhaftes oder verletztes Wild – dabei können vor allem Wildschweine den Hunden mit ihren Hauern erhebliche Wunden zufügen. Auch **Schussverletzungen** kommen leider immer wieder vor sowie Verletzungen durch Bisse anderer Hunde bei Gruppenjagden. Bei Hunden, die zur Wasserarbeit eingesetzt werden, tritt außerdem häufig eine **Wasserrute** bzw. das sog. Limber-Tail-Syndrom auf (▶ **Abb. 2.23**). Dabei handelt es sich um eine Überbelastung der Schwanzmuskulatur, wie sie durch langanhaltendes Schwimmen in kaltem Wasser hervorgerufen werden kann.

▶ **Abb. 2.22** Der Kleine Münsterländer gehört zu den „Allroundern“, die bei der Jagd für vielfältige Zwecke eingesetzt werden. Der Apport wird wie hier u. a. mit Entenattrappen trainiert. Die Wasserarbeit bei der Geflügeljagd gehört zu den weniger gefährlichen Einsatzgebieten. (Foto: Carmen Irmen, Ascheberg)

▶ **Abb. 2.23** Vor allem bei kaltem Wetter wie hier kann die Wasserarbeit zur Entstehung einer Wasserrute beitragen. Viele Jagdaktivitäten finden im Winter statt. (Foto: Carmen Irmen, Ascheberg)

2.10 Mantrailing

2.10.1 Geschichte und Herkunft

Der Begriff Mantrailing kommt aus dem Englischen und bedeutet so viel wie Personensuche („Man“: Mensch; „Trail“: Weg, Spur; „to trail“: jemanden oder etwas verfolgen).

Das Mantrailing unterscheidet sich von der klassischen **Rettungshundearbeit** (S. 54) vor allem dadurch, dass nicht ein beliebiges Opfer, sondern eine ganz bestimmte Person gesucht wird, deren individueller Geruch sich vom Geruch anderer Menschen unterscheidet. Eine wichtige Grundlage im Mantrailing, welche die Hunde bereits zu Anfang der Ausbildung erlernen müssen, ist daher die Geruchsdifferenzierung.

Auch im Hinblick auf die **Fährtenarbeit** (S. 32) gibt es grundsätzliche Unterschiede: Während der Fährtenhund sich an sog. Bodenverletzungen, also zertretenen Pflanzen und Kleinstlebewesen sowie Veränderungen in der Erdoberfläche mit der Nase dicht am Boden orientiert, sucht der Mantrailer (= der im Mantrailing ausgebildete Hund) nach Geruchsmolekülen der Zielperson. Dies sind vor allem Hautschuppen der gesuchten Person, aber auch Kosmetika und andere Moleküle. Während Fährtenhunde so nur auf natürlichen Untergründen arbeiten können, können im Mantrailing ausgebildete Hunde auch in bebauter Umgebung und innerhalb von Gebäuden zum Einsatz kommen (▸ Abb. 2.24). Die Geruchsspur befindet sich außerdem nicht nur am Boden, sondern auch in der Luft, sodass manche Hunde mit tiefer, manche Hunde aber auch mit hoher Nase suchen.

Um die Suche nach der Zielperson aufnehmen zu können, muss der Hund die Möglichkeit haben, den Individualgeruch über einen sog. Geruchsträger, also ein Kleidungsstück, das die Person getragen, oder einen Gegenstand, den sie berührt hat, aufzunehmen. Die Suche wird maßgeblich von der Witterung bestimmt, da vor allem bei Wind die Geruchsmoleküle stark abdriften können. Schon zu Beginn der Ausbildung wird mit Personen gearbeitet, die sich als „Opfer“ entfernen und verstecken; die Belohnung für den Hund stellt immer das Auffinden dieses individuellen Menschen dar.

Das Mantrailing ist kein Hundesport im eigentlichen Sinne, sondern stellt eine wichtige und ernste Arbeitsaufgabe dar. In Deutschland werden heute von vielen Rettungshundestaffeln neben den klassischen Flächen- und Trümmersuchhunden auch Mantrailer ausgebildet. Auch einige Polizeihundestaffeln verfügen mittlerweile über solche spezialisierten Diensthunde. Dabei kann auch der Einsatz beider Hundetypen in Kombination erfolgen: So wird beispielsweise zunächst ein Mantrailer eingesetzt, um die grobe Richtung zu bestim-

▸ **Abb. 2.24** Da sich der Hund beim Mantrailing am Individualgeruch der Zielperson orientiert und nicht an Verletzungen der Bodenoberfläche, kann der Mantrailer auch auf versiegelten Böden und in Gebäuden zum Einsatz kommen. Beim Trailen sollte der Hund ein gut sitzendes Geschirr tragen, das die Schulterblätter und Schultergelenke frei lässt. Das Geschirr, welches der Boxer-Mischling (b) trägt, liegt seitlich auf den Schulterblättern auf, ist aber gut gepolstert. (Foto: Markus Seeberger, Münster)

men, in der sich die vermisste Person wahrscheinlich befindet; hier können dann Flächensuchhunde die Arbeit übernehmen. Bisher fehlen in Deutschland jedoch einheitliche Kriterien für die Ausbildung und Prüfung von Hunden, die als Diensthunde im Mantrailing eingesetzt werden.

Darüber hinaus hat sich das Mantrailing mittlerweile aber auch zu einer weit verbreiteten Beschäftigungsform für Hunde entwickelt: Viele Hundeschulen und private Gruppen bieten Seminare, aber auch regelmäßige Treffen an, bei denen die Grundlagen der Personensuche vermittelt und trainiert werden. Diese Art der Beschäftigung ist für die Hunde mental sehr anstrengend und stellt dadurch eine gute Möglichkeit zur geistigen Auslastung dar.

2.10.2 Körperliche Anforderungen und bevorzugte Rassen

Rassen wie der Bloodhound, aber auch die europäischen Schweißhunde wurden speziell für die Sucharbeit gezüchtet. Dennoch hängt die Leistung eines Mantrailers eher von seinen individuellen Voraussetzungen ab als von seiner Rassezugehörigkeit, sodass in den Hundestaffeln in Deutschland viele **verschiedene Rassen** zum Einsatz kommen.

Die Arbeit im Mantrailing stellt hohe Anforderungen an die Konzentration der Hunde, aber auch die kardiovaskuläre Belastung kann je nach Dauer des Einsatzes und je nach Witterung unter Umständen sehr hoch sein, sodass vor allem eine gute konditionelle Verfassung wichtig ist (▶ **Abb. 2.25**). Demgegenüber sind die Belastungen für den Bewegungsapparat vergleichsweise gering. Im Gegensatz zur klassischen Rettungshundearbeit trägt der Hund beim Mantrailing die ganze Zeit ein Geschirr und der Hundeführer folgt ihm an der Leine (▶ **Abb. 2.26**). Dadurch ergibt es sich, dass die Hun-

▶ **Abb. 2.25** Das Mantrailing stellt hohe Anforderungen an die Konzentration des Hundes, auch die kardiopulmonale Belastung ist je nach Witterung hoch. Für die Arbeit ist es wichtig, dass der Hund ausreichend Flüssigkeit zu sich nimmt. (Foto: Markus Seeberger, Münster)

▶ **Abb. 2.26** Beim Mantrailing geht der Hund im Geschirr und der Hundeführer folgt dem angeleinten Hund, dadurch arbeitet er in der Regel in gleichmäßigem Schritt- oder Trabtempo. Die köperlichen Belastungen sowie die Krafteinwirkungen auf die Gliedmaßengelenke liegen dadurch eher im unteren bis mittleren Bereich. (Foto: Markus Seeberger, Münster)

▶ **Abb. 2.27** Für das Mantrailing eignen sich gut sitzende Führgeschirre (a); kommen Norweger-Geschirre (b) zum Einsatz, so ist auf eine besonders gute Polsterung des quer verlaufenden Brustgurtes wie hier im Bild zu achten. Trotz der Polsterung stellt ein solches Geschirr eine stärkere Einschränkung für die Bewegungsfreiheit der Schulterblätter dar. (Foto: Markus Seeberger, Münster)

de in der Regel in einem schnellen Schritt oder im Trab arbeiten. So entsteht bei der Personensuche eine gleichmäßige und moderate Belastung für das muskuloskelettale System.

Dabei ist es natürlich wichtig, dass das Geschirr optimal angepasst und gut gepolstert ist. Spezielle Mantrailing-Geschirre, bei denen die Hauptzugbelastung auf einem breiten Riemen auf dem Brustbein liegt, eignen sich eher als Norweger- oder Sattelgeschirre (▶ **Abb. 2.27**). Insbesondere dann, wenn das Mantrailing nur der Beschäftigung des Hundes dient, kann natürlich die Strecke in Bezug auf Länge und Beschaffenheit des Untergrundes an eventuelle Einschränkungen des Hundes angepasst werden.

2.11 Obedience

2.11.1 Geschichte und Herkunft

Der Begriff **Obedience** stammt aus dem Englischen und bedeutet „Gehorsam". Ursprünglich war das Obedience nur ein Teil der „working trials", einer Art Vielseitigkeitsprüfung, die seit 1919 vom britischen Zuchtverein für Deutsche Schäferhunde durchgeführt wurde, entwickelte sich jedoch wenige Jahre später zu einer eigenen Prüfungsdisziplin. Die Anerkennung in Großbritannien als offizielle Hundesportart erfolgte dann im Rahmen der Crufts Dogshow von 1951. Da in Großbritannien die Ausbildung von Schutzhunden für Laien verboten ist, konnte sich das Obedience schnell als sportliche Entsprechung des Gehorsamsteils durchsetzen.

Bis das Obedience nach Deutschland gelangte und auch dort als offizielle Sportart anerkannt wurde, verging einige Zeit. So wurde die erste Prüfungsordnung erst 2002 nach Durchlaufen einer anderthalbjährigen Pilotphase veröffentlicht. Im Obedience liegt das Hauptaugenmerk auf der exakten Ausführung von Gehorsamsübungen, aber auch auf der Sozialverträglichkeit der teilnehmenden Hunde gegenüber Artgenossen und Menschen. Obedience wird auch als „Hohe Schule" bzw. „Königsdisziplin" der Unterordnung bezeichnet. Eine wichtige Voraussetzung stellt daher das harmonische Zusammenspiel innerhalb des Mensch-Hund-Teams dar.

2.11.2 Die Sportart

Das Obedience ähnelt dem Gehorsamsteil anderer Hundesportarten und -ausbildungen, die in Deutschland bereits länger ausgeübt werden und anerkannt sind. So stellt auch hier – ähnlich wie im Unterordnungsteil im Vielseitigkeits- und Turnierhundsport – die **Fußarbeit** mit und ohne Leine einen wesentlichen Teil von Ausbildung, Training und Prüfung dar und auch die Übungen Sitz, Platz und Steh aus der Bewegung sind Aufgaben, die sowohl im Obedience als auch in den traditionellen deutschen Gehorsamsprüfungen vorkommen. Das Obedience beinhaltet jedoch zusätzlich noch weitere Übungen wie beispielsweise das Abrufen und das Vorausschicken in ein durch Pylonen markiertes Quadrat, das Apportieren und die Geruchsidentifikation, Bleib-Übungen mit und ohne Sichtkontrolle und die sog. Distanzkontrolle. Bei Letzterem führt der Hund in relativ großem Abstand zum Besitzer Positionswechsel zwischen Sitz, Platz und Steh in beliebiger Reihe auf Kommando aus, ohne dass er sich dabei von der Stelle bewegen darf.

Darüber hinaus finden im Obedience aber auch die **Wesensfestigkeit** und die **Sozialverträglichkeit** gegenüber anderen Hunden und Menschen besondere Beachtung: In der Anfängerklasse sowie in den ersten beiden Prüfungsklassen (O1 und O2) wird der „Umgang Mensch-Hund" sogar als eigene Übung bewertet. Und auch das „Stehen und Betasten" durch eine fremde Person sowie das „Gebisszeigen" durch den Hundeführer sind ein Teil der Prüfungsaufgabe. Während in anderen Hundesportarten im Gehorsamsteil immer nur ein einzelnes Mensch-Hund-Team auf dem Platz arbeitet und bewertet wird, finden im Obedience dagegen auch Teile der Prüfung mit allen Teams einer Prüfungsklasse zeitgleich statt: So ist beispielsweise auch eine gemeinsame Ablage aller Hunde einer Wettkampfklasse eine der Prüfungsaufgaben.

In allen Teilaufgaben sollten die Hunde dabei freudig arbeiten und es wird sehr viel Wert auf einen freundlichen und harmonischen Umgang zwischen Mensch und Tier gelegt.

Ein weiterer prinzipieller Unterschied zu den anderen traditionellen deutschen Unterordnungsprüfungen ist die Tatsache, dass es im Obedience **kein festes Prüfungs- oder Laufschema** gibt, sondern dass die im Wettkampf verlangten Übungen und deren Reihenfolge stets variabel sind. Im Turnier wird daher der Hundeführer von einem sog. Ringsteward durch die Prüfung begleitet. Der Ringsteward erfährt erst am Prüfungstag vom Wettkampfrichter, welche Laufwege und Aufgaben vorgegeben werden und gibt dann dem Hundeführer Anweisungen für die jeweils nächste Übung. Dadurch, dass der Hundeführer im Obedience also erst im Verlauf der Prüfung erfährt, welche Übungen in welcher Reihenfolge zu absolvieren sind, ist ein flexibles Trainieren und Arbeiten hier zwingende Voraussetzung und Hund und Hundeführer können sich anders als beispielsweise im Gebrauchshundsport oder THS nicht auf ein immer gleiches Prüfungsschema vorbereiten.

Es lässt sich diskutieren, welche Sportart dadurch einfacher oder schwieriger erscheint. Die flexible Aufgabenstellung im Obedience ist sicherlich einerseits anspruchsvoller, kommt aber andererseits vor allem solchen Hunden mit einer hohen Arbeitsintelligenz und Kreativität auch entgegen, da sie nicht so schnell durch ein starres Prüfungsschema gelangweilt reagieren. Insgesamt ist der Umgangston im Obedience tendenziell leiser und der Führungsstil etwas „weicher" als in anderen Sportarten mit Gehorsamsteil und viele Obedience-Trainer und -Sportler legen zudem Wert darauf, dass in der Ausbildung ausschließlich über positive Bestärkung gearbeitet wird. So stehen auf der einen Seite Harmonie, Vertrauen und Spaß an der gemeinsamen Arbeit, zum anderen aber auch exaktes und präzises Arbeiten mit dem Ziel der Perfektion im Mittelpunkt. Ob dadurch jedoch das Ausbildungsniveau und die im Wettkampf gezeigten Leistungen der einzelnen Hunde im Obedience wirklich immer höher sind als im Gebrauchshundsport oder THS, sei dahingestellt – dies hängt sicherlich auch immer vom einzelnen Hund, seinem Hundeführer und Trainer ab und variiert zudem mit der Prüfungsklasse bzw. dem Niveau des Wettkampfes oder der Meisterschaft.

2.11.3 Regelwerk, Leistungs- und Prüfungsklassen

Im Obedience gibt es lediglich eine Disziplin, die jedoch in unterschiedlichen Leistungsklassen geprüft wird. Auch eine Einteilung in Größen- oder Altersklassen wie im Agility existiert im Obedience nicht. Im Obedience werden in Deutschland gemäß der Prüfungsordnung des VDH vier Leistungsklassen, nämlich die Beginnerklasse, die Klasse 1 (O1), die Klasse 2 (O2) und die Klasse 3 (O3) unterschieden. Oberhalb der O3 besteht die Möglichkeit, auf internationalen Wettkämpfen gemäß der internationalen Prüfungsordnung des FCI zu starten. Die Anforderungen hier entsprechen vom Prinzip her denen der O3. Voraussetzung für die Teilnahme an Prüfungen und Wettkämpfen ist eine bestandene Begleithundprüfung und ein Mindestalter des Hundes von 15 Monaten. Zugelassen sind prinzipiell Hunde aller Rassen sowie Mischlinge; lediglich für die Teilnahme an internationalen Prüfungen ist die Registrierung in einem von der FCI anerkannten Zuchtbuch Voraussetzung. Um sich für Starts in der nächsthöheren Klasse zu qualifizieren, muss in der darunterliegenden Klasse einmal die Bewertung mit der Note „vorzüglich" erreicht werden. Die Bewertung der Teams in einer Prüfung geschieht durch den Leistungsrichter. Dabei werden für jede Einzelübung Punkte vergeben; diese werden anschließend je nach Gewichtung der Einzelübung mit einem Koeffizienten multipliziert, um die Punktzahl für die Gesamtwertung zu ermitteln.

In allen Leistungsklassen werden sowohl **Gruppen-** als auch **Einzelübungen** überprüft. Dabei ist die Reihenfolge der Übungen immer gleich und die Gruppenübungen finden jeweils zu Beginn der Prüfung statt. Jede Übung beginnt mit einer Grundstellung, welche so auch in den anderen Hundesportarten als Teil der Fußarbeit angesehen wird: Dabei sitzt der Hund auf der linken Seite dicht am Hundeführer; die Schulter des Hundes befindet sich auf Kniehöhe des Hundeführers, wobei sich der Hund möglichst nicht verdrehen, sondern gerade sitzen sollte.

In der **Beginnerklasse** liegt der Bewertungsschwerpunkt insgesamt auf dem Sozialverhalten des Hundes und die Prüfungsordnung sieht vor, dass mindestens drei Teams bei der Gruppen-

▶ **Abb. 2.28** Die „Box" ist ein markiertes Quadrat, in welches der Hund geschickt wird. Dabei wird es im Obedience als positiv gewertet, wenn der Hund die gestellten Aufgaben nicht nur möglichst präzise, sondern auch schnell ausführt. Dadurch können je nach Hund auch hier zum Teil relativ hohe Geschwindigkeitsbelastungen entstehen. (Foto: Christine Sachse, Münster)

▶ **Abb. 2.29** Im Obedience stellt der Sprung über die Hürde ein Prüfungselement dar; die Hürdenhöhe wird an die Größe des Hundes angepasst. Sowohl durch die der Körperhöhe angepasste Hürdenhöhe als auch durch die sehr begrenzte Anzahl an im Wettkampf geforderten Sprüngen sind die Sprungbelastungen im Obedience jedoch deutlich geringer als beispielsweise im Agility. (Foto: Christine Sachse, Münster)

übung gleichzeitig auf dem Platz sein müssen. Zu den Einzelübungen zählt dann zunächst die Fußarbeit, welche in dieser Klasse zunächst als „Leinenführigkeit" und im Anschluss als „Freifolge" geprüft wird. Weitere Einzelübungen der Beginnerklasse sind das „Sitz aus der Bewegung", das „Herankommen auf Befehl", das „Zurücksenden in die Box" (▶ **Abb. 2.28**) und das Apportieren. Während der gesamten Prüfung wird außerdem das Verhältnis zwischen Mensch und Hund mit beurteilt und fließt auch mit eigener Punktzahl in die Gesamtwertung ein.

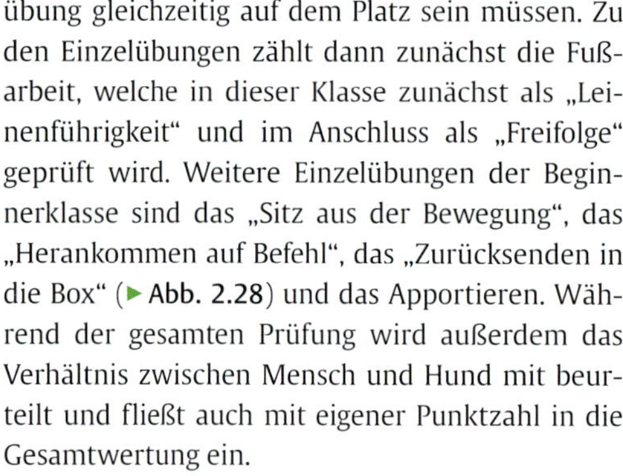

In der **Klasse 1** (O1) sind die Anforderungen, die an das Team gestellt werden, prinzipiell ähnlich, haben jedoch einen etwas höheren Schwierigkeitsgrad. So entfernen sich die Hundeführer beispielsweise bei der Ablage in der Gruppe aus dem Sichtfeld der Hunde und die Fußarbeit wird ausschließlich als Freifolge gezeigt, ohne dass zuvor die Leinenführigkeit beurteilt wird. Weitere Übungen in der O1 sind der „Sprung und Rücksprung über eine Hürde" (▶ **Abb. 2.29**) und die „Distanzkontrolle". In dieser Klasse wird darüber hinaus auch das Apportieren bewertet und der Gesamteindruck der Zusammenarbeit zwischen Mensch und Hund fließt ebenfalls in die Wertung mit ein.

Die **Klasse 2** (O2) beinhaltet ebenfalls Elemente, die bereits Teil der ersten Prüfungsklassen sind, sowie einige neue Aufgaben. In der Gruppenübung wird der Hund nun nicht abgelegt, sondern muss 1 min lang mit Sichtkontakt zum Hundeführer sitzen bleiben. Die Fußarbeit wird wie in der Klasse 1 als Freifolge gezeigt. „Sitz aus der Bewegung" und „Steh aus der Bewegung" sowie die „Distanzkontrolle" sind ebenfalls Übungen, die bereits in der Klasse 1 geprüft werden. Eine neue Anforderung stellt das „Herankommen auf Befehl" dar, das in dieser Prüfungsklasse durch ein „Steh-Kommando" unterbrochen wird. In dieser Klasse wird der Hund nun auch in eine markierte Box vorausgeschickt, abgelegt und anschließend wieder abgerufen. Die Apportier-Übungen werden dadurch erschwert, dass sie nun mit Richtungsanweisung und als „Apport über eine Hürde" erfolgen (▶ **Abb. 2.30**). Als neue Übung kommt außerdem die „Geruchsunterscheidung" hinzu: Hierbei muss der Hund aus sechs Geruchshölzern dasjenige herausfinden, welches den Geruch des Hundeführers trägt (die übrigen Hölzer sind geruchsneutral). Auch in der Klasse 2 geht wiederum der Gesamteindruck in die Bewertung mit ein.

In der **Klasse 3** (O3) haben die einzelnen Aufgaben dann einen noch etwas höheren Schwierigkeitsgrad: So verlangt die Gruppenübung, dass die Hunde nun 2 min lang ohne Sichtkontakt sitzen bleiben und dann noch einmal 4 min lang ohne Sichtkontakt, nun aber unter Ablenkung, liegen bleiben müssen. Die Fußarbeit wird wieder als Freifolge gezeigt, außerdem werden nun die Übungen „Sitz", „Platz" und „Steh" jeweils aus der

▸ **Abb. 2.30** In den höheren Leistungsklassen erfolgt der Apport über eine Hürde. Für den Hund wird der Sprung durch das zusätzliche Gewicht, das er im Fang trägt, erschwert. Insbesondere die Krafteinwirkung bei der Landung auf der erstauffußenden Vordergliedmaße ist durch dieses Gewicht größer. Im Hintergrund befindet sich das Schild zur Anzeige der Positionen bei der Distanzkontrolle. (Foto: Christine Sachse, Münster)

▸ **Abb. 2.31** Australian Shepherds und andere Hütehunderassen werden häufig im Obedience angetroffen, da sie über eine hohe Motivationslage und Arbeitsintelligenz verfügen. Dieser Hund zeigt eine Sprungtechnik mit einer in der Flugphase gestreckten Oberlinie, bei der sich Hals- und Rutenansatz höher befinden als die Oberlinie im Schulterbereich. (Foto: Christine Sachse, Münster)

Bewegung abgefragt. Das „Vorausschicken“ geschieht in dieser Prüfungsklasse mit einer Richtungsanweisung; das Ablegen und das Abrufen sind wiederum Bestandteil der Prüfung. Das Apportieren wird wie in der Klasse 2 mit Richtungsanweisung und als „Apport über eine Hürde“ überprüft. Dabei muss in dieser Prüfungsklasse ein Apportel aus Metall verwendet werden. Auch die „Geruchsunterscheidung“ und die „Distanzkontrolle“ sind Teile der Prüfung in der Klasse 3.

2.11.4 Körperliche Anforderungen und bevorzugte Rassen

Prinzipiell können im Obedience **Hunde aller Rassen und Größen** ausgebildet werden und auf offiziellen Prüfungen starten. Dabei sind die körperlichen Anforderungen und Belastungen im Vergleich zu anderen Hundesportarten relativ gering (Low-Impact-Sportart), sodass auch ältere Hunde und Tiere mit leichten körperlichen Einschränkungen teilnehmen können. Dies gilt auch für den menschlichen Teampartner: Auch hier sind keine besonderen sportlichen Voraussetzungen zu erfüllen, sodass auch Menschen mit Behinderung (z. B. Rollstuhlfahrer) gut an Training und Turnieren teilnehmen können. Um im Wettkampf Chancengleichheit zu wahren, werden sowohl **Einschränkungen** aufseiten des Hundes als auch aufseiten des Hundeführers bei der Bewertung berücksichtigt. Dennoch gibt es auch im Obedience bestimmte Rassen sowie einzelne Individuen, die für diese Sportart besonders gut geeignet sind. Dies hat aber weniger mit deren körperlichen Voraussetzungen als vielmehr mit deren Bereitschaft zur Zusammenarbeit mit ihrem Hundeführer zu tun und auch weitere Eigenschaften wie Konzentrationsvermögen, Motivationslage und „Arbeitsintelligenz“ spielen hier eine wichtige Rolle. Entsprechend sind momentan viele Hütehunde, aber auch Jagd- und Gebrauchshunde im Obedience aktiv und zu den häufigen Rassen zählen zurzeit Shelties, Border Collies, Australian Shepherds (▸ **Abb. 2.31**) und Miniature Australian Shepherds, Belgische Schäferhunde, Kelpies sowie Retriever (Flatcoated Retriever, Nova Scotia Duck Tolling Retriever).

2.12 Rally Obedience

2.12.1 Geschichte und Herkunft

Rally Obedience ist eine noch sehr junge Sportart, die ursprünglich aus den USA stammt und in Deutschland seit 2009 auch als Wettkampfsportart, allerdings zunächst noch ohne Verbandszugehörigkeit, existiert. Im Jahr 2014 wurde dann vom VDH ein erstes, in Deutschland gültiges Regelwerk erstellt; dabei ist für eine Teilnahme an Wettkämpfen weiterhin noch keine Vereins- oder Verbandszugehörigkeit notwendig.

2.12.2 Die Sportart

Beim Rally Obedience steht der Spaßgedanke für Mensch und Hund im Vordergrund. Es werden keine besonderen körperlichen Leistungen gefordert, sondern Übungen absolviert, die eine gute partnerschaftliche Zusammenarbeit zwischen Mensch und Hund voraussetzen. Dabei ist die ständige verbale Kommunikation mit dem Hund erlaubt bzw. sogar ausdrücklich gewünscht und es gibt außerdem Prüfungsklassen, in denen auch mit Futterbelohnung gestartet werden darf. Ähnlich wie in anderen Sportarten auch ist im Turnier ein Berühren des Hundes als Lob jedoch nicht gestattet. Die Sportart soll außerdem Kindern und Jugendlichen den Einstieg in den Hundesport erleichtern; Jugendliche und Erwachsene werden auf Wettkämpfen so auch in verschiedenen Leistungsklassen gewertet.

Im Rally Obedience muss ein Parcours mit verschiedenen Stationen absolviert werden. An jeder Station gibt ein Schild die jeweilige Aufgabe vor. Ein Team arbeitet dann alle Stationen möglichst schnell und präzise der Reihe nach ab. Zu den möglichen Aufgaben gehören Sitz-, Platz- und Stehübungen, Richtungswechsel und Wendungen, Bleib- und Abrufübungen, der Slalom gemeinsam mit dem Hund um Pylonen, Sprünge über niedrige Hürden (S. 54), aber auch Futterverleitungen. Die Wertung ergibt sich aus den jeweils erreichten Punkten und der hierfür benötigten Zeit.

2.12.3 Regelwerk, Leistungs- und Prüfungsklassen

Seit 2014 existiert auch für die Sportart Rally Obedience eine Prüfungsordnung des VDH. Diese gibt die möglichen Übungen, die entsprechenden Schilder sowie die Art und Weise, wie diese Übungen ausgeführt werden sollen, im Detail vor. Die Teilnehmer eines Wettkampfes starten zum einen nach dem Alter des Hundeführers in Jugendlichen- und Erwachsenen-Klassen getrennt. Darüber hinaus werden verschiedene Leistungsklassen unterschieden und zwar die Beginner-Klasse (B-Klasse) und die Leistungsklassen 1, 2 und 3. Auf einem Wettkampf können für die Ausführung der Übungen insgesamt maximal 100 Punkte durch den Richter vergeben werden; für den Aufstieg aus einer Klasse in die Nächsthöhere ist entweder das einmalige Erreichen von mindestens 90 Punkten oder aber das dreimalige Erreichen von mindestens 70 Punkten erforderlich.

2.12.4 Körperliche Anforderungen und bevorzugte Rassen

Im Rally Obedience sind **Hunde aller Rassen** sowie **Mischlinge** zugelassen. Das Mindestalter für einen Wettkampfstart in der Beginner-Klasse beträgt 15 Monate. Die körperlichen Anforderungen, die das Rally Obedience stellt, sind im Vergleich zu zahlreichen anderen Hundesportarten niedrig. Es werden weder hohe Geschwindigkeiten entwickelt, noch sind anspruchsvolle oder hohe Hindernisse zu überwinden. Zwar kommt auch im Rally Obedience der Sprung über eine Hürde als Aufgabe vor, die Hürdenhöhe wird aber an die Widerristhöhe des Hundes angepasst und ist immer mindestens 10 cm geringer als diese, außerdem kann bei bekannten körperlichen Problemen des Hundes in Absprache mit dem Richter die Höhe noch niedriger gewählt werden. Die Hürdenhöhe im Rally Obedience beträgt für Hunde

- unter 30 cm Schulterhöhe 10 cm,
- zwischen 30 und 40 cm Schulterhöhe 20 cm,
- zwischen 40 und 50 cm Schulterhöhe 30 cm,
- über 50 cm Schulterhöhe 40 cm.

Eine weitere Besonderheit, durch die einer übermäßigen körperlichen Belastung der Hunde entgegengearbeitet wird, ist die zusätzliche Seniorenklasse. Alle Hunde, die über acht Jahre alt sind, können in dieser Klasse starten, die Anforderungen dieser Klasse entsprechen denen der Leistungsklasse 1.

2.13 Rettungshundearbeit

2.13.1 Geschichte und Herkunft

Neben dem Begriff „Rettungshund“ (RH) werden zum Teil auch die Bezeichnungen „Suchhund“ und „Katastrophenhund“ für diese Art von Arbeitshunden verwendet. Dabei werden erst seit gut 200 Jahren Hunde systematisch für diese Arbeit ausgebildet. Besonders bekannt ist die Geschichte des Bernhardiners „Barry“, der auf dem Weg zum Hospiz am St. Bernhard über 40 Menschenleben gerettet haben soll. Vor allem aber durch den Einsatz von Diensthunden in den beiden Weltkriegen, wo neben Munitions- und Meldehunden auch **Sanitätshunde** eingesetzt wurden, deren Aufgabe es war, verwundete Soldaten oder Zivilisten zu finden, bekam die Rettungshundeausbildung eine enorme Bedeutung. So waren im Zweiten Weltkrieg an allen Fronten insgesamt über 200 000 Hunde im Einsatz, von denen allerdings allein in Deutschland über 25 000 ums Leben kamen. Während die Sanitätshunde zunächst auf der freien **Fläche** zur Suche eingesetzt wurden, entwickelte sich mit den Bombardierungen der großen Städte zum Ende des Krieges die **Trümmersuche**. Seit Kriegsende kommen Rettungshunde vor allem im Katastrophenschutz nach Erdbeben, Flugzeugabstürzen und Zugunglücken zum Einsatz. Die Ausbildung der Rettungshunde geschah zunächst weiterhin zentral über den Bundesluftschutzverband; jedem Selbstschutzzug war ein Rettungshund zugeordnet. Nach Auflösung dieses Verbands im Jahr 1968 entstanden dann unter dem Dach zahlreicher anderer Organisationen Rettungshundestaffeln und -verbände. Rettungshundestaffeln sind heute dem Arbeiter-Samariter-Bund (ASB), dem Deutschen Roten Kreuz (DRK), den Maltesern, den Johannitern, dem Technischen Hilfswerk (THW), der Deutschen Lebensrettungsgesellschaft (DLRG), aber auch der Feuerwehr angeschlossen. Darüber hinaus organisieren der Bundesverband Rettungshunde e. V. (BRH) als größter Verband, aber auch der Bundesverband zertifizierter Rettungshundestaffeln (BZRH) und der Deutsche Rettungshundeverein (DRV) Ausbildung und Prüfung der Hunde. Trotz der heute verfügbaren technischen Hilfsmittel wie beispielsweise Infrarotkameras bietet der Einsatz von Rettungshunden weiterhin den Vorteil, dass in relativ kurzer Zeit mit wenigen Teams ein großes Gebiet nach vermissten Personen abgesucht werden kann.

2.13.2 Bedeutung und Formen der Rettungshundearbeit

Die Ausbildung und der Einsatz von Rettungshunden verfolgen weiterhin primär den Zweck, vermisste Personen zu finden und Menschenleben zu retten. So werden in allen Vereinen und Staffeln nicht nur die Hunde trainiert, sondern auch die Rettungshundeführer in den Bereichen Erste Hilfe und Sanitätsdienst, Einsatztaktik, Karten- und Kompasskunde, Statik, Trümmerkunde und Bergung ausgebildet und die Rettungshundeführer müssen sich für Hilfseinsätze bereithalten. Die Rettungshundearbeit ist für den menschlichen Teampartner sehr zeitintensiv und erfordert ein hohes Maß an ehrenamtlichem Engagement. Anders als das Mantrailing ist die Rettungshundearbeit dadurch nicht als reine Beschäftigungsmaßnahme für den Hund geeignet. Auch die Teilnahme an sportlich orientierten Rettungshundeprüfungen auf nationaler und internationaler Ebene unter dem Dach des BRH, welcher dem VDH und der FCI angeschlossen ist, ist zwar seit einigen Jahren möglich, wird jedoch in Deutschland auch nur über die Rettungshundestaffeln der verschiedenen Hilfsorganisationen realisiert.

Im Bereich der Rettungshundearbeit haben sich mittlerweile verschiedene Formen der Suche entwickelt:

Flächensuche Die Flächensuche ist momentan in Deutschland die Form der Suche, die mit zwei Dritteln der tatsächlichen Einsätze die häufigste Einsatzart für Rettungshunde ausmacht. Jedes Jahr werden in Deutschland etwa 100 000 Menschen vermisst gemeldet; davon ungefähr 40 % Kinder. Bei der Flächensuche wird offenes Gelände (z. B. Wald, Felder, Wiesen etc.) nach vermissten und eventuell verwirrten oder verletzten Personen abgesucht. Anders als beim Mantrailing sucht der Hund dabei nicht nach dem Geruch einer individuellen Person, sondern nimmt jegliche menschliche Witterung auf. Aufgabe des Hundes ist es dann, jede Person anzuzeigen, unabhängig davon, ob diese liegt, hockt, sitzt, steht oder läuft. Dabei werden verschiedene Formen der Anzeige unterschieden: Beim **Verbellen** (▶ **Abb. 2.32**) bleibt der Hund beim Opfer und zeigt seinem Rettungshundeführer die Position über das Bellen an. Da dies auf manche Menschen bedrohlich wirken kann, kann das Anzeigen auch über das **Freiverweisen** erfolgen, bei dem der Hund zwischen dem Opfer und dem Rettungshundeführer hin und her läuft. Darüber hinaus kann der Hund auch mithilfe eines

▸ **Abb. 2.32** Das Verbellen ist eine Form der Anzeige, mit der der Rettungshund auf eine gefundene Person aufmerksam machen kann. (Foto: Marie France Mühlschlegel, Karlsruhe)

Bringsels, welches er am Halsband trägt, das Finden einer Person anzeigen.

Trümmersuche Die Trümmersuche kommt in Friedenszeiten vor allem nach Erdbeben, Explosionen sowie Zugunglücken und Flugzeugabstürzen zum Einsatz. Dabei suchen die Hunde wie bei der Flächensuche nach jeglicher menschlicher Witterung, auch die Arten der Anzeige entsprechen denen der Flächensuche. Dennoch ist die Trümmersuche meist schwieriger und sowohl körperlich als auch seelisch oft deutlich belastender: So ist es für den Hund bei der Suche in Trümmern meist nicht leicht, menschliche Gerüche aufzunehmen, da die (geruchliche) Ablenkung oft sehr hoch ist (z. B. Gasexplosion). Auch ist die Verletzungsgefahr vor allem für den Hund durch scharfe Splitter und einstürzende Trümmerteile wesentlich höher als bei der Flächensuche. Darüber hinaus ist die psychische Belastung vor allem bei großen Katastrophen für Menschen und Hunde enorm hoch.

Lawinensuche Die Lawinensuche wird in Deutschland ausschließlich über die Bergwacht organisiert. Dabei absolvieren die Staffeln zum Teil durchgängige Bereitschaftsdienste, um bei einem Lawinenabgang möglichst schnell direkt vor Ort helfen zu können.

Wasserrettung Die Wasserrettung stellt eine besondere Form der Rettungshundearbeit dar, bei der der Hund einen im Wasser befindlichen Menschen zu einem Boot oder ans Ufer zieht. Ist die Person bei Bewusstsein, kann sie sich an einem speziellen Geschirr festhalten, welches der Hund bei der Wasserrettung trägt. Bei bewusstlosen Opfern rettet der Hunde diese, indem er den Arm oder die Kleidung ins Maul nimmt. Für diese Art der Rettungshundearbeit eignen sich daher nur große Hunde wie beispielsweise Neufundländer oder Landseer.

Leichensuche und Wasserortung Hierbei handelt es sich per Definition eigentlich nicht mehr um Rettungshundearbeit im engeren Sinne, da kein Menschenleben mehr gerettet werden kann. Die Hunde sind darauf trainiert, (menschlichen) Verwesungsgeruch zu erkennen und anzuzeigen und so unter anderem auch zur Aufklärung von Straftaten beizutragen.

Auch das **Mantrailing** (S. 48) wird zum Teil von einigen Rettungshundestaffeln mit abgedeckt, vielfach aber auch von Hundeschulen und Vereinen als reine Form der Beschäftigung angeboten.

2.13.3 Regelwerk, Leistungs- und Prüfungsklassen

In der Rettungshundearbeit werden verschiedene Inhalte in der Ausbildung trainiert, die im Einsatz von großer Bedeutung sind. Diese werden entsprechend auch in den Rettungshundeprüfungen abgefragt. Hierzu gehören folgende Schwerpunkte:

- **Geländegängigkeit**: Die Hunde müssen auf verschiedenen, zum Teil auch wackelnden und nachgebenden Untergründen wie Schutt und Geröll arbeiten.
- **Gerätetraining**: Die Hunde müssen verschiedene Geräte und Hindernisse bewältigen, hierzu gehören beispielsweise Leitern (▸ **Abb. 2.33**), Röhren oder Wippen.
- **Gehorsam**: Die Hunde dürfen sich durch andere Menschen oder Hunde nicht von ihrer Arbeit ablenken lassen.
- **Anzeige**: Wie oben beschrieben kann die Anzeige im Wesentlichen auf dreierlei Weise erfolgen: als Verbellen, als Freiverweisen und als Anzeige mithilfe eines Bringsels.

▸ **Abb. 2.33** Leitern gehören zu den Geräten, die als Hindernisse in der Ausbildung von Rettungshunden eingesetzt werden. Hier ist ein hohes Maß an Koordinationsvermögen gefragt. Da vor allem bei echten Arbeitseinsätzen nicht an speziellen Hundesportgeräten gearbeitet wird, ergeben sich hieraus zum Teil erhebliche Verletzungsrisiken. (Foto: Marie France Mühlschlegel, Karlsruhe)

- **Sucharbeit**: Dieser Aspekt stellt den zentralen Teil der Rettungshundearbeit dar, nämlich die Suche nach vermissten Personen.

Die Grundvoraussetzung für die Teilnahme an Rettungshundeprüfungen ist eine bestandene Begleithundprüfung (BH). Danach absolvieren die Teams in der Regel eine staffelinterne Vorprüfung. Die sog. **Hauptprüfung** wird dann in den Sparten **Fläche** und **Trümmer** abgelegt. Anschließend können dann weitere Prüfungen für die anderen Arten der Suche absolviert werden; im Mantrailing werden der Basistest, die Stadtprüfung und die Landprüfung unterschieden. Die Teilnahme an Prüfungen nach dem Reglement der Internationalen Prüfungsordnung (IPO) ist dann ebenfalls möglich; solche Prüfungen haben zum Teil dann auch Wettkampfcharakter.

2.13.4 Körperliche Anforderungen und bevorzugte Rassen

Für die meisten Formen der Rettungshundearbeit eignen sich generell **Hunde aller Rassen** sowie **Mischlinge**. Dabei sind eher die individuellen Fähigkeiten eines Hundes und nicht unbedingt die rassebedingten Eigenschaften entscheidend: Die Hunde müssen wesensfest (▸ **Abb. 2.34**) und freundlich zu Menschen sowie gut zur Zusammenarbeit mit dem Rettungshundeführer zu motivieren sein. Häufig finden sich mittelgroße Gebrauchshunde sowie Jagd- und Hütehunde; bei den knapp 1000 im BRH registrierten Rettungshunden ist insgesamt jedoch die Gruppe der Mischlinge am stärksten vertreten.

Die Hunde sollten zu Beginn des Trainings maximal sechs bis zwölf Monate alt sein, da in der Regel mindestens zwei Jahre für die Ausbildung zum Rettungshund notwendig sind. Für alle Hunde gilt, dass sie in guter körperlicher Verfassung sein müssen und keinesfalls Übergewicht haben dürfen. Vor allem bei der Trümmersuche ist insbesondere eine sehr gute Koordination erforderlich. Die Grundlagen für ein gutes Koordinationsvermögen werden ebenfalls im Junghundealter gelegt und sind gut über ein entsprechendes Training zu beeinflussen.

Lediglich für die Wasserrettung ist eine gewisse **Körpergröße** notwendig, damit der Hund überhaupt in der Lage ist, einen Menschen schwimmend zu ziehen. Für alle anderen Arten der Rettungshundearbeit ist die Körpergröße der Hunde

▸ **Abb. 2.34** Die Rettungshundearbeit verlangt von den Hunden ein absolut festes Wesen sowie eine extrem gute Zusammenarbeit mit dem Rettungshundeführer. (Foto: Marie France Mühlschlegel, Karlsruhe)

nicht unbedingt entscheidend. Eine geringe Körpergröße ist bei der Trümmersuche sogar unter Umständen von Vorteil, da die Hunde dann in engere Zwischenräume gelangen können und lockere Trümmerteile aufgrund des niedrigen Gewichts nicht so leicht einstürzen.

2.14 Schlittenhunderennen

2.14.1 Geschichte und Herkunft

Schlittenhunde gehören neben den Windhunden zu den ältesten Hundetypen überhaupt und haben sich wie diese in Anpassung an ihre spezielle Arbeitsaufgabe entwickelt. Die Vorfahren der heutigen Schlittenhunde wurden in nördlichen Regionen, in denen über weite Teile des Jahres Schnee liegt, von indigenen Völkern domestiziert. Außer für das Ziehen von Lasten wurden sie vielfach auch als Jagdbegleiter eingesetzt und waren somit für die Menschen, die in diesen unwirtlichen Regionen lebten, überlebenswichtig. Schlittenhunde werden daher zum Teil auch als **Nordische Hunde**, **Hunde vom Urtyp** oder **Nordische Spitze** bezeichnet (► Abb. 2.35).

In neuerer Zeit leisteten Schlittenhunde außerdem einen wichtigen Beitrag zur **Erkundung der Polarregionen** und wurden auf Expeditionen zum Nord- und Südpol eingesetzt, wo sie Pferden als Zugtiere weit überlegen waren. Auch während des **Goldrausches** am Klondyke in Alaska wurden sie zur Erschließung schwer zugänglicher Regionen eingesetzt. 1925 gingen Schlittenhundgespanne in die Geschichte ein, als der Bevölkerung von Nome (Alaska) eine Diphterie-Epidemie drohte: Das lebensnotwendige Serum wurde von Anchorage zunächst über 680 km mit der einzigen Bahnlinie nach Nenana transportiert und dort einer Staffel von 20 Mushern mit ihren Hunden übergeben, die es innerhalb von fünf Tagen über 1090 km weit nach Nome transportierten und so einen Großteil der Bevölkerung vor dem Tod retten konnten. Seit 1973 wird nun im Gedenken an diese Leistung das **Iditarod**-Rennen von Anchorage nach Nome abgehalten, bei dem jedes Jahr etwa 50 Gespanne an den Start über die gesamte Strecke gehen. Der bisherige Rekord über die insgesamt 1850 km lange Strecke liegt bei 8 Tagen und 13 h.

► **Abb. 2.35** Nordische Hunderassen wie Huskies oder Malamutes stellen den ursprünglichen Schlittenhundtyp dar. Die Belastungsanforderungen bei dieser Sportart liegen vor allem im kardiopulmonalen Bereich. Die zyklische Ausdauerfähigkeit ist hierbei von entscheidender Bedeutung. (Foto: Petra Deggendorfer, Hockenheim)

2.14.2 Die Sportart

Schlittenhunderennen werden über kurze Distanzen als sog. **Sprintrennen** und über lange Strecken als **Distanzrennen** veranstaltet. Kurzstreckenrennen werden meist durch die jeweiligen nationalen Verbände organisiert, während Langstreckenrennen in der Regel als internationale Wettbewerbe ausgetragen werden. In Europa werden vor allem Sprintrennen ausgetragen, die als Wagenrennen über Distanzen von 5–7 km oder als Schlittenrennen bei Schnee über Distanzen von 10–20 km gehen (► Abb. 2.36). Da Distanzrennen nur als Schnee- bzw. Schlittenrennen ausgerichtet werden, finden diese vor allem in Alaska und Nordeuropa statt. Hier gibt es Ein- und Mehrtagesrennen, bei denen in der Regel Strecken von mindestens 40–50 km pro Tag zurückgelegt werden.

2.14.3 Regelwerk, Leistungs- und Prüfungsklassen

In Deutschland stellt der Verband Deutscher Schlittenhundesport Vereine (VDSV) die Dachorganisation dar, in der sich über 40 europäische Vereine assoziiert haben. Der VDSV ist wiederum Mitglied der World Sleddog Association (WSA) und der IFSS (International Federation of Sleddog Sport). Da in Deutschland auch in den Wintermonaten in der Regel nicht über einen längeren Zeit-

▶ **Abb. 2.36** Da in Europa die Witterung für Schneerennen häufig zu warm ist, werden hier vor allem Sprintrennen als Wagenrennen über kurze Distanzen ausgetragen. In unseren Breitengraden stellen vor allem in den wärmeren Monaten daher eher Dehydration und Überhitzung ernst zu nehmende Gesundheitsrisiken für die Hunde dar. (Foto: Silke Meermann)

raum mit einer geschlossenen Schneedecke gerechnet werden kann, können hier keine Langstreckenrennen ausgerichtet werden. Daher werden vor allem **Sprintrennen** als Wagen- oder, falls doch Schnee liegt, als Schlittenrennen ausgerichtet. Dabei erfolgt die Wertung in verschiedenen Klassen nach der **Art des Gespanns bzw. Gefährts** (z. B. Skandinavier, Skijöring, S-Velon), nach der **Anzahl der Hunde** (D: 2 Hunde, C: 3–4 Hunde, B: 5–6 Hunde, A: 7–8 Hunde; offen: 9 oder mehr Hunde) und nach der **Rasse der Hunde** (klassische Schlittenhunderassen einerseits und alle übrigen Rassen bzw. Mischlinge andererseits).

2.14.4 Körperliche Anforderungen und bevorzugte Rassen

Zu den klassischen Schlittenhunderassen gehören der **Alaskan Malamut**, der sich auf dem nordamerikanischen Kontinent entwickelte, der **Grönlandhund** sowie der **Samojede** und der **Siberian Husky**, welche im Norden des eurasischen Kontinents entstanden sind. Alle diese Rassen sind von der FCI anerkannt.

Anfang des 20. Jahrhunderts entstanden dann auf der Basis von importierten Siberian Huskys die modernen Schlittenhundtypen, die vor allem im Hinblick auf den Schlittenhundrennsport gezüchtet wurden: In den USA entwickelte sich durch Einkreuzungen von Jagd- und Windhunden der **Alaskan Husky**; in Europa entstanden durch Einkreuzungen von Pointer und Deutsch Kurzhaar der **Norwegian Hound** und der **Europäische Schlittenhund**. Alle diese neueren Typen wurden ausschließlich für die Arbeitsleistung als Schlittenhunde gezüchtet, dabei spielte das äußere Erscheinungsbild keine Rolle. Daher existiert für diese Hunde kein Rassestandard und sie sind bisher auch nicht durch die FCI anerkannt.

Für den Schlittenhundesport eignen sich neben den **klassischen** und **modernen Schlittenhunderassen** natürlich vor allem **Laufhundtypen**. Klein- und Zwerghunde sowie chondrodystrophische und brachyzephale Hunde eignen sich nicht. Auf Wettkämpfen darf mit Hunden aller Rassen sowie mit **Mischlingen** gestartet werden. Die Wertung erfolgt bei Sprintrennen in unterschiedlichen Klassen für FCI-anerkannte Schlittenhunde einerseits und Hunde sonstiger Rassen und Mischlinge andererseits.

Die klassischen Schlittenhunderassen haben sich in **Anpassung an das arktische Klima** entwickelt. Dies spiegelt sich einerseits im Hinblick auf die Felltextur mit dichter Unterwolle und festem Deckhaar wider, zeigt sich aber auch in ihrer Größe bzw. in ihrem Verhältnis von Größe zu Körpergewicht: Größere und schwerere Hunde können die Körpertemperatur bei kalten Außentemperaturen besser halten, da sie eine relativ kleinere Körperoberfläche besitzen, über die sie Wärme abgeben. Diese Faktoren spielen vor allem bei den Langstreckenrennen auf Schnee auch heute noch eine Rolle, während sie bei Sprintrennen nur von untergeordneter Bedeutung sind und man hier vielfach auch leichtere Hundetypen mit kurzem Fell antrifft.

Schlitten- und Zughunde zeigen außerdem Besonderheiten im Hinblick auf ihre **Gangarten**, die sich in **Anpassung an die Zugarbeit** entwickelt haben: Während der Schritt bei allen Hunden dadurch gekennzeichnet ist, dass immer ein oder mehrere Beine am Boden sind, ist dies bei Schlittenhunden auch im Trab und im Galopp der Fall. Im Trab fehlen hier die Schwebephasen zwischen dem Auffußen der diagonalen Beinpaare und auch im Galopp fehlen die Schwebephasen, die zwischen dem Auffußen der Vorder- und Hinterbeine beispielsweise im Renngalopp des Windhundes vorkommen, sodass sich für den (Links-)Galopp der Schlittenhunde folgende Schrittfolge ergibt: hinten rechts – hinten links – vorne rechts – vorne links (vgl. Windhund im Renngalopp: hinten rechts – hinten links – pfeilförmige Schwebephase – vorne rechts – vorne links – kugelförmige Schwebephase). Dieser spezielle Galopp der Schlittenhunde wird im englischen Sprachgebrauch als „lope" bezeichnet. Alle Gangarten ohne Schwebephasen zeichnen sich durch eine größere Stabilität und bei Zughundsportarten auch durch eine höhere Effizienz aus: Bei der Arbeit im Geschirr vor allem bei seitlicher Anspannung würde der Hund bei jeder Schwebephase durch die Zugleine zurück- bzw. zur Seite gezogen und die Zugarbeit wäre wesentlich weniger effektiv.

Darüber hinaus zeichnen sich die klassischen, vor allem aber auch die modernen Schlittenhunderassen durch **Anpassungserscheinungen an extreme Ausdauerleistungen** aus: Sie sind in der Lage, auch bei hohem Energiebedarf diese hauptsächlich über aerobe Stoffwechselvorgänge zu gewinnen, sodass es nur zu einer relativ geringen Laktatbildung und Ansäuerung im Muskel kommt. Dabei spielt vor allem die Energiegewinnung über die Verbrennung von Fettsäuren eine wichtige Rolle; dies muss bei der Fütterung unbedingt berücksichtigt werden. Schlittenhunde laufen bei Distanzen von bis zu 50 km mit durchschnittlich 30–35 km/h und bei Distanzen von 100 km und mehr immerhin noch mit bis zu 25 km/h. Bei mehrtägigen Rennen mit einer Gesamtlänge von mehr als 1000 km können sie immer noch bis zu 240 km/d an mehreren aufeinanderfolgenden Tagen zurücklegen. Nach solchen langen Rennen sinken jedoch vor allem die roten Blutwerte wie Hämoglobin, Hämatokrit und die Anzahl der Erythrozyten signifikant ab und es müssen ausreichend lange Regenerationszeiten vor der nächsten Ausdauerbelastung eingehalten werden.

Im Hinblick auf die **Ausdauerleistung** kommt auch der **Atmung** auf zweierlei Weise eine besondere Bedeutung zu: So ist sie einerseits Voraussetzung für die **Versorgung der Muskulatur mit Sauerstoff**, und der Transport der Atemluft durch die oberen und unteren Luftwege, der Gasaustausch in der Lunge selber, die Pumpleistung des Herzens und die Durchblutung der Muskulatur müssen optimal funktionieren und aufeinander abgestimmt sein. Andererseits entsteht durch die fortgesetzte Muskelarbeit bei Ausdauerleistung Wärme und die gezielte **Wärmeabgabe** beim Hund erfolgt fast ausschließlich als sog. Totraumventilation beim Hecheln. Dieser Effekt ist abhängig von der Feuchtigkeit der Schleimhäute, sodass Dehydration die Wärmeabgabe erschwert.

Innerhalb einzelner Teams spielt außerdem die **Anpassung an die Zugarbeit im Gespann** eine entscheidende Rolle: Schlittenhunde, die im Team arbeiten, müssen nicht nur über gute soziale Eigenschaften verfügen, sondern sollten sich im Hinblick auf ihren Körperbau, ihre Körpergröße und ihr Gewicht möglichst ähnlich sein, um im Team möglichst effektiv Zugarbeit leisten zu können. Dies gilt insbesondere immer für die zwei Hunde, die paarweise nebeneinander angespannt werden. Optimalerweise sollte dabei auch noch der Hund, der links der Zugleine angespannt ist, bevorzugt im Linksgalopp laufen („Linksfüßler") und der Hund rechts der Zugleine im Rechtsgalopp („Rechtsfüßler").

Als **Leader** oder Leithund(e) bezeichnet man den oder die vordersten Hunde im Gespann, sie zeichnen sich durch ihre mentale Stärke und die Kooperationsbereitschaft mit dem Musher aus, da sie das Gespann über die Strecke führen und die Kommandos des Mushers umsetzen müssen. Der Begriff **Wheeler** meint demgegenüber die Hunde, die direkt vor dem Schlitten oder Wagen (englisch „wheel": Rad) laufen. Hier eignen sich vor allem körperlich starke Hunde, die das Gefährt in Bewegung setzen. Alle übrigen Hunde des Gespanns werden als **Swinger** bezeichnet.

2.15 Turnierhundsport

2.15.1 Geschichte und Herkunft

Der Turnierhundsport (THS) ist eine Sportart, die Anfang der 1970er-Jahre in Süddeutschland entwickelt wurde. Zu diesem Zeitpunkt beschränkte sich der Hundesport in Deutschland mehr oder weniger auf den Schutzhundsport, der auch fast nur mit den klassischen Gebrauchshundrassen ausgeübt wurde. Die Entwicklung des Turnierhundsportes sollte eine deutlich größere Gruppe von Hundefreunden ansprechen und auch Hunden anderer Rassen sowie Mischlingen den Weg in den Hundesport öffnen. Dabei stand auch die Familientauglichkeit im Mittelpunkt: Durch das breite Angebot an Disziplinen sowie durch die Einteilung in Alters- und Geschlechtsklassen wurden explizit auch Kinder und Jugendliche sowie weibliche Sportlerinnen angesprochen. Es wurde eine sportliche Chancengleichheit geschaffen, die es allen Teilnehmern ermöglicht, relativ schnell Erfolgserlebnisse zu erreichen, die weiter zur sportlichen Beschäftigung mit dem Hund motivieren.

Auch die Vielfalt der vierbeinigen Sportler einerseits und deren Sozialverträglichkeit andererseits wurden von Beginn an gefördert; dadurch trug der THS maßgeblich zu einer positiven Wahrnehmung und öffentlichen Anerkennung des Hundesports in Deutschland bei und ebnete den Weg für die Erlangung der Gemeinnützigkeit von Hundesportvereinen.

2.15.2 Die Sportart

Merke

Breitensport bezeichnet die nicht wettkampforientierte sportliche Aktivität, die hauptsächlich der körperlichen Fitness und dem Spaß am Sport dient.
Leistungssport bezeichnet die wettkampforientiere sportliche Aktivität, mit dem Ziel, hohe Leistungen im Wettkampf auf nationaler Ebene zu erreichen.

Der Turnierhundsport wurde anfänglich – vor allem zur Abgrenzung gegenüber dem auch als „Leistungssport" bezeichneten Schutzhundsport – „Breitensport" für Jedermann genannt, da er eben eine deutlich breitere Gruppe von Hundefreunden ansprechen sollte. Daneben hat sich vor allem in den letzten Jahren auch der Begriff „Leichtathletik mit dem Hund" etabliert, welcher die sportliche Komponente in Bezug auf den zweibeinigen Teampartner mehr betont. So bietet der THS heute einerseits einer breiten Gruppe von Hundefreunden unterschiedlichster Altersgruppen die Möglichkeit, sich mit ihrem Vierbeiner einfach nur sportlichaktiv zu betätigen – andererseits geben vor allem auch die überregionalen Turniere und Meisterschaften ambitionierten Sportlern die Gelegenheit, sich auf deutlich leistungsorientiertem, leichtathletischem Niveau untereinander zu messen.

▶ **Abb. 2.37** Dadurch, dass der Hund im THS immer nur auf der Fußseite geführt wird, wird auch in den Laufdisziplinen bei der Landung nach einem Sprung vor allem das linke Vorderbein belastet, da sich der Hund in aller Regel wie hier nach dem Durchsprung im Rechtsgalopp befindet. Zwar liegen die Hindernisse fast immer auf gerader Strecke, sodass es durch den Parcoursverlauf selber eigentlich nicht zu Sprüngen mit Richtungswechseln kommt. Durch die einseitige Führung orientieren sich die Hunde aber oftmals von sich aus nach rechts zum Hundesportler, sodass durch diesen Umstand unnötige Rotations- und Torsionskräfte entstehen. (Foto: Silke Meermann)

Charakteristisch für alle Disziplinen des Turnierhundsports ist das **gemeinsame Laufen** von Mensch und Hund im Team. Dabei werden alle Laufdisziplinen von zwei- und vierbeinigen Sportlern zusammen bewältigt und für alle Läufe wird entsprechend auch die gemeinsame Laufzeit gemessen (dies stellt einen wesentlichen Unterschied zum Agility dar, wo allein die Zeit, die der Hund zur Absolvierung des Parcours benötigt, entscheidet). Im Turnierhundsport wird der Hund auch in den Laufdisziplinen analog zur Unterordnung ausschließlich auf der linken Seite des Hundesportlers geführt (▶ **Abb. 2.37**).

Die Disziplinen umfassen u. a. den **Geländelauf** und den **Vierkampf**, der auch als „Königsdisziplin" bezeichnet wird, da er aus den unterschiedlichen Komponenten Unterordnung, Hürden-, Slalom- und Hindernislauf besteht und so sehr vielfältige Anforderungen an die sportlichen Teams stellt. Auch der Combination Speed Cup (CSC) wird als offizielle Prüfung auf vielen Turnieren und Meisterschaften angeboten. Hierbei handelt es sich um eine Art Hindernis-Staffel-Lauf, bei der Mannschaften aus jeweils drei Teams gegeneinander antreten. Weitere Disziplinen sind der K.-o.-Cup (früher: Qualification Speed Cup, QSC), der Shorty, der Hindernislauf und seit Kurzem auch der Dreikampf, welcher aus Hürden-, Slalom- und Hindernislauf besteht, jedoch keinen Unterordnungsteil beinhaltet.

Prinzipiell können alle Disziplinen mit Hunden verschiedener Größen, Rassen oder Mischungen absolviert werden – eine Größeneinteilung wie im Agility entsprechend der Schulterhöhe des Hundes erfolgt jedoch nicht! Dagegen ermöglicht die getrennte Wertung von Männern und Frauen sowie die Einteilung in verschiedene Altersklassen eine weitgehende Chancengleichheit aus Sicht der zweibeinigen Sportler. Der Turnierhundsport will somit jedem gesunden Menschen und jedem gesunden Hund die Möglichkeit zu sportlicher Betätigung geben und ist für alle Teams geeignet, die Spaß an aktiver, gemeinsamer Bewegung haben.

2.15.3 Regelwerk, Leistungs- und Prüfungsklassen

Da die beiden am weitesten verbreiteten Disziplinen, der Vierkampf und der Geländelauf, eigentlich auch alle aus sportphysiotherapeutischer Sicht wichtigen Belastungselemente des Turnierhundsports abdecken, werden im Folgenden diese beiden Varianten dargestellt und beleuchtet.

Vierkampf Der **Vierkampf** war in den Anfängen des Turnierhundsports noch als Sechskampf mit weiteren Elementen des traditionellen Schutzhundsports konzipiert. Er besteht heute aus einem Unterordnungs- bzw. **Gehorsamsteil** sowie den **Laufdisziplinen** Hürden-, Slalom- und Hindernislauf, welche auch als sportmotorische Elemente bezeichnet werden.

Seit 2013 wird in drei verschiedenen Leistungsklassen gestartet. Im **VK1** wird durch relativ niedrige Anforderungen auch Breitensportlern die Möglichkeit gegeben, in das Turniergeschehen einzusteigen; der **VK2** ist durch etwas höhere Anforderungen in der Unterordnung und den Laufdisziplinen gekennzeichnet; der **VK3** wurde als höchste Wettkampfklasse eingeführt, um dem mittlerweile hohen Leistungsniveau im Wettkampfbereich gerecht zu werden. Um von einer Leistungsklasse in die nächsthöhere aufzusteigen, muss zweimal ein Qualifikationsergebnis erreicht werden, welches sowohl eine Mindestpunktzahl für den Unterordnungsteil als auch für die Gesamtpunktzahl vorgibt.

Die **Gehorsamsübung** bzw. der **Unterordnungsteil** ähnelt den Anforderungen einer Begleithundprüfung und entstammt dem traditionellen Hundesport. Dieser Prüfungsteil besteht im Wesentlichen aus einem vorgegebenen Laufschema, bei dem der Hund eine möglichst freudige und konzentrierte Fußarbeit zeigen sollte. In die Fußarbeit sind rechte und linke Winkel sowie Kehrtwendungen und das selbstständige Einnehmen der Grundstellung eingebaut; außerdem fließen Gehorsamsübungen wie das „Sitz“, „Platz“ und „Steh“ aus der Bewegung ein.

Der **Hürdenlauf** stellt die erste Laufdisziplin dar, bei der Mensch und Hund möglichst über die gesamte Strecke auf derselben Höhe laufen (▶ **Abb. 2.38**). Je nach Leistungsklasse variiert die Laufstrecke zwischen 60 (VK1 und 2) und 80 m (VK3). Auf der Strecke befinden sich 4 bzw. 6 Hürden, die in den beiden höheren Klassen von Mensch und Hund gemeinsam übersprungen werden müssen. Je nach Wettkampf- und Altersklasse sind die Hürden 30 oder 40 cm hoch.

Der Riesenslalom oder **Slalomlauf** besteht aus einem Start- und einem Zieltor sowie fünf Stre-

▶ **Abb. 2.38** Im Hürdenlauf müssen Hund und Hundesportler auf derselben Höhe laufen und die Hürden gemeinsam überwinden. Aus sportphysiotherapeutischer Sicht sollte sich der Hund dabei unbedingt wie hier im Bild auf seinen Laufweg fokussieren und nicht den Hundesportler ansehen, damit unnötige Torsionsbewegungen vermieden werden. Aus diesem Grund sollten die Laufdisziplinen im THS niemals mit dem Kommando für die Fußarbeit verknüpft werden. (Foto: Christine Sachse, Münster)

ckentoren mit einer Breite von 1,40 m, die im Zick-Zack aufgestellt sind. Mensch und Hund durchlaufen den Slalomkurs gemeinsam insgesamt zweimal (▶ Abb. 2.39). Die Laufstrecke beträgt im VK1 55 m, im VK2 65 m und im VK3 75 m.

Der **Hindernislauf** ist in allen Wettkampfklassen gleich (▶ Abb. 2.40); die insgesamt 75 m lange Strecke wird wie der Slalom jeweils zweimal durchlaufen. Die einzelnen Hindernisse ähneln zum Teil denen im Agility, besitzen allerdings etwas andere Abmessungen und sind immer in einer festen Reihenfolge aufgestellt. Der Hund wird außerdem – wie in den anderen Laufdisziplinen des Vierkampfes – immer nur auf der linken Seite geführt. Die acht Hindernisse sind in der Reihenfolge vom Start zum Ziel: eine feste Hürde (50 cm), die Schrägwand, ein fester Tunnel, der Laufsteg, die Tonne (60 cm hoch; darf vom Hund berührt werden), der Durchsprung, ein Hoch-Weit-Sprung und eine weitere feste Hürde. Die Mehrzahl der übrigen Disziplinen wie der Dreikampf, der Hindernislauf, aber auch der CSC, der Shorty und der K.-o.-Cup setzen sich aus den gleichen Elementen zusammen, wie sie auch im Vierkampf vorkommen.

▶ **Abb. 2.39** Anders als im Agility, wo nur der Hund durch die Slalomtore läuft, durchlaufen im THS Mensch und Hund die Tore gemeinsam. Zu Stürzen und Verletzungen kommt es vor allem dann, wenn sich Hund und Hundesportler dabei sehr nahe kommen. (Foto: Silke Meermann)

Geländelauf Von den einzelnen Disziplinen des Vierkampfs unabhängig gibt es außerdem den **Geländelauf**, der dem Canicross ähnelt (▶ Abb. 2.41). Hier werden drei verschiedene Streckenlängen unterschieden: der 1000-m-, der 2000-m- und der 5 000-m-Lauf. Auch hier wird die gemeinsame Laufzeit von Mensch und Hund gemessen und die Wertung nach Alters- und Geschlechtsklassen getrennt vorgenommen. Der Hund muss angeleint geführt werden, dabei ist es dem Hundeführer überlassen, ob er die Leine am Halsband des Hundes befestigt und das Ende in der Hand hält oder ob er ein Bauchgurtsystem mit Panikhaken und Dehnungselement sowie einem entsprechenden Geschirr für den Hund verwendet. Im Geländelauf ist ein Ziehen des Hundes erlaubt – vor allem vor diesem Hintergrund ist es aus sportphysiotherapeutischer unbedingt zu empfehlen, den Hund mit Geschirr und Bauchgurt zu führen!

▶ **Abb. 2.40** Im Hindernislauf sind die Geräte für alle Hunde gleich hoch, der Jack-Russel-Terrier (b) muss die gleiche Hürdenhöhe überwinden wie der Schäferhundmischling (a); insbesondere die festen Hindernisse stellen für kleine Hunde ein hohes Verletzungsrisiko dar. (Foto: Silke Meermann)

▸ **Abb. 2.41** Im Geländelauf läuft der Hund im Geschirr. Der Bauch- oder Beckengurt gibt dem Läufer die Möglichkeit, die Hände frei zu haben, die Leine verfügt über einen Ruckdämpfer und einen Panikhaken. Die Belastungen im Geländelauf variieren mit dem Streckenuntergrund und den Witterungsbedingungen, aber auch mit der Geschwindigkeit, mit der das Team unterwegs ist. (Foto: Silke Meermann)

2.15.4 Körperliche Anforderungen und bevorzugte Rassen

Sämtliche Disziplinen des Turnierhundsportes können prinzipiell mit **Hunden aller Rassen** sowie mit allen **Mischlingen** ausgeübt werden. Voraussetzung für eine Turnierteilnahme ist das Bestehen der Begleithundprüfung; Zuchtpapiere oder Herkunftsnachweise werden nicht benötigt. Insgesamt gibt es jedoch auch hier Hundetypen, die durch bestimmte Eigenschaften anderen gegenüber eher im Vorteil sind:

- **Körpergröße:** Da es im THS lediglich eine Einteilung der Prüfungsklassen nach Alter und Geschlecht des menschlichen Sportlers, jedoch keine Größeneinteilung in Bezug auf die Hunde gibt, sind kleinere Hunde prinzipiell etwas benachteiligt, weil die Mehrzahl der Hindernisse von ihren Abmessungen her eher für **mittelgroße Hunde** konzipiert wurde. Vor allem Tonne, Hoch-Weit-Sprung und Schrägwand können von sehr kleinen Hunden einfach nicht so schnell überwunden werden. Und auch im Geländelauf können **größere und schnellere Laufhundtypen** durch ihren Körpereinsatz einen deutlichen Teamvorteil bewirken, indem sie ihren zweibeinigen Sportpartner durch Zugarbeit im Geschirr-Laufgurt-System messbar schneller machen.
- **Motivation und Konzentrationsvermögen:** Vor allem der Gehorsamsteil des Vierkampfes stellt außerdem hohe Anforderungen an Motivation und Konzentration des Hundes – hier sind Rassen (z. B. Hütehunde) bzw. Individuen mit einer **hohen Arbeitsintelligenz** den selbstständigeren Hundetypen (z. B. Dackel, Schlittenhunde) gegenüber deutlich im Vorteil.

So findet sich im Turnierhundsport insgesamt eine bunte Vielfalt an Rassehunden und Mischlingen aller Typen und Größen, vor allem den leistungsorientierten Wettkampfbereich dominieren jedoch die mittelgroßen Gebrauchs- und Hütehundrassen (Deutsche und Belgische Schäferhunde, Boxer, Airedale Terrier, Border Collies etc.). Bei all diesen Überlegungen darf man jedoch nicht vergessen, dass der sportliche Erfolg im Turnierhundsport in sehr hohem Maße auch von der körperlichen Leistungsfähigkeit des menschlichen Sportpartners abhängt. In allen Laufdisziplinen wird ja nicht allein die Geschwindigkeit des Hundes, sondern die Gesamtgeschwindigkeit beider Teampartner gemessen. Hier stellt in aller Regel der Mensch den langsameren Partner und somit den limitierenden Faktor in Bezug auf Geschwindigkeit und Wettkampferfolg dar!

2.16 Windhundrennen

2.16.1 Geschichte und Herkunft

Windhunde oder „Windspiele" wurden ursprünglich zur Jagd auf Sicht gezüchtet; dies spiegelt sich auch in der englischen Bezeichnung „Sight Hounds" wider. Windhunde repräsentieren den ältesten Hundetyp, der sich in Anpassung an einen ganz spezifischen Verwendungszweck entwickelt hat. Bereits auf antiken ägyptischen Darstellungen finden sich Hunde, die den heutigen Podencos ähneln und Xenophon beschreibt schon im 4. Jahrhundert v. Chr. detailliert die Hasenhetze mithilfe von Windhunden. Im Mittelalter und in der Renaissance genossen Windhunde ein hohes Ansehen; ihr Besitz war dem Adel vorbehalten und auf das Töten eines Windhundes stand in einigen Ländern die Todesstrafe. War die Hasenhetze die häufigste Form der Jagd, bei der Windhunde zum Einsatz kamen, wurden jedoch einige Typen auch speziell für die Jagd auf Hirsche (vgl. Schottischer Deerhound) oder Wölfe (vgl. Irischer Wolfshund) gezüchtet. Außerhalb Europas werden Windhunde zum Teil auch heute noch zur Jagd eingesetzt; in Deutschland werden sie jedoch ausschließlich noch als Begleit- oder Sporthunde gehalten.

Allen Windhunden ist der hochläufige, schlanke Körperbau gemeinsam; sie werden in der FCI-Gruppe 10 zusammengefasst. Man unterscheidet Windhunde des orientalischen, eher schlappohrigen Typs, des okzidentalen Typs mit sog. Rosenohren und des mediterranen Typs mit Stehohren.

2.16.2 Die Sportart

Bei den Windhundrennen werden zwei Arten von Wettkämpfen unterschieden: die sog. Bahnrennen und das Coursing.

Bei den **Bahnrennen** geht es ausschließlich um Geschwindigkeit; meistens jeweils drei bis sechs Hunde starten gleichzeitig aus einer Box und laufen dann hinter einem künstlichen Hasen, der von einer Maschine gezogen wird, gegen den Uhrzeigersinn auf einer Sand- oder Rasenbahn (▸ Abb. 2.42). Dabei beträgt die Bahnlänge in Europa bis zu 480 m. Da für den Windhund als Sichtjäger der Bewegungsreiz entscheidend ist, kann es sich bei dem künstlichen Hasen um einen Fell-, aber auch um einen Kunststoff-Dummy handeln.

Der Begriff **Coursing** stammt aus dem Englischen und bedeutet „Hetze“; hierbei wird auf einer freien Fläche mithilfe eines Zugseils und mehrerer Umlenkrollen eine variable Rennstrecke erstellt, die mehr dem Zick-Zack-Lauf eines flüchtenden Hasen angepasst ist. Es starten jeweils zwei Hunde zeitgleich; neben der Schnelligkeit werden jedoch auch die Gewandtheit, der Eifer, die Intelligenz und die Kondition der Hunde von einem Richter beurteilt und mit Punkten bewertet.

Bei beiden Arten von Rennen tragen die Hunde zur Unterscheidung farbige Decken oder Halskrausen mit Nummern; sie müssen außerdem einen speziellen Rennmaulkorb tragen, der verhindert, dass die Hunde sich gegenseitig verletzen (▸ Abb. 2.43).

▸ **Abb. 2.42** Bahnrennen können auf Gras- oder Sandbahnen stattfinden; die Bahnlänge beträgt in Europa bis zu 480 m. Die Hunde mit den Startnummern 4 und 5 befinden sich jeweils in der einbeinigen Stützphase des Galopps; hierbei kommt es an der gewichtstragenden Gliedmaße zu starken Belastungen insbesondere des Weichteilgewebes. (Foto: Sandra Malice, Erwitte)

▸ **Abb. 2.43** Bei Windhundrennen tragen die Hunde farbige Renndecken und einen speziellen Rennmaulkorb. Die Daumenkrallen sind zum Schutz vor akuten Krallenabrissen getapet, die prophylaktische Amputation der Daumenkrallen ist in Deutschland durch das Tierschutzgesetz verboten. (Foto: Sandra Malice, Erwitte)

2.16.3 Regelwerk, Leistungs- und Prüfungsklassen

Bei Windhundrennen sind nur Rassehunde zugelassen; die Wertung erfolgt für die verschiedenen Rassen getrennt. Außerdem wird nach Geschlecht und Leistungsklassen getrennt gestartet. Im Coursing können die Hunde spezielle Arbeits-Titel erwerben, die als Certificat d'Aptitude au Championat des Courses de Lévriers (CACL) bezeichnet werden.

2.16.4 Körperliche Anforderungen und bevorzugte Rassen

Bei allen Windhundrennen, die unter dem Dach des FCI durchgeführt werden, sind Windhunde der **Rassen der FCI-Gruppe 10** zugelassen. In Deutschland gibt es außerdem Veranstaltungen, bei denen auch windhundähnliche Rassen, die nicht in die Gruppe 10 fallen, wie z. B. Podencos, zugelassen sind. Andere Rassen und Mischlinge dürfen nicht teilnehmen. Windhundrennen in Deutschland werden vom Deutschen Windhundzucht- und Rennverband (DWZRV) ausgerichtet. Zugelassene Rassen sind Afghane, Azawakh, Barsoi, Chart Polski, Schottischer Deerhound, Irischer Wolfshund, Galgo Espagnol, Greyhound, Magyar Agar, Saluki, Sloughi, Whippet und italienisches Windspiel; darüber hinaus außerdem Cirneco dell Etna, Pharaoh Hound, Podenco Canario, Podenco Ibecenco, Pondenco Andaluz, Podengo Portugues, Kritikos Lagonikos, Silken Windsprite und Taigan.

Bei allen vom DWZRV ausgerichteten Veranstaltungen müssen die Hunde mindestens 15 (kleine Rassen) bzw. 18 (größere Rassen) Monate alt sein. Sie dürfen bis in dem Jahr starten, in dem sie das achte Lebensjahr vollenden.

Allen Windhunden ist ein sehr schlanker Körperbau mit langen Gliedmaßen, einem tiefen Brustkorb und einer aufgezogenen Bauch- und Rückenlinie gemein. Dabei entsprechen die Hunde dem quadratischen oder **Galopper-Typ** mit einem Verhältnis der Gliedmaßen- und Rückenlänge von etwa 1:1; das Schulterblatt liegt relativ steil und auch die Gelenkwinkelung ist im Verhältnis zu anderen Laufhundetypen eher steil. Der Renngalopp ist dadurch charakterisiert, dass er **zwei Schwebephasen** besitzt und die Hunde so sehr hohe Geschwindigkeiten erreichen können. Da alle Rennen entgegen dem Uhrzeigersinn, also linksherum, gelaufen werden, ist der **Linksgalopp** hier die ökonomischste Gangart (▸ Abb. 2.44). Die Fußfolge lautet entsprechend: rechtes Hinterbein – linkes Hinterbein – Schwebephase (mit gestreckter Wirbelsäule und gestreckten Gliedmaßen; „pfeilförmig“) – rechtes Vorderbein – linkes Vorderbein – Schwebephase (mit gebeugter Lenden- und Brustwirbelsäule und angewinkelten Gliedmaßen, wobei die Hinterbeine vor die Vorderbeine greifen; „kugelförmig“). Die Schrittfrequenz beträgt dabei bis zu 4 Schritte/sec. Untersuchungen an Greyhounds, die eine Maximalgeschwindigkeit von bis zu 67 km/h erreichen können, haben ergeben, dass deren Gliedmaßenmuskeln eine größere Querschnittsfläche und einen höheren Anteil an schnell kontrahierenden **Typ-II-Muskelfasern** aufweisen als bei anderen Hunden. Darüber hinaus scheinen Windhunde eine höhere **Laktat-Toleranz** zu besitzen als Hunde anderer Rassen: Nach einem Sprint kann der Laktatwert im Blutplasma um das 16-Fache und im Muskel selber um das 6–7-Fache ansteigen, was wiederum zu einer deutlichen Absenkung des pH-Wertes im Plasma (von 7,4 auf 6,9) und im Muskel (von 6,9 auf 6,5) führt.

▸ **Abb. 2.44** Bahnrennen werden immer entgegen dem Uhrzeigersinn ausgetragen; die Hunde laufen daher meist im Linksgalopp; der Renngalopp ist durch zwei Schwebephasen gekennzeichnet. Hier im Bild ist die Einbeinstützphase dargestellt; dabei wird die starke Hyperextension im Bereich des Karpalgelenks sichtbar. (Foto: Sandra Malice, Erwitte)

▸ **Abb. 2.45** Das Verletzungsrisiko bei Windhundrennen ist insgesamt als hoch einzustufen; durch die hohen Geschwindigkeiten kommt es zu einer starken Beanspruchung der Gelenke. (Foto: Sandra Malice, Erwitte)

Insgesamt ist das **Verletzungsrisiko** bei Windhundrennen allein aufgrund der hohen Geschwindigkeiten von bis zu 60 km/h und mehr hoch (▸ Abb. 2.45). Statistische Untersuchungen von Windhundrennen in den USA ergaben Verletzungsraten von 2,4–3,3 Verletzungen pro 1000 Starts. Dabei kommt es am häufigsten zu Verletzungen des Sprunggelenks (44,29 %), gefolgt von Verletzungen der Mittelfußknochen (13,16 %) und Muskelverletzungen (9,85 %). Die meisten Verletzungen erfolgen in den Kurven (erste und zweite Kurve 59,8 %), wo zusätzliche Fliehkräfte auf den Körper und insbesondere auf die Gliedmaßen einwirken. Darüber hinaus spielen aber auch die Bahnbeschaffenheit und die Witterung eine Rolle: Besonders heißes oder kaltes Wetter sowie Regen wirken sich nachteilig aus. Außerdem wurde ein Zusammenhang zur Ruhezeit zwischen zwei Rennen gefunden, der zeigt, dass eine Rennpause von weniger als 3–5 Tagen mit einem erhöhten Verletzungsrisiko einhergeht.

Anders als bei anderen Hundesportarten ist bei jedem Hunderennen in Deutschland immer ein **Bahntierarzt** anwesend. Dieser hat nicht nur die Aufgabe, Hunde medizinisch zu versorgen, die sich im Rennen verletzen, sondern er führt vor allem die tierärztliche Eingangsuntersuchung durch. Hierbei wird besonderes Augenmerk auf den Bewegungsapparat, aber auch das Herz-Kreislauf-System der Hunde gelegt. Auch die Probennahmen für die regelmäßig durchgeführten Doping-Kontrollen erfolgen durch den Bahntierarzt.

In Deutschland sind aus Tierschutzgründen kommerzielle Rennen und Rennen, bei denen auf die Hunde gewettet wird, verboten. Dies ist in anderen Ländern wie beispielsweise in Großbritannien und in den USA nicht so, wodurch sich für die Hunde dort insgesamt wesentlich schlechtere Lebensbedingungen ergeben.

2.17 Zughundsport

2.17.1 Sportart, Geschichte und Herkunft

Unter dem Begriff **Zughundsport** werden verschiedene Sportarten zusammengefasst, die sich zum Teil aus sehr unterschiedlichen Arbeitsaufgaben oder aber als reine Trainings- und Beschäftigungsmöglichkeiten entwickelt haben. Sportarten, die dem Zughundsport zugerechnet werden, sind unter anderem:

- Cani-Cross (Läufer)
- Scootering (Scooter/Dog-Roller/Kick-Bike)
- Bikejöring (Fahrrad)
- Trike-Rennen
- Sacco-Dog-Cart-Rennen
- Bollerwagen-Ziehen
- Zum Teil werden auch Schlittenhundrennen dem Zughundsport zugerechnet; in Deutschland werden alle Zughundsportveranstaltungen sowie Schlittenrennen vom VDSV ausgerichtet.

Beim **Cani-Cross** zieht der Hund – ähnlich wie beim Geländelauf im Turnierhundsport – einen Läufer. Dabei ist diese Sportart in den 1980er-Jahren im französischsprachigen Europa entstanden. Wettkämpfe werden unter dem Dach der European Cani-Cross Federation (ECF) oder in Deutschland vom VDSV ausgerichtet und ähnlich wie im Turnierhundsport erfolgt die Einteilung in die Wertungsklassen nach Geschlecht und Alter des menschlichen Sportpartners in die Kategorien Kinder, Jugendliche, Elite und Senioren. Anders als im Turnierhundsport, wo es ausschließlich Läufe über Distanzen von 1000, 2000 und 5 000 m gibt, kann die Streckenlänge im Cani-Cross variieren. Auch finden die Wettkämpfe bevorzugt auf nicht befestigten Strecken statt, da sich die Sportart ursprünglich aus dem Cross-Country-Running entwickelt hat. Die Ausrüstung entspricht jedoch in der Regel der, die auch bei den Geländeläufen im THS zur Anwendung kommt: Die Hunde tragen ein gut sitzendes Zug- oder Renngeschirr und sind mit ihrem menschlichen Teampartner über eine Zugleine mit elastischer Ruckdämpfung verbunden (▶ **Abb. 2.46**). Diese wird über einen Panikhaken am Bauch- oder Beckengurt des Läufers befestigt.

Scootering (Scooter: Roller; Dog-Roller, Kick-Bike; ▶ **Abb. 2.47**), **Bikejöring** (Fahrrad) sowie der Zughundsport mit einem **Trike** (Dreirad) oder einem **Dog-Cart** (vierrädriger Wagen) besitzen die Gemeinsamkeit, dass ein oder mehrere Hunde vor ein Gefährt gespannt werden, auf dem sich der Fahrer befindet. Da die Hunde auch hier hohe Geschwindigkeiten in teils unwegsamem Gelände entwickeln, tragen sie in der Regel wie beim Cani-Cross ein Renngeschirr und sind mit dem Gefährt ebenfalls über eine Zugleine mit Stoßdämpfer sowie zusätzlich mit einem Abstandshalter zum Gefährt verbunden. Zur Ausrüstung des Fahrers gehören Schutzhelm und Schutzhandschuhe. Vor allem Dog-Carts werden in Mitteleuropa, wo selbst in den Wintermonaten nur selten eine geschlossene Schneedeckt liegt, häufig von Schlittenhundsportlern als Trainings- und Rennwagen genutzt.

Auch das Ziehen von **Bollerwagen** und ähnlichen Karren wird dem Zughundsport zugerechnet; dabei hat sich dies aus einer völlig anderen Tradition entwickelt: Viele schwere Bauernhundschläge wurden früher unter anderem auch dazu eingesetzt, Karren mit Lasten zu ziehen und so

▶ **Abb. 2.46** Für die Zugarbeit benötigen die Hunde ein gut sitzendes Führgeschirr sowie eine Leine mit Ruckdämpfer. Die Belastung für den Hund ist abhängig von der Geschwindigkeit, der Beschaffenheit des Untergrundes und der Witterung; lange Laufstrecken auf hartem Untergrund wie hier im Bild führen zu repetitiven, kompressiven Gelenkbelastungen. (Foto: Silke Meermann)

▶ **Abb. 2.47** Der Scooter kommt im Zughundsport zum Einsatz; ein gut sitzendes Geschirr und eine Leine mit Ruckdämpfer sind hier unverzichtbar. Ungewollte Belastungen können dann entstehen, wenn beispielsweise Hund und Musher nicht zeitgleich starten. (Foto: Silke Meermann)

beispielsweise Waren zum Markt zu bringen. Hierbei steht im Gegensatz zu den anderen Zughundsportarten nicht die Geschwindigkeit im Vordergrund; meist kommen hier auch größere und schwerere Hunde zum Einsatz. Auch die Anspannung unterscheidet sich in der Form, dass meist Norweger- oder ähnliche Geschirre mit quer verlaufendem Brustgurt verwendet werden und die Hunde über eine Deichsel oder einen Zugbügel vor den Wagen gespannt werden.

Bei allen Zughundsportarten kann mit einem, aber auch mit mehreren Hunden als Gespann gelaufen oder gefahren werden. Der Spaß an der sportlichen Beschäftigung sollte bei allen Formen im Vordergrund stehen.

2.17.2 Körperliche Anforderungen und bevorzugte Rassen

Prinzipiell können im Zughundsport **Hunde aller Rassen** sowie **Mischlinge** mitmachen. Da sich Cani-Cross, Bikejöring und das Ziehen von Scootern, Trikes und Carts zum Teil auch als Sommer- bzw. Trainings-Alternative im Schlittenhundesport entwickelt haben, sieht man hier häufig auch die klassischen **Schlittenhunderassen**. Für das Ziehen von Karren wurden traditionell große und schwere **Bauernhunde** eingesetzt, hier sind die Schweizer Sennenhunde, Bernhardiner, Doggen, aber auch Neufundländer und Landseer häufig vertreten.

Für die schnelleren Zugsportarten eignen sich natürlich vor allem Hunde vom **Laufhundtyp**. Für das Ziehen schwererer Gefährte wie Carts oder Karren sollten die Hunde außerdem eine gewisse Mindestgröße und ein Mindestgewicht bei guter Körperkondition mitbringen: Ziehen die Hunde ein Fahrrad oder einen Roller, sollten sie ein Gewicht von etwa 20 kg oder mehr haben, für das Ziehen von Trikes, Dog-Carts oder Bollerwagen sollten sie mindestens 25 kg wiegen. Werden zwei oder mehrere Hunde paarweise angespannt, so sollten diese einander von Größe, Körperbau und Gewicht her möglichst entsprechen, da sie so am effektivsten gemeinsam Ziehen können.

Für alle Zughundsportarten gilt, dass die Hunde ausgewachsen und gesund sein müssen. Dies trifft insbesondere für den Bewegungsapparat, aber auch für das Herz-Kreislauf-System zu. Prinzipiell eignen sich Zwerg- und Kleinhunde sowie Hunde vom chondrodystrophischen Typ nicht als Zughunde. Auch Brachyzephale sind nur bedingt einsetzbar.

3 Basics der Anatomie, Physiologie und Pathophysiologie

3.1 Update Anatomie und Physiologie des Skelettsystems

3.1.1 Allgemeine Osteologie

Der Begriff **Osteologie** kommt aus dem Griechischen und bezeichnet die Lehre der Knochen. Viele weitere Fachwörter leiten sich jedoch vom lateinischen Wort für Knochen, Os, ab. Das Knochengewebe ist ein besonders hartes Stützgewebe, aus dem das Skelett aller Wirbeltiere aufgebaut ist. Im lebenden Organismus erfüllen die Knochen verschiedene Aufgaben: Sie stützen den Körper und stellen einen wichtigen Teil des passiven Bewegungsapparats dar. Sie bieten außerdem einen gewissen Schutz für die Körperhöhlen und die darin befindlichen Organe. Darüber hinaus finden im Knochenmark wichtige Schritte der Blutbildung statt. Auch wenn das Knochengewebe hart und statisch erscheint, ist es doch ein dynamisches Gewebe, welches sich zeitlebens an Veränderungen anpassen kann. Dies wird vor allem nach einer Fraktur deutlich, wenn diese bei guter Stabilisierung innerhalb weniger Wochen wieder verheilt. Es lässt sich aber auch daran belegen, dass der Knochen auf vermehrte mechanische Belastung mit einer Zunahme an Dichte und Festigkeit und auf dauerhafte Entlastung mit einer Degeneration reagiert. Dieser Effekt konnte bereits Ende des 19. Jahrhunderts am Hüftgelenk des Menschen nachgewiesen werden (Wolff'sches Gesetz der Transformation der Knochen) und ist mittlerweile ebenfalls für die Knochen des Hüftgelenks beim Hund belegt.

Nach der Form bzw. dem Feinbau der Knochen können verschiedene Knochenarten unterschieden werden: Die **langen Röhrenknochen** (Ossa longa) besitzen einen charakteristischen Aufbau aus Knochenschaft (Diaphyse) und Knochenenden (Meta- und Epiphysen); Beispiele für lange Röhrenknochen sind Humerus und Femur, aber auch Ulna, Radius, Tibia und Fibula (▸ **Abb. 3.1**). Die **platten Knochen** (Ossa plana) sind flach und bestehen aus zwei Außenlamellen, zwischen denen sich die sog. Spongiosa befindet; Beispiele für platte Knochen sind die Skapula, die Knochen des Beckens sowie die Schädelknochen. Darüber hinaus gibt es verschiedene besondere Knochenformen wie die kurzen Knochen (Ossa brevia), die Sesambeine (Ossa sesamoidea) und die Wirbelknochen.

Der **Aufbau des Knochens** entspricht immer demselben Grundprinzip: Nach außen hin ist er vom bindegewebigen Periost umgeben; der Knochen selber besteht zu etwa 20 % aus organischem und zu etwa 50–70 % aus anorganischem Material, vor allem Kalziumphosphat, weitere 10–20 % sind Wasser. Die Knochensubstanz setzt sich aus zellulären Bestandteilen (Osteozyten, Osteoblasten und Osteoklasten) und der Matrix, in die die Zellen eingebettet sind, zusammen. Dabei sind die Kno-

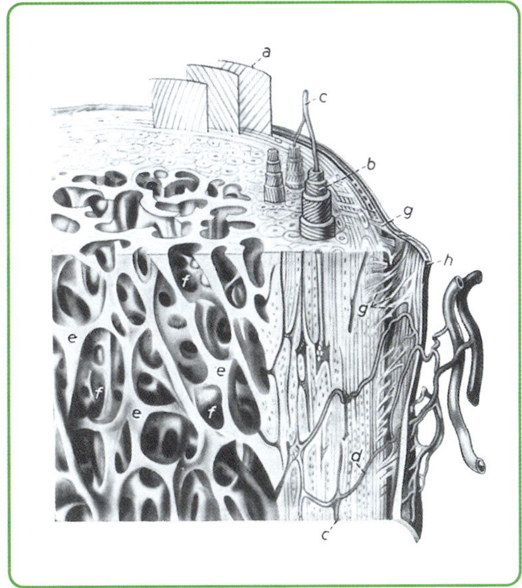

▸ **Abb. 3.1** Schematischer Aufbau eines Röhrenknochens. a Teil einer äußeren Generallamelle; b Osteon mit stufenweise abgetragenen Speziallamellen; c Havers'sches Gefäß; d Volkmann'scher Kanal mit Gefäß; e Spongiosa; f Cellulae medullares; g Sharpey'sche Fasern; h Periost. (aus: Nickel R, Schummer A, Seiferle E. Anatomie der Haustiere. Band 1: Bewegungsapparat. Stuttgart: Parey; 2003)

chenzellen maßgeblich für alle Umbauprozesse verantwortlich: Osteoklasten bauen Knochenmaterial ab, während Osteoblasten neues Material synthetisieren. Als lebendes Gewebe wird der Knochen von zahlreichen Blutgefäßen versorgt.

In der embryonalen Entwicklung entsteht das Knochengewebe wie alle anderen Arten von Binde- und Stützgewebe aus dem Mesenchym, dabei kann die Knochenbildung auf zweierlei Weise ablaufen: Bei der sog. **chondralen Ossifikation** werden zunächst Gewebevorstufen aus hyalinem Knorpel gebildet, die dann verknöchern; es entsteht ein „Ersatzknochen". Auf diese Art wird die Mehrzahl der Knochen, vor allem die langen Röhrenknochen, gebildet. Bei der **desmalen Ossifikation** hingegen entsteht der „Belegknochen" direkt aus dem Mesenchym. Diese Art der Knochenbildung ist u. a. für die Entstehung der platten Schädelknochen verantwortlich.

Histologisch können zwei Arten von Knochen unterschieden werden: der geflechtartige Faserknochen und der lamelläre Knochen. Der **Faser-** oder **Geflechtknochen** besteht aus Knochenbälkchen mit unregelmäßig darin eingebetteten Osteozyten, vielen Osteoblasten und Bündeln ungerichtet angeordneter Kollagenfasern. Er ist gut durchblutet und enthält vergleichsweise wenig anorganisches Material, wodurch er relativ weich und elastisch ist. Geflechtknochen wird häufig als Übergangsform in Knochenumbauprozessen gebildet und später in Lamellenknochen umgebaut. Dies ist sowohl in der Embryonalentwicklung bei der desmalen und chondralen Ossifikation der Fall als auch in der ersten Heilungsphase nach Knochenbrüchen. Demgegenüber weist der **Lamellenknochen** eine stärker organisierte Struktur auf: Er besitzt als äußere Schicht die harte, kompakte **Kortikalis** und die innen liegende, schwammartige **Spongiosa**. In der Spongiosa sowie in der Markhöhle der langen Röhrenknochen befindet sich das Knochenmark. Die im Mikroskop sichtbaren Knochenlamellen bestehen aus mineralisierter Grundsubstanz und spiralförmig angeordneten Kollagenfasern; darin eingelagert befinden sich Osteozyten, die durch Zellfortsätze miteinander verbunden sind. Die Knochenbälkchen der Spongiosa besitzen eine **Trabekelstruktur** und sind – ähnlich wie die tragenden Elemente in einer gotischen Hallenkirche – entlang den mechanischen Zug- und Druckbelastungslinien (Trajektorien) ausgerichtet (▶ **Abb. 3.2**). Diese Trabekelstruktur unterliegt entsprechend der Beanspruchung des Knochens ständigen Umbauprozessen, wie sie auch durch das Wolff'sche Gesetz der Transformation des Knochens (S. 69) beschrieben werden. Dabei haben neuere Untersuchungen ergeben, dass bei der Ausrichtung der Trabekel piezoelektrische Effekte eine entscheidende Rolle spielen. Diese Anpassungsmechanismen des Körpers und seiner Gewebe finden sich auch im Modell von Struktur und Funktion wieder, welches eine wichtige Grundannahme der Physiotherapie, aber auch der Osteopathie und Chiropraktik ist.

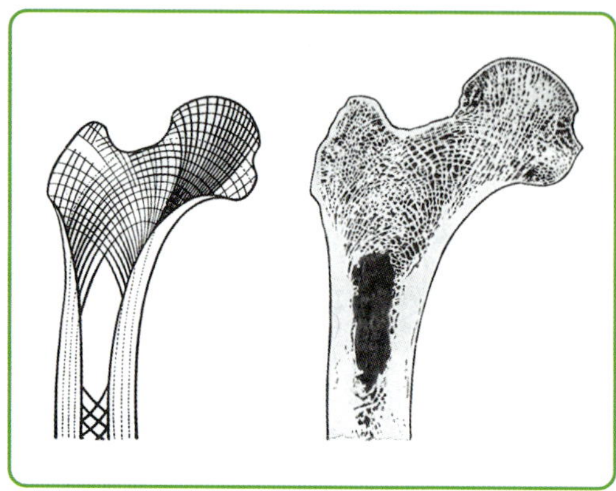

▶ **Abb. 3.2** Anordnung von Knochentrabekeln im Femurkopf, die sich als Reaktion auf individuell auftretende Druck- und Zugbelastung anpassen. Für die geordnete Ausrichtung der Trabekel spielt der piezoelektrische Effekt eine entscheidende Rolle. Der Verlauf der Trabekel ähnelt den Bögen einer gotischen Hallenkirche. Durch diese Ausrichtung wird eine hohe Stabilität der Konstruktion bei wenig Baumaterial und dadurch wenig Eigengewicht ermöglicht. (aus: Nickel R, Schummer A, Seiferle E. Anatomie der Haustiere. Band 1: Bewegungsapparat. Stuttgart: Parey; 2003)

3.1.2 Spezielle Osteologie: das Skelettsystem des Hundes

Im Folgenden werden lediglich die Grundlagen der speziellen Osteologie des Hundes skizziert; für eine detaillierte Darstellung sei auf die entsprechende Fachliteratur hingewiesen. Funktionelle Aspekte der speziellen Osteologie werden darüber hinaus im Kapitel Fortbewegung und Körperbau des Hundes (S. 108) ausführlich beschrieben.

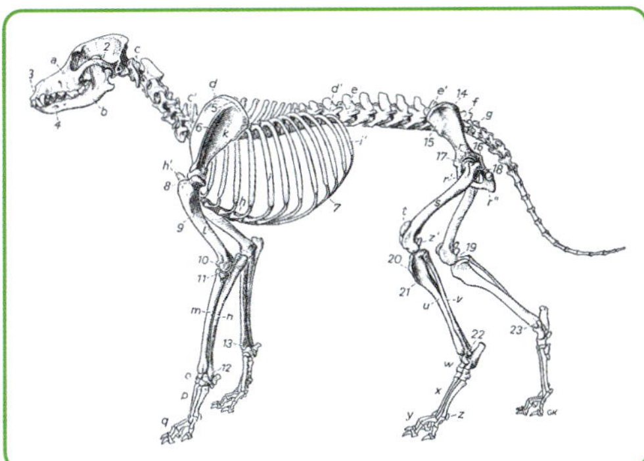

▶ **Abb. 3.3** Das Skelett des Hundes mit der Kopf-Hals-Region, den Vordergliedmaßen, dem Rumpf und den Hintergliedmaßen. a Schädel; b Mandibula; c, c' erster bzw. letzter Halswirbel; d, d' erster bzw. letzter Brustwirbel; e, e' erster bzw. vorletzter Lendenwirbel; f Kreuzbein; g erster Schwanzwirbel; h Corpus sterni; h' Manubrium sterni; i, i' sechste bzw. letzte Rippe; k Skapula; l Humerus; m Radius; n Ulna; o Ossa carpi; p Ossa metacarpi und Knochen der ersten Zehe; q Vorderzehenknochen; r Os ilium; r' Os pubis; r'' Os ischii; s Os femoris; t Patella; u Tibia; v Fibula; w Ossa tarsi; x Ossa metatarsi und Knochen der ersten Zehe; y Hinterzehenknochen; z proximale Sesambeine; z' Ossa sesamoidea musculi gastrocnemii. 1 Orbita; 2 Fossa temporalis; 3 Apertura nasi ossea; 4 For. mentale; 5 Cartilago scapulae; 6 Spina scapulae; 7 Arcus costalis; 8 Tuberculum majus humeri; 9 Tuberositas deltoidea; 10 Trochlea humeri; 11 Caput radii; 12, 13 Proc. styloideus ulnae bzw. radii; 14 Tuber sacrale; 15 Tuber coxae; 16 Spina ischiadica; 17 Caput ossis femoris; 18 Trochanter major; 19 Condylus medialis ossis femoris; 20 Tuberositas tibiae; 21 Margo cranialis; 22, 23 Malleolus lateralis bzw. medialis. (aus: Nickel R, Schummer A, Seiferle E. Anatomie der Haustiere. Band 1: Bewegungsapparat. Stuttgart: Parey; 2003)

Das Skelett des Hundes (▶ **Abb. 3.3**) lässt sich in das Skelett des Stammes einerseits und das Skelett der Vorder- und Hintergliedmaßen andererseits einteilen. Zum Stammes- oder **Rumpfskelett** gehören der knöcherne Schädel, die Wirbelsäule, die Rippen und das Brustbein. Der Stamm mit der Wirbelsäule bildet die zentrale Achse des Körpers; Brustwirbelsäule, Rippen und Brustbein bieten außerdem den Eingeweiden der Brust- und kranialen Bauchhöhle mechanischen Schutz. Die **Wirbelsäule** des Hundes setzt sich aus sieben Halswirbeln, dreizehn Brustwirbeln, sieben Lendenwirbeln, den drei verschmolzenen Sakralwirbeln und einer variablen Anzahl von Schwanzwirbeln zusammen. Insbesondere die Übergangsregionen der Wirbelsäule, d. h. der zervikothorakale Übergang (ZTÜ), der thorakolumbale Übergang (TLÜ) und der lumbosakrale Übergang (LSÜ), sind Regionen, die besonders hohen biomechanischen Belastungen ausgesetzt sind. Dadurch kommt es hier deutlich häufiger zu degenerativen Erkrankungen wie Diskopathien oder Spondylosen und Spondylarthrosen als an anderen Lokalisationen der Wirbelsäule. Vor allem im Bereich des LSÜ und bei großen Rassen auch im Bereich des ZTÜ treten dabei außerdem häufig Wirbelmissbildungen (zervikovertebrale Instabilität am ZTÜ) bzw. unphysiologische Verschmelzungen der Sakralwirbel (Lumbalisation von Sakralwirbeln; Sakralisation von Lumbalwirbeln) auf, welche sich klinisch durch neurologische Symptome äußern und dadurch insbesondere für Sporthunde problematisch sind. Bei Hunderassen mit genetisch bedingter Kurzschwänzigkeit sowie bei brachyzephalen Hunden treten ebenfalls häufig Wirbelmissbildungen auf; dies sollte möglichst schon bei der Auswahl eines späteren Sporthundes bedacht werden.

Das Skelett der **Vordergliedmaßen** des Hundes besteht aus der Skapula als einzigem Knochen des reduzierten Schultergürtelskeletts, dem Humerus, dem Radius und der Ulna sowie den Karpal-, Metakarpal- und Zehenknochen (Vorderzehen). Das Skelett der **Hintergliedmaßen** des Hundes umfasst mit Ilium, Ischium und Pubis die Knochen des Beckengürtels sowie Femur, Tibia und Fibula und die Tarsal-, Metatarsal- und Zehenknochen (Hinterzehen). Der Bau der Hintergliedmaßen ermöglicht es, dass hier der wesentliche Anteil des Vortriebs entwickelt wird und durch das starre Becken und die straffe Verbindung zur Wirbelsäule über die Kreuzdarmbeingelenke nahezu ohne Energieverluste auf den Rumpf übertragen werden kann. Die Vordergliedmaßen sind demgegenüber nur muskulär mit dem Rumpf verbunden, was wiederum ein elastisches Auffußen und eine elastische Landung unter Ausnutzung der kinetischen Energie für den folgenden Schritt in der Fortbewegung ermöglicht. Durch diese prinzipiell unterschiedliche Konstruktion von Vorder- und Hintergliedmaßen ist der Hund optimal an die vierbeinige Fortbewegung eines Lauftieres angepasst – andersherum bedeutet es, dass Bewegungen, bei denen dies nicht berücksichtigt wird, zu starken Belastungen auf den knöchernen Bewegungsapparat führen. Dies gilt beispielsweise für Sprünge im Dog Frisbee, bei denen die Hunde nicht auf den

Vorder-, sondern Hinterbeinen landen (▸ Abb. 2.11); ein elastisches Abfedern ist hier nicht möglich und es kommt zu starken Stoßbelastungen im Bereich von Becken, Kreuzdarmbeingelenken, LSÜ und Wirbelsäule.

3.2 Update Anatomie und Physiologie des Muskelsystems

3.2.1 Allgemeine Myologie

Der Begriff **Myologie** bezeichnet die Lehre von den Muskeln. Das deutsche Wort Muskel geht auf das lateinische Wort für Mäuschen, musculus, zurück, da ein kontrahierter Skelettmuskel von seiner Form her an eine Maus erinnert. Der Begriff Muskulatur bezeichnet die Gesamtheit der Muskeln des Körpers bzw. einer Körperregion. Die Muskulatur stellt ein eigenes Organsystem des Körpers dar und repräsentiert den aktiven Teil des Bewegungsapparats. Von motorischen Neuronen innerviert, kann sie sich aktiv kontrahieren. Die Verbindung von Nerv und Muskel erfolgt über die motorische Endplatte. Durch das Aufeinanderfolgen von Muskelkontraktion und -erschlaffung können die gelenkig miteinander verbundenen Knochen gegeneinander bewegt werden; dies stellt wiederum die Grundlage für die Fortbewegung, **Lokomotion**, sowie für die Bewegungen am Ort, **Idiomotion**, eines Individuums dar.

Der **Aufbau der Skelettmuskulatur** (▸ Abb. 3.4) ist bei allen Säugern prinzipiell ähnlich. Histologisch kann man die **glatte Muskulatur**, welche die Wandmuskulatur der Hohlorgane und Blutgefäße bildet, von der **quergestreiften Muskulatur** der

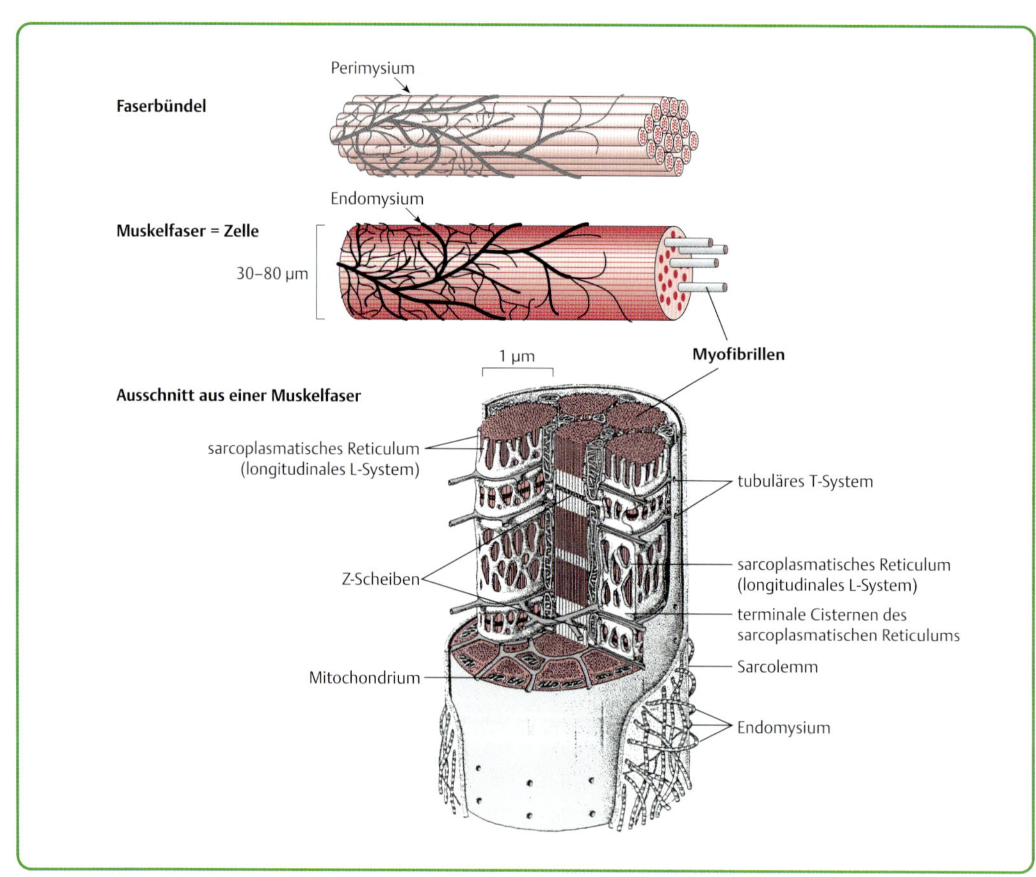

▸ **Abb. 3.4** Aufbau des Skelettmuskels. (aus: von Engelhardt W et al. Physiologie der Haustiere. 5. Aufl. Stuttgart: Enke; 2015)

Skelettmuskeln und des Herzmuskels unterscheiden. Die quergestreifte Skelettmuskulatur wird außerdem dadurch charakterisiert, dass ihre Aktivität willkürlich über motorische Neurone steuerbar ist. Hierin unterscheidet sie sich von der glatten Muskulatur, welche nicht willkürlich, sondern ausschließlich über das vegetative Nervensystem beeinflusst wird. Eine Sonderstellung nimmt in dieser Beziehung der Herzmuskel ein: Er besteht zwar ebenfalls aus quergestreifter Muskulatur, besitzt jedoch ein eigenes Reizleitungssystem, welches ebenfalls vom Vegetativum moduliert wird.

Der Grundbaustein des Skelettmuskels ist der **Myozyt**, also die Muskelzelle oder Muskelfaser. Anders als andere Körperzellen entwickeln sich Skelettmuskelzellen aus mehreren Vorläuferzellen, den Myoblasten; daher enthalten die späteren Muskelfasern auch immer noch mehrere Zellkerne und werden entsprechend auch als Synzytien bezeichnet. Auch für die Benennung der Organellen der Myozyten werden spezielle Begriffe verwendet: Das Plasma der Muskelzelle wird als Sarkoplasma, die Zellmembran als Sarkolemm bezeichnet. Das sarkoplasmatische Retikulum entspricht dem endoplasmatischen Retikulum anderer Körperzellen; es bildet in den Muskelzellen ein longitudinales Hohlraumsystem, welches als Kalziumionenspeicher dient. Für die Mitochondrien der Muskelzelle findet sich bisweilen der Begriff Sarkosom.

Ein Skelettmuskel setzt sich jeweils aus aktiven Komponenten, den Muskelfasern, die sich im Bereich des Muskelbauchs befinden, und aus passiven, **bindgewebigen Komponenten** zusammen, die die Ursprungs- und Endsehnen des Muskels bilden, aber auch als feines Netz den gesamten Muskelbauch durchziehen: Jede Muskelfaser wird vom sog. Endomysium umgeben; mehrere Muskelfasern legen sich zu Faser- oder Primärbündeln zusammen. Diese Primärbündel werden durch das sog. Perimysium umhüllt und von Kapillargefäßen versorgt. Mehrere Primärbündel lagern sich wiederum als Sekundärbündel, auch Fleischfasern genannt, zusammen. Ihre bindegewebige Hülle bezeichnet man als Perimysium externum bzw. Epimysium. Der Muskel als Ganzes wird wiederum von mehreren Sekundärbündeln gebildet; seine bindegewebigen Anteile gehen ineinander über und bilden schließlich die **Faszie**, die den gesamten Muskel umgibt. Die Einlagerung dieser feinen Bindegewebsfasern auf allen Ebenen des Muskels ermöglicht die Verschieblichkeit der einzelnen Bündel gegeneinander. Sie führt außerdem das Kapillarnetz bis hin zu den einzelnen Muskelfasern. Die Faszien gehen ihrerseits in die Sehnen über, welche den Muskel mit den entsprechenden Knochen verbinden.

Die aktiven und passiven Komponenten des Muskels bilden eine funktionelle Einheit, den sog. **myofaszialen Komplex** (S. 100): Epi-, Peri- und Endomysium bestehen vorwiegend aus Kollagenfasern. Die intramuskulären Kollagenfasern verlaufen parallel zu den Muskelfasern, während die Fasern der äußeren Umhüllungen quer bzw. schräg zu den Muskelfasern verlaufen. Die Bindegewebshüllen erfüllen dabei vielfältige Aufgaben: Sie gewährleisten eine ungehinderte Verschieblichkeit zwischen benachbarten Muskeln und sichern die Mobilität gegenüber Periost und Gelenken. Andererseits verbinden sie den Muskel aber auch mit dem Periost und dadurch indirekt mit dem Knochen, sodass sie auch der Kraftübertragung zwischen aktivem und passivem Bewegungsapparat dienen. Die äußere Hülle der Muskeln unterstützt außerdem den Kraftaufbau: Durch eine Muskelkontraktion vergrößert sich dessen Querschnitt, dadurch vergrößert sich der Druck gegen die Bindegewebshülle. Erst durch diesen Gegendruck kann der Muskel seine volle Kraft entfalten. Dieser Mechanismus lässt sich an der Umhüllung des M. longissimus lumborum durch die Fascia thoracolumbalis erläutern: Die Fascia thoracolumbalis dient dem M. longissimus als fasziales Widerlager und stellt somit ein zusätzliches dynamisches Stabilisationselement der Lendenwirbelsäule dar.

Muskelfasern können sich in ihrer Länge und in ihrem Durchmesser deutlich unterscheiden: Eine einzelne Muskelfaser kann eine Dicke von etwa 0,1 mm erreichen und je nach Art und Länge des Muskels wenige Millimeter bis hin zu einigen Zentimetern lang sein. Da sich Muskelfasern nicht teilen können, ist einerseits bei einem Faserverlust kein gleichwertiger Ersatz möglich – andererseits kann auch im Training ein Zuwachs an Muskelmasse nur durch eine Verdickung der Muskelfaser erreicht werden. Deshalb wird ein Maximalkrafttraining auch als Hypertrophietraining bezeichnet.

Die Muskelfasern selber setzen sich aus einzelnen, parallel angeordneten **Myofibrillen** zusammen, die sich über die gesamte Länge der Muskelfaser erstrecken. Eine Myofibrille besteht in Längsrichtung aus vielen kontraktilen Untereinheiten, den sog. **Sarkomeren**. Diese bilden die kleinste funktionelle Einheit der Muskulatur und besitzen im Ruhezustand eine Länge von etwa 2 bis 2,5 µm. Die Sarkomere werden ihrerseits von kontraktilen Proteinfäden, den Filamenten **Aktin** und **Myosin**, gebildet. Die regelmäßige Anordnung von dunkleren Myosin- und helleren Aktinfilamenten in den Sarkomeren ist für die Querstreifung des Skelettmuskels verantwortlich. Jedes Sarkomer wird an seinen Enden durch sog. **Z-Scheiben** (Zwischenscheiben) begrenzt. Im Bereich der Z-Scheiben befinden sich die dünneren und dadurch helleren Aktinfilamente. Die etwas dickeren und dadurch dunkleren Myosinfilamente schieben sich zwischen die Enden der Aktinfilamente. Die Mitte eines Sarkomers wird daher auch als **M-Scheibe** (Mittelscheibe bzw. Myosinscheibe) bezeichnet (▶ Abb. 3.5).

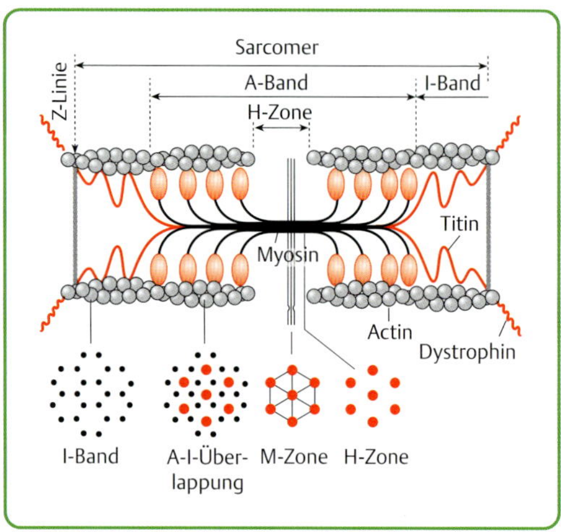

▶ **Abb. 3.5** Aufbau des Sarkomers. (aus: von Engelhardt W. et al. Physiologie der Haustiere. 5. Aufl. Stuttgart: Enke; 2015)

Alle Myosinmoleküle bestehen aus einem fadenförmigen Schwanz und einem Köpfchen; dieses **Myosinköpfchen** besitzt das Enzym ATPase, welches das Energieträgermolekül Adenosintriphosphat (ATP) spalten kann. Durch die aus der ATP-Spaltung gewonnene Energie wird der Winkel des Köpfchens zum Schwanz verändert. Da über die Myosinköpfchen die Bindung an die Aktinfilamente erfolgt, bewirkt die ATP-Spaltung, dass sich das Myosinfilament am Aktinfilament entlang bewegt. Diese Bewegung auf kleinster Ebene stellt die Grundlage für eine Muskelkontraktion dar (▶ Abb. 3.6). Eine Muskelkontraktion erfolgt, wenn der Muskel über einen elektrischen Impuls in Form eines Aktionspotenzials über das entsprechende motorische Alphaneuron erregt wird. Befindet sich ein Muskel im Ruhezustand, so werden die Bindungsstellen für die Myosinköpfchen an den Aktinfilamenten durch das Protein Tropomyosin besetzt; an das Myosinköpfchen ist ATP gebunden und das Köpfchen befindet sich in einem 45°-Winkel zum Schaft. Erst wenn ein Aktionspotenzial über die motorische Endplatte zur Muskelfaser gelangt, führt eine Freisetzung von Kalziumionen aus dem sarkoplasmatischen Retikulum zu einer Ablösung des Tropomyosins; dadurch wird die Bindungsstelle für das Myosinköpfchen frei. Gleichzeitig führt die Kalziumausschüttung zur Aktivierung der ATPase des Myosinköpfchens, was wiederum sein weiteres Abknicken von etwa 45° auf 90° („Vorspannung") bewirkt. Nun binden die Myosinköpfchen an das Aktin und durch weitere enzymatische Spaltung knicken die Köpfchen wieder von 90° auf 45° zurück; dieses Abknicken bzw. diese „Ruderbewegung" bewirkt letztendlich das relative Gleiten der Myosinfilamente gegenüber dem Aktin (**Gleitfilament-Theorie**; ▶ Abb. 3.7); das Myosin zieht das Aktin gewissermaßen zur Mitte des Sarkomers. Dann erfolgt das Lösen der Myosinköpfchen durch erneute Anlagerung eines ATP-Moleküls an das Myosinköpfchen und ein neuer „Querbrücken-" oder „Greif-Loslass-Zyklus" kann beginnen. Ein einzelner Querbrückenzyklus dauert nur etwa 10–100 ms und führt zu einer Filamentverschiebung von etwa 10–20 nm. Damit sich ein Muskel sichtbar verkürzt, müssen also immer mehrere Zyklen nacheinander ablaufen. Etwa 50 Zyklen sind notwendig, damit sich ein Sarkomer in weniger als 1 sec auf die Hälfte seiner Länge verkürzt.

Formen der Muskelarbeit

Die **konzentrische Muskelarbeit oder Muskelkontraktion** im engeren Sinne ist die aktive Verkürzung des Muskels, bei der sich die Myosinfila-

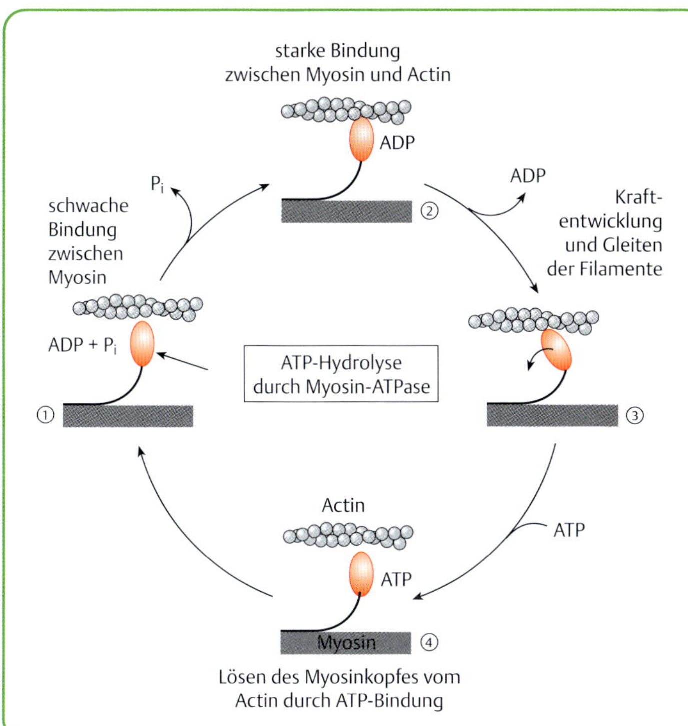

▶ **Abb. 3.6** Querbrückenzyklus im Skelettmuskel. Für eine Muskelkontraktion müssen mehrere solcher Zyklen (1–4) nacheinander ablaufen. Dabei wird sowohl für das Abknicken als auch für das Lösen der Myosinköpfchen Energie in Form von ATP (Adenosintriphosphat) benötigt. (aus: von Engelhardt W. et al. Physiologie der Haustiere. 5. Aufl. Stuttgart: Enke; 2015)

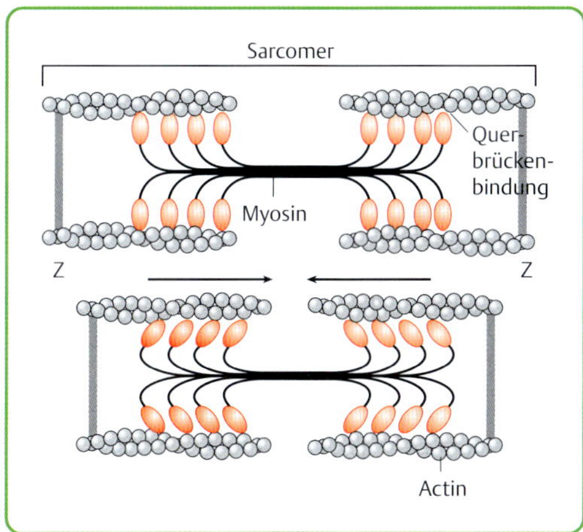

▶ **Abb. 3.7** Filamentgleiten im Skelettmuskel: Die Filamente schieben sich ineinander, dadurch verkürzt sich die Muskellänge. (aus: von Engelhardt W. et al. Physiologie der Haustiere. 5. Aufl. Stuttgart: Enke; 2015)

mente durch das Abknicken ihrer Köpfchen an den Aktinfilamenten entlang bewegen und sich die Filamente so ineinander schieben. Dadurch nähern sich Z- und M-Scheiben der Sarkomere an, das Sarkomer verkürzt sich, was wiederum in einer Verkürzung der Myofibrillen und damit in einer Verkürzung des gesamten Muskels resultiert. Darüber hinaus wird außerdem die Anspannung eines Muskels, bei der keine Verkürzung stattfindet, sondern der Muskel gegen einen Widerstand arbeitet, als **isometrische Muskelarbeit** oder Haltearbeit bezeichnet. Bei dieser Form der Muskelarbeit sorgt die Interaktion von Aktin und Myosin dafür, dass das Sarkomer seine Länge gegen einen Widerstand beibehält. Als **exzentrische Muskelarbeit** werden Spannungszunahmen bezeichnet, die mit einer Verlängerung des Muskels einhergehen. Dabei bewirken die interagierenden Filamente, dass der Verlängerung des Sarkomers ein entsprechender Widerstand entgegengesetzt wird. Bei einer Muskelkontraktion wird die auf molekularer Ebene biochemisch gespeicherte Energie in mechanische Kräfte umgesetzt, welche über das Sehnengewebe auf die Knochen übertragen werden. Die Energiebereitstellung erfolgt über die enzymatische Spaltung von ATP.

Beispiele für konzentrische und exzentrische Muskelarbeit:

- **konzentrische Muskelarbeit**: Mithilfe der Muskelkontraktion wird ein Widerstand überwunden und der Muskel verkürzt sich bei gleichzeitiger Spannungsveränderung (**positiv-dynamisch-überwindend**); z. B.
  - Arbeit der Beinmuskulatur beim Bergauflaufen (Widerstand = Körpergewicht)
  - Arbeit der Muskulatur beim Aufheben eines Gegenstandes (Widerstand = Gewicht des Gegenstandes)
  - Arbeit der Beinmuskulatur (Strecker) beim Aufstehen des Hundes aus dem Sitzen (Widerstand = Körpergewicht)
- **exzentrische Muskelarbeit**: Der Muskel arbeitet gegen einen Widerstand, wobei der Widerstand größer ist als die Muskelspannung; der Muskel „bremst" die Bewegung ab und verlängert sich bei gleichzeitiger Spannungsveränderung (**negativ-dynamisch-nachgebend**); z. B.
  - Arbeit der Oberschenkelmuskulatur beim Bergablaufen (die Muskeln „bremsen" die Bewegung des Körpergewichts ab)
  - Arbeit der Muskulatur beim Absetzen eines Gegenstandes (die Muskeln „bremsen" gegen die Gewichtskraft des Gegenstandes)
  - Arbeit der Beinmuskulatur (Strecker) beim Hinsetzen des Hundes aus dem Stand (die Muskeln „bremsen" wiederum gegen das Körpergewicht)
  - Arbeit der Schultergürtelmuskulatur und der Muskeln der Vordergliedmaße bei der Landung nach einem Sprung

Darüber hinaus können je nach Spannungs- und Längenveränderungen, die während einer Kontraktion stattfinden, verschiedene Kontraktionsformen unterschieden werden: Bei der **isometrischen Kontraktion**, wie sie bei der Haltearbeit stattfindet, bleibt die Muskellänge gleich, aber die Muskelspannung nimmt zu. Bei einer **isotonischen Kontraktion** verkürzt sich der Muskel, die Spannung bzw. die aufgewendete Kraft bleibt dabei aber gleich. Diese Art der Kontraktion ist lediglich experimentell, nicht jedoch unter natürlichen Bedingungen zu erzeugen. Bei nahezu allen physiologischen Bewegungsabläufen finden dagegen sog. **auxotonische Kontraktionen** statt, bei denen sich sowohl die Muskellänge als auch die Muskelspannung laufend ändern.

Muskelfasertypen

Eine Besonderheit der Skelettmuskulatur ist die Existenz verschiedener **Muskelfasertypen** (▶ Tab. 3.1), wobei bei den meisten Säugetieren zwischen zwei Haupttypen sowie einem Intermediärtyp unterschieden wird: Als **Fast-Twitch-** oder FT-Fasern werden Muskelfasern bezeichnet, die

▶ **Tab. 3.1** Muskelfasertypen und deren Eigenschaften.

Merkmale	Fast-Twitch-Fasern (FT-Fasern)	Intermediärtyp	Slow-Twitch-Fasern (ST-Fasern)
alternative Bezeichnungen	• Typ-II-Fasern • FG-Fasern (fast glycolytic fibres) • „weiße" Fasern	• Typ-IIA-Fasern • FOG-Fasern (fast oxydative glycolytic fibres)	• Typ-I-Fasern • SO-Fasern (slow oxydative fibres) • „rote" Fasern
Enzymaktivität	schnell; glykolytisch	Mischform	langsam; oxidativ
	Enzyme des anaeroben Stoffwechsels	–	Enzyme des aeroben Fett- und Kohlehydrat-Stoffwechsels
Mitochondrien	wenig Mitochondrien	–	sehr viele Mitochondrien
Farbe	hell	–	dunkel
Myoglobingehalt	niedrig	mittel	hoch (daher die dunklere Farbe)
Blutversorgung	wenige Kapillaren	–	sehr viele Kapillaren
Vorkommen	phasisch arbeitende Muskulatur	–	tonisch arbeitende Muskulatur (Halte- und Stützarbeit)
	„Sprinter" (Windhunde)		„Ausdauersportler" (Schlittenhunde)

sehr schnell kontrahieren. Sie verbrauchen dabei viel Energie und ermüden auch relativ schnell; zur Energiebereitstellung nutzen sie vorwiegend glykolytische Enzyme. Da sie wenig Myoglobin enthalten, werden sie auch als helle oder weiße Fasern bezeichnet. Demgegenüber kontrahieren die **Slow-Twitch-** oder ST-Fasern langsamer. Sie dienen der Ausdauerleistung und ermüden auch wesentlich langsamer. Da die Energiebereitstellung der ST-Fasern über aerobe, also oxydativ-enzymatische Prozesse abläuft, sind sie von einem feinen Kapillarnetz umgeben. Aufgrund ihres hohen Myoglobingehalts werden sie auch als dunkle oder rote Fasern beschrieben. Die Fast-Twitch-Fasern werden auch als Typ-II-Fasern, die Slow-Twitch-Fasern als Typ-I-Fasern bezeichnet. Im Bereich der Fast-Twitch-Fasern werden darüber hinaus mehrere Subtypen beschrieben, die jedoch von verschiedenen Autoren unterschiedlich benannt werden: So existiert ein Fasertyp, der eine Zwischenstellung zwischen Fast-Twitch- und Slow-Twitch-Fasern einnimmt und zum Teil als Intermediärtyp, zum Teil als Typ-IIA-Fasertyp und beim Hund auch als Typ-IIX-Fasertyp benannt wird.

Die Zusammensetzung des Skelettmuskels aus den verschiedenen Fasertypen ist variabel. Sie hängt unter anderem von der Lokalisation bzw. Funktion des Muskels, aber auch von der genetischen Veranlagung des jeweiligen Individuums ab. In einem Muskel, der vorwiegend phasisch arbeitet und primär der Fortbewegung dient, überwiegen die Fast-Twitch-Fasern; in einem Muskel, der hingegen primär eine Haltefunktion hat, überwiegen die Slow-Twitch-Fasern. Im Bereich der Hintergliedmaßen (vgl. Antriebsfunktion) befinden sich insgesamt mehr Fast-Twitch-Fasern als im Bereich der Vordergliedmaßen. Innerhalb eines Muskels liegen die Slow-Twitch-Fasern weiter innen am Knochen, die Fast-Twitch-Fasern sind weiter außen lokalisiert. Bei Windhunden konnte insgesamt ein höherer Anteil an Fast-Twitch-Fasern nachgewiesen werden als bei anderen Hunderassen und bei anderen Tierarten (▸ **Tab. 3.2**). Da sich Muskelzellen zum einen nicht mehr teilen können und auch die Muskelfaserzusammensetzung zum anderen weitgehend genetisch vorgegeben ist, lässt sich die Anzahl der Muskelfasern gar nicht und ihre Zusammensetzung auch nur begrenzt durch **Training** verändern. Durch ein gezieltes Krafttraining nimmt das Volumen bzw. der Durchmesser der Fast-Twitch-Fasern zu. Durch ein Schnellkrafttraining wird dagegen vor allem auch die Fähigkeit des neuromuskulären Systems verbessert, Bewegungen möglichst schnell auszuführen oder einen größtmöglichen Impuls in einer zur Verfügung stehenden Zeit zu produzieren. Durch ein Ausdauertraining können hingegen Fast-Twitch- in Slow-Twitch-Fasern umgewandelt werden. Dabei besteht die Gefahr, dass der Körper durch ein zu einseitiges Ausdauertraining dauerhaft an Schnelligkeit und Explosivität verliert, da einige Untersuchungen darauf hindeuten, dass dieser Prozess wahrscheinlich nicht bzw. nur teilweise umkehrbar ist. Bei allen schnellen Sportarten, für die zwar eine gute Grundlagenausdauer notwendig, dieser Umwandlungsprozess aber unerwünscht ist, sollte daher jede Ausdauereinheit mit kurzen Steigerungsläufen abschließen, damit hierdurch die Fast-Twitch-Fasern kurz aktiviert werden.

▸ **Tab. 3.2** Prozentuale Anteile der schnell kontrahierenden Muskelfasern (Typ II) im M. gluteus medius bei Pferd, Hund und Kamel (aus: von Engelhardt W et al. Physiologie der Haustiere. 5. Aufl. Stuttgart: Enke; 2015).

Species	Typ-II-Fasern
Quarterhorse	93 %
schwere Hunter	69 %
Greyhound	97 %
Foxhound	65 %
Kamel	30 %

Energiebereitstellung im Muskel

Um für die Muskelkontraktion biochemisch gespeicherte Energie in Bewegungsenergie umzusetzen, nutzt der Muskel für seinen Energiestoffwechsel das Trägermolekül ATP (▸ **Abb. 3.8**). Dabei ist der Vorrat an ATP, welcher in der Muskelzelle vorhanden ist, begrenzt. Der Muskel kann ATP auf zweierlei Weise resynthetisieren: Je nachdem, ob diese Rückgewinnung mit oder ohne die Anwesenheit von Sauerstoff stattfindet, spricht man von oxidativer bzw. aerober Energiegewinnung einerseits und anaerober Energiegewinnung andererseits. Aerobe und anaerobe Energiegewinnung

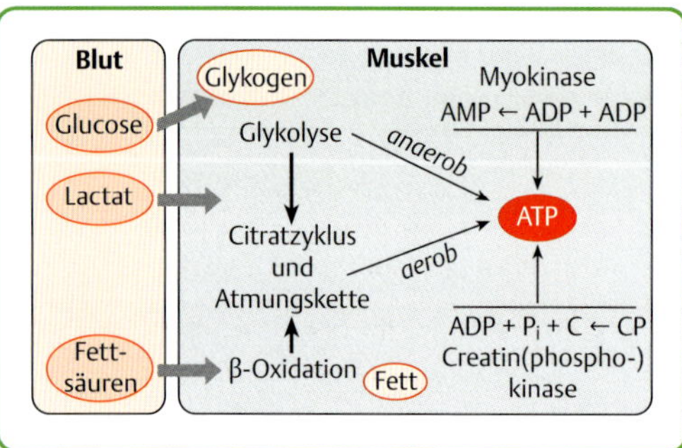

▶ **Abb. 3.8** Übersicht über verschiedene Stoffwechselwege zur Energiegewinnung im Muskel. (aus: von Engelhardt W. et al. Physiologie der Haustiere. 5. Aufl. Stuttgart: Enke; 2015)

laufen dabei in zeitlicher Abhängigkeit von der Dauer der Muskelarbeit ab: Zu Beginn steht immer die anaerobe Energiegewinnung ohne oxidative Prozesse. Erst bei länger andauernder Muskelarbeit wird auf die aerobe Energiegewinnung unter Anwesenheit von Sauerstoff umgeschaltet: Die **anaerobe Energiegewinnung** kann mit oder ohne Bildung von Laktat ablaufen. **Alaktazid**, also ohne Laktatbildung, laufen etwa die ersten 10 sec der anaeroben Energiebereitstellung ab. Dabei wird in den ersten 2 sec der Belastung zunächst noch das im Muskel gespeicherte ATP verbraucht. In der unmittelbar darauffolgenden Phase wird Kreatinphosphat als Energieträger gespalten. In der sich daran anschließenden **laktaziden** Phase erfolgt die Energiebereitstellung durch Glykolyse im Sarkoplasma; dabei entstehen durch die enzymatische Spaltung von Glukose zwei ATP-Moleküle sowie ein Laktat-Molekül. Dieser Prozess erfolgt bei intensiven Belastungen und unzureichender Sauerstoffversorgung. Das Maximum der anaeroben Glykolyse liegt bei ca. 45–60 sec nach Belastungsbeginn. Kommt es zu einer fortgesetzten Belastungsdauer von mehreren Minuten, so stellt der Muskel von der anaeroben auf die **aerobe Energiegewinnung** um. Hierbei werden als Energieträger neben Glukose auch Fettsäuren und Eiweiße mithilfe von oxidativen Prozessen umgesetzt. Diese Form der Energiegewinnung findet in den Mitochondrien statt.

Praxistipp

In Bezug auf die verschiedenen Hundesportarten ist es daher für die Optimierung der Leistungsfähigkeit der Muskulatur, aber auch für das Training des Herz-Kreislauf-Systems von Bedeutung, die Dauer der jeweiligen Belastungen und somit die vorherrschende Form der Energiebereitstellung im Muskel zu kennen.

Exkurs Propriozeption

Die Begriffe **Propriozeption** bzw. Propriorezeption oder Propriozepsis bezeichnen die Wahrnehmung von Körperlage und Körperbewegungen im Raum sowie die Wahrnehmung von Lage und Stellung einzelner Körperteile zueinander. Die Begriffe bedeuten übersetzt so viel wie Eigenwahrnehmung. Diese kann weiter unterteilt werden in die Tiefensensibilität, die Oberflächensensibilität sowie die Wahrnehmungen, die über das Vestibularorgan und den Gleichgewichtssinn vermittelt werden. Im sportphysiotherapeutischen Zusammenhang ist dabei vor allem die **Tiefensensibilität** von Bedeutung; diese wird auch als Propriozeption im engeren Sinne verstanden. Die Eigenwahrnehmung geschieht mithilfe von **Propriozeptoren**; diese repräsentieren ein System von Rezeptoren (▶ **Tab. 3.3**), die sich in unterschiedlichen Formen in allen passiven und aktiven Strukturen des Bewegungsapparats befinden. Dadurch sind sie an allen Halte- und Stützfunktionen sowie an der Gelenkstabilisierung beteiligt. Anhand ihrer Funktion und ihres Aufbaus werden verschiedene Arten von Propriozeptoren unterschieden. Dabei besitzen die **Muskelspindelzellen** sowie die **Golgi-Sehnen-Organe** aus sportphysiotherapeutischer Sicht eine besondere Bedeutung, sie werden auch als **Mechanorezeptoren** oder Propriozeptoren im eigentlichen Sinne bezeichnet. Es handelt sich um Sinneszellen, die mechanische Kräfte in Nervenerregung umwandeln. Sie finden sich außer in der Muskulatur auch in verschiedenen Sinnesorganen, im Innenohr, in der Haut und in arteriellen Blutgefäßen.

Die Propriozeption wird durch das Testen der Korrektur- und Stellreflexe sowie durch die Tests der Spinalnerven überprüft. Diese Tests sind ein wichtiger Teil der **neurologischen Untersuchung**. Eine Störung der Propriozeption zeigt sich bei-

▶ **Tab. 3.3** Rezeptorarten.

Rezeptoren	Fasergruppen	Leitungsgeschwindigkeit	Rezeptoraktivierung durch
Propriozeptoren/Mechanorezeptoren			
Muskelspindel	Ia-, II-Fasern	70–120 m/s	Längenänderung der Muskelfasern
Golgi-Sehnen-Organ	Ib-Fasern	10–200 m/s	Änderung der Muskelspannung
Gelenk- und Bänderrezeptoren	II-, III-Fasern	10–60 m/s	Gelenkstellung und Gelenkbewegungen
Muskelrezeptoren			
Ergorezeptoren	III-Fasern	10–25 m/s	Muskelarbeit
Nozizeptoren	III-, IV-Fasern	1–25 m/s	Schmerz
Haut- und Unterhautrezeptoren			
Druck-Berührungsrezeptoren	II-Fasern	30–70 m/s	Geschwindigkeit und Beschleunigung
Thermorezeptoren	III-, IV-Fasern	1–30 m/s	Kälte/Wärme
Nozizeptoren	III-Fasern	1–25 m/s	Schmerz

spielsweise durch einen gestörten Korrekturreflex sowie durch das unphysiologische Auffußen oder Überköten der Gliedmaße.

Muskelspindeln liegen als Propriozeptoren im Muskel und erfassen die **Muskellänge** bzw. den Dehnungszustand eines Muskels (▶ **Abb. 3.9**). Ihre primäre Aufgabe ist es, den Muskel vor Überdehnung zu schützen: Kommt es zu einer plötzlichen Muskeldehnung, so werden dabei die Muskelfasern in die Länge gezogen. Dies wird über die Muskelspindeln registriert und sie lösen den sog. **Dehnungsreflex** aus, wodurch sich der Muskel unmittelbar wieder kontrahiert und dadurch die Faserlänge wieder verkürzt wird. Der bekannteste Dehnungsreflex, der bei jeder neurologischen Untersuchung überprüft wird, ist der Patellarsehnenreflex. Dabei führt das Anschlagen der Patellarsehne zu einer kurzzeitigen Dehnung des M. quadriceps; über einen monosynaptischen Reflexbogen wird der N. femoralis aktiviert und es kommt zu einer reflektorischen Kontraktion des M. quadriceps, welche für die Streckung des Kniegelenks verantwortlich ist. Da in diesem Falle Rezeptor und Effektor im selben Muskel liegen, spricht man von einem **Muskeleigenreflex**. Muskelspindeln sind so aufgebaut, dass sie aus etwa 5–10 wenige Millimeter langen, quergestreiften Muskelfasern und einer bindegewebigen Hülle bestehen. Diese innerhalb der Muskelspindel gelegenen Fasern werden auch als **intrafusale Fasern** bezeichnet; ihnen stehen die **extrafusalen Fasern** des eigentlichen Muskelgewebes gegenüber. Die einzelnen Fasern der Muskelspindel besitzen eine dehnbare Mitte, die von einer sensiblen Ia-Faser umgeben ist. Die Enden der Fasern sind dagegen kontraktil und stehen mit motorischen γ-Fasern in Verbindung. Dadurch besitzt die Muskelspindel die Be-

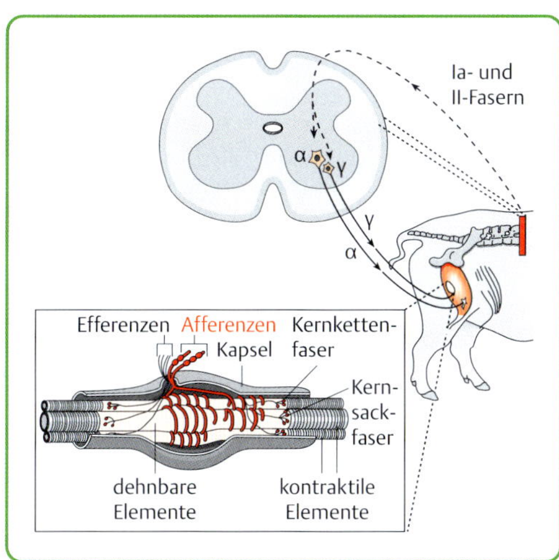

▶ **Abb. 3.9** Reflektorische Steuerung der Muskellänge über den Muskelspindelapparat. Exemplarisch hier am Schwein dargestellt. (aus: von Engelhardt W. et al. Physiologie der Haustiere. 5. Aufl. Stuttgart: Enke; 2015)

sonderheit, dass sie als Rezeptor nicht nur mit Afferenzen, sondern auch mit Efferenzen ausgestattet ist. Kommt es zu einer Dehnung des Muskels, so wird auch der mittlere Teil der intrafusalen Fasern der Muskelspindeln gedehnt. Dadurch wird die Ia-Faser aktiviert und die Erregung gelangt über die Dorsalwurzel des Spinalnervs zum Rückenmark. Über eine einfache, monosynaptische Verschaltung erfolgt die Erregungsübertragung auf α-Motorneurone, die wiederum die Kontraktion des zuvor gedehnten Muskels bedingen. Durch einen negativen Rückkopplungsmechanismus über hemmende Neurone ist diese Muskelkontraktion jedoch nur sehr kurz.

Die Einstellung der Muskellänge wird über die sog. **γ-Spindelschleife** gesteuert. Bei den γ-Fasern handelt es sich ebenfalls um motorische Neurone, die mit den kontraktilen Enden der intrafusalen Fasern in Verbindung stehen. Eine Aktivierung führt zu einer Kontraktion der Enden der Muskelspindelfasern, durch welche wiederum eine Dehnung des mittleren Teils der Muskelspindel bewirkt wird. Diese aktiviert dann die Ia-Fasern. Wie beim Dehnungsreflex wird die afferente Erregung zum Rückenmark geleitet und es erfolgt eine monosynaptische Verschaltung zu den α-Motorneuronen der Ventralwurzel; diese führen wiederum eine Kontraktion des betreffenden Muskels herbei. Dadurch werden die Muskelspindel und damit auch ihr zuvor gedehnter Mittelteil wieder entspannt. Die Leitungsgeschwindigkeit der α-Motorneurone beträgt etwa 80–120 m/s, die der γ-Motorneurone etwa 40 m/s. Bei statischer Muskelarbeit kommt es zum Phänomen der sog. **Spindelpause**: Zunächst werden die α-Motorneurone willkürlich aktiviert, dann kommt es zur Koaktivierung der γ-Motorneurone. Dies hat folgende Effekte:

- Die extrafusalen Fasern verkürzen sich.
- Dadurch entspannt sich der mittlere Teil der Muskelspindeln und die Ia-Fasern werden nicht mehr aktiviert; die Muskelspindel ist vorübergehend inaktiv (Spindelpause).
- Durch die anschließende Koaktivierung der γ-Motorneurone wird dann jedoch die Spannung der intrafusalen Fasern in der Muskelspindel wiederhergestellt und die Spindelpause ist aufgehoben.

Insgesamt sind die **Muskelspindeln** so an einem sehr komplexen Steuer- und Regelsystem beteiligt und erfüllen folgende Aufgaben:

- Schutz des Muskels vor Überdehnung durch den Dehnungsreflex
- Einstellung und Aufrechterhaltung einer konstanten Muskelspannung bei statischer Muskelarbeit
- dadurch Aufrechterhaltung bestimmter Gelenk- und Körperstellungen insbesondere im Bereich der Rumpfmuskulatur gegenüber der Schwerkraft
- Feinabstimmung von Bewegungen durch Zu- und Abschalten von Muskelfasern

Entsprechend besitzen Muskeln, die vorwiegend Halte- und Stützfunktion haben, eine sehr hohe Dichte an Muskelspindeln; dies trifft insbesondere für die autochthone Rückenmuskulatur zu.

Golgi-Sehnen-Organe zählen ebenfalls zu den Propriozeptoren und dienen der Messung und Regelung der **Muskelspannung**. Sie befinden sich an den Übergängen vom Muskelbauch zu dessen Ursprungs- und Endsehnen und leiten über afferente Ib-Fasern Informationen über den Spannungszustand des jeweiligen Muskels entlang der Dorsalwurzel zum Rückenmark. Hier kommt es zur synaptischen Verschaltung mit überwiegend hemmendem Einfluss auf das Motorneuron des betreffenden Muskels. Über erregende Interneurone erfolgt gleichzeitig eine Aktivierung des antagonistischen Muskels. Dadurch schützen Golgi-Sehnen-Organe den Muskel in Extremsituationen vor Überlastung und regeln so außerdem dessen Spannungszustand. Golgi-Sehnen-Organe bestehen aus einer von Sehnenfasern durchzogenen Bindegewebs- oder Perineuralkapsel; diese umgibt das verzweigte Ende der afferenten Ib-Nervenfaser. Die Nervenendigungen dieser Faser sind mit den Sehnenfasern verflochten. Kommt es zu einer erhöhten Muskelspannung, so bewirkt diese auch eine Anspannung der Muskelursprungs- und Endsehnen. Dadurch kommt es zu einer Kompression der Nervenfaserenden des Golgi-Sehnen-Organs, wodurch die Ib-Faser aktiviert wird. Die Erregung wird zum Rückenmark weitergeleitet und auf mehrere, vorwiegend inhibitorische Interneurone im Ventralhorn umgeschaltet. Diese Interneurone

▶ **Tab. 3.4** Muskelspindeln und Golgi-Sehnen-Organ im Vergleich.

Merkmale	Muskelspindel	Golgi-Sehnen-Organ
Messgröße	Muskellänge bzw. Dehnungszustand	Muskelspannung
Lage	im Muskelbauch	am Übergang von Muskelbauch zu Ursprungs- und Endsehnen
Afferenz	Ia-Fasern	Ib-Fasern
Efferenz	γ-Motorneurone	–
Funktion	• Schutz vor Überdehnung durch Auslösen einer Muskelkontraktion (Dehnungsreflex) • Einstellung eines konstanten Muskeltonus bei statischer Muskelarbeit • Feinabstimmung von Bewegungen	• Schutz vor zu hoher Muskelspannung durch Hemmung der Muskelkontraktion (inverser Dehnungsreflex) • Einstellung des Muskeltonus im optimalen Bereich

haben eine hemmende Wirkung auf die α-Motorneurone des entsprechenden Muskels, sodass dessen Spannungszustand gesenkt wird. Dieses Phänomen wird auch als **inverser Dehnungsreflex** bezeichnet; auch hierbei handelt es sich um einen **Eigenreflex**, bei dem sich Rezeptor und Effektor im selben Muskel befinden.

▶ Tab. 3.4 zeigt die Unterschiede zwischen Muskelspindeln und Golgi-Sehnen-Organ im Überblick.

Viele physiotherapeutische Therapieformen, aber auch osteopathische und chiropraktische Behandlungstechniken arbeiten über die gezielte Aktivierung von Mechanorezeptoren. Dabei führen Techniken, die in erster Linie **Muskelspindeln** aktivieren, zunächst zu einer Erhöhung des Muskeltonus, bewirken aber auch, dass sich in der Folge der Spannungszustand neu einstellt und normalisiert. Beispiele für solche Therapieformen sind chiropraktische Impulstechniken, aber auch Klopfungen an Muskelbäuchen. Techniken, die demgegenüber primär die **Golgi-Sehnen-Organe** aktivieren, führen zu einer Detonisierung der entsprechenden Muskulatur; hier können beispielhaft Massagegriffe genannt werden, bei denen Druck und Zug quer zum Verlauf der Muskelfasern ausgeübt wird.

3.2.2 Spezielle Myologie: die Muskulatur des Hundes

Ebenso wie in der speziellen Osteologie kann auch in der speziellen Myologie zwischen einer rein deskriptiv-anatomischen Betrachtung und einer funktionellen Herangehensweise unterschieden werden. Dabei sei auch hier für die rein deskriptive anatomische Darstellung der Muskeln des Hundes auf die entsprechende Spezialliteratur verwiesen. Im Folgenden werden die aus sportphysiotherapeutischer Sicht wichtigen funktionellen Aspekte der speziellen Myologie herausgegriffen und näher beleuchtet.

In der **deskriptiv-anatomischen Darstellung** werden Muskeln anhand ihrer topografischen Lage in Gruppen zusammengefasst (z. B. Schultergürtelmuskulatur; Muskeln des Ellbogengelenks, Kruppenmuskulatur etc.). Die Benennung der Muskeln geschieht entsprechend der Homologie zu den jeweiligen Muskeln beim Menschen. Für jeden einzelnen Muskel erfolgt dabei die Darstellung mit proximalem Ursprung, distalem Ansatz, der sich aus diesem Verlauf ergebenden Funktion und der Innervation.

Beispiel M. biceps brachii:

- Gruppe: Muskeln des Schulter- und Ellbogengelenks
- zweigelenkiger Muskel
- Ursprung: Tuberculum supraglenoidale der Skapula
- Ansatz: mit 2 Sehnen medial an Ulna (Proc. coronoideus med.) und Radius (Tuberositas radii)
- Innervation: N. musculocutaneus
- Funktion: Strecker des Schulter- und Beuger des Ellbogengelenks

Dabei wurde die Muskelfunktion in der Vergangenheit oftmals auf theoretischer Basis bei isolierter Betrachtung der entsprechenden Gelenkbewegungen hergeleitet. Vor allem bei den Muskeln der

Gliedmaßen wurden dabei die Beuge- und Streckfunktionen in Bezug auf die einzelnen Gelenke (**Flexor – Extensor**) hervorgehoben. **EMG-Untersuchungen** (Elektromyografie) aus den 1970er-Jahren und die aktuellen Ergebnisse der **Jenaer Bewegungsstudie**, die sich auf die physiologische, zyklische Fortbewegung des Hundes konzentrieren, haben jedoch gezeigt, dass der M. biceps brachii vor allem als Stabilisator von Schulter- und Ellbogengelenk in der zweiten Hälfte der Standbeinphase wirkt [30]. In der ersten Hälfte der Hangbeinphase ist er Initiator der Vorführbewegung. Insgesamt konnten diese Studien zeigen, dass bei vielen Skelettmuskeln nicht die Funktion der Beugung oder Streckung im Vordergrund steht, sondern vielmehr folgende Aufgaben von Bedeutung sind:

- **Stabilisation** von Gelenken gegen die einwirkende Schwerkraft (Rumpf- und Gliedmaßenmuskeln)
- **Fixation** von Gelenken in der Bewegung (vor allem Gliedmaßenmuskeln in der Standbeinphase)
- **Begrenzung** einer passiven Gelenkbewegung bzw. einer durch den Antagonisten bedingten aktiven Gelenkbewegung (vor allem Gliedmaßenmuskeln in der Hangbeinphase)

Die Mehrzahl der Gliedmaßenmuskeln leistet dabei nur einen geringen Anteil zum Antrieb in der Fortbewegung; für den Vortrieb sind vor allem die folgenden drei Muskelgruppen verantwortlich:

- die **Retraktoren der Hintergliedmaße** mit dem Hüftgelenk als Drehpunkt
- die **Rückenmuskulatur** insbesondere im Bereich der Lendenwirbelsäule; diese spielt vor allem im Galopp eine besondere Rolle, da hier ein Großteil der Vorwärtsbewegung durch die Extension und Flexion der Lendenwirbelsäule entsteht
- die **Schulterblattaufhängung**, die die Bewegung der Skapula ermöglicht bzw. vermittelt

In der **zyklischen Fortbewegung** finden an den einzelnen Gelenken der Gliedmaßen dagegen nur geringe Winkelveränderungen statt. Die Gliedmaßen verhalten sich in der Hangbeinphase wie „steife Pendel", in der Standbeinphase dagegen wie eine Spiralfeder. Die die Gelenke unmittelbar umgebenden Muskeln dienen vor allem der Gelenkstabilisierung (Standbeinphase) sowie der Begrenzung des Bewegungsausschlages (Hangbeinphase). Muskeln, die in der deskriptiven Anatomie als „Extensoren" bezeichnet werden, dosieren so das Ausmaß der Beugung des entsprechenden Gelenks. Umgekehrt modulieren Muskeln, die als „Flexoren" bezeichnet werden, in der **zyklischen Fortbewegung** die Gelenkstreckung.

Für eine detaillierte Darstellung der funktionellen Bedeutung einzelner Muskeln sowie deren Aktivitätsphasen in der zyklischen Fortbewegung wird auf die Jenaer Bewegungsstudie von M. Fischer und K. Lilje verwiesen [30].

Die Darstellung der **myofaszialen Wirkungsketten** oder Leitbahnen nach Myers [58] stellt eine weitere funktionelle Betrachtung der Muskulatur dar und wurde unter dem englischen Begriff Anatomy Trains für den Menschen entwickelt. Dabei werden myofasziale Funktionsketten als anatomische Zuglinien verstanden und mit dem Schienennetz der Eisenbahn verglichen. Muskeln werden nicht aufgrund ihrer anatomischen Lage oder Nähe zueinander, sondern aufgrund ihrer **synergistischen Funktion** bei den physiologischen Bewegungen des Körpers zusammengefasst. So entstehen die folgenden myofaszialen Zuglinien oder Leitbahnen, die zum Teil auch ihre anatomischen und funktionellen Entsprechungen im Meridian- oder Leitbahnbegriff der Traditionellen Chinesischen Medizin (TCM) finden. Zum besseren Verständnis der Lagebeziehungen beim Hund haben wir im Folgenden die Bezeichnung der myofaszialen Wirkungsketten vom Menschen an den Hund angepasst. Da der Mensch auf zwei, der Hund aber auf vier Beinen läuft, sind die Körperregionen, die beim Menschen „frontal" gelegen sind, beim Hund „ventral" gelegen, sodass wir beim Hund entsprechend von **Ventrallinien** sprechen; diese werden beim Menschen als **Frontallinien** bezeichnet:

1. oberflächliche Rückenlinie (vgl. Blasenmeridian der TCM)
2. oberflächliche Ventrallinie (vgl. Magenmeridian der TCM)
3. Laterallinien (vgl. Gallenblasenmeridian der TCM)
4. Spirallinien

5. Linien der Vordergliedmaßen
    a) tiefe palmare Vordergliedmaßenlinie
    b) oberflächliche palmare Vordergliedmaßenlinie
    c) tiefe kaudale Vordergliedmaßenlinie
    d) oberflächliche kaudale Vordergliedmaßenlinie
6. funktionelle Linien
    a) funktionelle Rückenlinie
    b) funktionelle Ventrallinie
7. tiefe Ventrallinie

Detaillierte Ausführungen zum Verlauf dieser myofaszialen Wirkungsketten sowie zur Testung und Behandlung im Rahmen der Sportphysiotherapie finden sich im Kapitel Die myofaszialen Wirkungsketten (S. 100) und im Kapitel Beweglichkeitstraining (S. 222).

3.3 Update Anatomie und Physiologie des Bindegewebes

In den letzten Jahren ist in der Humanmedizin das wissenschaftliche Interesse am **Bindegewebe** sehr stark gestiegen. Untersuchungen am Bindegewebe lieferten plötzlich neue Erkenntnisse zu therapeutischen Wirkmechanismen von Akupunktur, Massage, Chiropraktik und Osteopathie. Dieses Wissen kann sehr gut auf die physiotherapeutische Arbeit mit Hunden übertragen werden, denn auch im Bereich der Hundesportphysiotherapie nimmt die Untersuchung und Behandlung des Bindegewebes eine zentrale Rolle ein. Unter dem Begriff Bindegewebe werden verschiedene Gewebearten zusammengefasst, die alle auf mesenchymale Stammzellen zurückgehen und sich aus diesen in unterschiedlicher Weise zu lockerem, straffem, retikulärem und gallertigem Bindegewebe differenzieren. Aber auch Knorpel- und Knochengewebe sowie das Fettgewebe werden aufgrund ihrer Entstehung zum Bindegewebe gerechnet. Eine besondere funktionelle und therapeutische Bedeutung kommt den sog. **Faszien** zu. Auf dem ersten Faszienkongress 2007 in Boston wurde erstmals eine umfassende Definiton des Faszienbegriffs vorgeschlagen. Danach beschreibt der Faszienbegriff „die Weichgewebeanteile des den menschlichen Körper durchziehenden Binde- und Stützgewebeapparats“ [72]. Somit gehören auch die Hüllschichten der Muskeln und der einzelnen Muskelfasern, das Periost und die Gelenkkapseln zu den Faszien. Die Faszien bilden ein fortlaufendes und komplexes Netzwerk, das letztlich alle Strukturen eines Körpers miteinander verbindet.

3.3.1 Allgemeiner Aufbau der Körperfaszie

Die Faszien des Körpers können als ein System von vier Hüllschichten beschrieben werden. Jede Faszienschicht umgibt den Körper schlauchförmig und besteht aus geflechtartigem Bindegewebe. Der Vorteil des unregelmäßigen Fasergeflechts liegt in seiner Plastizität oder Verformbarkeit, sodass sich die Faszien in alle Richtungen verschieben können. Die folgende Abbildung zeigt die verschiedenen Faszienschichten des Körpers (▶ Abb. 3.10).

Die oberflächlichste Faszienschicht liegt direkt unter der Haut und wird als Fascia superficialis bezeichnet. Die Fascia superficialis umschließt annähernd den ganzen Körper. Lediglich die Körperöff-

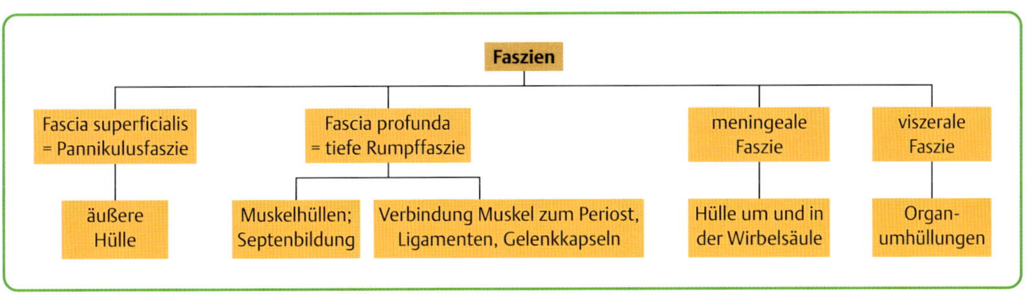

▶ **Abb. 3.10** Die vier Faszienschichten des Körpers.

nungen wie Nase, Mund, Augen und After werden ausgespart. Die Fascia superficialis wird auch als **Pannikulusfaszie** bezeichnet. Im Bereich dieser oberflächlichen Faszie kann eine äußere Schicht und eine innere Schicht unterschieden werden. Während die äußere Schicht reich an Fettgewebe ist, sind in die innere Schicht die unterschiedlichen Hautmuskeln, Mm. cutanei, eingelagert. Der Tonus der Mm. cutanei trägt zur Spannung von Faszie und Haut bei. Dabei bedeckt der M. cutaneus trunci einen Großteil des Rumpfes. Kneift man z. B. mit einer Arterienklemme in die Haut seitlich der Wirbelsäule, wird dadurch eine Zuckungsreaktion des Rumpfhautmuskels ausgelöst. Diese physiologische Reaktion wird auch als **Pannikulusreflex** bezeichnet. Der Pannikuluseflex ist ein Fremdreflex und wird zur Lokalisation einer Nervenschädigung im Bereich der Wirbelsäule genutzt. Bei einer Läsion des Rückenmarks fällt der Reflex kaudal der Schädigung aus.

Die zweite Körperfaszie wird von der tiefen Rumpffaszie (Fascia profunda) gebildet. Diese reicht bis tief in das Körperinnere. Während der embryonalen Entwicklung bildet sie eine Art Vorform, in der sich Skelettmuskeln, Sehnen, Bänder und Gelenke entwickeln. Weiterhin bildet sie das Epimysium der Muskeln, die intermuskulären Septen, das Periost der Knochen, das Peritendineum der Sehnen und die äußerste Gelenkkapselschicht (▸ **Abb. 3.11**). Die tiefe Rumpffaszie umhüllt aber nicht nur den Rumpf, sie setzt sich als Extremitätenfaszie auch in Vorder- und Hintergliedmaßen fort.

Die dritte Faszienschicht umhüllt die Rückenmarks- bzw. Hirnhäute und umscheidet als Epineurium die peripheren Nerven. Diese Faszienschicht wird von der meningealen Faszie gebildet. Die viszerale Faszie bildet die umfassendste Faszienschicht. Sie umgibt alle Körperhöhlen wie z. B. Pleura-, Perikard- und Peritonealhöhle. Die viszerale Faszie liegt dem viszeralen Pleura- bzw. Peritonealblatt direkt an. Sie bildet zum einen die Schicht für alle zu- und abführenden Gefäße und Nerven und zum anderen entstehen aus ihr die viszeralen Bänder (▸ **Abb. 3.12**).

Die Faszien sind das umgebende, verbindende und strukturierende Gewebe des Körpers. Sie vernetzen den gesamten Körper und stellen somit ein Kontinuum aus Gewebe dar. Wissenschaftliche

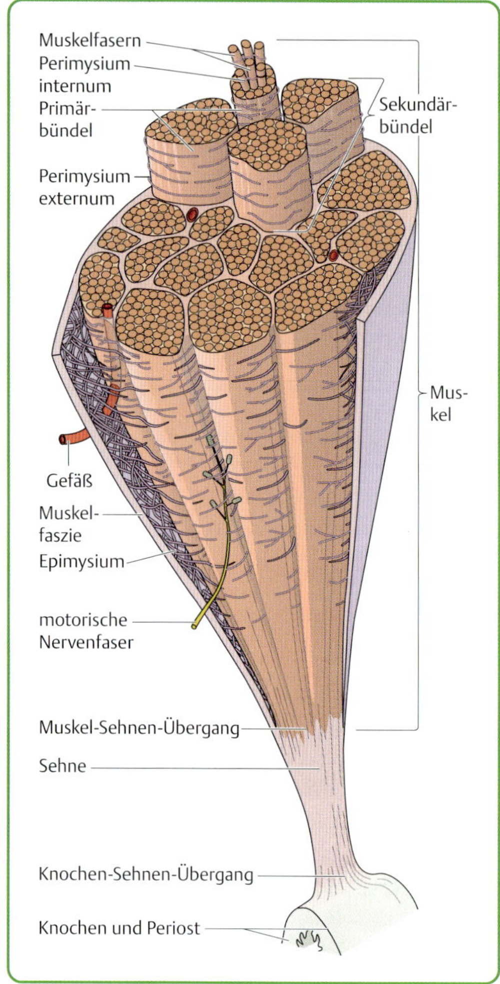

▸ **Abb. 3.11** Aufbau eines Muskels mit den bindegewebigen Hüllen. Die Menge des Bindegewebes in einem spezifischen Muskel steht in direktem Zusammenhang mit seiner Funktion. Tonische Muskeln enthalten gegenüber phasischen Muskeln mehr und festere bindegewebige Anteile. (aus: van den Berg F, Hrsg. Angewandte Physiologie. Band 1: Das Bindegewebe des Bewegungsapparates verstehen und beeinflussen. 4. Aufl. Stuttgart: Thieme; 2016)

Untersuchungen haben ergeben, dass die Faszien hinsichtlich der Leistungsfähigkeit der Muskeln, der Koordination und der **Propriozeption** eine große Rolle spielen. Gerade die Geschmeidigkeit des Sporthundes hängt im hohen Maße von einem gut trainierten Fasziensystem ab.

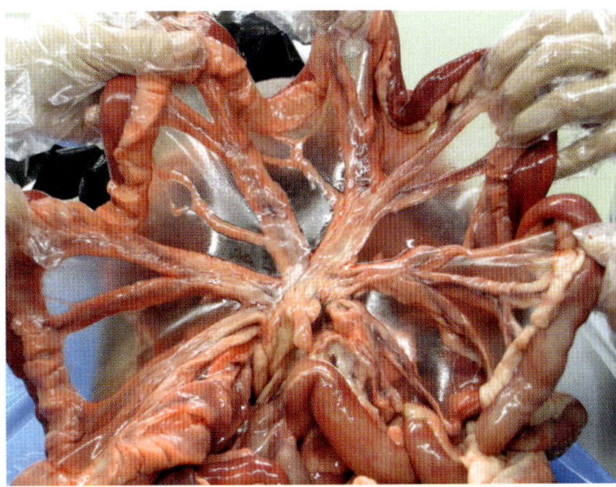

▶ **Abb. 3.12** Das Mesenterium ist eine Duplikatur des Peritoneums. Ausgehend von der dorsalen Rumpfwand stellt das Mesenterium die elastische Befestigung des Dünndarms dar. (Foto: Christiane Gräff)

3.3.2 Die Faszien – wichtiges Organ für die Körperwahrnehmung

Viele Hundesportarten sind in den letzten Jahren deutlich schneller, dynamischer, kraftvoller und athletischer geworden. Diese Tendenz macht den Sport attraktiver und spannender für den Zuschauer, gleichzeitig aber gefährlicher für den Sporthund selbst. Die starke Gefährdung des Bewegungsapparats zwingt zum Handlungsbedarf in der Trainingspraxis. Eine aktive Unterstützung der gelenkstabilisierenden Strukturen zur Absicherung der Gelenke und der Wirbelsäule ist dringend notwendig. Wichtige Voraussetzungen hierfür sind zum einen ein intaktes Fasziennetz und zum anderen eine feinabgestimmte **Oberflächen- und Tiefensensibilität**. Diese basieren auf Informationen aus spezifischen mechanosensiblen Rezeptoren. Das Fasziensystem ist von einer Vielzahl an solchen mechanosensiblen Nervenendigungen durchzogen. Diese Nervenendigungen sind in die unterschiedlichen faszialen Gewebe eingelagert und vermitteln die wesentlichen Informationen zur Oberflächen- und Tiefensensibilität. Die Tiefensensibilität kann auch als propriozeptive Wahrnehmung bezeichnet werden. Die Propriozeption (S. 78) umfasst den Lagesinn, den Kraftsinn und den Bewegungssinn. Der Lagesinn liefert Informationen über die Position des Körpers im Raum sowie die Stellung der Gelenke und des Kopfes. Der Kraftsinn vermittelt Informationen über den Spannungszustand von Muskeln und Sehnen. Der Bewegungssinn ermöglicht die Empfindung von Bewegung und das Erkennen der Bewegungsrichtung. Einige Autoren definieren Propriozeption auch als die bewusste und unbewusste Wahrnehmung der Gelenkstellungen bzw. -bewegungen. Diese Sinnesleistungen basieren auf Rezeptoren, den sog. Propriozeptoren, in Gelenken, Muskeln und Sehnen. Die Oberflächensensibilität umfasst zum einen die protopathische Wahrnehmung, also die Wahrnehmung von Schmerz- und Temperaturreizen, und zum anderen die epikritische oder taktile Wahrnehmung, d. h. die Wahrnehmung von feiner Berührung, Vibration und Druck. Die taktile Wahrnehmung erfolgt über spezifische Mechanorezeptoren der Haut. Im nächsten Abschnitt werden die verschiedenen Arten von Rezeptoren vorgestellt. Propriozeptive und taktile Informationen aus den Faszien werden über folgende vier Mechanorezeptorentypen vermittelt (▶ **Abb. 3.13**):

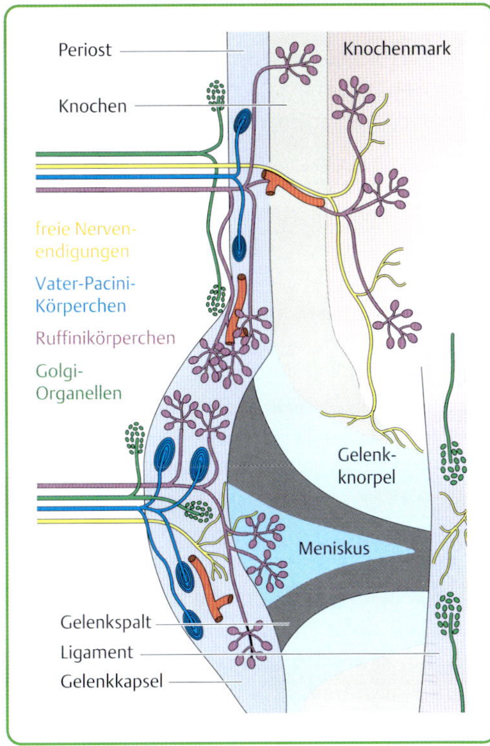

▶ **Abb. 3.13** Nervöse Versorgung des Kniegelenks. (aus: van den Berg F, Hrsg. Angewandte Physiologie. Band 1: Das Bindegewebe des Bewegungsapparates verstehen und beeinflussen. 4. Aufl. Stuttgart: Thieme; 2016)

- **Golgi-Rezeptoren:** Golgi-Rezeptoren werden auch als **Golgi-Sehnen-Organe** oder **Golgi-Organellen** bezeichnet. Sie finden sich an myotendinösen Übergängen, in den Endbereichen von Aponeurosen, in Gelenkkapseln und in zahlreichen Ligamenten. Golgi-Rezeptoren an myotendinösen Übergängen leiten über afferente Ib-Fasern Informationen über den Spannungszustand der jeweiligen Muskeln über die Dorsalwurzel zum Rückenmark. Hier kommt es zur synaptischen Verschaltung mit vorwiegend hemmendem Einfluss auf das Motorneuron des betroffenen Muskels. Über erregende Interneurone erfolgt gleichzeitig eine Aktivierung des antagonistischen Muskels. Dadurch schützen Golgi-Rezeptoren den Muskel in Extremsituationen vor Überlastung und regeln außerdem dessen Spannungszustand. Stimuliert werden die Rezeptoren hauptsächlich durch eine aktive Muskelkontraktion, wobei deren Reizschwelle eher hoch ist, d. h., es bedarf einer kräftigen Kontraktion.
- **Pacini-Rezeptoren:** Diese werden auch als **Vater-Pacini-Körperchen** bezeichnet und finden sich in allen Arten faszialen Gewebes wie z. B. im Bereich der myotendinösen Übergänge, der spinalen Ligamente, in den tiefen Kapselschichten, im Unterhautfettgewebe und in den Muskelhüllen. Pacini-Rezeptoren liefern wichtige Informationen zur Bewegungssteuerung. Sie haben eine geringe Reizschwelle, allerdings adaptieren sie relativ rasch.
- **Ruffini-Rezeptoren:** Dieser auch als **Ruffini-Körperchen** bezeichnete Rezeptortyp findet sich ebenso wie die Pacini-Rezeptoren in allen Arten faszialen Gewebes, vor allem in den Strukturen, die auf Dehnung angelegt sind. Die Ligamente der peripheren Gelenke, die äußere Gelenkkapselschicht, die tieferen Schichten der Lederhaut und die Dura mater sind typische Gewebe, in denen Ruffini-Rezeptoren eingelagert sind.
- **Interstitielle Geweberezeptoren:** Die interstitiellen Geweberezeptoren werden auch als **freie Nervenendigungen** bezeichnet und stellen den größten Anteil an Rezeptoren im Bindegewebe. Die Nervenendigungen bestehen zu 50 % aus myelinisierten und zu 50 % aus unmyelinisierten Nervenfasern. Freie Nervenendigungen sind multimodal, d. h., sie fungieren nicht nur als Nozi-, Thermo-, oder Chemorezeptoren, sondern die Mehrzahl der Nervenendigungen funktioniert auch zusätzlich als Mechanorezeptoren. Ein Teil der interstitiellen Geweberezeptoren reagiert lediglich auf starke mechanische Reize, während der andere Teil schon auf sanfte Berührungen anspricht.

Zusammenfassend lässt sich sagen, dass sich die für die propriozeptive und taktile Wahrnehmung erforderlichen Rezeptoren nicht nur in den Muskeln und Gelenken befinden, sondern dass eine Vielzahl an Mechanorezeptoren in den faszialen Strukturen zu finden ist. Dadurch können die Faszien auch als das größte Sinnesorgan des Körpers angesehen werden und spielen somit eine wichtige Rolle hinsichtlich der Körperwahrnehmung. Diese ist wiederum unerlässlich für eine gute Koordination und die daraus resultierende Gelenkstabilität. Ein effektives Training der Koordination und der Gelenkstabilität sollte daher nicht nur ein propriozeptives Trainingsprogramm beinhalten, sondern auch das Beüben des Fasziensystems. Ein wirkungsvolles Faszientraining kann nur über abwechslungsreiche Stimulation erreicht werden, d. h., statt eintöniger Wiederholungen ist Bewegungsvielfalt gefragt.

3.3.3 Physiologie des Bindegewebes

Histologisch besteht Bindegewebe aus **Zellen** und einer **extrazellulären Matrix**. Die Zellen des Bindegewebes können in fixe und mobile Zellen unterschieden werden. Die **fixen Zellen** entstehen aus **mesenchymalen Stammzellen**, die je nach Art des Bindegewebes in **Fibroblasten** bzw. **Fibrozyten**, **Chondroblasten** bzw. **Chrondrozyten** oder auch **Osteoblasten** bzw. **Osteozyten** unterschieden werden. Der Unterschied zwischen Blasten und Zyten liegt in ihrer Syntheseaktivität. Blasten sind Zellen, die etwas bilden, z. B. die extrazelluläre Matrix. Blasten sind vor allem im Wachstum und bei Wundheilungsprozessen sehr aktiv. Zyten hingegen sind Zellen in Ruhe mit wenig Syntheseaktivität. Zu den fixen Zellen des Bindegewebes zählen auch die **Fettzellen**. Diese sind recht groß und in der Lage, Wasser und Fett in ihrem Zellleib, dem Protoplasma, zu speichern und auch schnell wieder abzugeben. Grundsätzlich werden zwei Arten von Fettgewebe unterschieden. Zum einen das weiße Fett, das in Form von Speicher-, Isolier-, oder Baufett im Bindegewebe eingelagert ist, und zum anderen das braune Fett. Das braune Fett dient hauptsächlich der Erzeugung von Wärme. Es ist reich kapillarisiert und von sympathischen Nervenfasern innerviert. Spricht man von Fettgewebe, ist in erster Linie das weiße Fett gemeint, es kommt wesentlich häufiger im Körper vor als das braune Fett. Die **mobilen Zellen** des Bindegewebes entstehen aus **hämatopoetischen Stammzellen**. Diese Zellen sind vorwiegend immunaktive Zellen, d. h., ihre Zahl nimmt bei einer Entzündung massiv zu. Folgende Zellen gehören zu den mobilen Zellen des Bindegewebes (▶ **Abb. 3.14**):

- **Mastzellen** enthalten Botenstoffe wie z. B. Histamin und Heparin. Mastzellen spielen vor allem bei Entzündungsprozessen eine große Rolle. Sie kommen im gesamten Bindegewebe vor, am häufigsten jedoch in der Submucosa von Darm und Atemwegen, in der Lederhaut und in der Nähe von Nerven und Gefäßen. Beim Mastzelltumor des Hundes handelt es sich um eine Anhäufung entarteter Mastzellen. Er ist eine der häufigsten Tumorerkrankungen der Haut. Die Ursache ist bislang unbekannt, eine genetische Disposition scheint wahrscheinlich zu sein, da es häufiger betroffene Hunderassen wie z. B. Retriever und Boxer gibt. Auch die Mastzellen eines Mastzelltumors können spontan oder durch Manipulation Histamin und Heparin ausschütten, dies kann dann u. a. zu Blutungsneigung, Juckreiz und Hautentzündungen führen.
- **Plasmazellen** sind nicht mehr teilungsfähige, ausdifferenzierte B-Lymphozyten. Ihre Hauptaufgabe besteht in der Ausschüttung der Immunglobuline.

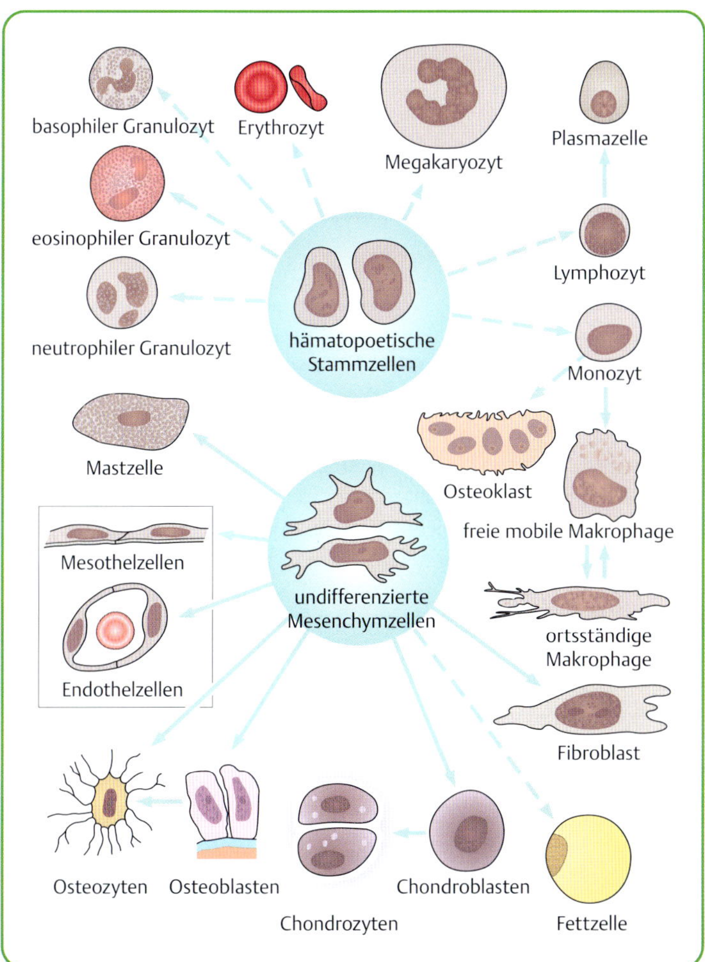

▶ **Abb. 3.14** Übersicht über die Zellen des Bindegewebes, die sich aus hämatopoetischen und mesenchymalen Stammzellen entwickeln. (aus: van den Berg F, Hrsg. Angewandte Physiologie. Band 1: Das Bindegewebe des Bewegungsapparates verstehen und beeinflussen. 4. Aufl. Stuttgart: Thieme; 2016)

- **Makrophagen**, die sog. Fresszellen, haben vielfältige Aufgaben im Rahmen der Immunabwehr:
  - Einleitung und Steuerung der Abwehrreaktion bei einer Entzündung
  - **Phagozytose**
  - Wundheilung
  - Zerstörung von Tumorzellen
  - Antigenrepräsentation: Die Makrophagen entwickeln sich aus den **Monozyten** des Blutes. Es kann zwischen ortsständigen und mobilen Makrophagen unterschieden werden. Die mobilen Makrophagen wandern bei Bedarf aus dem Blut in das Gewebe ein, wohingegen die ortsständigen Zellen an ein spezifisches Gewebe gebunden sind. Je nach Gewebe können folgende spezifische Makrophagen unterschieden werden:
    - Histiozyten im Bindegewebe
    - Kupfer'sche Sternzellen im Lebergewebe
    - Osteoklasten im Knochen
    - Mikrogliazelle im Gehirn
    - Langerhans-Zelle in der Haut
    - Hofbauer-Zelle in der Plazenta
    - Alveolarmakrophagen in der Lunge
- **Mikrophagen** umfassen folgende Blutzellen:
  - **Neutrophile Granulozyten** zirkulieren im Blut und im Falle einer Infektion wandern sie in das Gewebe ein. Sie identifizieren und zerstören die Krankheitserreger und gehen dabei selbst zugrunde. Eiter besteht zum größten Teil aus neutrophilen Granulozyten bzw. deren Zelltrümmern.
  - **Eosinophile Granulozyten** spielen eine wichtige Rolle bei der Abwehr von Parasiten und bei der Steuerung allergischer Reaktionen. Sie zählen zum unspezifischen zellulären Immunsystem.
  - **Basophile Granulozyten** gehören wie die eosinophilen Granulozyten zum unspezifischen zellulären Immunsystem. Ihre Hauptaufgabe besteht ebenfalls in der Abwehr von Parasiten und der Steuerung allergischer Reaktionen. Außerdem sind basophile Granulozyten in der Lage, verschiedene Gewebsmediatoren wie z. B. **Histamin, Heparin, Serotonin** und **Prostaglandine** freizusetzen.
  - **Lymphozyten** umfassen die **B-Lymphozyten**, **T-Lymphozyten** und die natürlichen **Killerzellen**. Nach dem Kontakt mit einem Krankheitserreger produzieren die B-Lymphozyten die Immunglobuline. Die T-Lymphozyten treten direkt mit den Fremdstoffen, Infektionserregern bzw. mit den veränderten körpereigenen Zellen in Kontakt und bilden Abwehrstoffe, aber keine Antikörper. Natürliche Killerzellen sind **zytotoxisch** aktiv, d. h., sie haben die Fähigkeit, bei bestimmten Zellen einen Zelltod herbeizuführen.

Die **extrazelluläre Matrix** wird von den spezifischen fixen Zellen des Bindegewebes, also den Fibro-, Chondro- und Osteoblasten, gebildet. Die Unterschiede der verschiedenen Gewebe ergeben sich somit aus der Art der Bindegewebszellen und aus der Zusammensetzung der extrazellulären Matrix. Die extrazelluläre Matrix setzt sich aus folgenden Komponenten zusammen:

- Fasern
- Grundsubstanz
- Vernetzungs- und Verbindungsproteine
- Wasser

Zu den faserigen Bestandteilen des Bindegewebes zählen die **elastischen Fasern** und die **Kollagenfasern**. Über Vernetzungsproteine sind die Kollagenfasern mit Rezeptoren der Zelloberfläche verbunden. Bekannteste Vertreter der **Vernetzungsproteine** sind **Laminin** und **Fibronektin**. Sie sind in der Lage, mechanische Kräfte, die außen auf die Zelle einwirken, in das Zellinnere weiterzugeben. So führt z. B. eine Verformung der Zelle zu einer erhöhten Fibroblastenaktivität, d. h., durch eine mechanische Belastung wird die Syntheseleistung der Fibroblasten und damit die Produktion der extrazellulären Matrix mit all ihren Komponenten gesteigert. Kollagenfasern bestehen aus drei Proteinketten, die spiralförmig im Sinne einer **Triplehelix** angeordnet sind. Die dreidimensional angeordneten Proteinketten sind durch Aminosäuren miteinander verbunden. Diese Quervernetzungen werden auch als **physiologische Crosslinks** bezeichnet, sie erhöhen die Belastbarkeit der Kollagenfasern (▶ **Abb. 3.15**).

Die räumliche Ausrichtung der Kollagenmoleküle wird durch elektrische Spannungsveränderungen bestimmt. Die sog. piezoelektrische Aktivität entsteht bei Gewebeverformungen und damit bei jeder Bewegung, d. h., Bewegung ist der entscheidende Faktor zur Organisation einer belastungsstabilen Kollagenstruktur (▶ **Abb. 3.16**).

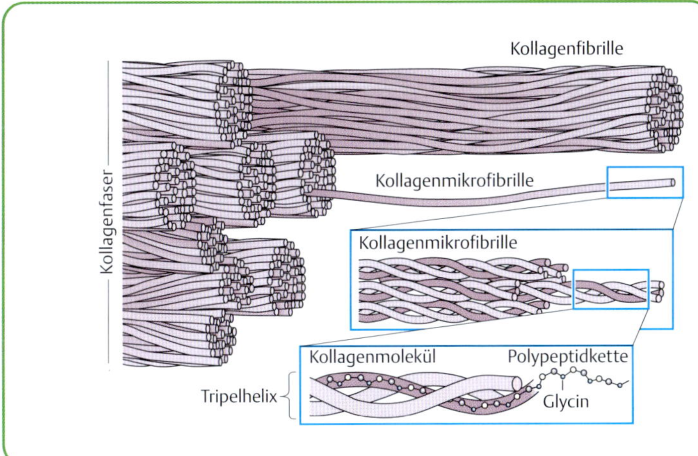

▶ **Abb. 3.15** Kollagenfasern bestehen aus Kollagenfibrillen, die sich zu einer Dreifachhelix zusammenlagern. (aus: van den Berg F, Hrsg. Angewandte Physiologie. Band 1: Das Bindegewebe des Bewegungsapparates verstehen und beeinflussen. 4. Aufl. Stuttgart: Thieme; 2016)

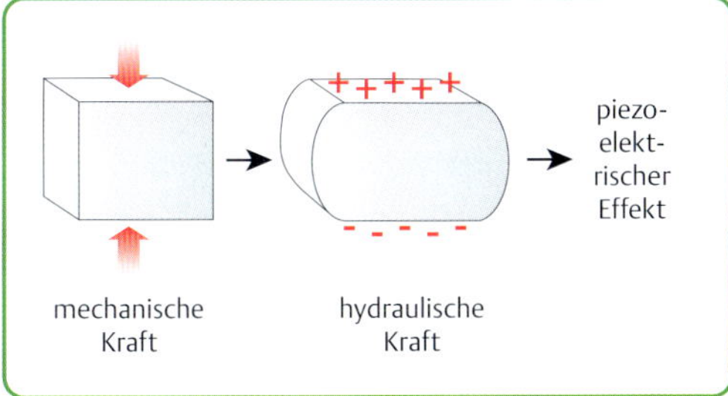

▶ **Abb. 3.16** Entstehung des piezoelektrischen Effekts. Durch die elastische Verformung eines Körpers entsteht eine elektrische Spannung. (aus: Hohmann M. Bewegungsapparat Hund. Stuttgart: Sonntag; 2015)

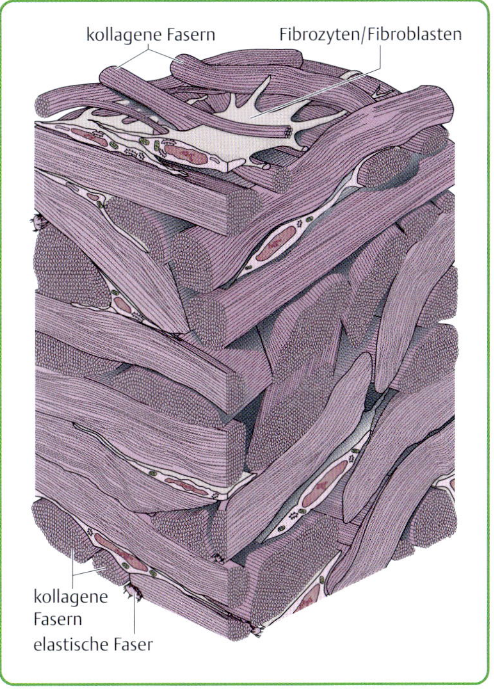

▶ **Abb. 3.17** Schnitt in drei Ebenen: Verlauf der kollagenen Fasern in der Membrana fibrosa. Die Membrana fibrosa der Gelenkkapsel kann als Fortsetzung des Periostschlauches gesehen werden. (aus: van den Berg F, Hrsg. Angewandte Physiologie. Band 1: Das Bindegewebe des Bewegungsapparates verstehen und beeinflussen. 4. Aufl. Stuttgart: Thieme; 2016)

Heute werden bis zu 20 verschiedene Kollagenfaserarten unterschieden. Die am häufigsten vorkommenden Kollagenfasertypen sollen hier kurz vorgestellt werden. **Typ-I-Kollagenfasern** finden sich hauptsächlich in Sehnen, Bändern, Gelenkkapseln (▶ **Abb. 3.17**) und im intramuskulären sowie intraneuronalen Gewebe. Kollagenfasern dieses Typs sind sehr zugfest.

Der Gelenkknorpel, die Menisken und die Disci intervertebrales hingegen sind aus **Typ-II-Kollagenfasern** aufgebaut. Sie sind sehr druckstabil. Die **Typ-III-Kollagenfasern** werden als **retikuläre Fasern** bezeichnet. Sie finden sich in synovialen Membranen und werden während der Proliferationsphase in der Wundheilung als erstes Ersatzgewebe gebildet. In der folgenden Umbauphase werden die retikulären Fasern dann in die spezifischen Kollagenfasern umgewandelt. Die retikulären Fasern sind nicht belastungsstabil, deshalb sind übermäßige Belastungen in der Proliferationsphase und in der anfänglichen Umbauphase zu vermeiden, dazu auch das Kapitel Der Wundheilungsprozess (S. 94).

Die elastischen Fasern bestehen aus **Elastin** und **Mikrofibrillen**. Mit geringer Zugkraft lassen sich diese Fasern bis auf das 1,5-Fache ihrer Ausgangslänge dehnen. Nach Beendigung der Dehnung nehmen die Fasern sofort ihre normale Ruhelänge wieder ein. Sie besitzen somit eine hohe **Rückstellkraft**. Aufgrund ihrer enormen Dehnfähigkeit und Rückstellkraft finden sich die elastischen Fasern hauptsächlich in Geweben wieder, die stark durch Dehnung beansprucht werden. Dazu zählen z. B. die elastischen Bänder, die Gefäße, die Lunge, die Gallenblase und die Haut.

Die verschiedenen Fasern des Bindegewebes sind in die **Grundsubstanz** eingebettet. Die Grundsubstanz ist ungeformt, sie füllt den Raum zwischen den Zellen aus und ihre Konsistenz kann je nach Zusammensetzung sol- bis gelartig sein. Der Hauptbestandteil der Grundsubstanz ist Wasser, welches größtenteils an **Glykosaminoglykane** (GAG) gebunden ist. GAG sind lange Ketten aus Zucker und Aminosäuren, die je nach Gewebe aus unterschiedlichen Bestandteilen bestehen. Die wichtigsten Vertreter der GAG sind:

- **Chondroitinsulfat:** wesentliche Komponente der Grundsubstanz von Knorpelgewebe
- **Dermatansulfat:** findet sich hauptsächlich in der Aorta, in Sehnen und im subkutanen Bindegewebe
- **Keratansulfat:** ebenfalls eine Komponente des Knorpelgewebes und der Disci intervertebrales
- **Hyaluronsäure:** wichtiger Bestandteil der Synovialflüssigkeit, der Haut und des Glaskörpers des Auges

Lagern sich diese Zucker-Aminosäure-Ketten mithilfe eines Verbindungsproteins an einen Hyaluronsäurekern an, spricht man von **Proteoglykanen** (▸ Abb. 3.18). Proteoglykane sind riesige negativ geladene Moleküle mit einer bürstenartigen Struktur, die aufgrund ihrer Wasserbindungskapazität einen großen Raum einnehmen.

In den Gelenken bildet das Wasser der Grundsubstanz zusammen mit Hyaluronsäure die Hauptkomponenten der Gelenkschmiere, **Synovia**. Die Synovia dient dabei als eine Art Gleitmittel, um Bewegungswiderstände zu reduzieren. Synovia wird aber nicht nur in den Gelenken produziert, auch Ligamente, Sehnen, Nerven und Faszien besitzen an ihrer Außenseite Zellen, die in der

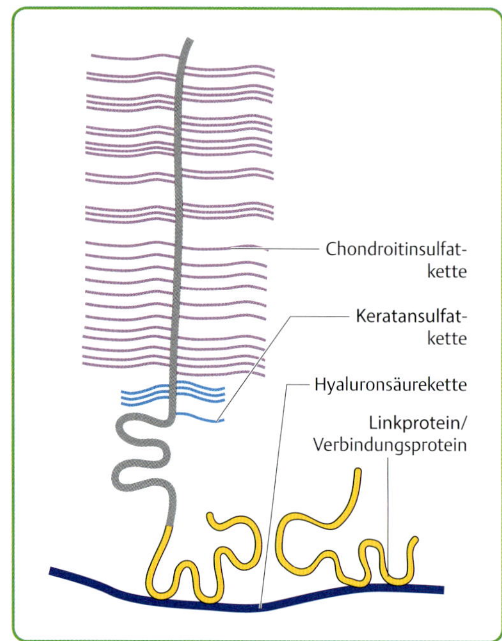

▸ **Abb. 3.18** Proteoglykane bestehen zu einem geringen Anteil aus Proteinen und zu einem größeren Anteil aus Polysacchariden, den Glykosaminoglykanen. Die Proteine bilden hierbei eine zentrale Kette, an die die verschiedenen Polysaccharide wie z. B. Hyaluronsäure, Chondroitionsulfat und Keratansulfat gebunden werden. (aus: van den Berg F, Hrsg. Angewandte Physiologie. Band 1: Das Bindegewebe des Bewegungsapparates verstehen und beeinflussen. 4. Aufl. Stuttgart: Thieme; 2016)

Lage sind, Synovia zu sezernieren. Sie ermöglicht den Strukturen eine reibungsfreie Verschieblichkeit gegenüber den Nachbargeweben. Nimmt die Synoviaproduktion ab, z. B. bei einem erhöhten **Sympathikotonus**, führt dies zu Bewegungseinschränkungen und erhöhten Bewegungswiderständen in den verschiedenen Geweben. Außerdem fungiert das Wasser als Transportmedium, denn die Grundsubstanz stellt eine Art Transitstrecke für Hormone, freigesetzte Neurotransmitter, Enzyme und Produkte des Stoffwechsels zwischen intra- und extrazellulärem Raum dar. Sie hat aber nicht nur Transportfunktion, vielmehr wirkt sie auch als Sieb für Stoffwechselendprodukte und Toxine. Es besteht eine wechselseitige Beziehung zwischen Kapillaren und Lymphgefäßen, Grundsubstanz, vegetativem Nervensystem, spezifischen Bindegewebszellen und dem Organparenchym. Diese funktionelle Einheit wird als System der **Grundregulation** bezeichnet (▸ **Abb. 3.19**).

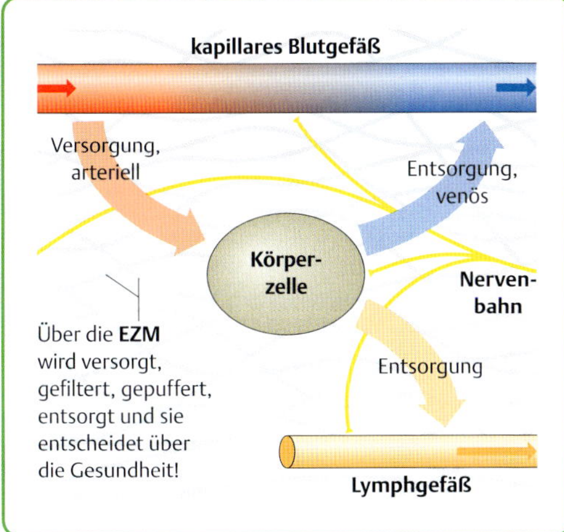

▶ **Abb. 3.19** Die extrazelluläre Matrix (EZM) ist als kleinste Funktionseinheit aller Organe mit allen internen Versorgungssystemen verbunden. Sie kann somit als Transitstrecke für alle zellulären Austauschprozesse bezeichnet werden. Alfred Pischinger beschrieb 1975 die Funktionseinheit aus Gefäßendstrombahn, Fibroblasten und der vegetativ-nervalen Endformation als System der Grundregulation. Die extrazelluläre Matrix wird häufig auch als „Pischinger-Raum" bezeichnet.

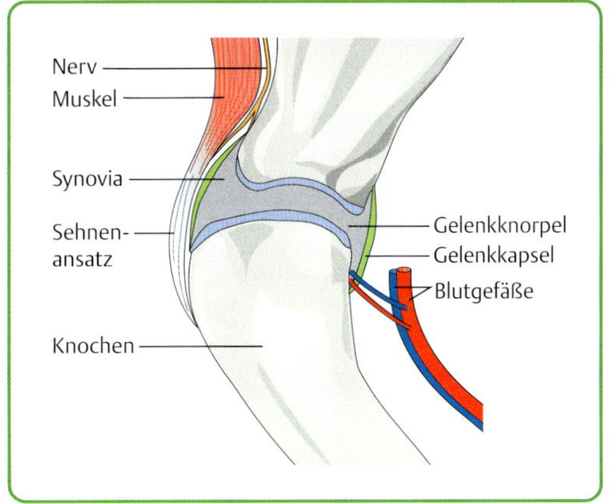

▶ **Abb. 3.20** Der artikuläre Komplex mit all seinen Strukturen. Alle einzelnen Komponenten des artikulären Komplexes haben Einfluss auf die Gelenkfunktion.

Bei einer gesunden Grundsubstanz funktioniert die Ver- und Entsorgung der Organzellen reibungslos. Je mehr die Grundsubstanz mit Stoffwechselendprodukten und Toxinen überladen wird, desto schlechter wird ihre Leistungsfähigkeit im Hinblick auf Transport- und Siebfunktion. Aus naturheilkundlicher Sicht führt diese Verschlackung der Grundsubstanz mit Stoffwechselendprodukten zu einer **Gewebeübersäuerung**. Diese Übersäuerung erfasst zuerst das subkutane Bindegewebe und breitet sich dann allmählich auf andere Strukturen des Körpers aus. Für viele Autoren entsteht Krankheit, wenn die Kapazität des Bindegewebes erschöpft ist. Oder anders ausgedrückt sind Funktionseinbußen, Alterung, Krankheit und Tod auf die zunehmende Verdichtung der extrazellulären Matrix zurückzuführen.

3.3.4 Physiologie des Gelenkknorpels

Der Begriff **Arthrologie** bezeichnet die Gelenk- und Bänderlehre. Generell kann zwischen spaltfreien und spalthaltigen Gelenken unterschieden werden, wobei man Letztere auch als synoviale oder echte Gelenke bezeichnet. Spalthaltige Gelenke sind dadurch gekennzeichnet, dass ihre knöchernen Gelenkflächen immer von hyalinem Gelenkknorpel überzogen sind. Sie besitzen eine von einer Gelenkkapsel umgebene Gelenkhöhle, welche die Gelenkschmiere oder Synovia enthält. Synoviale Gelenke sind somit komplexe Funktionseinheiten (▶ **Abb. 3.20**), die von vielen verschiedenen, aber zusammenhängenden Strukturen gebildet werden. Nur, wenn alle diese Strukturen und Gewebe intakt sind, können sie als Funktionseinheit wirken und eine optimale Gelenkfunktion ermöglichen.

Im Umkehrschluss bedeutet dies, dass in einem krankhaft veränderten Gelenk auch immer alle Strukturen mitbetroffen sind. Eine besondere Bedeutung kommt dabei dem hyalinen **Gelenkknorpel** zu (▶ **Tab. 3.5**).

Die Dicke der Knorpelschicht eines Gelenks kann variieren. Wie auch alle anderen Strukturen des Körpers wird auch der Knorpel bereits im Wachstum durch physiologische Belastungen beeinflusst: Der Knorpel wird umso dicker, je stärker er innerhalb des physiologischen Rahmens belastet wird. Vor diesem Hintergrund sollten die oft pauschal für Welpen ausgesprochenen Belastungsempfehlungen unbedingt überdacht und wissenschaftlich überprüft werden!

Gelenkknorpel ist eine Form von Bindegewebe. Wie alle Bindegewebsarten besteht er zum einen aus einer zellulären Komponente, den Chondrozyten (inaktive Knorpelzellen) und Chondroblasten

▶ **Tab. 3.5** Aufbau des hyalinen Gelenkknorpels.

Zone	Aufbau	Funktion
Zone I: oberflächliche Knorpelzone	• Matrix • dünne, kollagene Fibrillen	• hohe Wasserbindungskapazität • reduziert Reibungskräfte • absorbiert Scherkräfte
Zone II: mittlere Knorpelzone	• Chondroblasten • in Bögen verlaufende kollagene Fibrillen • Matrix	• unbekannt
Zone III: tiefe Knorpelzone	• senkrecht verlaufende kollagene Fibrillen • Matrix • Chondroblasten	• Absorption von Kompressionskräften
Zone IV: kalzifizierte Knorpelzone	• verkalkter Knorpel • kollagene Fibrillen laufen bis in die kalzifizierte Zone • wenig aktive Chondrozyten	• Verbindung des Gelenkknorpels mit dem Knochen

(aktive Knorpelzellen), und zum anderen aus der sog. Matrix. Im hyalinen Knorpel, der die knöchernen Gelenkflächen überzieht, unterscheidet man vier Schichten (▶ **Abb. 3.21**): eine dünne oberflächliche Zone, eine mittlere Übergangszone, eine dicke tiefe Zone und eine dünne, kalzifizierte Knorpelzone.

Der Anteil der Zellen im Knorpel ist gegenüber dem Matrixanteil mit nur 10 % relativ gering. Die Teilung und Vermehrung der Knorpelzellen findet fast ausschließlich im Welpen- und Junghundealter statt; beim erwachsenen Hund ist nur noch eine geringe bis gar keine Zellteilung mehr möglich. Während die Chondrozyten weitgehend inaktiv sind, synthetisieren die **Chondroblasten** als aktive Zellen die verschiedenen Bestandteile der Matrix. Da der hyaline Knorpel avaskulär, also nicht von Blutgefäßen durchzogen ist, können die Chondroblasten diese Syntheseleistung ohne Sauerstoff durchführen. Die **Knorpelmatrix** besteht aus Wasser, kollagenen Fasern und der Grundsubstanz. Diese wiederum ist aus Proteoglykanen und Glykosaminoglykanen aufgebaut. Die kollagenen Fasern bilden ein Netzwerk, in welches Proteoglykane und Glykosaminoglykane eingebunden sind und unter Spannung gehalten werden. Aufgrund der negativen elektrischen Ladung der Glykosaminoglykane besteht eine große Wasserbindungsfähigkeit. Durch diese Fasergeflechtstruktur ist der Knorpel in der Lage, Kompressionskräfte zu absorbieren (▶ **Abb. 3.22**).

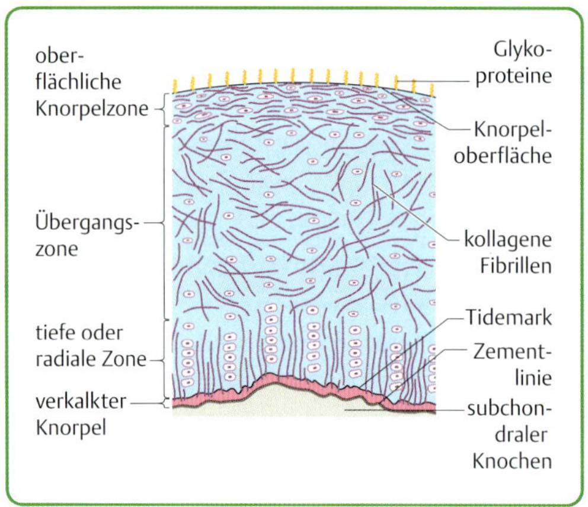

▶ **Abb. 3.21** Aufbau des Gelenkknorpels. Zone I: oberflächliche Zone; Zone II: mittlere Knorpelzone; Zone III: tiefe Knorpelzone; Zone IV: kalzifizierte Knorpelzone. (aus: van den Berg F, Hrsg. Angewandte Physiologie. Band 1: Das Bindegewebe des Bewegungsapparates verstehen und beeinflussen. 4. Aufl. Stuttgart: Thieme; 2016)

Je mehr Wasser eingebunden ist, umso höhere Kräfte können abgepuffert werden. Die Belastungsfähigkeit des Knorpels ist somit von der Syntheseaktivität der Knorpelzellen sowie vom Wassergehalt abhängig. Da der hyaline Knorpel selbst keine Blutgefäße besitzt, müssen die für die Fasersynthese notwendigen Nährstoffe aus dem subchondralen Knochen einerseits, und über Diffusion aus der Synovialfüssigkeit andererseits in die Knorpelzellen gelangen. Hierfür ist eine gute Durchblutung des subchondralen Knochens und der Gelenkkapsel Voraussetzung. Der Transport von Wasser und Nährstoffen in den Knorpel sowie

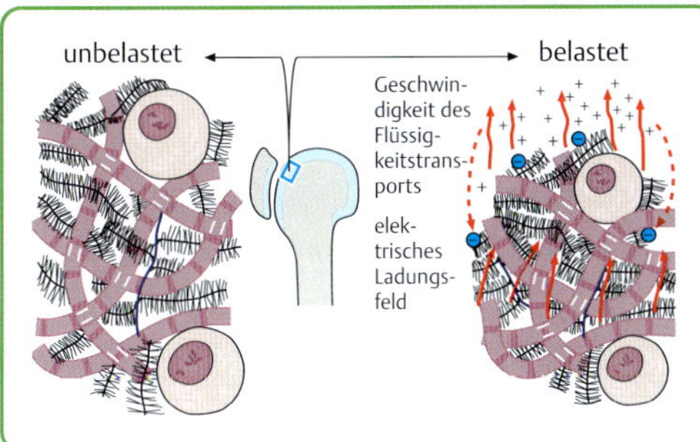

▶ **Abb. 3.22** Die Verformung des Knorpels während Belastung. Es besteht aufgrund der negativen elektrischen Ladung eine hohe Wasserbindungskapazität. Die Verformung des Knorpels unter Belastung ist allerdings nur durch eine Verschiebung bzw. Verdrängung des eingelagerten Wassers möglich. (aus: van den Berg F, Hrsg. Angewandte Physiologie. Band 1: Das Bindegewebe des Bewegungsapparates verstehen und beeinflussen. 4. Aufl. Stuttgart: Thieme; 2016)

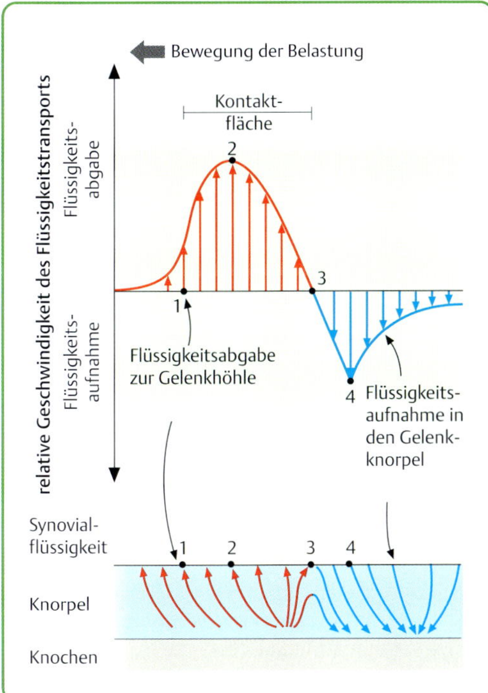

▶ **Abb. 3.23** Flüssigkeitstransport bei Be- und Entlastung. (aus: van den Berg F, Hrsg. Angewandte Physiologie. Band 1: Das Bindegewebe des Bewegungsapparates verstehen und beeinflussen. 4. Aufl. Stuttgart: Thieme; 2016)

der Abtransport von Stoffwechselendprodukten aus dem Knorpel heraus wird durch einen regelmäßigen **Wechsel von Be- und Entlastungsphasen** ermöglicht (▶ Abb. 3.23).

Physiologische Belastungsreize haben außerdem einen starken und direkten Einfluss auf die Syntheseaktivität der Knorpelzellen.

3.3.5 Pathophysiologie des Gelenkknorpels

Betrachtet man die der Ernährung des Knorpels zugrunde liegenden physiologischen Prozesse, so ergeben sich daraus weitere Erklärungsmodelle für die Entstehung degenerativer Gelenkerkrankungen. Da der regelmäßige Wechsel zwischen Be- und Entlastung für die Knorpelernährung notwendig ist, wirkt sich sowohl eine permanente Belastung bzw. Kompression als auch eine dauerhafte Entlastung durch Ruhigstellung des Gelenks (z. B. postoperative Immobilisation) negativ auf die Qualität des Knorpels aus. So finden sich beim Menschen „Unterbelastungsarthrosen“ vor allem bei sportlich nicht aktiven Menschen mit vorwiegend sitzender Tätigkeit. Bei Sporthunden hingegen ist aufgrund der sehr hohen Belastung dagegen eher der gegenteilige Effekt zu erwarten: Die hohen Gelenkbelastungen können hier eher zu einer **Überlastungsarthrose** führen. Besonders gefährdet sind dabei die Hunde, die wegen einer Erkrankung, Verletzung oder Operation über längere Zeit pausieren müssen. Versucht der Hundeführer danach, seinen Hund wieder in den Sport zurückzuführen, ist die Gefahr groß, dass die Balance zwischen Belastung und Belastbarkeit nicht mehr gegeben ist. Dies trifft vor allem dann zu, wenn nicht mit einem angepassten Trainingsprogramm begonnen wird, sondern der Hund unmittelbar wieder auf dem Niveau einsteigen soll, auf welchem er sich vor seiner Verletzung befand. Durch die Entlastung und Schonung während der Verletzungspause hat die Belastbarkeit des Bindegewebes und dadurch auch des Gelenkknorpels stark abgenommen – nach der Verletzungspause ist daher die Belastungsgrenze des Knorpels sehr schnell erreicht und überschritten. Es kommt dann durch die auf den Knorpel einwirkenden Kräfte zu Läsionen im Bereich der oberen Knorpelschicht (Zone I); der Verlust von Kollagenfasern, Proteo-

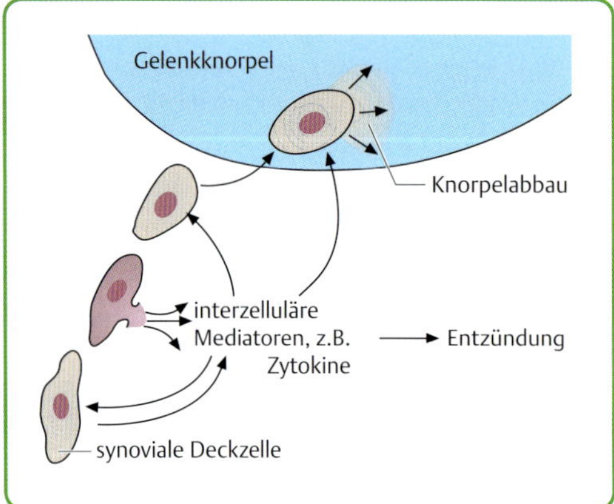

▶ **Abb. 3.24** Chronische Entzündungen führen zu einem Knorpelabbau. (aus: van den Berg F, Hrsg. Angewandte Physiologie. Band 1: Das Bindegewebe des Bewegungsapparates verstehen und beeinflussen. 4. Aufl. Stuttgart: Thieme; 2016)

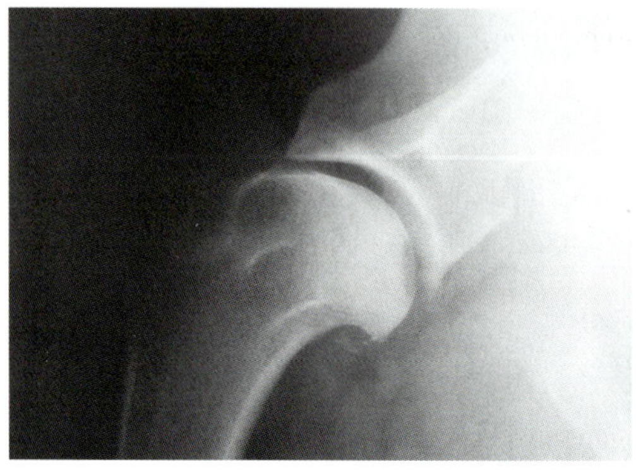

▶ **Abb. 3.25** Mediolaterale Röntgenaufnahme eines Schultergelenks mit sichtbarer Eindellung auf der kaudodorsalen Fläche des Caput humeri als Zeichen einer Osteochondrosis dissecans (OCD). (aus: Suter PF, Kohn B, Schwarz G, Hrsg. Praktikum der Hundeklinik. 11. Aufl. Stuttgart: Enke; 2013)

glykanen und Wasser ist die Folge. Im weiteren Verlauf setzt sich die Auffaserung des Knorpels in dessen tiefere Schichten fort und es bilden sich Fissuren im subchondralen Knochen. Die Knorpelabbauprodukte können dann eine Entzündung auf der Innenseite der Gelenkkapsel (Synovialitis) auslösen. Man bezeichnet dies auch als aktivierte Arthrose oder Arthritis. Durch die Synovialitis gelangen immer mehr Entzündungsbotenstoffe in das geschädigte Gewebe. Die Folge sind Ödeme, Verdickungen der Gelenkkapsel und Sklerosierungen des subchondralen Knochens mit osteophytären Zubildungen. Die Entzündung greift außerdem auch den Gelenkknorpel selber an, die Knorpelschädigung nimmt weiter zu und der Knorpel verliert zunehmend seine Funktion (▶ **Abb. 3.24**). Dadurch entsteht schnell der „Teufelskreis der Arthrose“.

Neben diesen sich durch schleichend fortschreitende Überlastungen entwickelnden Mikrotraumata im Bereich des Gelenkknorpels kann es auch durch einzelne, äußerliche Gewalteinwirkungen (Makrotraumata) zu akuten Verletzungen mit Absprengungen von Knorpelfragmenten kommen. Dies trifft auch für hochintensive und sich häufig wiederholende sportliche Übungen zu. Die abgesprengten Fragmente („Chips“) können dann einerseits während der Bewegung zwischen den Gelenkflächen eingeklemmt werden, andererseits können sie die Gelenkkapsel reizen und so eine chronische Entzündung provozieren. Ebenso entstehen solche Knorpelfragmentabsprengungen beim Krankheitsbild der Osteochondrosis dissecans (OCD). Auch wenn der Entstehungsmechanismus einer OCD ein ganz anderer ist, sind die Spätfolgen für das betroffene Gelenk die gleichen (▶ **Abb. 3.25**).

3.3.6 Der Wundheilungsprozess

Der Wundheilungsprozess ist die reparative Antwort auf eine Gewebeläsion. Es handelt sich dabei um ein genau festgelegtes Programm mit einem geordneten räumlichen und zeitlichen Ablauf von Aktivierungs- und Differenzierungsprozessen verschiedener Systeme mit dem Ziel der Heilung. Egal um welche Verletzung es sich handelt, das Schema der Wiederherstellung bleibt immer gleich. Grundsätzlich sollte allerdings zwischen zwei Formen der Wundheilung unterschieden werden. Zum einen die **regenerative Wundheilung**, hierbei heilen die Wunden ohne Narbengewebe ab, das verletzte Gewebe wird spezifisch ersetzt (restitutio ad integrum). Zum anderen die **reparative Wundheilung**: Bei der Reparation von Gewebeschäden bleiben Narben zurück, d. h., das verletzte Gewebe wird nicht spezifisch, sondern durch Bindegewebe ersetzt (Defektheilung). Die Reparation geht folglich auch immer mit einem Funktionsverlust der Struktur einher. Jede Abwehrantwort des Körpers auf einen Reiz beginnt mit einer **Entzündungsreaktion**. In der Rehabilitation von orthopädischen, traumatologischen und sportmedizinischen Krankheitsbildern werden die unterschiedlichsten Strukturen und Gewebe des Bewegungsapparats behandelt. Letztendlich handelt es sich dabei aber immer wieder um verschiedene Erscheinungsformen des Bindegewebes. Um erfolgreich therapieren zu können, müssen Aufbau und Funktion der betroffenen Struktur bekannt sein. Nur so ist es möglich, adäquate Therapiereize zu setzen. Damit diese Reize zum richtigen Zeitpunkt und in der richtigen Dosierung gesetzt werden, sind Kenntnisse über den physiologischen Ablauf der Wundheilung unbedingte Voraussetzung. Die Wundheilung wird allgemein in drei aufeinanderfolgende Phasen unterteilt, wobei die Entzündungsphase nochmals in eine Alarmphase und in eine zelluläre Phase unterschieden werden kann:

- Entzündungsphase: vaskuläre (Alarm-) und zelluläre Phase
- Proliferationsphase
- Reorganisations- und Umbauphase

Entzündungsphase

Die Entzündungsphase dauert ca. 5 Tage und kann in eine vaskuläre und in eine zelluläre Phase unterteilt werden. Die **vaskuläre Phase** oder auch **Alarmphase** dauert ungefähr 48 h und ist durch eine Störung der Mikrozirkulation aufgrund der Verletzung von Gefäßen gekennzeichnet. In diesem Stadium sind die körpereigenen Blutstillungsmechanismen wie z. B. das vegetative Nervensystem, das endokrine System und die Blutgerinnung aktiv und der Körper versucht, so schnell wie möglich beschädigte Gefäße wieder abzudichten. Die **zelluläre Phase** einer Entzündung ist durch folgende Leitsymptome, die sog. klassischen Entzündungszeichen, gekennzeichnet:

- Rubor – Rötung (ist optisch bei Hunden bedingt durch das Fell weniger gut sichtbar)
- Calor – Überwärmung
- Dolor – Schmerz
- Tumor – Schwellung
- Functio laesa – Funktionseinschränkung

Die beschriebenen klassischen Entzündungszeichen werden durch die Aktivierung des Immunsystems ausgelöst. Eine Entzündung ist sozusagen eine lokale Reaktion der Immunabwehr. Eingeleitet wird die zelluläre Phase durch das Einwandern von Mastzellen an den Ort der Schädigung. Mastzellen sind Fresszellen, die aber neben der Phagozytoseleistung auch Gewebs- und Entzündungsmediatoren ausschütten. Zu diesen Gewebs- und Entzündungsmediatoren gehören u. a. Histamin, Serotonin, Prostaglandine und Leukotriene. Sie steigern die Durchblutung in dem verletzten Gebiet durch eine Gefäßweitstellung und durch eine gesteigerte Gefäßdurchlässigkeit. Die dadurch erzielte Mehrdurchblutung führt zu einer Steigerung des hydrostatischen Kapillardruckes und zu einem vermehrten Austritt von Plasmaproteinen in das **Interstitium**, dadurch sinkt der onkotische Druck in den Kapillaren ab, es entsteht ein schnell zunehmendes Gewebeödem. Die Spannungszunahme im Gewebe, die Aktivierung des Sympathikus und die Ausschüttung der Entzündungsmediatoren führen zu einer Reizung der **Nozizeptoren**. Dies sind polymodale afferente Nervenzellen, die gewebeschädigende bzw. gewebebedrohende Reize wahrnehmen und über dünne markhaltige **Aδ-Fasern** oder über marklose **C-Fasern** zum Rückenmark (▸ **Abb. 3.26**) weiterleiten. Dort findet die zentralnervöse Weiterleitung und Verarbeitung der Schmerzinformation statt.

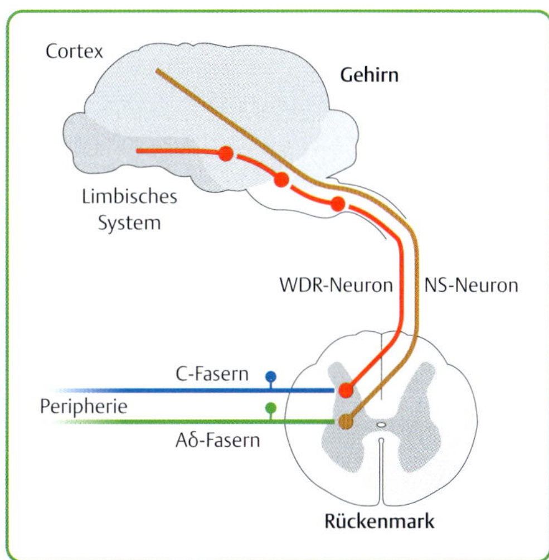

▸ **Abb. 3.26** Schmerzbahnen. Schmerzsignale werden über rasch leitende Aδ-Fasern und langsam leitende C-Fasern in das Rückenmark geleitet.

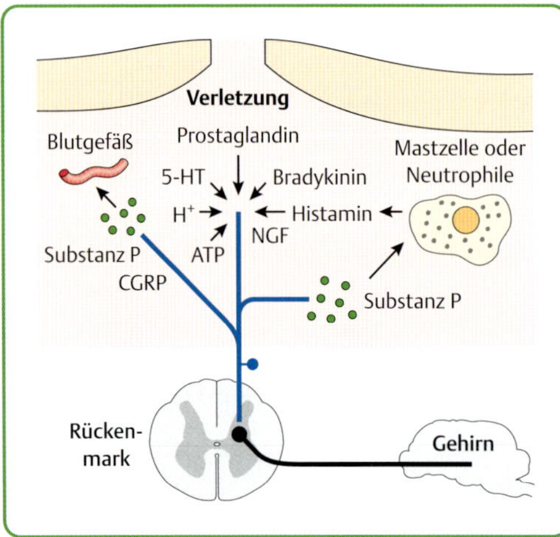

▶ **Abb. 3.27** Eine Gewebeverletzung führt zu einer Entzündungsreaktion. Die freigesetzten Entzündungsmediatoren verändern die Mikrozirkulation mit Steigerung der Durchblutung und der Gefäßdurchlässigkeit im betroffenen Gebiet.

Unter **Nozizeption** versteht man also die Wahrnehmung von Schmerz. Durch die Nozizeption wird der Sympathikus in allen Systemen des Körpers vermehrt aktiviert. Deshalb führen Schmerzen u. a. zu einer beschleunigten Herz- und Atemfrequenz und zu einer vermehrten Schweißbildung. Kommen in dieser Phase Faktoren, die zu einer überschießenden Sympathikusaktivität führen, hinzu, können erhebliche Verzögerungen der normalen Wundheilung auftreten. Neben der sensorischen Funktion haben Nozizeptoren häufig auch noch eine effektorische Funktion, d. h., eine Reizung der Nozizeptoren führt zu einer Freisetzung von **Neuropeptiden** wie z. B. **Substanz P** und **CGRP** (Calcitonin gene-related peptid) (▶ Abb. 3.27). Diese Peptide sind ebenfalls vasoaktiv und bewirken eine vermehrte Vasodilatation. Durch das Abschwemmen der Neuropeptide über das Kapillarsystem breitet sich die Entzündung auch in die Umgebung aus, d. h., das Entzündungsgebiet vergrößert sich.

Proliferationsphase

Nach Abklingen der Entzündungszeichen steht die Neubildung eines funktionellen Bindegewebes im Vordergrund. In dieser Phase steigt die Syntheseaktivität der Fibroblasten. Diese produzieren alle Komponenten, die zur Reparatur des Gewebes benötigt werden. Voraussetzungen für eine gute Syntheseleistung der Bindegewebszellen sind:

- gute Durchblutung des Gewebes
- gutes Nährstoffangebot
- gute Mikronährstoffversorgung z. B. mit Vitamin C, Omega-3-Fettsäuren und Zink
- gutes Sauerstoffangebot
- optimale Energiebereitstellung in den Mitochondrien
- guter Abtransport von Stoffwechselschlacken

Diese Phase wird als Proliferationsphase bezeichnet. Sie umfasst eine Zeitspanne von 3–12 Wochen, denn die Dauer der Gewebeneubildung ist davon abhängig, welche Erscheinungsform des Bindegewebes betroffen ist. Grundsätzlich kann man sagen, je weniger gut durchblutet und je langsamer der Stoffwechsel eines Gewebes ist, desto länger dauert die Proliferationsphase. Zu diesen **bradytrophen** Geweben des Bewegungsapparats zählen die Disci intervertebrales, Sehnen, Menisken und der hyaline Gelenkknorpel. An die Proliferationsphase schließt sich die Umbauphase an.

Reorganisations- und Umbauphase

In der Umbauphase wird das neu gebildete Kollagengerüst, welches hauptsächlich aus sehr instabilen Typ-III-Kollagenfasern besteht, durch belastungsstabilere Typ-I- bzw. -II-Kollagenfasern ersetzt. Außerdem entstehen physiologische Crosslinks, die das neue Gewebe zusätzlich stabilisieren. Die Umbauphase nimmt einen Zeitraum von ungefähr 300–500 Tagen ein. Allerdings sollte erwähnt werden, dass trotz optimal verlaufender Rehabilitation das neu gebildete Gewebe niemals mehr die Festigkeit und Stabilität des Originalgewebes erlangen wird.

Physiotherapeutische Ziele und Maßnahmen in der Entzündungsphase

Vaskuläre Phase

Wie oben dargestellt ist die Wundheilung ein **Selbstregulationsprozess** des Körpers, deshalb kann das Ziel einer professionellen Physiotherapie nur die optimale Gestaltung der natürlichen Wundheilung sein. Das bedeutet, zum einen gute

Voraussetzungen für die physiologischen Abläufe zu schaffen und zum anderen negative Einflüsse zu reduzieren. Die physiotherapeutischen Ziele in der vaskulären Phase beschränken sich auf:

- Vermeidung weiterer mechanischer Belastung der verletzten Struktur
- Unterstützung der Vasokonstriktion
- Schmerzlinderung

Die physiotherapeutischen Sofortmaßnahmen in der vaskulären Phase können mit der Kurzformel PECH beschrieben werden:

- **P:** Pause (Sportpause)
- **E:** Eis (wird in den letzten Jahr eher kritisch gesehen, eine mildere Applikation in Form von Kühlung mit feuchtkalten Schwämmen ist möglich)
- **C:** Compression (die angelegte Kompression sollte allerdings nicht die Gefäßver- und -entsorgung beeinträchtigen)
- **H:** Hochlagerung (ist in der Behandlung von Hunden nur bedingt möglich)

Als Leitmotiv für die physiotherapeutische Behandlung in der vaskulären Phase gilt: „Weniger ist mehr."

Zelluläre Phase

In der zellulären Phase ist es keinesfalls das physiotherapeutische Ziel, die natürlichen Entzündungsvorgänge zu unterdrücken. Vielmehr besteht die physiotherapeutische Aufgabe darin, die Anpassungsmechanismen des Körpers zu unterstützen (▶ **Tab. 3.6**). Folgende Zielsetzungen stehen dabei im Vordergrund:

- Senkung der Sympathikusaktivität
- Verbesserung der Gewebetrophik
- Schmerzlinderung

Physiotherapeutische Ziele und Maßnahmen in der Proliferationsphase

In der Proliferationsphase werden die gleichen therapeutischen Ziele wie in der zellulären Entzündungsphase verfolgt. Der Schwerpunkt liegt auf einer lokalen Durchblutungsverbesserung. Es können passive Maßnahmen wie Funktionsmassagen, Friktionsmassagen, myofasziale Release-Techniken und passive Mobilisationsübungen durchgeführt werden. Das schmerzfreie passive Bewegen im Matrixbereich ist in der Proliferationsphase eine der wichtigsten therapeutischen Maßnahmen. Bewegung regt einerseits die Syntheseleistung der Fibroblasten an und ist andererseits der spezifische Reiz für eine korrekte Ausrichtung und Organisation der Kollagenfasern entlang von elektrischen Kraftlinien. Dieses Phänomen wird als **piezoelektrischer Effekt** beschrieben. Piezoelektrisch bedeutet: Bei einer Verformung eines Festkörpers kommt es zu Änderungen der Polarisation, es entstehen eine elektrische Spannung und ein elektrisches Feld (▶ **Abb. 3.16**). Dieses so generierte elektrische Signal wird dann innerhalb des Bindegewebes weitergeleitet und informiert andere Zellen über die stattgefundene mechanische Belastung. Fibroblasten, Myoblasten und Osteoblasten sind dann in der Lage, ihre Syntheseleistung der jeweiligen Situation anzupassen. Fehlt dieser physiologische Bewegungsreiz, entstehen pathologische Crosslinks (Verklebungen) zwischen den Kollagenfasern. Es entsteht eine ungeordnete und wenig funktionelle Struktur. Im Bereich von Faszien formt sich so eine Art Faserfilz, der nicht nur die Bewegung einschränkt, sondern auch schmerzhaft sein kann und die Koordination innerhalb einer myofaszialen Wirkungskette beeinträchtigt.

▶ **Tab. 3.6** Beispiele für die physiotherapeutische Behandlung in der zellulären Entzündungsphase.

Behandlungsziel	Physiotherapeutische Maßnahmen
Senkung der Sympathikusaktivität	therapeutische Techniken in den Ursprungsgebieten des sympathischen Grenzstranges (Th 1–L 3), z. B. verschiedene Massageformen (▶ **Abb. 3.28**), Techniken aus der Manuellen Therapie, Elektrotherapie, Faszientechniken
Verbesserung der Gewebetrophik	manuelle Lymphdrainage; Maßnahmen zur Verbesserung der Durchblutung wie z. B. myofasziale Release-Techniken, passives Durchbewegen in der Matrixbelastung (kein Zug auf die verletzte Struktur); Techniken im Ursprungsgebiet des sympathischen Grenzstranges wirken sich ebenfalls positiv auf die Durchblutung aus
Schmerzlinderung	Durch die schon beschriebenen Maßnahmen zur Senkung der Symphatikusaktivität und zur Verbesserung der Gewebetrophik kann eine Schmerzlinderung erreicht werden.

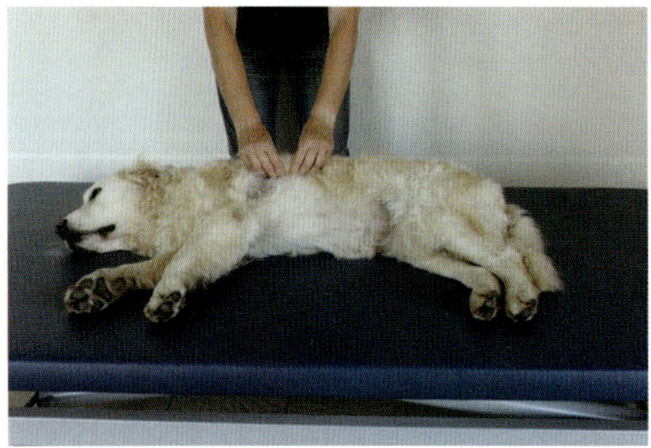

▸ **Abb. 3.28** Mit der Gewebswäsche, die ihren Ursprung in der Bindegewebsmassage hat, können lokal Verklebungen von Hautschichten gelöst werden. Auch eine Senkung der Sympathikusaktivität kann mit einer Gewebswäsche erzielt werden. (Foto: Christiane Gräff)

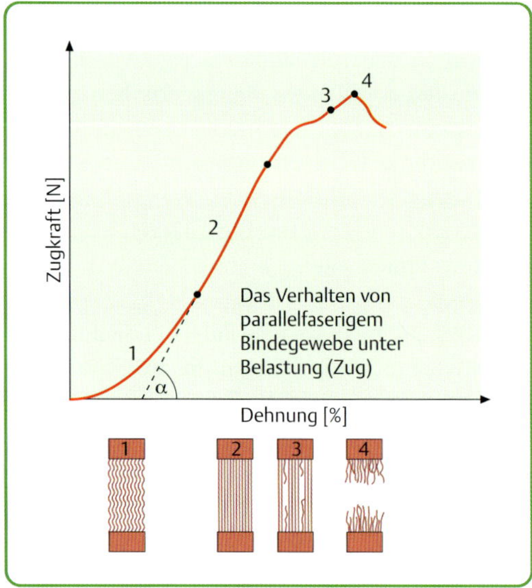

▸ **Abb. 3.29** Kurve nach Vidiik: chrarakteristisches Kraft-Dehnungs-Diagramm von Bandgewebe im Zugversuch mit 4 Abschnitten. Abschnitt 1 und 2 umfassen den Matrixbereich. (aus: van den Berg F, Hrsg. Angewandte Physiologie. Band 3: Therapie, Training, Tests. 2. Aufl. Stuttgart: Thieme; 2007)

„Bewegen im Matrixbereich" bedeutet, dass nicht das ganze Bewegungspotenzial einer Struktur ausgenutzt wird. Der Bewegungsumfang wird durch das Bewegungsverhalten von Kollagenfasern vorgegeben, d. h. Kollagenfasern liegen im Ruhezustand in einer Wellenform vor, zu Beginn einer Bewegung kommt es zuerst zu einer Glättung der Wellenstruktur, bevor mit Zunahme der Bewegungsrange die Kollagenfasern eine Längenveränderung im Sinne einer Dehnung erfahren. Der Bewegungsumfang, der durch die Veränderungen der Kollagenfasern von der Wellenform bis zur Glättung erzielt wird, wird als „Bewegen im Matrixbereich" definiert. Das mechanische Verhalten von Kollagenfasern kann durch die Kurve von Vidiik (▸ Abb. 3.29) sehr gut dargestellt werden.

Zur Verbesserung der lokalen Durchblutung in der Proliferationsphase können zusätzlich auch physikalische Therapieformen wie **Elektrotherapie** und **Ultraschall** eingesetzt werden. Verletzungen und auch Schmerzen können die Koordination in einer Gliedmaße bzw. in einer myofaszialen Wirkungskette beeinträchtigen bzw. dauerhaft stören, deshalb stellen Übungen zur Verbesserung der Körperwahrnehmung und der Trittsicherheit wichtige Bestandteile des Therapiekonzeptes dar.

Bis zum Abschluss der Proliferationsphase (▸ **Tab. 3.7**) ist die Schonung des Patienten zwingend erforderlich, auch wenn die Schmerzen schon deutlich nachgelassen haben. Zu frühe Belastungen führen zu einer Zerstörung der neu gebildeten Kollagenstruktur, der Organismus ant-

▸ **Tab. 3.7** Dauer der Proliferationsphase bei Verletzung der verschiedenen Formen des Bindegewebes.

Betroffenes Gewebe	Dauer der Proliferationsphase
Kapsel-Band-Gewebe	5. Tag–6 Wochen
Meniskus	5. Tag–10 Wochen
Discus intervertebralis	5. Tag–21. Tag
Knorpelgewebe	5. Tag–12 Wochen
Sehnenverletzungen im Bereich des Teno – ossaler Übergang	5. Tag–6 Wochen
größere Sehnenverletzungen	5. Tag–4 Wochen
kleinere Sehnenverletzungen die Hüllstrukturen wie Epi- oder Endotenon betreffend	5. Tag–12 Wochen
Muskelgewebe	5. Tag–21. Tag

wortet erneut mit einer zellulären Entzündungsreaktion, dies führt letztendlich zu einer Chronifizierung des Wundheilungsprozesses. Außerdem können viele Sportverletzungen als sog. Wiederverletzungen bezeichnet werden, diese sind in Verbindung mit einer ungenügend ausgeheilten bzw. rehabilitierten Erstverletzung zu sehen. Oftmals bedeutet Schonung für den Patientenbesitzer die Leinenpflicht auf Spaziergängen und die reduzierte Spaziergehzeit. Dass damit aber auch der beschränkte Freilauf in Garten und Wohnung gemeint ist, wird häufig übersehen, d. h., ein unkontrolliertes Treppenlaufen, ein Sprint zur Haustüre oder das Ausgrätschen auf einem rutschigen Bodenbelag sind ebenso kontraproduktiv für die Heilung und müssen deshalb unterbunden werden.

Die unterschiedliche Dauer der Proliferationsphase bei Verletzungen von Sehnengewebe soll kurz erläutert werden. Liegen größere Sehnenschäden vor, dann überwiegt die **extrinsische Heilung**, d. h., die umliegenden Gewebe wie z. B. Sehnenscheide, Periost, Faszien usw. leiten die Wundheilung ein. Da diese Gewebe über eine gute Blutversorgung verfügen, verlaufen die Regenerationsprozesse des Sehnengewebes sehr zügig. Bei kleineren Sehnenläsionen werden aufgrund der geringeren Vaskularisierung auch weniger Entzündungsmediatoren freigesetzt, deshalb fehlen häufig die klassischen Entzündungszeichen. Auch die Schmerzreaktion setzt verzögert ein, damit steigt bei den Patientenbesitzern die Tendenz, die Verletzung zu bagatellisieren. Leider entstehen dadurch häufig chronische Störungen und größere Sehnenschäden. Die Heilung der kleineren Sehnenläsionen geht primär eher von den Hüllstrukturen wie Epi- und Endotenon aus, diese Form der Regeneration wird als **intrinsische Heilung** bezeichnet. Die Tendopathie der Bizepssehne ist eine typische Sehnenverletzung mit intrinsischem Heilungsverlauf.

Am Ende der Proliferationsphase wird das neu gebildete Gewebe wie schon beschrieben weiter gefestigt. Die Kollagenfasern müssen nun dosiert belastet werden. Je nach Schweregrad der Verletzung sollte diese Kollagenbelastung unter Teilbelastung der verletzten Struktur stattfinden. Um den Einfluss des Körpergewichts zu reduzieren, bietet sich ein Training auf dem Unterwasserlaufband (▸ **Abb. 3.30**) an. Mit zunehmender Belastungsfähigkeit des Gewebes kann die Belastung durch die Verringerung der Eintauchtiefe gesteigert werden.

▸ **Abb. 3.30** Im Wasser werden die Gelenke weniger belastet. Steht der Hund bis zum Trochanter major im Wasser, reduziert sich sein Körpergewicht um 62 %. (Foto: Christiane Gräff)

Physiotherapeutische Ziele und Maßnahmen in der Reorganisations- und Umbauphase

Es findet ein fließender Übergang von der Proliferationsphase in die Umbauphase statt. Die passiven Therapiemaßnahmen haben in der Umbauphase nur noch flankierenden Charakter, die aktiven Übungsformen, insbesondere das Ausdauertraining auf dem Unterwasserlaufband und das koordinative Training (▸ **Abb. 3.31**), gewinnen zu-

▸ **Abb. 3.31** In der Reorganisations- und Umbauphase stehen aktive Übungsformen im Vordergrund. In dieser Phase ist vor allem die Verbesserung der Koordination ein wichtiges Therapieziel. Das Training auf einer instabilen Unterfläche, wie hier auf einem Therapiekreisel, erfordert komplexe koordinative Leistungen. (Foto: Christiane Gräff)

nehmend an Bedeutung. Beginnend mit einfachen statischen Übungen wird das Training langsam gesteigert. Je belastbarer die Struktur wird und je größer die späteren Anforderungen an das Gewebe sind, desto komplexer und dynamischer muss geübt werden.

Um ein optimales Rehabilitationsergebnis zu erzielen, hat es sich als sinnvoll erwiesen, den Patientenbesitzer schon frühzeitig durch ein Heimübungsprogramm in die physiotherapeutische Behandlung einzubinden, denn nur mit einer guten Compliance des Besitzers können die entsprechenden Therapiekonzepte umgesetzt und die Therapieziele erreicht werden.

3.3.7 Die myofaszialen Wirkungsketten

Verliert eine fasziale Struktur ihre Elastizität und Beweglichkeit, können fasziale Dysfunktionsketten entstehen. Eine Faszie kann u. a. durch Stress, Infektionen, Narben, stattgefundene Entzündungen und Verletzungen regelrecht verfilzen. Solche Verfilzungen werden dann zu Fixierungspunkten. Dies kann zu Zirkulationsstörungen, Schmerzen und Funktionsverlusten im Verlauf der myofaszialen Kette führen, d. h., der Ort der faszialen Fixierung muss nicht mit dem Ort des Schmerzes übereinstimmen. So kann also innerhalb einer faszialen Dysfunktionskette eine Dysfunktion die nächste bedingen. Entwickelt sich solch eine Dysfunktionskette ausgehend von einer Verletzung der Vordergliedmaße bzw. der HWS entlang der myofaszialen Wirkungskette bis zum Sakrum und den Hintergliedmaßen, handelt es sich um eine **absteigende Dysfunktionskette**. Entsprechend nehmen **aufsteigende Ketten** häufig ihren Anfang im Bereich der Hintergliedmaßen und des Beckens. Dadurch können sekundäre funktionelle und strukturelle Defizite in Körpergebieten entstehen, die weit vom Ort der eigentlichen primären Verletzung entfernt liegen. So kann z. B. eine abdominale Narbe zu Schultergelenksproblemen führen. Eine Behandlung nach der Locus-dolendi-Regel würde hier keine wesentliche Verbesserung der Schmerzen bringen. Erst die Behandlung der Narbe führt zu einer Verbesserung der Schulterproblematik. Solche faszialen Fixierungspunkte bzw. Primärläsionen werden als **Schlüsselläsionen** bezeichnet. In einer sportphysiotherapeutischen Untersuchung sollten diese Schlüsselläsionen entweder durch Palpation oder durch spezielle Bewegungsuntersuchungen (S. 223) identifiziert und anschließend behandelt werden, vgl. Kapitel Myofasziale Release-Techniken (S. 252).

Muskeln bilden mit dem faszialen Netzwerk eine Funktionseinheit. Dabei stellen die Muskeln den Motor der Bewegungen dar und die Faszien dienen der Druck- und Zugkraftübertragung, sie koordinieren die Bewegungen und dienen der Stoßdämpfung. Durch diesen funktionellen Zusammenhang entstehen Muskel-Faszien-Ketten, die sog. myofaszialen Wirkungsketten. Durch die spezifischen Beanspruchungen bilden sich die räumlichen Faserausrichtungen der verschiedenen myofaszialen Ketten heraus. Die folgende ▶ **Tab. 3.8** zeigt, welche myofaszialen Wirkungsketten differenziert werden können.

Bei Schmerzhaftigkeit/Dysfunktion in einer bestimmten Region sollten in der Praxis also grundsätzlich alle Strukturen der zugehörigen myofaszialen Kette untersucht werden, um etwaige Schlüsselläsionen zu identifizieren und zu behandeln. Der Begriff Schlüsselläsionen wird verwendet, weil die Korrektur solch einer Schlüsselläsion als Schlüssel fungiert, andere Dysfunktionen eines Körpers aufzuschließen.

Die oberflächliche Rückenlinie

Diese lange myofasziale Kette verbindet auf der Dorsalseite in einem geradlinigen Verlauf den ganzen Körper. Sie verläuft von der Plantarseite der Hinterpfote bis zur Stirn bzw. umgekehrt.

Verlauf Plantare Fläche der Zehen → M. flexor digiti I → M. abductor digiti V → Tendo plantaris M. flexor digitorum superficialis → Calcaneus → Tendo calcaneus communis → M. gastrocnemius → Epicondylus medialis/lateralis femoris → Hamstrings → Tuber ischiadicum → Lig. sacrotuberale → Os sacrum → M. erector spinae → Fascia thoracolumbalis → M. trapezius (Pars thoracis, Pars cervicis) → Crista nuchae → Fascia capitis superficialis → Os frontale, Margo supraorbitalis

▶ **Tab. 3.8** Übersicht myofasziale Wirkungsketten.

Wirkungskette	Funktion	Symptome und Auslöser von Dysfunktionen innerhalb der Wirkungskette
oberflächliche Rückenlinie	• Rumpfstabilität • Bewegung der HGLM • Bewegung des Rumpfes in Extension und Hypertension	• Durchtrittigkeit der Pfoten • Ansatztendopathie M. gastrocnemius • verminderte Renngeschwindigkeit (Galopp) und/oder verminderte Sprungleistung
oberflächliche Ventrallinie	• Antagonist zur oberflächlichen Rückenlinie • Abwehr- und Schutzspannung • Flexion des Rumpfes, Hüftgelenks und Tarsalgelenks • Extension des Kniegelenks	• Narben im Bauchraum • Störung innerer Organe • Tonusveränderung der Hüftgelenksadduktoren
Laterallinien	• balancieren die Zugkräfte der ventralen und dorsalen Körperseite aus • stabilisieren Rumpf • unterstützen Rumpfseitneigung	• Ausweichbewegung (Entlastung)
Spirallinien	• Enge Beziehung zu allen myofaszialen Wirkungsketten! • Kräfteverteilung (gleiche und gegenüberliegende Seite) • stabilisieren HGLM und Rumpf	• Valgusstellung im Kniegelenk • HGLM rotieren nach innen beim Sitzen
Vordergliedmaßenlinien		
• tiefe kraniale • oberflächliche kraniale (Zehen der VGLM) • tiefe kaudale (HWS und Kopf) • oberflächliche kraniale (Schulter)	• vielfältige Beweglichkeit • Stützfunktion der VGLM	• tiefe kraniale: VGLM in Innen- oder Außenrotation • oberflächliche kraniale: Restriktion der Beugemuskeln von Karpal- und Zehengelenken • tiefe kaudale: Stabilitätsverlust des Ellbogengelenks und des Schultergelenks (Schmerzen) • oberflächliche kaudale: Fußarbeit ausschließlich linksseitig
Funktionelle Linien		
• Rückenlinie • Ventrallinie	• diagonale Verbindung von HGLM und VGLM • Drehbewegungen • gegenläufige Rotation	• Passgang bevorzugt
tiefe Ventrallinie	• Zentrum aller myofaszialen Wirkungsketten • Stützfunktion des Körpers (Rumpfstabilität)	• Pfotenabdruck beim Sprung oder Galopp abgeschwächt • schnelle Ermüdung

Funktion Die oberflächliche Rückenlinie ist die Kardinallinie für die Rumpfstabilität und die Bewegungen der Hintergliedmaßen und des Rumpfes in Extension bzw. Hyperextension.

Praktische Bedeutung Der Spannungsaufbau der oberflächlichen Rückenlinie beginnt schon im Tendo plantaris. Besteht bei einem Hund eine Durchtrittigkeit der Pfoten der Hintergliedmaßen, geht dies mit einem Spannungsverlust des Tendo plantaris und damit der gesamten oberflächlichen Rückenlinie einher. Funktionell bedeutet dies, dass ein verminderter Schub aus den Hintergliedmaßen und ein Stabilitätsverlust der Wirbelsäule entstehen. Zur Therapie können leichte Vorübungen zur Verbesserung des Spannungsaufbaus im Stand und anschließend ein leichtes Sprungkrafttraining durchgeführt werden.

Auch das Krankheitsbild der Ansatztendopathie des M. gastrocnemius (S. 295) führt zu Veränderungen der oberflächlichen Rückenlinie. Durch die Reizung entsteht ein faszialer Fixierungspunkt, welcher die funktionelle Einheit von M. gastrocnemius, M. semitendinosus und M. biceps femoris beeinträchtigt. Das hat zur Folge, dass zum einen die Extensionsfähigkeit des Kniegelenks im Stand vermindert ist, zum anderen wird die Spannung des Lig. sacrotuberale und weiterlaufend der Fascia thoracolumbalis verändert. Häufig findet man bei diesen Patienten neben der Ansatztendopathie zusätzlich Dysfunktionen im Bereich des Os sacrum und des lumbosakralen Übergangs. Im weiteren Krankheitsverlauf kann die Fascia thoracolumbalis durch die Dysfunktionen und die Bewegungseinschränkung regelrecht verfilzen, dies führt zu Veränderungen des Gleitmechanismus der Faszie und damit einhergehenden Flexionseinschränkungen der LWS verbunden mit einer verminderten Renngeschwindigkeit im Galopp und/oder einer verminderten Sprungleistung. Therapeutisch sollte die Faszienrestriktion gelöst werden, danach ist ein Training mit dem Dehnungs-Verkürzungs-Zyklus sinnvoll; dies kann ein gezieltes Galopp- oder auch ein leichtes Sprungkrafttraining sein.

Dysfunktionen

- Verkürzung M. flexor digiti I
- Verkürzung M. abductor digiti V
- Adhäsionen Tendo plantaris M. flexores digitorum superficialis
- Dysfunktionen Calcaneus
- Verkürzung M. gastrocnemius
- Dysfunktion Knie
- Verkürzung Hamstrings
- Dysfunktion SIG
- Hypertonus M. longissimus
- Restriktion Fascia thoracolumbalis
- Dysfunktion Okziput

Die oberflächliche Ventrallinie

Die oberflächliche Ventrallinie verbindet den Körper auf der Ventralseite vom Pfotenrücken der Hintergliedmaßen bis zur Stirn. Sie stellt den Gegenpart zur oberflächlichen Rückenlinie dar. Sie spielt gerade bei Abwehr- oder Schutzspannungen eine große Rolle sowie auch bei Angst- und Schmerzzuständen.

Verlauf Dorsale Fläche der Zehen der Hinterpfoten → kurze und lange Zehenstreckmuskeln → M. tibialis cranialis → Tuberositas tibiae → Lig. patellae → Patella → M. quadriceps → Tuber coxae → Tuberculum pubicum ventrale → M. rectus abdominis → 5. Rippe → Fascia sternalis → Manubrium sterni → M. sternocephalicus → Proc. mastoideus → Fascia capitis superficialis

Funktion Die oberflächliche Ventrallinie arbeitet antagonistisch zur oberflächlichen Rückenlinie. Sie unterstützt die Flexion des Rumpfes, der Hüftgelenke und der Tarsalgelenke sowie die Extension der Kniegelenke.

Praktische Bedeutung Eine Restriktion des M. rectus abdominis kann eine Schlüsselläsion für eine Dysfunktion der Kopfgelenke sein. Diese Restriktion kann durch Narben im Bauchraum, Störungen innerer Organe oder auch aufgrund der faszialen Verbindung durch eine Tonusveränderung der Hüftgelenksadduktoren entstanden sein. Therapeutisch bedeutet dies, dass die Fixation des M. rectus abdominis unbedingt in die Behandlung mit einbezogen werden sollte.

Dysfunktionen

- Verkürzung der Zehenstreckermuskulatur der Hintergliedmaßen
- Verkürzung M. tibialis cranialis
- Dysfunktion Knie
- Patella-Luxation; Zustand nach chirurgischer Transposition der Crista tibiae
- Verkürzung M. quadriceps
- Dysfunktion Os ilium
- Adhäsion M. rectus abdominis
- Dysfunktion 5. Rippe
- Verkürzung M. brachiocephalicus und M. sternocephalicus
- Dysfunktion Os temporale

Die Laterallinien

Die Laterallinien links und rechts verlaufen von der lateralen Seite der Pfote der Hintergliedmaße bis zur lateralen Seite des Kopfes.

Verlauf Basis Os metatarsale I und V → Os cuneiforme mediale → Mm. fibularis longus et brevis → laterales Unterschenkelkompartment → Caput fibulae → Condylus lateralis tibiae → Fascia lata → M. tensor fasciae latae → Mm. gluteus superficialis et medius → Crista iliaca → Tuber coxae → Tuber sacrale → Mm. obliquus externus et internus abdominis → hinterer Rippenbogen → Mm. intercostales interni/externi → 1. und 2. Rippe → M. splenius capitis, M. brachiocephalicus → Proc. mastoideus → Fascia capitis superficialis

Funktion Die Laterallinien balancieren die Zugkräfte auf den Lateralseiten und auf der ventralen und dorsalen Körperseite aus. Sie stabilisieren den Rumpf und unterstützen die Rumpfseitneigung.

Praktische Bedeutung Wird aufgrund einer Verletzung etc. eine Hintergliedmaße nicht vollständig belastet, entsteht sehr häufig kompensatorisch eine Lateralflexion in der LWS zur betroffenen Seite. Dies führt zu Spannungsveränderungen in der lateralen myofaszialen Kette, sowohl der betroffenen als auch der nicht betroffenen Seite. Das kann dann entlang der Linie zu auf- bzw. absteigenden Problemen in anderen Bereichen führen wie z. B. zu Dysfunktionen im thorakolumbalen Übergang oder auch zu Restriktionen des respiratorischen Diaphragmas.

Dysfunktionen

- Dysfunktionen Os metatarsale II
- Verkürzung Mm. peroneus longus et brevis
- Restriktionen Fascia lata
- Verkürzung der Kruppenmuskeln
- Dysfunktion Os ilium
- Verkürzung/Hypertonus M. iliocostalis
- Restriktionen Mm. intercostales interni/externi
- Dysfunktion 1. und 2. Rippe
- Verkürzung M. brachiocephalicus

Die Spirallinien

Die Spirallinien verlaufen in einer Art Doppelschlinge um den Körper herum. Sie reichen vom Os occipitale über die Pfoten der Hintergliedmaßen zurück zum Os occipitale.

Verlauf Crista nuchae → Proc. mastoideus → vordere Kopfgelenke → M. splenius capitis → Proc. spinosus C 6–Th 5 → Gegenseite medialer Rand der Skapula → Mm. rhomboideus cervicis et thoracis → M. serratus ventralis → laterale Region der 5.–9. Rippe → M. obliquus externus abdominis → Rektusscheide → M. obliquus der Gegenseite → Crista iliaca, Tuber coxae → M. tensor fasciae latae → Tractus iliotibialis → lateraler Bereich der Tuberositas tibia → M. tibialis cranialis → plantar an Basis Os metatarsale I → lateral aufsteigend über den M. fibularis longus → Caput fibulae → M. biceps femoris → Tuber ischiadicum → Lig. sacrotuberale → Os sacrum → Fascia thoracolumbalis, M. erector spinae → Crista nuchae

Funktion Die Spirallinien haben eine enge Beziehung zu allen myofaszialen Wirkungsketten. Sie können Kräfte je nach Belastung auf der gleichen Körperseite weiterleiten oder aber auf die gegenüberliegende Seite übertragen. Sie wirken zuggurtungsartig auf die Achse der Hintergliedmaßen und stabilisieren sowohl diese als auch den Rumpf.

Praktische Bedeutung Hunde, die in Valgusstellung im Kniegelenk stehen oder deren Hintergliedmaßen im Sitzen nach innen rotieren, haben häufig Schwächen in der Spirallinie. Aufgrund der Verbindung von der Basis des Os metatarsale I über den M. fibularis longus und M. biceps femoris zum Lig. sacrotuberale führen Veränderungen der Achse der Hintergliedmaße häufig zu chronischen sakroiliakalen Dysfunktionen.

Dysfunktionen

- Dysfunktion Okziput
- Verkürzung M. splenius
- Dysfunktion C 6–Th 5
- Hypertonus M. rhomboideus thoracis
- Adhäsionen Skapulagleitlager
- Dysfunktion Os ilium
- Adhäsion Tractus iliotibialis

- Dysfunktion Knie
- Verkürzung M. tibialis cranialis
- Dysfunktion Os metatarsale II
- Verkürzung M. peroneus longus
- Verkürzung M. biceps femoris
- Dysfunktion SIG
- Restriktionen Fascia thoracolumbalis
- Verkürzung/Hypertonus M. longissimus und M. iliocostalis

Die Vordergliedmaßenlinien

Es existieren insgesamt 4 Vordergliedmaßenlinien, die von den Zehen der Vordergliedmaßen in den Schulterbereich, die HWS, den Kopf und teilweise bis in den LWS-Bereich hineinziehen.

Funktion Die Hauptfunktionen der Vordergliedmaßenlinien liegen gleichermaßen in der vielfältigen Beweglichkeit und der Stützfunktion der Vordergliedmaßen.

Tiefe kraniale Vordergliedmaßenlinie

Verlauf 3.–5. Rippe → Fascia pectoralis → Mm. pectorales superficiales → Tuberculum supraglenoidale → M. biceps brachii → Tuberositas radii → Kranialseite Radius → Proc. styloideus radii → Lig. collaterale carpi mediale → Os carpi radiale, Os carpi ulnare → M. adductor digiti I → M. flexor digiti I brevis → Os metacarpale I und II → Periost und Ligamente Außenseite Phalanx proximalis/distalis der 2. Zehe.

Praktische Bedeutung Stehen Hunde mit den Vordergliedmaßen in einer vermehrten Innenrotation, kommt es funktionell zu einer Verkürzung der tiefen und oberflächlichen kranialen Vordergliedmaßenlinie sowie zu einer Abschwächung der oberflächlichen und tiefen kaudalen Vordergliedmaßenlinie. Bei einer Stellung in Außenrotation drehen sich die Verhältnisse um. Zeigen sich bei der sportphysiotherapeutischen Untersuchung Veränderungen des medialen Karpalgelenks bzw. der 2. Zehe, sollte der komplette Verlauf der kranialen Vordergliedmaßenlinie palpiert werden. Häufig ist die Schlüsselläsion weiter proximal im Bereich des Ursprungs der Sehne des M. biceps brachii zu finden.

Dysfunktionen

- Dysfunktion Sternum
- Restriktion Fascia pectoralis
- Verkürzung Mm. pectorales superficiales
- Dysfunktion Skapulagleitlager
- Verkürzung M. biceps brachii
- Dysfunktion Ellbogengelenk
- Adhäsion Lig. collaterale radiale
- Adhäsion M. abductor digiti I
- Dysfunktion Os carpale radiale und Os metacarpale II

Oberflächliche kraniale Vordergliedmaßenlinie

Verlauf M. pectoralis profundus → M. latissimus dorsi → Crista tuberculi majoris → Septum intermusculare brachii mediale → Epicondylus med. hum. → Zehenbeugemuskulatur → Retinaculum flexorum → oberflächliche Beugesehnen → palmare Seite der Zehen

Praktische Bedeutung Restriktionen der Beugemuskulatur von Karpal- und Zehengelenken im Bereich des medialen Epicondylus können zu intramuskulären Koordinationsstörungen und zu einem Kraftverlust des M. latissimus dorsi führen. Eine wichtige Funktion des M. latissimus dorsi ist die Kaudalisierung des Humeruskopfes während des Vorführens der Vordergliedmaßen. Ein Funktionsverlust führt somit einerseits zu einer Einschränkung des Vorführens der Vordergliedmaßen und andererseits zu einer Fehlpositionierung des Humeruskopf nach kranial. Das wiederum bedeutet eine Mehrbelastung des M. biceps brachii und des M. supraspinatus. Auch der M. deltoideus zeigt eine höhere Spannung, dies kann zu spürbaren faszialen Verfilzungen im Bereich der Tuberositas deltoidea führen.

Dysfunktionen

- Verkürzung Mm. pectorales superficiales
- Dysfunktion Schultergelenk
- Adhäsion Septum intermusculare brachii mediale
- Dysfunktion Ellbogengelenk
- Verkürzung Zehenbeugemuskulatur der Vordergliedmaßen
- Adhäsion Karpaltunnel

Tiefe kaudale Vordergliedmaßenlinie

Verlauf Crista nuchae → Mm. rhomboideus capitis et cervicis → Proc. spinosus von Th 1–Th 4 → M. rhomboideus thoracis → Margo dorsalis scapulae → M. infraspinatus → M. teres minor → Tuberculum majus → M. anconeus → Olekranon → Periost der Ulna → Proc. styloideus ulnae → Lig. collaterale carpi laterale → Os carpi ulnare → M. abductor digiti V → M. flexor digiti V → Os metacarpale V → Außenseite Phalanx proximalis/distalis 5

Praktische Bedeutung Schmerzen im Verlauf dieser myofaszialen Kette können u. a. zu Stabilitätsverlust des Ellbogengelenks und des Schultergelenks führen.

Dysfunktionen

- C 0–C 2; C 4–Th 3
- Verkürzung Mm. rhomboidei
- Dysfunktion Skapulagleitlager
- Dysfunktion M. supraspinatus, M. infraspinatus, M. subscapularis, M. teres minor
- Dysfunktion Schultergelenk
- Verkürzung M. triceps brachii
- Dysfunktion Ellbogengelenk
- Dysfunktion Karpalgelenk

Oberflächliche kaudale Vordergliedmaßenlinie

Verlauf Crista nuchae → Protuberantia occipitale externa → Proc. spinosi C 3–Th 9 → M. trapezius cervicis/thoracis → Spina scapulae → M. deltoideus → Tuberculum deltoideum → Septum intermusculare brachii laterale → Epicondylus lateralis humeri → Zehenstreckmuskuatur → Retinaculum extensorum → Ossa carpi → dorsale Seite der Zehen

Praktische Bedeutung Wird die Fußarbeit ausschließlich auf der linken Seite trainiert, entstehen durch die Fehlhaltung der HWS in Lateralflexion und Rotation rechts Restriktionen der Fascia cervicalis sowie Tonusveränderungen des M. trapezius (Pars cervicis). Diese können sich wiederum negativ auf die Bewegungssteuerung der Skapula auswirken und letztendlich zu Schulterproblemen führen.

Dysfunktionen

- Dysfunktion C 2–Th 9
- Verkürzung Mm. trapezius cervicis et thoracis
- Dysfunktion Skapulagleitlager
- Restriktion Septum intermusculare brachii laterale
- Dysfunktion Ellbogengelenk
- Verkürzung Zehenextensorenmuskeln der Vordergliedmaßen
- Adhäsion Retinaculum extensorum

Die funktionellen Linien

Die funktionellen Linien sind diagonal verlaufende Linien. Sie verbinden die Vordergliedmaße mit der gegenüberliegenden Hintergliedmaße.

Funktion Sie dienen hauptsächlich der dynamischen Kraftentwicklung und Kraftübertragung.

Praktische Bedeutung Drehbewegungen und gegenläufige Rotationen des Rumpfes beanspruchen und trainieren vor allem die funktionellen Linien. Werden Bewegungen immer nur zu einer Seite ausgeführt wie z. B. bei der Fußarbeit oder auch im Flyball bei der Wende auf der Box, führt dies zu Dysbalancen der funktionellen Linien. Störungen der funktionellen Linien können u. a. die Diagonaltrabbewegung beeinträchtigen, sodass die Hunde eher den Passgang bevorzugen.

Funktionelle Rückenlinie

Verlauf Crista tuberculi minoris → M. latissimus dorsi → Fascia thoracolumbalis → Os sacrum → M. gluteus medius → Wechsel zur Gegenseite zur Tuberositas glutea → M. vastus lateralis → Patella → Lig. patellae → Tuberositas tibiae → M. tibialis cranialis → kraniales Kompartment am Unterschenkel → Os cuneiforme mediale, Basis ossis metatarsi

Dysfunktionen

- Dysfunktion Schulterglenk
- Adhäsion Fascia thoracolumbalis
- Dysfunktion Os sacrum
- Adhäsion M. vastus lateralis
- Dysfunktion Knie
- Adhäsion kraniales Kompartment Unterschenkel
- Dysfunktion Os tarsale I (Os cuneiforme mediale)

Funktionelle Ventrallinie

Verlauf Crista tuberculi majoris → M. pectoralis profundus → 5. und 6. Rippe → lateraler Rand der Rektusscheide → Tuberculum pubis → Symphysis pubica → M. adductor longus → Wechsel zur Gegenseite → Facies aspera

Dysfunktionen

- Dysfunktion Schulter
- Verkürzung Mm. pectorales superficiales, M. pectoralis profundus
- Dysfunktionen Sternum
- Dysfunktion der 5. Rippe
- Adhäsionen der Rektusscheide
- Dysfunktion Symphysis pubica
- Verkürzung M. adductor

Die tiefe Ventrallinie

Die tiefe Ventrallinie ist das Zentrum aller myofaszialen Wirkungsketten. Sie reicht von den Pfoten der Hintergliedmaße bis zur SBS (sphenobasiläre Synchondrose).

Verlauf Plantar Basis phalangis distalis 1–5 → Basis metatarsi 2 und 3 → Os tarsi centrale → Ossa tarsalia → Zehenflexoren → M. tibialis caudalis → Facies caudalis tibiae/fibulae → Facies poplitea → Gelenkkapsel Kniegelenk → Epicondylus medialis femoris

Dann erfolgt aufgrund der Komplexität der myofaszialen Kette eine Unterteilung in einen:

- **kaudalen dorsalen Bereich:** M. adductor → Ramus ossis ischii → Diagphragma pelvis → erster Schwanzwirbel → Lig. longitudinale ventrale → Wirbelkörper Lendenwirbelsäule
- **kaudalen ventralen Bereich**: Facies aspera → Septum intermusculare cranialis → M. adductor → M. trochanter minor → M. psoas major, M. iliacus, M. pectineus (Trigonum femorale) → Wirbelkörper LWS, Processus transveri
- **kranialen dorsalen Bereich:** Wirbelkörper LWS → Lig. longitudinale ventrale, M. longus colli, M. longus capitis → Pars basilaris occipitalis
- **kranialen medialen Bereich:** Wirbelkörper LWS → respiratorisches Diaphragma → Mediastinum, Pleura parietalis → Lig. longitudinale ventrale, Fascia cervicalis → Raphe pharyngis → Mm. scalenus medius et dorsalis → Processus transversi C 4–C 7, Pars basilaris occipitalis
- **kranialen ventralen Bereich:** Wirbelkörper LWS → respiratorisches Diaphragma → Proc. xyphoideus → Fascia endothoracica, M. thoracis transversum → dorsale Seite Manubrium → hyoidale Muskulatur (lange Zungenbeinmuskeln) → Lamina praetrachealis → Os hyoideum → M. digastricus → Mandibula → M. masseter → M. temporalis → Mm. pterygoidei → Os sphenoidale → Proc. pterygoideus

Funktion Die tiefe Ventrallinie spielt für die Stützfunktion des Körpers eine große Rolle. Sie ist sozusagen der myofasziale Kern, der den Rumpf stabilisiert.

Praktische Bedeutung Durch Verkürzung oder Abschwächung der tiefen Ventrallinie geht der fasziale Katapulteffekt verloren. Dadurch sind die letzten Pfotenabdrücke beim Sprung oder beim Galopp abgeschwächt, der Schub aus den Hintergliedmaßen wird vermindert. Zusätzlich wird beim Dehnungs-Verkürzungs-Zyklus der Bogen-Sehnen-Konstruktion (S. 122) nur ungenügend Energie gespeichert, die Hunde ermüden frühzeitig.

Dysfunktionen

- Dysfunktion der Zehengelenke der Hintergliedmaßen und des Tarsalgelenks
- Verkürzung des M. tibialis caudalis
- Adhäsionen des Kapsel-Band-Apparats Knie
- Verkürzung der Adduktoren
- Dysfunktionen Os ilium
- Restriktionen Diaphragma pelvis und M. psoas major
- Dysfunktionen Sakrum und LWS
- Restriktionen respiratorisches Diaphragma
- fasziale Restriktion Mediastinum/Fascia endothoracica
- Dysfunktion Os hyoideum
- Verkürzung Mm. scalenus medius et dorsalis
- Dysfunktion C 2–C 7
- Dysfunktion der SBS (sphenobasiläre Synchondrose)

Bedeutung der myofaszialen Wirkungsketten für die Sportphysiotherapie

Aufgrund der quadropeden Fortbewegung von Hunden sind die Bewegungsmuster in den verschiedenen Sportarten sehr ähnlich, d. h., es werden häufig die gleichen myofaszialen Wirkungsketten benutzt und trainiert. So sind die oberflächliche und die tiefe Ventrallinie, die oberflächliche Rückenlinie, die oberflächlichen und tiefen kaudalen und kranialen Vordergliedmaßenlinien bei jeder sportlichen Bewegung beteiligt. Sind die sportlichen Bewegungen durch Richtungswechsel und/oder Biegebelastungen gekennzeichnet, dann spielen auch die Laterallinien, die Spirallinien und die funktionellen Linien eine große Rolle. Einseitige Belastungen führen langfristig immer zu Dysbalancen der myofaszialen Wirkungsketten, die wiederum dazu führen, dass sich das Muskel-Faszien-Gefüge chronisch verspannt. Wie am Anfang des Kapitels schon beschrieben, können sich so entstandene fasziale Dysfunktionen innerhalb der myofaszialen Wirkungsketten weiter ausdehnen. Gerade im Sport führen solche Dysfunktionsketten nicht nur zu schmerzhaften Bewegungseinschränkungen und Instabilitäten, sondern auch zu Konzentrationsstörungen und Leistungsabfall. Deshalb sollte die Bewegungsqualität der verschiedenen myofaszialen Wirkungsketten bei einer sportphysiotherapeutischen Untersuchung unbedingt getestet werden. Dafür stehen verschiedene Basisbewegungen (S. 223), die das Zusammenspiel der verschiedenen Ketten überprüfen, zur Verfügung. Beim Vorliegen einer faszialen Restriktion wird zuerst die Gleitfähigkeit des Gewebes durch spezifische myofasziale Release-Techniken (S. 252) verbessert, anschließend sind dynamische Dehnungsübungen (S. 229) bezogen auf die myofaszialen Wirkungsketten sinnvoll. Ziel ist es, ein harmonisches Zusammenspiel von Muskeln und Faszien zur Verbesserung der Stabilität, Energiespeicherung und der Kraftübertragung zu erreichen.

4 Körperbau und Fortbewegung des Hundes

4.1 Modell von Struktur und Funktion

Beschäftigt man sich mit der Anatomie des Hundes, so umfasst diese einerseits das Grundlagenwissen um den prinzipiellen Bau der verschiedenen Organe und Gewebearten und andererseits den Bereich der speziellen Anatomie, der sich auf das spezifische Aussehen dieser Strukturen beim Hund konzentriert.

Dabei kann man sich dieser **speziellen Anatomie** aus zwei Richtungen annähern: So wird in den meisten Anatomielehrbüchern der Weg beschritten, dass zu Beginn die Beschreibung von Form und Struktur steht, aus der dann funktionelle Aspekte abgeleitet werden. D.h., eine bestimmte Knochenform gibt die Struktur eines Gelenks und die Muskelansatzstellen vor; hieraus leiten sich wiederum die möglichen Gelenkbewegungen und die Aktionsmöglichkeiten der umgebenden Muskeln ab. Vor allem im Bereich der ganzheitlichen Therapieformen wird didaktisch jedoch oft der umgekehrte Weg gewählt, bei dem die Funktion als Ausgangspunkt angesehen wird, durch welche sich die strukturellen Gegebenheiten erst entwickeln und auch unter gewissen Rahmenbedingungen noch lebenslang anpassen und verändern können. Dies findet sich so auch im **Modell von Struktur und Funktion** wieder, welches eines der osteopathischen und chiropraktischen Prinzipien repräsentiert. Von der Denkweise her steht hier also beispielsweise die Funktion eines Muskels im Vordergrund und erst die Arbeit des Muskels bewirkt die Ausbildung von Muskelansatzstellen am Knochen. Natürlich gelten diese Zusammenhänge von Struktur und Funktion auch auf der Ebene des gesamten Hundekörpers genauso in beide Richtungen: Der typische Körperbau eines Windhundes hat sich durch jahrhundertelange Zuchtauswahl im Hinblick auf die Hetzjagd auf Sicht über kurze Strecken entwickelt (die Form folgt der Funktion) – umgekehrt bedingt dieser Körperbau, dass ein Windhund zwar gut für Sprintrennen, aber nur schlecht zur Dummyarbeit im Wasser geeignet ist (die Funktion folgt der Form).

Aus didaktischer Sicht ist es also einerseits möglich, sich zunächst mit den statischen Voraussetzungen des Hundekörpers zu befassen, um erst anschließend zu beschreiben, welche Konsequenzen sich daraus für die dynamische Bewegung ergeben. Andererseits kann auch die Bewegung des Hundes Ausgangspunkt sein, um Rückschlüsse auf die Körperstruktur zu ziehen. Im Folgenden wird zunächst der Körperbau des Hundes als strukturelles Element beschrieben (statisch), bevor auf die funktionelle Komponente der Bewegung (dynamisch) eingegangen wird. Anschließend werden Besonderheiten in Bezug auf bestimmte Hunderassen und -typen einerseits sowie sportartspezifische Konsequenzen andererseits beleuchtet.

Möchte man sich der Fortbewegung des Hundes aus wissenschaftlicher Sicht nähern, so sind dazu einerseits physikalische Kenntnisse aus dem Bereich der Mechanik und andererseits auch biologische bzw. anatomische Kenntnisse von Bedeutung. Man bezeichnet die Auseinandersetzung mit diesen Gegebenheiten daher auch als **Biomechanik**. Im Hinblick auf die physikalische Betrachtung spielen zunächst die Begriffe Kinematik, Kinetik und Dynamik als Teilbereiche der Mechanik eine Rolle: Dabei bezeichnet **Dynamik** die Wirkung von Kräften im Allgemeinen, während die Begriffe Kinematik und Kinetik wesentlich genauer spezifiziert sind. Der Begriff **Kinematik** stammt aus dem Griechischen und bezeichnet die Lehre der Bewegungen von Punkten und Körpern im Raum. Diese werden bei geradlinigen Bewegungen beschrieben durch deren Position, deren Geschwindigkeit und Beschleunigung, ohne dass dabei die Ursache für die Bewegung bzw. die einwirkenden Kräfte eine Rolle spielt. Bei Drehbewegungen erfolgt die Beschreibung anhand der Größen Winkel, Winkelgeschwindigkeit und Winkelbeschleunigung. Für die Beschreibung der Bewegung des Hundes sind vor allem die letzteren Begriffe von Bedeutung, da Gelenkbewegungen in der Regel in Form von Drehbewegungen ablaufen. Der Begriff **Kinetik** beschreibt im Gegensatz dazu die Änderung der Bewegungsgrößen Weg, Zeit, Geschwindigkeit und Beschleunigung unter der Einwirkung von Kräften im Raum. Ein wichtiges Grundgesetz der Kinetik ist der Schwerpunkt- bzw. Impulssatz: Er besagt, dass sich eine Kraft aus dem Produkt von Masse mal Beschleunigung errechnen lässt (Kraft = Masse × Beschleunigung).

4.2 Embryologische Homologien und funktionelle Entsprechungen

Viele Erkenntnisse hinsichtlich der Fortbewegung des Hundes gehen auf aktuelle Untersuchungen von Fischer und Lilje aus Jena zurück [30]. Deren Ergebnisse erscheinen auf den ersten Blick zum Teil den bisherigen Annahmen der deskriptiven Anatomie zu widersprechen – dies gilt insbesondere im Hinblick auf den funktionellen Bezug der Knochen von Vorder- und Hintergliedmaßen zueinander. Dabei muss jedoch immer berücksichtigt werden, dass beide Ansätze lediglich verschiedene Modelle verwenden und sich der Anatomie und Bewegung des Hundes von verschiedenen Ausgangspunkten her nähern: So geht das klassische Bild der deskriptiven Anatomie vor allem von histologisch-embryologischen Entsprechungen aus, während der Ansatz der „**Jenaer Bewegungsstudie**" vor allem funktionelle Entsprechungen in den Vordergrund stellt.

In der **klassisch-deskriptiven Anatomie** werden Vorder- und Hinterbeine vor allem aufgrund ihrer **embryologischen Entwicklung** in Beziehung gesetzt (▶ **Tab. 4.1**): Entsprechend ist hier das Schulterblatt (als reduziertes Schultergürtelskelett) dem Becken homolog; beide sind über Kugelgelenke mit dem nächstfolgenden distalen Segment verbunden, sodass auch Oberarm und Oberschenkel homolog sind; diese sind wiederum über zusammengesetzte Gelenke mit den aus je zwei Knochen bestehenden Unterarm- und Unterschenkelsegmenten verbunden, welche einander entsprechen. Daran schließen die Karpal- und Tarsalgelenke sowie die darunterliegenden Mittelhand- und Mittelfußknochen mit den Pfoten an.

Die Ergebnisse der „**Jenaer Bewegungsstudie**" zeichnen aus funktioneller Sicht jedoch ein etwas

▶ **Tab. 4.1** Embryologische Entsprechungen im Bereich von Vorder- und Hinterbeinen.

Gliedmaßeneinteilung	Vorderbeine	Hinterbeine
Gliedmaßengürtel (Zingulum)	**Schultergürtel** • Schulterblatt (Skapula)	**Beckengürtel** • Darmbein (Os Ilium) • Sitzbein (Os ischium) • Schambein (Os pubis)
	= reduziertes Schultergürtelskelett; Schlüsselbein und Rabenschnabelbein fehlen bei den meisten Vierbeinern	–
	Skapula beim Hund nur muskulär mit dem Rumpf verbunden	Beckengürtel beim Hund über das Kreuzdarmbeingelenk knöchern mit der Wirbelsäule verbunden
Gliedmaßensäule: Stylopodium	**Oberarm** (Humerus)	**Oberschenkel** (Femur)
	über ein Kugelgelenk mit dem Schulterblatt verbunden	über ein Kugelgelenk mit dem Beckengürtel verbunden
Gliedmaßensäule: Zygopodium	**Unterarm** (Radius, Speiche und Ulna, Elle)	**Unterschenkel** (Tibia, Schienbein und Fibula, Wadenbein)
	über ein zusammengesetztes Gelenk mit dem Oberarm verbunden	über ein zusammengesetztes Gelenk mit dem Oberschenkel verbunden
Gliedmaßenspitze	• Basipodium: **Carpus**, Handwurzel • Metapodium: **Mittelhand** • Akropodium: **Zehen** („Finger")	• Basipodium: **Tarsus**, Fußwurzel • Metapodium: **Mittelfuß** • Akropodium: **Zehen**

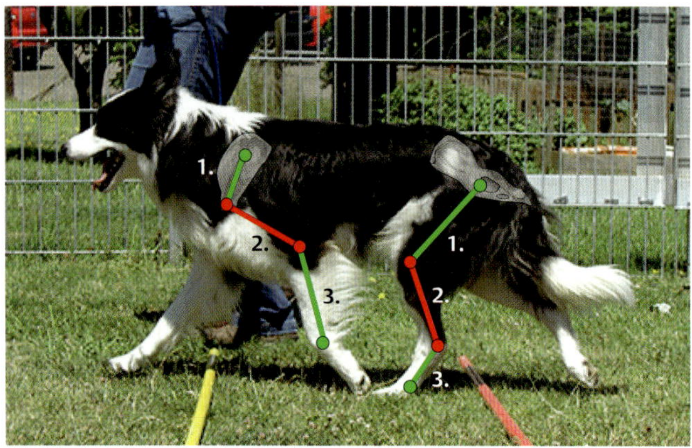

▶ **Abb. 4.1** Über das Foto des trabenden Hundes ist das Modell des Pantografenbeins gelegt: Dabei wird deutlich, dass das jeweils 1. und 3. Segment nahezu parallel ausgerichtet sind; die Drehpunkte von Vorder- und Hinterbein im Bereich des proximalen Drittels der Skapula und im Hüftgelenk befinden sich dabei annähernd auf gleicher Höhe. (Foto: Meermann S. Sportphysiotherapie für Hunde. ZGTM 2016; 30: 23–29)

anderes Bild. Sowohl Vorder- als auch Hinterbeine bestehen aus **drei funktionellen Segmenten**, die maßgeblich zur Fortbewegung beitragen und nicht den embryologisch homologen Segmenten der deskriptiven Anatomie entsprechen: Dies sind im Bereich der Vordergliedmaßen die Skapula, der Oberarm und der Unterarm; im Bereich der Hintergliedmaßen sind dies der Oberschenkel, der Unterschenkel und der Mittelfuß (▶ **Abb. 4.1**). Der **Drehpunkt**, um den sich die gesamte Gliedmaße bewegt, liegt jeweils oberhalb des ersten Segments. Das bedeutet, dass sich die Vordergliedmaße um einen (gedachten) Punkt am Oberrand des Schulterblattes dreht, während der Drehpunkt der Hintergliedmaße im Hüftgelenk lokalisiert ist. In der Fortbewegung entsprechen sich so funktionell Schulterblatt und Oberschenkel, Oberarm und Unterschenkel sowie Unterarm und Mittelfuß; die entsprechenden Segmente bewegen sich dabei jeweils parallel zueinander (▶ **Tab. 4.2**). Für Parameter wie Schrittlänge und Bewegungsumfang ist vor allem die Länge des mittleren Segments, also von Oberarm (vorne) und Unterschenkel (hinten) bestimmend. Erstaunlicherweise ist dabei das Längenverhältnis zwischen diesem Segment und der gesamten Gliedmaße durch alle Hunderassen sehr konstant. Das bedeutet, dass sich alle Hunde – ungeachtet ihrer Rasse bzw. ihres Typs – letztendlich vom Prinzip her ähnlich bewegen.

Die neuen Erkenntnisse der „Jenaer Bewegungsstudie“ hinsichtlich der funktionellen Bedeutung der Gliedmaßenknochen stellen also nicht die embryologisch-anatomischen Gegebenheiten und Homologien infrage, sie betrachten Körper und Bewegung des Hundes vielmehr aus einem anderen Blickwinkel. Während der embryologische Ansatz vor allem aus didaktischer Sicht gut geeignet ist, um sich zunächst mit der anatomischen Systematik des Hundekörpers bzw. -skeletts vertraut zu machen, stellen die Ergebnisse der neuen Bewegungsstudien vor allem für Tierphysiotherapeuten, Hundetrainer und Hundesportler eine wichtige Erweiterung des Wissens in Bezug auf die Bewegung des Hundes dar!

▶ **Tab. 4.2** Funktionelle Entsprechungen im Bereich von Vorder- und Hinterbeinen.

Drehpunkt und Segmente der Gliedmaßen	Vorderbeine	Hinterbeine
Drehpunkt	am Oberrand der Skapula → Translationsbewegung (Drehpunkt liegt nicht in einem echten Gelenk!)	im Hüftgelenk (Kugelgelenk)
1. Segment	**Schulterblatt** (Skapula)	**Oberschenkel** (Femur)
2. Segment entscheidend für die Schrittlänge	**Oberarm** (Humerus)	**Unterschenkel** (Tibia + Fibula)
3. Segment	**Unterarm** (Radius + Ulna)	**Mittelfuß** (Metatarsus)

4.3 Gliedmaßen

Wie bereits beschrieben, setzt sich der Körper des Hundes ähnlich wie der aller Wirbeltiere aus dem Kopf, dem Hals, dem Rumpf, den zwei Vorder- und zwei Hinterbeinen sowie dem mehr oder weniger langen Schwanz zusammen. In Bezug auf die Fortbewegung des Hundes sind dabei vor allem Rumpf und Gliedmaßen von entscheidender Bedeutung.

Beim Hund sind die **Gliedmaßen**, also die **Vorder- und Hinterbeine**, in unterschiedlicher Weise mit dem Rumpf verbunden; dadurch kommen ihnen auch in der Bewegung deutlich unterschiedliche Funktionen zu. Während die Hinterbeine über die Hüftgelenke fest mit dem Beckengürtel und das Becken über die Kreuzdarmbeingelenke ebenfalls relativ straff mit der Wirbelsäule und dadurch mit dem Rumpf verbunden ist, ist der Brustkorb lediglich wie in einer muskulären Hängematte (im Wesentlichen bestehend aus dem M. serratus ventralis) zwischen den Vorderbeinen aufgehängt. Das Schultergürtelskelett des Hundes hat sich im Laufe der Evolution zurückgebildet und auf das Schulterblatt, Skapula, reduziert; Klavikula und Korakoid fehlen. Durch die rein muskuläre Verbindung der Skapula mit dem Rumpf sind hier Translations- und Rotationsbewegungen möglich. Diese muskulär-elastische Verbindung ist für das Abfedern von Schub und Körpergewicht bei der Landung von Bedeutung. Dagegen ist durch die relativ feste Verbindung der Hinterbeine mit dem Rumpf eine effektive Schubentwicklung und -übertragung auf den gesamten Körper möglich. Den Hinterbeinen kommt also primär die Funktion der Schubentwicklung zu, während die Vorderbeine zusätzlich auch zum Abfangen der Vorwärtsbewegung beitragen. Dabei können sich Hunde – anders als Huftiere – jedoch auch mit den Vorderbeinen nach vorne „ziehen“ – dies wird zum einen durch den im Vergleich zu anderen Tierarten hohen Muskelanteil im Bereich der Vorderbeine, zum anderen auch durch die Krallen und die Bewegungsmöglichkeit zwischen den Unterarmknochen in Pronation und Supination ermöglicht. Diese Verhältnisse lassen sich auch anhand der Ergebnisse der „Jenaer Bewegungsstudie“ im Hinblick auf die beschleunigenden und bremsenden Kräfte in den einzelnen Bewegungsphasen noch wesentlich genauer beschreiben. Dadurch, dass sich der Körperschwerpunkt des Hundes im Stand relativ weit vorne befindet, kann den Vorderbeinen auch eher eine statische Funktion, den Hinterbeinen eher eine dynamische Funktion zugeordnet werden.

Vorder- und Hinterbeine können im Stand sowohl von vorne (Vorderbeine; ▶ **Abb. 4.2a**, ▶ **Abb. 4.2d**) bzw. hinten (Hinterbeine; ▶ **Abb. 4.2b**) in Bezug auf ihre **Stellung**, als auch von der Seite (▶ **Abb. 4.2c**) betrachtet und im Hinblick auf ihre **Winkelung** beurteilt werden.

Bei Betrachtung der **Vorderbeine von vorne** im Hinblick auf die Stellung wird längs durch die langen Röhrenknochen eine gedachte Linie gezogen. Konvergieren diese Linien zum Boden hin, spricht man von einer „bodenengen Stellung“; divergieren sie, so nennt man dies eine „bodenweite Stellung“. Bei einer Unterbrechung der Vordergliedmaßenachse durch Winkel in den Gelenken spricht man beispielsweise von einem Carpus valgus bzw. einer „zehenweiten Stellung“ bei nach außen weisenden Pfoten (▶ **Abb. 4.2d**) oder einer „zehenengen Stellung“, wenn die Pfoten nach innen zeigen. In vielen Rassestandards findet sich der Hinweis, dass die Vorderbeine insgesamt möglichst parallel sein sollten; dies ist aus funktioneller Sicht jedoch nicht nachvollziehbar, lediglich extreme Achsabweichungen sind unerwünscht. Eine leicht zehenweite Stellung gibt dem Hund eine deutlich bessere Stabilität im Stand sowie bei seitlichen Verschiebungen des Körperschwerpunktes.

Betrachtet man die **Hinterbeine von hinten** in Bezug auf ihre Stellung, zieht man hierzu ebenfalls gedachte Linien durch die langen Röhrenknochen. Diese Linien sollten links und rechts ebenfalls annähernd parallel verlaufen und nicht konvergieren (bodenenge Stellung) oder divergieren (bodenweite Stellung) oder durch Winkel unterbrochen sein (kuhhessige Stellung, fassbeinige Stellung etc.). Auch hier ist aus funktioneller Sicht eine leicht kuhhessige Stellung von Vorteil für die Stabilität im Stand einerseits, aber auch für die Flexibilität in Wendungen andererseits. Lediglich extrem kuhhessige Stellungen können Gelenkinstabilitäten begünstigen bzw. umgekehrt auch ein Hinweis auf bestehende Gelenkprobleme wie beispielsweise Hüftgelenksdysplasie (HD) sein.

Bei der Betrachtung der **Vorderbeine von der Seite** im Hinblick auf ihre Winkelung muss der

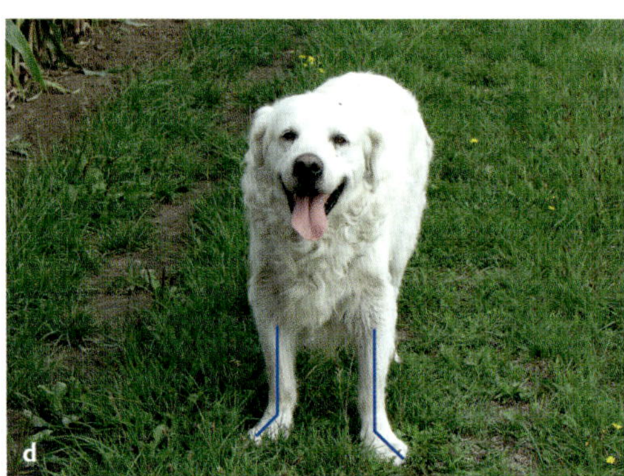

▸ **Abb. 4.2** Im Hinblick auf die Stellung werden die Vordergliedmaßen von vorne (a, d) und die Hintergliedmaßen von hinten (b) beurteilt; die Winkelung betrachtet man von der Seite (c). Aus funktioneller Sicht ist eine leicht boden- und zehenweite Stellung (a, b), wie sie bei auch bei vielen Border Collies zu finden ist, der vollständig parallelen Stellung, die hingegen in den meisten Rassestandards gefordert wird, vorzuziehen; eine starke Valgusstellung (d) kann hingegen problematisch sein. (Foto: Silke Meermann)

a Border Collie in der Ansicht von vorne, leicht boden- und zehenweite Stellung; diese bietet mehr Stabilität und Unterstützungsfläche als die vollständig parallele Stellung.

b Border Collie in der Ansicht von hinten, leicht bodenweite und leicht kuhhessige Stellung; diese bietet ebenfalls mehr Stabilität im Stand bei mehr Flexibilität in Wendungen.

c Ansicht von der Seite zur Beurteilung der Gliedmaßenwinkelung; dieser Border Collie hat eine moderate Winkelung im Bereich der Vorderbeine sowie eine etwas stärkere Winkelung im Bereich der Hinterbeine. Eine starke Hinterhandwinkelung bietet vor allem Vorteile beim Absprung, kann aber auch Gelenkinstabilitäten begünstigen, wenn der Hund hier nicht entsprechend gut bemuskelt ist.

d Ansicht von vorne. Bei diesem Retriever zeigen die Zehen der Vorderpfoten deutlich weiter nach außen (Valgusstellung) als dies bei dem in ▸ **Abb. 4.2a** gezeigten Border Collie der Fall ist.

Hund zunächst so stehen, dass der Unterarm (3. funktionelles Segment) eine Senkrechte zur Bodenfläche bildet. Dann fällt man ein Lot senkrecht von der Mitte des Schulterblattes ausgehend zum Boden. Dies entspricht auch der Richtung der im Stand einwirkenden Kraft des Körpergewichts. Von einer normalen Gliedmaßenstellung und -winkelung spricht man, wenn das Lot hinter dem Schultergelenk durch das Ellbogengelenk entlang des Unterarmes zur Fußungsfläche der Pfote verläuft. Das Karpalgelenk befindet sich dabei etwas hinter dem Lot, da es durch das Gewicht des Hundes durchgedrückt und dadurch fixiert wird.

Bei der Betrachtung der **Hinterbeine von der Seite** im Hinblick auf die Winkelung muss der Hund nun so stehen, dass der Mittelfuß (3. funktionelles Segment) eine Senkrechte zur Bodenfläche bildet. Dann fällt man ein Lot senkrecht vom Sitzbeinhöcker ausgehend zum Boden. Von einer normalen Gliedmaßenstellung und -winkelung spricht man hier, wenn das Lot hinter dem Kniegelenk, vor dem Sprunggelenk und durch den Mittelfuß zur Fußungsfläche der Pfote verläuft.

Neben der Winkelung an den einzelnen Gliedmaßengelenken wird von der Seite außerdem die **Positionierung** der gesamten Gliedmaße in Bezug auf das gefällte Lot bzw. in Bezug zum Rumpf beschrieben. So kann die Gliedmaße vor- (das Bein wird vor das Schwerelot gesetzt) oder rückständig (das Bein wird hinter das Schwerelot gesetzt) sein bzw. die Gliedmaße vermehrt unter den Körperschwerpunkt gesetzt werden („unterständig"). Bei einer gebrochenen Achse spricht man dagegen von einer vor- oder rückbiegigen Stellung.

Addiert man jeweils die **Länge** der Knochen der Hinter- und der Vorderbeine, so ergibt sich für die Hinterbeine eine deutlich höhere Summe, d. h., die Hinterbeine sind mathematisch betrachtet länger als die Vorderbeine. Bei den allermeisten Hunden sind die Hinterbeine jedoch auch deutlich stärker gewinkelt als die Vorderbeine, sodass der Rumpf bzw. die Rückenlinie vorne und hinten in etwa gleich hoch sind. Entsprechend den Ergebnissen der „Jenaer Bewegungsstudie" befinden sich auch die Drehpunkte der Gliedmaßen, also der Oberrand des Schulterblattes vorne und das Hüftgelenk hinten, etwa auf derselben Höhe. Die **Winkelung** der Gelenke der Hinterbeine ist vor allem auch für den Schub und die Sprungkraft entscheidend, die der Hund aus der Hinterhand umsetzen kann: Ähnlich wie bei einer vorgespannten Sprungfeder kann ein Hund mit einem stark gewinkelten Kniegelenk durch die Kniestreckung einen deutlichen Vor- und Auftrieb entwickeln. Dies ist bei einem Hund mit einem sehr steil gestellten Kniegelenk (näher zu 180° hin) viel schlechter möglich. Die Untersuchungen im Zusammenhang mit der „Jenaer Bewegungsstudie" unterstreichen dabei noch einmal die Bedeutung der Länge des Unterschenkels (mittleres funktionelles Segment) für das Ausmaß der Bewegungen.

Merke

Es gibt keine ideale Winkelung von Vorder- oder Hinterhand, wenn man diese isoliert betrachtet – es müssen auch immer beide Anteile zueinander passen! Wenn Vor- und Hinterhand nicht zusammenpassen, versucht der Hund, dies durch Muskelarbeit zu kompensieren, und muskuläre Dysbalancen sind die Folge.

4.4 Rumpf

Der Rumpf des Hundes umfasst alle lebenswichtigen Organe und bietet diesen durch seine relativ starre Konstruktion Schutz vor mechanischen Einwirkungen. Er ist über die Kreuzdarmbeingelenke und den Beckengürtel vergleichsweise fest mit den Hinterbeinen und über die muskuläre Schulterblattaufhängung elastisch mit den Vorderbeinen verbunden. Die Bewegungen des Rumpfes, insbesondere die Bewegungen der Wirbelsäule, tragen jedoch auch aktiv zur Fortbewegung bei.

Um den Körperbau des Hundes und später auch dessen Fortbewegung genauer beschreiben und zwischen verschiedenen Hundetypen vergleichen zu können, kann die Lage des **Körperschwerpunktes** hinzugezogen werden. Der Schwerpunkt ist ein gedachter Punkt, an dem der Hund hochgehoben werden könnte und sich dann komplett ausbalanciert im Gleichgewicht im dreidimensionalen Raum befände. In der Praxis kann die Schwerpunktlage immer nur ungefähr geschätzt werden: Der Schwerpunkt eines Hundes befindet sich etwa

▶ **Tab. 4.3** Gewichtsanteile bei verschiedenen Rassen im Stand (nach [46]).

Rasse	Belastung Vorderbeine	Belastung Hinterbeine
Whippet	80,0 %	20,0 %
Greyhound	78,3 %	21, 7 %
Boxer	75,6 %	24,4 %
Barsoi	67,9 %	32,1 %
Pointer	67,5 %	32,5 %
Airdale Terrier	66,8 %	33,2 %
Deutsch Drahthaar	65,7 %	34,3 %
Dobermann	62,3 %	37,7 %
Dt. Schäferhund	62,3 %	37,7 %
Pudel	62,2 %	37,8 %
Rottweiler	58,4 %	41,6 %

auf einem Drittel der Brustkorbhöhe hinter dem Schulterblatt bzw. im 9. Interkostalraum. Durch diese Lage relativ weit vorne im Körper liegt auch die Hauptgewichtslast im Stand auf den Vorderbeinen des Hundes (▶ Tab. 4.3).

Die Tatsache, dass bei verschiedenen Hunderassen und -typen das Körpergewicht unterschiedlich verteilt ist, hat praktische Konsequenzen, vor allem dann, wenn Probleme im Bereich der Hinter- oder Vorderbeine auftreten: So kann ein Hund, der bedingt durch seinen Körperbau nur relativ wenig Gewicht auf den Hinterbeinen trägt, Hinterhandprobleme besser kompensieren als ein Hund mit einer gleichmäßigeren Gewichtsverteilung vorne und hinten.

Vor allem über die **Haltung von Hals und Kopf** und in deutlich geringerem Umfang auch über die Schwanzhaltung kann der Hund die Schwerpunktlage verändern: Werden Kopf und Hals nach vornunten bewegt, verlagert sich der Schwerpunkt nach vorne; dies unterstützt auch die Vorwärtsbewegung.

4.5 Bewegungszyklen im Gang

Jede Fortbewegung des Hundes kann auf verschiedenen Ebenen betrachtet werden. Wenn sich der Hund von einem Punkt zu einem anderen bewegt, so bezeichnet man dies als Fortbewegung oder **Lokomotion**. Diese Betrachtungsweise kann man vereinfachen, indem man lediglich beschreibt, was mit dem Körperschwerpunkt des Hundes passiert: Das Grundprinzip jeder Bewegung mit Ortsveränderung ist die Verschiebung des Schwerpunktes in Richtung der Bewegung. Da sich der Hund bzw. sein Schwerpunkt im dreidimensionalen Raum bewegt, kann man auch die Schwerpunktbewegung in drei Komponenten zerlegen:

1. Bewegung des Schwerpunktes von hinten nach vorne und umgekehrt
2. Bewegung des Schwerpunktes nach oben und unten und umgekehrt
3. seitliche Bewegungen des Schwerpunktes

Betrachtet man nun die Bewegung auf der nächsten untergeordneten Ebene, so lassen sich wiederkehrende **Schrittfolgen oder Zyklen** erkennen, welche für die jeweilige **Gangart** charakteristisch sind (z. B. Fußungsfolge in der Gangart Schritt: rechtes Hinterbein – rechtes Vorderbein – linkes Hinterbein – linkes Vorderbein). Konzentriert man sich als Nächstes dann auf die Bewegung der einzelnen Gliedmaße, so erkennt man auch hier eine Abfolge von Bewegungszyklen: Der Hund drückt sich mit der Pfote ab, hebt das Bein an, schwingt es nach vorne, setzt die Pfote auf und belastet sie, rollt ab und drückt sich dann erneut mit der Pfote ab.

Aus biomechanischer Sicht und vor allem auch dann, wenn Lahmheiten oder abweichende Bewegungen beschrieben werden, ist auf dieser Ebene die Einteilung der Bewegung in eine **Hangbein- oder Vorführphase** und eine **Stützbein- oder Stemmphase** von besonderer Bedeutung: Während der Hangbeinphase befindet sich das betreffende Bein in der Luft, während der Stützbeinphase hat es Bodenkontakt. Die Hangbeinphase umfasst das Aufheben der Pfote und das Vorschwingen des Beines bis zu dem Moment unmittelbar vor dem erneuten Aufsetzen der Pfote; dabei wird zwischen der ersten Hangbeinphase, während der sich die Gliedmaße hinter dem Aufhängungspunkt befindet, und der zweiten Hangbeinphase, während der die Gliedmaße sich vor dem Aufhängungspunkt bewegt, unterschieden. Die Stützbeinphase umfasst dann das Auffußen, die Belastung und das Abrollen sowie das Abstoßen oder Abfußen. In der ersten Stützbeinphase befindet sich dabei der Aufhängungspunkt der Gliedmaße am Rumpf hinter der Unterstützungsfläche der Pfote am Boden; in der zweiten Phase wird der Aufhängungspunkt dann vor die Unterstützungsfläche geschoben.

4.6 Gangarten

Ein Hund kann sich in verschiedenen Gangarten fortbewegen. Diese lassen sich in **symmetrische** (Schritt, Trab, Pass) und **asymmetrische** Gangarten (Galopp) unterteilen. In den symmetrischen Gangarten führen die Gliedmaßen beider Körperseiten die gleichen Bewegungen aus, diese sind lediglich zeitlich zueinander versetzt. Im Galopp führen die Gliedmaßen der rechten und linken Körperhälfte jedoch unterschiedliche Bewegungsmuster aus und man spricht daher von einer asymmetrischen Gangart.

Der **Schritt** ist eine langsame, schreitende Gangart, bei der der Hund in keinem Moment den Kontakt zum Boden verliert (▸ **Abb. 4.3**). Alle Pfoten werden nacheinander aufgesetzt und belastet; dadurch entsteht ein Viertakt. In der Schrittfolge werden so nacheinander z. B. das linke Hinterbein, das linke Vorderbein, das rechte Hinterbein und das rechte Vorderbein aufgesetzt, bevor ein neuer Bewegungszyklus beginnt. Dabei muss das jeweilige Vorderbein einen kleinen Moment eher angehoben werden, bevor das gleichseitige Hinterbein auffußt, damit sich der Hund nicht mit den Hinterbeinen „in die Vorderbeine läuft". Normalerweise tritt die Hinterpfote dann genau in den Abdruck der gerade aufgehobenen Vorderpfote. Im Schritt wird jeweils ein großer Teil der Gelenkflächen belastet; die Belastungsdauer ist dabei relativ lang. Dies bedeutet einerseits, dass der Schritt gut geeignet ist, um Hunde mit Gelenkproblemen schonend zu bewegen – es bedeutet andererseits aber auch, dass sich viele Lahmheiten im Schritt gut erkennen lassen, da der Hund jedes Bein einzeln belasten muss und dadurch in der Bewegung kein Gewicht umverteilen kann.

Anders als beim Schritt handelt es sich beim **Trab** um eine federnde Gangart im Zweitakt: Es werden immer zwei Beine eines diagonalen Paares zugleich aufgesetzt, dazwischen befindet sich der Hund für einen kurzen Moment in der Luft (▸ **Abb. 4.4**). Diese Schwebephasen können rasse- bzw. typbedingt etwas unterschiedlich aussehen. Die Fußfolge lautet beispielsweise: rechtes Hinterbein und gleichzeitig linkes Vorderbein – Schwebephase – linkes Hinterbein und gleichzeitig rech-

▸ **Abb. 4.3** Der Schritt ist eine Gangart im Viertakt ohne Schwebephase. Bisweilen fußt das Hinterbein vor der Stelle auf, an der das gleichseitige Vorderbein positioniert wurde (b), dadurch muss der Hund mit der Hinterhand seitlich ausweichen („Crabwalking" oder „Diagonallaufen"). Das linke Hinterbein (b) wird etwas am linken Vorderbein vorbei geführt, die Spur der Hinterhand befindet sich dadurch leicht nach links versetzt neben der Spur der Vorderhand. (Foto: Silke Meermann)

▶ **Abb. 4.4** Der Trab ist eine Gangart im Zweitakt mit zwei Schwebephasen; dabei fußt jeweils ein diagonales Beinpaar zeitgleich auf. Mithilfe von Cavalettistangen, die etwa im Abstand der Körperhöhe des Hundes ausgelegt werden (hier 60 cm), kann der Hund dazu gebracht werden, die Hinterpfote an der Stelle zu positionieren, an der sich zuvor die gleichseitige Vorderpfote befand. (aus: Meermann S. Sportphysiotherapie für Hunde. ZGTM 2016; 30: 23–29)

▶ **Abb. 4.5** Der Galopp ist eine asymmetrische Gangart. Der linke Hund drückt sich mit dem linken Hinterbein ab, danach erfolgt die gestreckte Schwebephase. Der rechte Hund ist gerade mit linkem und rechtem Vorderbein gelandet. (Foto: Silke Meermann)

tes Vorderbein – Schwebephase. Der Trab ist eine Gangart, in der der Hund sich mit geringem Energieaufwand über lange Strecken fortbewegen kann. Manche Lahmheiten lassen sich im Trab unter Umständen nur schlecht feststellen, wenn der Hund das betroffene Bein dadurch entlasten kann, dass er einen Teil seines Gewichts auf das diagonale Bein verschiebt, welches gleichzeitig aufgesetzt wird.

Anders als die anderen Gangarten ist der **Galopp** (▶ Abb. 4.5) nicht symmetrisch, d. h., es kann zwischen einem Rechts- und einem Linksgalopp unterschieden werden.

Beim **Rechtsgalopp** (▶ Abb. 4.6) lautet die Fußfolge: linkes Hinterbein, rechtes Hinterbein, linkes Vorderbein und rechtes Vorderbein.

Die Fußfolge im **Linksgalopp** lautet: rechtes Hinterbein, linkes Hinterbein, rechtes Vorderbein und linkes Vorderbein.

Läuft der Hund z. B. im Agility-Parcours eine Linkswendung, so geht dies mit einer Lateralflexion der Wirbelsäule nach links einher und die effizienteste Gangart für diese Wendung ist der Linksgalopp. Umgekehrt ist bei einer Rechtswendung der Rechtsgalopp mit einer Lateralflexion der Wirbelsäule nach rechts günstiger. Dadurch fällt es dem Hund auch einfacher, den Kopf nach innen zu nehmen und das nächste Hindernis anzuschauen.

Im Galopp kommt es zu einer starken, aktiven Beteiligung des Rumpfes, insbesondere im Bereich der Lendenwirbelsäule und des lumbosakralen Übergangs. In der Phase, in der sich der Hund mit den Hinterbeinen abstößt und mit den gestreckten Vorderbeinen nach vorne abdrückt, ist die dorsale Rückenmuskulatur aktiv und führt eine maximale Streckung der Wirbelsäule herbei (= „**Pfeil**“; ▶ Abb. 4.6c). In der Phase, in der sich der Hund mit den Vorderbeinen nach vorne gezogen hat und die Hinterbeine nach vorne greifen, ist die ventrale Muskulatur (Bauchmuskulatur, ventrale Halsmuskulatur) aktiv und führt zu einer fast maximalen Beugung der Lendenwirbelsäule (= „**Kugel**“; ▶ Abb. 4.6b).

Man kann darüber hinaus einen Galopp im **Dreitakt-** von einem Galopp im **Viertakt**-Muster un-

▸ **Abb. 4.6** Der Galopp ist eine asymmetrische Gangart; im Rechtsgalopp lautet die Fußfolge: linkes Hinterbein, rechtes Hinterbein, linkes Vorderbein und rechtes Vorderbein; nach dem Abfußen des rechten Vorderbeines erfolgt die kugelförmige Schwebephase (b), nach dem Abdrücken mit den Hinterbeinen (a) die pfeilförmige Schwebephase. (Foto: Martin Preissner, Castrop-Rauxel)

a Abdrücken mit den Hinterbeinen.

b Kugelförmige Schwebephase.

c Einbeinstütze auf dem linken Vorderbein nach der pfeilförmigen Schwebephase.

terscheiden: Im Dreitakt-Muster fußt das diagonale Beinpaar (also beim Rechtsgalopp rechtes Hinterbein und linkes Vorderbein; beim Linksgalopp linkes Hinterbein und rechtes Vorderbein) zeitgleich, während dies im Viertakt-Muster zeitversetzt geschieht.

Je nach Rasse bzw. auch abhängig von der Geschwindigkeit kann man darüber hinaus einen Galopp völlig ohne **Flugphasen**, einen Galopp mit nur einer Flugphase („Kugel") und einen Galopp mit zwei Flugphasen („Kugel" und „Pfeil") unterscheiden. Dabei werden Unterschiede deutlich, die mit dem ursprünglichen Verwendungszweck bestimmter Hunderassen und -typen zusammenhängen: Windhunde, die von jeher auf Schnelligkeit gezüchtet wurden, zeigen einen Galopp mit zwei Flugphasen. Auf diese Weise können sie innerhalb eines Bewegungszyklus eine sehr große Strecke zurücklegen. Viele Schlittenhunde hingegen verlieren auch im Galopp den Kontakt zum Boden niemals vollständig. Dies ermöglicht ein deutlich ruhigeres und energiesparenderes Ziehen des Schlittens (vgl. physikalische Gesetze von Reibung und Massenträgheit). Die meisten anderen Hunde zeigen einen Galopp mit ein bis zwei Flugphasen, je nach der Geschwindigkeit, in der sie sich fortbewegen:

- Schrittfolge Galopp Windhunde: hinten rechts – hinten links – 1. Flugphase – vorne rechts – vorne links – 2. Flugphase – hinten rechts usw.
- Schrittfolge Galopp Schlittenhunde: hinten rechts – hinten links – vorne rechts – vorne links – hinten rechts usw.

Auch der **Sprung über eine Hürde** erfolgt in der Regel aus dem Galopp: Der Hund nimmt dabei die Hürde in der ersten, pfeilförmigen Flugphase, d. h., er springt mit den Hinterbeinen ab und landet mit den Vorderbeinen. Dabei muss vor allem das Vorderbein, auf dem der Hund nach dem Sprung als Erstes aufkommt, das gesamte Körpergewicht und die Energie aus dem Sprung auffangen. Bei Hunden, die häufig springen, findet man daher oft Verletzungen oder Blockaden im Bereich der Zehengelenke und des Vorderfußwurzelgelenks sowie Verspannungen im Bereich der muskulären Aufhängung des Schulterblatts.

Darüber hinaus kann beim Hund neben dem reinen Links- oder Rechtsgalopp auch noch der

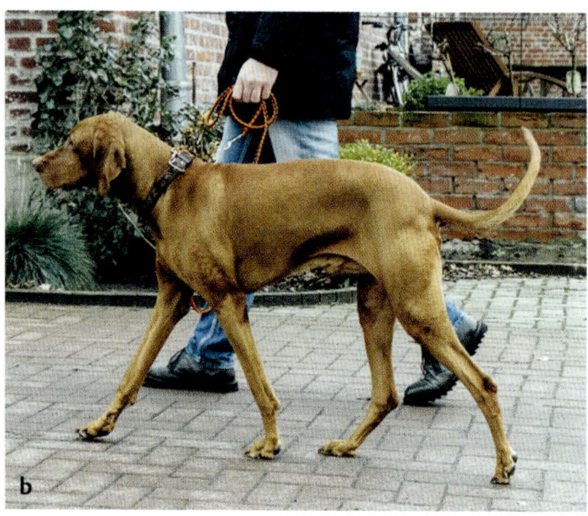

▶ **Abb. 4.7** Der Passgang ist eine symmetrische Gangart; über die Bedeutung des Passgangs beim Hund gibt es unterschiedliche Ansichten. Die Beine einer Körperseite werden gleichzeitig oder nahezu gleichzeitig bewegt, dabei kommt es zu einer starken seitlichen Schwerpunktbewegung. Bei diesem Viszla tritt der Passgang im Zusammenhang mit Rückenschmerzen auf. (Foto: Christine Sachse, Münster)

Kreuzgalopp beobachtet werden, bei dem sich beispielsweise die Vorderhand im Rechts-, aber die Hinterhand im Linksgalopp befindet oder umgekehrt. Während diese Gangart beim Pferd nicht als physiologisch angesehen wird, scheinen Hunde und auch Wildcaniden dieses Bewegungsmuster aber häufiger zu zeigen; diese Gangart wird dann auch als „rotatorischer Galopp" bezeichnet. Nach Zink bietet dieses Bewegungsmuster für Hunde vor allem im Agility bei häufigen Wendungen einen Vorteil [86]. Unserer Erfahrung nach kann das gehäufte Zeigen des rotatorischen oder Kreuzgalopps aber auch ein Hinweis auf Dysfunktionen im Bereich der Wirbelsäule bzw. der Kreuzdarmbeingelenke sein. In diesen Fällen sollte unbedingt die Ursache identifiziert und behandelt werden, da es insbesondere auch im Agility essenziell ist, dass der Hund schnelle Wendungen im Rechts- oder Linksgalopp ausführen kann.

Die Fußfolge im **Pass** (▶ Abb. 4.7) ähnelt der im Schritt, dabei fußen die Beine einer Körperseite jedoch nahezu zeitgleich: Linkes Hinterbein und linkes Vorderbein – (Schwebephase) – rechtes Hinterbein und rechtes Vorderbein – (Schwebephase). Die Schwebephase kann dabei jeweils mehr oder weniger deutlich ausgeprägt sein. Im Passgang verschiebt sich der Körperschwerpunkt nicht diagonal, sondern bewegt sich von einer Körperseite über die Mittellinie zur anderen Seite. Die Geschwindigkeit, mit der sich Hunde im Pass bewegen können, variiert zum Teil stark: Sie kann vom langsamen Schritt-Tempo ohne Schwebephasen bis zu einem schnellen Trab-Tempo mit zwei Schwebephasen reichen. Über die **Bedeutung des Passgangs** beim Hund gibt es unterschiedliche Ansichten:

- So wird teilweise angenommen, dass es sich hierbei – ähnlich wie bei manchen Pferderassen – um eine **genetisch** bedingte Besonderheit handelt. Passgang tritt häufig bei Hunderassen auf, die ursprünglich für das Ziehen von Lasten gezüchtet wurden (z. B. Berner Sennenhund, Großer Schweizer Sennenhund etc.). Wir beobachten außerdem bei Australian Shepherds auffällig häufig Hunde, die sich im Passgang bewegen, obwohl diese weder zu den Zughunden zählen, noch durch einen besonders großen oder schweren Körperbau auffallen oder diese Besonderheit im Rassestandard erwähnt wird. Border Collies, die eine vergleichbare Körpergröße und -form besitzen und oft auch in ähnlichen Sportarten geführt werden, laufen dagegen wesentlich seltener im Passgang. Zeigen die Hunde Passgang als zusätzliche Gangart, wird dies zum Teil auch mit besonders hohen koordinativen Fähigkeiten in Zusammenhang gesehen.
- Einige Hunde gehen vor allem dann Pass, wenn sie erschöpft oder unkonzentriert sind. Beim Menschen treten Passbewegungen ebenfalls ge-

häuft auf, wenn bei **Müdigkeit** bestimmte Bereiche des Gehirns inaktiv sind. Außerdem kann ein Hund im Passgang den Schwung der Hinterbeine nutzen, um die gleichseitigen Vorderbeine nach vorne zu schleudern; auf diese Weise kann er Muskelkraft sparen.

- Manche Hunde gehen nur dann Pass, wenn sie im **Fußkommando** oder an der Leine neben dem Besitzer geführt werden; hier wurde der Passgang meist unbewusst auftrainiert und gefördert: Beim Üben des Fuß-Gehens läuft der Besitzer meist zunächst langsam und der Hund geht zunächst neben ihm im Schritt; steigert der Besitzer dann das Tempo, ist es für den Hund oft einfacher, die Geschwindigkeit innerhalb derselben Fußfolge zu erhöhen, anstatt in einen korrekten Trab umzuspringen.
- Gehen Hunde, die sonst nur Schritt gehen oder traben, plötzlich Pass, so kann diese Veränderung des Bewegungsmusters auf Koordinationsprobleme oder aber **Probleme** im Bereich der Wirbelsäule hindeuten. Hier kommt es in der Folge oft zu einer starken Belastung des thorakolumbalen Übergangs.
- Unterschiedliche Einschätzungen hinsichtlich der Bedeutung des Passganges können auch dadurch mit bedingt sein, dass im englischsprachigen Raum eine weitere Gangart, der „Amble", existiert, der eine Art „passigen Schritt" ohne Schwebephasen, aber mit noch minimal vorhandenem zeitlichen Versatz zwischen Auf- bzw. Abfußen der gleichseitigen Hinter- und Vorderpfote darstellt.

4.7 Kinetik der Fortbewegung

Während sich ein Hund fortbewegt, wirken folgende Kräfte auf seinen Körper ein: die Bremskraft, die Beschleunigungskraft und die Vertikalkraft. Die **Vertikalkraft** entspricht dabei im Wesentlichen der Erdanziehungskraft und zieht den Körper des Hundes aufgrund seines Gewichts bzw. seiner **Körpermasse** in Richtung Boden. Das Körpergewicht des Hundes bleibt im Verlauf einer Bewegung stets gleich hoch – die Vertikalkraft, die auf den Hundekörper einwirkt, verändert sich durch die Bewegung aber sehr stark: Während die

▶ **Abb. 4.8** Bei der Landung nach einem Sprung wirken Kräfte auf das zuerst fußende Vorderbein, die etwa dem 4–5-Fachen des Körpergewichts des Hundes entsprechen. (Foto: Silke Meermann)

vertikalen Kräfte im Schritt noch etwa jenen am stehenden Hund entsprechen (etwa 60 % der Körpergewichtskraft wirken auf die Vorderbeine und etwa 40 % auf die Hinterbeine), führt ein schnelleres Laufen dazu, dass die Hundepfoten nur noch für einen kurzen Moment Bodenkontakt haben. Dadurch nehmen die währenddessen einwirkenden vertikalen Kräfte stark zu und auch die Beschleunigungskräfte spielen eine immer größere Rolle, sodass die vertikalen Kräfte im Galopp bereits ungefähr das 2,5-Fache und bei der Landung nach einem Sprung etwa das 5-Fache des Körpergewichts betragen (▶ **Abb. 4.8**). Dieser Zusammenhang macht deutlich, wie ungünstig Übergewicht für Sporthunde ist.

Merke

Die vertikalen Kräfte, die an der erstauffußenden Vordergliedmaße angreifen, betragen im Galopp ungefähr das 2,5-Fache des Körpergewichts. Bei der Landung nach einem Sprung steigen sie bis auf das 5-Fache des Körpergewichts an! Übergewicht beim Sporthund muss daher unbedingt vermieden werden.

Brems- und Beschleunigungskräfte sind immer entweder in die Richtung der Bewegung (**Beschleunigungskraft**) oder aber genau entgegengesetzt (**Bremskraft**; das Abbremsen entspricht einer negativen Beschleunigung) gerichtet.

Im Bereich der Hinterbeine überwiegen während der gesamten Stützbeinphase, also vom Auffußen bis zum Abfußen der Pfote, die beschleunigenden Kräfte, die den Hundekörper nach vorne schieben. Dahingegen kommt es im Bereich der Vorderbeine während der ersten Hälfte der Stützbeinphase, also vom Aufsetzen der Pfote bis zu dem Moment, wo sich der Körperschwerpunkt über bzw. vor der Pfote befindet, zunächst zu einem überwiegend bremsenden Impuls. Die beschleunigenden Kräfte kommen an den Vordergliedmaßen erst ab der zweiten Hälfte der Stützbeinphase zum Tragen. Unterstützt wird diese Beschleunigung durch das Vorstrecken des Halses, welches eine Verlagerung des Schwerpunktes nach weiter vorne bedingt. Alle vier Gliedmaßen sind somit an der Beschleunigung des Hundekörpers nach vorne beteiligt.

Bewegt sich der Hund im Schritt oder Trab auf einer geraden Linie, so wirken kaum **seitliche Kräfte** auf den Hundekörper ein. Die Gliedmaßen werden unter ihrem jeweiligen Drehpunkt exakt in einer Ebene geführt. Bei Hunden, deren Gliedmaßen nicht korrekt unter dem jeweiligen Drehpunkt stehen, d. h., wo sich in Bezug auf die Gliedmaßenstellung Abweichungen (z. B. bodenweite oder bodenenge Stellung; Varus- oder Valgusstellung) zeigen, ist eine solche Gliedmaßenführung innerhalb einer Ebene anatomisch nicht möglich. Das bedeutet, dass bei ihnen zusätzlich seitliche Kräfte einwirken und den Bewegungsablauf erschweren. Aber auch bei Hunden mit einer an sich korrekten Gliedmaßenstellung nehmen diese seitlichen Kräfte vor allem an den Vorderbeinen deutlich zu, wenn sie Kurven (z. B. Rennsport; Slalom im THS) und Wendungen (Frisbee-Spiel, Agility, Dummyarbeit) laufen. Dies kann eine mögliche Erklärung für die Häufung von mediolateralen Instabilitäten im Bereich der Schulter bei Sporthunden sein. Auch im Galopp sind die seitlich einwirkenden Kräfte im Vergleich zum Schritt und Trab höher. Sie betragen im Bereich der als Erstes auffußenden Vordergliedmaße bis zu 20 % des Körpergewichts und im Bereich der Hintergliedmaßen immerhin noch etwa 16 %. Während sie im Bereich der Vorderbeine vorwiegend nach außen wirken, wirken sie an den Hinterbeinen hauptsächlich nach innen.

4.8 Die Jenaer Bewegungsstudie

Bis vor wenigen Jahren gab es keine wissenschaftlichen Untersuchungen – und dadurch auch keine objektiven Daten – zur Fortbewegung von Hunden im Allgemeinen und zur Art und Weise der Bewegung verschiedener Hunderassen im Speziellen. Beschreibungen in der Literatur waren stark von Einzelbeobachtungen geprägt bzw. beliefen sich zu einem großen Teil auf traditionelle Rassestandards, die mit sehr blumigen und meist nicht weniger schwammigen Adjektiven die erwünschten Bewegungen bestimmter Hunderassen beschrieben:

Rassestandard Deutscher Schäferhund [27]:

„Der Deutsche Schäferhund ist ein Traber. Die Gliedmaßen müssen in Länge und Winkelungen so aufeinander abgestimmt sein, dass er ohne wesentliche Veränderung der Rückenlinie die Hinterhand bis zum Rumpf hin verschieben und mit der Vorhand genauso weit ausgreifen kann. Jede Neigung zur Überwinkelung der Hinterhand mindert die Festigkeit und die Ausdauer und damit die Gebrauchstüchtigkeit. Bei korrekten Gebäudeverhältnissen und Winkelungen ergibt sich ein raumgreifendes, flach über den Boden gehendes Gangwerk, das den Eindruck müheloser Vorwärtsbewegungen vermittelt ...“

Rassestandard Dackel [28]:

„Der Bewegungsablauf soll raumgreifend, fließend und schwungvoll sein, mit weitem, bodennahem Vortritt, kräftigem Schub und eine leicht federnde Übertragung auf die Rückenlinie bewirken. Die Rute soll dabei in harmonischer Verlängerung der Rückenlinie, leicht abfallend, getragen werden. In der Aktion sind Vorderhand und Hinterhand parallel ausgreifend ...“

Um diese Wissenslücken zu schließen, wurden in den Jahren zwischen 2006 und 2010 am Institut für Spezielle Zoologie und Evolutionsbiologie in Jena umfangreiche Untersuchungen zur Fortbewegung des Hundes durchgeführt, deren Ergebnisse sich in der „**Jenaer Bewegungsstudie**“ von Fischer und Lilje wiederfinden [30]. Dabei wurden die Bewegungsabläufe von über 300 Hunden aus 32 verschiedenen Rassen mit unterschiedlichen Analysetechniken untersucht. Hierzu gehörten unter anderem Hochgeschwindigkeits-Videokameras, eine Hochgeschwindigkeits-Röntgenkamera und ein Infrarot-Bewegungsmesssystem. Für die Untersuchungen mit dem Infrarot-System wurden reflektierende Marker am Rücken und an bestimmten Gliedmaßenpunkten der Hunde befestigt. Alle Hunde wurden dann in den drei Grundgangarten Schritt, Trab und Galopp auf einem Laufband jeweils von vorne und von der Seite gefilmt. Auf diese Weise konnten für alle untersuchten Hunderassen dreidimensionale Bewegungsbilder und -filme erstellt werden.

Zu den wichtigsten Ergebnissen dieser Bewegungsstudien gehört einerseits die **funktionelle Einteilung** der Vorder- und Hintergliedmaßen **in jeweils drei Segmente**, welche eben nicht den embryologisch homologen Segmenten entsprechen (Vorderbein: Segment 1 = Schulterblatt, Segment 2 = Oberarm, Segment 3 = Unterarm; Hinterbein: Segment 1 = Oberschenkel, Segment 2 = Unterschenkel, Segment 3 = Mittelfuß), und andererseits die **Lokalisierung des jeweiligen Drehpunktes** der Gliedmaßen oberhalb des ersten Segments, d. h. für die Hintergliedmaße im Hüftgelenk und für die Vordergliedmaße am Oberrand des Schulterblattes. Dadurch, dass das Schulterblatt nicht fest, sondern muskulär-elastisch mit dem Rumpf verbunden ist, kommt es beim Laufen jedoch nicht nur zu einer Rotationsbewegung des Schulterblattes um den Drehpunkt, sondern gleichzeitig auch zu einer Translationsbewegung: Während der Stützbeinphase gleitet das Schulterblatt am Rumpf entlang nach oben, während der Hangbeinphase rutscht es wieder nach unten. Dadurch existiert für das Schulterblatt und so auch für das gesamte Vorderbein kein fixer Drehpunkt, sondern lediglich ein „Momentan-Pol“.

Durch die Lage der Drehpunkte und die Dreiteilung der Gliedmaßen ergibt sich eine **funktionelle Analogie** von Schulterblatt und Oberschenkel (1. Segment), Oberarm und Unterschenkel (2. Segment) sowie Unterarm und Mittelfuß (3. Segment). Dabei gelten für die verschiedenen Segmente in der normalen Laufbewegung folgende Grundsätze:

- Die sich vorne und hinten entsprechenden Segmente führen (zeitversetzt) nahezu **parallele Bewegungen** aus.
- In der zyklischen Fortbewegung verhalten sich die **1. und 3. Segmente** jeweils **gleich** und bewegen sich ebenfalls parallel. Das bedeutet, dass in dem Moment, wo das Schulterblatt (1. Segment des Vorderbeins) um seinen Drehpunkt nach vorne rotiert, auch der Unterarm (3. Segment des Vorderbeins) um seinen Drehpunkt im Ellbogengelenk in die gleiche Richtung rotiert, und dass in dem Moment, wo der Oberschenkel (1. Segment des Hinterbeins) um seinen Drehpunkt im Hüftgelenk nach vorne rotiert, auch der Mittelfuß (3. Segment des Hinterbeins) um seinen Drehpunkt im Sprunggelenk in dieselbe Richtung dreht.
- Die jeweils ersten Segmente (Schulterblatt vorne und Oberschenkel hinten), die dem Drehpunkt der Gliedmaßen am nächsten liegen, leisten dabei den größten Beitrag zur Schrittlänge, da hier die **Winkelbewegungen im Drehpunkt** am größten sind. So beträgt beispielsweise die Winkelbewegung am Hüftgelenk etwa 40–50°, während die Winkelbewegungen in Knie- und Sprunggelenken jeweils nur etwa 10–20° umfassen. Die großen Winkelbewegungen am Drehpunkt der Gliedmaßen tragen dadurch eher zum Schrittlängengewinn bei, während die kleineren Winkelbewegungen an den weiter distal befindlichen Gelenken der Gliedmaßen eher dem Höhenausgleich dienen. Für die Schrittlänge im Schritt und Trab macht so die Winkelbewegung im Hüftgelenk etwa 70 % der Schrittlänge des Hinterbeines aus und die Drehbewegung des Schulterblattes trägt zu etwa 65–80 % zur Schrittlänge des Vorderbeines bei.

Auch die **Bewegungen des Rückens** wurden in der Jenaer Studie untersucht. Hier konnte u. a. gezeigt werden, dass ihr Beitrag zur Schrittlänge und dadurch zur Vorwärtsbewegung vor allem im Galopp mit rund 50 % sehr hoch ist. Innerhalb der verschiedenen Wirbelsäulenabschnitte trägt dabei in erster Linie die Lendenwirbelsäule durch Flexion und Extension zum Weggewinn bei. Auch innerhalb der einzelnen Wirbelsäulensegmente ist der Bewegungsumfang nicht gleich, vielmehr nimmt die Beweglichkeit von der mittleren Lendenwirbelsäule (L3–L4) nach hinten hin zum lumbosakralen Übergang deutlich zu: Die Beweglichkeit des Übergangs vom letzten Lendenwirbel zum vorderen Kreuzsegment (L7–S1) ist mit 32–40° dabei am höchsten. Dabei zeigen Hündinnen in diesem Segment eine noch größere Beweglichkeit als Rüden. Auch die Dicke der Bandscheiben nimmt analog zur Beweglichkeit zu. Die hohe Beweglichkeit am lumbosakralen Übergang einerseits und die Dicke der Bandscheiben andererseits tragen wahrscheinlich so auch zur Anfälligkeit dieser Region für Instabilitäten und – als deren Folge – zu Problemen im Bereich der Cauda equina bei. Ebenso wie die Bewegungen der Gliedmaßen durch Muskelaktivität herbeigeführt werden, sind auch die Bewegungen des Rückens auf die Arbeit der Rücken- und Rumpfmuskulatur zurückzuführen. Entsprechend ist die Aktivität der Rückenmusklatur im Galopp am größten. In allen Gangarten treten außerdem muskelgesteuerte seitliche Rumpfauslenkungen und Rotationen um die Längsachse auf.

4.9 Energieausnutzung und -rückgewinnung während der Fortbewegung

Bei den meisten Vorgängen in der Natur wird eine Energieform in eine andere Form transformiert. Bei der Fortbewegung durch Muskelkraft trifft dies für die in Molekülen wie ATP (Adenosintriphosphat) gespeicherte chemische Energie zu, welche in mechanische Bewegungsenergie umgewandelt wird. Dabei kann jedoch immer nur ein Teil der ursprünglich gespeicherten Energie für die eigentliche Vorwärtsbewegung genutzt werden (= nutzbare Energie), da durch die Umwandlungs- oder Verbrennungsprozesse immer auch thermische Energie in Form von Wärme entsteht und verloren geht. Je höher der Anteil an nutzbarer Energie ist, desto höher ist der **Wirkungsgrad** eines Systems und desto weniger Energie geht in Form von Wärme verloren. Die meisten Kraftfahrzeugmotoren haben einen Wirkungsgrad von nur etwa 20 %, d. h., ungefähr 80 % der Energie werden in Form von Wärme an die Umwelt abgegeben. Für die Fortbewegung beim Pferd konnte in verschiedenen Untersuchungen ein Wirkungsgrad von 23–35 % festgestellt werden – im Vergleich zum Menschen ist dies relativ effektiv: Lediglich gut trainierte Leistungssportler erreichen überhaupt Wirkungsgradwerte um 20 %.

Beim Lebewesen geht bereits ein großer Teil der ursprünglich in der Nahrung enthaltenen Energie durch die Umwandlung in ATP verloren und auch bei der Nutzung der in den ATP-Molekülen gespeicherten Energie verpufft ein weiterer Teil in Form von Wärme. Zusätzlich müssen durch die Muskelarbeit noch Reibungs- und Dehnungswiderstände im Bewegungsapparat überwunden werden, welche ebenfalls die Energieausnutzung schmälern. Das bedeutet, dass bei der Fortbewegung immer auch relativ viel Wärme gebildet wird und so die Temperatur in der Muskulatur durch körperliche Arbeit ansteigt. Dass sich Vierbeiner dennoch deutlich effizienter und energiesparender fortbewegen können als Menschen, ist auf zwei Mechanismen zurückzuführen, die die Energieausnutzung und -rückgewinnung während der Fortbewegung verbessern: dies ist zum einen das **Bogen-Sehnen-Modell** der Rumpfkonstruktion und zum anderen das **Masse-Feder-Modell** der Gliedmaßenkonstruktion:

Das **Bogen-Sehnen-Modell der Rumpfkonstruktion** wurde ursprünglich für das Pferd beschrieben. Es lässt sich prinzipiell auch auf den Hund übertragen, dabei ist jedoch zu berücksichtigen, dass der Hund weniger passive, d. h. bindegewebige Anteile in der Muskulatur sowie eine andere Muskelfaserzusammensetzung besitzt. Das Modell ist einer parabolischen Bogen-Sehnen-Brücke nachempfunden. Dabei entspricht die Wirbelsäule einem flexiblen, flachen „Bogen", der durch die Kontraktion der Rumpfmuskulatur, welche die „Sehne" repräsentiert, unter Spannung gebracht wird. Auf diese Weise speichert das System **potenzielle Energie**, die in dem Moment, in welchem die Spannung der Sehne nachlässt, als **kinetische Energie**, Bewegungsenergie, freigesetzt wird. Im Modell der Rumpfkonstruktion existieren zwei verschiedene „Sehnen": eine **ventrale Sehne** unterhalb der Wirbelsäule, die vor allem durch die Bauchmuskulatur (M. rectus abdominis), aber auch durch die innere Lendenmuskulatur (Psoas-Gruppe) und die unteren Halsmuskeln (M. longus colli und M. longus capitis) gebildet wird, und eine **dorsale Sehne**, die der epaxialen Rückenmuskulatur entspricht.

In der Bewegung wird nun ständig potenzielle Energie in kinetische Energie umgewandelt; dabei wird jedoch ein Teil der kinetischen Energie auch wieder in potenzielle Energie transformiert und so für die nächste Bewegung gespeichert. Dies erhöht die Effizienz und den Wirkungsgrad der Muskelarbeit in der Vorwärtsbewegung. Gleichzeitig erlaubt das Vorhandensein von zwei verschiedenen „Sehnen" jeweils unterhalb und oberhalb der Wirbelsäule, dass auch zwischen diesen Systemen ständig Energie weitergegeben und für die nächstfolgende Bewegung genutzt wird. Die Ergebnisse der „Jenaer Bewegungsstudie" unterstreichen, dass dieser Mechanismus insbesondere **im Galopp** von Bedeutung ist, da hier die Rückenmuskulatur und die durch sie herbeigeführten Extensions- und Flexionsbewegungen der Wirbelsäule einen höheren Beitrag zur Fortbewegung leisten als in den anderen Gangarten. Dieselben Mechanismen greifen jedoch auch im Schritt und im Trab, wobei in diesen Gangarten die Wirbelsäule nicht in ihrer Gesamtheit gebeugt oder gestreckt wird, sondern eher eine schlängelnde Bewegung mit wechselseitiger Lateralflexion und Rotation ausführt. Diese wechselseitige Lateralflexion kommt durch das einseitige Abdrücken mit einem Hinterbeines in der Stützbeinphase zustande und setzt sich dann S-förmig nach vorne hin über die Wirbelsäule fort. Die dorsalen und ventralen Anteile der Bogen-Sehnen-Konstruktion arbeiten nun wechselseitig; auch spielen die seitlich gelegenen Rumpfmuskeln nun zusätzlich eine Rolle.

Das **Masse-Feder-Modell** befasst sich mit der **Gliedmaßenkonstruktion** und den Möglichkeiten zur Energieausnutzung in diesem Bereich. Dabei wird die Gliedmaße in ihrer Gesamtheit mit einer Sprungfeder verglichen, die durch die Schwer- bzw. Körpergewichtskraft zusammengedrückt wird und dadurch **potenzielle Energie** aufnehmen kann. Im physiologischen Bewegungszyklus wird die Gliedmaße während der ersten Hälfte der Stützbeinphase leicht zusammengedrückt und absorbiert dadurch elastische, potenzielle Energie. Diese wird in der zweiten Hälfte der Stützbeinphase dann wieder in **kinetische Energie** umgewandelt. Aufgrund der viskoelastischen Beschaffenheit von Muskeln, Sehnen, Faszien und Gelenkstrukturen wird das Hundebein so zum „Federbein".

Im **Schritt** hebt sich der Rumpf des Hundes etwa in der Mitte der Stemmphase dadurch etwas an, dass die Gelenke der Gliedmaße zu diesem Zeitpunkt relativ steif bzw. steil gewinkelt sind. Beim Abfußen senkt sich der Rumpf wieder ab. Durch diese vertikale Auslenkung des Rumpfes wird wie im oben beschriebenen Modell potenzielle in kinetische Energie umgewandelt. Die Veränderung der Rumpfposition führt eine Schwingung herbei, die eine Bewegung fast ohne zusätzlichen Energieaufwand ermöglicht.

Im **Trab** kommt es bedingt durch die Schwerkraft zu einem Einstauchen der Gelenke während der ersten Hälfte der Stützbeinphase, der Rumpf senkt sich ab und es wird ebenfalls elastische Energie gespeichert, welche für die nächste Bewegung wieder freigesetzt wird. Auch hier bleibt der Energieaufwand durch die Rückgewinnung gering.

Im **Galopp** spielt vor allem die Achillessehne eine besondere Rolle bei der Umwandlung von potenzieller in kinetische Energie. Untersuchungen haben gezeigt, dass hier 97 % der Energie, die das Hinterbein durch das schwerkraftbedingte Einstauchen aufnimmt, als kinetische Energie zurückgewonnen werden können.

Sowohl im Bogen-Sehnen-Modell als auch im Masse-Feder-Modell spielen neben den knöchernen und muskulären Anteilen vor allem die bindegewebigen Strukturen eine entscheidende Rolle bei der Energieausnutzung. Dies macht deutlich, dass die Ökonomie der Fortbewegung entscheidend von der Beschaffenheit des Bindegewebes abhängt.

4.10 Anatomische Besonderheiten

Im Vergleich zu anderen Tierarten hat sich beim Hund im Laufe der Domestikation eine extrem große Vielfalt verschiedener Rassen und Körperbautypen entwickelt. Diese unterscheiden sich einerseits in ihrer Größe, andererseits aber auch in ihrer Körperform zum Teil sehr stark, da sie für die unterschiedlichsten Verwendungszwecke gezüchtet wurden. Über diese züchterische Einflussnahme wurde im Laufe der Zeit die genetische Ausstattung der einzelnen Rassen und Typen verändert; so stellen die genetischen Vorgaben im Hinblick auf die Ausprägung der Körpermerkmale quasi den Rahmen, innerhalb dessen sich dann das Individuum unter dem Einfluss der Umwelt entwickeln kann.

4.10.1 Körperbauliche Voraussetzungen und Bewegungstypen

Im Hinblick auf die **Körperform** lassen sich bereits viele verschiedene Hundetypen unterscheiden. Die Ausprägung der Körperform ist dabei ein sog. **qualitatives Merkmal**, d. h., ein Hund hat entweder eine bestimmte Körperform oder aber nicht. Für viele Körpertypen werden bereits seit Langem genetische Grundlagen vermutet; diese konnten durch molekulargenetische Untersuchungsmethoden mittlerweile für viele Merkmale auch nachgewiesen werden.

Unterschiede in der Schädelform Im Hinblick auf die Schädelform haben sich ausgehend vom Wildtyp des Wolfsschädels einerseits Hunde mit extrem langen und schmalen Gesichts- und Hirnschädeln als **dolichozephale Rassen** entwickelt (z. B. Barsoi, Rough Collie), andererseits sind jedoch auch verschiedene Hunderassen mit stark verkürzten Schädelknochen als **brachyzephale Rassen** entstanden (z. B. Mops, Boxer, Bulldogge). Bei diesen Rassen bedingt die starke Verkürzung von Hirn- und Gesichtsschädel oftmals eine deutliche Einengung der Atemwege und dadurch nicht selten auch eine Beeinträchtigung der Atemfunktion. Dies wirkt sich wiederum ungünstig auf jegliche sportliche Nutzung aus.

Chondrodystrophische Hunderassen Ebenfalls durch genetische Veränderungen sind die **chondrodystrophischen Rassen** entstanden, bei denen die langen Röhrenknochen verkürzt und z. T. auch in ihrer Achse verkrümmt sind (z. B. Dackel, Basset Hound). Außer dieser Verkürzung bedingt die Chondrodystrophie auch eine minderwertige Qualität des Knorpelgewebes, was wiederum zu einer erhöhten Anfälligkeit für Bandscheibenleiden einerseits und zu Umbauprozessen an den Herzklappen andererseits führt. Vor allem die im Verhältnis zur Rumpflänge nur geringe Beinlänge bedingt, dass chondrodystrophische Hunde keine Laufhundtypen und dadurch auch für viele Sportarten nicht geeignet sind.

Einteilung in Kraft- und Geschwindigkeitstypen Neuere Untersuchungen konnten zeigen, dass darüber hinaus bestimmte körperliche Merkmale nur mit anderen Merkmalen gekoppelt vererbt werden. So besteht eine genetisch bedingte Korrelation zwischen schmaler Schädelform, schmaler Beckenform und dünnen Knochenquerschnitten bei hoher Biegsamkeit der Knochen auf der einen Seite und breiten Schädelknochen, breitem Becken mit stärkerem Knochenbau und höherer Bruchfestigkeit der Knochen auf der anderen Seite. Bestimmte Merkmale können also nur in bestimmten Kombinationen auftreten. Dadurch ergeben sich Hunderassen, die eher dem schmalen **Geschwindigkeitstyp** entsprechen (z. B. Windhunde), und Rassen, die eher dem breiteren **Krafttyp** zuzurechnen sind (z. B. Pitbull-Terrier).

Einteilung in Traber und Galopper Auch innerhalb der Laufhundtypen kann das Verhältnis von Widerristhöhe zur Rumpflänge unterschiedlich ausfallen: So gibt es Hunderassen, deren Außenlinien von der Seite betrachtet eher ein flach gestelltes Rechteck ergeben (**Trabertypen**, z. B. Deutscher Schäferhund, Border Collie), und Hunderassen, die von der Seite her eher einer Quadratform oder sogar einem hochgestellten Rechteck entsprechen (**Galoppertypen**, z. B. Windhunde). In diesem Zusammenhang wird z. T. auch der Begriff **Legginess-Index** nach Brown verwendet: Er beschreibt das Verhältnis von freier Beinlänge unterhalb des Rumpfes zur Rumpfhöhe und lässt sich am besten mit dem Begriff **Beinfreiheit** übersetzen. Auch die Winkelung der Gliedmaßengelenke unterscheidet sich bei Trabern und Galoppern in der Form, dass sich bei Trabern eher etwas stärker, bei Galoppern dagegen eher etwas steilere Gelenkwinkel finden. Untersuchungen am Pferd haben ergeben, dass im Galopp ein steiler gestelltes Schulterblatt die enormen Stoßbelastungen einfacher abfangen kann, ohne dass dadurch die bindegewebigen Gelenkanteile im Bereich der Vordergliedmaße zu sehr belastet sind und eine zu große Muskelkraft notwendig ist. Für den Trab ist dagegen ein flacher gewinkeltes und weiter zu-

▶ **Abb. 4.9** Der Border Collie und der Miniature Australian Shepherd auf diesen beiden Bildern besitzen fast die gleiche Körperhöhe (45 und 44 cm) und das gleiche Körpergewicht (12 und 12,5 kg) – dennoch unterscheiden sie sich vom Körperbau deutlich: Der Border Collie (a) hat einen deutlich längeren Rücken und stärker gewinkelte Hintergliedmaßen als der Miniature Australian Shepherd (b). (Foto: Silke Meermann)

a Border Collie mit relativ starker Gliedmaßenwinkelung und langem Rücken; dieser Hund hat im Agility einen relativ flachen und effizienten Sprungstil. (Foto: Silke Meermann)

b Miniature Australian Shepherd mit weniger stark gewinkelten Gliedmaßen, kürzerem Rücken und leicht abfallender Rückenlinie; dieser Hund ist allein durch seine körperlichen Voraussetzungen im Agility benachteiligt und muss dies durch eine höhere Muskelarbeit ausgleichen. (Foto: Silke Meermann)

rückliegendes Schulterblatt von Vorteil, da dies Voraussetzung für eine elastische Federung ist, bei der ein größerer Teil der Energie für den nächsten Schritt mitgenutzt werden kann; diese Zusammenhänge erklärt das Masse-Feder-Modell (S. 123). Der Galopp wird meist nur über relativ kurze Strecken gezeigt, etwa bei kurzen Distanzen bei der Jagd auf Sicht durch Windhunde (S. 165); dagegen bewegen sich Arbeitshunde wie Schäfer- oder Hütehunde meist über eine sehr viel längere Zeit im Trab.

Betrachtet man nun die **Körpergröße** bzw. das **Körpergewicht** verschiedener Hunderassen, so zeigt sich auch hier eine enorme Varianz: Manche Zwerghunderassen (Chihuahua, Yorkshire Terrier) haben mit 1–2 kg nur ein sehr geringes Körpergewicht; Rassen wie Leonberger oder Bordeaux-Doggen können dagegen problemlos 70 kg oder mehr wiegen, ohne übergewichtig zu sein. Körpergewicht und Körpergröße sind im Gegensatz zur Körperform **quantitative Merkmale**. Die Körpergröße beeinflusst verschiedene andere Aspekte der Physiologie beim Hund. Dies hängt unter anderem damit zusammen, dass größere Tiere eine im Verhältnis zu ihrer Körpermasse kleinere **Körperoberfläche** haben. Dies bedeutet konkret, dass größere Hunde weniger Wärme über ihre Oberfläche abgeben können bzw. verlieren. Sie kühlen also im Winter langsamer aus und benötigen auch weniger Energie, um sich warmzuhalten (Bergmann'sche Regel), können auf der anderen Seite aber auch bei warmen Außentemperaturen oder bei körperlicher Anstrengung schlechter Wärme abgeben. Größere Tiere können sich jedoch mit geringeren Energiekosten fortbewegen, d. h., sie bewegen sich effektiver bzw. haben eine bessere Energieausnutzung und dadurch einen höheren **Wirkungsgrad** in Bezug auf die Fortbewegung. Der Körpergröße sind nach oben hin Grenzen gesetzt, die z. T. auch durch die Tragfähigkeit der Knochen vorgegeben werden: So haben die Knochen größerer Tiere im Verhältnis zu deren Körpermasse eine geringere Querschnittsfläche und sind weniger dick.

Sowohl die Körperform als auch die Körpergröße beeinflussen natürlich die Bewegungsmöglichkeiten des Hundes und bestimmen daher auch entscheidend dessen Eignung für bestimmte sportliche Aktivitäten.

Es gibt Hunde, die etwa gleich groß sind (▶ **Abb. 4.9**), wenn man die Widerristhöhe als Bezugsgröße wählt, dabei aber eine höchst unterschiedliche **Körperform** haben (z. B. Shetland Sheepdog ↔ Dackel), und Hunde, die sich bei gleicher oder ähnlicher Körperform nur im Hinblick auf ihre Größe unterscheiden (z. B. Rough Collie ↔ Shetland Sheepdog; Basset Hound ↔ Dackel). Letzteres wird auch als Prinzip der geometrischen Ähnlichkeit bezeichnet. Im **Agility** wird durch die Einteilung der Hunde in drei verschiedene **Größenklassen** der Varianz in der Körpergröße zumindest zum Teil Rechnung getragen. Eine solche Größeneinteilung gibt es in den anderen Sportarten in der Form nicht, sodass dort vor allem kleinere Hunde tendenziell meist benachteiligt sind. Aber auch die Klasseneinteilung im Agility kann nicht alle Unterschiede in Körpergröße und Körperform egalisieren: So ist der Parcours für einen Dackel mit einer Widerristhöhe von 30 cm allein aus körperlicher Sicht schwieriger zu überwinden als beispielsweise für einen Sheltie mit derselben Schulterhöhe, da beide Hunde zwar die gleiche Größe, aber eine sehr unterschiedliche Körperform haben. Auch umfasst die Maxi-Klasse dadurch, dass sie nach oben hin offen ist, eine sehr hohe Varianz verschiedener Körpergrößen. Auf vielen Turnieren ergibt sich in dieser Größenklasse häufig auch eine weitere Schwierigkeit dadurch, dass für die verschiedenen Größenklassen zwar die Hindernishöhen, nicht aber deren Abstände geändert werden: Dadurch sind die Anforderungen im Hinblick auf die Wendigkeit im Parcours im Vergleich meist deutlich höher als in den kleineren Klassen.

Für alle schnelleren Sportarten gilt, dass bestimmte körperliche Eigenschaften grundsätzlich eher von Vor- oder Nachteil sind – dies trifft sowohl für Rasse- als auch für Mischlingshunde zu:

Bindegewebstyp Hunde mit weichem Bindegewebe neigen zu Gelenkhypermobilität und benötigen daher eine besonders gut trainierte Muskulatur, um das lockere Bindegewebe zu kompensieren und sich zu stabilisieren. Weiches Bindegewebe äußert sich zum Teil bereits äußerlich sichtbar als Durchtrittigkeit oder durch einen „Hängerücken"; palpatorisch eignet sich zur Beurteilung vor allem das Sprunggelenk: Bei den meisten Hunden ist dies nicht vollständig bis auf 180° zu strecken – eine 180°-Streckung bzw. Hyperextension spricht für weiches Bindegewebe.

Rückenlinie Betrachtet man die Rückenlinie verschiedener Hunde, so kann diese gerade, aber auch nach hinten abfallend oder überbaut sein. Von einer **geraden** Rückenlinie spricht man, wenn sich Schulter und Kruppe des Hundes auf einer Höhe befinden (dabei ist der Brust- und Lendenwirbelsäulenbereich leicht kyphotisch mit einer scheinbaren Vertiefung über dem 10. Brustwirbel, welcher den kürzesten Dornfortsatz besitzt); dies entspricht der physiologischen Normalform des Rückens. Bei einer **abfallenden** Rückenlinie liegt die Kruppe tiefer als die Schulterregion; diese Körperform findet sich vor allem beim Deutschen Schäferhund (Ausstellungstyp; „westdeutsche" Linien) und geht meist gleichzeitig mit einer starken Winkelung der Hintergliedmaßen einher. Leider finden sich bei Hunden mit solch abfallender Rückenlinie häufig Instabilitäten und Verschleißerscheinungen im Bereich der Hüftgelenke und des lumbosakralen Übergangs. Dadurch sind solche Hunde auch anfällig für das Cauda-equina-Kompressions-Syndrom (S. 278), sodass diese Rückenform im Hinblick auf einen sportlichen Einsatz der betroffenen Hunde zumindest kritisch betrachtet werden muss. Von einer **überbauten** Rückenlinie spricht man, wenn die Kruppe höher ist als die Schulterregion; diese kann mit verschiedenen anderen Merkmalen kombiniert auftreten: Bei vielen Windhunden geht die überbaute Rückenlinie mit einem relativ steil gestellten Becken, einer aufgezogenen Unterbauchlinie und einer entsprechend stark kyphotisch gewölbten Lendenwirbelsäule einher. Dies ist günstig für die schnelle Fortbewegung im Galopp, welche in dieser Gangart wesentlich durch die Extensions- und Flexionsbewegungen der Wirbelsäule mit beeinflusst wird, und stellt somit eine Anpassung an die Geschwindigkeitsanforderungen dieser Hunde dar. Auch bei vielen Border Collies findet sich häufig eine überbaute Rückenlinie, welche meist mit relativ langen und stark gewinkelten Hinterbeinen verbunden ist. Hier hat sich diese Körperform wahrscheinlich in Anpassung an die bevorzugte Arbeitshaltung an Schafen mit geducktem Vorderkörper entwickelt. Auch bei Hunden mit sehr steilen Winkeln im Bereich der Hintergliedmaßen kann die Kruppe höher erscheinen als die Schulter.

Gliedmaßenwinkelung Führt man sich das Masse-Feder-Modell (S. 123) vor Augen, so wird deutlich, dass eine zu steile Gliedmaßenwinkelung von Nachteil für die Energieausnutzung in der zyklischen Vorwärtsbewegung ist. Vor allem im Bereich der Hintergliedmaßen bedingt eine steile Winkelung von Knie- und Sprunggelenk außerdem, dass der Hund nur relativ wenig Schub aus diesen Gelenken nach vorne-oben entwickeln kann und dadurch im Hinblick auf alle Sprungbewegungen und -sportarten benachteiligt ist!

Fazit

Insgesamt ist zu betonen, dass bei allen Körpermerkmalen eine zu extreme Ausprägung Nachteile für die Bewegung mit sich bringt und auf Dauer zu Problemen führen kann. Dies gilt sowohl im Hinblick auf die Rückenlinie als auch in Bezug auf die Gliedmaßenwinkelung.

4.10.2 Rassetypische Besonderheiten

Neben den Aspekten, die sich allein aus der Körpergröße bzw. der Körperform eines Hundes ableiten und so eigentlich für Rasse- und Mischlingshunde gleichermaßen zutreffen, finden sich immer wieder auch rassebedingte Besonderheiten, die zu einem großen Anteil auf genetische Prädispositionen zurückzuführen sind. Dabei ist es für einige Erkrankungen wie beispielsweise die Hüftgelenksdysplasie (HD) unstrittig, dass zum einen eine **genetische Veranlagung** besteht und zum anderen diese Veranlagung einer sportlichen Nutzung des Hundes entgegensteht – für manche anderen Veränderungen sind solche Zusammenhänge jedoch noch lange nicht so gut dokumentiert und entsprechend auch noch nicht so breit akzeptiert, sondern werden von Sportlern, vor allem aber auch von Züchtern immer wieder infrage gestellt.

Die Schwierigkeit liegt hierbei auch darin, dass teilweise Formulierungen im Rassestandard, teilweise aber auch nur Modetrends in der Auslegung dieser Standards eine bestimmte Körperform begünstigen, die jedoch wiederum mit gewissen körperlichen Problemen einhergeht. Als extremes Beispiel können hier sicherlich die **brachyzephalen Hunderassen** genannt werden, bei denen der Trend zur immer stärkeren Verkürzung des Gesichtsschädels zu einer deutlichen Zunahme an Atemwegsproblemen geführt hat, die sich zum Teil nur noch durch chirurgische Interventionen (Kürzung des Gaumensegels; operative Weitstellung der Nasenlöcher etc.) lindern lassen. Hier wird aus Tierschutzsicht diskutiert, ob auf diesen Umstand der „Qualzuchtparagraf" zutrifft. Eine ähnliche Problematik, die für die betroffenen Hunde weniger akut lebensbedrohlich, dafür im Sportbereich jedoch von größerer Bedeutung ist, betrifft den **Deutschen Schäferhund**: In dieser Rasse lässt sich vor allem in den (westdeutschen) Ausstellungslinien ein deutlicher Trend zu einer nach hinten hin abfallenden Rückenlinie bei extrem stark gewinkelter Hinterhand beobachten – gleichzeitig zeigt sich in dieser Rasse nicht nur das gehäufte Auftreten von Hüftgelenksdysplasie, sondern auch eine hohe Inzidenz an Problemen im Bereich des lumbosakralen Übergangs (Cauda-equina-Kompressions-Syndrom; lumbosakrale Instabilität und lumbosakrale Stenose). Mittlerweile konnte durch verschiedene Untersuchungen belegt werden, dass beim Deutschen Schäferhund tatsächlich anatomische Unterschiede zu anderen Rassen im Bereich der kleinen Wirbelgelenke der Lendenwirbelsäule und des lumbosakralen Übergangs bestehen.

Von vielen Hundesportlern, die einen Deutschen Schäferhund führen, wird es zwar als problematisch wahrgenommen, dass der Hund beim Sprung Schwierigkeiten hat, eine ausreichende Kraft aus der Hinterhand zu entwickeln. Der Zusammenhang zum Körperbau des Hundes (oftmals stark kuhhessige Stellung der Hinterbeine; abfallende Rückenlinie; Überwinkelung der Hintergliedmaßen) wird jedoch häufig nicht erkannt. Aussagen, dass ein solches Gangbild rassetypisch sei und der betroffene Hund meist auch schon seit dem Junghundalter das entsprechende Bewegungsbild zeige, sind oft zutreffend. Dennoch ist dieses Bewegungsbild oftmals Ausdruck einer Pathologie bzw. Instabilität im Bereich der Hüftgelenke und bzw. oder des lumbosakralen Übergangs und eben nicht als physiologisch zu beurteilen, auch wenn es innerhalb der Rasse mit einer deutlichen Häufung auftritt!

Abgesehen von rein körperbaulichen Voraussetzungen spielen jedoch auch weitere Faktoren eine Rolle bei der Eignung bestimmter Hunderassen für

▶ **Tab. 4.4** Ausgewählte Hundesportarten und häufig verwendete Rassen.

Hundesportart	Hunderassen
Agility	• Mini: Sheltie, Terrierrassen • Medi: Sheltie, Mini-Aussie, Kooikerhondje, Jack-Russel-Terrier, Berger des Pyrenées • Maxi: Border Collie, Australian Shepherd, Belgische Schäferhunde • Durch die körperlichen Anforderungen sind vor allem Hunde mit ausgewogenen Proportionen im Vorteil; schwere Rassen sowie chondrodystrophische Rassen sind eher benachteiligt.
Turnierhundsport	• Aufgrund der fehlenden Größeneinteilung sind hier mittlere bis größere Laufhundtypen im Vorteil.
Gebrauchshundsport	• vor allem traditionelle „Gebrauchshundrassen“ wie Deutsche und Belgische Schäferhunde, Boxer, Airedale Terrier, Hovawarte, Rottweiler, Dobermänner, Riesenschnauzer
Rettungshundearbeit	• Retriever, Schäferhunde, Mischlinge • Vor allem in der Trümmersuche sind auch hier mittlere bis größere Hunde vom Laufhundtyp im Vorteil.
Hütearbeit	• Unterschiedliche Wettbewerbe („Trials“) für Border Collies und Australian Shepherds vs. Leistungshüten für Deutsche Schäferhunde; Arbeitsaufgaben sind an den jeweiligen – zum großen Teil genetisch bedingten – Arbeitsstil der Hunde angepasst.
jagdliche Arbeit	• (fast) ausschließlich Jagdhunderassen
Windhundrennen	• (fast) ausschließlich Windhundrassen
Schlittenhunderennen	• nordische Hunderassen und verschiedene Hounds ⇒ je nach Distanz Rassen bzw. Linien, die für die spezifischen Anforderungen geeignet sind

einzelne Sportarten (▶ **Tab. 4.4**): Einige Arbeitsaufgaben und auch einige Hundesportarten sind jeweils so speziell, dass sie ohnehin fast nur mit Hunden bestimmter Rassen bzw. Typen ausgeübt werden. Dies liegt daran, dass die Ausführung bestimmter Aufgaben an spezielle, z. T. stark durch die Genetik des Hundes beeinflusste **Verhaltensweisen** bestimmt wird (z. B. Hütewettbewerbe, „Trials“, für Border Collies; Hütewettbewerbe für Australian Shepherds; bestimmte Teilgebiete der jagdlichen Ausbildung).

Demgegenüber existiert jedoch auch eine Vielzahl von Sportarten und Aufgaben, die **prinzipiell von Hunden aller Rassen und Mischlingen** ausgeübt werden können. Zu den momentan beliebtesten dieser Sportarten gehören Agility, Obedience, Flyball und Turnierhundsport. Vor allem für die schnelleren dieser Sportarten sind generell Laufhundtypen mit einer gewissen Beinfreiheit besser geeignet als beispielsweise chondrodystrophische oder brachyzephale Hunderassen. Im Obedience, wo vor allem das konzentrierte und präzise Arbeiten im Vordergrund steht, spielen diese körperlichen Anforderungen eine weniger große Rolle. Hier sind wiederum eher das Lernverhalten sowie die Motivationsbereitschaft des Hundes von Bedeutung.

Fazit

An dieser Stelle sei nochmals auf die entsprechende Fachliteratur und die in der Jenaer Bewegungsstudie exakt beschriebenen Bewegungsabläufe der 32 untersuchten Hunderassen verwiesen. Allerdings wurden viele der momentan im Sportbereich am häufigsten anzutreffenden Hunderassen (Belgische Schäferhunde, Border Collies, Australian Shepherds und Shelties) in dieser Studie leider nicht untersucht. Studien zum Sprungverhalten im Agility konnten mittlerweile jedoch auch grundsätzliche Unterschiede im Sprungstil von Collie-Rassen und anderen Hundetypen darlegen.

5 Allgemeine Grundlagen für ein erfolgreiches Training

5.1 Prinzipien der Trainingslehre

Der Begriff **Training** bedeutet, mithilfe adäquater Übungen eine Verbesserung der körperlichen Leistungsfähigkeit zu erreichen. Er impliziert außerdem, dass die Übungseinheiten mit einer gewissen Regelmäßigkeit durchgeführt werden. Insofern wird der Trainingsbegriff im Hundesportbereich oft recht ungenau verwendet, da zwar meist regelmäßig ein- oder zweimal pro Woche trainiert wird – nicht immer steht dabei jedoch die gezielte Verbesserung der körperlichen Leistung anhand eines ausgearbeiteten Trainingsplanes im Fokus.

Als **Trainingslehre** wird die Lehre der Vermittlung von Kenntnissen zur Durchführung eines sportlichen Trainings mit der Zielsetzung der Leistungssteigerung bezeichnet. Weitere Ziele können der Erhalt oder die Verbesserung der körperlichen Fitness sein. Die Trainingslehre beschäftigt sich dabei mit allgemeingültigen Trainingsprinzipien, aber auch mit konkreten Trainingsmethoden und Trainingsinhalten. Die **Trainingssteuerung** berücksichtigt physiologische Faktoren wie das Alter, den Trainingszustand und die Erholungsfähigkeit eines Individuums.

Der Begriff **Trainingsplanung** bezieht sich auf einen längeren Zeitraum; er umfasst folgende Schritte:

- Ist-Zustand-Analyse
- Definition von Trainingszielen
- Umsetzung der Trainingsziele anhand von Trainingsplänen
- Trainingsperiodisierung zur Erreichung des maximalen Leistungsvermögens zu einem bestimmten Zeitpunkt

Im Training reagiert der Körper auf **Belastungsreize** mit einer Folgekette:

- Belastungsreiz
- Störung der Homöostase
- Adaption im Sinne einer körperlichen Anpassung
- Leistungsverbesserung

Jeder Bewegungs- und Belastungsreiz führt zu einem Substanzabbau; dieser bedingt jedoch gleichzeitig den Reiz zum Neuaufbau von Gewebe. Die Leistungsverbesserung des Körpers erfolgt also in Anpassung an einen Belastungsreiz, der so hoch ist, dass er das körperliche Gleichgewicht kurzfristig stört. Man nennt diesen Mehraufbau bzw. diese Leistungsverbesserung auch **Trainingseffekt** bzw. **Superkompensation** (S. 130).

Um einen Belastungsreiz beschreiben zu können, müssen dessen **Belastungskomponenten** genauer definiert werden. Die Auswahl dieser Komponenten ist entscheidend für die Erzielung eines Trainingseffekts. Ein Belastungsreiz besteht aus folgenden Komponenten:

- **Reizintensität:** Stärke des einzelnen Reizes
  - in Relation zur individuellen Maximalleistung
  - die Abstufung der Reizintensität ist wie folgt definiert:
    - gering: 20–40 % der Maximalleistung
    - leicht: 35–60 % der Maximalleistung
    - mittel: 50–75 % der Maximalleistung
    - submaximal: 70–90 % der Maximalleistung
    - Maximalleistung (85–100 %)
- **Reizdauer:** Dauer des Einzelreizes; je höher die Reizintensität, desto kürzer muss die Reizdauer sein und umgekehrt.
- **Reizdichte:** Verhältnis von Belastungs- zu Erholungsphasen, d. h. von Reizdauer zu Reizpause; man unterscheidet Pausen mit
  - vollständiger Erholung
  - unvollständiger Erholung
- **Reizhäufigkeit:** Zahl der Einzelreize bezogen auf eine Zeiteinheit; in der Regel wird mit **Reizserien** gearbeitet
- **Reizumfang:** Dauer und Zahl aller Trainingsreize einer Trainingseinheit
- **Trainingshäufigkeit:** Zahl der Trainingseinheiten pro Woche

Für die Verbesserung der körperlichen Leistungsfähigkeit und somit auch für die Entwicklung des sportlichen Leistungsvermögens spielen alle diese Faktoren eine Rolle. Ein Reiz muss insgesamt hoch genug, also **überschwellig** sein, um morphologische und funktionelle Anpassungserscheinungen hervorzurufen. Von besonderer Bedeutung ist außerdem die Trainingshäufigkeit, d. h. der Abstand zwischen den einzelnen Trainingseinheiten.

Der Effekt von Training beruht darauf, dass der Körper auf eine erhöhte Belastung durch einen überschwelligen Reiz mit einer möglichst ökonomischen Anpassung bzw. **Adaptation** reagiert. Diese Anpassungsreaktionen beschränken sich jedoch nicht allein auf das Muskelgewebe, sondern erstrecken sich auf viele Organsysteme und laufen darüber hinaus auch auf allen Organisationsebenen ab:

- Das **ZNS** (Zentralnervensystem) ist durch seine Plastizität gekennzeichnet: Neuromuskuläre Abläufe können über den Prozess der **Fazilitation** angebahnt werden, sie laufen effektiver ab, was eine verbesserte inter- und intramuskuläre Koordination bewirkt.
- In der Folge reagiert das **Herz-Kreislauf-System**, indem es die Muskulatur unter Belastung besser mit Blut und dadurch auch mit Nährstoffen und Sauerstoff versorgt.
- Dadurch wird wiederum die Stoffwechsellage im **Muskel** beeinflusst: Die Anzahl der Mitochondrien nimmt zu, wodurch die aerobe Energiegewinnung verbessert wird und die Muskelfasern können sich je nach Training verdicken oder ineinander umwandeln.
- Längerfristig passen sich auch **Sehnen- und Knochengewebe** durch Umbauprozesse an veränderte Belastungen an. Demgegenüber können sich Gelenke nur sehr bedingt an veränderte Belastungen anpassen; dadurch sind sie besonders häufig von Verschleißerscheinungen betroffen.

5.2 Superkompensation

Zum Phänomen der **Superkompensation** (▶ Abb. 5.1) kommt es, da durch einen überschwelligen Reiz die Energiereserven des Körpers verbraucht werden und die Muskulatur überlastet wird (Degeneration). Der Körper reagiert hierauf, indem er die durch das Training vor allem in der Muskulatur entstandenen Schäden beseitigt und die Energiereserven regeneriert. Während dieser Regenerationsprozesse ist die Leistungsfähigkeit des Körpers zunächst niedriger als vor der Trainingsbelastung. Nun reagiert der Organismus jedoch mit einer Über- oder Superkompensation und regeneriert über das zuvor vorhandene Ausgangsniveau hinaus. Auf diese Weise bereitet er sich auf eine eventuell erneut auftretende, hohe Beanspruchung vor. Diese verbesserte Leistungsfähigkeit bleibt nun für einen gewissen Zeitraum – für die meisten Gewebe und Organsysteme sind dies etwa 12–72 h – bestehen.

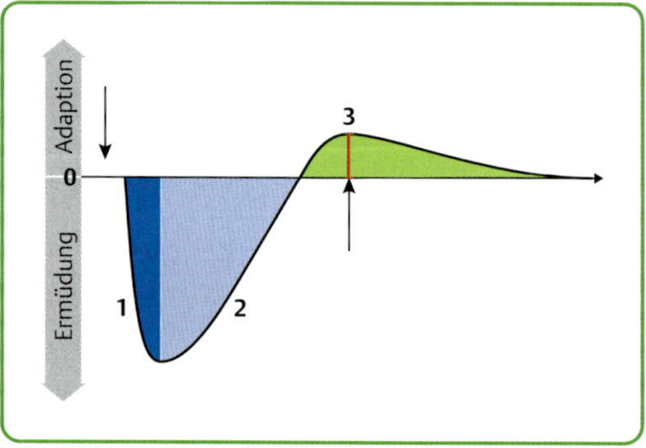

▶ **Abb. 5.1** Zum Phänomen der Superkompensation kommt es, wenn ein überschwelliger Trainingsreiz (linker Pfeil) gesetzt wird und der nächstfolgende Trainingsreiz (rechter Pfeil) nach Ablauf von Ermüdung (1) und Regeneration (2) in der Superkompensationsphase (3) erfolgt. Hier zeigt sich eine Steigerung in der Leistungsfähigkeit (roter Balken) zum Ausgangsniveau (0).

Um die Leistungsfähigkeit im Training progressiv zu steigern (▶ **Abb. 5.2**), muss ein erneuter Trainingsreiz in der Phase der erhöhten Leistungsfähigkeit gesetzt werden (▶ **Abb. 5.3a**). Es kommt dann zu einer weiteren Degeneration, Regeneration und erneuten Superkompensation. Die Leistungssteigerung, die durch diese optimale Abfolge an Trainingsreizen erzielt werden kann, wird als **Progression** bezeichnet.

Werden die Abstände zwischen den einzelnen Trainingseinheiten zu groß oder zu klein gewählt, so stagniert das Leistungsniveau oder sinkt im ungünstigsten Falle sogar ab: Bei einem zu großen zeitlichen Abstand (▶ **Abb. 5.3b**) erfolgt der erneute Belastungsreiz erst dann, wenn die Phase der erhöhten Leistungsfähigkeit bereits vorüber und der Körper zum ursprünglichen Leistungsniveau zurückgekehrt ist.

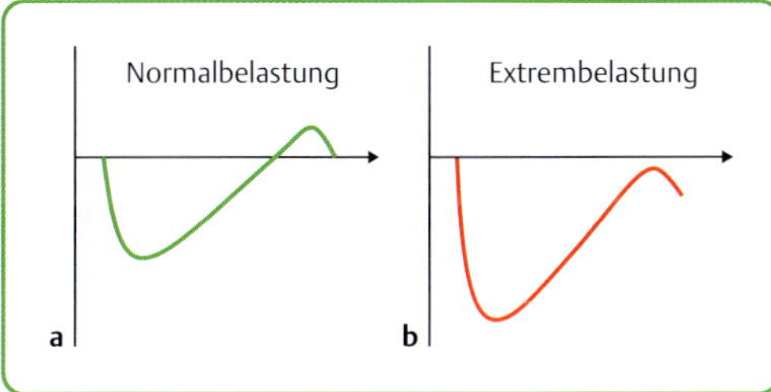

▶ **Abb. 5.2** Damit ein Trainingsreiz zu Adaptationsprozessen im Körper führt, muss er ausreichend hoch sein; ein zu hoher Trainingsreiz führt dagegen zu einer Verschlechterung des Leistungsniveaus. Die Ermüdung ist hierbei stärker, die Regeneration unvollständig.

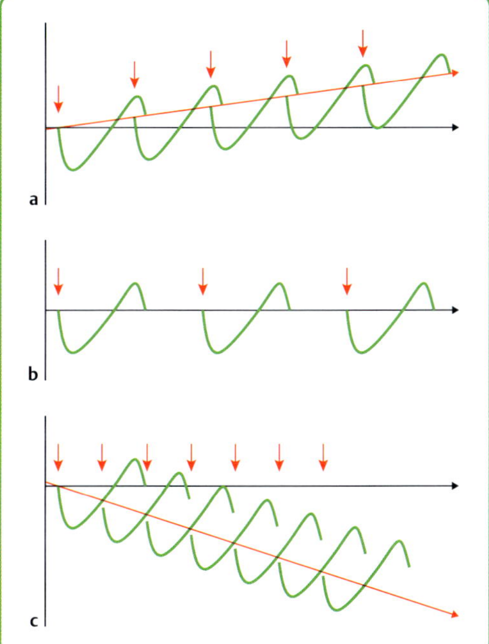

▶ **Abb. 5.3** Werden die Abstände zwischen den Trainingseinheiten optimal gewählt (a), so steigt das Leistungsniveau des Körpers an (Progression); bei zu langen Intervallen (b) bleibt das Leistungsniveau gleich (Stagnation); bei zu kurz gewählten Intervallen (c) sinkt das Leistungsniveau sogar ab, da die Regenerationszeiten zu kurz sind.

a Optimale Intervalle: Das Leistungsniveau des Körpers wird angehoben, indem der Reiz in der Superkompensationsphase gesetzt wird.

b Zu lange Intervalle, d. h., es wird zu selten trainiert: Das Leistungsniveau bleibt auf dem Ausgangsniveau.

c Zu kurze Intervalle, d. h., es wird zu häufig trainiert und dem Körper wird zu wenig Regenerationszeit gewährt: Das Leistungsniveau verschlechtert sich.

Finden die Trainingseinheiten hingegen zu schnell nacheinander statt (▶ **Abb. 5.3c**), so führt dies insgesamt sogar zu einer Abnahme der sportlichen Leistungsfähigkeit, da sich das zuvor beanspruchte Gewebe noch nicht ausreichend regenerieren konnte.

Die Regenerationsdauer ist für verschiedene Organsysteme und Gewebe unterschiedlich. Dadurch unterscheiden sich auch die zeitlichen Intervalle, die zwischen zwei Trainingseinheiten liegen sollten. Bisher wurde dies jedoch für die Tierart Hund noch nicht im Einzelnen untersucht, sodass sich die Empfehlungen für die konkrete Trainingsgestaltung aus dem Humanbereich ableiten. Für den Menschen konnte gezeigt werden, dass sich eine Verbesserung der konditionellen Grundeigenschaften (S. 131) Ausdauer, Kraft, Schnelligkeit, Koordination und Beweglichkeit in der Regel nur dann erzielen lässt, wenn je nach Art des Trainings bzw. der trainierten Grundeigenschaft 2–4 Trainingseinheiten pro Woche erfolgen. Das erreichte Leistungsniveau kann dann in der Regel mit etwas weniger Einheiten pro Woche gehalten werden. Dabei kann die Leistungsfähigkeit eines Organismus natürlich nicht beliebig gesteigert werden, sondern ist durch gewebespezifische, speziesspezifische, aber auch genetische und individuelle Faktoren nach oben hin begrenzt. Konkrete Beispiele, wie eine Wochenplanung für verschiedene Sportarten aussehen kann, finden sich in den Kapiteln Periodisierung (S. 143) und Beispiele für Trainingspläne (S. 234).

5.3 Die motorischen Hauptbeanspruchungsformen

Der Begriff **Beanspruchung** bezeichnet in der Trainingslehre die individuelle Reaktion eines Körpers auf eine Belastung. Sie lässt sich an verschiedenen körperlichen Reaktionen wie beispielsweise der Steigerung der Herzfrequenz messen. Der Beanspruchungsgrad beschreibt die Höhe der Beanspruchung; diese wird natürlich durch die Höhe der Belastung, aber auch durch die Leistungsfähigkeit bzw. den Trainingszustand des Individuums bestimmt. Je nach körperlichen Voraussetzungen kann die Beanspruchung zweier Lebewesen bei derselben Leistung sehr unterschiedlich sein: So reagiert ein untrainierter Hund nach einer kurzen Laufstrecke bereits mit einer deutlichen Erhöhung der Herzfrequenz, während ein gut trainierter Hund nach der gleichen Belastung immer noch eine niedrige Herzfrequenz aufweist. Jeder Körper reagiert unmittelbar nach einer Beanspruchung mit **Ermüdung**; innerhalb dieser Phase ist die körperliche Leistungsfähigkeit vorübergehend vermindert. Danach laufen jedoch verschiedene Anpassungsvorgänge im Körper ab, die letztendlich zum Phänomen der Superkompensation führen.

Je nachdem, welche Eigenschaft durch eine Beanspruchung trainiert wird, können fünf **motorische Hauptbeanspruchungsformen** unterschieden werden; bisweilen wird auch der Begriff **konditionelle Grundeigenschaften** synonym hierfür verwendet. Die fünf Eigenschaften sind **Ausdauer, Kraft, Schnelligkeit, Koordination und Beweglichkeit** bzw. Flexibilität. Dabei werden die ersten drei Eigenschaften auch als „klassische" Hauptbeanspruchungsformen, Koordination und Flexibilität im Gegensatz dazu als „selektive motorische" Beanspruchungsformen bezeichnet.

Die Differenzierung dieser fünf Eigenschaften als Grundeigenschaften liegt unter anderem darin begründet, dass für bestimmte Leistungen, also auch für bestimmte Anforderungen im Hundesport, zwar immer eine Kombination aus mehreren dieser Aspekte erforderlich ist, diese jedoch nicht gleichzeitig trainiert bzw. verbessert werden können, da sich diese zum Teil sogar reziprok entgegenstehen.

Praxistipp

In bestimmten Hundesportarten wird immer eine Kombination mehrerer Hauptbeanspruchungsformen gefordert. Zusätzlich zum eigentlichen Sporttraining müssen die unterschiedlichen Komponenten aber einzeln trainiert werden.

Soll beispielsweise eine Bewegung mit maximaler Geschwindigkeit ausgeübt bzw. eine Strecke mit maximaler Geschwindigkeit zurückgelegt werden (Eigenschaft **Schnelligkeit**), so kann dies nicht gleichzeitig mit maximaler Kraft geschehen, d. h., es kann dabei nicht noch zusätzlich ein Gewicht bewegt werden (Eigenschaft **Kraft**).

Soll hingegen die Ausdauerleistung verbessert und beispielsweise eine zyklische Bewegung (Traben am Fahrrad) über einen langen Zeitraum (60 min) trainiert werden (Eigenschaft **Ausdauer**), so kann der Hund dabei nicht mit maximaler Geschwindigkeit (Eigenschaft **Schnelligkeit**) laufen.

5.3.1 Ausdauer

Definition

Als Ausdauer wird die psychophysische **Ermüdungswiderstandsfähigkeit** des Sporthundes bezeichnet.

Ausdauer spielt in fast allen Hundesportarten eine wichtige Rolle sowohl für die Belastbarkeit im Training als auch für die Wettkampfleistung. Ohne ausreichende Ausdauer kommt es zu einer vorzeitigen Ermüdung, der Hund ist im Wettkampf weniger belastbar und macht mehr Fehler; im Training verkürzt sich die Übungszeit. Dies wirkt sich wiederum ungünstig auf die Lerneffekte im Training aus. Durch mangelnde Ausdauer steigt außerdem das Verletzungsrisiko. Bestimmend für die Grundeigenschaft der Ausdauer sind verschiedene Organfunktionen. Hierzu zählen insbesondere das Herz-Kreislauf-System, der Muskelstoffwechsel und die neuromuskuläre Koordination.

Es können verschiedene Ausdauerarten unterschieden werden:

- nach der Art der ausgeführten Bewegungen
  - **zyklische Ausdauer**: Es werden über eine längere Zeitdauer zyklisch immer wiederkehrende, gleich bleibende Bewegungen ausgeführt (z. B. Langstreckenlauf).
  - **azyklische Ausdauer**: Es werden über einen längeren Zeitraum unterschiedliche Bewegungen ausgeführt; dabei kommt es sowohl zu Belastungsspitzen als auch zu relativen Ruhephasen (z. B. Ballsportarten beim Menschen)
- nach Umfang der eingesetzten Muskulatur
  - **lokale** Ausdauer (weniger als ⅓ der Muskulatur wird beansprucht)
  - **regionale** Ausdauer (zwischen ⅓ und ⅔ der Muskulatur werden beansprucht)
  - **globale** Ausdauer (mehr als ⅔ der Muskulatur werden beansprucht)

- **allgemeine** Ausdauer (wird auch als **grundlegende Gesamtausdauerleistungsfähigkeit** oder **Grundlagenausdauer** bezeichnet): Durch unterschiedliche Bewegungsabläufe werden verschiedene Muskelgruppen über einen längeren Zeitraum beansprucht; die allgemeine Ausdauer ist in erster Linie durch eine sportartunabhängige Verbesserung der Herz-Kreislauf-Funktion gekennzeichnet; diese Form der Grundlagenausdauer kann noch weiter untergliedert werden, diese Unterteilung findet im Praxisteil (S. 194) Anwendung:
    - **Grundlagenausdauer I:** Hierbei handelt es sich um eine Art Basisausdauerfunktion zur Entwicklung weiterer Fähigkeiten im Sport, sodass diese Form der Grundlagenausdauer nicht nur für Leistungssporthunde in Ausdauersportarten, sondern auch für alle anderen Sportarten wie beispielsweise Agility von Bedeutung ist; sie ist gekennzeichnet durch eine aerobe Energiegewinnung.
    - **Grundlagenausdauer II:** Hierbei handelt es sich um eine stärker sportartspezifische Form der Ausdauer für den Leistungs- und Hochleistungssport bei Ausdauersportarten; sie ist durch eine gleichermaßen aerobe und anaerobe Energiebereitstellung gekennzeichnet.
- **spezielle** Ausdauer (wird auch als **disziplinspezifische Ausdauerfähigkeit** bezeichnet): Diese bezieht sich auf die sportartspezifischen Belastungsanforderungen; gegenüber dem Training der Grundlagenausdauer ist beim spezifischen Ausdauertraining vor allem die Belastungsintensität höher, da mit maximalen bzw. submaximalen Belastungsreizen gearbeitet wird (intensive Intervallmethode). Diese Form der Ausdauer ist vor allem für die Sportarten von Bedeutung, bei denen auch im Wettkampf nur sehr kurze, aber intensive Belastungen auftreten (Agility, Flyball, Frisbee, Laufdisziplinen beim THS). Hierfür muss vor allem die anaerobe Ausdauer trainiert werden.
- nach der Art der Energiebereitstellung im Muskel (▶ **Abb. 5.4**)
    - aerobe Ausdauer
    - anaerobe Ausdauer

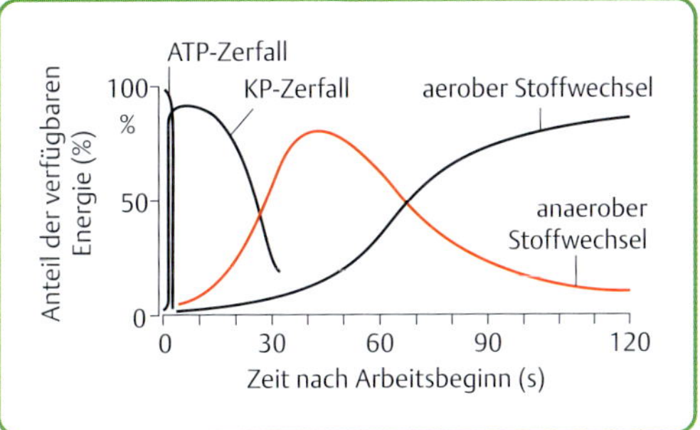

▶ **Abb. 5.4** Aerobe und anaerobe Ausdauer: Zu Beginn der Muskelarbeit wird schnell verfügbare Energie (ATP über KP) durch anaerobe Stoffwechselprozesse bereitgestellt. Erst nach etwa 1 min überwiegen die aeroben Stoffwechselprozesse. (aus: von Engelhardt W et al. Physiologie der Haustiere. 5. Aufl. Stuttgart: Enke; 2015)

Im Bereich der **aeroben Ausdauer** steht genügend Sauerstoff zur oxidativen Verbrennung von Glykogen und freien Fettsäuren in den Mitochondrien zur Verfügung. Bei dieser Form der Energiebereitstellung stehen Sauerstoffaufnahme und Sauerstoffverbrauch im Gleichgewicht. Sie läuft jedoch erst nach einer Belastungszeit von etwa 2–4 min an. Dabei werden zunächst Kohlehydrate und erst nach einer Belastung von etwa 15–30 min auch die Fettsäuren zur Energiegewinnung genutzt. Das Training der aeroben Ausdauer im Hundesport dient vor allem der Verbesserung der Grundlagenausdauer.

Bei der **anaeroben Ausdauer** laufen die Stoffwechselvorgänge zur Energiebereitstellung im Muskel ohne Beteiligung von Sauerstoff außerhalb der Mitochondrien ab. Innerhalb der ersten Sekunden einer Belastung erfolgt dies alaktazid, also ohne Bildung von Milchsäure. Bei fortgesetzter Belastung (> 20 sec, < 2 min) wird Glukose zu Milchsäure umgebaut (laktazid). Die Ansammlung von Laktat im Muskel führt zu einer Absenkung des pH-Wertes. Bei einem pH-Wert unterhalb 6,4 spricht man von einer Azidose. Diese führt zu einer vollständigen Blockierung der anaeroben Stoffwechselvorgänge. Die Messung des Laktatspiegels ist eine beim Menschen häufig eingesetzte Methode zur Trainingskontrolle und Steuerung. In den meisten Hundesportarten spielt aufgrund der nur kurzzeitig hohen Belastungsspitzen (vgl. Dauer eines Laufes im Agility; Dauer, die für die verschiedenen Bahnen bei den Laufdisziplinen im THS-Vierkampf benötigt wird) vor allem die anaerobe Ausdauer eine wesentliche Rolle.

Im Bereich des **Ausdauertrainings** (S. 194) wird zwischen Dauer- und Intervallmethoden unterschieden; dabei kann ein Ausdauertraining für Hunde z. B. als Lauftraining am Fahrrad erfolgen:

Die **Dauermethoden** sind dadurch gekennzeichnet, dass eine ununterbrochene trainingswirksame Belastung über einen langen Zeitraum erfolgt. Trainingsziele sind dabei unter anderem die Stabilisierung eines Leistungsniveaus sowie die Regenerationsverbesserung während leichter Belastung. Es existieren drei Varianten der Dauermethode:

- **kontinuierliche Dauermethode**: Laufen bei gleich bleibender Geschwindigkeit (z. B. mittlere Trabgeschwindigkeit von ca. 10 km/h)
- **variable Dauermethode**: planmäßiger Wechsel der Intensität bzw. Geschwindigkeit des Laufens innerhalb einer gewissen Bandbreite (z. B. Wechsel zwischen langsamer und mittlerer Trabgeschwindigkeit von 6–10 km/h)
- **Fahrtspiel**: unplanmäßiger, geländebedingter Wechsel der Intensität bzw. Geschwindigkeit von niedrig bis maximal (alle Tempowechsel zwischen Schritt-Tempo und Galopp)

Kennzeichen von **Intervallmethoden** ist ein planmäßiger Wechsel zwischen Belastungs- und Entlastungsphasen. In den Entlastungsphasen kommt es dabei nicht zur vollständigen Erholung; man spricht daher von unvollständigen Pausen. Trainingsziele der Intervallmethoden sind die Erweiterung der aeroben Kapazität sowie das Training der Laktatkompensation. Die beiden Formen der Intervallmethode variieren in der Belastungsintensität und der Belastungsdauer:

- **extensive Intervallmethode**: Belastungsphasen von relativ geringer Intensität bei kürzeren Pausen
- **intensive Intervallmethode**: Belastungsphasen von höherer Intensität bei längeren Pausen

Das Ausdauertraining findet im Hundesport zum Aufbau der Grundlagenausdauer bei untrainierten Hunden einerseits sowie zum Erhalt dieser Grundlagenausdauer andererseits statt. Eine besondere Bedeutung hat das Ausdauertraining auch in Sportarten, bei denen Hunde über längere Distanzen laufen.

Untersuchungen am Menschen haben ergeben, dass sich die Grundeigenschaft der Ausdauer durch eine Trainingspause wesentlich schneller verschlechtert als die übrigen Beanspruchungsformen. So verringert eine Trainingsunterbrechung von 10 Tagen bei trainierten Mittelstreckenläufern die sportartspezifische Ausdauer bereits um knapp 40 %. Diese Einbuße ist vor allem auf eine Reduktion der Sauerstoffaufnahmekapazität zurückzuführen.

5.3.2 Kraft

Definition

In der Sportphysiotherapie gilt Kraft als die Fähigkeit, eine Masse zu bewegen, einen Widerstand zu überwinden oder einem Widerstand durch Muskelaktivität entgegenzuwirken.

Krafttraining bezeichnet ein körperliches Training, bei dem das Hauptaugenmerk auf der Steigerung der Kraftfähigkeit sowie der Erhöhung der Muskelmasse liegt. In der Sportphysiotherapie wird **Kraft** definiert als Fähigkeit, eine Masse zu bewegen, einen Widerstand zu überwinden oder einem Widerstand durch Muskelaktivität entgegenzuwirken. Dieser Kraftbegriff geht über die rein physikalische Kraftdefinition (Kraft = Masse × Beschleunigung) hinaus und beinhaltet, dass über die Reaktionen des Muskelstoffwechsels biochemische Energie in mechanische Energie umgewandelt wird. Für diese Muskelaktivierung sind außerdem Impulse des Nervensystems erforderlich, sodass die Umsetzung von Kraft in Bewegung eng an die Eigenschaft der Koordination gebunden ist. Unter der allgemeinen Kraft versteht man die sportartunabhängige Kraft aller Muskelgruppen; Kraft ist die Fähigkeit, Muskeln effektiv zu nutzen und einen Körper schnell und dynamisch voranzutreiben.

Es werden drei Kraftformen unterschieden: Maximalkraft, Schnellkraft und Kraftausdauer. In den verschiedenen Hundesportarten findet sich immer eine Kombination aller drei Kraftformen. Die **Maximalkraft** beschreibt die größtmögliche Kraft, die das neuromuskuläre System willkürlich gegen einen Widerstand ausüben kann. Sie bildet die Grundlage für die anderen Krafteigenschaften wie Kraftausdauer und Schnellkraft. Die Maximalkraft kann entsprechend den verschiedenen Formen der Muskelarbeit weiter unterteilt werden in die **statische** oder **isometrische** Maximalkraft einerseits, die gegen einen unüberwindlichen Widerstand ausgeübt wird und bei der sich die Muskellänge nicht verändert, und die **dynamische** Maximalkraft andererseits, die mit einer Änderung der Muskellänge einhergeht (dynamisch-konzentrisch: Muskelverkürzung; dynamisch-exzentrisch: Muskelverlängerung).

Die Maximalkraft wird durch verschiedene interne und externe Faktoren beeinflusst:

- interne Faktoren:
  - Muskelquerschnitt (je größer der Querschnitt, umso höher die Anzahl an Aktin- und Myosinfilamenten)
  - Muskelfaseranzahl
  - Verhältnis der Muskelfasertypen (Fast-Twitch- ↔ Slow-Twitch-Fasern)
  - intermuskuläre Koordination (Zusammenspiel der Agonisten bzw. Synergisten)
  - intramuskuläre Koordination (Rekrutierung, Frequentierung und Synchronisation der einzelnen Fasern innerhalb eines Muskels)
  - Muskelfaserlänge und Zugwinkel; Fiederung des Muskels
  - Muskelelastizität
  - Muskelvordehnung und Kontraktionsgeschwindigkeit (bei dynamischer Maximalkraft)
  - Geschlecht, Alter, Trainings- und Ernährungszustand des Hundes
  - Gewicht des Hundes (entscheidend ist in der Praxis nicht der absolute Wert der Maximalkraft, sondern die relative Kraft im Verhältnis zum Körpergewicht)
  - Vorbereitungszustand (Aufwärmen)
- externe Faktoren:
  - Tageszeit
  - Umgebungstemperatur
  - Motivationslage des Hundes

Da auch die Motivationslage eines Lebewesens die Maximalkraft beeinflusst, umfasst das Krafttraining beim Menschen neben physischen Trainingsmethoden auch das mentale Training. Dabei werden einerseits Motivationstechniken genutzt, andererseits aber auch Techniken, die mit der Vorstellung bestimmter Bewegungsabläufe und der ihnen zugrunde liegenden Muskelkontraktionen arbeiten. Auch durch diese Imagination von Bewegungen sind beim Menschen moderate Kraftzugewinne möglich. Dies stützt die Annahme, dass hier zentralnervöse Lerneffekte bei der Optimierung der muskulären Aktivierung eine Rolle spielen. Diese Form des Trainings ist jedoch beim Hund aufgrund des fehlenden Abstraktionsvermögens nicht praktikabel.

Der Begriff **Schnellkraft** bezeichnet die Fähigkeit des neuromuskulären Systems, in einer bestimmten Zeit einen möglichst großen Impuls zu erzeugen bzw. eine Bewegung in möglichst kurzer Zeit auszuführen. Dabei wird zwischen einmaligen, **azyklischen** Bewegungen, bei denen ein Gegenstand beschleunigt wird (z. B. Speerwurf, Tennis etc.), und wiederkehrenden, **zyklischen** Bewegungen unterschieden, wie sie beispielsweise im Sprint erfolgen. Im Hundesport spielen vor allem die zyklischen Bewegungen (Windhundrennen) bzw. Kombinationen von zyklischen Bewegungen mit azyklischen Komponenten eine Rolle (Flyball).

Die **Kraftausdauer** wird durch eine Kombination der Komponenten Maximalkraft und Muskelausdauer beeinflusst. Sie ist definiert als Ermüdungswiderstandsfähigkeit bei lang andauernden oder sich wiederholenden Belastungen mit statischer oder dynamischer Muskelarbeit. Sie spielt vor allem bei Ausdauersportarten (Geländeläufe und Rennen über größere Distanzen), aber auch in Sportarten, in denen wiederholte Sprungleistungen abgefragt werden (Agility), eine wichtige Rolle. Die Kraftkomponente bestimmt dabei die maximale Leistung in Bezug auf die einzelne Bewegung; die Ausdauerkomponente definiert den Ermüdungswiderstand, der der Dauerbelastung entgegengesetzt werden kann. Übungen zur Entwicklung der Kraftausdauer (S. 207) sollten etwa mit 60 % der Maximalintensität durchgeführt werden; es werden prinzipiell zwischen 5 und 10 Wiederholungen der Einzelübungen in 2–3 Serien empfohlen; zwischen den Einzelübungen erfolgen keine Pausen, zwischen den Serien werden Pausen von 1–2 min eingelegt.

Das **sportphysiotherapeutische** Krafttraining für Hunde kann prinzipiell in zwei Teilschritte untergliedert werden: Bei Vorliegen großer Kraftdefizite kommt es zunächst vor allem durch die Verbesserung der intramuskulären Koordination zu einer Steigerung der Muskelkraft. Ist die intramuskuläre Koordination gut und liegen nur noch geringe Kraftdefizite vor, kann eine weitere Steigerung der Kraft nur durch eine Hypertrophierung, d.h. durch eine Vergrößerung des Muskelquerschnittes, erreicht werden. Dieser zweite Schritt entspricht dem Bodybuilding beim Menschen. Ein solches Krafttraining ist beim Hund nicht praktikabel, sodass es im Training von Hunden vielmehr darum geht, die Koordination verschiedener Muskelfasergruppen innerhalb eines Muskels zu verbessern. Dadurch wird die funktionale Kraft trainiert, was wiederum zu einer Verbesserung von Stabilität und Dynamik führt.

Im **therapeutischen** Bereich werden Formen des Krafttrainings eingesetzt, um eine atrophierte Muskulatur wieder aufzutrainieren. Der atrophierte Muskel ist durch einen verringerten Muskelfaserquerschnitt, durch Veränderungen der kontraktilen Filamente, Störungen im Muskelstoffwechsel und eine schlechtere neuromuskuläre Koordination gekennzeichnet. Um wieder einen normotrophen Zustand zu erreichen, stehen die Steigerung der Maximalkraft und der Kraftausdauer im Vordergrund. In Untersuchungen am Menschen konnte dabei nachgewiesen werden, dass nach 2 Wochen mit jeweils 4 Trainingseinheiten zunächst eine Verbesserung der intermuskulären Koordination feststellbar ist. Nach etwa 6–8 Wochen stellen sich auch eine Verbesserung der intramuskulären Koordination sowie eine Intensivierung des Muskelstoffwechsels ein. Messbare Zunahmen des Muskelfaserquerschnittes treten erst nach 4–10 Wochen ein. Umgekehrt wurde bei Immobilisation ein sehr rascher Verlust der Maximalkraft nachgewiesen: Nach einer Ruhigstellung über 1 Woche kommt es bereits zu einem 20%igen Verlust der Maximalkraft, nach 4 Wochen beträgt die Maximalkraft nur noch etwa 50% des ursprünglichen Wertes.

5.3.3 Schnelligkeit

Definition

Schnelligkeit ist die Fähigkeit, motorische Aktionen innerhalb eines minimalen Zeitabschnittes zu vollziehen.

Der Begriff **Reaktionsschnelligkeit** impliziert zusätzlich, dass diese Bewegungen auf einen äußerlichen Reiz hin ausgeführt werden. Als Reaktionsgeschwindigkeit wird der Zeitraum beschrieben, der von der Aufnahme eines Reizes bis zur Bewegungsumsetzung vergeht (vgl. Startschuss beim Sprint).

Nach heutigen Erkenntnissen ist die Schnelligkeit eines Individuums stark von dessen genetischen Voraussetzungen abhängig und daher nur bedingt trainierbar.

Die Schnelligkeit eines Lebewesens ist von verschiedenen Faktoren abhängig:

- Nervenleitungsgeschwindigkeit (entscheidend für die Reaktionszeit)
- intramuskuläre Koordination (Rekrutierung, Frequentierung und Synchronisation der einzelnen Fasern innerhalb eines Muskels)
- Verhältnis der Muskelfasertypen (Fast-Twitch- ↔ Slow-Twitch-Fasern); Voraussetzung für Schnelligkeit ist ein hoher Anteil von Fast-Twitch-Fasern.
- Energiebereitstellung: Grundlage für Schnelligkeit ist der anaerobe Muskelstoffwechsel (innerhalb der ersten Sekunden alaktazid, dann laktazid).
- Motivationslage: Beim Hund spielt insbesondere bei der Grundeigenschaft Schnelligkeit die Motivationslage eine wichtige Rolle.

In Bezug auf die Reaktionsschnelligkeit werden zwei Arten von Reaktionen unterschieden: Im ersten Fall sollte auf einen immer gleichen Reiz eine möglichst schnelle, immer gleiche Reaktion erfolgen (z.B. Start bei einem Rennen auf ein immer gleiches Signal hin); im zweiten Fall müssen auf verschiedene Reize möglichst schnell situationsbedingte Reaktionen erfolgen (z.B. Fangen einer Frisbee-Scheibe: Der Hund muss zur Scheibe hinlaufen und das Fangen aus der Luft zum richtigen Zeitpunkt koordinieren). Vor allem dann, wenn der Hund variabel reagieren muss, spielt auch seine Fähigkeit zur Antizipation, d.h. im oben genannten Beispiel das Vorausahnen der Flugbahn der Frisbee-Scheibe, eine wichtige Rolle. Im Bereich des Schnelligkeitstrainings (S. 214) kann dementsprechend zwischen Übungen unterschieden werden, die die Reaktionsschnelligkeit verbessern, und solchen, die die Bewegungsschnelligkeit trainieren. Beim Menschen sind hier die höchsten Trainingseffekte bereits im Alter von 7–10 Jahren zu erreichen.

Wie auch bei der motorischen Grundeigenschaft Kraft wird auch bei der Grundeigenschaft Schnelligkeit zwischen einmaligen, **azyklischen** und sich wiederholenden, **zyklischen** Bewegungen unterschieden.

Merke

Das Schnelligkeitstraining (S. 214) sollte generell nach einem intensiven Aufwärmen zu Beginn einer Trainingseinheit durchgeführt werden. Dabei ist es entscheidend, dass der Hund noch keine körperlichen Ermüdungserscheinungen zeigt.

5.3.4 Koordination

Definition

Koordination beschreibt das Zusammenspiel von Zentralnervensystem (ZNS) und Skelettmuskulatur innerhalb gezielter Bewegungsabläufe. In der Trainingslehre werden dabei die Begriffe Geschicklichkeit und Gewandtheit unterschieden. Während die **Geschicklichkeit** die feinmotorischen Fähigkeiten einzelner Körperteile und Abschnitte des Bewegungsapparats bezeichnet, bezieht sich der Begriff **Gewandtheit** auf die koordinativen Fähigkeiten der Gesamtmotorik des Körpers.

Koordinative Fähigkeiten werden benötigt, um Situationen zu meistern, in denen ein schnelles und zugleich zielgerichtetes Handeln erforderlich ist. Durch die Schulung der Koordination kommt es zu einer Reduzierung des für die muskuläre Arbeit benötigten Energieaufwandes bei gleichbleibender oder verbesserter Bewegungseffizienz. Häufige Wiederholungen der gleichen Bewegungsabläufe führen zu einer Anpassung des neuromuskulären Systems; man spricht von **Bahnung** oder **Fazilitation** der Bewegungsmuster.

Durch eine Koordinationsschulung werden so zum einen Bewegungsabläufe automatisiert und zum anderen wird der Zeitpunkt der körperlichen Ermüdung hinausgeschoben. Beides trägt zu einem geringeren Verletzungsrisiko bei. Auf muskulärer Ebene werden zwei Koordinationssysteme beeinflusst: die **intramuskuläre Koordination**, d. h., die Innervation und Rekrutierung der einzelnen Muskelfasern innerhalb eines Muskels werden verbessert und auch die **intermuskuläre Koordination**, also das Zusammenspiel mehrerer Muskeln einer Agonisten- oder Funktionskette sowie die Abfolge der Aktionen von Agonisten und Antagonisten, werden optimiert.

Das Koordinationsvermögen ist nicht angeboren, sondern erworben; beim Menschen werden die wichtigsten Grundlagen dafür bereits im Kindesalter gelegt (▶ **Abb. 5.5a**). Ein entsprechendes Koordinations- und Körperwahrnehmungstraining (S. 218) sollte daher auch beim Hund schon im Welpenalter beginnen und sich über die gesamte Junghundephase erstrecken. Im Laufe des Lebens nehmen die koordinativen Fähigkeiten dann mehr oder weniger schnell ab – auch diesem kann bei „Senioren-Hunden" durch zielgerichtetes Training entgegengewirkt werden (▶ **Abb. 5.5b**). Sinnvolle Koordinationsübungen beim Hund können Balancier- und Gleichgewichtsübungen, Cavalettitraining, aber auch weitere sensomotorische Übungen sein.

5.3.5 Beweglichkeit

Definition

Beweglichkeit bezeichnet die Fähigkeit eines Individuums, Bewegungen mit großer Schwingungsweite auszuführen. Diese ist in ihrer Gesamtheit abhängig von der Beweglichkeit der einzelnen Gelenke. Das Ausmaß der Gelenkbeweglichkeit kann für jedes einzelne Gelenk mithilfe eines Goniometers und der Neutral-Null-Methode objektiviert werden. Die Beweglichkeit insgesamt ist gut, wenn Bewegungen mit großer Amplitude muskulär kontrolliert ausgeführt werden können.

Die Begriffe Beweglichkeit und **Flexibilität** oder Biegsamkeit können synonym verwendet werden.

Beweglichkeit ist von vielen Faktoren abhängig:

- anatomische/biomechanische Faktoren
  - Gelenkart (Kugel-, Scharnier-, Sattelgelenk etc.)
  - Zustand der bindegewebigen Haltestrukturen
  - Elastizität und Kraft von Muskeln und Sehnen

▸ **Abb. 5.5** Das Koordinationsvermögen sollte durch gezielte Übungen bereits im Welpenalter geschult werden (a); auch für Seniorenhunde empfehlen sich Übungen für die Förderung und den Erhalt des Koordinationsvermögens (b). (Foto: Silke Meermann)

a Koordinationstraining im Junghundalter mit verschiedenen Untergründen; auch ein „Bällebad", wie man es von Kindern kennt, kann bei Hunden zum Einsatz kommen.

b Koordinationstraining im Seniorenalter: Hier kann beispielsweise das langsame, gezielte Durchsteigen einer als Hindernis auf den Boden gelegten Leiter zum Einsatz kommen.

- biochemische Faktoren
  - Gelenk- und Muskelstoffwechsel
  - Muskeltonus und Entspannungsfähigkeit der Muskeln
- sonstige Faktoren
  - mentale Faktoren
  - Temperatur
  - Tageszeit
  - Alter
  - Geschlecht
  - genetische Veranlagung

In Bezug auf die Veranlagung kann individuell sowohl die Tendenz zur **Hypo**- als auch zur **Hypermobilität** bestehen – beides ist im Sport nicht unproblematisch: Ist das Bindegewebe insgesamt sehr weich, so ist ein höherer muskulärer Aufwand erforderlich, um eine ausreichende Gelenkstabilität zu erreichen und die Hypermobilität zu kompensieren. Bei ungenügender Beweglichkeit wird hingegen das Erlernen von Bewegungsfertigkeiten erschwert und die anderen Grundeigenschaften wie Kraft, Ausdauer, Koordination und Schnelligkeit können u. U. nicht voll ausgenutzt werden. Sowohl eine Hypo- als auch eine Hypermobilität bedingt dadurch ein insgesamt höheres Verletzungsrisiko!

Generell kann man zwischen der aktiven Beweglichkeit, welche durch innere Kräfte (aktive Muskelkontraktion) hervorgerufen wird, und der passiven Beweglichkeit (Synonym Gelenkigkeit), die durch äußere Krafteinwirkung herbeigeführt wird, unterscheiden. Die **aktive Beweglichkeit** ist die größtmögliche Bewegungsamplitude, die ein Individuum aus eigener Kraft aufgrund der Kontraktion der Agonisten bei gleichzeitiger Dehnung seiner Antagonisten ausführen kann. Sie ist somit von der Kraft der Agonisten und der Dehnbarkeit der Antagonisten abhängig. Die **passive Beweglichkeit** bezeichnet demgegenüber die größtmögliche Bewegungsamplitude an einem Gelenk, die durch von außen einwirkende Kräfte allein durch die Dehnung bzw. Entspannungsfähigkeit der Antagonisten erreicht werden kann (▸ **Abb. 5.6**). Dadurch hängt die passive Beweglichkeit von der Elastizität der passiven Strukturen, aber auch von der Höhe der einwirkenden Kräfte ab. Die passive Beweglichkeit ist immer größer als die aktive Beweglichkeit (▸ **Tab. 5.1**).

Beweglichkeit und Flexibilität sind wichtige Voraussetzungen für eine optimale Bewegungsausführung einerseits sowie zur Verletzungsprophylaxe andererseits. Zu den Methoden des Flexibilitätstrainings gehören **aktive Beweglichkeitsübungen** (▸ **Abb. 5.8**, ▸ **Abb. 9.2**, ▸ **Abb. 9.3**, ▸ **Abb. 9.4**) sowie **passive Stretching-** oder **Dehnübungen** (▸ **Abb. 5.7**, ▸ **Abb. 9.8**), siehe auch Kapitel Ablauf des Abwärmens (S. 191).

Dehnübungen (S. 229) führen zu einem vor allem in Längsrichtung einwirkenden Zug am Gewe-

▶ **Abb. 5.6** Das Ausmaß der passiven Beweglichkeit am Beispiel des linken Kniegelenks. Test in Richtung Extension (a); das physiologische Endgefühl ist bindegewebig fest. Test in Richtung Flexion (b); das physiologische Endgefühl ist weich und wird durch das Aufeinandertreffen der Anteile der Ober- und Unterschenkelmuskeln auf der Rückseite des Beines bewirkt. (Foto: Silke Meermann)

▶ **Tab. 5.1** Gegenüberstellung von aktiver und passiver Beweglichkeit.

Aktive Beweglichkeit	Passive Beweglichkeit
größtmögliches Bewegungsausmaß durch aktive Kontraktion der Agonisten bei passiver Dehnung der Antagonisten	größtmögliches Bewegungsausmaß durch äußerliche Krafteinwirkung und passive Dehnung der Antagonisten
Training durch aktive Beweglichkeitsübungen	Training durch passive Stretchingübungen

be, insbesondere an der Muskulatur. Sie dienen allgemein dazu, die Beweglichkeit bzw. Gelenkigkeit zu verbessern. Analog der aktiven und passiven Beweglichkeit unterscheidet man auch im Hinblick auf das Dehnen zwischen **aktivem** und **passivem** Dehnen. Darüber hinaus kann außerdem zwischen einer **dynamischen** und einer **statischen** (= tonischen) Ausführung des Dehnens unterschieden werden.

Definition

Aktives und passives Dehnen:

- **aktives Dehnen**: Ein Muskel/eine Muskelgruppe wird durch willkürliche Anspannung der jeweiligen Antagonisten gedehnt.
- **passives Dehnen**: Ein Muskel/eine Muskelgruppe wird durch Zuhilfenahme äußerer Widerstände oder der Schwerkraft gedehnt.

Dynamisches und statisches Dehnen:

- **dynamisches Dehnen**: Die Dehnposition wird eingenommen, aber nicht gehalten.
- **statisches (= tonisches) Dehnen**: Die Dehnposition wird eingenommen und über einen längeren Zeitraum gehalten.

Durch diese Unterscheidungen in der Ausführung von Dehnübungen resultieren 4 Kombinationsmöglichkeiten (aktiv-dynamisch, aktiv-statisch, passiv-dynamisch und passiv-statisch), von denen beim Hund aber nur 2 praktisch umsetzbar sind bzw. in der Sportphysiotherapie sinnvoll zur Anwendung kommen:

- **aktiv-dynamisches Dehnen:** Der Hund führt die gewünschte Bewegung aktiv aus; die Bewegung kann durch ein Leckerchen geführt oder unter Kommandokontrolle abgerufen werden; diese Form des Dehnens ist Bestandteil des Aufwärmens (S. 187) vor einer Belastung.
- **passiv-statisches Dehnen:** Der Hundesportler führt „von außen" die Dehnposition herbei; diese Position wird über einen längeren Zeitraum (mindestens 10–20 sec) gehalten; diese Form des Dehnens ist Bestandteil des Abwärmens (S. 191) nach einer Belastung und kann außerdem therapeutisch bei Muskelkontrakturen eingesetzt werden.

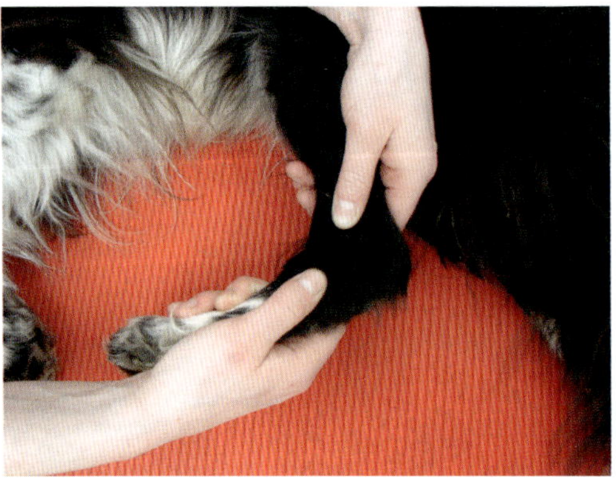

▶ **Abb. 5.7** Das statische Dehnen findet beim Hund als passive Dehnübung statt; hier beispielhaft die Dehnung des M. gastrocnemius beim Hund. Dazu wird das Kniegelenk in Extension gebracht und anschließend eine Flexion des Tarsus herbeigeführt; dies entspricht gleichzeitig dem sog. Tibia-Kompressions-Test zur Überprüfung eines Verdachts auf eine Ruptur des kranialen Kreuzbandes. Sowohl eine Pathologie im Bereich des M. gastrocnemius, wie sie bei Sporthunden häufig vorkommt, als auch ein kranialer Kreuzbandriss führen dazu, dass betroffene Hunde bei diesem Test eine deutliche Dolenz zeigen! (Foto: Silke Meermann)

Der Begriff **Dehnbarkeit** lässt sich über das Verhältnis zwischen Längenzuwachs und dafür notwendiger Krafteinwirkung ausdrücken. In Bezug auf einen Muskel bedeutet dies beispielsweise, dass er umso besser dehnbar ist, je größer sein Längengewinn durch eine vorgegebene Krafteinwirkung ist. Die Beweglichkeit eines Gelenks ist dadurch vor allem von der Dehnbarkeit der umgebenden Gewebe abhängig. Diese Dehnbarkeit ist in gewissem Umfang trainierbar. Muskelgewebe weist insgesamt eine hohe Dehnbarkeit und große Elastizität auf; durch Dehnung ist ein Längengewinn von 20–50 % möglich. Demgegenüber sind Sehnen als passive Kraftüberträger deutlich weniger dehnbar; für Sehnengewebe beträgt die Elastizität nur etwa 3–4 %. Der Hauptwiderstand, der einer Gelenkbewegung entgegengesetzt wird, geht primär von den relativ unelastischen bindegewebigen Strukturen wie Muskelfaszien, Gelenkkapseln und Sehnen aus; das aktive Muskelgewebe hingegen spielt hier erst eine nachgeordnete Rolle.

Das Ziel von Dehnübungen ist eine verbesserte Beweglichkeit zur konditionellen Optimierung im Sport sowie zur Verringerung muskulärer Dysbalancen und zur Behandlung von Muskelverkür-

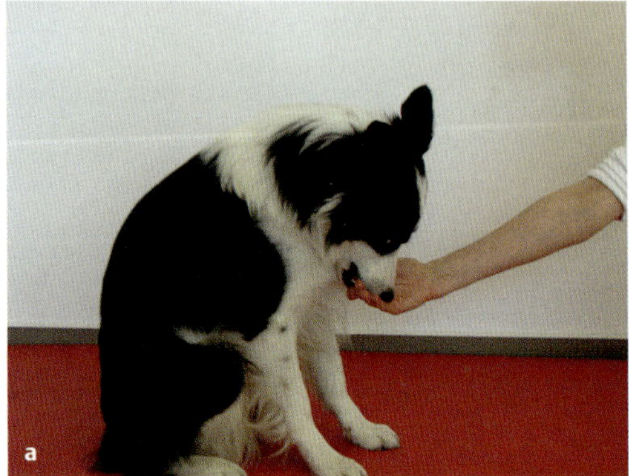

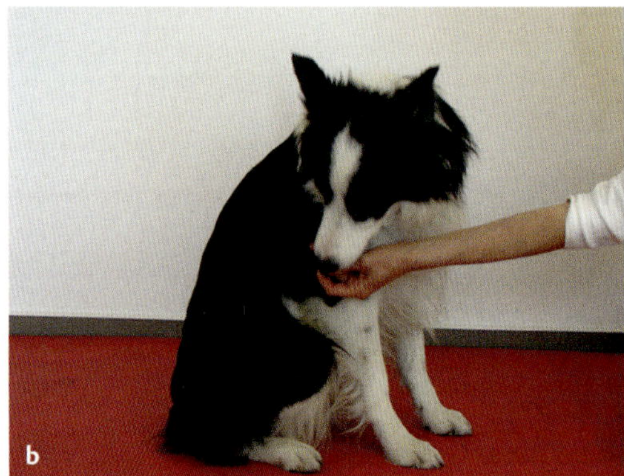

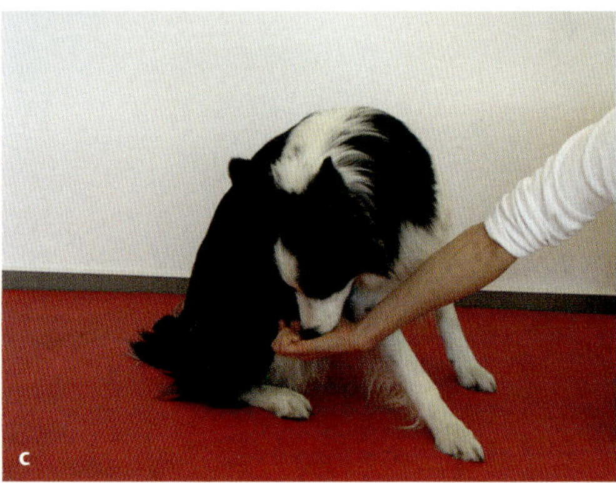

▶ **Abb. 5.8** Beim sitzenden Hund kann der Kopf mithilfe eines Leckerchens dirigiert werden, sodass es zu einer aktiven Ventralflexion der Wirbelsäule (a), einer aktiven Lateralflexion der HWS (b) oder zu einer aktiven Lateralflexion der gesamten Wirbelsäule (c) kommt. (Foto: Silke Meermann)

- **a** Leckerchen zum Sternum: Ventralflexion der Halswirbelsäule.
- **b** Leckerchen zur Schulter: Lateralflexion der Halswirbelsäule, hier nach rechts.
- **c** Leckerchen zum Oberschenkel: Lateralflexion der gesamten Wirbelsäule, hier nach rechts.

zungen. Man geht außerdem davon aus, dass durch Dehnübungen das Verletzungsrisiko minimiert werden kann und die Erholung der durch Ermüdung verkürzten Muskulatur unterstützt wird. Beim Menschen konnte außerdem nachgewiesen werden, dass durch Dehnungen der Muskelstoffwechsel beeinflusst wird: Es kommt zu einem gesteigerten Sauerstoffverbrauch und zu einer erhöhten Wärmebildung. Dies unterstreicht nochmals die Bedeutung von Dehnübungen im Sport.

Im Humanbereich wurden bis in die 1980er-Jahre vor allem federnd-wippende Dehnübungen ausgeführt, um ein größeres Bewegungsausmaß zu erzielen. Bei dieser Form des aktiv-dynamischen Dehnens besteht jedoch die Gefahr, dass es zur Auslösung eines phasischen Eigenreflexes über die Muskelspindeln kommt, was wiederum eine Kontraktion des betroffenen Muskels bewirkt. Dies hat genau den gegenteiligen Effekt dessen, was eigentlich erreicht werden sollte. In der Folgezeit setzten sich dann eher statische Dehnübungen (sowohl aktiv als auch passiv) durch, für die sich auch der Begriff „Stretching" oder „Stretch-Gymnastik" eingebürgert hat. Mittlerweile werden beide Methoden stärker differenziert betrachtet und je nach beabsichtigtem Zweck gezielt eingesetzt.

Dass verschiedene Formen des Dehnens so unterschiedliche Effekte auf die Muskulatur haben, ist darauf zurückzuführen, dass sie die in Muskeln und Sehnen vorhandenen **Propriozeptoren**, die Muskelspindeln einerseits und die Golgi-Sehnen-Organe andererseits, auf sehr unterschiedliche Weise ansprechen: Bei kurzen, kräftigen Dehnimpulsen, wie sie durch ein federndes Wippen (aktiv-dynamisches oder passiv-dynamisches Dehnen) hervorgerufen werden, kommt es zu einer Aktivierung der **Muskelspindeln**, die reflektorisch eine Kontraktion desselben Muskels bewirken. Man bezeichnet dies auch als **phasischen Eigenreflex** (vgl. Patellarsehnenreflex). Derartige Impulse führen also nicht zu einer Längenzunahme, sondern zu einer Kontraktion bzw. Verkürzung des Muskels. Wird dagegen ein Muskel über einen längeren Zeitraum mit einer konstanten Kraft gedehnt (aktiv-statisches oder passiv-statisches Dehnen), so werden zwar auch dadurch die **Muskelspindeln** aktiviert. Allerdings erfolgt nun die Reflexantwort über den sog. **tonischen Eigenreflex**. Dieser bedingt, dass der entsprechende Muskel in eine erhöhte aktive Grundspannung versetzt wird, sich jedoch nicht kontrahiert. Erst dann, wenn noch länger und intensiver tonisch bzw. statisch gedehnt wird, kommt es auch zu einer Aktivierung der **Golgi-Sehnen-Organe** (diese besitzen eine höhere Reizschwelle als die Muskelspindeln bzw. reagieren vor allem auf Spannungsveränderungen an den Muskel-Sehnen-Übergängen). Diese bewirkt dann eine Hemmung der Aktivität des gedehnten Muskels, sodass es nun zu einer **Senkung der Muskelspannung** kommt.

Generell ergeben sich beim Hund gegenüber dem Humanbereich zusätzliche Schwierigkeiten, wenn es um den Einsatz von Dehnübungen geht: **Statisches** Dehnen ist fast ausschließlich in **passiver** Form möglich, wobei der Hundesportler das Gelenk bzw. den entsprechenden Körperteil in die gewünschte Dehnposition führt und dort hält (▶ **Abb. 5.7**). Er muss einerseits ein Gefühl dafür entwickeln, wann ein Gelenk so weit gebeugt bzw. gestreckt ist, dass ein Dehnungseffekt eintritt, ohne dass er jedoch zu stark einwirkt oder sogar in den schmerzhaften Bereich kommt. Andererseits muss er ebenso einschätzen können, wann die Dehnposition ausreichend lange gehalten wurde. Dabei dient ein Zeitraum von etwa 10–20 sec als Orientierung. Wird über eine leichte **Schmerzhaftigkeit** hinaus gedehnt, kann es zu Faserrissen an Muskeln, Sehnen und Bändern kommen. Dies ist besonders gefährlich, da durch intensives Dehnen der muskeleigene Dehnungsschutzreflex (Eigenreflex über Muskelspindeln) reduziert wird. Auch das Schmerzempfinden kann durch intensives Dehnen herabgesetzt sein.

Auch beim Hund können darüber hinaus **aktive** Übungen zur Verbesserung der Flexibilität eingesetzt werden – diese werden dann jedoch in der Regel **dynamisch** ausgeführt. Die Bewegungen des Hundes können dabei entweder direkt durch Leckerchen geführt werden (z. B. Flexibilitätsübungen für die Wirbelsäule; ▶ **Abb. 5.8**) oder nach entsprechendem didaktischen Training unter Signal- oder Kommandokontrolle gebracht und dadurch indirekt abgerufen werden (z. B. wiederholtes Einnehmen der Vorderkörpertiefstellung auf das Kommando „Diener"; ▶ **Abb. 9.2**, ▶ **Abb. 9.4**).

Trainingsdehnübungen stellen die intensivste Form des Beweglichkeitstrainings dar und kommen vor allem bei Muskelverkürzungen als Folge von Trainingspausen, nach ausgeheilten Verletzungen oder bei Erschöpfungskontrakturen zum Einsatz. Dabei schließen sie sich an die eigentliche Rehabilitation an und bereiten die Rückkehr zum sportartspezifischen Training vor. Sie werden entsprechend als isolierte Übungseinheiten durchgeführt und unterscheiden sich daher auch von Dehnprogrammen, die als Trainings- oder Wettkampfvorbereitung mit einer unmittelbar anschließenden Belastung durchgeführt werden. Die Durchführung erfolgt in Form von intensiven statischen Dehnungen (Dauer etwa 30 sec). Die meisten Muskelverkürzungen stellen keine strukturelle Längenminderung dar, sondern sind Folge einer muskulären Dysbalance und können dadurch häufig auch durch Kräftigung zu schwacher Antagonisten behoben werden.

Im Gegensatz dazu dienen **Erhaltungsdehnübungen** dazu, den Grad an Muskelelastizität und Gelenkbeweglichkeit beim gesunden Sportler beizubehalten. Entsprechend sind sie Bestandteil des normalen **Aufwärmprogramms** eines sportlichen Trainings gesunder Lebewesen, bei denen keine muskulären Einschränkungen bzw. Verkürzungen vorliegen; siehe Kapitel Effekte (S. 144) und Ablauf des Aufwärmens (S. 187). Umfang und Intensität dieser Erhaltungsdehnübungen sind geringer als bei den Trainingsdehnübungen; die Übungen an sich sollten speziell auf die jeweilige Sportart zugeschnitten sein, um zeitlich effektiv in das normale Training und die unmittelbare Wettkampfvorbereitung mit eingebaut zu werden.

Darüber hinaus kommen sog. **Regenerationsdehnübungen** zur Muskelentspannung nach intensiver muskulärer Beanspruchung zur Anwendung. Diese sollten entsprechend in das Cooldown oder **Abwärmprogramm** mit einbezogen werden; siehe Kapitel Effekte (S. 146) und Ablauf des Abwärmens (S. 191). Die Durchführung erfolgt in Form von statischem Dehnen, wobei unmittelbar im Anschluss an eine Belastung zunächst der Muskelstoffwechsel durch leichte Bewegungen mit geringer Intensität normalisiert werden sollte (z. B. lockeres „Auslaufen“ im Trab), bevor sich die Dehnübungen anschließen. Diese fördern zum einen durch die dehnungsbedingte Mehrdurchblutung die Ausschwemmung von Stoffwechselabbauprodukten und begünstigen zum anderen die Normalisierung des Spannungszustandes der zuvor beanspruchten und dadurch meist hypertonen Muskulatur.

Auch während der physiotherapeutischen **Rehabilitation** nach Verletzungen oder Operationen können Dehnübungen zur Anwendung kommen, ohne dass hier ein primär sportliches Ziel verfolgt wird. Dabei hängt die Art der Mobilisation bzw. die Wahl der Methode im Wesentlichen von der Art der Bewegungseinschränkung am betroffenen Gelenk ab; diese kann am besten über das Endgefühl bei der Untersuchung des passiven Bewegungsspielraumes (passive range of motion, PROM) ermittelt werden: Ein weich-elastisches Endgefühl spricht für einen muskulären Widerstand, ein fest-elastisches Endgefühl weist auf einen bindegewebigen Widerstand hin und ein hartes Endgefühl signalisiert knöchernen Widerstand. Bei einem muskulären Widerstand können entsprechend Dehnungen zum Einsatz kommen; demgegenüber finden bei beindegewebigem Widerstand vor allem Techniken der Manuellen Therapie Anwendung. Bei Vorliegen eines knöchernen Widerstandes ist dagegen eine rein physiotherapeutische Behandlung nicht möglich bzw. sinnvoll!

Dehnübungen sollten niemals in Form eines pauschalen „Dehnprogramms“ für alle Sportler bzw. Hunde einer Gruppe durchgeführt werden. Optimal sind individuell angepasste Übungen, die sich an den körperlichen Voraussetzungen des Einzelnen sowie an den für die spezifische Sportart geforderten Verhältnissen orientieren. Dabei ist insbesondere Vorsicht geboten, wenn eine allgemeine Bindegewebsschwäche oder aber eine lokale Hypermobilität vorliegt! Umgekehrt sollte auch bei hartnäckigen Bewegungseinschränkungen die zugrunde liegende Ursache unbedingt durch eine tierärztliche Untersuchung abgeklärt werden!

5.4
Periodisierung

Für die meisten Sportarten stellen auf nationaler Ebene die Deutschen Meisterschaften des VDH (VDH-DM) den Wettkampfhöhepunkt dar. Dabei finden die Wettkämpfe in den unterschiedlichen Sportarten zu unterschiedlichen Zeitpunkten an verschiedenen Orten statt (VDH-DM für Gebrauchshunde im August, VDH-DM THS im Oktober und VDH-DM Agility im Dezember). Um sich für diese Wettkämpfe zu qualifizieren, müssen die Sportler zunächst auf den nationalen Meisterschaften der untergeordneten Sportverbände (z. B. dhv-DM, DVG-Bundessiegerprüfung etc.) starten und die jeweiligen Vorgaben erfüllen; diese finden meist mindestens einige Wochen vor der VDH-DM statt. Voraussetzung für diese Starts auf nationaler Ebene ist in den meisten Verbänden die Qualifikation auf der Ebene der Bundesländer bzw. Landesverbände; die Landesmeisterschaften finden wiederum einige Wochen vor den nationalen Qualifikationswettkämpfen statt. Die Zulassungsmöglichkeiten für einen Start auf Landesebene sind z. T. leicht unterschiedlich; meistens erfolgen diese entweder über die Kreismeisterschaften oder über herausragende Wettkampfergebnisse, die innerhalb von Jahresfrist vor den Landeswettkämpfen auf anderen Turnieren erzielt und bestätigt werden müssen. In den meisten Sportarten ist die Teilnahme an diesen übergeordneten Wettkämpfen außerdem daran gekoppelt, dass sich die Mensch-Hund-Teams zunächst für die jeweils höchste Wettkampfklasse ihrer Disziplin qualifiziert haben (z. B. Agility: A3; THS: VK3, zuvor VK2; etc.).

Da sich auch Sporthunde genau wie menschliche Athleten nicht ganzjährig in Topform befinden können, muss auch deren Training langfristig geplant und so ausgerichtet werden, dass der Hund sein Leistungsoptimum möglichst zum Höhepunkt der Wettkampfsaison abrufen kann. Man bezeichnet diese Planung auch als **Jahresperiodisierung** oder **Trainings- bzw. Leistungssteuerung**. Konkrete Beispiele, wie diese Jahresperiodisierung aussehen kann, finden sich im Kapitel Beispiele für Trainingspläne (S. 234).

Voraussetzung für diese Planung ist zunächst die Analyse der entsprechenden Sportart bzw. Disziplin, um ein **sportartspezifisches Anforderungsprofil (Sportartenanalyse)** zu erstellen. An zweiter Stelle steht die auf den einzelnen Sporthund **individuell ausgerichtete Analyse und Planung**. Diese kann wiederum in mehrere Teilschritte gegliedert werden:

1. individuelle Leistungs- bzw. **Trainingszustandsanalyse**
2. **Festlegung von** kurz- und längerfristigen **Leistungszielen** und **Planung von Training und Wettkampf** in Abstimmung auf die Termine und Wettkämpfe in der Saison
3. **Durchführung** des Trainings und Teilnahme an Wettkämpfen
4. **Kontrolle** der Trainings- und Wettkampfergebnisse
5. **Auswertung** der Kontrollen und Vergleich der Ergebnisse mit den Leistungszielen

Für die meisten Hundesportarten hat es sich bewährt, ein Trainingsjahr in drei Perioden zu unterteilen. Es wird dabei zwischen der Vorbereitungsperiode, der Wettkampfperiode und der Übergangsperiode unterschieden:

Vorbereitungsperiode (Frühjahr) Zielsetzung in dieser Periode ist es, die sportliche Form zu entwickeln. Diese Phase umfasst folgende Trainingsinhalte:

- Training der Grundlagenausdauer (S. 194)
- Kraftausdauertraining (S. 207)
- Koordinationstraining (S. 218)

Gesamtdauer 10–12 Wochen:

- Vorbereitungsphase I: Woche 1–8 Fokus auf Training der Grundlagenausdauer I (S. 196)
  - im Hobbybereich: anschließend nur erhaltendes Ausdauertraining
  - im Leistungsbereich: je nach Sportart anschließend für Ausdauersportler Training der Grundlagenausdauer II (S. 198), für Nicht-Ausdauersporter spezielles Ausdauertraining
- Vorbereitungsphase II: Woche 3–10 zusätzlicher Fokus auf Krafttraining (S. 200); anschließend hier nur Erhaltung (in dieser Phase wird das Ausdauertraining wie oben beschrieben fortgesetzt)
- Vorbereitungsphase III: ca. 2–3 Wochen später (ab Woche 6) Einsetzen von Technik- und

Schnelligkeitstraining (S.214) → dieses wird dann bis in die Wettkampfsaison auf relativ hohem Level fortgesetzt

Wettkampfperiode (Sommer/Herbst) Zielsetzung in dieser Periode ist die Weiterentwicklung der sportlichen Form sowie das Techniktraining. Diese Phase umfasst folgende Trainingsinhalte:

- Parcourstraining (Agility)
- Ausdauerläufe zur Regeneration

Übergangsperiode (Winter)

- Diese Phase dient der aktiven physischen und mentalen Erholung.
- Um eine effektive Regeneration zu ermöglichen, ist eine Pause in Bezug auf das sportartspezifische Training für mindestens 4 Wochen notwendig.

5.5 Aufwärmen und Abwärmen

Das Aufwärmen (S.187) als Vorbereitung auf Trainings- oder Wettkampfbelastung sowie das Abwärmen (S.191) im Anschluss bilden neben einer entsprechenden Trainingsplanung wichtige Grundlagen bei der Prävention von Sportverletzungen und Sportschäden. Ziele des Aufwärmens sind dabei die Verletzungsprophylaxe einerseits und die Leistungssteigerung andererseits. Das Abwärmen unterstützt dagegen bereits die Regenerationsprozesse, die nach einer Beanspruchung einsetzen.

5.5.1 Bedeutung und physiologische Effekte des Aufwärmens

Ein sinnvolles, auf die entsprechende Sportart sowie auf das Individuum abgestimmtes Aufwärmen (S.187) kann die Leistungsbereitschaft und Leistungsfähigkeit von Sporthunden steigern und deren Verletzungsrisiko senken. Die Begriffe **Aufwärmen** bzw. **Warm-up** umfassen aktive und passive Maßnahmen zur Herstellung einer optimalen psychischen und physischen Verfassung vor einer sportlichen Belastung in Training oder Wettkampf. Ziel des Warm-ups ist es, alle körperlichen Systeme, die die Leistungsfähigkeit bestimmen, bereits vor Leistungsbeginn in einen Optimalzustand zu bringen. Je spezialisierter dabei die Belastungen sind, umso spezieller muss auch das Aufwärmprogramm hieran angepasst werden. Generell kann zwischen mentalem Aufwärmen, allgemeinem Aufwärmen und speziellem Aufwärmen unterschieden werden:

- Das **mentale Aufwärmen** zielt darauf ab, in Bezug auf die zu erwartende Belastung eine möglichst optimale psychische Einstellung zu schaffen. Das mentale Warm-up beim Hund kann beispielsweise aus bestimmten ritualisierten Handlungen oder Abläufen bestehen, die nach einem bekannten, immer gleichen Muster durchgeführt werden und dem Hund so Sicherheit vermitteln und ihn auf das vorbereiten, was ihn erwartet. Hierbei sollte man nicht unterschätzen, dass viele Hunde, die im Training auf dem eigenen Platz ihre Leistung souverän abrufen können, auf fremdem Gelände unter Wettkampfatmosphäre mit vielen anderen Hunden und menschlichen Zuschauern unter Umständen völlig anders reagieren.
- Das **allgemeine Aufwärmen** dient dazu, die Körpertemperatur, den Muskelstoffwechsel sowie die Herz- und Atemfrequenz zu erhöhen. Dadurch werden die funktionellen Möglichkeiten des Organismus insgesamt auf ein höheres Niveau angehoben. Dies geschieht beim Hund wie beim Menschen durch Übungen, die der Erwärmung großer Muskelgruppe dienen, also beispielsweise durch ein Einlaufen in lockerem Trabtempo.
- Das **spezielle Aufwärmen** hingegen erfolgt disziplinspezifisch, d. h., es werden solche Bewegungen ausgeführt, die der Vorbereitung derjenigen Muskeln dienen, die in der jeweiligen Sportart besonders beansprucht werden. Auch Koordination und Beweglichkeit, wie sie in der zu erwartenden sportlichen Belastung benötigt werden, werden angesprochen.

Im Mittelpunkt des allgemeinen aktiven Aufwärmens stehen die Erhöhung der Körperkern- und Muskeltemperatur sowie die Vorbereitung des Herz-Kreislauf-Systems auf die zu erwartende Leistung (▸ **Abb. 5.9**).

Beim Einlaufen kommt es durch die Arbeit großer Muskelgruppen zu einer deutlich **erhöhten**

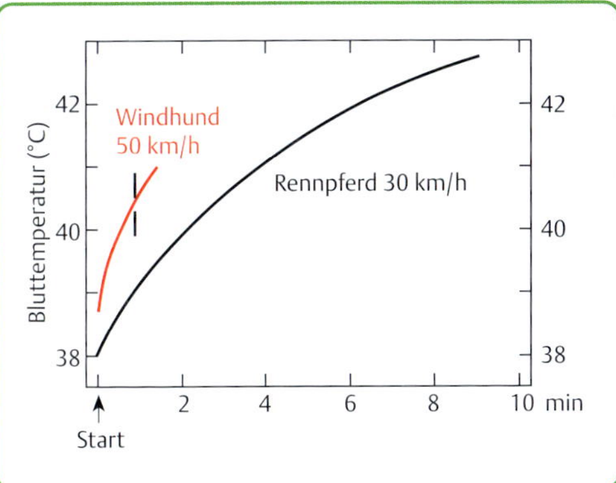

▶ **Abb. 5.9** In Abhängigkeit von der zeitlichen Dauer des Laufens steigt die Körperkerntemperatur an; dabei steigt die Temperatur beim Windhund schneller als beim Rennpferd; seine Laufgeschwindigkeit und sein Energieumsatz sind ebenfalls höher als beim Pferd. (aus: von Engelhardt W et al. Physiologie der Haustiere. 5. Aufl. Stuttgart: Enke; 2015)

Wärmeproduktion. Die sog. RGT-Regel (Reaktions-Geschwindigkeits-Temperatur-Regel) besagt, dass ein Anstieg der Körpertemperatur innerhalb des physiologischen Bereiches um 1 °C eine Stoffwechselsteigerung um 13 % bewirkt. Dieser Effekt beruht im Wesentlichen auf einer Beschleunigung enzymatischer Abläufe. Ein etwa 15-minütiges Einlaufen führt zu einem **Anstieg der Körperkerntemperatur** von 1,5 °C; diese Temperaturerhöhung ist für eine Reihe von Leistungsparametern von großer Bedeutung:

- Durch das allgemeine Aufwärmen kommt es zu einer **verbesserten Durchblutung der Muskulatur**. Die erhöhte Durchblutung sorgt wiederum für eine verbesserte Sauerstoff- und Nährstoffversorgung des Gewebes als Grundvoraussetzung jeglicher Stoffwechselsteigerung. Weiterhin kommt es auch zu einer Zunahme der aeroben und anaeroben Enzymaktivitäten, was für die Nährstoffverarbeitung von entscheidender Wichtigkeit ist.
- Das allgemeine Aufwärmen hat außerdem die Aufgabe, das **Herz-Kreislauf-System** auf die kommende körperliche Belastung vorzubereiten. Atem- und Herzfrequenz als kardiopulmonale Leistungsgrößen werden gesteigert und so auf ein höheres Ausgangsniveau gebracht. Dadurch wird zu Beginn der Belastung schneller ein stabiles Gleichgewicht zwischen Energieverbrauch und Energiebereitstellung (steady state) erreicht. Auch die initiale Sauerstoffschuld wird reduziert, da sich der in der Startphase anaerobe Energiebetrag verringert. Dies erhöht wiederum die Leistungskapazität gegen Ende der Belastung. Durch die Aktivierung des Herz-Kreislauf-Systems wird auch das Risiko einer Überlastung des kardiopulmonalen Systems gesenkt: Studien am Menschen haben gezeigt, dass es ohne allgemeines Warm-up zu einer unzureichenden Sauerstoffversorgung des Herzmuskels, einem erhöhten Blutdruckanstieg, einer erhöhten Vor- und Nachlast am Herzen und Abweichungen im EKG kommt – diese Faktoren traten dabei unabhängig vom Alter und dem konditionellen Zustand der Sportler auf. Bei Mensch und Pferd verbessert das Aufwärmen außerdem die Wärmeabgabe, wodurch wiederum das Risiko für eine Überhitzung sinkt. Inwiefern Letzteres auch für Sporthunde zutrifft, ist nicht untersucht; anders als Menschen und Pferde können Hunde nicht schwitzen, sondern hecheln (sog. Totraumventilation), um Wärme abzugeben und Verdunstungskälte zu nutzen.
- Das allgemeine Warm-up bedingt außerdem eine **erhöhte Erregbarkeit des ZNS** und führt so zu einer gesteigerten Reaktions- und Kontraktionsgeschwindigkeit der Muskulatur. Dadurch sind insgesamt schnellere Bewegungen möglich. Nicht nur das ZNS, sondern auch das periphere Nervensystem sowie die Rezeptorsysteme des Körpers werden durch das Warm-up aktiviert; dadurch werden sensorische Leistungsfähigkeit und koordinative Abläufe verbessert.
- Das **verringerte Verletzungsrisiko** ist vor allem auf eine Abnahme der elastischen und viskösen Widerstände zurückzuführen. Durch die Erhöhung der Körpertemperatur wird die Muskulatur, aber auch das Bänder- und Sehnengewebe elastischer und dehnfähiger. Dadurch sinkt die Rissanfälligkeit und somit die Verletzungsgefahr bei sportlichen Bewegungen, die den aktiven und passiven Bewegungsapparat maximal belasten. Auch die Belastbarkeit der Gelenke wird durch das Aufwärmen verbessert, da eine vermehrte Produktion von Synovia zu einer verbesserten Absorption von einwirkenden Druck- und Scherkräften führt.

- Eine erhöhte Leistungsfähigkeit im **psychisch-mentalen** Bereich kommt außerdem durch die Aktivierung zentraler Strukturen wie der Formatio reticularis im Rautenhirn zustande. Hierdurch wird der Wachzustand erhöht, der sich in einer gesteigerten Wachsamkeit und speziell in einer verbesserten optischen Wahrnehmung äußert. Dies wirkt sich günstig auf technische Lernprozesse und die koordinative Leistungsfähigkeit aus und erhöht die Präzision motorischer Handlungen.

5.5.2 Bedeutung und physiologische Effekte des Abwärmens

Für das **Abwärmen** finden sich auch die Synonyme Abkühlen und **Cool-down**; es dient der Erholung und Regeneration nach körperlicher Belastung. Regenerative Maßnahmen sind für den Trainingsprozess von großer Bedeutung. Ein sinnvoll gestaltetes Abwärmprogramm (S. 191) kann die körperliche Erholung deutlich verbessern. Für den Sporthund ergibt sich der Vorteil, schon früher die nächste Trainingseinheit absolvieren zu können bzw. Überlastungsschäden langfristig zu minimieren. Das Abwärmen leistet außerdem einen wichtigen Beitrag zur Stressreduktion. Entsprechend den Modellen von Superkompensation und Trainingsprogression ist ein effektives Training dadurch gekennzeichnet, dass es in der Regenerationsphase zu einem Mehraufbau an Substanz und einer Erhöhung der energetischen Potenziale kommt, welche letztendlich eine Leistungsverbesserung bewirken.

Im Zusammenhang mit Trainings- oder Wettkampfbelastungen können **vier Regenerationsphasen** unterschieden werden (▸ Tab. 5.2):

1. Die **Synchronrestitution** bezeichnet die Wiederherstellungsvorgänge, die bereits während der Belastung parallel ablaufen. Sie umfassen vor allem das Wiederauffüllen der Energiespeicher im Muskel aus den Körperreserven. Hierfür sind im Wesentlichen enzymatische Prozesse verantwortlich, die sportphysiotherapeutisch jedoch kaum beeinflusst werden können.

▸ **Tab. 5.2** Die Regenerationsphasen.

Physiologische Grundlagen und physiotherapeutische Einflussmöglichkeiten	Synchronrestitution	Primärrestitution	Sekundärrestitution
zeitlicher Zusammenhang zur Belastung	parallel zur Belastung	in den ersten 2 h nach der Belastung	3 h bis etwa 3 Tage nach der Belastung
Vorgänge	• Wiederauffüllen der Energiespeicher im Muskel aus Körperreserven (vor allem Fette)	• Normalisierung des Muskelstoffwechsels • Reduktion des muskulären Hypertonus	• weitere Normalisierung des Stoffwechsels; Senkung des Laktatspiegels • Normalisierung von zentralnervösen und vegetativen Funktionsabläufen • Restitution der Energiespeicher (Glykogen)
Unterstützung durch Trainingsgestaltung	–	Abwärmen durch • aktives Bewegen (Unterstützung von Spüleffekt/Muskelpumpe) • passives Dehnen (Unterstützung der Tonusreduktion der Muskulatur)	• Vermeidung intensiver Belastungen in dieser Phase • regenerative Trainingseinheiten • Dehnungen
flankierende physiotherapeutische Anwendungen	–	• Massagen • Hydrotherapie	• Nahrungsaufnahme • Massage • Hydrotherapie • Infrarotlicht

2. Die **Primärrestitution** erfolgt direkt nach Ende der Belastung; sie fällt zeitlich in die **Phase des Abwärmens** und dient insbesondere der Normalisierung des (Muskel-)Stoffwechsels und der Reduktion des muskulären Hypertonus.
3. Die **Sekundärrestitution** umfasst komplexe Ermüdungserscheinungen, die sowohl Vorgänge im Muskel als auch im ZNS und in anderen Organsystemen des Körpers umfassen. In dieser Phase sinkt der Laktatspiegel in der Muskulatur wieder deutlich ab und die Glykogenspeicher werden erneut aufgefüllt.
4. Als sog. **Stressrestitution** wird die Regeneration nach akuter Überlastung bzw. chronischen Überanstrengungen bezeichnet. Wenn sinnvoll trainiert wird und im Anschluss an die Belastung ein entsprechendes Cool-down erfolgt, so kann dadurch in der Regel vermieden werden, dass es zu stressbedingten Leistungseinbußen kommt.

Durch das gezielte **Abwärmen während der Primärrestitution** sowie durch begleitende Maßnahmen während der Sekundärrestitution können die regenerativen Vorgänge nach einer Belastung deutlich beschleunigt und optimiert werden. Das Abwärmen, welches sich direkt an das Belastungsende anschließt, besteht aus dem **aktiven Bewegen** und dem anschließenden **passiven Dehnen**:

Das **aktive Bewegen** erfolgt in Form rhythmischer, dynamischer Ganzkörperbewegungen von geringer Intensität und Geschwindigkeit (z. B. „Auslaufen" in ruhigem Tempo). Dadurch wird die Muskulatur weiterhin noch gut durchblutet und der Rückstrom von verbrauchtem, sauerstoffarmem Blut zum Herzen aufrechterhalten. In Kombination mit der Pumpwirkung der Muskeln auf den venösen und lymphatischen Rückstrom aus dem Gewebe entsteht ein „Spüleffekt", welcher den Abtransport von Stoffwechselabbauprodukten, insbesondere Laktat, aus der Muskulatur beschleunigt.

Wird eine körperliche Belastung dagegen abrupt beendet und der Hund z. B. direkt nach seinem Lauf am Zaun angebunden oder in die Autobox gebracht, so „versackt" das Blut in der Muskulatur, Schlackestoffe werden schlechter abtransportiert und verstoffwechselt und es kann zu Kreislaufproblemen kommen. Ähnliche Schwierigkeiten ergeben sich auch durch passive Methoden des Abwärmens: Ein passives Herunterkühlen des Körpers durch Kälteanwendungen (Baden/Abwaschen mit kaltem Wasser) verschlechtert den Abtransport von Stoffwechselprodukten und kann massive Kreislaufprobleme verursachen.

Erst nach dem aktiven Abwärmen schließen sich **passive Dehnübungen** (▶ **Abb. 9.8**) an, welche vor allem zu einer Entspannung der zuvor stark beanspruchten, hypertonen Muskulatur führen. Die Reduktion des Muskeltonus erfolgt über eine Aktivierung der Golgi-Sehnen-Organe als Rezeptoren. Damit diese ansprechen, muss intensiv und vergleichsweise lange statisch gedehnt werden („lengthening reaction"). Dies geschieht beim Hund in Form passiv-statischer Dehnungen, bei denen die entsprechende Position über mindestens 30 sec gehalten wird (▶ **Abb. 9.8**). Das passive Dehnen nach der Belastung dient der Vorbeuge gegen Ermüdungskontrakturen und führt zu einer sofortigen Beseitigung von eventuellen Verkürzungen der Arbeitsmuskulatur. Dadurch können diese ihre optimale Funktionsfähigkeit erhalten. Das passive Dehnen ist vor allem in Sportarten mit hoher Schnellkraft-Komponente von Bedeutung (z. B. Agility, Flyball etc.). Bezogen auf die verschiedenen Muskelgruppen des Sporthundes sind diese Dehnübungen vor allem für Muskeln mit einem hohen Anteil an Fast-Twitch-Fasern am wichtigsten: Diese werden durch Schnellkraft-Belastung besonders beansprucht und haben dadurch häufig auch einen höheren Übersäuerungsgrad; außerdem werden sie in Ruhe meist schlechter durchblutet als die langsamer arbeitende Muskulatur.

! Merke

Während vor einer Belastung – also im Aufwärmprogramm – eine Spannungsreduktion in der Arbeitsmuskulatur unerwünscht ist und daher beim Aufwärmen aktiv-dynamisch gedehnt wird, ist die Spannungsreduktion nach der Belastung im Abwärmprogramm gewollt, sodass nun passiv-statische Dehnübungen erfolgen.

An das Dehnen kann sich dann eine Entspannungs- oder **Lockerungsmassage** anschließen, die ebenfalls die Abläufe der Primärrestitution unterstützt (▶ **Abb. 9.9**):

- Unterstützung der Durchblutung; Unterstützung von venösem und lymphatischem Rückstrom; dadurch Ausschwemmung und Abtransport von Stoffwechselabbauprodukten
- Senkung des Muskeltonus (im Zusammenhang mit der Massage nach einer sportlichen Belastung sollten daher ausschließlich **detonisierende Techniken** zur Anwendung kommen!)
- Reduktion des Sympathikotonus
- Förderung der Bindung zwischen Hund und Besitzer

Das Abwärmen dient darüber hinaus auch dazu, den Hund **mental** wieder „herunterzufahren“, indem durch die beschriebenen aktiven und passiven Regenerationsmaßnahmen die Umstellung von der zuvor sympathischen („fight and flight“) auf eine vagotone („rest and digest“) Reaktionslage erfolgt. Dies trägt dazu bei, die Gefahr für chronische Stressbelastungen zu reduzieren und ist daher vor allem bei nervösen Hunden von besonderer Bedeutung. Auch ist bei den meisten Hunden die Erregungslage unter Turnierbedingungen höher als bei Übungseinheiten auf dem vertrauten Trainingsgelände, sodass es sich hier empfiehlt, das Abwärmen nicht in unmittelbarer Nähe zur Wettkampffläche durchzuführen, sondern mit dem Hund z. B. zum Parkplatz oder auf einen angrenzenden Wald- oder Feldweg zu gehen.

6 Die sportartspezifischen Belastungen im Hundesport

6.1 Einordnung häufiger Symptome und Probleme im Hundesport

Geht es um die Zuordnung von bei Sporthunden häufigen Erkrankungssymptomen zu den verschiedenen Hundesportarten als Auslöser einerseits und zu klinisch manifesten Diagnosen als Folge andererseits, so ist zunächst festzustellen, dass es hierzu bislang kaum wissenschaftliche Untersuchungen oder Fallstudien gibt. So liegt momentan lediglich eine amerikanische Untersuchung von Professor Levy aus dem Jahr 2009 vor, in der die Verletzungshäufigkeit von Hunden in der Sportart Agility mithilfe von Fragebögen ermittelt wurde [50]. Dabei sollten die Besitzer Verletzungen nennen, die bei ihren Hunden im Zeitraum der vergangenen zwei Jahre aufgetreten waren. Insgesamt gab ein Drittel der 1627 Besitzer, die an der Umfrage teilnahmen, an, dass sich ihr Hund im Sport verletzt hatte; von diesen Verletzungen waren 58 % bei einem Wettkampf entstanden. Die Verletzungen wurden meist durch einen unerwünschten Kontakt mit einem Hindernis hervorgerufen, dabei wurden die A-Wand, der Steg und der Hürdensprung als die Hindernisse benannt, an denen es am häufigsten zu Traumata kam. Im Vordergrund standen dabei Weichteilverletzungen, die Schulter und der Rücken waren am häufigsten betroffen; an Knie-, Hüft-, Karpal- und Zehengelenken verletzten sich die Hunde dagegen seltener. Border Collies waren bei den verletzten Hunden dabei deutlich stärker betroffen als Hunde anderer Rassen.

Bislang fehlen ähnliche Untersuchungen für alle weiteren Hundesportarten und auch im Hinblick auf diese Studie muss angemerkt werden, dass die Erfassung der Verletzungen nicht qualifiziert durch Tierärzte oder Tierphysiotherapeuten, sondern lediglich durch die Besitzer selber vorgenommen wurde, sodass diese Einschätzungen insgesamt als deutlich subjektiv einzuordnen sind. Entsprechend finden sich in dieser Studie auch keine exakten Diagnosestellungen bzw. Spezifizierungen der Verletzungen.

Im Humanbereich sind viele Sportarten durch sehr spezifische und zum Teil stark repetitive Bewegungsabläufe gekennzeichnet: So kommt es beispielsweise bei den Rückschlagsportarten zu typischen Überlastungserscheinungen am Schlagarm. Dies ist in den verschiedenen Hundesportarten jedoch nicht der Fall. So setzt sich einerseits jede Hundesportart immer aus verschiedenen Bewegungsabläufen zusammen, andererseits treten auch viele Bewegungsabläufe als Komponenten verschiedener Hundesportarten auf: Im Agility werden beispielsweise Sprünge, Wendungen, das Überwinden von schrägen Hindernissen und Slalombewegungen gezeigt; im Obedience werden Fußarbeit, Apportieren, Transfers aus verschiedenen Körperpositionen, aber ebenfalls auch Sprünge verlangt. Dadurch ist eine ähnlich eindeutige Zuordnung von Symptomen- bzw. Verletzungskomplexen zu einer bestimmten Sportart wie im Humanbereich für den Hundesportbereich nicht möglich.

Wie die Studie von Levy gezeigt hat, handelt es sich bei Verletzungen im Hundesport vor allem um Weichteilverletzungen [50]. Diese sind beim Hund ohnehin meist schwierig exakt zu diagnostizieren: So sind beim Hund aufgrund des Haarkleides und der häufig dunklen Pigmentierung der Haut Hämatome deutlich schlechter sichtbar als beim Menschen. Der Hund kann selber außerdem nicht abstrakt äußern, bei welcher Bewegung beispielsweise welcher Muskel oder noch genauer welcher Bereich eines Muskels (Ansatz, Ursprung, Muskelbauch, laterale oder mediale Portion etc.) schmerzt. Das betroffene Muskelgewebe kann hier nur über eine exakte Palpations- bzw. Funktionsdiagnostik identifiziert werden. Dies erfordert einen Tierarzt bzw. Therapeuten mit entsprechender Ausbildung und Erfahrung. Anders als bei Knochenverletzungen, die sich einfach bildgebend durch eine Röntgenuntersuchung abklären lassen, ist die Absicherung einer Verdachtsdiagnose mittels Bildgebung bei Weichteilverletzungen aufwendig und wird in der Praxis in den meisten Fällen nicht durchgeführt; lediglich einige oberflächlich gelegene Sehnen (Ursprung M. biceps brachii, Achillessehne) lassen sich beim Hund sonografisch gut darstellen. Muskelkontusionen, Zerrungen oder Faserrisse werden dagegen in der Regel lediglich als Verdachtsdiagnosen benannt.

Dennoch treten bei vielen Hunden insgesamt ähnliche Verletzungssyndrome auf, die sich jedoch in den verschiedenen Hundesportarten in Form unterschiedlicher Probleme äußern können. Um die Komplexität dieser Zusammenhänge zu verdeutlichen, wird im Folgenden zunächst das Symptom „Probleme beim Absprung" beleuchtet; anschließend werden für die Funktionseinschränkung „Dysfunktion des rechten Sakroiliakalgelenks in Caudo-Dorsal-Rotation", eine bei Sporthunden häufig auftretende, funktionelle Bewegungseinschränkung, mögliche Konsequenzen skizziert, die sich in verschiedenen Sportarten daraus ergeben können:

1. Symptom: Probleme beim Absprung: Da der Sprung ein wichtiges Element vieler Sportarten ist, kann dieses Problem u. a. im Agility, im Flyball, im Gebrauchshundsport, im Obedience und im Turnierhundsport auftreten. Auch bei Hunden, die nicht im Sport geführt werden, kann es sich darin äußern, dass diese nicht mehr ins Auto oder auf das Sofa oder Bett springen können

Mögliche Ursachen für Probleme beim Absprung können sein:

- Außerhalb des Bewegungsapparats: Visus-Einschränkungen; diese äußern sich häufig als „Taxieren", also in einem zögernden Anlauf an den Sprung, da der Hund den optimalen Absprungpunkt nur schlecht finden kann.
- Im Bereich des Bewegungsapparats:
  - Dysfunktionen/Schmerzen/Versteifungen im Bereich von TLÜ, LWS und LSÜ; dadurch kann der Hund die Wirbelsäule vor dem Absprung nicht in Flexion und beim Absprung nicht in Extension bringen (z. B. bei Spondylosen, Spondylarthrosen, Lumbalgien, osteopathischen Dysfunktionen).
  - Dysfunktionen im Bereich der Sakroiliakalgelenke; hier zeigen aktuelle Studien, dass insbesondere für das Überwinden von hohen Hindernissen die Extension dieser Gelenke von besonderer Bedeutung ist.
  - Einschränkungen/Schmerzen bei Hüftstreckung wie z. B. bei Hüftgelenksdysplasie und/oder Coxarthrosen, aber auch Verkürzungen der Hüftbeuger bzw. der Iliopsoas-Gruppe
  - Einschränkungen/Schmerzen bei Kniestreckung wie z. B. bei Kreuzband- oder Meniskusproblemen
  - Einschränkungen/Schmerzen bei der Tarsalstreckung wie z. B. bei Osteochondrosis dissecans (OCD), Problemen im Bereich der Achillessehne, aber auch im Bereich der Gastrocnemius-Ursprünge
  - muskuläre Schwäche der Extensoren der Hinterhand; diese kann alters- oder neurologisch (z. B. lumbosakrales Stenose-Syndrom) bedingt sein, aber auch sekundäre Folge der o. g. orthopädischen Erkrankungen sein.

2. Funktionseinschränkung: Dysfunktion des rechten Sakroiliakalgelenks in Caudo-Dorsal-Rotation: Die Ursachen für eine solche Funktionseinschränkung können sehr vielfältig sein:

- „natürliche Schiefe" des Hundes, d. h. ein nicht exakt symmetrischer Knochen- bzw. Körperbau
- funktionelle Bevorzugung des „stärkeren" Hinterbeines oder einer Galopprichtung
- wiederkehrende asymmetrische Bewegungsabläufe, wie sie in der Fußarbeit und im Flyball trainiert werden
- Folgen von Lahmheiten der Hintergliedmaßen, die eine Gewichtsumverteilung im Bereich der Hinterhand bewirken
- Makrotraumata wie Stürze etc.

Auch die Symptome dieser Funktionseinschränkung können sich individuell sehr unterschiedlich äußern:

- Bevorzugung des Rechtsgalopps, dadurch Probleme mit Linkswendungen (sichtbar vor allem im Agility) bzw. Kreuzgalopp in Linkswendungen
- Probleme im Absprung, insbesondere, wenn dieser im Zusammenhang mit einer Linkswendung steht (Agility)
- ungenügende Gewichtsübernahme mit dem rechten Hinterbein bei Transfers insbesondere aus dem Platz bzw. Sitz in den Stand; Vortreten

mit dem rechten Hinterbein bei diesen Transfers (Obedience)

- schräges Vorsitzen (Unterordnung, Obedience), schräges Liegen in der Box (Obedience)
- generell: Koordinationsprobleme im Bereich der (rechten) Hinterhand; muskuläre Probleme im Bereich der (rechten) Hinterhand; Empfindlichkeit im Bereich des Ursprungs von M. rectus femoris und M. sartorius rechts

Somit wird deutlich, dass der Erfolg bei der Behandlung von Sporthunden maßgeblich von den palpatorischen Fähigkeiten des Tierarztes bzw. Therapeuten abhängt sowie von dessen Vermögen, exakte Funktionsdiagnosen zu stellen und ein den entsprechenden Funktionseinschränkungen angepasstes Therapiekonzept zu entwickeln und umzusetzen. Praktische Fort- und Weiterbildungen in den verschiedenen manuellen Untersuchungs- und Behandlungsformen wie beispielsweise klassische Massage, Manuelle Therapie, Triggerpunktdiagnostik, Osteopathie und Chiropraktik sind dafür absolut unerlässlich und nicht durch ein Literaturstudium zu ersetzen! An dieser Stelle sei daher eindringlich darauf hingewiesen, dass das vorliegende Buch lediglich Hilfestellung bei der Identifikation von für Sporthunden typischen Verletzungen sein, aber kein Patentrezept für die Untersuchung und Behandlung dieser Hunde liefern kann!

Die folgenden Abschnitte dieses Kapitels greifen die oben beschriebenen Hundesportarten heraus, für die sich häufig ähnliche Belastungssituationen und dadurch in der Folge ähnliche Symptomenkomplexe ergeben (z. B. Agility, Zughundsport etc.). Einige Sportarten bzw. Einsatzgebiete, bei denen von den Hunden sehr unterschiedliche Bewegungsabläufe gefordert werden und sich somit keine typischen Erkrankungen entwickeln, werden aus diesem Grund in den folgenden Abschnitten nicht behandelt (z. B. jagdliche Ausbildung, Rettungshundearbeit).

Aus funktioneller Sicht sind im Hinblick auf die Einschätzung der Belastung bei einer Sportart zwei Überlegungen von Bedeutung: So muss zunächst beurteilt werden, ob es sich bei der jeweiligen Sportart um eine „High-Impact"-Sportart handelt (▶ **Tab. 6.1**), bei der es zu hohen Schnellkraftbelastungen kommt (z. B. Agility, Schutzdienst im Gebrauchshundsport, Hindernisbahn im THS, Flyball, Dog Frisbee). In einem zweiten Schritt sollten die Belastungen für die einzelnen Disziplinen bzw. die jeweils geforderten Bewegungsabläufe betrachtet werden; hierbei gibt es zahlreiche Abläufe, die sich in ähnlicher Form in verschiedenen Sportarten wiederfinden:

- Sprung: z. B. in Agility, Gebrauchshundsport, Obedience, THS
- Fußarbeit: z. B. in Gebrauchshundsport, Obedience, THS
- Arbeit im Geschirr: z. B. in THS, Zughundsport

Die Hundesportarten können ganz allgemein in zwei Belastungsstufen unterteilt werden. Diese Belastungsstufen werden als High Impact und Low Impact bezeichnet. Sportarten, deren Belastungsprofil abrupte Richtungswechsel und schnelle Stopps, axiale Stauchbelastungen und häufige Rotations- und Hyperextensionsbewegungen der Wirbelsäule aufweisen, werden als High-Impact-Sportarten bezeichnet. Bei den Low-Impact-Sportarten ist die Belastung für den Bewegungsapparat deutlich geringer. Die ▶ **Tab. 6.1** gibt einen Überblick über die bekanntesten High-Impact- und Low-Impact-Sportarten

Im folgenden Kapitel werden die sportartspezifischen Belastungen und Anforderungen der bekanntesten Hundesportarten dargestellt. Einige Übungen und Bewegungsabläufe sind dabei Teil

▶ **Tab. 6.1** High-Impact- und Low-Impact-Sportarten.

High Impact	Low Impact
Agility	Dog Dancing
Dog Frisbee	Fährtenarbeit
Flyball	Longieren
Gebrauchshundsport	Mantrailing
Hütearbeit	Mobility
jagdliches Arbeiten	Obedience
Rettungshundearbeit – Trümmersuche	Rally Obedience
THS	Rettungshundearbeit – Flächensuche/Wasserortung
Windhundrennen	–
Schlittenhunderennen/ Zughundarbeit	–

mehrerer Sportarten wie z. B. die Fußarbeit: Sie ist unter anderem wichtiges sportliches Element im Gebrauchshundsport, im Obedience und im THS. Sprungbeanspruchungen spielen dagegen in den Sportarten Agility, Dog Dancing, Dog Frisbee, Flyball, Gebrauchshundsport und Obedience eine Rolle. Im Folgenden werden die Belastungsanforderungen bei der Beschreibung einer Sportart detailliert charakterisiert; für die übrigen Sportarten werden dann jeweils nur die Besonderheiten dargestellt.

6.2 Belastungsanforderungen der Sportart Agility

Agility gehört zu den Schnellkraftsportarten und verbindet alle motorischen Grundeigenschaften. Der Agilitysporthund muss über Sprintschnelligkeit, Sprungkraft, Beweglichkeit und koordinative Fähigkeiten verfügen. Weiterhin ist es von Vorteil, wenn diese Hunde ein gutes räumliches Sehvermögen (▸ **Abb. 6.1**) haben. Dies ist vor allem beim Abschätzen von Distanzen wichtig, z. B. beim Sprung über eine Hürde.

Typische sportartspezifische Elemente der Sportart Agility:

- Sprünge
- Kontaktzonengeräte
- Slalom
- schnelle Stopps und enge Wendungen

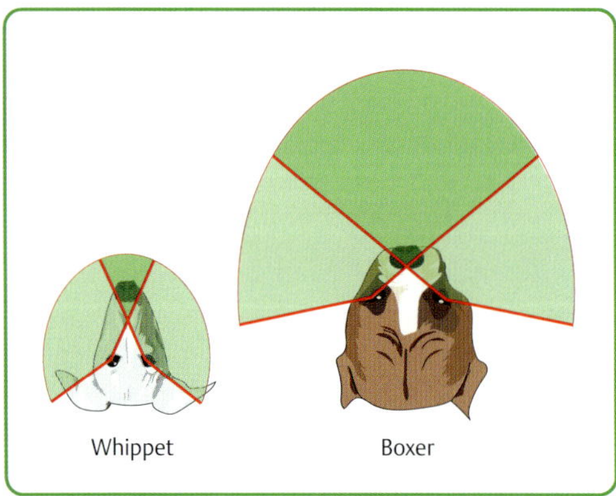

▸ **Abb. 6.1** Hunde mit einem kleineren Gesichtsfeld verfügen über ein besseres räumliches Sehen.

Retrospektive Studien, welche als Besitzerbefragungen durchgeführt wurden, identifizierten vor allem die A-Wand und den Laufsteg als Kontaktzonengeräte sowie den Hürdensprung als Hindernisse, an denen es besonders häufig zu Verletzungen kommt. In verschiedenen Untersuchungen zeigten sich außerdem Border Collies und andere Collie-Rassen als besonders verletzungsgefährdet [50].

6.2.1 Die drei Bewegungsphasen des Sprungs

Da in fast allen Hundesportarten Sprünge über Hürden oder Hindernisse vorkommen, ist der **Sprung** einer der wichtigsten Bewegungsabläufe. Im Sprung werden dabei hohe Belastungsanforderungen an den Körper des Hundes gestellt. Der Sprung über eine Hürde kann in drei Phasen unterteilt werden: den **Absprung**, die **Flugphase** und die **Landung**. Bei jeder Form und in jeder Phase des Sprunges wirken verschiedene Kräfte auf den Hundekörper. Dabei ist die Höhe der einwirkenden Kräfte vor allem abhängig von der Hürdenhöhe, aber auch vom Körpergewicht der Hunde sowie von der Rasse bzw. dem Hundetyp (Collie-Rassen gegenüber anderen Rassen) [1]. Der Sprungstil bzw. die Kinematik des Sprungs hängt ebenfalls von der Hürdenhöhe und der Rasse des Hundes ab, hier spielt aber auch der Abstand zwischen zwei Sprüngen eine Rolle (durch einen kurzen Abstand verringert sich die Anlaufgeschwindigkeit) und auch die Vorerfahrung des Hundes bzw. des Hundesportlers ist von Bedeutung. Aktuelle Untersuchungen zeigen außerdem, dass unterschiedliche Kräfte entstehen je nachdem, ob der Hund geradlinig springt oder einen Kurvensprung überwinden muss [29], [74].

Phase 1: Absprung

Anfangskraft Die Anfangskraft ist eine Kraft, die der eigentlichen Hauptbewegungsrichtung des Sprunges entgegengesetzt wird. Die Anfangskraft ist sozusagen eine Art Ausholbewegung (▸ **Abb. 6.2**), um einen optimalen Kraftstoß und damit eine hohe Endgeschwindigkeit des Körpers zu erreichen. Bei dieser Ausholbewegung in die Gegenrichtung des Sprunges werden die entsprechenden Muskeln vorgedehnt, die dann ähnlich

▶ **Abb. 6.2** Beim Absprung wird der Körperschwerpunkt nach hinten und unten verlagert. Dies führt zu einer Vordehnung der Kniestreckmuskulatur und der gesamten rückseitigen Hintergliedmaßenmuskeln. Mit der Vordehnung der Muskulatur wird potenzielle Energie gespeichert. Der Fersensehnenstrang fungiert hierbei als wichtigster Energiespeicher. (Foto: Christiane Gräff)

wie ein gespanntes Gummiband potenzielle Energie speichern. Diese gespeicherte Energie wird dann anschließend wieder in kinetische Energie umgesetzt mit dem Ziel, den Körper optimal zu beschleunigen.

Beschleunigungskraft Die Beschleunigungskraft entsteht durch die explosive Extension der Tarsal-, Knie- und Hüftgelenke. Aktuelle Untersuchungen haben außerdem gezeigt, dass auch die Kreuzdarmbeingelenke beim Absprung gestreckt werden; die Extension der Kreuzdarmbeingelenke ist dabei signifikant höher, wenn der Hund über eine in Relation zu seiner eigenen Körpergröße hohe Hürde springen muss. Dies ist insbesondere bei den kleineren Hunden in der Large-Klasse der Fall. Der Kraftstoß der Hintergliedmaßen wird über die Hüft- und Kreuzdarmbeingelenke auf den lumbosakralen Übergang und die gesamte Wirbelsäule übertragen. Somit werden beim Absprung die Sprunggelenke, die Kreuzdarmbeingelenke und der lumbosakrale Übergang (▶ **Abb. 6.3**) sehr stark belastet. Müssen vor allem relativ kleine Hunde im Training und Wettkampf die Maximalhöhe von 60–65 cm mit vielen Wiederholungen springen, ist dadurch die Belastung im Bereich dieser Gelenke besonders hoch.

▶ **Abb. 6.3** Ziel der explosiven Extension der Tarsal-, Knie- und Hüftgelenke ist eine maximale Beschleunigung des Körpers. (Foto: Christiane Gräff)

Phase 2: Flugphase

Die Flugphase beginnt, sobald die Pfoten der Hintergliedmaßen nach dem Absprung den Boden verlassen haben, und endet mit dem Aufsetzen einer Vordergliedmaße bei der Landung. Die Vordergliedmaßen sind während des Sprunges gebeugt und strecken sich erst zur Vorbereitung auf die Landung. Die Hintergliedmaßen werden je nach Sprungstil des Hundes entweder nach hinten gestreckt oder aber gebeugt unter den Körper gezogen. Beim Pferd wird der Sprungstil von der Winkelung der Hintergliedmaßen vorgegeben – ob dies beim Hund genauso ist, ist bisher nicht wissenschaftlich untersucht. Hunde derselben Rasse zeigen jedoch häufig auch einen ähnlichen Sprungstil und aktuelle Studien konnten vor allem signifikante Unterschiede in der Kinematik des Sprungs für Collie-Rassen gegenüber Nicht-Collie-Rassen nachweisen [1]. So entwickeln Collie-Rassen nicht nur eine signifikant höhere Geschwindigkeit im Sprung, sondern zeigen in der Flugphase auch eine eher flektierte Oberlinie, bei der die Oberränder der Schulterblätter höher als Kopf- und Rutenansatz sind, während die übrigen Hundetypen in der Flugphase eine gestrecktere Oberlinie zeigen. In der Flugphase ist es außerdem

► **Abb. 6.4** Während der Flugphase kann die Bahn des Körperschwerpunktes nicht mehr verändert werden. Dies erfordert von den Sporthunden eine optimale Gleichgewichtsfähigkeit. (Foto: Christiane Gräff)

► **Abb. 6.5** Die Landung stellt hohe Anforderungen an die Gelenke der Vordergliedmaße. Nach einem Kurvensprung erfolgt die Landung nahezu gleichzeitig auf beiden Vorderbeinen. (Foto: Christiane Gräff)

wichtig, dass der Hund seinen Körper im Gleichgewicht halten kann (► **Abb. 6.4**).

Phase 3: Landung

Bei der Landung treten hohe vertikale Bodenreaktionskräfte auf, da die Bewegung des Körpers abrupt abgebremst wird. Die Größe dieser Kräfte variiert in Abhängigkeit vom Körpergewicht, der Sprung- bzw. Flughöhe, der Geschwindigkeit und der Beschaffenheit der Landestelle. Dabei gilt, dass die Kraft umso größer ist, je größer das Körpergewicht, je größer die Landehöhe, je höher die Geschwindigkeit und je härter die Landestelle ist. Bei der Landung werden somit hohe Anforderungen an die Gelenke und Weichgewebe der Vordergliedmaße gestellt. Nach jedem Sprung landet der Sporthund auf einem Vorderbein, d. h., alle Strukturen der Vordergliedmaße werden mit dem 2,5–5-Fachen des Körpergewichts belastet. Für einen 25 kg schweren Hund bedeutet das, dass bei jeder Landung bis zu 125 kg auf die Gelenke der Vordergliedmaße einwirken können. Extreme Belastung erfährt hierbei die Sehne des M. biceps brachii, die bei der Landung zusammen mit der Sehne des M. supraspinatus die kraniale Stabilität des Schultergelenks sichert. Die Belastungsanforderung kann hier auch dadurch schnell zu hoch werden, da nicht selten 80–100 Sprünge in einem Training absolviert werden. Mittlerweile wurde außerdem nachgewiesen, dass sich die Kräfte, die bei der Landung nach einem geradlinigen Sprung entstehen, signifikant von denen bei der Landung nach einem Kurvensprung unterscheiden: So treten bei der Landung auf gerader Linie zwar größere Vertikalkräfte auf als bei einem Kurvensprung, beim Kurvensprung kommt es über die gesamte Dauer der Stemmphase jedoch zu wesentlich höheren horizontalen Krafteinwirkungen, die durch das Abbremsen und Drehen entstehen. Während bei der Landung nach einem geraden Sprung die Vorderbeine versetzt voreinander auffußen und so direkt die nächste Vorwärtsbewegung einleiten, werden die Vorderpfoten nach einem Kurvensprung fast zeitgleich und eher nebeneinander aufgesetzt und es kommt zu einer deutlich stärkeren Einstauchung der Gelenke der Vordergliedmaßen. Durch das starke Abbremsen muss der Hund nach einem Kurvensprung dann erneut beschleunigen. Insgesamt dauert die Stemmphase bei der Landung nach einem Kurvensprung so auch länger als die Stemmphase nach einem geraden Sprung; dies ist wahrscheinlich auch notwendig, um die Kräfte über die gesamte Stemmphasendauer zu verteilen und so die Belastung zu reduzieren [74]. Ein unebener oder zu harter Boden belastet zusätzlich noch Schulter-, Karpal- und Zehengelenke der Vordergliedmaße (► **Abb. 6.5**).

6.2.2 Weitere Belastungen

Weitere Belastungen entstehen durch das Überqueren der **Kontaktzonengeräte** und hier insbesondere der **Schrägwand**. Wurden die Kontaktzonen ursprünglich eingeführt, um ein zu hohes Abspringen der Hunde und dadurch eine zu starke Belastung der Gelenke der Vordergliedmaßen bei der Landung zu verhindern, entstehen durch die Techniken, die im Agility als Spitzensport eingesetzt werden, um die Kontaktzonengeräte zu überwinden, zwar andersartige, aber ebenfalls sehr hohe Belastungen:

Zurzeit unterscheidet man im Wesentlichen zwei Techniken, das **2-on-2-off** und die sog. **Running Contacts**.

Beim **2-on-2-off** überläuft der Hund das Gerät möglichst schnell, stoppt dann mit den Vorderbeinen am Boden und drückt die Hinterbeine nach rückwärts gegen die Kontaktzone des Gerätes (▶ **Abb. 6.6**).

Dabei erfährt der Körper eine starke negative Beschleunigung, da der Hund aus hoher Geschwindigkeit komplett abbremst. Bei dieser Technik entsprechen die Anforderungen an den Bewegungsapparat ungefähr denen einer Landung beim Sprung. Momentan werden die Kontaktzonengeräte jedoch häufig über sog. **Running Contacts** trainiert. Ziel der Running Contacts ist es, dass der Sporthund den Steg und die Schrägwand mit höchster Geschwindigkeit überläuft und die Kontaktzonen zwar durchläuft, aber nicht mehr in diesen abstoppt. Einerseits treten dadurch weniger Bremskräfte auf, andererseits nimmt die Geschwindigkeit zu, sodass die Belastung auf den Bewegungsapparat ähnlich hoch bleibt. Falls noch mit älteren Schrägwandmodellen trainiert wird, erhöht sich durch die Querstreben, die als Abrutschsicherung auf der Schrägwand montiert sind, die Belastung auf die Zehengelenke.

Hohe Belastungsanforderungen an die Wirbelsäule des Hundes werden im Agility vor allem auch durch die **Slalomübung** gestellt: Auch hier unterscheidet man zwei Techniken, mit denen dieses Gerät gearbeitet werden kann: Bei der gesprungenen Technik, die auch als Wedeln bezeichnet wird, springt der Hund mit zwei Beinen pro Seite durch den Slalom (▶ **Abb. 6.7**).

▶ **Abb. 6.6** Bei der 2-on-2-off-Technik erfährt der Körper eine starke negative Beschleunigung, da der Hund aus hoher Geschwindigkeit komplett abbremst. Die dabei auftretenden Kräfte wirken wie eine Erschütterung und wandern als Schockwelle durch den ganzen Körper. (Foto: Petra Deggendorfer, Hockenheim)

▶ **Abb. 6.7** Bei der gesprungenen Technik springt der Hund mit zwei Beinen pro Seite durch den Slalom. (Foto: Christiane Gräff)

Bei der gelaufenen Technik, die auch als Fädeln oder Gleiten bezeichnet wird, platziert der Hund immer nur das äußere Vorderbein durch ein Tor; dadurch kommt es zu einer doppelt S-förmigen Lateralflexion der Wirbelsäule (▶ **Abb. 6.8**).

Insbesondere bei dieser Technik kommt es dadurch zu starken Torsionskräften im Bereich der Vordergliedmaßen sowie zu starken Belastungen der Disci intervertebrales im Bereich der Wirbelsäule. Die gesprungene „Wedel-Technik" ist deutlich weniger belastend sowohl für die Gelenke der Vordergliedmaße, da hier weniger Drehmomente und kombinierte Krafteinwirkungen stattfinden, als auch für die Wirbelsäule, da diese relativ gerade bleibt bzw. nur in eine Richtung gebogen wird.

▶ **Abb. 6.8** Bei der gelaufenen Technik kommt es zu einer doppelt S-förmigen Lateralflexion der Wirbelsäule. Dies führt zu einer starken Belastung der Disci intervertebrales und der Facettengelenke. (Foto: Christiane Gräff)

Welche Technik der Hund wählt, ist vor allem von der Länge des Rückens in Relation zum Abstand der Slalomtore abhängig; dieser ist dabei für alle Größenklassen gleich. Vor allem größere Hunde können den Slalom schneller absolvieren, wenn sie die weitaus belastendere Technik des Wedelns wählen. Der Abstand der Stangen beträgt nach der Internationalen Wettkampfordnung für Agility 50–65 cm, d. h., gerade großrahmige Hunde müssen sich mit der Wirbelsäule um zwei Stangen gleichzeitig in unterschiedliche Richtungen biegen. Dies stellt eine hohe Anforderung an die Flexibiltät der Wirbelsäule dar. Oft trainieren Hundesportler mit vielen Wiederholungen und immer mit der vollen Anzahl an Stangen; die maximale Anzahl an Stangen beträgt 12. Zwanzig Wiederholungen sind für ein spezielles Slalomtraining leider keine Seltenheit. Was bedeutet das für die Wirbelsäule? Die Wirbelsäule wird in einem Training 240-mal mit hoher Geschwindigkeit maximal lateralflektiert. Besondere Belastung erfahren hierbei sicherlich die Disci intervertebrales, die Facettengelenke und die ligamentären Strukturen.

6.2.3 Typische Überlastungssyndrome durch Agility

- degenerative Veränderungen der Tarsalgelenke
- Insertionstendopathie des M. gastrocnemius
- Kontusion des M. sartorius und des M. quadriceps
- Wirbelsäulen- und SIG-Dysfunktionen
- Verspannungen insbesondere der muskulären Rumpfaufhängung
- Tendinitis des M. biceps brachialis
- degenerative Veränderungen der Karpal- und Zehengelenke
- Sesambeinverletzungen

6.3 Belastungsanforderungen der Sportart Dog Frisbee

Frisbee ist eine Hundesportart mit einer sehr intensiven körperlichen Belastung. Sie verlangt von den Sporthunden Reaktionsschnelligkeit, eine enorme Sprungkraft, Schnellkraft, Koordination, Gleichgewichtsfähigkeit und Ausdauer.

Typische sportartspezifische Elemente der Sportart Dog Frisbee:

- Mini-Distance
- Long-Distance
- Freestyle

Vor allem die Übungsteile Air Catches und Flips im Dog Frisbee Freestyle bedeuten akrobatische Höchstleistungen für den Hund (▶ **Abb. 6.9**). Die Verdrehungen in der Luft erfordern eine große Wirbelsäulenbeweglichkeit, somit werden die Disci intervertebrales, die Facettengelenke und die Ligamente der Wirbelsäule stark beansprucht.

Je nach Wurf wird eine Sprunghöhe von bis zu 2 m erreicht. Die Landungsphase ist bei jedem Sprung unterschiedlich. Die Landung ist möglich auf beiden Hinterbeinen, auf einem Hinterbein, auf beiden Vorderbeinen und auf einem Vorderbein. Gerade die Landung auf einem oder beiden Hinterbeinen ist sehr gelenkbelastend, da das Becken im Vergleich zur muskulären Skapula-Aufhängung sehr rigide ist und somit hier nur eine eingeschränkte elastische Stoßdämpfung gegeben ist; Landungen auf den Hinterbeinen kommen bei

▶ **Abb. 6.9** Frisbeespielen ist sehr belastend für den Sporthund. Durch das ständige Abbremsen, Springen und Landen werden die Gelenke und die Wirbelsäule stark beansprucht. (Foto: Petra Deggendorfer, Hockenheim)

den natürlichen Bewegungsabläufen des Hundes quasi nicht vor. Das Verletzungsrisiko im Dog Frisbee ist aufgrund der Schnelligkeit und der unterschiedlichen Sprünge sehr hoch.

6.3.1 Typische Überlastungssyndrome durch Dog Frisbee

- degenerative Veränderungen der Tarsalgelenke
- Insertionstendopathie des M. gastrocnemius
- Wirbelsäulen- und SIG-Dysfunktionen
- degenerative Veränderungen der Wirbelsäule
- Tendinitis des M. biceps brachialis
- degenerative Veränderungen der Karpal- und Zehengelenke
- Sesambeinverletzungen

6.4 Belastungsanforderungen der Sportart Flyball

Die Sportart Flyball zählt zu den Lauf- und Sprungsportarten. Die Energiebereitstellung erfolgt hauptsächlich anaerob-laktizid, aber aufgrund der hohen Anzahl an Rennen während eines Wettkampfes benötigt der Flyballsporthund auch eine gute Grundlagenausdauer. Koordination,

▶ **Abb. 6.10** Dieser Hund zeigt bei den Deutschen Meisterschaften 2012 in der 2. Division beim Boxenkontakt eine nahezu perfekte Schwimmerwende und wurde mit der „Rasselbande – Rookies“ Deutscher Meister. (Foto: Julian Blum, Waghäusel)

Schnelligkeit und Flexibilität sind weitere wichtige motorische Grundeigenschaften, die diese Sporthunde auszeichnet. Beim Flyball liegt die koordinative Herausforderung für den Sporthund im Timing zwischen dem Sprung über die letzte Hürde und dem Absprung auf die Box und dem Fangen des Balles. Die heutigen Boxen sind sog. Zweiloch-Vollpeda-Boxen, diese zeichnen sich durch eine schräge Lauffläche aus. Dabei laufen die Hunde in einer Kurve über die Box und fangen gleichzeitig den Ball. Die Hunde können entweder links oder rechts herum über die Box laufen. Diese Technik wird als Schwimmerwende bezeichnet (▶ **Abb. 6.10**). Sie soll die Stauchbelastung durch den Boxenkontakt reduzieren. Bei mangelhafter Boxentechnik sind Kontusionen und Distorsionen der Zehen- und Karpalgelenke sowie Wirbelsäulenblockaden im Thorakalbereich sehr häufig zu beobachten. Aber es ist nicht nur eine akute Verletzungsgefahr gegeben, auch das Überlastungsrisiko dieser Strukturen ist sehr hoch (▶ **Abb. 6.11**, ▶ **Abb. 6.12**).

Aufgrund der niedrigen Hürdenhöhe ist die Geschwindigkeit über und zwischen den Hürden sehr hoch und entsprechend hohe Bodenreaktionskräfte entstehen beim Boxenkontakt. (▶ **Abb. 6.13**). Die Vordergliedmaßen und die Wirbelsäule werden hierbei am stärksten beansprucht.

Nach der Wende erfolgt ein katapultartiges Abstoßen mit den Hintergliedmaßen. Die Lendenwirbelsäule ist während des Abdruckes rotiert, alle Gelenke der Hintergliedmaße werden maximal extendiert (▶ **Abb. 6.14**).

▸ **Abb. 6.11** Die Frontdesignboxen mit verdeckter Technik verfügen aus Sicherheitsgründen über eine breite Trittfläche, trotzdem bleibt die Verletzungsgefahr durch eine missglückte Wende an der Box sehr groß. (Foto: Julian Blum, Waghäusel)

▸ **Abb. 6.12** Dieser Hund läuft nicht in einer Kurve auf die Box, dadurch werden beim Aufprall auf die Box alle Gelenke der Vordergliedmaße und der zervikothorakale Übergang massiv gestaucht. (Foto: Julian Blum, Waghäusel)

▸ **Abb. 6.13** Aufgrund der niedrigen Hürdenhöhe werden beim Flyball zwischen den Hürden hohe Geschwindigkeiten erreicht. Es handelt sich um Sprünge mit Vorwärtsbewegung, hierbei wird der Körperschwerpunkt horizontal verschoben. (Foto: Julian Blum, Waghäusel)

▸ **Abb. 6.14** Zur Beschleunigung stößt sich der Hund katapultartig von der Box ab. Die Hündin ist Deutscher Meister und zweifacher Europameister in dieser Sportart. (Foto: Julian Blum, Waghäusel)

6.4.1 Typische Überlastungssyndrome durch Flyball

- degenerative Veränderungen der Tarsalgelenke
- Insertionstendopathie des M. gastrocnemius
- Wirbelsäulen- und SIG-Dysfunktionen
- degenerative Veränderungen besonders im Bereich des thorakolumbalen Übergangs und der Lendenwirbelsäule
- Tendinitis des M. biceps brachialis
- degenerative Veränderungen der Karpal- und Zehengelenke
- Sesambeinverletzungen

6.5 Belastungsanforderungen des Gebrauchshundsports

Gebrauchshundsport ist eine sehr komplexe Sportart gerade im Hinblick auf die Prozesse der Energiegewinnung. Die Sporthunde in dieser Sportart benötigen nicht nur eine gut entwickelte allgemeine aerobe Ausdauer, auch die Anforderungen im Bereich der anaeroben Ausdauerleistungsfähigkeit sind sehr hoch. Des Weiteren sollte der Sporthund über ein hohes Maß an Kraftausdauer, Schnelligkeit und Beweglichkeit verfügen.

▶ **Abb. 6.15** Der Klettersprung mit einem Apportel über eine 1,80 m hohe Schrägwand erfordert ein hohes Maß an funktioneller Kraft. Die Hunde springen mit beiden Hinterbeinen ab und landen mit den Vorderpfoten etwa in der Mitte der Schrägwand, anschließend übernehmen die Hinterbeine den Stütz an der Wand und drücken den Körperschwerpunkt nach oben. (Foto: www.dogs-and-equine.com)

▶ **Abb. 6.17** Die Landung nach dem Absprung von der Schrägwand belastet insbesondere die Gelenke der Vordergliedmaßen. Vorderbeine und skapulathorakale Rumpfaufhängung wirken vergleichbar einer Feder-Dämpfer-Kombination, die durch den Druck zusammengedrückt wird. Je perfekter diese Feder-Dämpfer-Kombination funktioniert, desto weicher wird die Landung. (Foto: Stefanie Schaub, Hohberg)

▶ **Abb. 6.16** Nach dem Überqueren der Schrägwand drückt sich der Hund mit beiden Hinterbeinen von der Wand ab. Der Absprung erfolgt meist aus 1,50 m Höhe. (Foto: Stefanie Schaub, Hohberg)

▶ **Abb. 6.18** Hund beim Sprung über die vorgeschriebene, 1 m hohe Hürde mit Hyperextension des lumbosakralen Übergangs. Die Hyperextension kann langfristig zu einer Instabilität des lumbosakralen Übergangs führen. (Foto: Andrea Manthey, Lahr)

Typische sportartspezifische Elemente der Sportart Gebrauchshundsport:

- Apport
- Fährtenarbeit (S. 32)
- Fußarbeit (S. 161)
- Schrägwand
- Schutzdienst
- Sprung

Die Belastungsanforderungen an die Halswirbelsäule und den lumbosakralen Übergang sind bei dieser Sportart besonders hoch. Das Überqueren der Schrägwänd (▶ **Abb. 6.15**, ▶ **Abb. 6.16**, ▶ **Abb. 6.17**) und der Sprung mit Zusatzgewicht über die 1-m-Hürde belasten vorwiegend den lumbosakralen Übergang.

In Studien konnte nachgewiesen werden, dass bei zunehmender Hürdenhöhe im Verhältnis zur Widerristhöhe des Hundes die Belastung des lumbosakralen Übergangs im Sinne einer Hyperextension umso größer ist (▶ **Abb. 6.18**).

Bei der Schutzdienstübung „Angriff auf den Hund aus der Bewegung“ werden wiederum der lumbosakrale Übergang und zusätzlich die Halswirbelsäule des Hundes massiv belastet (▶ **Abb. 6.19**).

Besonders schnelle Hunde können sich bei dieser Übung sehr schwer verletzen, das Risiko für

▶ **Abb. 6.19** Hund beim Angriff aus der Bewegung. Bei dieser Übung komt es zu einer Hyperextension der Wirbelsäule in Kombination mit einer Rotation. Leiden Sporthunde an einer lumbosakralen Stenose, kann ein Stauuchungsschmerz ausgelöst werden. Oftmals lockern die Hunde daraufhin ihren Griff, leider wird dieses Symptom häufig von Trainern und Besitzern fehlinterpretiert. (Foto: Andrea Manthey, Lahr)

die Hunde steigt, wenn der Helfer nicht gut ausgebildet oder sehr unerfahren ist. Auch ein mangelhafter Fitnesszustand entweder des Sporthundes oder des Helfers erhöhen das Verletzungsrisiko.

6.5.1 Typische Überlastungssyndrome durch Gebrauchshundsport

- lumbosakrale Instabilität
- SIG- und Wirbelsäulen-Dysfunktionen insbesondere der Halswirbelsäule
- degenerative Veränderungen der Wirbelsäule
- Verspannungen insbesondere der Schulter-Nacken-Muskulatur und daraus resultierend Verkürzung der Nackenextensoren

6.6 Belastungsanforderungen der Fährtenarbeit

In der Welt des Hundes spielt die Geruchswahrnehmung eine übergeordnete Rolle. Die Erlebniswelt des Hundes besteht sozusagen aus Geruchsbildern. Sein Riechvermögen ist dem unseren etwa um das 1000-Fache überlegen. Die Gesamtzahl an Riechzellen korreliert mit der Körpergröße des Hundes. So verfügt der Dackel über 120 Millionen Riechzellen und der Deutsche Schäferhund über 220–250 Millionen. Die Repräsentation der Geruchswahrnehmung im Gehirn umfasst etwa ein Achtel des gesamten Hundegehirns. Die Riechleistung kann durch äußere und innere Faktoren beeinflusst bzw. beeinträchtigt werden. Äußere Faktoren sind z. B. Trockenheit der Nasenschleimhaut, Luftfeuchtigkeit, Lufttemperatur, Bodenbeschaffenheit, Windgeschwindigkeit, Windrichtung und der Duftstoff. Innere Faktoren wie die Erhöhung der Körperkerntemperatur durch körperliche Aktivität oder der kurze Gesichtsschädel bei brachyzephalen Rassen wirken sich ebenfalls auf die Riechleistung aus.

Es werden verschiedene Formen der Nasenarbeit unterschieden:

- Fährtenarbeit (S. 32)
- Geruchsunterscheidung (S. 50)
- Mantrailing (S. 48)
- Rettungshundearbeit (S. 54): Flächen- und Trümmersuche
- (Frei-)Verlorensuche – die Frei-Verlorensuche ist eine Aufgabenstellung aus dem Dummysport. Es werden hierzu mehrere Dummys in einem Waldstück versteckt. Weder Hund noch Hundeführer kennen die Verstecke. Der Hund wird am Rand des Waldstückes positioniert und mit dem Kommando „Such“ ins Gelände geschickt. Nacheinander soll nun der Hund die verschiedenen Dummys aufspüren und zum Hundeführer zurückbringen. Der Hundeführer darf sich dabei nur auf einer geraden Linie neben dem Suchengebiet bewegen. Es sind außer dem Kommando „Such“ keine weiteren Befehle erlaubt. Ein freies und selbstständiges Arbeiten des Hundes ist bei der Frei-Verlorensuche erwünscht.
- Zielobjektsuche – die Zielobjektsuche (ZOS) ist ein Beschäftigungsmodell für Familienhunde. Die Zielobjektsuche ist aus dem Einsatz von Polizei- und Zollhunden hervorgegangen. Es werden bei dieser Form der Nasenarbeit kleinste Gegenstände versteckt. Der Hund soll dann durch Ablegen vor dem Gegenstand diesen anzeigen.

Bei der Nasenarbeit sind die Anforderungen an den Bewegungsapparat vor allem abhängig vom Suchgelände. Bei der Frei-Verlorensuche im Dummysport, bei der Trümmersuche und bei der Flä-

▶ **Abb. 6.20** Erst seit dem 19. Jahrhundert werden Rettungshunde systematisch zur Rettung von Menschenleben eingesetzt. Bei der Rettungshundearbeit sind die Anforderungen an den Bewegungsapparat in erster Linie abhängig vom Suchgelände. (Foto: Marie France Mühlschlegel, Karlsruhe)

chensuche in der Rettungshundearbeit (▶ **Abb. 6.20**) in unwegsamem Gelände ist die Verletzungsgefahr größer als bei den anderen Suchformen.

Bei der Nasenarbeit wird besonders das kardiopulmonale System beansprucht. Es kommt während der Suchleistung zu signifikanten Anstiegen der Herzfrequenz, der Körpertemperatur und der Blutlaktatwerte. Eine Untersuchung an Rettungshunden zeigte, dass dieser Anstieg und somit die Belastung bei den über siebenjährigen Hunden am größten war. Bei langer Suchleistung besteht für den Suchhund die Gefahr der Hyperthermie und Dehydration. Für die Praxis heißt das, dass die Nasenarbeit nicht uneingeschränkt zur Auslastung bei älteren Hunden empfohlen werden kann, vor allem dann nicht, wenn kardiopulmonale Erkrankungen vorliegen. Interessanterweise konnten bei der gleichen Untersuchung bei den unter vierjährigen Hunden im Gegensatz zu den über siebenjährigen Hunden erhöhte Speichelkortisolwerte gemessen werden. Dies spricht bei den jüngeren Hunden für eine erhöhte psychische Belastung. Es ist also gerade auch bei der Nasenarbeit wichtig, entsprechende Regenerationszeiten einzuhalten.

6.6.1 Typische Überlastungssyndrome durch Fährtenarbeit

- Stress-Symptome und Stressreaktion

6.7 Belastungsanforderungen der Sportart Obedience

Aufgrund der Zeitdauer einer Obedienceprüfung (bis zu 20 min) stellt diese Sportart hohe Ansprüche an die Konzentrations- und Ausdauerleistungsfähigkeit des Sporthundes.

Typische sportartspezifische Elemente der Sportart Obedience:

- Fußarbeit
- Gehorsamsübungen
- Apportierübung
- Sprung
- Geruchsidentifikation
- Ablage-/Bleib-Übung
- Distanzkontrolle
- Vorausschicken in eine Box
- Sozialverträglichkeit

In der Begleithundprüfung und auch in verschiedenen Hundesportarten wie z. B. im Obedience ist die **Fußarbeit** ein sehr wichtiges sportliches Element. Bei der Fußarbeit soll der Sporthund mit oder ohne Leine auf der linken Seite des Hundeführers laufen. Die rechte Schulter des Hundes sollte konstant auf Höhe des linken Knies des Hundeführers sein. Hierbei sind ein enger Kontakt zum Bein und der Blickkontakt des Hundes erwünscht. Durch das ausschließliche Führen auf der linken Seite unter Halten von Blickkontakt (▶ **Abb. 6.21**) über weite Strecken ergibt sich eine sehr unnatürliche Haltung des Hundes vor allem im Bereich der Halswirbelsäule.

Myofasziale Wirkungsketten

Durch das ausschließliche Führen auf einer Seite unter Halten von Blickkontakt resultieren Fehlspannungsmuster und muskuläre Dysbalancen, die sich aufgrund der unterschiedlichen myofaszialen Wirkungsketten (S. 100) über den gesamten Hundekörper fortsetzen können.

Durch die Extension der Halswirbelsäule wird ein physiologischer Reflex ausgelöst: Dieser Reflex wird als tonische Nackenreaktion bezeichnet. Die tonische Nackenreaktion gehört zu den Haltungs- und Stellreaktionen. Wird dieser Reflex ausgelöst, dann folgen auf die Extension der Halswirbelsäule

▶ **Abb. 6.21** Die Fußarbeit als ein wichtiges sportliches Element führt zu einer unnatürlichen Haltung der Halswirbelsäule. Der Körper versucht diese Fehlhaltung in anderen Wirbelsäulenabschnitten wieder auszugleichen. (aus: Meermann S. Sportphysiotherapie für Hunde. ZGTM 2016; 30: 23–29)

▶ **Abb. 6.22** Bei der tonischen Nackenreaktion folgen auf die Extension der Halswirbelsäule eine vermehrte Extension der Vordergliedmaßen und eine vermehrte Flexion der Hintergliedmaßen. (Foto: Carina Godbarsen, Rastatt)

eine vermehrte Extension der Vordergliedmaßen und eine vermehrte Flexion der Hintergliedmaßen. Dieses veränderte Gangbild wird häufig im Sport gefunden und als „spanischer Schritt" bezeichnet. Letztlich ist es aber nichts anderes als ein Gehen im Reflexmuster (▶ Abb. 6.22).

Auch beim Heben und Zur-Seite-Drehen des Kopfes kann die tonische Nackenreaktion ausgelöst werden. Hier wird bei einer Lateralflexion der Halswirbelsäule die Vordergliedmaße auf der gleichen Seite extendiert und auf der anderen Seite flektiert. Es handelt sich hierbei also um nicht willkürliche Bewegungsabläufe. Das bedeutet, dass koordinierte, ökonomische Bewegungen nicht möglich sind. Es bedeutet außerdem für den Sporthund, dass der Energieaufwand für diese Übung sehr hoch ist. Je nachdem, welche Fußposition trainiert wird, und natürlich auch in Abhängigkeit vom Größenverhältnis zwischen Hund und Hundeführer ergeben sich unterschiedliche Fehlspannungsmuster:

Fehlspannungsmuster 1: Nahezu gerades Hochschauen des Hundes mit extremer Extension der Halswirbelsäule Durch diese Position, die meist mithilfe eines Balles in der linken „Joystick-Hand" aufgebaut wird und momentan häufig im Gebrauchshundsport zu sehen ist, kommt es zu einer Hyperextension der Halswirbelsäule. Es werden Kopf- und Halsregion überstreckt, dies führt automatisch dazu, dass die Lendenregion gebeugt wird. Dadurch verlagert sich das Körpergewicht nach hinten, die Hinterbeine werden weiter nach vorne unter den Körper gesetzt und ebenfalls stärker gebeugt. Verspannungen und Blockierungen treten bei dieser Haltung vor allem im Bereich von Hals- und Lendenwirbelsäule auf.

Fehlspannungsmuster 2: Hochsehen mit Lateralflexion und Rotation der Halsregion nach rechts zum Besitzer Diese Position wird häufig über Leckerchen aufgebaut und der Hund lernt, sich nach rechts zum Bein des Besitzers zu orientieren. Hierdurch kommt es zu einer meist deutlichen Verspannung der Hals- und Schulterregion auf der rechten Seite mit einer ungleichen Gewichtsverteilung im Bereich der Vordergliedmaßen. Wie sich das Fehlspannungsmuster von hier ausgehend über den Körper ausbreitet, hängt wesentlich davon ab, ob der Hund im Rücken gerade bleibt, ob er mit den Hinterbeinen nach links ausweicht oder ob sich die gesamte Wirbelsäule seitlich nach rechts beugt und der Hund sich dadurch gewissermaßen um das linke Bein des Besitzers „herumwickelt", denn ein zentrales Bewegungsprinzip des Lebens lautet „Der Kopf führt – der Körper folgt". Bleibt der Hund im Rücken gerade, so setzt sich die vermehrte Muskelspannung von der rechten Halswirbelsäule diagonal über den Rücken bis zum linken Hinterbein fort und hier entwickelt das linke Hinterbein mehr Schubkraft. Dadurch kommt es zu einer Muskeldifferenz zwischen linker und rechter Hinterbackenmuskulatur. Der Hund bewegt sich insgesamt sehr asymmetrisch, Muskeldifferenzen mit Defiziten einerseits und Verspannungen andererseits sind die Folge. Blockierungen und Dysfunktionen treten häufig im Bereich der Kreuzdarmbeingelenke, am thorakolumbalen Übergang und in der Halswirbelsäule auf.

Kommt es dagegen zu einer gesamthaften Seitwärtsbiegung der Wirbelsäule nach rechts, da sich der Hund um das Bein des Hundeführers „herumwickelt", so ergeben sich insgesamt muskuläre Verspannungen der Rumpfmuskulatur auf der rechten Seite. Die Wirbelsäule weist dann meist eine deutlich asymmetrische Beweglichkeit auf (bessere Beweglichkeit nach rechts; dadurch Rechtswendungen bevorzugt). Auch hier sind Dysfunktionen im Bereich der Kreuzdarmbeingelenke, der Übergangsregionen und der Halswirbelsäule häufig.

Sichtbare Zeichen für ein Fehlspannungsmuster sind:

- Diagonallaufen auch im Freilauf und beim Spaziergang (d. h., die Wirbelsäule ist nicht gerade, sondern schräg zur Laufrichtung)
- schief getragene Rute (vor allem im Trab und Schritt sichtbar, wenn der Hund vor dem Besitzer läuft)
- Am stehenden oder sitzenden Hund fällt auf, dass der „Scheitel" nicht mittig über der Wirbelsäule liegt, sondern schräg verläuft, oder dass die Haare im Kruppenbereich schief ausgerichtet sind (meist von vorne rechts nach hinten links).
- Kopfschiefhaltung, wenn der freilaufende Hund auf den Besitzer zuläuft (meist erscheint dann das rechte Ohr weiter oben als das linke Ohr)
- leichte Entlastung des linken Vorderbeines (als Reaktion auf die Überlastung während der Fußarbeit)
- Berührungsempfindlichkeit in der Kruppenregion, am Übergang vom Brustkorb zur Lendenwirbelsäule oder hinter den Schulterblättern (normalerweise sollte sich der Hund hier anfassen lassen, ohne zusammenzuzucken!)

6.7.1 Typische Überlastungssyndrome durch Obedience

- SIG- und Wirbelsäulen-Dysfunktionen
- muskuläre Dysbalancen
- Hypertonus der Rumpfmuskulatur

6.8 Belastungsanforderungen des Turnierhundsports

Der Turnierhundsport ist eine sehr vielseitige Sportart. Aerobe und anaerobe Ausdauerleistungsfähigkeit, Sprungkraft, koordinative Fähigkeiten und Beweglichkeit kennzeichnen das sportmotorische Leistungsprofil eines THS-Sporthundes.

Typische sportartspezifische Elemente der Sportart THS:

- Unterordnungs- bzw. Gehorsamsübung (Fußarbeit)
- drei Laufdisziplinen – Hürden-, Slalom- und Hindernislauf
- Geländelauf (Zugarbeit im Geschirr, vgl. Cani-Cross)

Die allgemeinen körperlichen Anforderungen und Belastungen, die im **Sprung** entstehen, wurden bereits im Kapitel zu den Belastungsanforderungen im Agility (S. 152) näher erläutert. Im Folgenden sollen daher lediglich die für den Turnierhundsport spezifischen Belastungen beim Sprung dargestellt werden, hier kommt der Sprung als Bewegungselement bei den Laufdisziplinen Hürdenlauf und Hindernislauf vor: Der Hürdensprint über 60 bzw. 80 m stellt vor allem für Hunde mit geringer Körpergröße eine starke Belastung dar, da von allen Hunden unabhängig von deren Körpergröße eine Hürdenhöhe von 30 bzw. 40 cm überwunden werden muss. Die Hindernishöhe richtet sich dabei nach der Leistungsklasse, in der das Team bzw. nach der Altersklasse, in der der Mensch startet. Das Gleiche gilt für den Hindernislauf: Hier müssen 50–60 cm hohe Hindernisse von allen Hunden übersprungen werden. Je kleiner die Widerristhöhe des Hundes im Verhältnis zur Hürdenhöhe ist, desto größer ist die Belastung für den lumbosakralen Übergang. Allerdings werden im Turnierhundsport im Vergleich zum Agility zumindest im

Wettkampf insgesamt deutlich weniger Sprünge durchgeführt. Außerdem stehen hier alle Hindernisse in Laufrichtung, sodass weniger Scherkräfte auf die Gelenke einwirken. Auch sind die Geschwindigkeiten, die die Hunde im THS erreichen, oft nicht so hoch wie die im Agility, da im THS immer die Zeit des Teams gewertet wird und hier meist der Mensch ohnehin deutlich langsamer ist als der Hund und eine Steigerung der Geschwindigkeit des Hundes daher für die Mehrzahl der Teams nicht sinnvoll bzw. notwendiges Trainingsziel ist. Dadurch sind die Sprungbelastungen im THS gegenüber den Anforderungen im Agility insgesamt weniger hoch.

Eine weitere Besonderheit gegenüber dem Agility ist im THS jedoch, dass der Hund immer auf der linken Seite des Hundesportlers geführt wird. Dies wird für den Hund vor allem dann problematisch, wenn der Hundeführer über ein „Fußkommando" Blickkontakt einfordert oder der Hund diesen von sich aus anbietet. Vor allem im Sprung entsteht so eine extrem einseitige Belastung des linken Vorderbeines bei der Landung; hinzukommt, dass der Hund durch die Blickrichtung zum Hundesportler den Sprung nicht selber planen kann (▶ Abb. 6.23).

▶ **Abb. 6.23** Beim Sprung über eine Hürde sollte der Hund eine Absprungposition erreichen, aus der die horizontale Geschwindigkeit über ein Absenken des Körperschwerpunktes nach hinten in vertikale Geschwindigkeitsanteile umgesetzt werden kann, um dann die Hürde entsprechend zu überqueren. Wird der Blick über dem Sprung abgewendet, ist der Hund nicht in der Lage, die korrekte und optimale Absprungposition zu finden. (Foto: Silke Meermann)

Zum Hindernislauf gehören darüber hinaus noch weitere Geräte wie z. B. die **Schrägwand**. Diese war bis Anfang 2013 insgesamt 140 cm hoch. Um die Belastungen für den Bewegungsapparat der Hunde zu reduzieren, wurde die Höhe der Wand auf 80 cm gekürzt. Dabei wurde nicht die Wand insgesamt verkleinert, sondern der obere Teil „abgeschnitten" und durch eine Plattform ersetzt. Allerdings hat dies nun zur Folge, dass große Hunde die neue Wand oftmals komplett überspringen und die meisten mittelgroßen Hunde auf die Plattform auf- und dann direkt von oben wieder abspringen. Ein „Überlaufen" der neuen Schrägwand ähnlich wie bei den Kontaktzonengeräten im Agility ist nicht mehr möglich. Durch die Einführung dieser neuen Wand hat sich letztendlich die Belastung auf den aktiven und passiven Bewegungsapparat für die Mehrzahl der Hunde deutlich erhöht.

Der **Slalomlauf** als dritte Laufdisziplin unterscheidet sich deutlich vom Agilityslalom. Der THS-Slalomlauf kann eher als Riesentorlauf bezeichnet werden. Beim VK3 sind sieben Tore auf einem 75 m langen Zick-Zack-Kurs zu durchlaufen. Aufgrund der großen Abstände zwischen den Toren ist die Belastung auf die Wirbelsäule im Vergleich zum Agility weniger hoch. Die Belastungen der Vordergliedmaßen sind im Slalom im THS prinzipiell denen im Agility ähnlich, dabei stehen in erster Linie Torsionskräfte im Vordergrund. Bislang liegen hierzu jedoch keine wissenschaftlichen Studien vor. Die Belastungsanforderungen, die beim Geländelauf entstehen, werden im Kapitel Zughundsport (S. 166) näher beleuchtet.

6.8.1 Typische Überlastungssyndrome durch Turnierhundsport

- Sesambeinverletzungen
- Kontusion des M. sartorius und des M. quadriceps
- Wirbelsäulen- und SIG-Dysfunktionen
- Verspannungen insbesondere der muskulären Rumpfaufhängung
- Tendinitis des M. biceps brachialis
- Insertionstendopathie des M. gastrocnemius
- degenerative Veränderungen der Karpal- und Zehengelenke
- degenerative Veränderungen der Tarsalgelenke

6.9

Belastungsanforderungen der Sportart Windhundrennen

Diese Sportart stellt eine große Herausforderung für das **kardiopulmonale System** dar. Während der Rennen werden Herzfrequenzen bis 300 Schläge/min erreicht. Die Energiebereitstellung erfolgt hauptsächlich anaerob.

Typische sportartspezifische Elemente der Sportart Windhundrennen:

- Bahnrennen auf Gras oder Sand (▶ **Abb. 6.24**)
- Rennstreckenlänge alters- und rassenabhängig sowie länderspezifisch
- Coursing

Trainierte Greyhounds zeigen gegenüber Hunden anderer Rassen signifikante Veränderungen einiger Blutparameter (▶ **Tab. 6.2**). Werte von anderen Windhunderassen liegen nicht vor. Beim Greyhound liegen z. B. die Erythrozytenanzahl und der Hämatokritwert höher, während die Thrombozyten- und Leukozytenanzahl sowie die Globulinwerte niedriger liegen. Funktionell lässt sich dies so erklären, dass die höheren roten Blutwerte (Erythrozyten, Hämatokrit) einen besseren Sauerstofftransport ermöglichen. Insgesamt ist eine zu hohe Zellzahl im Blut jedoch von Nachteil, da dies mit ungünstigeren Fließeigenschaften und einer schlechteren kapillären Versorgung einhergeht, sodass die erniedrigten Thrombozyten- und Leukozytenzahlen eventuell in Anpassung an diesen Umstand entstehen.

▶ **Abb. 6.24** Die Whippets fliegen im Renngalopp über die Bahn und erreichen dabei Spitzengeschwindigkeiten von 55–60 km/h. Im Renngalopp verlagern sie 60 % ihres Köpergewichts auf die Hinterbeine. (aus: Mai S. Bewegungstherapie für Hunde. Stuttgart: Sonntag; 2006)

Nach einem Rennen können die Laktatwerte im Blutplasma um das 20-Fache erhöht sein, dementsprechend sinkt der ph-Wert von 7,4 auf 6,9. Die Körpertemperatur steigt unter diesen Bedingungen auf 40,8 °C.

Darüber hinaus entstehen im Rennsport auch hohe Belastungen des **Bewegungsapparats**: Rennhunde erreichen Spitzengeschwindigkeiten von 70 km/h und entsprechend hoch sind die Belastungen für alle Teile des Bewegungsapparats, vor allem in den Kurven. Bei nationalen und internationalen Wettkämpfen müssen die Sporthunde mit Vorläufen, Halbfinale und Endlauf bis zu vier Läufe an einem Tag absolvieren. Durch Untersuchungen konnte gezeigt werden, dass die Verletzungshäufigkeit mit der Anzahl der Rennen steigt. Muskelverletzungen und Verletzungen der Tarsal- und Metatarsalknochen stehen dabei im Vordergrund. Zu den Muskelverletzungen zählt auch die **paralytische Myoglobinurie**, die sog. Greyhoundsperre. Dieser durch einen schlechten Trainings-

▶ **Tab. 6.2** Blutparameter von Greyhounds [7], [12], [18], [39], [75].

Blutparameter	Greyhound	Andere Rassen
Erythrozyten (Mio/µl)	7,4–9,0	5,8–8,5
Hämoglobin (g/dl)	19,0–21,5	12,0–18,0
Hämatokrit (%)	55–65	37–55 %
Leukozyten (Tsd/µl)	3,5–6,5	6,0–17,0
Thrombozyten (Tsd/µl)	80 000–200 000	150 000–400 000
Gesamtprotein (g/dl)	4,5–5,6	5,4–7,8
Globulin (%)	2,1–3,2	2,8–4,0
Kreatinin (mg/dl)	0,8–1,6	0,0–1,0
T 4, Thyroxin (ng/dl)	0,5–3,6	1,52–3,60

zustand bedingte Untergang von Muskelzellen kommt gehäuft bei Greyhounds und Galgos vor, nach neueren Erkenntnissen können aber auch andere Windhundrassen betroffen sein. Aufgrund der erhöhten Laktatwerte und der dadurch bedingten Gewebsazidose kommt es vor allem bei schlecht trainierten bzw. nicht aufgewärmten Hunden zu einer Hypoxie der Muskulatur – betroffen sind hierbei häufig die Rücken- und Hintergliedmaßenmuskeln. Die Hypoxie führt dann zu einem Untergang der Muskelzellen (Rhabdomyolyse). Dadurch wird u.a. Myoglobin freigesetzt, welches über die Niere mit dem Urin ausgeschieden wird. Betroffene Hunde zeigen folgende klinische Symptomatik:

- starkes Hecheln
- Erschöpfung während oder direkt nach dem Rennen
- erhöhte Körpertemperatur bis 42 °C
- betroffene Muskulatur angeschwollen und verspannt
- Bewegungsschmerzen
- braun-rote Verfärbung des Urins (Ausscheidung von Myoglobin)

Folgende Blutparameter können erhöht sein:

- Erythrozyten
- Hämoblogin
- MCV und MCH
- Hämatokrit
- Leukozyten
- CK
- LDH
- AST
- Magnesium

Erkrankte Hunde müssen unverzüglich einem Tierarzt vorgestellt und stationär aufgenommen werden.

6.9.1 Typische Überlastungssyndrome durch Windhundrennen

- Verletzungen und degenerative Veränderungen der Zehen-, Tarsal- und Metatarsalgelenke
- Muskelverletzungen
- Myoglobinurie
- Wirbelsäulen- und SIG-Dysfunktionen

6.10 Belastungsanforderungen des Zughundsports

Unter dem Begriff Zughundsport sind heute alle Zughundsportarten, deren Ursprung im Wagenziehen oder im Schlittenhundesport liegt, zusammengefasst. In den vergangenen Jahren haben sich sehr viele Zughundsportvarianten entwickelt. Zu diesen Varianten zählen:

- Trike
- Dog-Scooter
- Bike
- Sacco-Cart
- Schlitten
- Bollerwagen
- Geländelauf (THS, CaniCross)

Der Zughundsport ist eine Ausdauer- und Kraftausdauersportart. Diese Sportart fordert besonders das **kardiopulmonale System**. Je nach Streckenlänge und Außentemperatur besteht für den Sporthund die Gefahr der **Dehydration** und der **Hyperthermie**. Wie alle Säugetiere verfügt auch der Hund über ein gut funktionierendes Thermoregulationssystem, dessen Aufgabe es ist, die Körperkerntemperatur konstant bei 37–39 °C zu halten. Eine zu niedrige Temperatur ist nachteilig, da sämtliche Stoffwechselprozesse dann langsamer ablaufen – demgegenüber müssen Temperaturen von 43 °C und mehr in jedem Fall vermieden werden, da sonst eine Denaturierung der (Struktur-) Proteine des Körpers eintritt.

Der Begriff **Thermoregulation** umfasst alle Mechanismen eines Organismus zur Aufrechterhaltung einer konstanten Körperkerntemperatur. Die Thermoregulation ist als Regelkreislauf zu verstehen, dessen Steuerungszentrum sich im Hypothalamus befindet und wo der sog. Soll-Wert fixiert ist. Wärmemessfühler im Körper registrieren permanent den Ist-Wert, also die aktuelle Körpertemperatur. Weicht der Ist-Wert vom Soll-Wert ab, sorgen verschiedene Stellglieder für eine Angleichung des Ist-Wertes an den Soll-Wert. Dabei ist das Fell ein wichtiger Isolationsmechanismus bei der Aufrechterhaltung einer konstanten Körpertemperatur: Einerseits schützt es bei Kälte vor einem Wärmeverlust über die Haut, andererseits dient es auch als Isolation bei zu großer Wärmeeinstrahlung. Allerdings wird bei großer Wärmeeinstrahlung auch die Wärmeabgabe über die Haut durch das Fell behindert. Im Gegensatz zum Menschen besitzt der Hund nur sehr wenige Schweißdrüsen in der Haut, der Hund ist also nicht in der Lage, über die Haut Verdunstungskälte zu erzeugen. Dieser Mechanismus zur Wärmeabgabe kann beim Hund nur in Form des Hechelns genutzt werden. Beim Hecheln verdunstet Wasser über die Schleimhäute von Nase, Maul und Rachen über die abgegebene Atemluft. Beim Hecheln kann die Atemfrequenz von 40 Atemzügen auf 300 pro Minute ansteigen, dabei handelt es sich jedoch um eine „Totraumventilation", d. h., die Belüftung der Schleimhäute, die nicht am Gasaustausch beteiligt sind, steht im Vordergrund (▶ **Abb. 6.25**).

Bei großer körperlicher Anstrengung und ungünstigen äußeren Bedingungen sind die Grenzen der Thermoregulation relativ schnell erreicht. Dabei ist jedoch nicht nur die Umgebungstemperatur, sondern vor allem auch die Luftfeuchtigkeit von Bedeutung: Ist es kalt und trocken, verliert der Hund sehr viel Wasser über die Schleimhäute. Wenn nicht genügend Wasser zur Verfügung steht, führt dieser Wasserverlust zur **Dehydration**. Ist es feucht und warm, ist die Wärmeabgabe durch Verdunstung erschwert, es droht eine **Hyperthermie**. Im Zughundsport wurde daher die sog. 90er-Regel aufgestellt. Die 90er-Regel ist eine einfache Richtlinie und wird folgendermaßen berechnet:

Temperatur × 2 relative Luftfeuchtigkeit in %
= maximal 90

Wird der Wert von 90 überschritten, sollte auf ein körperlich anstrengendes Training oder einen Wettkampf verzichtet werden.

Symptome von Dehydration und Hyperthermie:

- Leistungseinbruch
- starkes Hecheln mit überstrecktem Kopf
- Schwäche, Muskelzittern
- Krämpfe, auch zentrale Krämpfe
- unsicherer Gang
- keine Normalisierung von Herzfrequenz und Körpertemperatur nach 30 min

Folgen von Dehydration und Hyperthermie:

- Schädigung des Thermoregulationszentrums
- Schock
- Nierenversagen

▶ **Abb. 6.25** Beim Hecheln nimmt die Totraumventilation zu, während die Ventilation in den Alveolen unverändert bleibt. Das bedeutet eine Zunahme der Atemfrequenz bei gleichzeitiger Abnahme des Atemzugvolumens. Die Zunge wird herausgestreckt, um die Verdunstung von Wasser und damit die Wärmeabgabe zu verstärken. (Foto: Silke Meermann)

▶ **Abb. 6.26** Das Gespann zeigt die Vize-Europameisterin in der offenen Klasse (Fistic) Mitteldistanz, mit Leithündin. Der Leithund wird in der Mushersprache auch als Leader bezeichnet. Der Leader in einem Gespann kommuniziert mit dem Musher, setzt Kommandos um und gibt das Tempo vor. (Foto: Petra Deggendorfer, Hockenheim)

Ein weiteres Problem im Zughundsport können Ballenverbrennungen auf heißem Asphalt sein. Eine Asphalttemperatur von 52 °C kann nach nur 60 sec Schäden an der Haut bzw. den Ballen verursachen. Diese Temperatur wird schon bei einer Lufttemperatur von gerade einmal 25 °C erreicht. Deshalb sollten im Zweifelsfalle entweder Asphaltstrecken gemieden oder die Asphalttemperatur sollte vorher mit der Hand überprüft werden. Dazu wird die Hand für mindestens 7 sec auf den Asphalt gepresst. Erscheint die Temperatur unangenehm, ist es nicht ratsam, eine Trainingseinheit auf Asphaltstrecken zu absolvieren.

Nicht zu unterschätzen ist auch die Beanspruchung des Bewegungsapparats. So führen zu schnelle Bergabfahrten zu Überlastungen der Bizepssehnen und Fahrten in sehr unebenem Gelände können Überlastungsschmerzen im Bereich der Lendenwirbelsäule auslösen. Das trifft vor allem die Hunde, die direkt vor dem Schlitten eingespannt sind (▶ **Abb. 6.26**).

6.10.1 Typische Überlastungssyndrome durch Zugarbeit

- degenerative Veränderungen der Zehengelenke
- Tendinitis des M. biceps brachii durch zu schnelle und zu lange Bergabläufe
- Muskelverkürzungen und Muskelverspannungen
- Instabilität des lumbosakralen Übergangs
- Wirbelsäulen- und SIG-Dysfunktionen
- bleibende Schädigung des Thermoregulationszentrums

6.11 Konsequenzen für die Trainingspraxis

Insgesamt ergeben sich große Herausforderungen dadurch, dass ein Training so gestaltet werden muss, dass Überlastungsschäden vermieden werden, das Training aber trotzdem in einer effektiven Leistungssteigerung resultiert. Überlastungsschäden am Stützgewebe, also an Knochen, Bändern, Sehnen und Muskeln, treten häufig dann auf, wenn entweder der Umfang oder die Intensität des Trainings zu schnell gesteigert werden.

Folgende Punkte sollten beachtet werden, um Überlastungsschäden zu vermeiden:

- Zielgerichtete Trainingsplanung und Trainingssteuerung: Die Belastung muss in einem sinnvollen Verhältnis zur Belastbarkeit stehen, dies ist nur durch einen systematischen Trainingsaufbau zu erreichen.
- Übertraining vermeiden: Wird ganzjährig auf einem hohen Niveau trainiert, besteht die Gefahr des Übertrainings sowie der physischen und psychischen Überlastung. Die Biologie zwingt den Körper zu Ruhephasen. Deshalb ist es wichtig, Belastungs- und Ruhephasen in einem sinnvollen Wechsel zu gestalten.
- Entwicklung einer guten Sensomotorik: Gut entwickelte sensomotorische Fähigkeiten sind wichtige Voraussetzungen für die Bewältigung aller Bewegungen. Eine gute Koordination befähigt den Hund, seine Bewegungen verschiedenen Situationen anzupassen und diese Bewegungen ökonomisch, d. h. mit dem geringsten Energieaufwand, auszuführen. Neue Bewegungen können schneller erlernt, Verletzungen und Überlastungsschäden können reduziert werden.
- Gezieltes Warm-up (S. 144) und Cool-down (S. 146): Warm-up und Cool-down sind wichtige Trainingsbestandteile und müssen vor und nach jeder Belastung im Training und im Wettkampf erfolgen.
- Verletzungen ausheilen lassen (S. 94): Verletzt sich ein Sporthund, so muss eine ausreichende Sportpause eingehalten werden, damit die Verletzung konsequent ausheilen kann. Nur so können chronische Schädigungen vermieden werden.
- Übergewicht vermeiden: Übergewicht belastet die Gelenke um ein vielfaches, dies macht sich insbesondere im Sport bemerkbar, da beispielsweise bei der Landung nach einem Sprung die 5-fachen Gewichtskräfte auf der Gliedmaße lasten. Ein Kilogramm Übergewicht wirkt sich an dieser Stelle aus wie 5 kg. Darüber hinaus ist mittlerweile nachgewiesen, dass das Fettgewebe Botenstoffe wie beispielsweise Leptine und Adiponektine synthetisiert, die für die Aufrechterhaltung chronischer Entzündungsprozesse, wie sie bei Arthrosen ablaufen, mit verantwortlich sind. Auch vor diesem Hintergrund sollte Übergewicht bzw. übermäßiges Körperfett unbedingt vermieden werden.
- Wasserverluste sofort ausgleichen: Während starker Ausdauerbelastungen wie z. B. im Zughundsport verliert der Sporthund Flüssigkeit. Aus diesem Grund sollten die Hunde nach dem Training bzw. Wettkampf ausreichend Flüssigkeit aufnehmen. Der Flüssigkeitsbedarf liegt pro Tag etwa bei 20–50 ml/kg Körpergewicht.
- Lernen mittels Variationen statt des motorischen Wiederholens: Bewegungen sind individuell. Kein Hund springt und bewegt sich wie der andere. Bewegungen unterliegen ständigen

Schwankungen und sind niemals gleich. Viele Sporthundeführer haben immer noch die Vorstellung, dass Bewegungen eingeschliffen werden müssen. Daraus resultiert, dass die Sporthunde oftmals Übungen bzw. Übungssequenzen mit vielen Wiederholungen ausführen müssen. Aufgrund dieser Idee trainieren viele Hundeführer oftmals sehr einseitig und immer nah an der eigentlichen Wettkampfübung. Hier einige Beispiele:
  - Der Sporthund absolviert alle Fußübungen auf der „korrekten linken Seite".
  - Auch im Training müssen die Hürden auf Wettkampfhöhe übersprungen werden.
  - Im Agilityslalom wird immer mit der maximalen Stangenanzahl von 12 trainiert.
  - Bei der Fußübung wird immer das Schema der Prüfung gelaufen.
- Demgegenüber steht der neue differenzielle Lehransatz. Bei dieser Methode wird der Sporthund ständig mit unterschiedlichen Aufgaben (Differenzen) konfrontiert. Er lernt, sich schneller auf neue Situationen einzustellen, sodass seine Adaptionsfähigkeit gerade im Technikbereich enorm verbessert wird. Die Variation der Hürdenhöhe und der Hürdenabstände im Sprungtechniktraining ist ein Beispiel für das differenzielle Lernen und Lehren. Langfristig können so Überbelastungen durch hohe Intensitäten und hohe Wiederholungszahlen oder einseitiges Training vermieden werden.

6.12 Das Hundegeschirr

Oftmals wird kontrovers diskutiert, ob Hunde besser am Halsband geführt werden oder im Geschirr laufen sollten und wenn die Entscheidung für ein Geschirr fällt, welcher Geschirrtyp dann zu bevorzugen ist. Dabei werden in der Diskussion jedoch oft lerntechnische Aspekte mit körperlichen bzw. sportphysiotherapeutischen Gesichtspunkten vermischt. Wichtig ist an dieser Stelle zunächst zu differenzieren, was im Training erreicht werden soll:
- Geht es primär um ein didaktisches Übungsziel, d. h., soll der Hund lernen, an lockerer Leine neben seinem Besitzer zu laufen und nicht zu ziehen?

▶ **Abb. 6.27** Soll der Hund lernen, ohne zu ziehen an der Leine zu gehen, ist ein Halsband oftmals besser geeignet als ein Geschirr; ein gutes Leinenführigkeitstraining ist in jedem Fall unerlässlich. Dieser Hund zieht stark an Leine und Halsband. (Foto: Silke Meermann)

- Geht es um eine sportliche Belastung, bei der beabsichtigt ist, dass der Hund zieht (z. B. Geländeläufe, CaniCross, Mantrailing, Schlittenhunderennen)?

Soll der Hund lernen, entspannt und an lockerer Leine neben seinem Besitzer zu laufen, so umfasst ein gutes Leinenführigkeitstraining mehr als die unangenehme Einwirkung über die Leine auf das Halsband oder das Geschirr (▶ **Abb. 6.27**). Daher ist an dieser Stelle die Frage, ob mit Halsband oder Geschirr gearbeitet wird, von untergeordneter Bedeutung. Dies ist jedoch dann umso wichtiger, wenn die Zugwirkung des Hundes gewünscht ist: Ein gut sitzendes Geschirr ist unter diesen Umständen unabdingbar.

Ein gut sitzendes, normales **Halsband** aus Leder oder Nylon (▶ **Abb. 6.28**) liegt normalerweise im Bereich der mittleren Halswirbelsäule auf. Die Halswirbelsäule des Hundes ist sehr beweglich; ihre Bemuskelung hängt einerseits von der Rasse bzw. dem Hundetyp ab, variiert jedoch auch mit dem Alter und dem Training des Hundes (Stärkung der Halsmuskulatur durch Apportieren, Dummyarbeit, Schutzdienst-Training am Ärmel etc.). Nichtsdestotrotz können plötzliche Leinenrucke Dysfunktionen und dauerhafter Zug Muskelverspannungen im Bereich der Halswirbelsäule verursachen.

Durch das Tragen eines **Brustgeschirrs** wird der Zug bzw. Druck im Vergleich zum Halsband insgesamt über eine deutlich größere Fläche verteilt,

▶ **Abb. 6.28** Bei gut erzogenen Hunden reicht im Alltag ein gut sitzendes Halsband aus Leder oder Nylon aus, dieses kommt meist im Bereich der mittleren Halswirbelsäule zu liegen. Das Halsband dient u. a. dazu, die Hundemarke sichtbar zu befestigen. (Foto: Silke Meermann)

▶ **Abb. 6.29** Alle Geschirre sollten aus modernen, leichten und schnell trocknenden Kunststoffen gefertigt sein. Reflektorstreifen bieten Schutz bei Dunkelheit. (Foto: Silke Meermann)

sodass die punktuelle Belastung im Geschirr deutlich niedriger ist. Überall dort, wo erwünscht ist, dass der Hund zieht, sollte er daher ein Brustgeschirr tragen. Jedoch kann auch ein ungünstig gewähltes Geschirr Muskelverspannungen und Gelenkdysfunktionen begünstigen. Dies ist dann der Fall, wenn ein unpassender Geschirrtyp gewählt wurde oder das Geschirr von der Größe her nicht passt oder aber schlecht gepolstert ist.

Generell gilt sowohl für Halsbänder als auch für Geschirre (▶ Abb. 6.29):

- Die Riemen sollten gut gepolstert sein, dadurch entstehen auch bei Hunden mit kurzem Fell und wenig Unterwolle keine Druck- oder Scheuerstellen.
- Als Material eignen sich moderne Kunststoffe, diese haben ein niedriges Gewicht, sind leicht zu reinigen und trocknen schnell, sodass sie zu jeder Jahreszeit und Wetterlage eingesetzt werden können.
- Sämtliche Schnallen sollten einerseits einfach und sicher zu bedienen, andererseits aber auch nicht unnötig schwer gearbeitet sein.
- Halsband und Geschirr sollten sich leicht an- und ablegen lassen.
- Die Größe muss passend zum Hund gewählt sein. Insbesondere für Junghunde sollte ein größenverstellbares Geschirr gewählt werden – nichtsdestotrotz ist es in den meisten Fällen notwendig, dass für den ausgewachsenen Hund ein neues Geschirr angeschafft wird. Für die Wahl des richtigen Geschirrtyps und die Anpassung der richtigen Größe siehe ▶ **Tab. 6.3** und die Checkliste (S. 175) am Kapitelende.
- Reflektoren bieten zusätzlichen Schutz bei Dunkelheit.

Es gibt einige grundsätzlich verschiedene **Geschirrtypen**, die im Sportbereich häufig anzutreffen sind. Diese wurden zum Teil für bestimmte Zwecke als Spezialgeschirre weiterentwickelt (Blindenhundgeschirre, Geschirre für Lawinenhunde, Geschirre für das Mantrailing usw.). Die verschiedenen Geschirrtypen bieten aus sportphysiotherapeutischer Sicht sehr unterschiedliche Vor- und Nachteile (▶ **Tab. 6.3**).

Die sog. **Norweger-Geschirre** (▶ Abb. 6.30) bestehen aus einem Bauchgurt, der um den Rumpf des Hundes läuft, sowie einem Brustgurt, der senkrecht zum Bauchgurt quer über die Vorderbrust führt. Dadurch, dass sie keinen Steg besitzen, der zwischen den Vorderbeinen verläuft, sind sie sehr schnell an- und abzulegen. Dies bedeutet jedoch auch, dass der Hund das Geschirr relativ leicht abstreifen kann. Einige dieser Geschirre haben im Rückenbereich einen zusätzlichen Riemen oder Bügel, an dem an einem Ring die Leine eingehakt ist, der Hund je nach Größe aber auch gut mit

▸ **Tab. 6.3** Vor- und Nachteile verschiedener Geschirrtypen.

Geschirr-typ	Vorteile	Eignung und Einsatzgebiete	Nachteile	Aufgrund der Nachteile zu beachten
Norweger-Geschirre	leicht an- und abzulegen	• traditionell bei nordischen Schlittenhunden; für das Ziehen schwerer Lasten durch große, schwere und gut bemuskelte Hunde • eventuell im Agility, um mit dem (nicht ziehenden) Hund an den Start zu gehen	• quer verlaufender Brustgurt liegt im Bereich der Schultergelenke auf • seitlich keine Bewegungsfreiheit für Rotation der Skapula	• für den Sportbereich ungeeignet; auch für die meisten Familienhunde nicht zu empfehlen (Ausnahme Zughunde, die schwere Lasten bzw. Karren ziehen)
Sattel-geschirre	• leicht an- und abzulegen • Rückenbereich gut gepolstert, wenn z. B. Packtaschen befestigt werden sollen • aufgrund der Möglichkeit, Spruchbänder zu befestigen, momentan sehr in Mode	• Tragen von Packtaschen • eventuell im Agility, um mit dem (nicht ziehenden) Hund an den Start zu gehen	• quer verlaufender Brustgurt liegt im Bereich der Schultergelenke auf; dieser ist beim gängigen Modell zudem schlecht gepolstert • seitlich keine Bewegungsfreiheit für Rotation der Skapula • aufwendig gepolsterter Sattel behindert vor allem im Sommer den Wärmeaustausch mit der Umgebung	• für den Sport- und Familienhund eher ungeeignet, vor allem wenn der Hund zieht; dies muss besonders vor dem Hintergrund der momentanen Beliebtheit dieses Geschirrtyps kritisch beurteilt werden!
Führ-geschirre	• Brustgurt liegt längs auf dem Brustbein; dadurch gute Verteilung der Zugbelastung • Schultergelenke sind frei beweglich; auch die Rotation der Skapula wird nicht eingeschränkt	• Zughundsport, CaniCross, Geländeläufe • Ausdauertraining am Fahrrad • in Spezialausführung auch als Trailgeschirre etc.	• etwas umständlicher anzulegen als Norweger- und Sattelgeschirre	–
Renn-geschirre	• Brustgurt liegt längs auf dem Brustbein; dadurch gute Verteilung der Zugbelastung • Schultergelenke sind frei beweglich; auch die Rotation der Skapula wird nicht eingeschränkt • Rückenbereicht wird freigelassen, sobald das Geschirr „auf Zug“ ist, sodass die Flexion der Wirbelsäule nicht beeinträchtigt wird	• Zughundsport (Bikejöring, CaniCross, Scooter), Geländeläufe, Schlittenrennen	• etwas umständlicher anzulegen als Norweger- und Sattelgeschirre • verrutscht durch die spezielle Passform, sobald es nicht „auf Zug“ ist	–

▶ **Abb. 6.30** Hunde mit verschiedenen Geschirrtypen: Der braune Hund ganz links sowie der dreifarbige Hund ganz rechts im Bild tragen Norweger-Geschirre, bei diesen läuft der Brustgurt quer über die Schultergelenke. Die drei Hunde in der Mitte tragen Führgeschirre, hier liegt ein Gurt längs dem Brustbein auf. (Foto: Volker Brümmer, Ascheberg)

der Hand gehalten oder hochgehoben werden kann. Die meisten Norweger-Geschirre besitzen breite Riemen und sind zusätzlich gut abgepolstert. Dennoch ergeben sich aus ihrer Konstruktion vor allem durch den quer verlaufenden Brustgurt Probleme: Sehr häufig kommt der Brustgurt genau im Bereich der Schultergelenke zu liegen; zusätzlich schränkt er im seitlichen Teil die Bewegungsfreiheit der Schulterblätter ein. Der Bauchgurt kann verrutschen und dann entweder in die Achselregion einschneiden oder die Bewegung der Ellbogengelenke behindern. Die Konstruktion der Norweger-Geschirre bedingt so zum einen ein schnelles Verrutschen, zum anderen schränkt der Verlauf des Brustgurtes die Bewegungsfreiheit der Schulterblätter ein und drückt bei der Zugarbeit auf die Schultergelenke. Vor allem die Behinderung der Translations- bzw. Rotationsbewegung der Schulterblätter ist auch vor dem Hintergrund der Erkenntnisse der Jenaer Bewegungsstudie als besonders ungünstig zu bewerten. Aus diesem Grund sind Norweger-Geschirre in der Regel nicht empfehlenswert für Sportarten, in denen ein Ziehen des Hundes erwünscht ist.

Sattelgeschirre (▶ Abb. 6.31) entsprechen von ihrer Bauweise her mit Bauch- und Brustgurt prinzipiell den Norweger-Geschirren, haben aber zusätzlich im Rückenbereich einen abgepolsterten Sattel. Sie wurden ursprünglich in Österreich als Arbeitsgeschirre für Diensthunde mit speziellen Aufgaben entwickelt, werden aber auch häufig für Familien- oder Sporthunde verwendet. Die Nachteile, die sich beim Norweger-Geschirr durch die Beeinträchtigung der Bewegung der Schultergelenke und Schulterblätter ergeben, sind bei diesem Geschirrtyp die gleichen; dabei fehlt bei vielen dieser Sattelgeschirre die Polsterung des Brustgurtes komplett. Durch die massive Konstruktion des Sattels bildet sich zusätzlich vor allem bei warmer

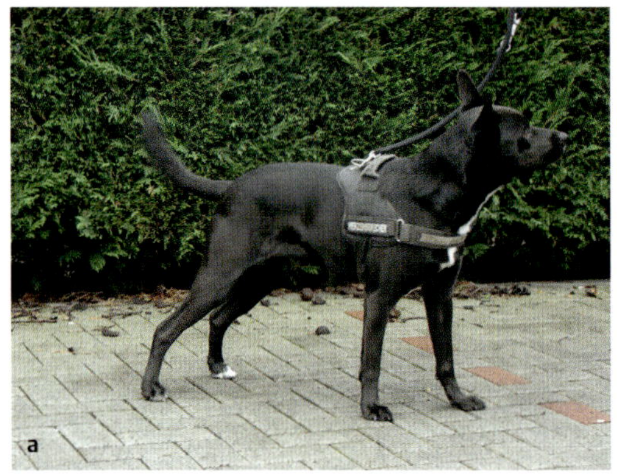

▶ **Abb. 6.31** Sattel- oder Panzergeschirre entsprechen von der Bauart den Norweger-Geschirren; unter dem Sattel kommt es bei warmer Witterung aber leicht zu einem Wärmestau. (Foto: Silke Meermann)

a Sattelgeschirr in der Ansicht von der Seite: Der Sattel liegt auf der Skapula auf und schränkt deren physiologische Rotationsbewegung ein.

b Sattelgeschirr in der Ansicht von vorne: Der Brustgurt verläuft quer über die Schultergelenke und übt unter Zugbelastung Druck unmittelbar auf den Gelenkbereich und die Bizepsursprungssehne aus.

▶ **Abb. 6.32** Ist bei der Arbeit ein Ziehen des Hundes erwünscht und trägt dieser dabei ein Norweger- oder Sattelgeschirr, so ist wie hier im Bild unbedingt auf eine gute Polsterung des quer verlaufenden Brustgurtes zu achten. (Foto: Markus Seeberger, Münster)

Witterung ein Wärmestau im Bereich von Brust und Rücken. Ein solch massiver Sattel ist eigentlich nur dann sinnvoll, wenn am Geschirr Lasten oder Packtaschen befestigt werden, die der Hund über größere Strecken tragen soll, da sich das Gewicht dieser Lasten dann auf eine größere Fläche verteilt. Bei normaler Zugbelastung entsteht der Hauptdruck jedoch auf dem quer verlaufenden Brustgurt und nicht im Bereich des Sattels (▶ Abb. 6.32). Dieser Geschirrtyp eignet sich daher ebenfalls eher weniger für Zugsportarten.

Führgeschirre zeichnen sich durch eine prinzipiell andere Bauart aus als die Norweger- und Sattelgeschirre: Sie bestehen aus einem um den unteren Hals- bzw. Nackenbereich laufenden Halsteil und einem um den Rumpf verlaufenden Bauchgurt. Diese beiden Gurte sind durch einen zwischen den Vordergliedmaßen auf dem Brustbein des Hundes liegenden unteren Bruststeg und einen über die Wirbelsäule laufenden oberen Rückensteg miteinander verbunden (▶ Abb. 6.33, ▶ Abb. 6.34). Aufgrund ihrer Form werden diese Geschirre daher auch als „Ypsilon-“ oder „T-Geschirre“ bezeichnet. Dieser Geschirrtyp bietet zwei grundsätzliche Vorteile: Zum einen geht die Zugbelastung nicht auf einen quer verlaufenden Brustgurt, sondern verteilt sich über den Bruststeg und den Halsteil auf das Brustbein und die Schul-

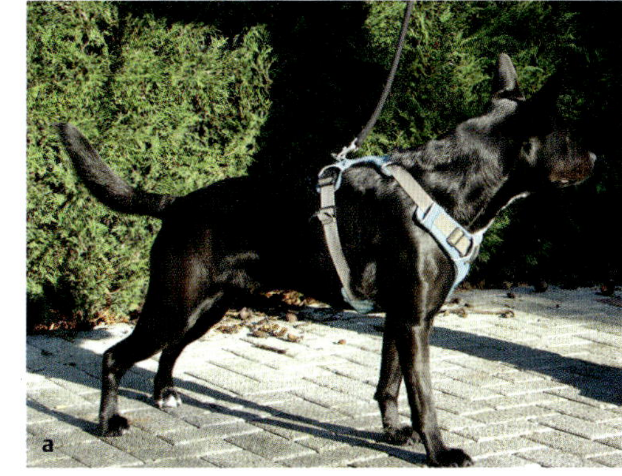

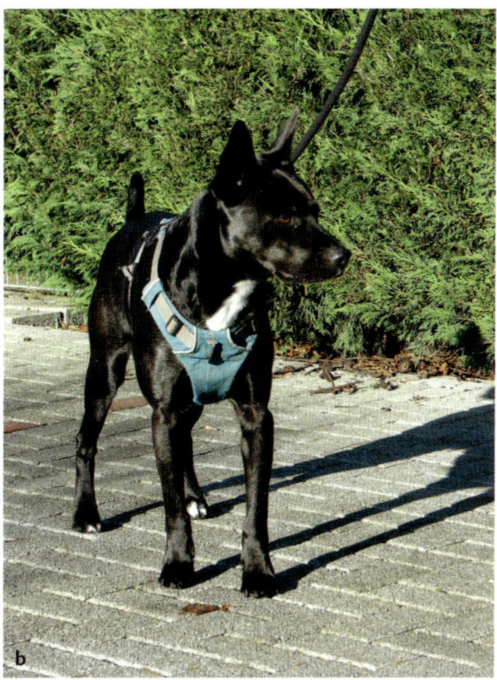

▶ **Abb. 6.33** Führ- oder Ypsilon-Geschirre besitzen einen gut gepolsterten Gurt, der im Bereich des Sternums zu liegen kommt; es gibt sie in verschiedenen Größen und Ausfertigungen. Hier zunächst eine relativ feste Ausführung, getragen von einem mittelgroßen Hund. Führgeschirr von der Seite (a): Dieses Geschirr ist so breit gearbeitet, dass trotz der an sich sinnvollen Konstruktionsweise die Rotationsbewegung der Skapula etwas eingeschränkt wird. Das Führgeschirr von vorne zeigt Abbildung b. (Foto: Silke Meermann)

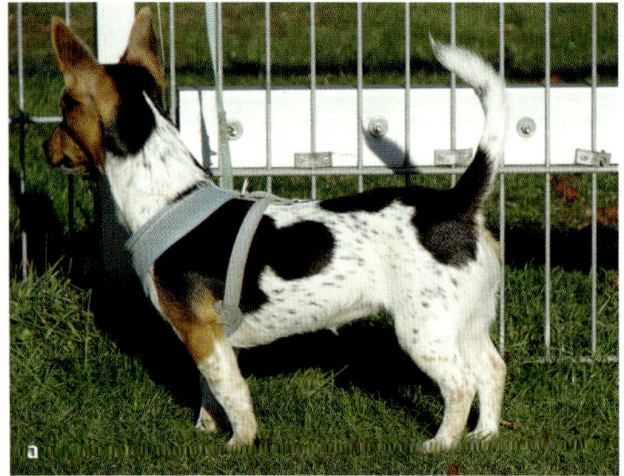

► **Abb. 6.34** Führgeschirr in einer weichen Ausführung für einen kleinen Hund. Ansicht von der Seite (a); das Mesh-Gewebe ist weich und engt die Schulterblattrotation nur wenig ein. Ansicht von vorne (b); die Schultergelenke sowie der Bereich der Bizepsursprungssehnen bleibt frei. (Foto: Silke Meermann)

tergürtelmuskulatur; die Schultergelenke selbst bleiben so frei. Zum anderen wird bei diesen Geschirren auch die Beweglichkeit der Schulterblätter deutlich weniger beeinträchtigt, da die Riemen des Halsteils weiter kranial liegen.

Bei der Auswahl eines passenden Führgeschirrs müssen jedoch ebenfalls einige Dinge beachtet werden:

- Es gibt relativ viele Modelle mit nur schlecht gepolsterten Riemen; auch hier sollten unbedingt Geschirre mit gut gepolsterten Gurten gewählt werden! Diese dürfen allerdings nicht so breit oder fest sein, dass sie die physiologischen Bewegungen der Schultergelenke bzw. der Schulterblätter einengen!
- Die Größe des Geschirres muss unbedingt zur Größe und zum Körperbau des Hundes passen: Damit das Geschirr nicht verrutschen und der Hund jederzeit frei atmen kann, muss der Kehlkopfbereich frei bleiben; Probleme mit der Atmung können zum einen durch ein zu enges Halsteil entstehen oder durch einen zu langen Bruststeg begünstigt werden.

► **Abb. 6.35** Das Safety-Geschirr ist eine weiterentwickelte Form des Führ- oder Ypsilon-Geschirrs. Es zeichnet sich durch eine besonders breite Auflagefläche im Brustbereich und leicht schräg verlaufende Bauchgurte aus, die eine freie Atembewegung ermöglichen. (Foto: Volker Brümmer, Ascheberg)

Insgesamt eignen sich Führ- oder Ypsilon-Geschirre daher gut für Sportarten, in denen der Hund ziehen soll. Von der Grundform des Ypsilon-Geschirres ausgehend wurden einige Sonderformen entwickelt: So gibt es Geschirre, bei denen der Rückensteg nicht aus einem Riemen, sondern aus zwei x-förmig gekreuzten Gurten gearbeitet ist („X-Back"), und spezielle Sicherheitsgeschirre, die zwei Bauchgurte besitzen, aus denen sich der Hund noch schlechter herauswinden kann. Auch hier gibt es ähnlich wie bei den Norweger-Geschirren Modelle mit einem zusätzlichen Gurt oder Karabiner im Rückenbereich, der bewirkt, dass die eingehakte Leine nicht auf der Wirbelsäule zu liegen kommt. Auch die Safety-Geschirre

▶ **Abb. 6.36** Renngeschirre sind im Rückenbereich deutlich länger als die übrigen Geschirrtypen. Der Zugpunkt, an dem der Karabiner eingehakt wird, befindet sich meist oberhalb der Lendenwirbelsäule; auch sie müssen gut gepolstert sein. (Foto: Silke Meermann)

(▶ Abb. 6.35) entsprechen vom grundsätzlichen Bauprinzip her einem Führgeschirr, bieten darüber hinaus aber weitere Vorteile: Sie sind komplett aus einem breiten Textilstück gearbeitet, sodass Halsteil, Rückensteg, Bruststeg und Bauchgurt nicht über Ringe oder Schnallen verbunden sind. Dadurch ist die Auflagefläche sehr breit und der Zugdruck verteilt sich großflächig auf den Brustbereich des Hundes. Da der Rückensteg etwas länger ist als der Bruststeg, verlaufen die Bauchgurte leicht schräg nach hinten entlang des Rippenbogens und ermöglichen so eine uneingeschränkte Atembewegung.

Renngeschirre (▶ Abb. 6.36) sind dadurch charakterisiert, dass sie ebenfalls eine breite Auflagefläche mittig im Bereich des Brustbeines bieten und von dort aus ein Halsriemen zu beiden Seiten hoch und um den Nackenbereich läuft. Ein weiteres Merkmal, das alle Renngeschirre gemein haben, ist der Befestigungspunkt für die Leine weit kaudal im Bereich der Kruppe oberhalb des Rutenansatzes. Da bei Rennhunden die Zugleine nahezu horizontal geführt wird, bewirkt dies im Zusammenspiel mit der weit hinten liegenden Befestigung eine optimale Bewegungsfreiheit des Rückens bei Umlenkung des Zugdruckes fast ausschließlich auf den Brustbeinbereich. Dadurch kann der Hund nahezu seine gesamte Körperkraft zum Ziehen einsetzen. Neben den klassischen „X-Back-Geschirren", bei denen die schräg seitlich am Rumpf zur Kruppe hochlaufenden Gurte durch x-förmige Riemen über der Wirbelsäule miteinander verbunden sind, gibt es mittlerweile auch weiterentwickelte Geschirre, die durch eine spezielle Konstruktion den Rücken komplett frei lassen und dadurch eine noch bessere Beweglichkeit der Wirbelsäule zulassen. Renngeschirre eignen sich so optimal für Sportarten, in denen der Hund stetig ziehen soll. Durch ihre spezielle Konstruktion ergeben sich jedoch sofort Probleme, falls der Hund nicht ununterbrochen zieht, da dann das gesamte Geschirr zur Seite verrutscht oder nach vorne klappt.

Die Ergebnisse der Jenaer Bewegungsstudie belegen noch einmal, dass ein Zuggeschirr unbedingt die Schulterblätter des Hundes frei lassen sollte. Der Drehpunkt für die Bewegung des Vorderbeines befindet sich am oberen Rand des Schulterblattes, daher schränken Geschirre mit großer Auflagefläche in diesem Bereich die Bewegungsfreiheit des Vorderbeines stark ein und sind daher ungeeignet, wenn der Hund mit dem Geschirr Geschwindigkeit und Zugkraft entwickeln soll.

Ein gutes Geschirr muss aus sportphysiotherapeutischer Sicht vor allem zwei Anforderungen erfüllen:

- Es muss vom **Geschirrtyp** her zur jeweiligen (Zug-)Aufgabe passen (▶ Tab. 6.3).
- Es muss von der **Größe** her zum Hund passen bzw. über verstellbare Riemen individuell angepasst werden; weitere Informationen in der Checkliste (S. 175).

Praxistipp

Checkliste: Was muss bei der Anprobe eines Geschirrs beachtet werden?

Grundsätzliche Voraussetzungen:

- Der Sitz des Geschirres muss von vorne und von der Seite beurteilt werden.
- Der Sitz muss kontrolliert werden, wenn „Zug" auf das Geschirr kommt: Verrutscht es?

Auswahl des Geschirrtyps:

- Zu welchem Zweck soll das Geschirr getragen werden?
- Schulter- und Ellbogengelenke sowie die Rotation der Skapula dürfen nicht behindert werden.
  - Praxistipp: Für die meisten Sportarten eignen sich Führgeschirre; Norweger-, Sattel- und Renngeschirre eignen sich nur für wenige Spezialzwecke.

▶ **Abb. 6.37** Unabhängig davon, was für ein Geschirrtyp getragen wird, muss auch die Leine passend zur Belastung gewählt werden: entweder als Leine mit Ruckdämpfer (a, mit Stoß-/Zugdämpfung) bei allen Zugsportarten oder als spezielle Führleine (b) beim Mantrailing oder bei der Fährtenarbeit. (Foto a: Silke Meermann, Foto b: Markus Seeberger, Münster)

Anpassung der Größe:

- Der Halsteil sollte so eng sein, dass der Hund das Geschirr nicht abstreifen kann.
  - Praxistipp: Am Halsteil sollten etwa zwei Finger breit unter den Riemen gelegt werden können
- Der Brustteil muss deutlich weiter sein, sodass er Platz für die Atembewegung vor allem im kaudalen Thoraxbereich lässt.
  - Praxistipp: Im Brustbereich sollten sich rechts und links beide Hände flach unter das Geschirr schieben lassen.
- Bei Führ- und Renngeschirren muss insbesondere auf den Bruststeg geachtet werden.
  - Praxistipp: Das Geschirr wird über den Karabiner im Rückenbereich „auf Zug“ gebracht, dabei darf der Bruststeg nicht nach vorn-oben verrutschen, da sonst Kehlkopf und Trachea bei der Zugarbeit behindert werden.

Neben der Überlegung, ob bzw. was für ein Geschirr der Hund tragen sollte, ist auch die Frage nach der Leine bei Zugsportarten von Bedeutung (▶ **Abb. 6.37**). Vor allem dann, wenn der Hund den laufenden Hundesportler ziehen soll und das Geschirr über eine Leine direkt mit einem Bauch- oder Beckengurt des Läufers verbunden ist (z. B. beim Geländeläufe im THS, CaniCross), empfiehlt sich eine **Leine mit elastischer Stoß- bzw. Zugdämpfung** (▶ Abb. 6.37). Dies ist sowohl für den menschlichen Läufer als auch für den Hund angenehmer: Beide haben meist unterschiedliche Schritt- und Laufrhythmen, die sich sonst bei ungedämpfter Leine auf den jeweils anderen Partner übertragen und diesen aus dem Takt bringen.

7 Stress im Hundesport

7.1 Physiologische Grundlagen

Der Begriff **Stress** stammt aus dem Englischen und bedeutet übersetzt Anspannung. Er umfasst einerseits die körperliche Reaktion eines Lebewesens auf belastende Reize, **Stressoren**, und die daraus resultierende Anpassung des Organismus an unspezifische Anforderungen. Andererseits bezieht er sich auch auf die daraus resultierende körperliche und vor allem auch mentale Belastung. Ein gewisses Maß an Stress ist für die Leistungsbereitschaft des Körpers sinnvoll und kann vom Organismus kompensiert werden. Es führt außerdem dazu, dass ein Lebewesen eine gewisse Stresstoleranz entwickeln und Belastungen so besser ertragen kann. Vor allem dann, wenn nach einer Stressphase keine längere Erholungsphase folgt, treten jedoch die negativen Folgen der Stressbelastung mehr und mehr in den Vordergrund. Auch auf medizinisch-physiologischer Ebene können verschiedene Abläufe unterschieden werden, die bei Stressreaktionen auf kurzzeitige, akute Belastungen einerseits und infolge von langfristigen, chronischen Belastungen andererseits auftreten. Während kurzzeitige Stressreaktionen auf Bedrohungen von außen lebensrettend sein können, führen langfristige Stressbelastungen vor allem zu einer Schwächung des Immunsystems und anderen nachteiligen Folgen. Durch Untersuchungen am Menschen und an verschiedenen Tierarten konnte außerdem nachgewiesen werden, dass mütterlicher Stress die Entwicklung insbesondere des Nervensystems des Embryos bzw. Fetus in verschiedene Richtungen beeinflussen kann (Fetal Programming). Da diese Effekte sehr vielschichtig und weitreichend sein können, sollten tragende Hündinnen nicht unbedacht Stress-Situationen ausgesetzt werden.

Die verschiedenen **Stresstheorien** stellen unterschiedliche Aspekte der physischen und psychischen Reaktionen in den Vordergrund und unterscheiden die Notfallreaktion sowie das Allgemeine Anpassungssyndrom (AAS).

Notfallreaktion Die sog. Notfallreaktion läuft ab, wenn der Körper durch einen akuten, bedrohlichen Reiz innerhalb kürzester Zeit in Flucht- und Angriffsbereitschaft versetzt wird. Diese Stressreaktion wird auch als Fight-or-Flight-Syndrom bezeichnet und führt unter anderem dazu, dass die Schmerzwahrnehmung gehemmt wird (Antinozizeption; ▸ **Abb. 7.1**). Bei dieser Reaktion kommt es zu einer blitzartigen Aktivierung des sympathischen Nervensystems mit Freisetzung der adrenergen Neurotransmitter Adrenalin und Noradrenalin. Dies bewirkt eine Erhöhung von Herz- und Atemfrequenz sowie eine Zunahme des Muskeltonus der Skelettmuskulatur. Dadurch werden im Körper die Voraussetzungen für ein angemessenes, dem Überleben dienliches Verhalten (Kampf oder Flucht) geschaffen. Da das Adrenalin zwar eine sehr schnelle, dafür aber nur kurze Wirkung hat, klingt diese akute Alarmbereitschaft normalerweise auch schnell wieder ab. Bleiben die äußerlichen Stressoren jedoch bestehen, kommt es in der Folge zu einer Aktivierung der Nebennierenrinde, die die Ausschüttung von stoffwechselanregenden Hormonen wie Cortisol bewirkt. Dies markiert den Übergang zum sog. Allgemeinen Anpassungssyndrom.

Allgemeines Anpassungssyndrom Der Begriff des Allgemeinen Anpassungssyndroms (AAS) wurde von Selye geprägt und beschreibt die Folgen von akutem, vor allem aber von chronischem Stress durch über längere Zeit einwirkende Stressoren (▸ **Tab. 7.1**). Dabei werden drei Stadien unterschieden: Die als erstes ablaufende, akute körperliche **Alarmreaktion** ist durch die Freisetzung von Hormonen gekennzeichnet, die eine schnelle Bereitstellung von Energiereserven gewährleisten. Sie entspricht der Notfallreaktion, bezieht sich jedoch auch auf die Ausschüttung von Cortisol durch eine Aktivierung der Nebennierenrinde. Die Freisetzung von Cortisol bewirkt zunächst, dass die Eiweißsynthese gehemmt und Proteine aus Knochen und vor allem Muskeln abgebaut werden. Dadurch steigt der Anteil der freien Aminosäuren im Blut und diese werden in der Leber zur Neubildung

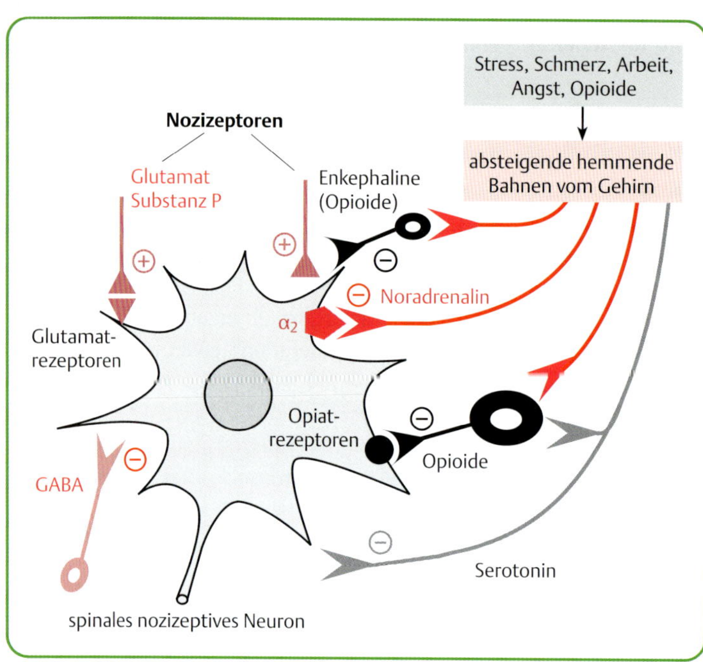

▶ **Abb. 7.1** Hemmung der spinalen Nozizeption durch absteigende Bahnen aus dem Gehirn und lokale Interneurone. (aus: von Engelhardt W et al. Physiologie der Haustiere. 5. Aufl. Stuttgart: Enke; 2015)

▶ **Tab. 7.1** Folgen akuter und chronischer Stress-Situationen.

Akuter, kurzfristiger Stress (Notfallreaktion)	Chronischer, langfristiger Stress (Allgemeines Anpassungssyndrom, AAS)
Aktivierung des sympathischen Nervensystems	erhöhte Ausschüttung von Cortisol
Adrenalin/Noradrenalin (Produktion im Nebennierenmark)	Cortisol (Produktion in der Nebennierenrinde)
→ kurzfristige „Kampfbereitschaft"; „Fight and Flight"	→ langfristige Mobilisierung von Reserven
Folgen: • gesteigerte Herzfrequenz • gesteigerte Erregungsleitung • gesteigerte Kraft • gesteigerte Erregbarkeit • gesteigerte Durchblutung der Muskulatur • Erweiterung der Bronchien • Erweiterung der Pupillen • Bereitstellung von Glucose aus Glykogen • Entleerung von Blase und Enddarm; parallel Inaktivität der Verdauungsorgane	Folgen: • (dauerhaft) erhöhter Blutzuckerspiegel (Diabetes-Gefahr) • Blutdruckanstieg • vermehrte Produktion von Magensäure (Gefahr von Magengeschwüren) • entzündungshemmende/immununterdrückende Wirkung • Störung der Kollagensynthese • erhöhtes Allergierisiko • Gewichtsabnahme

von Glukose verwendet, was wiederum eine Steigerung des Blutzuckerspiegels zur Folge hat. Der Zustand der körperlichen Aktivität und Leistungsbereitschaft erhöht sich. Gleichzeitig wird auch die Eiweißsynthese in den lymphatischen Organen gedrosselt, was wiederum zu einer Unterdrückung entzündlicher Prozesse, aber auch zu einer Reduktion der Immunabwehr führt. Das sich nun anschließende **Widerstandsstadium** ist dadurch gekennzeichnet, dass der Körper versucht, den Stresslevel wieder zu senken. Dies geschieht in erster Linie durch den Abbau der Stresshormone, wodurch sich der Normalzustand meist innerhalb weniger Tage wieder einstellt. Ist diese Normalisierung jedoch nicht möglich, weil der Organismus einem fortgesetzten Einfluss der Stressoren ausgesetzt ist, so wird das **Erschöpfungsstadium** erreicht. Dieses ist durch eine Zunahme nachteiliger körperlicher Symptome gekennzeichnet: Es kommt zur Schrumpfung lymphatischer Gewebe (Lymphknoten, Thymusdrüse etc.), die Magensäureproduktion steigt und damit auch das Risiko für die Entstehung von Magenulzera und es findet sich eine allgemein erhöhte Infektanfälligkeit. Beim Menschen sind außerdem vielfältige Einschränkungen auf der emotionalen und kognitiven Ebene untersucht und beschrieben: Es treten Befindlichkeitsstörungen mit Gereiztheit und Aggressivität, aber auch Unsicherheit und Ängstlichkeit auf. Eine weitere mögliche Folge ist die körperliche Erschöpfung. Sie geht damit einher, dass der Körper einerseits immer schneller in einen Aktivierungszustand (vgl. Alarmreaktion) gerät, sich davon aber immer langsamer wieder erholt.

7.2 Stress aus sportphysiotherapeutischer Sicht

Durch ein regelmäßiges sportliches Training kommt es normalerweise zu einem Wechsel zwischen der in Training und Wettkampf dominierenden sympathikotonen Reaktionslage (vgl. Fight-and-Flight-Reaktion) und einer sich daran anschließenden Ruhe- und Regenerationsphase, in der die Wirkung des parasympathischen Nervensystems überwiegt. Diese Phase wird entsprechend auch als Rest-and-Digest-Phase bezeichnet. Probleme entstehen dann, wenn die vegetative Umschaltung von sympathischer zu parasympathischer Reaktionslage nicht gelingt. Der Sympathikotonus bleibt hoch und es treten Erregungserscheinungen wie Nervosität und Ruhelosigkeit auf. Diese stellen sich meist nicht schlagartig ein und werden dadurch oft nicht sofort wahr- bzw. ernst genommen; so kann es zu einer chronischen Überanstrengung und zum sog. **Übertrainingssyndrom** kommen. Dabei können es sowohl zu hohe körperliche Trainings- oder Wettkampfanforderungen sein, die als Ursachenfaktoren eine Rolle spielen, als auch psychische bzw. soziale Aspekte. Der erste Schritt in der Behandlung eines Übertrainingssyndroms ist das sofortige Aussetzen des Trainings für einen mehr oder weniger langen Zeitraum. Allerdings ist in den meisten Fällen vor einer Wiederaufnahme auch eine Überprüfung und Umstellung des Trainings in Bezug auf Methodik, Leistungsanforderungen, Trainingshäufigkeit und Trainingspausen notwendig!

7.3 Stress beim Sporthund

Die auf Sporthunde einwirkenden Stressoren können sehr unterschiedlich sein. Dies hängt vor allem auch von der Stresstoleranz und den Vorerfahrungen des Einzeltieres ab. Dabei spielen wiederum Einflussfaktoren wie Rasse, individuelle genetische Faktoren und erlernte Bewältigungsstrategien im Umgang mit Leistungsanforderungen einerseits und Frust andererseits eine Rolle. Eine gute Sozialisation des Welpen bzw. Junghundes ist daher für Sporthunde auch aus diesem Grund absolut wichtig.

Häufige Stressoren im Hundesport sind unter anderem:

- hoher **Leistungsdruck**, hohe Erwartungshaltung des Besitzers an seinen Hund
- körperliche und oder mentale **Überforderung**
- **Übertraining** (Missverhältnis zwischen hohen Leistungsanforderungen und geringem Leistungsvermögen; ungenügende Trainingspausen)
- bei manchen Hunden aber auch **Unterforderung**/Langeweile
- nicht artgerechte oder individuell nicht geeignete **Ausbildungsmethoden**
- **Unsicherheit** (durch unklare soziale Stellung im Rudel; Erwartungsunsicherheit; Umweltunsicherheit)
- **Prüfungs- bzw. Wettkampfstress** (neue Umgebung, viele Reize durch Anwesenheit vieler Menschen und Hunde etc.)
- (unerkannte) **Schmerzen** durch Verletzungen oder Verschleißerscheinungen (Muskelzerrungen, Rückenschmerzen, arthrotische Schmerzen)

Da sich Stress immer auch nachteilig auf das Lernverhalten auswirkt, sollte nicht nur die Wettkampfsituation, sondern vor allem das Training (vor allem Techniktraining) möglichst stressarm gestaltet werden.

8 Doping im Hundesport

8.1 Problemkomplex Doping

Im Leistungssport beim Menschen gelangt das Thema Doping immer wieder in die Medien, demgegenüber spielt es im Hundesport in der öffentlichen Wahrnehmung kaum eine Rolle. Dieser Umstand ist jedoch nicht unbedingt darauf zurückzuführen, dass hier tatsächlich weniger gedopt, sondern dass vor allem seltener kontrolliert und wenig darüber berichtet wird. Dabei kommt der Problematik im Hundesport eine besondere Bedeutung zu, da ein Team hier immer mindestens aus zwei Partnern besteht: dem Hundeführer einerseits und dem Hund andererseits. Während der Mensch für sich selbst, für seinen Körper und seine Gesundheit Verantwortung tragen und auch selber entscheiden kann, ob er den Leistungsanforderungen eines Wettkampfes entsprechen kann, kann der Hund dies alles nicht. Er ist im Hinblick auf seine Gesundheit wesentlich von seinem Besitzer abhängig. Dabei ergeben sich mehrere Schwierigkeiten: Viele Hundebesitzer sind nicht geschult, um leichte Gangbildveränderungen oder unklare, intermittierende Lahmheiten zu erkennen und übersehen diese einfach. Oftmals werden die Hunde aber auch bewusst zu einer Prüfung oder einem Wettkampf angemeldet, obwohl der Besitzer bemerkt hat, dass sich das Tier nicht klar bewegt oder Schmerzen hat. Vom Reglement der VDH-Prüfungsordnungen ist der Rückzug einer Meldung vor Prüfungsbeginn relativ einfach; bei kurzfristiger Abmeldung wird lediglich das Startgeld nicht zurückerstattet. Dagegen sind die Vorgaben deutlich strenger, wenn eine Erkrankung oder Verletzung des Hundes erst nach Prüfungsbeginn festgestellt wird oder auftritt: Im Leistungsnachweis des Hundes erfolgt dann der Eintrag „Abbruch wegen Erkrankung des Hundes" und der Hundeführer muss im Anschluss ein tierärztliches Attest vorlegen, durch welches er sich diese Erkrankung bestätigen lässt. Dieser Umstand erschwert den Startern einen Rückzug bei Verletzung des Hundes; aus medizinischer Sicht ist es wünschenswert, hier das Reglement dahingehend zu ändern, dass auch nach Prüfungsbeginn ein krankheits- oder verletzungsbedingter Rückzug einfacher möglich ist.

8.2 Doping und Medikamentenmissbrauch

Der Begriff **Doping** geht auf das Englische Verb „to dope" zurück und bedeutet so viel wie „täuschen", „hinters Licht führen". Hiermit wird die vorsätzliche Einnahme von leistungssteigernden oder leistungserhaltenden Substanzen im Sport bezeichnet. Doping stellt so einerseits eine Wettbewerbsverzerrung dar, geht aber vor allem auch mit einem erheblichen Risiko für die Gesundheit des Sportlers einher, da physiologische Schutzmechanismen des Körpers außer Kraft gesetzt und der Körper über seinen eigentlichen Ist-Zustand getäuscht wird. Neben den Risiken durch Überbelastung des Bewegungsapparats stehen dabei vor allem auch Gefahren für das Herz-Kreislauf-System und den Atmungsapparat im Vordergrund. Im Bereich des Bewegungsapparats kann es so kurzfristig zu akuten Verletzungen kommen; langfristig kommt es durch andauernde Überbelastungen zu einer Zunahme von chronisch-degenerativen Verschleißerscheinungen. Im Bereich des Herz-Kreislauf-Systems kann es im Extremfall sogar zum Kollaps mit Todesfolge kommen. Der Begriff Doping bezieht sich im Wesentlichen auf den Leistungssportbereich und unterstellt, dass die Zufuhr von Substanzen in der Absicht geschieht, die sportliche Leistung des Hundes zu steigern. Im Hobbybereich spricht man demgegenüber meist von Arzneimittel- oder **Medikamentenmissbrauch**; dieser geschieht nicht unbedingt vorsätzlich zur Leistungssteigerung, sondern ist oft auf Unwissenheit bzw. Gedankenlosigkeit zurückzuführen.

Eigene Erfahrungen aus der tierärztlichen und sportphysiotherapeutischen Praxis zeigen, dass dabei der Missbrauch von nicht-steroidalen Antiphlogistika (NSA) besonders häufig ist (▶ **Abb. 8.1**): Auch im Hobbysportbereich ist es lei-

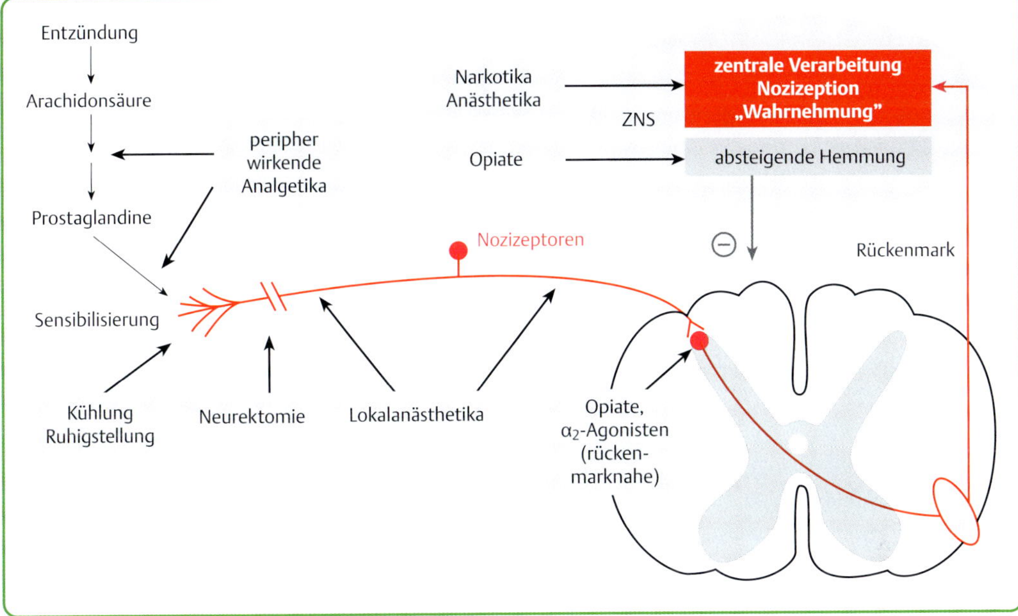

▶ **Abb. 8.1** Möglichkeiten der Schmerzbehandlung und der Antinozizeption an verschiedenen Stellen des nozizeptiven Systems. (aus: von Engelhardt W et al. Physiologie der Haustiere. 5. Aufl. Stuttgart: Enke; 2015)

der keine Seltenheit, dass Hunden, die vor oder während eines Wettkampfes lahm gehen, ein NSA verabreicht und der Hund dann trotzdem an den Start geführt wird. Diese Medikamente wurden zwar in der Regel von einem Tierarzt verschrieben oder abgegeben, oftmals aber für eine völlig andere Indikation oder sogar für ein ganz anderes Tier, wodurch die Wichtigkeit der eingehenden Besitzer-Aufklärung durch den Tierarzt bei der Abgabe von NSA an Besitzer mit Sporthunden nochmals unterstrichen wird. Beide Formen, sowohl das Doping im Leistungssportbereich als auch der Medikamentenmissbrauch im Freizeitbereich, gefährden durch falschen Ehrgeiz des Hundesportlers die Gesundheit der betroffenen Hunde jedoch gleichermaßen.

Praxistipp

In unserer Praxis erfassen wir über den Anmeldebogen den Verwendungszweck der Patienten (Familienhund, Diensthund, Sporthund, Sonstiges). Erhält ein Sporthund ein NSA, wird zusätzlich zur mündlichen Information des Besitzers ein Informationsblatt mit folgendem Text mitgegeben: „Ihr Hund erhält ein schmerz- und entzündungshemmendes Medikament. Bitte beachten Sie, dass dadurch die Schutzwirkung des Schmerzes teilweise entfällt und schonen Sie Ihren Hund! Ihr Hund sollte insbesondere nicht springen oder toben, machen Sie keine Ball- oder ähnlichen Wurfspiele mit ihm; vermeiden Sie Treppen und tragen Sie ihn ins Auto. Bitte beachten Sie, dass Ihr Hund keinesfalls am Training oder an einem Turnier teilnehmen darf, solange er das Schmerzmittel einnimmt!"

8.3 Nicht-steroidale Antiphlogistika (NSA)

Die Indikationsgebiete für die Anwendung von nicht-steroidalen Antiphlogistika erstrecken sich insbesondere auf akute und chronische Schmerzen im Bewegungsapparat, sie sind zugelassen zur symptomatischen Behandlung bei Arthrosen und werden außerdem postoperativ zur Schmerztherapie eingesetzt. Ihre Wirkung beruht auf der Hemmung des Enzyms Cyclooxygenase: Hierdurch wird die Synthese von Prostaglandinen vermindert, sodass der Ablauf der Entzündungskaskade gehemmt wird und es zu einer Schmerzreduktion kommt (▶ **Abb. 8.1**). Auch die Thrombozytenaggregation und somit die Blutgerinnung wird inhibiert. Man unterscheidet zwischen den älteren, nicht-selektiven NSA einerseits und den neueren, selektiven COX-2-Inhibitoren andererseits; diese besitzen im Allgemeinen eine bessere Magen-Darm-Verträglichkeit, aber ein höheres Risiko für kardiovaskuläre Schädigungen. Die häufigsten Nebenwirkungen sind Schädigungen der Magenschleimhaut in Form von Gastritiden bis hin zu Magenulzera; bei Langzeittherapie kann es zu einer Schädigung von Leber und Nieren kommen. Da die Mehrzahl der Lahmheiten beim Hund schmerzbedingt ist, werden NSA sehr häufig in diesen Fällen eingesetzt und bergen dadurch ein hohes Missbrauchspotenzial: Durch die Gabe eines NSA kann eine Lahmheit kaschiert werden und der Hund erscheint wieder vermeintlich gesund. Vor allem nach akuten Verletzungen müssen jedoch unbedingt die Ausheilungszeiten der betroffenen Gewebe berücksichtigt werden, da sich eine zu frühe Belastung nachteilig auf den Heilungsprozess auswirkt.

8.4 Rechtliche Grundlagen

Im Hinblick auf das Thema Doping und Medikamentenmissbrauch im Hundesport sind das **Tierschutzgesetz** sowie die Doping-Richtlinien der Hundesportverbände als rechtliche Grundlagen maßgeblich. So wird in § 3 des Tierschutzgesetzes festgelegt, dass es verboten ist, „einem Tier (…) Leistungen abzuverlangen, denen es wegen seines Zustandes offensichtlich nicht gewachsen ist oder die offensichtlich seine Kräfte übersteigen (…)". Es ist außerdem verboten, „an einem Tier im Training oder bei sportlichen Wettkämpfen (…) Maßnahmen, die mit erheblichen Schmerzen, Leiden oder Schäden verbunden sind und die die Leistungsfähigkeit von Tieren beeinflussen können, sowie an einem Tier bei sportlichen Wettkämpfen (…) Dopingmittel anzuwenden". Während das Tierschutzgesetz als übergeordnete Rechtsvorschrift ausschließlich den Tierschutzgedanken verfolgt und Doping bzw. Medikamentenmissbrauch aufgrund seiner Tierschutzrelevanz verbietet, zielen die **Doping-Richtlinien** der Hundesportverbände auch darauf ab, eine durch Doping mögliche Wettbewerbsverzerrung zu unterbinden. Verbindliche Doping-Richtlinien und regelmäßige Kontrollen gibt es im Windhund-Rennsport schon seit vielen Jahren und auch in Bezug auf die Anwesenheit eines „Bahntierarztes", der alle an einem Wettkampf teilnehmenden Hunde untersucht, nimmt diese Sportart Vorreiterfunktion ein. Demgegenüber formulierte der VDH für viele weitere Hundesportarten (Agility, Gebrauchshundsport, Obedience, Turnierhundsport, Fährte und Ausdauerprüfung) erst im Frühjahr 2012 eine Richtlinie zu diesem Thema. Hierin werden lediglich Stoffgruppen genannt, die bei Hunden, welche auf termingeschützten VDH-Prüfungen starten, nicht eingesetzt werden dürfen; eigene Listen mit Wirkstoffen und deren Halbwertszeiten fehlen bislang. Auch die angekündigten Kontrollen finden in diesen Sportarten momentan nur in sehr geringem Umfang bzw. gar nicht statt.

Im Deutschen Windhundzucht- und Rennverband e. V. (DWZRV) existiert dagegen bereits aufgrund eines Beschlusses aus dem Jahr 1995 eine **Medikamentenliste** mit Präparaten, die bei erkrankten Hunden häufig zum Einsatz kommen (▶ **Tab. 8.1**). Medikamente von dieser Liste dürfen auch Hunden, die an Wettkämpfen teilnehmen, unter bestimmten Bedingungen verabreicht werden: Für jedes Mittel auf der Liste ist die Halbwertszeit (t ½) in Bezug auf die Elimination aus dem Körper beim Hund angegeben sowie der Zeitraum der Nachweisbarkeit des Wirkstoffes bei einer Dopingkontrolle. Anhand dieser Liste kann also der Tierarzt bei der Behandlung eines Sport-

▸ **Tab. 8.1** Medikamentenliste des DWZRV*.

Stoff	Eliminationszeit
Schmerzmittel	
• ASS	• 5 Tage
• Carprofen	• über 3 Tage
• Ibuprofen	• 2–3 Tage (für Hunde toxisch!)
• Meloxicam	• 12,5 Tage
Antibiotika	
• Ampicillin	• 8 h
• Cefalexin	• 20 h
• Doxycyclin	• 4 Tage
Weitere	
• Theobromin	• 6–7 Tage
• Theophyllin	• 4 Tage
• Coffein	• 3 Tage
• L-Thyroxin	• 3 Monate
• Ciclosporin	• 14 Tage
• Nandrolon	• 100 Tage

* Die hier gelisteten Stoffe dürfen bei Rennhunden auch vor einem Wettkampf angewandt werden; die Eliminationszeiten müssen dabei aber unbedingt eingehalten, d. h. die Medikamente entsprechend früh vor dem Wettkampf abgesetzt und die Behandlung muss vor dem Start angemeldet werden.

hundes entscheiden, welches Medikament über welchen Zeitraum und bis zu welchem Zeitpunkt vor einer Wettkampfteilnahme eingesetzt werden kann. Jede tierärztliche Behandlung mit einem gelisteten Medikament muss außerdem vor dem Rennen mithilfe eines Formblattes angemeldet werden, sodass dann über die Startfreigabe entschieden werden kann. Darüber hinaus gibt es eine weitere **Stoffgruppenliste**, in der festgelegt ist, welche Stoffe bei einem positiven Nachweis prinzipiell als Dopingmittel gelten. Wird bei einer Kontrolle ein Medikament dieser zweiten Liste nachgewiesen, obwohl zuvor keine Behandlung angemeldet wurde, gilt dies als Doping – ganz gleich, wie gering die nachgewiesene Menge ist („Null-Toleranz"). Auf der Stoffgruppenliste des DWZRV stehen u. a. Stoffe, die auf das Nervensystem, auf den Magen-Darm-Trakt, das Herz-Kreislauf-System und den Bewegungsapparat wirken; auch fiebersenkende, schmerzstillende und entzündungshemmende Stoffe sowie Antibiotika, Antimykotika und antivirale Mittel zählen hierzu; ebenso Mittel, die die Blutgerinnung beeinflussen, Stoffe mit zellschädigender Wirkung und Antihistaminika; darüber hinaus Lokalanästhetika, Diuretika, Muskelrelaxanzien und Atmungsstimulanzien sowie Anabolika, Kortikosteroide, Sexualhormone und andere natürliche oder synthetische Hormone. Auch der Verband Deutscher Schlittenhundesport Vereine (VDSV) hat sich ähnliche Regelungen wie der DWZRV gegeben; lediglich die Stoffgruppenliste wurde hier noch auf neue Medikamente, die sich noch in der Erprobung befinden, sowie auf körpereigene Substanzen erweitert. Auch dürfen den Hunden hier innerhalb der letzten 72 h vor einem Rennen keine Injektionen oder Infusionen mehr verabreicht werden.

Mit seinem Rundschreiben vom Frühjahr 2012 hat der VDH ebenfalls im Wesentlichen die Regelungen des DWZRV übernommen: So legt die **VDH-Richtlinie vom 26.02.2012** fest, dass Dopingkontrollen auf allen nationalen und internationalen VDH-Veranstaltungen durchgeführt werden können, insbesondere aber auf nationalen Qualifikationsveranstaltungen stattfinden sollen. Ähnlich wie bei menschlichen Sportlern erfolgt die Kontrolle durch eine Urin- und ggf. durch eine Blutprobe; auch hier werden jeweils eine A- und B-Probe (Rückstellprobe) genommen. Bei Verstößen können harte Sanktionierungen verhängt werden wie beispielsweise die nachträgliche Disqualifizierung des gedopten Hundes, aber auch die Wettkampfsperre des Hundes und des Besitzers oder Eigentümers – auch mit anderen Hunden – für mindestens 6 Monate bis hin zu 3 Jahren. In der Richtlinie werden außerdem die Substanzklassen gelistet, deren Einsatz verboten ist (▸ **Tab. 8.2**). Diese sind identisch mit denen, die auch der DWZRV und der VDSV definieren. Für diese Stoffe gilt der Nachweis einer Substanz – ganz gleich, in welcher Menge – als Doping. Durch die Richtlinie wurde außerdem die Erstellung konkreter Medikamenten- und Stoffgruppenlisten ähnlich denen von DWZRV und VDSV angekündigt, hier fehlt jedoch bislang (Stand Januar 2017) eine für jedermann transparente Aussage, ob diese Listen mittlerweile erstellt wurden oder ob auf die bestehenden Listen der anderen Verbände zurückgegriffen werden kann. Verbindliche, für jeden Hundesport-

► **Tab. 8.2** Wirkungen und Nebenwirkungen einer Auswahl verbotener Substanzen.

Substanz	Wirkung	Nebenwirkung
NSA	• Hemmung der Entzündungskaskade, dadurch Schmerz- und Entzündungshemmung	• Magen-Darm-Schleimhaut-Läsionen bis hin zu Ulzerationen • Hemmung der Thrombozytenaggregation
Lokalanästhetika (z. B. Lidocain)	• lokale Schmerzausschaltung; lokale Ausschaltung der Sensibilität	–
Kortikosteroide	• stark entzündungshemmend • verbesserte Energiebereitstellung	• verzögerte Wundheilung • Immunsuppression • Atrophie der Nebennierenrinde • psychische Veränderungen
Diuretika	• Entwässerung	• Dehydration, Exsikkose, Kreislauf- und Herzrhythmus-Störungen • missbräuchlicher Einsatz zur scheinbaren Gewichtsreduktion sowie zur Beschleunigung der Ausscheidung nierenpflichtiger Substanzen (schnellere Unterschreitung der Nachweisgrenze dopingrelevanter Wirkstoffe)
Anabolika	• Förderung der Proteinsynthese und dadurch des Muskelaufbaus • Abnahme des Körperfettes	• Prostatahyperplasie • Leberschäden • Herzvergrößerung ohne ausreichende Kapillarisierung
stimulierende Substanzen wie Theobromin	• diuretisch, gefäßdilatierend • herzstimulierend • detonisiert die glatte Muskulatur	• Theobromin-Vergiftung

ler und vor allem auch für die behandelnden Tierärzte zugängliche Präparatelisten sind jedoch Voraussetzung, um Hunde, die auf Wettkämpfen geführt werden, überhaupt medikamentös behandeln zu können!

Theobromin befindet sich u. a. in Kakao und Schokolade; die Wirkung beim Hund ist vergleichbar mit der von Amphetaminen und anderen Aufputschmitteln, da es eine Aktivierung des sympathischen Nervensystems bewirkt. Diese führt wiederum zu einer Steigerung von Herz- und Atemfrequenz sowie einer verbesserten Durchblutung der Muskulatur. Da Theobromin beim Hund enzymatisch nicht abgebaut werden kann, bleibt der Wirkstoff wesentlich länger im Körper als beim Menschen und das Risiko einer tödlichen Theobromin-Vergiftung ist hoch: Die letale Dosis liegt bei 100–300 mg/kg Körpergewicht. Das bedeutet, dass das Fressen einer 100-g-Tafel Bitterschokolade für einen 16 kg schweren Hund bereits tödlich sein kann! Auch das beim Hund zu Therapiezwecken eingesetzte Theophyllin (Verbesserung der rheologischen Eigenschaften des Blutes; Bronchial-Dilatation) fällt in dieselbe Wirkstoffgruppe; für diesen Stoff wurde u. a. bei Lawinenrettungshunden bei Einsätzen in großer Höhe eine verbesserte Sauerstoffversorgung und somit eine bessere Leistungsfähigkeit nachgewiesen.

ristiane Gräff

Teil 2
Trainingspraxis

9 Training der motorischen Hauptbeanspruchungsformen

9.1 Der Trainingsprozess – konkrete Trainingsgestaltung im Hundesport

Um Hunde unter sportphysiotherapeutischen Gesichtspunkten sinnvoll und erfolgreich ausbilden und trainieren zu können, ist es notwendig, die im ersten Teil des Buches dargelegten Prinzipien der Trainingslehre (S. 129) in die langfristige Trainingssteuerung und in die konkrete Gestaltung der einzelnen Übungseinheiten zu übertragen. Das folgende Kapitel befasst sich daher mit der Umsetzung der verschiedenen sportphysiotherapeutisch relevanten Aspekte in die Trainingspraxis:

Da das **Auf- und Abwärmen** (S. 187) vor und nach einer Übungs- oder Wettkampfeinheit die Basis für eine optimale Leistungsfähigkeit unter Belastung darstellt und die Grundlage für eine optimale Regeneration bietet, wird dieser Bereich zu Beginn des Kapitels behandelt. Fehler und Versäumnisse in diesem Bereich führen nicht nur dazu, dass der Hund sein Leistungspotenzial nicht abrufen kann, sondern können sich darüber hinaus extrem nachteilig auf die Gesundheit des Tieres auswirken und zwar sowohl kurzfristig (Risiko von Überlastungen des Herz-Kreislauf-Systems; akutes Verletzungsrisiko) als auch langfristig (Vorschub degenerativer Erkrankungsprozesse durch repetitive Belastungen bei unzureichender Regeneration). Ein sinnvoll gestaltetes Aufwärmen vor und das Abwärmen nach dem Training sind daher für jeden Hund in jeder Sportart im Zusammenhang mit jeder einzelnen Übungseinheit absolut essenziell.

Demgegenüber muss ein sinnvolles Training der **fünf Hauptbeanspruchungsformen** Ausdauer (S. 194), Kraft (S. 199), Schnelligkeit (S. 214), Koordination (S. 216) und Beweglichkeit (S. 222) sowohl unter sportartspezifischen Gesichtspunkten als auch insbesondere im Hinblick auf individuelle Defizite geplant und durchgeführt werden, um hierdurch eine Steigerung der Leistungsfähigkeit des Hundes zu erzielen. Dementsprechend existiert für diese Aspekte kein allgemeingültiges Trainingskonzept, sondern der Trainer bzw. Hundesportler muss aus diesen Kapiteln diejenigen Übungen auswählen, die für seine jeweilige Sportart relevant sind bzw. welche die Defizite seines Hundes ausgleichen können.

Vor allem dann, wenn das Training wettkampforientiert geschieht und der Hund sein optimales Leistungspotenzial zu einem bestimmten Zeitpunkt abrufen soll, kommt darüber hinaus der langfristigen Trainingssteuerung und **Periodisierung** (S. 143) des Hundesportjahres mit seinen Saisonhöhepunkten eine weitere, wichtige Bedeutung zu, sodass dieser Aspekt abschließend im Kapitel Beispiele für Trainingspläne (S. 234) behandelt wird.

Für alle diese Bereiche gilt, dass das Training so gestaltet werden soll, dass es zwar einerseits in einer effektiven Leistungssteigerung mündet, ohne jedoch andererseits zu **Überbelastungen** bzw. zu einem **Übertrainings-Syndrom** zu führen. Dies gilt für das **Aufwärmen**, welches jeweils maximal mit etwa 60 % der Intensität erfolgen sollte, die anschließend unter Belastung abgerufen wird. Wird dies nicht berücksichtigt, so sind die Energiereserven des Körpers bereits erschöpft, wenn eigentlich die optimale Leistungsfähigkeit gefordert wäre. Auch im Hinblick auf die fünf **Hauptbeanspruchungsformen** muss berücksichtigt werden, dass ein zu intensives Training bzw. unzureichende Pausen eher zu einem Leistungsabfall als zu einer Leistungssteigerung führen. Während für die ersten beiden Beanspruchungsformen Ausdauer und Kraft gilt, dass ein relevanter Trainingsreiz eine Mindesthöhe bzw. Mindestintensität haben muss, gilt dahingegen für die Beanspruchungsformen Koordination, Beweglichkeit und Schnelligkeit, dass sie für einen optimalen Effekt eben nicht in erschöpftem Zustand bzw. im Anschluss an anstrengende Kraft- oder Ausdauereinheiten ausgeführt werden sollten. Auch bei der mittel- und langfristigen **Trainingsplanung** müssen insbesondere die Pausen so gewählt werden, dass ausreichende Regenerationszeiten eingehalten werden, um nach dem Modell der Superkompensation in der Summe eine Verbesserung der körperlichen Leistungsfähigkeit zu erreichen. Für das Sportjahr gilt darüber hinaus, dass jeweils mindestens ein bis zwei längere Pausen von etwa einem Monat eingehalten werden sollten, um übermäßigen Stress und eine mentale Überbelastung zu vermeiden.

Folgende Punkte sollten grundsätzlich beachtet werden, um Überlastungsschäden (S. 168) zu vermeiden:

- ausgewogenes Verhältnis zwischen Belastung und Belastbarkeit durch Trainingsstand-Analyse und entsprechenden systematischen Trainingsaufbau
- Vermeiden von kurz- und langfristigen Überlastungen
- ausreichende Pausenzeiten innerhalb, aber vor allem auch zwischen Übungseinheiten
- Entwicklung einer guten Sensomotorik als wichtige Voraussetzung für die Bewältigung aller Bewegungen
- gezieltes Auf- und Abwärmen vor und nach jeder Belastung
- ausreichende Ausheilungszeiten nach Verletzungen entsprechend den physiologischen Wundheilungszeiten (S. 94)
- Vermeidung von Übergewicht
- sofortiger Ausgleich von Wasserverlusten
- Lernen mittels Variationen statt motorischen Wiederholens

9.2 Durchführung von Auf- und Abwärmen

9.2.1 Ablauf des Aufwärmens

Generell hat es sich sowohl beim Menschen als auch im Hundesport bewährt, die **aktive Aufwärmarbeit** dem passiven Aufwärmen vorzuziehen. Unter passivem Aufwärmen wird die äußerliche Anwendung von Wärme verstanden (z. B. warme Bäder, Sauna etc.), auch Massagen führen zu einer Mehrdurchblutung und Erwärmung des Gewebes. Diese Effekte sind dabei jedoch viel weniger stark ausgeprägt als beim aktiven Aufwärmen. Das aktive Warm-up ist dadurch effektiver und funktioneller.

Ein gutes Aufwärmen sollte außerdem immer zum ersten an die entsprechende **Sportart** bzw. Disziplin angepasst sein und zum zweiten auch **individuell** auf den einzelnen Hund zugeschnitten werden. Nur so kann der Körper optimal auf die zu erwartende Belastung vorbereitet und die Leistungsfähigkeit gesteigert werden. Je höher die körperlichen Anforderungen bei einer Sportart sind, umso größer ist die Bedeutung des Warm-ups und umso nachteiliger sind die Folgen, wenn gar nicht oder unzureichend aufgewärmt wird.

Das Aufwärmen sollte grundsätzlich aus drei Elementen bestehen:

1. **allgemeines Aufwärmen** zur Aktivierung des Herz-Kreislauf-Systems und zur Steigerung von Durchblutung und Körpertemperatur
2. **Mobilisationsübungen** zur Verbesserung der Beweglichkeit
3. spezifische **Technikübungen**, die auf die zu erwartende Belastung durch die sportarttypischen Aktionen vorbereiten

Sowohl die Mobilisationsübungen als auch die sportartspezifischen Technikübungen werden dem speziellen Aufwärmen zugerechnet. Beim Hund hat sich in der Umsetzung folgender Ablauf bewährt:

1. **allgemeines Aufwärmen**: Einlaufen im Trabtempo über etwa 6–10 min
2. **spezielles Aufwärmen**:
   - aktive Dehnübungen/Bewegungsdehnen (ca. 2 min)
   - Ganzkörperübungen mit zunehmender Intensität (ca. 2 min)
   - spezielle Technikübungen (ca. 2–5 min)

Das **allgemeine Aufwärmen** erfolgt beim Hund am einfachsten durch ein lockeres Einlaufen im Trabtempo über etwa 6–10 min in Abhängigkeit von der Außentemperatur, der erwarteten Belastung und der Gemütslage des Hundes (▶ **Abb. 9.1**).

Die **Mobilisationsübungen** werden beim Hund in der Regel als aktiv-dynamisches Dehnen ausgeführt. Wie bereits im Hinblick auf das Training der Beweglichkeit (S. 137) beschrieben, kann gene-

▶ **Abb. 9.1** Das allgemeine Aufwärmen erfolgt am einfachsten durch ein gemeinsames Einlaufen von Mensch und Hund; dabei muss die Dauer der Umgebungstemperatur angepasst werden. (Foto: Silke Meermann)

rell zwischen aktiven und passiven sowie zwischen statischen und dynamischen Dehnübungen unterschieden werden. Beim Hund ist ein statisches Dehnen dabei jedoch fast nur in passiver Form durchführbar (d. h., der Mensch hält den zu dehnenden Bereich für einen gewissen Zeitraum in der Dehnposition). Möchte man den Hund jedoch dazu bringen, bestimmte Muskelgruppen und Bindegewebsstrukturen aktiv zu dehnen, ergibt sich in der Praxis dadurch fast immer ein dynamisches Dehnen. Bei passiv-statischen Dehnungen des Hundes durch den Menschen besteht die Gefahr, dass die entsprechende Muskulatur durch Aktivierung der Golgi-Sehnen-Organe hypoton wird oder ein „Überdehnen" eintritt – dies ist vor einer muskulären Belastung jedoch absolut unerwünscht! Daraus ergibt sich, dass vor der Beanspruchung im Sport beim Hund immer dem aktiv-dynamischen Dehnen der Vorzug gegeben werden sollte.

Das aktiv-dynamische Dehnen hat folgende positive Effekte:

- Aktivierung von Nervenleitbahnen (Fazilitation; möglich durch Plastizität des Nervensystems) und dadurch verbesserte intermuskuläre Koordination
- verbesserte Beweglichkeit und Gesamtkoordination
- verbesserte Muskeldurchblutung bei gesteigertem Sauerstoffverbrauch und erhöhter Wärmebildung

Es ist davon auszugehen, dass durch diese Effekte insgesamt auch das Verletzungsrisiko verringert wird; allerdings fehlen hier bislang Studien, die diese präventiven Effekte belegen.

Beispiele für **aktiv-dynamisches Dehnen** beim Hund:

- das normale **Strecken** des Hundes: Die meisten Hunde strecken dabei zunächst die Vordergliedmaßen vor, gehen in Vorderkörpertiefstellung und schieben dann von hinten den Rumpf nach vorne, stemmen darauf den Vorderkörper hoch, überstrecken die Hals-Kopf-Region nach hinten und strecken zuletzt die gesamte Wirbelsäule und die Hintergliedmaßen – dieses ist sehr effektiv, meist als Komplexbewegung jedoch nur schwer unter Kommandokontrolle zu bringen und abzurufen.
- Einen ähnlichen Effekt zumindest im Hinblick auf die Dehnung der Streckmuskulatur der Vordergliedmaßen sowie der Bauchmuskulatur hat die **„Diener"-Übung** (▶ Abb. 9.2), bei der der Hund die Vorderkörpertiefstellung z. B. mit Hilfestellung durch ein Leckerchen ausführt.
- Als **Flexibilitätsübung für die Wirbelsäule** kann dann beispielsweise die Nase des Hundes mit einem Leckerchen nach oben und nach unten zum Brustbein geführt werden (Extension und Flexion der Halswirbelsäule); anschließend wird die Nase mit Leckerchen nach rechts und links auf die Schulterblätter geführt (seitliche Biegung der Halswirbelsäule) und als Letztes nach rechts und links zum Oberschenkel geleitet (seitliche Biegung der gesamten Wirbelsäule; ▶ Abb. 9.3).
- Das **„Tanzen"** auf den Hinterbeinen erfordert ein gutes Balance-Vermögen und eine gute Rumpfstabilität; wenn es als **„Anspringen"** ausgeführt wird, steht der Aspekt der Streckung der Hintergliedmaßen und des lumbosakralen Übergangs im Vordergrund, ähnlich wie es im Bewegungsablauf des Sprungs beim Abdruck mit den Hintergliedmaßen der Fall ist (▶ Abb. 9.4).

Alle diese Übungen sollten jeweils mehrfach (etwa 5–10-mal) wiederholt werden. Anschließend werden **Ganzkörperübungen** ausgeführt, bei denen der aktivierende Aspekt im Vordergrund steht:

▶ **Abb. 9.2** Bei der „Diener"-Übung nimmt der Hund auf ein Kommando hin die Vorderkörpertiefstellung ein. (Foto: Susanne Meermann, Münster)

▶ **Abb. 9.3** Die Flexibilitätsübung für die Wirbelsäule wird mithilfe eines Leckerchens ausgeführt; der Hund führt dabei aktiv Ventral- und Lateralflexionen der Wirbelsäule aus. (Foto: Silke Meermann)

- Das Einnehmen der „**Männchen-Position**" dient der Aktivierung der Rumpfmuskulatur und insbesondere der Rückenstrecker. Das Halten dieser Position erfordert außerdem ein gutes Balancevermögen und fördert die Rumpfstabilität; die Position sollte mehrfach über 15–20 sec gehalten werden (▶ **Abb. 9.5**).
- Der **Beinslalom** fördert die aktive Lateralflexion der Wirbelsäule; dabei kann sich der Hundesportler vorwärts bewegen oder auf der Stelle stehen bleiben und den Hund abwechselnd in Achter-Touren durch seine Beine schicken. Diese Übung eignet sich besonders auch als vorbereitende Übung für den Slalom im Agility (▶ **Abb. 9.6**).
- Drehungen auf der Stelle, wie sie auch im Dog Dancing als „**Turn**"-**Übungen** vorkommen, dienen ebenfalls der Aktivierung des gesamten Körpers und erfordern eine Lateralflexion der Wirbelsäule; bei dieser Übung ist darauf zu achten, dass der Hund sie möglichst gleich gut in beide Richtungen ausführen können sollte (▶ **Abb. 9.7**).

Die **spezifisch vorbereitenden Aufwärm- oder Technikübungen** dienen dazu, reflektorische Bewegungsautomatismen, die zuvor im Koordinationstraining erarbeitet wurden, nochmals kurz aufzufrischen und den jeweiligen aktuellen Gegebenheiten anzupassen. Besonderheiten einzelner Geräte bzw. schwierige Stellen im Parcours können hierbei speziell berücksichtigt werden. Um ein optimales Einspielen der Reflexe auf den Bewegungsablauf einer Disziplin zu bewerkstelligen, sollte beim speziellen Aufwärmen darauf geachtet werden, dass die Aufwärmübungen hinsichtlich ihres Ablaufes der Zielübung möglichst ähnlich sind. So stehen auf vielen Agility-Turnierplätzen mittlerweile außerhalb der Wettkampfzone einige Hindernisse zur Verfügung, die man zum Aufwärmen mit nutzen kann. Im THS ist es vor den Laufdisziplinen im Vierkampf und CSC auch oft möglich, für einige Minuten vor dem Start die Geräte für ein Warm-up zu nutzen.

Für die **zeitliche Planung** einer Trainingseinheit muss berücksichtigt werden, dass die Dauer eines sinnvollen Aufwärmens mindestens etwa 15–20 min beträgt. Steht also beispielsweise insgesamt nur 1 Zeitstunde für eine Trainingseinheit zur Verfügung, so bleiben nach dem Aufwärmen nur noch 40–45 min für didaktische Schritte bzw. technisches Training und Parcoursarbeit. Falls diese verbleibende Zeit für das eigentliche Training nicht ausreichend ist, kann das Aufwärmen natürlich auch vor dem eigentlichen Training außerhalb des Platzes stattfinden. Das allgemeine Aufwärmen kann beispielsweise durch Trablaufen auf öf-

▸ **Abb. 9.4** Bei der Übung „Anspringen" kommt es zu einer aktiven Streckung der Gelenke der Hintergliedmaßen sowie des lumbosakralen Übergangs; dabei steht vor allem die Streckung der Hüftgelenke im Vordergrund. (Foto: Susanne Meermann, Münster)

▸ **Abb. 9.5** Die „Männchen"-Übung dient der Aktivierung der Rumpfmuskulatur und hier insbesondere der Rückenstrecker. Sie erfordert außerdem eine gute muskuläre Koordination sowie ein gutes Gleichgewichtsgefühl. (Foto: Silke Meermann)

▸ **Abb. 9.6** Der Beinslalom ist eine Übung, bei der der Hund alternierende, aktive Lateralflexionen der Wirbelsäule ausführt. Diese Übung kann auch als Vorbereitung auf den Slalom im Agility gesehen werden. (Foto: Susanne Meermann, Münster)

fentlichen Wegen (▸ **Abb. 9.1**) erreicht werden und aktive Bewegungsübungen lassen sich problemlos auf dem Parkplatz vor dem Vereinsgelände durchführen. Lediglich die sportartspezifischen Übungen, für die spezielle Geräte benötigt werden, finden dann auf dem eigentlichen Trainingsgelände statt. Auch das Abwärmen kann im Anschluss an die eigentliche Trainingseinheit außerhalb des Hundeplatzes durchgeführt werden. Dies empfiehlt sich vor allem dann, wenn das Trainingsgelände stark ausgelastet und durch viele Gruppen nacheinander genutzt wird. Im Wettkampf – vor allem in den schnellen Disziplinen – kommt es durch die relativ lange Aufwärmdauer häufig vor,

▶ **Abb. 9.7** Die „Twist"- oder „Turn"-Übung fördert ebenfalls die aktive Lateralflexion der Wirbelsäule. (Foto: Susanne Meermann, Münster)

dass das Warm-up viel mehr Zeit benötigt als der eigentliche Prüfungslauf. Dies entspricht jedoch auch den Verhältnissen beim Menschen: Ein 100-m-Sprinter wärmt sich etwa 45–60 min lang auf, um dann im Wettkampf innerhalb von nur etwa 10 sec im Ziel zu sein.

Einige **Grundsätze** des Aufwärmens sind für Menschen und Hunde gleich und sollten bei jedem Aufwärmen berücksichtigt werden:

- Je kälter die **Außentemperatur**, desto länger benötigt das Aufwärmen; je wärmer die Außentemperatur, desto kürzer kann es gestaltet werden.
- Je älter der Hund, desto länger – aber behutsamer – das Aufwärmen.
- Je schlechter der **Trainingszustand** des Hundes, desto kürzer das Aufwärmen, damit es nicht bereits durch das Warm-up zu Ermüdungs- bzw. Erschöpfungszuständen kommt.

Für alle Hunde gilt, dass eine **Überlastung** beim Aufwärmen unbedingt vermieden werden muss. Durch ein zu langes oder zu intensives Aufwärmen werden die Energiereserven im Muskel sowie die Transmitter des Nervensystems und der motorischen Endplatte am Muskel verbraucht. Dadurch kommt es zum Phänomen der neuromuskulären Ermüdung und Erschöpfung des Muskelstoffwechsels und Laktat häuft sich an. Insgesamt verringert sich dadurch die Leistungsfähigkeit und das Verletzungsrisiko steigt!

Auch im Hinblick auf die **psychisch-mentalen Effekte** kann für verschiedene Hundetypen eine unterschiedliche Dauer des Aufwärmens sinnvoll sein:

- Hunde mit extrem hoher Motivationslage können durch das Aufwärmen oft etwas „heruntergefahren" werden und sind dadurch besser in der Lage, sich im Wettkampf auf ihre eigentliche Aufgabe zu konzentrieren. Hier empfiehlt sich tendenziell ein längeres, aber ruhig gehaltenes Aufwärmen (längeres Trablaufen; kein Einspielen mit Spielzeug etc.).
- Nervöse und unsichere Hunde profitieren dabei besonders von Aufwärmritualen, die sowohl im Training als auch im Wettkampf immer nach einem festen Schema ablaufen. Auch das ruhige „Blickkontakt-Halten" mit dem Besitzer kann ihnen als Konzentrationsübung zwischen Aufwärmen und Start helfen, die ablenkenden Einflüsse besser auszublenden.
- Bei ruhigen, schwer zu motivierenden Hunden muss das Aufwärmen dagegen relativ kurz gehalten werden, da sie oft nur für einen begrenzten Zeitraum bereit sind, mit dem Besitzer zu arbeiten. Hier sollte dann jedoch entsprechend intensiver aufgewärmt werden.

Der **Abstand** zwischen dem Ende des Aufwärmens und dem Wettkampfbeginn sollte nach Möglichkeit 5–10 min nicht überschreiten. Etwa nach 20 min reduziert sich der durch das Aufwärmen erzielte Effekt, nach etwa 45 min ist er vollständig verschwunden. Der Zeitraum zwischen dem Ende des eigentlichen Aufwärmens und dem Wettkampfbeginn sollte durch aktive Übungen von geringer Intensität und Lockerungen überbrückt werden. In Wettkampfpausen sollte der Sporthund passiv warmgehalten und für die Startvorbereitung ein verkürztes, aktives Programm angewendet werden.

9.2.2 Ablauf des Abwärmens

In der Praxis gestaltet sich der Ablauf eines sinnvollen Abwärmens in der Phase der **Primärrestitution**, also unmittelbar nach Ende der Belastung, so, dass zunächst ein langsames **Auslaufen** in ruhigem Trab oder zügigem Schritt über etwa 8–10 min erfolgt. Hieran schließen sich **passiv-statische Muskeldehnungen** der wichtigsten Arbeitsmuskeln an (ca. 3–5 min; ▶ **Abb. 9.8**, ▶ **Tab. 9.1**).

Im Folgenden werden beispielhaft passiv-statische Dehnübungen für einige der bei Sporthunden stark beanspruchten Muskeln und Muskelgruppen dargestellt:

Dehnung der/des

- **gestreckten Vordergliedmaße** als Ganzes (▶ **Abb. 9.8a**).
- **M. triceps** (S. 232) mit gebeugtem Ellbogengelenk; das Schultergelenk wird in Extension gebracht und gehalten (▶ **Abb. 9.8b**).
- **Pektoralis-Muskulatur** (S. 233); hier ist vor allem im Agility bei Hunden, die den Slalom mit der „Fädel-Technik" arbeiten, ein großer Bewegungsspielraum erforderlich (▶ **Abb. 9.8c**).
- **M. biceps brachii** (S. 232); dabei wird das Schultergelenk gebeugt und das Ellbogengelenk in Extension gebracht; dieser Muskel wird u. a. auch bei der Fußarbeit sowie bei allen Sprungsportarten bei der Landung beansprucht (▶ **Abb. 9.8d**).
- **Hüftbeuger** (S. 231); dabei wird die Hintergliedmaße als Ganzes nach hinten gestreckt (▶ **Abb. 9.8e**).

▶ **Abb. 9.8** Passive Dehnübungen der zuvor besonders beanspruchten Muskelgruppen sind Teil des Abwärmens und schließen sich an das Auslaufen an. Nacheinander können so beispielsweise die Vordergliedmaße als Ganzes nach vorne (a), der M. triceps (b), die Pektoralis-Muskulatur (c) und der M. biceps brachii (d) gedehnt werden. Im Bereich der Hintergliedmaßen werden nacheinander Hüftbeuger (e), der M. rectus femoris des Quadrizeps (f) und die Hamstrings (g) gedehnt. (Foto: Susanne Meermann, Münster)

a Dehnung der gestreckten Vordergliedmaße nach vorne.
b Dehnung des M. triceps (S. 232) mit gebeugtem Ellbogengelenk und nach vorn gestreckter Schulter. Im M. biceps brachii finden sich bei Sporthunden häufig schmerzhafte Triggerpunkte.
c Dehnung der Pektoralis-Muskulatur (S. 233). Diese ist insbesondere im Agility von Bedeutung, wenn der Hund den Slalom mit der „Fädel-Technik" arbeitet.
d Dehnung M. biceps brachii (S. 232). Die Ursprungssehne des M. biceps brachii wird häufig durch repetitive Belastungen, wie sie bei der Landung nach häufigen Sprüngen entstehen, beansprucht.
e Dehnung der Hüftbeuger. Eine gute Hüftstreckung ist Voraussetzung für einen kräftigen Absprung.
f Dehnung des M. rectus femoris (S. 231) des M. quadriceps. In dieser Muskelgruppe treten häufig Kontusionen auf.
g Dehnung der Hamstrings.

- **M. rectus femoris** (S. 231) der **Quadrizeps-**Gruppe; das Kniegelenk wird in Beugung gebracht, anschließend wird das Bein in der Hüfte nach hinten gestreckt (▶ Abb. 9.8f).
- „**Hamstrings**"; dabei wird die gestreckte Hintergliedmaße nach vorne gebracht; der Effekt kann über eine Flexion im Sprunggelenk verstärkt werden, dadurch kommt es zusätzlich zu einer Dehnung des M. gastrocnemius (▶ Abb. 9.8g).

Im Anschluss an diese Dehnübungen kann eine Lockerungs- oder **Entspannungsmassage** erfolgen, welche noch einmal ca. 10 min in Anspruch nimmt (▶ Abb. 9.9).

Hierdurch ergibt sich für die Dauer des Abkühlens mit 20–25 min eine ähnlich lange Zeit wie für das Aufwärmen. Dabei spielt die Umgebungstemperatur eine wichtige Rolle, aber auch Höhe und Intensität der vorangegangenen Belastung sowie der Trainings- und Erregungszustand des Hundes sind von Bedeutung. Bereits nach dem Auslaufen sollten sich die Kreislaufwerte des Hundes wieder annähernd normalisiert haben. Vor allem die Pulsfrequenz kann dabei in der Praxis genutzt werden, um dies zu kontrollieren (▶ Tab. 9.2). Die Atemfrequenz ist zur Beurteilung hingegen weniger gut geeignet, da die Hunde bei warmer Witterung oder Stress oftmals weiterhecheln. Hierbei handelt es sich um eine sog. Totraumventilation, die vor allem der Wärmeabgabe dient.

Hieraus ergeben sich folgende Grundsätze für die Dauer des Abwärmens:

- Je höher die vorangegangene **Belastung**, desto länger benötigt das Abwärmen.
- Je besser der **Trainingszustand** des Hundes, umso schneller erreicht er nach der Belastung wieder seine Ruhewerte. Das bedeutet, dass Hunde, die sich in einem schlechten Trainingszustand befinden, länger und mit sehr niedriger Bewegungsintensität abgewärmt werden müssen (z. B. durch ruhiges Gehen anstelle von Trablaufen). Bei gut trainierten Hunden liegen die jeweiligen Ruhewerte eher im unteren, bei weniger gut trainierten Hunden im oberen Referenzbereich.

▶ **Tab. 9.1** Passiv-statische Dehnübungen beim Abkühlen.

Winkelung von Knie bzw. Ellbogen	Nach hinten	Nach vorne
passives Strecken der Hintergliedmaße		
gerades Knie	Hüftbeuger	Hinterbackenmuskulatur („Hamstrings")
gebeugtes Knie	Quadrizeps	Kruppenmuskulatur
passives Strecken der Vordergliedmaße		
gerader Ellbogen	Ellbogenbeuger/Bizeps	Schulterbeuger
gebeugter Ellbogen	Schulterstrecker	Trizeps

▶ **Tab. 9.2** Physiologische Parameter in der Entspannungsphase.

Physiologische Parameter	Ruhewerte	Unter Praxisbedingungen im Sport feststellbar
Atemfrequenz	15–30 Züge/min	Die Atembewegung ist in der Regel gut sichtbar (Brustkorbbewegung/Hecheln); sobald der Hund hechelt, ist sie zur Beurteilung jedoch nicht geeignet.
Pulsfrequenz	70–120 Herzschläge bzw. Pulswellen/min	Die Herzfrequenz lässt sich an der tiefsten Stelle des Brustkorbes zwischen den Vorderbeinen als „Herzspitzenstoß" fühlen. Die Pulsfrequenz lässt sich am besten innen am Oberschenkel in der Leiste ertasten (A. femoralis).
Körpertemperatur	37,5–38,5 °C	Die Körperkerntemperatur lässt sich nur durch rektale Messung mit einem Fieberthermometer feststellen, dies ist unter Turnierbedingungen nicht praktikabel und auch nicht notwendig. Alternativ kann die Temperaturverteilung (Rumpf, Kopf, Ohren, Gliedmaßen) mit der Handfläche beurteilt werden.

- Bei sehr nervösen bzw. **erregten Hunden** kann es vor allem unter Turnierbedingungen sein, dass sie in dieser Situation keine so niedrigen Ruhewerte erreichen wie im Training! Ein etwa 10-minütiges Auslaufen bzw. Gehen ist hier in der Regel ausreichend.
- Auch bei sehr **hohen Umgebungstemperaturen** ist es unter Umständen nicht möglich, die Ausgangswerte durch das Abwärmen zu erreichen. Da Hunde anders als Menschen nicht schwitzen können, erreichen sie eine Abkühlung der Körpertemperatur fast ausschließlich über das Hecheln („Totraumventilation"; Austausch von warmer Luft gegen kühlere Luft; Nutzung der Verdunstungskälte, welche an den feuchten Schleimhäuten der oberen Atemwege entsteht). Dieses bestimmt dann im Wesentlichen die Atemfrequenz.
- Vor allem bei **kaltem Wetter** sollte der Hund auch nach dem eigentlichen Abwärmen passiv (z. B. mit einer Decke/einem Hundemantel) vor einem zu starken Auskühlen geschützt werden. Dies ist für Hunde mit dünnem, kurzem Fell ohne entsprechend dichte Unterwolle besonders wichtig!

An die Primärrestitution schließt sich die Phase der **Sekundärrestitution** an, welche mehrere Tage umfasst. Während dieser Zeit sollten keine weiteren, hochintensiven Belastungsreize gesetzt werden. Man kann die Vorgänge, die in dieser Phase ablaufen, durch flankierende Maßnahmen wie Massagen, Wärme- oder Hydrotherapie unterstützen; auch die Aufnahme eines vollwertigen, leicht verdaulichen Futters ist in dieser Phase wichtig.

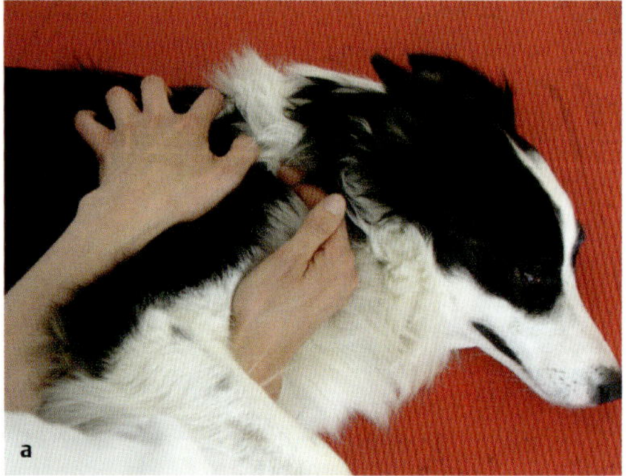

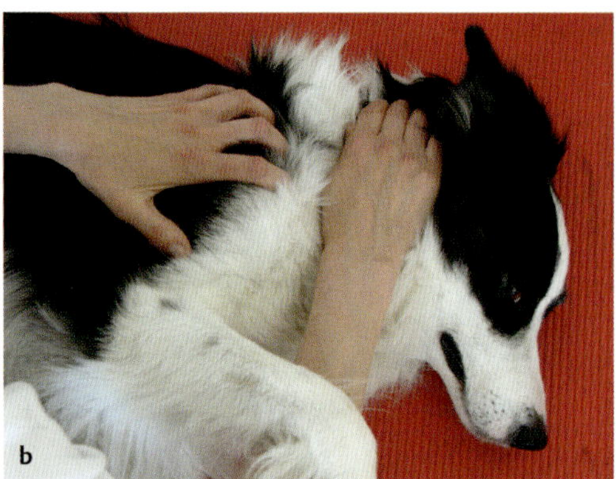

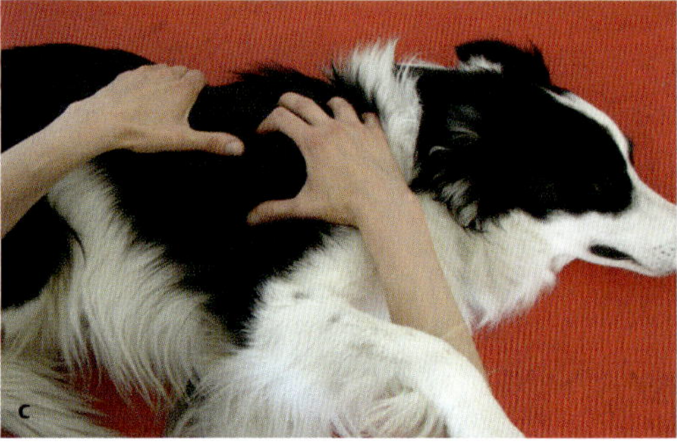

▸ **Abb. 9.9** Detonisierende Massagetechniken kommen zur Lockerung zuvor beanspruchter Muskelgruppen zur Anwendung wie hier am Beispiel der muskulären Schulterblattaufhängung.

a Zunächst wird die physiologische Bewegung des Schulterblattes durch Rotationsbewegungen um den Drehpunkt des Vorderbeins passiv nachgeführt. (Foto: Lisa Müller, Olfen)

b Im zweiten Schritt erfolgt die Funktionsmassage der kranialen Schulterblattaufhängung. (aus: Meermann S. Sportphysiotherapie für Hunde. ZGTM 2016; 30: 23–29)

c In einem dritten Schritt erfolgt dann die Funktionsmassage der kaudalen Schulterblattaufhängung. (Foto: Lisa Müller, Olfen)

9.3 Ausdauer

Die Definition der Ausdauer kann auf eine einfache Formel heruntergebrochen werden:

$$\text{Ausdauer} = \text{Ermüdungswiderstandsfähigkeit} + \text{schnelle Erholungsfähigkeit}$$

Ausdauer im Hundesport ist eine Voraussetzung, um die umfangreichen und vielfältigen Belastungen innerhalb von Trainingsprozessen (z.B. bei mehrtägigen Seminaren) besser verarbeiten zu können. Ein wichtiges Ziel des Ausdauertrainings ist außerdem die Beschleunigung des Abbaus von Stoffwechselprodukten und von Widerherstellungsprozessen im Laufe der Regeneration. Je nach Zielsetzung können folgende Arten des Ausdauertrainings unterschieden werden (▸ Abb. 9.10):

- Training einer **grundlegenden Gesamtausdauerleistungsfähigkeit** – sog. Grundlagenausdauer – zur Erhaltung bzw. Wiederherstellung der Gesundheit und Fitness
- Training einer **disziplinspezifischen Ausdauerfähigkeit** zum Erwerb und zur Steigerung der tätigkeitsspezifischen Belastungsfähigkeit im Leistungs- bzw. Hochleistungssport

> **Merke**
> **Im Hochleistungs- oder auch Spitzensport wird Sport mit dem ausdrücklichen Ziel betrieben, Spitzenleistungen im internationalen Vergleich zu erzielen.**

Wie schon im allgemeinen Kapitel Ausdauer (S.132) beschrieben, kennt die Sportwissenschaft eine Vielzahl von Erscheinungsformen der Ausdauer. Bewährt hat sich die Strukturierung der Ausdauer in **Grundlagenausdauer** und **spezielle Ausdauer**. Die Grundlagenausdauer kann in eine Grundlagenausdauer I und II untergliedert werden.

Die **Grundlagenausdauer I** ist eine Art Basisfunktion zur Entwicklung weiterer Fähigkeiten im Sport. Sie ist gekennzeichnet durch eine aerobe Energiegewinnung und ist nicht nur wichtig für Sporthunde in den Ausdauersportarten, sondern auch für Leistungssporthunde in den Nichtausdauersportarten wie z. B. im Agility.

Die **Grundlagenausdauer II** ist eine eher sportartspezifische Form des Ausdauertrainings für den Leistungs- und Hochleistungssport. Sie fordert gleichermaßen die aerobe und anaerobe Energiebereitstellung. Bei Menschen kann die Intensität einer Grundlagenausdauertrainingseinheit sehr gut über die Herzfrequenz gesteuert werden, diese Methode ist bei Sporthunden jedoch nicht sehr praktikabel: Einerseits ist eine manuelle Herzfrequenzmessung nach Belastung bedingt durch das starke Hecheln oft nur schwierig durchzuführen,

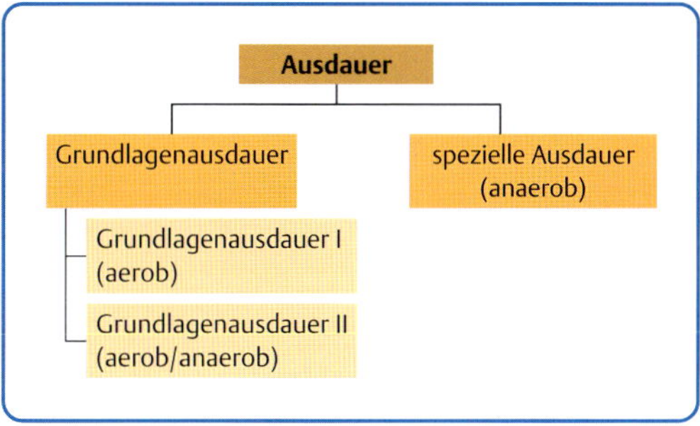

▸ **Abb. 9.10** Die verschiedenen Arten des Ausdauertrainings innerhalb des Trainingsprozesses.

andererseits entstehen beim Hund bei verschiedenen Belastungen sehr unterschiedliche maximale Herzfrequenzen. Darüber hinaus reagieren Hunde schon alleine auf emotionale Faktoren mit einer sehr schnellen Erhöhung der Herzfrequenz. So konnte bei Untersuchungen an Schlittenhunden gezeigt werden, dass die Herzfrequenz der Sporthunde in der Startvorbereitung eines Rennens sprunghaft auf 150 Schläge/min anstieg. Direkt nach dem Start wurden dann Herzfrequenzen von ca. 300 Schlägen/min gemessen, diese Herzfrequenz wurde über die komplette Dauer des Rennens gehalten. Nach dem Rennen fiel die Herzfrequenz innerhalb der ersten Minute wieder auf ca. 150 Schläge/min. Untersuchungen bei einem Border Collie in der Sportart Agility haben während eines Parcoursdurchlaufes sehr verschiedene Herzfrequenzen ergeben, die von der Art und der Intensität der Übung bzw. des Gerätes abhingen: Während die durchschnittliche Herzfrequenz bei 170 Schlägen/min lag, erreichte der Hund in der Spitze eine maximale Herzfrequenz von 290 Schlägen/min. Während des Slaloms stieg die Herzfrequenz von zuvor 190 auf 250 Schläge/min, beim Platz auf dem Tisch wiederum fiel sie auf nur 70 Schläge/min ab. Neun Sekunden nach dem Durchlauf war die Herzfrequenz schon wieder um 100 Schläge gefallen. Dieses Beispiel zeigt sehr deutlich, wie schnell Hunde ihre Herzfrequenz den geforderten Leistungen anpassen können und wie schnell sich das Herz-Kreislauf-System wieder erholt. Inwieweit ein Herzfrequenz-orientiertes Training im Hundesport möglich und sinnvoll ist, muss jedoch wissenschaftlich noch untersucht werden. Alternativ kann die Intensität eines Ausdauertrainings im Hundesport über die Geschwindigkeit (englisch = pace) sinnvoll gesteuert werden. Hierfür sollte die maximale Trab- und Galoppgeschwindigkeit ermittelt werden. Dies lässt sich am einfachsten mit einem Fahrrad mit Tachometer testen. Die maximale Galoppgeschwindigkeit kann auch gut mit einer professionellen Zeitmessanlage gemessen werden. Von der so ermittelten maximalen Geschwindigkeit wird dann die Trainingslaufgeschwindigkeit abgeleitet.

Das **spezielle Ausdauertraining** dient im Unterschied zum Grundlagenausdauertraining der Verbindung des Konditionstrainings mit den sporttechnischen und koordinativen Anforderungen der entsprechenden Wettkampfdisziplin.

9.3.1 Training der Grundlagenausdauer I

Trainingsplan für Junghunde und bei Rehabilitation

Es gibt unterschiedliche Methoden, die Grundlagenausdauer I zu trainieren. Die bekannteste Methode ist die **Dauermethode**. Hierbei wird eine länger andauernde Belastung ohne Unterbrechung durchgeführt. Im Gesundheits- und Fitnessbereich sollte als Trainingsziel ein 30-minütiges Laufen mit 60 % der maximalen Trabgeschwindigkeit angestrebt werden. Hierzu ein Rechenbeispiel:

$$\text{Individuelle maximale Trabgeschwindigkeit} = 15\ \text{km/h}$$

$$\text{Trainingsintensität } 60\,\% = \text{Trainingsgeschwindigkeit} = 9\ \text{km/h}$$

Um eine physische und psychische Überforderung der Hunde zu vermeiden, ist es jedoch zwingend notwendig, sie langsam auf diese Belastung vorzubereiten. Dies trifft insbesondere für **Welpen und Junghunde** im Wachstum zu und es ist absolut wichtig, dass der Bewegungsapparat keinesfalls vor Abschluss des Längenwachstums der Knochen (je nach Größe des Hundes mit frühestens 8 Monaten abgeschlossen) mit Dauerbelastungen oder kurzen Spitzenbelastungen (massive Beschleunigung, Scherkräfte etc.) überlastet wird. Deshalb muss das Training vor allem beim jungen Hund so gestaltet werden, dass die Belastungen immer wieder von Pausen unterbrochen werden. In den Pausen sollten die Hunde im Schritt geführt werden und ausreichend Zeit zum Schnüffeln etc. erhalten. Der Schritt ist wichtig für die Stoffwechselprozesse in den Gelenken, da hier eine gleichmäßige und regelmäßige Be- und Entlastung der Gelenkknorpel stattfindet, wodurch die Versorgung des Knorpelgewebes gewährleistet wird. Aus diesem Grund darf der Hund in den Pausen keinesfalls toben oder Ball spielen. Wichtig ist außerdem, dass der Gesamttrainingsumfang alle zwei Wochen langsam gesteigert wird. Insgesamt gilt, dass während des Aufbauprogramms nur die Strecke bzw. die Trainingsdauer erweitert, nicht aber das Tempo erhöht wird. Diese Form der Trainingsgestaltung nennt man **Intervalltraining**. Das Anfängerintervalltraining darf allerdings nicht mit der extensiven bzw. intensiven Intervallmethode verwechselt werden, da die Intensität im Anfängerbereich wesentlich geringer ist als bei einem extensiven (S. 198) bzw. intensiven Intervalltraining (S. 198). Die nachfolgende ▸ **Tab. 9.3** soll den langsamen Trainingsaufbau für Junghunde verdeutlichen. Mit dem gezielten Trainingsaufbau sollte frühestens im Alter von 5 Monaten begonnen werden; die Wochenangaben beziehen sich dann auf die Trainingswochen.

In den ersten beiden Trainingswochen wird der Hund 1 min lang im Trab geführt. Die Geschwindigkeit wurde zuvor wie oben beschrieben ausgetestet. Nach dieser Belastungszeit bekommt der Hund eine aktive Pause, d. h., er wird im Schritt geführt und darf schnüffeln. Anschließend wird die Serie noch 5-mal wiederholt. Das Aufbauprogramm sollte 2–3-mal pro Woche durchgeführt werden. Nach Schluss der Wachstumsfugen können 30 min ohne Pause in mittlerer Trabgeschwindigkeit absolviert werden. Auch wenn mit dem Ausdauertraining erst nach dem Schluss der Wachstumsfugen begonnen wird, empfiehlt es sich, den langsamen Trainingsaufbau wie in der Tabelle dargestellt beizubehalten, damit sich der Knorpel entsprechend an die steigenden Belastungsanforderungen anpassen kann. Auch für Hunde in der **Rehabilitation** nach Verletzungen, für untrainierte oder ältere Hunde sowie für übergewichtige Tiere empfiehlt sich generell das Vorgehen nach dieser Tabelle. Dabei kann je nach individuellem Leistungsvermögen bzw. nach der Belastbarkeit der verletzten Strukturen auf verschiedenen Ausgangsniveaus begonnen werden. Die

▶ **Tab. 9.3** Trainingsaufbau Junghunde.

Trainingswoche	Belastungszeit	Wiederholungen	Pause	Häufigkeit pro Woche
1.–2. Woche	1 min	5	2 min	2–3 ×
3.–4. Woche	1 min	7	2 min	2–3 ×
5.–6. Woche	2 min	4	2 min	2–3 ×
7.–8. Woche	2 min	5	2 min	2–3 ×
9.–10. Woche	3 min	4	2 min	2–3 ×
11.–12. Woche	3 min	5	2 min	2–3 ×
13.–14. Woche	4 min	4	2 min	2–3 ×
15.–16. Woche	4 min	4	2 min	2–3 ×
17.–18. Woche	5 min	4	2 min	2–3 ×
19.–20. Woche	7 min	3	2 min	2–3 ×
21.–22. Woche	8 min	3	2 min	2–3 ×
23. Woche bis zum Abschluss des Längenwachstums	10 min	3	2 min	2–3 ×

Dauermethode kann auch während der Wettkampfsaison von **Spitzenathleten** im Sinne eines Regenerations- und Kompensations(REKOM)-Trainings zwischen intensiven Trainingseinheiten zur Regeneration genutzt werden. Auch für Hunde, die unter chronischen **Stress-Syndromen** leiden, eignet sich diese Trainingsform als Lauftherapie, da das moderate Ausdauerbewegungsprogramm auf neurophysiologischer Ebene u. a. zu einer vermehrten Ausschüttung von Serotonin und verschiedenen Endorphinen führt, welche wiederum ein ruhiges und entspanntes Befinden begünstigen.

Trainingsplan im Hochleistungssport (Dauermethode)

Eine gute Grundlagenausdauer I bildet die Basis für alle Sportarten und stellt das nötige Fundament für die Weiterentwicklung der Ausdauerleistungsfähigkeit dar. Für das Grundlagenausdauertraining I für Topathleten muss die maximale Renngeschwindigkeit ermittelt werden. Trainiert wird dann mit 60–65 % der maximalen Renngeschwindigkeit. Zur Verdeutlichung auch hier ein Rechenbeispiel:

Maximale Renngeschwindigkeit = 25 km/h

Trainingsintensität 60%
= Trainingsgeschwindigkeit 15 km/h

Die Trainingsdauer sollte bei allen Nichtausdauersportarten ca. 30 min betragen. Dazu kommen noch jeweils 15 min für das Auf- und Abwärmen, d. h., der komplette Trainingsumfang für eine Grundlagenausdauereinheit umfasst 60 min. Bei Ausdauersportarten kann die Trainingsdauer auf 60 min zuzüglich 30 min für Auf- und Abwärmen verlängert werden (▶ **Tab. 9.4**).

▶ **Tab. 9.4** Trainingsparameter Grundlagenausdauer I.

Sportart	Trainingsmethode	Belastungszeit	Pause	Warm-up und Cool-down	Häufigkeit pro Woche
Nichtausdauersport	Dauermethode	30 min	keine	30 min	2–3 ×
Ausdauersport	Dauermethode	60 min	keine	30 min	2–3 ×

9.3.2 Training der Grundlagenausdauer II im Hochleistungssport (extensive Intervallmethode)

Die **Grundlagenausdauer II** dient Wettkampfsportlern beim weiteren Konditionsaufbau. Die Intensität baut auf der Grundlagenausdauer I auf, d. h., die Laufgeschwindigkeit wird deutlich angehoben. Sie wird mit der sog. **extensiven Intervallmethode** (Ex.Im) trainiert. Kennzeichen der Intervallmethode ist der ständige Wechsel von Belastung und Pause. Die Belastungsintensität liegt bei 70–80 % der Renngeschwindigkeit. Die Trainingsgeschwindigkeit bezogen auf das obige Beispiel beträgt dann 17,5–20 km/h. Man unterscheidet zwischen Mittelzeit- und Langzeitintervallen. Mittelzeitintervalle (Mz) werden mit einer Belastungsdauer von 1–3 min und Langzeitintervalle (Lz) mit 5–9 min durchgeführt. Je nach Belastungsdauer schließt sich eine Pause von maximal 5 min an; in dieser Pause sollte der Hund im lockeren Trab geführt werden. Der Belastungsumfang ist abhängig von der Belastungsdauer und variiert zwischen 6 und 12 Wiederholungen. Welche Form des extensiven Intervalltrainings zum Einsatz kommt, ist sportartspezifisch zu wählen, d. h., sie ist abhängig von der Wettkampflänge. Selbstverständlich sollte auch bei einem extensiven Intervalltraining das Auf- und Abwärmen durchgeführt werden. Die Grundlagenausdauer sollte in der Vorbereitungsphase I fester Bestandteil des Trainings sein und 2–3-mal pro Woche durchgeführt werden. Aufgrund der gemischt aerob-anaeroben Stoffwechsellage sollten mindestens 48 h zwischen den Ausdauertrainingseinheiten mit der extensiven Intervallmethode liegen. ▶ **Tab. 9.5** zeigt ein beispielhaftes Trainingsprogramm.

Zusammenfassend lassen sich folgende physiologischen Trainingseffekte eines Grundlagenausdauertrainings beschreiben:

- Verbesserung der Laktatkompensation
- Verminderung der Herzfrequenz in Ruhe und bei Belastung
- Vergrößerung des Herzschlagvolumens
- Erhöhung der maximal möglichen Sauerstoffaufnahme
- vermehrte Kapillarisierung der Arbeitsmuskulatur
- Zunahme des Mitochondrienvolumens

9.3.3 Training der speziellen Ausdauer im Hochleistungssport (intensive Intervallmethode)

Von einem Training der speziellen Ausdauer profitieren vor allem Sporthunde in den Nichtausdauersportarten wie z. B. Agility oder Gebrauchshundsport. Dabei wird das Ausdauertraining auf die jeweilige Sportart ausgerichtet, indem entsprechend sportartspezifische Übungen oder Geräte ausgewählt werden wie z. B. Sequenzen mit Tunneln für das Agilitytraining. Als Trainingsmittel eignet sich hierfür besonders die **intensive Intervallmethode**. Die Belastungsintensität dieser Trainingsmethode liegt mit 90 % sehr hoch, die Belastungsdauer beträgt dabei jedoch maximal 30 sec und die Pausenzeit pro Intervall sollte 2 min nicht überschreiten. Es wird in Serien trainiert, entsprechend gibt es auch Serienpausen von bis zu 12 min. Durch das Trainieren in Serien wird das energetische Potenzial tiefer ausgeschöpft, dies führt dann zu einer ausgeprägteren Superkompensation. Der Belastungsumfang umfasst 9–12 Wiederholungen in 3–4 Serien. Die intensive Intervallmethode kommt in der **Vorbereitungsphase II** (S. 143) zum Einsatz und sollte aufgrund der hauptsächlich anaeroben Stoffwechsellage maximal 2-mal pro Woche durchgeführt werden. Im Agilitysport kann eine Sequenz mit 2 oder 3 Tunneln, die jeweils über eine lange Gerade verbunden sind, als Übung gewählt werden. Im Gebrauchshundsport kann das Revieren zur Verbesserung der speziellen Ausdauer als intensive Intervallmethode gestaltet werden. ▶ **Tab. 9.6** zeigt ein beispielhaftes Trainingsprogramm.

▶ **Tab. 9.5** Trainingsbeispiel Grundlagenausdauer II.

Ausdauerform	Belastungdauer	Wiederholungen	Belastungsintensität	Pause	Häufigkeit pro Woche
Mz	1–3 min	6–8	80 %	60 sec	2–3 ×
Lz	5–9 min	8–12	70 %	3 min	2–3 ×

▶ **Tab. 9.6** Trainingsbeispiel spezielles Ausdauertraining.

Methode	Belastungsdauer	Pausen	Belastungsintensität	Wiederholungen	Serien
intensive Intervallmethode	30 sec	WP: 2 min SP: 7–12 min	90 %	4	3

WP: Wiederholungspause; SP: Serienpause

▶ **Tab. 9.7** Trainingsbereiche der Ausdauerleistungsfähigkeit.

Bezeichnung	REKOM	Grundlagenausdauer I	Grundlagenausdauer II	Spezielle Ausdauer
Intensität	60 % der max. Trabgeschwindigkeit	60 % der max. Renngeschwindigkeit	70–80 % der max. Renngeschwindigkeit	90 % der max. Renngeschwindigkeit

Die zusätzlichen Trainingseffekte eines intensiven Intervalltrainings sind:

- Aktivierung anaerober Stoffwechselprozesse
- Verbesserung der Laktattoleranz
- akzentuierte Beanspruchung der Fast-Twitch-Muskelfasern

▶ **Tab. 9.7** bietet einen Überblick über die verschiedenen Trainingsbereiche der Ausdauerleistungsfähigkeit im Hochleistungssport.

Um im Ausdauertraining, unabhängig ob mit der Dauermethode oder mit der Intervallmethode trainiert wird, eine Überforderung durch eine zu hoch gewählte Belastungsintensität zu vermeiden, kann die Leistung durch drei Parameter überwacht werden:

1. Die **Herzfrequenz** der Sporthunde sollte 30 min nach dem Training wieder auf die individuelle Ruhepulsfrequenz zurückgekehrt sein.
2. Die **100er-Erholungszeit** ist die Zeit, die es braucht, bis die Herzfrequenz nach der Belastung um 100 Schläge gesunken ist. Die erstmalig ermittelte Zeit kann dann als Referenzwert herangezogen werden. So deutet eine längere 100er-Erholungszeit, ausgehend von diesem Referenzwert, auf eine Überforderung hin.
3. Der dritte Kontrollparameter ist die **Körpertemperatur**. Diese kann während der Belastung auf 41 °C steigen und sollte nach 30 min wieder auf Normalwerte um 38,8 °C sinken.

Da bei einem Ausdauertraining sowohl die Gefahr der Dehydration als auch der Hyperthermie gegeben ist, sollte auch hier die **90er-Regel** (S. 167) eingehalten werden. Das gilt natürlich besonders für die brachyzephalen Hunderassen, die aufgrund der kürzeren Nase eine kleinere Verdunstungsfläche haben und dadurch schneller überhitzen. Um Dehydration und Hyperthermie zu vermeiden, gilt für Sporthunde generell, dass an Trainings- und Wettkampftagen die Flüssigkeitszufuhr höher sein muss als an Tagen ohne Belastungsreize. Der tägliche Flüssigkeitsbedarf eines Hundes ist von verschiedenen Faktoren wie beispielsweise der Umgebungstemperatur, der körperlichen Aktivität und der Art der Ernährung abhängig. Wird der Hund mit Trockenfutter ernährt, beträgt die tägliche Trinkmenge bei normaler körperlicher Aktivität ca. 40 ml/kg Körpergewicht. Bei Umgebungstemperaturen von über 20 °C und einer erhöhten körperlichen Aktivität steigt der Flüssigkeitsbedarf aufgrund der größeren Wasserverluste auf bis zu 150 ml/kg Körpergewicht.

9.4 Kraft

Ein Hund, der über gut trainierte Muskeln verfügt, springt höher und weiter, sprintet schneller und ist weniger verletzungsanfällig. Ein gewisses Maß an Muskelkraft ist die Voraussetzung zum Durchführen sämtlicher Bewegungen im Hundesport. Wie schon im Kapitel Kraft (S. 134) im Rahmen der Trainingsgrundlagen dargestellt, kann auch die motorische Grundeigenschaft Kraft in mehrere Formen strukturiert werden. Zum einen ist eine

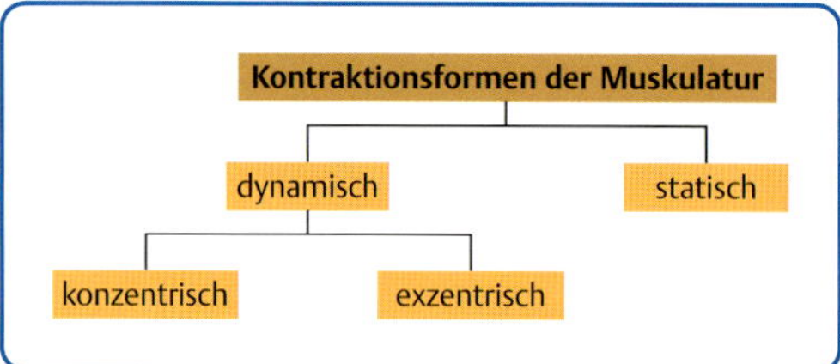

▶ **Abb. 9.11** Die Untergliederung der Kraft in die Kontraktionsformen der Muskulatur.

Untergliederung der Kraft nach der Kontraktionsform der Muskulatur möglich. Zum anderen kann eine statische von einer dynamischen Arbeitsweise unterschieden werden. Diese wiederum gliedert sich weiter in konzentrische, exzentrische und exzentrisch-konzentrische Kontraktionsformen (▶ Abb. 9.11).

Als Drittes kann die Kraft in verschiedene Fähigkeiten unterteilt werden. In der Trainingspraxis werden die **Maximalkraft**, die **Schnellkraft** mit ihren speziellen Ausprägungen, die **Explosiv-** und **Reaktivkraft** und die **Kraftausdauer** als Kraftfähigkeiten unterschieden. Um ein Maximalkrafttraining effektiv zu gestalten, muss mit submaximalen Belastungen bis zur völligen Erschöpfung der Muskulatur gearbeitet werden. Deshalb sind ein gezieltes Krafttraining und insbesondere ein Maximalkrafttraining im Hundesport aus Tierschutzgründen unserer Ansicht nach so nicht zu realisieren. Das Hauptaugenmerk liegt im Hundesport auf der Entwicklung der funktionellen Kraft, der Kraftausdauer und der Schnellkraft.

9.4.1 Training der funktionellen Kraft

Das Training der funktionellen Kraft ist nicht als ein klassisches Krafttraining zu verstehen. Bei dieser Form des Trainings werden komplexe Bewegungen ausgeführt mit dem Ziel, die intramuskuläre Koordination zu optimieren. Gleichzeitig wird die Verbesserung der Stabilität von Wirbelsäule und Gelenken durch sensomotorische Übungen angestrebt. Für die Stabilisation und Dynamik von Extremitäten- und Wirbelgelenken kann zwischen drei Muskelsystemen unterschieden werden. Zu diesen Muskelsystemen zählen **lokale** und **globale Stabilisatoren** sowie **globale Mobilisatoren**. So beansprucht jede der hier vorgestellten Übungen gleichzeitig sowohl die lokalen und globalen Stabilisatoren als auch die Mobilisatoren mit dem Ziel, das Zusammenspiel der Muskelsysteme zu verbessern.

Funktionelle Kraft (anatomischer Hintergrund)

Lokale Stabilisatoren

Zu diesem Muskelsystem gehören gelenknahe, monoartikuläre Muskeln ohne Bewegungsfunktion. Lokale Stabilisatoren besitzen eine hohe Dichte an Muskelspindeln zur Aufnahme propriozeptiver Informationen. Sie kontrollieren die neutrale Gelenkstellung und dienen somit dem Schutz der Gelenke (▶ **Abb. 9.12**). Eine Kontraktion führt nicht zu einer Längenveränderung des Muskels. Im Bereich der Wirbelsäule wird ein Gerad- von einem Schrägsystem unterschieden.

Zum geraden System gehören folgende Muskeln:

- Mm. interspinales
- M. spinalis
- Mm. intertransversarii

Das Schrägsystem besteht aus:

- M. semispinalis
- Mm. rotatores
- Mm. multifidii

Ein weiterer wichtiger lokaler Stabilisator der Lendenwirbelsäule ist der M. transversus abdominis. Im Bereich der Extremitätengelenke sollen nur einige lokale Stabilisatoren beispielhaft genannt werden:

- M. infra- und supraspinatus
- M. subscapularis
- M. anconeus
- M. articularis coxae
- M. popliteus

Treten im Zusammenhang mit einer Pathologie Schmerzen auf, führt dies zu einer Hemmung der lokalen Stabilisatoren. Die Folge ist ein Verlust der motorischen Kontrolle der Neutralstellung des entsprechenden Gelenks. Zu den einfachsten Trainingsformern zur Verbesserung der lokalen Stabilität im Bereich der Wirbelsäule zählt das Laufen in den Gangarten Schritt und Trab.

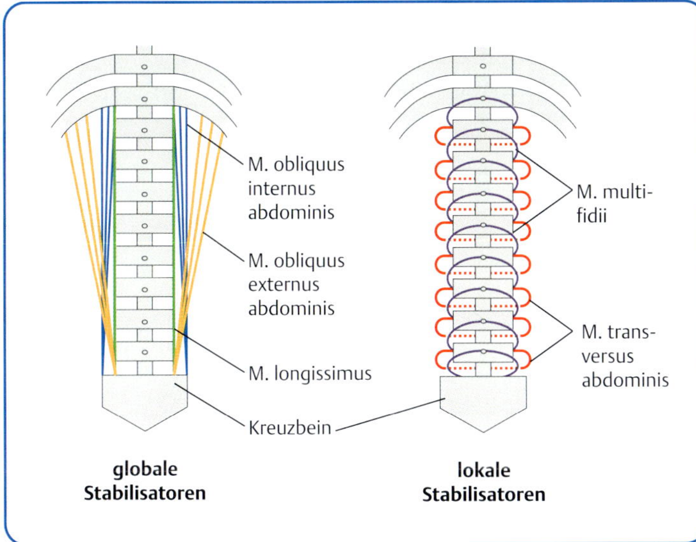

▶ **Abb. 9.12** Schematische Darstellung des globalen und lokalen Muskelsystems an der (Lenden-) Wirbelsäule. Globale Stabilisatoren sind für die Bewegungs- und Gleichgewichtsregulation zuständig. Die lokalen Stabilisatoren kontrollieren die neutrale Gelenkstellung.

Globale Stabilisatoren

Sie sichern die dynamische Stabilität der Wirbelsäule und der Gelenke innerhalb des kompletten Bewegungsspielraumes eines Gelenks. Globale Stabilisatoren sind für die Bewegungs- und Gleichgewichtsregulation zuständig (▶ **Abb. 9.12**). Ihre Kontraktion führt zu einer Längenveränderung des Muskels. Im Bereich der Wirbelsäule liegen die entsprechenden Muskeln weiter von der Drehachse der Wirbelgelenke entfernt.

Folgende Muskeln gehören zu den globalen Stabilisatoren des Rumpfes:

- M. rectus abdominis
- M. obliquus abdominis externus
- M. iliocostalis
- M. longissimus
- M. splenius capitis

Globale Stabilisatoren der Extremitätengelenke:

- M. serratus ventralis
- M. biceps brachii
- M. tricpes brachii (Caput accessorium)
- M. gluteus profundus
- M. piriformis
- M. semimembranosus

Globale Mobilisatoren

Sie produzieren die ROM (range of motion) und sind für den dynamischen Bewegungsspielraum eines Gelenks verantwortlich. Eine Kontraktion führt zu einer Längenänderung des Muskels. Die globalen Stabilisatoren und Mobilisatoren der Wirbelsäule sind identisch.

Zu den globalen Mobilisatoren der Extremitätengelenke gehören z. B.:

- M. latissimus dorsi
- M. brachiocephalicus
- M. triceps brachii (Caput longum)
- M. gluteus medius
- M. biceps femoris

Globale Mobilisatoren reagieren bei Schmerzen und Pathologien mit Muskelverhärtungen und Muskelverkürzungen, dies führt im weiteren Verlauf zu Einschränkungen der physiologischen Gelenkbeweglichkeit. Bei einem funktionellen Krafttraining steht das Zusammenspiel dieser drei Muskelsysteme im Mittelpunkt (▶ **Abb. 9.13**).

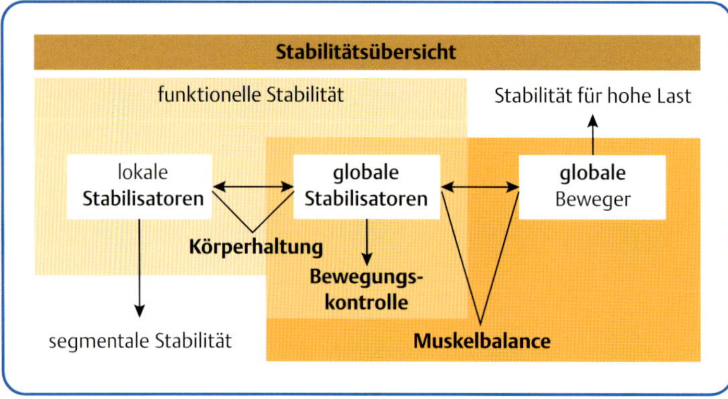

▸ **Abb. 9.13** Schematische Darstellung der Einteilung in lokale und globale Stabilisatoren sowie globale Mobilisatoren nach Comerford. (aus: Deemter F, Wolters J. Rückentraining. Stuttgart: Thieme; 2012)

Trainingsplan funktionelles Krafttraining

Die Bestimmung der Trainingsparameter beim funktionellen Krafttraining wie z. B. Intensität, Wiederholungszahl und Umfang erfolgt ähnlich wie beim Koordinationstraining. Hundeführer und Trainer müssen die Anzeichen einer neuromuskulären Ermüdung beim Sporthund erkennen und entsprechend die Übung beenden. Eine Definition der Durchführungsparameter erleichtert die Erfolgskontrolle und die Progression des Krafttrainings. Eine Möglichkeit, den Trainingsparameter Wiederholungszahl zu bestimmen, soll kurz mit der Übung Nackenstrecker mit Zusatzgewicht dargestellt werden. Der Hundeführer wählt ein realistisches Gewicht, z. B. 1 kg, und lässt seinen Hund die Übung wie beschrieben mit diesem Gewicht ausführen. Er zählt die Anzahl der ausgeführten Wiederholungen. Lässt der Hund das Gewicht fallen oder führt er die Bewegung nicht mehr korrekt aus, wird die Übung beendet. Hat der Hund z. B. 15 Wiederholungen geschafft, können je nach Leistungsstand 65–75 % der maximalen Wiederholungszahl als Parameter für den Umfang errechnet werden.

Maximale Wiederholungszahl: 15 Wiederholungen

Trainingswiederholungszahl 65–75 %: 9–12 Wiederholungen

▸ **Tab. 9.8** zeigt ein beispielhaftes Trainingsprogramm, die genannten Übungen werden nachfolgend beschrieben.

Das funktionelle Krafttraining ist Bestandteil der Vorbereitungsphase I und II (S. 143) und sollte 3-mal pro Woche durchgeführt werden.

▸ **Tab. 9.8** Beispieltraining mit den Übungen 1–6.

Übung	Intensität/Modifikation	Wiederholungen	Sätze	Serienpausen	Superkompensation
Squats	Gewichtsverlagerung auf die HGLM	6–12	2–3	1 min	24 h
Push-up	flach am Boden	6–12	2–3	1 min	24 h
Männchen-Position	auf instabiler Unterlage	6–12	2–3	1 min	24 h
Zweibeinstand auf den HGLM	flach am Boden	6–12	2–3	1 min	24 h
Rumpfaufrichtung aus Seitlage	Negativ-Position auf einer schiefen Ebene	6–12	2–3	1 min	24 h
Nackenstrecker mit Zusatzgewicht	2 kg	6–12	2–3	1 min	24 h

Übung 1: Squats – Sitz-Steh-Übergänge

Ziel

- dynamisches exzentrisches und konzentrisches Training der Hintergliedmaßenstreckmuskulatur
- statisches Training der Vordergliedmaßenmuskulatur

Übungsausführung Der Sporthund wechselt von der Sitz- in die Stehposition und wieder zurück (▶ Abb. 9.14).

Variationen

- Die Übung wird auf einer schiefen Ebene ausgeführt. Aufgrund der Gewichtsverlagerung kann die Belastung jeweils auf die Hinter- bzw. Vordergliedmaßen akzentuiert werden.
- Die Übung wird ebenfalls auf einer schiefen Ebene ausgeführt. Allerdings sitzt bzw. steht der Hund jetzt im 90°-Winkel zur Neigung, so kann die Belastung auf einer Körperseite akzentuiert werden.
- Verwendung einer instabilen Unterlage

▶ **Abb. 9.14** Übung Squats. Squats gehören zu den Grundübungen im Muskeltraining, weil diese Übungsform sehr viele verschiedene Muskeln anspricht. (Foto: Christiane Gräff)

a Ausgangsstellung: Squats auf einer schiefen Ebene. Durch die Nutzung verschiedener Ebenen können Übungen erschwert oder erleichtert werden. Befindet sich der Hund in einer hangabwärts gerichteten Ausgangsstellung, wird der Körperschwerpunkt vor die Unterstützungsfläche der Hinterpfoten gebracht, dies erleichtert die Muskelarbeit der Hintergliedmaßen.

b Endposition: Squats auf einer schiefen Ebene. In der gezeigten Position wird durch die Schwerpunktverlagerung nach vorne die Stützaktivität der Vordergliedmaßenmuskeln gefordert.

Übung 2: Push-up – Platz

Ziel dynamisches exzentrisches und konzentrisches Training der Hinter- und Vordergliedmaßenstreckmuskulatur

Übungsausführung Wechsel von der Platz- in die Stehposition und wieder zurück (▶ Abb. 9.15)

Variationen siehe Übung 1

▶ **Abb. 9.15** Übung Push-up. Push-up ist eine Ganzkörperübung und zählt ebenfalls zu den Grundübungen. Bei richtiger Ausführung sind Push-ups sehr anspruchsvolle Übungen. (Foto: Christiane Gräff)

a Ausgangsstellung. Bei der hangaufwärts gerichteten Ausgangsstellung befindet sich der Körperschwerpunkt weiter hinten. Beim Aufstehen aus der Platzposition müssen die Hintergliedmaßenmuskeln sehr viel Schub nach vorne und oben entwickeln.

b Endstellung. Bei richtiger Übungsausführung sollte der Hund die Übung auf der Stelle ausführen und nicht etwa mit den Vorderbeinen einen Schritt nach vorne machen. Damit wird gewährleistet, dass der Schub und damit die Körperschwerpunktverlagerung nach vorne oben ausschließlich aus den Hinterbeinen kommt.

Übung: 3: Rumpfaufrichtung (Männchen-Position)

Ziel

- dynamisches und statisches Training der Rückenstreckmuskulatur
- in der Endstellung statisches Training der Bauchmuskulatur

Übungsausführung Aus der normalen Sitzposition wechselt der Hund in die Männchen-Position (▶ Abb. 9.16).

Variationen

- Verwendung von schiefen Ebenen
- Verwendung einer Zusatzlast, z. B. Apportel
- Verwendung einer instabilen Unterlage

▶ **Abb. 9.16** Übung Rumpfaufrichtung (Männchen-Position). Aus der Sitzposition wechselt der Hund in die Männchen-Position. Bei dieser Übung muss der Rumpf kontrolliert angehoben werden. Um die Endposition korrekt halten zu können, müssen die lokalen Muskelsysteme kontrahieren. Die mangelhafte Rumpfkontrolle gleicht der Hund durch eine vermehrte Hüftabduktion und eine Außenrotation der Hinterpfoten und damit eine Vergrößerung der Unterstützungsfläche aus. Die vermehrte Valgisierung im Kniegelenk deutet auf eine Schwäche der Hüftabduktoren hin. Für die Trainingspraxis bedeutet dies, dass mit diesem Hund noch einige Vorübungen absolviert werden müssen, damit er die korrekte Männchen-Position sicher halten kann. (Foto: Christiane Gräff)

Übung 4: Zweibeinstand auf den Hintergliedmaßen

Ziel

- dynamisches und statisches Training der Rückenmuskulatur
- in der Endstellung statisches Training der Bauchmuskulatur
- dynamisches exzentrisches und konzentrisches Training der Streckmuskulatur der Hintergliedmaßen

Übungsausführung Aus der Männchen-Position richtet sich der Hund auf den Hinterbeinen in den Zweibeinstand auf (▶ **Abb. 9.17**).

Variationen

- siehe Übung 3
- zusätzlich für exzentrische Muskelarbeit: Absenken aus dem Zweibeinstand in die Männchen-Position

▶ **Abb. 9.17** Übung Zweibeinstand. Aus der Männchen-Position richtet sich der Hund in den Zweibeinstand auf. Durch den aufgerichteten Rumpf vergrößert sich der Lastarm des M. quadriceps, das bedeutet, dass der M. quadriceps bei der Aufrichtung aus der Männchen-Position in den Zweibeinstand mehr Kraft aufwenden muss. (Foto: Christiane Gräff)

Übung 5: Rumpfaufrichtung aus der Seitlage

Ziel dynamisches konzentrisches und exzentrisches Training der Rückenstreckmuskulatur und der seitlichen Bauchmuskulatur

Übungsausführung Aus der Seitlage richtet sich der Hund in die bequeme Platzposition auf (▶ **Abb. 9.18**).

Variationen siehe Übung 3

▶ **Abb. 9.18** Übung Rumpfaufrichtung aus der Seitlage. Die Rumpfaufrichtung aus der Seitlage trainiert vor allem die seitliche Rumpfmuskulatur. Ausgangsposition für diese Übung ist die bequeme Seitenlage (a). Mithilfe eines Leckerchens wird der Hund in die gewünschte Endposition geführt (b). (Foto: Christiane Gräff)

Übung 6: Nackenstrecker mit Zusatzgewicht

Ziel dynamisches exzentrisches und konzentrisches Training der Nackenstreckmuskulatur

Übungsausführung Aufheben eines Apportels und direkte Abgabe an den Hundeführer (▶ Abb. 9.19)

Variation Verwendung einer instabilen Unterlage

9.4.2 Training der Kraftausdauer

Übung 1: Isometrisches Anspannen

Ziel

- Aktivierung der Muskeln
- Veränderung der Muskelspannung
- Kraftzuwachs

Übungsausführung Der Hundeführer setzt wechselnde Widerstände, der Hund hält die Position (▶ Abb. 9.20).

Variationen

- verschiedene Widerstände setzen
- Druckstärke variieren
- Haltedauer variieren
- Ausgangsstellung verändern
- Verwendung instabiler Unterlagen

▶ **Abb. 9.20** Übung isometrisches Anspannen. Der Hundeführer setzt wechselnde Widerstände, der Hund hält die Position. Bei isometrischen Übungen werden Muskeln effektiv ohne Bewegung trainiert. Die Aktivierung wird über Anspannung durch Druck und Zug erreicht. (Foto: Christiane Gräff)

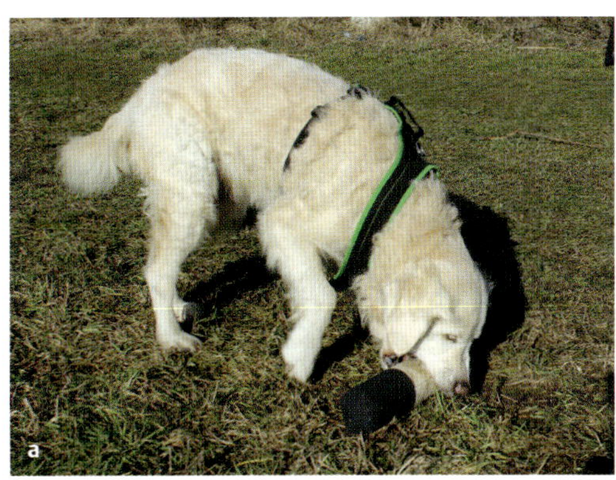

▶ **Abb. 9.19** Übung Nackenstrecker. (Foto: Christiane Gräff)

a Das Aufheben eines Apportels aus einer Flexionsstellung der HWS führt zu einer optimalen Vordehnung der Nackenstreckmuskulatur. Größe und Gewicht des Apportels müssen an die Größe bzw. die Leistungsfähigkeit des Hundes angepasst werden.

b Die konzentrische Muskelarbeit der Nackenstreckmuskulatur bringt die HWS bei Abgabe des Apportels in eine Extensionsstellung. Das Training der Nackenmuskulatur ist vor allem für Hunde, die zur Jagd eingesetzt werden oder im Gebrauchshundsport geführt werden, sehr wichtig, da hierbei die Kräfte, die auf die HWS wirken, extrem groß sind.

Übung 2: Tragen

Ziel

- Training der lokalen und globalen Stabilisatoren der Wirbelsäule
- statisches Training der Nackenstrecker

Übungsausführung Der Sporthund trägt ein Apportel über eine gewisse Distanz im Schritt (▶ **Abb. 9.21**).

Variationen

- Übung in der Gangart Trab ausführen
- Übung bergaufwärts ausführen

Übung 3: Hügelläufe

Ziel

- Training der Streckmuskelkette der Hintergliedmaße, insbesondere des M. gluteus medius, M. biceps femoris und M. gastrocnemius
- Training der Streckmuskelkette der Vordergliedmaße und der Zehenflexoren
- Training der lokalen und globalen Stabilisatoren der Wirbelsäule
- Verbesserung des Pfotenabdruckes

Übungsausführung

- Streckenlänge beträgt 80–100 m
- optimal ist eine Steigung von 5–10 %
- flacheres Gelände sollte sich anschließen bzw. langsames Bergabgehen
- Intervalltraining; Anzahl der Wiederholungen abhängig von Leistungsstand und Intensität
- Hügelläufe sind in den Gangarten Schritt, Trab und Galopp möglich (▶ **Abb. 9.22**).

▶ **Abb. 9.21** Übung Tragen. Beim Tragen eines Apportels wird nicht nur die Nackenmuskulatur, sondern auch die gesamte Rückenmuskulatur isometrisch angespannt und gekräftigt. (Foto: Christiane Gräff)

▶ **Abb. 9.22** Übung Hügelläufe. Hügelläufe sind eine Form des Widerstandstrainings. Beim Menschen fördern Hügelläufe die Laufökonomie und die Laufdynamik. Sicherlich profitieren auch unsere Hunde von dieser Trainingsform. (Foto: Christiane Gräff)

Übung 4: Treppenläufe

Ziel

- Training der Streck- und Beugemuskelkette der Hintergliedmaße, insbesondere des M. gluteus medius, M. biceps femoris, M. gastrocnemius, M. iliopsoas, M. sartorius und des M. quadriceps
- Training der Streck- und Beugemuskelkette der Vordergliedmaße
- Training der lokalen und globalen Stabilisatoren der Wirbelsäule
- Verbesserung des Pfotenabdruckes

Übungsausführung

- Treppenlänge ca. 50 Stufen
- Stufenhöhe sollte der Körpergröße des Hundes angepasst sein
- Die Treppe ist im Schritt oder im Trab zu bewältigen. Springen ist nicht erwünscht (▸ **Abb. 9.23**).
- Intervalltraining; Anzahl der Wiederholungen ist abhängig vom Leistungsstand und der Intensität

▸ **Abb. 9.23** Übung Treppenläufe. Treppenläufe sind sehr komplexe Trainingseinheiten, denn neben der Kraftausdauer werden auch die Koordination und die Konzentrationsfähigkeit verbessert. (Foto: Christiane Gräff)

Übung 5: Zugarbeit

Ziel

- Training der Streckmuskelkette der Hintergliedmaße, insbesondere des M. gluteus medius, M. biceps femoris und des M. gastrocnemius
- Training der Streckmuskelkette der Vordergliedmaße
- Training der lokalen und globalen Stabilisatoren der Wirbelsäule
- Verbesserung des Pfotenabdruckes

Die Zugarbeit als Trainingsmethode sollte unbedingt unter fachlicher Leitung bei einem erfahrenen Trainer erlernt werden. Deshalb wird auf eine nähere Darstellung des Zugtrainings verzichtet.

Trainingsplan Kraftausdauer

Zur Bestimmung der Trainingsparameter im Kraftausdauerbereich gelten im Hundesport die gleichen Regeln wie beim funktionellen Krafttraining. ▸ **Tab. 9.9** zeigt die Durchführungsmodalitäten für die Übungen 1 und 2 im Überblick.

▸ **Tab. 9.10** zeigt die Trainingsparameter für ein Kraftausdauertraining mittels Hügelläufen und Treppenläufen im Überblick.

Im Hinblick auf die Periodisierung erfolgt das Kraftausdauertraining hauptsächlich in der Vorbereitungsphase I und II (S. 143).

▸ **Tab. 9.9** Trainingsparameter Kraftausdauer, Übungen 1 und 2.

Übung	Intensität	Wiederholungen	Serien	Pausen	Superkompensation
Isometrie	Stand auf instabiler Unterlage	5 × 20 sec	2	WP: 5 sec SP: 1 min	24 h
Trageübung	2-kg-Apportel im Trab bergaufwärts	5 × 50–80 m	2–3	WP: 1 min SP: 3–5 min	24–48 h

WP: Wiederholungspause; SP: Serienpause

▶ **Tab. 9.10** Trainingsparameter Kraftausdauer, Übung 3 und 4.

Übung	Steigung	Intensität	Wiederholungen	Serien	Pausen	Superkompensation
Hügelläufe 80–100 m	10 %	Schritt	8	3	WP: 2 min SP: 5 min	48 h
Hügelläufe 80–100 m	10 %	Trab	5	3	WP: 3 min SP: 8 min	48 h
Hügelläufe 80–100 m	10 %	Galopp (Sprint)	3	3	WP: 3–5 min SP: 8–10 min	48–72 h
Treppenläufe	50 Stufen	Trab	3	3	WP: 3 min SP: 8 min	48 h

WP: Wiederholungspause; SP: Serienpause

9.4.3 Training der Sprungkraft

Die Sprungkraft spielt für die meisten Hundesportarten eine große Rolle. Sie ist eine Form der Schnellkraft und setzt sich aus drei verschiedenen Teilkräften zusammen: der Startkraft, der Explosivkraft und der Maximalkraft. Als **Startkraft** bezeichnet man die Fähigkeit, von Beginn einer Kontraktion einen möglichst großen Kraftanstieg zu entwickeln. Die **Explosivkraft** ist die Fähigkeit, diesen bereits begonnenen Kraftanstieg maximal weiterzuentwickeln. Die **Maximalkraft** ist der höchste Kraftwert, den die Muskulatur erreichen kann. Die Schnellkraft ist also die Fähigkeit, einen möglichst großen Kraftstoß in einer bestimmten Zeit zu produzieren. Eine Sonderform der Schnellkraft stellt die Reaktivkraft dar. Sie ist die Fähigkeit, einen Impuls im Dehnungs-Verkürzungs-Zyklus zu erzeugen. Bei einer Reaktivbewegung, z. B. bei einem Sprung, kommt es anfangs zu einer kurzen exzentrischen Dehnung der Rückenmuskulatur, der Kruppenmuskulatur, der Oberschenkelstreckmuskulatur und der Sprunggelenksstreck- sowie der Zehenbeugemuskulatur. Daran schließt sich eine konzentrische Phase an, in die die Voraktivierung der gespeicherten elastischen Energie mit einfließt. Bildlich gesprochen lässt sich das mit einer zusammengedrückten Feder vergleichen, die maximal gedehnt und dann freigelassen wird. Die Sprungkraft ist in hohem Maße trainierbar. Leistungsbestimmend für die Sprungkraft sind außer Muskelquerschnitt und -zusammensetzung das Innervationsverhalten und das Elastizitätsverhalten von Muskeln und Faszien. Leider wird ein Sprungkrafttraining nicht häufig genug isoliert und konsequent im Hundesport durchgeführt. Oftmals fehlt auch die Bereitschaft aufseiten der Hundeführer, andere Trainingsziele während eines Sprungkrafttrainings phasenweise zurückzustellen. Die Intensität im Sprungkrafttraining muss vorsichtig und langsam gesteigert werden, um eine Überlastung der passiven und aktiven Gelenkstrukturen zu vermeiden. Ein Sprungkrafttraining darf allerdings nicht mit einem Sprungtechniktraining (S. 240) verwechselt werden.

Übung 1: Tischaufsprung

Ziel Training der Explosivkraft. Bei dieser Trainingsform geht es darum, aus einer ruhigen Ausgangsposition einen maximalen Kraftstoß zu generieren.

Übungsausführung Der Hund springt aus dem Stand auf einen Kasten. Die Kastenhöhe sollte natürlich an die Größe und Leistungsfähigkeit des Hundes angepasst sein und langsam gesteigert werden (▶ Abb. 9.24).

Variationen

- Mit Anlauf kann die Kastenhöhe erhöht werden.
- Auf dem Kasten liegt eine Weichbodenmatte, dies erhöht die Anforderungen an die Stabilität.
- mit Apportel springen

▶ **Abb. 9.24** Übung Tischaufsprung. (Foto: Christiane Gräff)

a Ausgangsstellung beim Aufsprungtraining.

b Vordehnphase kurz vor dem Absprung mit entsprechender Körperschwerpunktverlagerung nach hinten. Anschließend sollte ein explosiver Kraftstoß aus den Hinterbeinen den Körperschwerpunkt nach vorne oben katapultieren.

c Flugphase in Vorbereitung auf die Landung. Erfolgt die Landung wie hier gezeigt nach einem geraden Sprung, werden die Vorderbeine versetzt voreinander auffußen.

Übung 2: Hochniedersprung auf eine Weichbodenmatte

Ziel Training der Explosivkraft und Verbesserung der Stabilität der Vordergliedmaße

Übungsausführung Der Hund springt aus dem Stand von einem Kasten auf eine Weichbodenmatte abwärts (▶ **Abb. 9.25**).

Variationen

- Kastenhöhe verändern
- Tiefsprung auf ein Schaukelbrett
- Sprungabfolge mit Apportel springen

▶ **Abb. 9.25** Übung Hochniedersprung. Kurz vor der Landung beim Niedersprung. Für eine kontrollierte Landung sollten spezielle Niedersprungmatten verwendet werden, denn diese garantieren einen sicheren Stand. Allerdings sind die Dämpfungseigenschaften dieses Mattentyps nicht sehr hoch. Weichbodenmatten dämpfen im Vergleich zu den Niedersprungmatten wesentlich besser, aber aufgrund der großen Eindringtiefe ist die Standsicherheit bei der Landung nicht mehr gewährleistet. (Foto: Christiane Gräff)

Übung 3: Niederhochsprung

Ziel Training der Reaktivkraft. Bei der Reaktivkraft geht es um einen schnellen Wechsel zwischen exzentrischer und konzentrischer Muskelarbeit. Die exzentrische Muskelaktion wird als Verstärkung der konzentrischen Muskelarbeit genutzt.

Übungsausführung Zwei Kästen stehen hintereinander. Der Abstand zwischen den Kästen muss individuell gewählt werden. Der Sporthund springt vom ersten Kasten abwärts, die Höhe des Kastens sollte 30 cm nicht übersteigen. Anschließend springt er ohne Zwischenschritt auf den zweiten Kasten auf. (▶ **Abb. 9.26**).

Variationen

- Kastenhöhen verändern
- Veränderung der Kastenoberfläche durch eine Weichbodenmatte o. Ä.
- Sprungabfolge mit Apportel springen

▶ **Abb. 9.26** Übung Niederhochsprung. (Foto: Christiane Gräff)
a Absprung von einem 25 cm hohen Kasten.
b Beim Absprung werden Rücken und Hintergliedmaßen explosionsartig gestreckt.

Übung 4: Sprungreihe

Ziel Training der Explosiv- und Reaktivkraft

Übungsausführung Es werden sechs Hindernisse hintereinander aufgestellt. Die Sprungreihe soll als „in and outs" gesprungen werden, d. h., nach einem Sprung erfolgt ohne Zwischenschritt der Absprung zum nächsten Sprung. Der Hürdenabstand orientiert sich an der Rückenlänge und der Hürdenhöhe. Die Hürdenhöhe wird entsprechend an die Größe und die Leistungsfähigkeit des Hundes angepasst. Trainingsbeispiel für einen Sporthund, der in der Größenklasse Large im Agility geführt wird:

- Hindernishöhe 40 cm
- Abstand zwischen den Hindernissen beträgt ca. 1,60–2 m

Variationen

- Hürdenhöhe verändern
- unterschiedliche Hürdenhöhen innerhalb der Sprungreihe

Übung 5: Weitsprung

Ziel Training der Explosivkraft

Übungsausführung Mit einzelnen Elementen wird ein Weitsprung aufgebaut. Die Länge des Hindernisses orientiert sich an der Hundegröße. Zur Orientierung: Für Hunde mit der Schulterhöhe von mindestens 43 cm kann ein Weitsprung mit einer Länge von 1,50 m aufgestellt werden, für Hunde mit einer Schulterhöhe von 35–42 cm ein Weitsprung bis zu einer Länge von 0,90 m und bei Hunden mit einer maximalen Schulterhöhe von 34 cm ein Weitsprung bis zu einer Länge von 0,50 cm.

Trainingsplan Sprungkraft

Ein gezieltes Sprungkrafttraining ist Trainingsbestandteil der Vorbereitungsphase II (S. 143) und kann 2-mal pro Woche für mindestens 6 Wochen durchgeführt werden.

▸ **Tab. 9.11** zeigt die Trainingsparameter für ein Sprungkrafttraining im Überblick.

Beim Schnellkrafttraining geht es darum, in kürzester Zeit möglichst viel Kraft zu entwickeln. Das ist nur möglich, wenn die Übungen nicht über die Erschöpfung hinaus wiederholt werden. Dies erklärt die geringe Anzahl an Wiederholungen und die lange Pausenzeit.

Die wichtigsten Effekte eines Krafttrainings sind:

- Vergrößerung des Muskelquerschnitts
- Optimierung der Rekrutierung von motorischen Einheiten
- Verbesserung der intra- und intermuskulären Koordination
- Verbesserung der mitochondrialen Kapazität
- Reduzierung der Ruheherzfrequenz
- Verbesserung der Wirbelsäulen- und Gelenkstabilität

▸ **Tab. 9.11** Trainingsparameter Sprungkraft.

Intensität	Wiederholungen	Serien	Pausen	Superkompensationszeit
100 %	5–6	3–5	WP: 2 min SP: 5 min	48 h

WP: Wiederholungspause; SP: Serienpause

9.5 Schnelligkeit

Die motorische Schnelligkeit ist eine psychisch-kognitiv-koordinativ-konditionelle Fähigkeit. Es lassen sich verschiedene Erscheinungsformen und Subkategorien der Schnelligkeit unterscheiden. Es werden reine Schnelligkeitsformen von den komplexen Schnelligkeitsformen differenziert. Die reinen Schnelligkeitsformen wie z. B. die Reaktions-, Beschleunigungs- und Aktionsschnelligkeit lassen sich, wie schon im Kapitel Schnelligkeit (S. 136) im Rahmen der Trainingsgrundlagen dargestellt, nur bedingt verbessern. Trainingsmethode der Wahl zur Verbesserung der reinen Schnelligkeitsformen ist ein gezieltes Schnellkraft- bzw. Sprungkrafttraining (S. 210). Im Gegensatz zu den reinen Schnelligkeitsformen können die komplexen Schnelligkeitsformen wie z. B. die Sprintschnelligkeit und die Schnelligkeitsausdauer sehr gut trainiert werden. Ziele des Sprint- und Schnelligkeitsausdauertrainings sind die Vergrößerung der Energiespeicher bzw. die Zunahme der Enzymaktivität in der Muskulatur, die Zunahme des Muskelfaserquerschnittes und die Verbesserung der Koordinationsfähigkeit. Deshalb stellen Trainingsmethoden zur Verbesserung der funktionellen Kraft und der koordinativen Leistung die Basis für die Entwicklung der spezifischen Schnelligkeitsausdauerfähigkeit dar.

9.5.1 Training der Schnelligkeitsausdauer

Diese Trainingsform erfordert von den Sporthunden die Bereitschaft, alle Übungen mit maximaler Intensität und voller Konzentration durchzuführen. Deshalb ist es sehr wichtig, dass die Hunde möglichst ausgeruht und nicht vom Vortag ermüdet sind. Außerdem darf dieses Training nur in einem optimal erwärmten Zustand durchgeführt werden und gehört an den Anfang einer Trainingsstunde. Die Belastungsdauer muss so gewählt werden, dass die Geschwindigkeit auch am Ende der Belastung nicht absinkt. Entsprechend lange Pausen sind zwischen den einzelnen Übungen einzuhalten. Hier gilt als allgemeingültige Regel: Pro gelaufene 10 m ist eine Pausenzeit von ca. 1 min einzuhalten. Die Wiederholungsmethode ist die effektivste Trainingsmethode zur Verbesserung der Schnelligkeit. Die Läufe können aus verschiedenen Ausgangsstellungen gestartet werden.

Merke

Für das Schnelligkeitstraining muss der Hund ausgeruht sein und darf keine Ermüdungserscheinungen zeigen. Das Training darf nur nach einem intensiven Aufwärmen zu Beginn einer Trainingseinheit durchgeführt werden. Entscheidend sind zudem eine abgestimmte Belastungsdauer und ausreichend Pausen.

Übung 1: Sprint – Abrufen mit Herankommen

Ziel Verbesserung der Reaktions- und Beschleunigungsfähigkeit sowie der Sprintschnelligkeit

Übungsausführung Der Hund sitzt in 20–30 m Entfernung zum Hundeführer und wird mit einem Signal zum Herankommen abgerufen. Die Bestätigung soll nicht durch „Hier" mit Vorsitzen, sondern eher noch durch einen Ballwurf o. Ä. in Laufrichtung bestätigt werden.

Variationen

- Veränderung des Abrufsignals
- Veränderung der Ausgangsstellung

Bei den Ausgangsstellungen sind folgende Varianten möglich:

- Stehposition
- Platzposition
- Sitzposition mit Blick zum Hundeführer
- Sitzposition mit abgewandtem Blick

Übung 2: Sprint – Schicken um einen Pylon

Ziel Verbesserung der Sprintschnelligkeit

Übungsausführung Ein Pylon steht im Abstand von 10–15 m Entfernung zu Hund und Hundeführer. Dieser schickt den Hund um den Pylon herum.

Variationen

- andere Markierungen benutzen
- mehrere Pylonen mit unterschiedlichen Abständen benutzen

Übung 3: Intensives Intervalltraining

Ziel Verbesserung der Schnelligkeitsausdauer

Übungsausführung Es werden insgesamt 20 Läufe aus unterschiedlichen Ausgangsstellungen über eine Distanz von 15 m durchgeführt. Jeweils zwischen 2 Läufen wird eine Strecke von ca. 200 m im Trab absolviert. Nach 5 Läufen erfolgt ein 2-minütiges lockeres Traben. Der Unterschied zwischen einem Training zur Verbesserung der Sprintschnelligkeit und der Schnelligkeitsausdauer liegt in der Pausenlänge. Beim Sprinttraining wird mit vollständigen Pausen gearbeitet, d. h., der Hund kann sich nach jedem Lauf fast vollständig erholen, während beim Sprintausdauertraining die Erholungspausen unvollständig sind (▸ **Tab. 9.12**).

Trainingsplan Schnelligkeit

Ein Schnelligkeitstraining sollte fester Trainingsinhalt in den Vorbereitungsphasen I und II (S. 143) und in der Wettkampfphase (S. 144) sein. Jedem Sprinttraining sollte ein intensives Aufwärmen mit mindestens 20 min Einlaufen und dynamischen Bewegungsübungen vorausgehen. Es wird mit maximal 10 Wiederholungen gearbeitet. Die Wiederholungspause orientiert sich an der Streckenlänge und beträgt zwischen 2 und 3 min. Die Serienpause wird mit 5–6 min angegeben. Zeigt der Hund Ermüdungserscheinungen, sollte das Sprinttraining beendet werden. Die Superkompensationszeit eines Schnelligkeitstrainings beträgt 48–72 h, daher sollten maximal 2 Einheiten des Schnelligkeitstrainings pro Woche auf dem Plan stehen. ▸ **Tab. 9.13** zeigt die Trainingsparameter im Überblick.

► **Tab. 9.12** Trainingsparameter intensives Intervalltraining Schnelligkeit.

Ausgangsstellung	Strecke	Wiederholungen	Pausen
Steh	15 m	5	WP: 200 m Traben SP: 2 min lockeres Traben
Platz	15 m	5	WP: 200 m Traben SP: 2 min lockeres Traben
Sitz Blick zum Hundeführer	15 m	5	WP: 200 m Traben SP: 2 min lockeres Traben
Sitz Blick vom Hundeführer abgewandt	15 m	5	WP: 200 m Traben SP: 2 min lockeres Traben

WP: Wiederholungspause; SP: Serienpause

► **Tab. 9.13** Trainingsparameter Schnelligkeit.

Trainingsphase	Intensität	Strecke	Wiederholungen	Serien	Pausen
VP I	100 %	20 m	5	2	WP: 2 min SP: 5 min
VP II	100 %	30 m	4	4	WP: 3 min SP: 5 min
Wettkampfphase	100 %	20 m	6	2	WP: 2 min SP: 5–6 min

WP: Wiederholungspause; SP: Serienpause

Zusammenfassung der Effekte eines Schnelligkeitstrainings:

- Vergrößerung der Energiespeicher bzw. Zunahme der Enzymaktivität in der Muskulatur
- Zunahme des Muskelfaserquerschnitts
- Verbesserung der Koordinationsfähigkeit

9.6 Koordination

9.6.1 Koordinative Fähigkeiten

Koordinative Fähigkeiten sind eine wichtige Voraussetzung für die Bewältigung aller Bewegungen. Sie befähigen den Hund, seine Bewegungen verschiedenen Situationen anzupassen und diese Bewegungen ökonomisch, d. h. mit möglichst geringem Energieaufwand, auszuführen. Individuen mit guten koordinativen Fähigkeiten können außerdem neue Bewegungen schneller erlernen. Da die Entwicklung der koordinativen Leistungsfähigkeit des Hundes kurvenförmig verläuft, ist die Förderung der koordinativen Fähigkeiten insbesondere in den ersten Lebenswochen sinnvoll. Die Entwicklung der koordinativen Kompetenz steigt im Welpen- und Junghundealter an, erlangt im frühen Erwachsenenalter ihren Höhepunkt und flacht dann im Alter wieder ab. Durch ein gezieltes Koordinationstraining entwickeln Hunde eine gute

Körperwahrnehmung und ein gutes Körpergefühl. Ein sinnvolles Koordinationstraining ist jedoch nicht nur im Welpen- und Junghundealter, sondern auch bei der Rehabilitation nach Verletzungen sowie im Alter wichtig. Vor allem in koordinativ anspruchsvollen Sportarten (Agility, Dog Frisbee etc.) spielt diese Grundeigenschaft eine wichtige Rolle. In Bezug auf das Koordinationstraining ist das motorische Lernen gleich lebenslangem Lernen. Die Grundeigenschaft der Koordination kann nochmals in unterschiedliche Teilgebiete gegliedert werden. Gängig ist eine Klassifizierung in:

- Reaktionsfähigkeit
- Umstellungsfähigkeit
- Orientierungsfähigkeit
- Differenzierungsfähigkeit
- Gleichgewichts- und Rhythmusfähigkeit

Im Folgenden sollen die verschiedenen koordinativen Fähigkeiten näher erläutert werden.

Reaktionsfähigkeit

Reaktionsfähigkeit ist die Fähigkeit, auf Reize aus der Umwelt schnell und zielgerichtet zu reagieren.

Praktische Bedeutung Die vom Hundeführer gegebenen Sicht- oder Hörzeichen werden vom Hund wahrgenommen und in einen festgelegten Bewegungs- bzw. Handlungsablauf umgesetzt. Eine gute Reaktionsfähigkeit hält die Zeit zwischen Reizaufnahme, -verarbeitung und -weiterleitung so gering wie möglich. Gerade die Reaktionsfähigkeit spielt im Hundesport eine sehr große Rolle. Je besser die Reaktionsfähigkeit, desto schneller ist der Sporthund. Mit zunehmendem Alter lässt die Reaktionsfähigkeit deutlich nach, deshalb sollten Übungen zur Verbesserung der Reaktionsfähigkeit auch in einem Seniorentraining nicht fehlen.

Umstellungsfähigkeit

Die Umstellungsfähigkeit ist die Fähigkeit des Hundes, sich schnell auf neue Situationen einzustellen.

Praktische Bedeutung Bei speziellen Übungen der Führerverteidigung, wie sie im Ringsport verlangt wird, aber auch bei der Hütearbeit an Schafen, müssen die Hunde „mitdenken" und situativ reagieren. Treten während eines Bewegungsablaufs plötzlich veränderte Situationen auf, muss der Hund in der Lage sein, seine Handlung den veränderten Bedingungen anzupassen. Die Umstellungsfähigkeit ist abhängig von der Reaktionsschnelligkeit und der Bewegungserfahrung. Je größer das Bewegungsrepertoire des Hundes und je mehr Erfahrungen der Hund mit entsprechenden Situationen hat, desto zweckmäßiger ist sein Handeln bei Situationsveränderungen.

Orientierungsfähigkeit

Die Orientierungsfähigkeit ist die Fähigkeit des Hundes, die Lage seines Körpers im Raum zu kennen und zielgenau zu verändern.

Praktische Bedeutung Neben den akustischen und optischen Systemen wird hier auch das propriozeptive bzw. kinästhetische System angesprochen. Der Begriff der Kinästhesie kommt aus dem Griechischen und setzt sich aus den beiden Wörtern Bewegen und Empfinden zusammen. Gemeint ist die Wahrnehmung der Eigenbewegung des Körpers im Hinblick auf seine Raum-, Zeit- und Spannungsverhältnisse. Sie wird auch als Tiefensensibilität bezeichnet. Im allgemeinen Sprachgebrauch versteht man darunter das Körpergefühl. Informationsquellen der kinästhetischen Wahrnehmung sind Rezeptoren in der Muskulatur, den Sehnen, den Bändern und den Gelenken; diese Rezeptoren werden auch als Propriozeptoren (S. 85) beschrieben. Die entsprechenden Informationen werden dann mit Informationen der Oberflächensensibilität, des Gleichgewichtssinnes und auch mit dem Visus zu Bewegungsempfindungen kombiniert. Die taktilen Reize der Oberflächensensibilität wie z. B. Berührung, Druck, Wärme, Kälte und Schmerz werden über freie Nervenendigungen, Meissner-Tastkörperchen, Ruffini-Endorgan und Pacini-Körperchen aufgenommen. Gerade im Agility muss der Hund seinen Körper beim Sprung, bei der A-Wand, der Wippe etc. sowohl zeitlich als auch örtlich richtig einschätzen können.

Gleichgewichtsfähigkeit

Die Gleichgewichtsfähigkeit ist die Fähigkeit des Hundes, seinen Körper gegen die Schwerkraft im Gleichgewicht zu halten. Unterschieden wird in ein stabiles und in ein dynamisches Gleichgewicht.

Mit stabilem Gleichgewicht ist die Stabilisierung in einer Position, z. B. im Stand, gemeint und unter dem dynamischen Gleichgewicht versteht man die Stabilisierung in Bewegung, z. B. beim Laufen. Das Gleichgewicht wird über den Vestibularapparat im Innenohr vermittelt.

Praktische Bedeutung Bei Sprüngen ist die Anforderung an die Gleichgewichtsfähigkeit sehr hoch, da der Sporthund seinen Körper bei den kurzen Bodenkontakten und langen Flugphasen ständig im Gleichgewicht halten muss.

Differenzierungsfähigkeit

Die Differenzierungsfähigkeit ist die Fähigkeit des Hundes, seine Bewegungsabläufe mit der richtigen Dosierung von Kraft und Geschwindigkeit und der korrekten Abschätzung von Distanzen im Raum ablaufen zu lassen.

Praktische Bedeutung Diese Fähigkeit wird vor allem bei Sprüngen und auch im Schutzdienst benötigt.

Rhythmusfähigkeit

Die Rhythmusfähigkeit ist die Fähigkeit des Hundes, Bewegungsabläufe in einem bestimmten Rhythmus durchzuführen. Dies bezieht sich auf alle Bewegungsabläufe, die sich rhythmisch wiederholen, also beispielsweise die Bewegungszyklen im Trab oder Galopp, die die Hunde in den Rennsportarten ausführen.

Praktische Bedeutung Die Rhythmusfähigkeit ist für die harmonischen Wechsel zwischen Schritt und Trab beim Laufen von großer Wichtigkeit.

9.6.2 Training der Koordination

Das Koordinationstraining enthält Übungsbeispiele zur Verbesserung der Körperwahrnehmung, der Trittsicherheit, des Gleichgewichts und der Rhythmusfähigkeit.

Übung 1: Taktile Aufgabe

Ziel Verbesserung der Körperwahrnehmung und der Trittsicherheit

Praktische Beispiele Die Körperwahrnehmung und die Trittsicherheit werden insbesondere durch die Aufnahme und Verarbeitung von sensorischen Reizen gefördert (▸ **Abb. 9.27**).

- Light touch pressure – durch sanfte Berührungen am ganzen Körper, z. B. Streichen über das Fell
- Deep touch pressure – Berührungen am ganzen Körper durch stärkere Reize, z. B. kräftiges Reiben und Drücken, Bürstenmassagen
- Pfotenballenmassagen
- Laufstraße mit unterschiedlichen Oberflächen

▸ **Abb. 9.27** Übung taktile Aufgabe. Die Trittsicherheit wird gefördert durch die Aufnahme und Verarbeitung von sensorischen Reizen. Eine gute Möglichkeit, die Trittsicherheit von Hunden zu verbessern, ist das Gehen über unterschiedliche Oberflächen. (Foto: Christiane Gräff)

Übung 2: Kinästhetische Aufgabe

Ziel Verbesserung der Gleichgewichts- und Orientierungsfähigkeit, Verlagerung des Körperschwerpunktes

Praktische Beispiele Diese Fähigkeit wird gefördert, wenn kleine oder sich bewegende Unterstützungsflächen ständige Verlagerungen des Körperschwerpunktes verlangen. Hierfür kommen verschiedene Hilfsmittel zum Einsatz (▶ **Abb. 9.28**):

- Hängebrücke
- Balancierbalken mit und ohne Wippfedern
- Wippe
- Balance-Pad
- Balance-air-Pad
- Luftmatratzen
- Schaukelbrett
- Federbrett
- Therapiekreisel
- Donut Gymnastikball
- Peanut Gymnastikball
- großer Gymnastikball

Bei allen Übungen sollte darauf geachtet werden, dass der Sporthund nicht durch Leckerchengabe oder Spielzeuge abgelenkt wird. Er sollte alle Übungen bewusst durchführen, nur so ist ein Koordinationstraining auch effektiv.

▶ **Abb. 9.28** Übung kinästhetische Aufgabe. Durch instabile Unterstützungsflächen kann die Gleichgewichtsfähigkeit trainiert werden. Der Stand auf den Donuts (a) ist eine gute Gleichgewichtsübung, allerdings benötigt der Hund hierfür schon eine gewisse Bewegungserfahrung. Die Entwicklung des taktilen, propriozeptiven und vestibulären Systems erfolgt schon im Mutterleib. Es entwickeln sich also jene Sinnessysteme zuerst, die Informationen über den Körper liefern. Im weiteren Verlauf der Entwicklung benötigen Welpen entsprechende Sinnesangebote, deshalb eigenen sich diese Übungen auch sehr gut für Welpen (b).
(Foto: Christiane Gräff)

Übung 3: Rhythmische Strukturierung des Bewegungsablaufs

Ziel Verbesserung der Rhythmusfähigkeit

Praktisches Beispiel Cavalettitraining in den Grundgangarten Schritt und Trab verbessert das Rhythmusgefühl des Sporthundes.

Bevor mit dem Training gestartet wird, muss die Schrittlänge des Hundes im Schritt und im Trab ermittelt werden. Dazu werden die Pfoten am besten nass gemacht, dann soll der Hund über den Asphalt laufen. Anschließend werden die Abstände der Pfotenabdrücke gemessen, daraus ergibt sich der Stangenabstand. Das Training wird mit am Boden liegenden Stangen begonnen, die Stangenhöhe kann dann im Laufe des Trainings auf ungefähr Tarsalgelenkshöhe des Hundes gesteigert werden (► **Abb. 9.29**). Weitere Möglichkeiten, das Cavalettitraining zu differenzieren, im Überblick:

- den Hund rechts oder links vom Hundeführer über die Cavalettis führen
- den Hund über die Stangen abrufen
- die Stangen gekreuzt, schräg oder gerade auflegen
- die Stangen in einer Geraden, halbkreisförmig oder kreisförmig aufstellen
- Der Hund trägt Gewichtsmanschetten an den Gliedmaßen.

► **Abb. 9.29** Übung rhythmische Strukturierung des Bewegungsablaufs. Verbesserung der Rhythmusfähigkeit durch Cavalettitraining. Für den Anfang werden die Stangen in einer geraden Linie aufgebaut. Den Hunden sollte immer genügend Freiraum zum Schauen gegeben werden, deshalb sollten die Hunde bei der Cavalettiarbeit nicht mit Leckerchen vor der Nase abgelenkt werden. (Foto: Christiane Gräff)

- Der Hund trägt ein Apportel (kann ebenfalls in Länge und Gewicht verändert werden) im Maul.
- den Untergrund verändern, z. B. über Rasen, Asphalt, Folie oder Rindenmulch
- Ablenkungen in Form von optischen und akustischen Reizen

Das sind nur einige Beispiele, wie hier immer wieder neue Varianten geschaffen werden können.

Übung 4: Bewegungsumkehr

Ziel Verbesserung der Gewichtsverlagerung auf die Hinterhand

Praktisches Beispiel Retro-Running – durch Rückwärtslaufen verlagert sich der Schwerpunkt des Hundes nach hinten, er setzt dadurch seine Hintergliedmaßen koordinierter und bewusster ein. Dies sind Grundvoraussetzungen für einen effizienten Sprungablauf.

Varianten des Retro-Runnings:

- Rückwärtslaufen bergauf bzw. bergab
- Treppen rückwärts hochsteigen
- über Cavalettistangen rückwärts steigen
- rückwärts über eine Balancierstange gehen

Trainingsplan Koordination

Koordinationsübungen sollten immer zu Beginn einer Trainingseinheit nach dem Warm-up (S. 187) durchgeführt werden. Es sollten keine Ermüdungszeichen erkennbar sein. Im Koordinationstraining gibt es keine starren Vorgaben hinsichtlich Intensität, Wiederholungszahl und Umfang. Im Optimalfall können Hundeführer und Trainer die Anzeichen einer neuromuskulären Ermüdung beim Sporthund erkennen und sollten daraufhin die Übung beenden. Bei erfahrenen Hunden empfiehlt sich dann bei statischen Halteübungen eine Haltedauer von maximal 20 sec und bei dynamischen Übungen eine Wiederholungszahl von 5–25 (je nach Trainingszustand, Motivation usw.). Die Pausenzeit zwischen 2 Übungen beträgt 3 min. Die Gesamtdauer eines Koordinationstrainings sollte sich in einem Zeitrahmen von 10 bis maximal 20 min bewegen. Die koordinativen Fähigkeiten können ganzjährig in allen Phasen eines Trainingsjahres trainiert werden. Eine Progression,

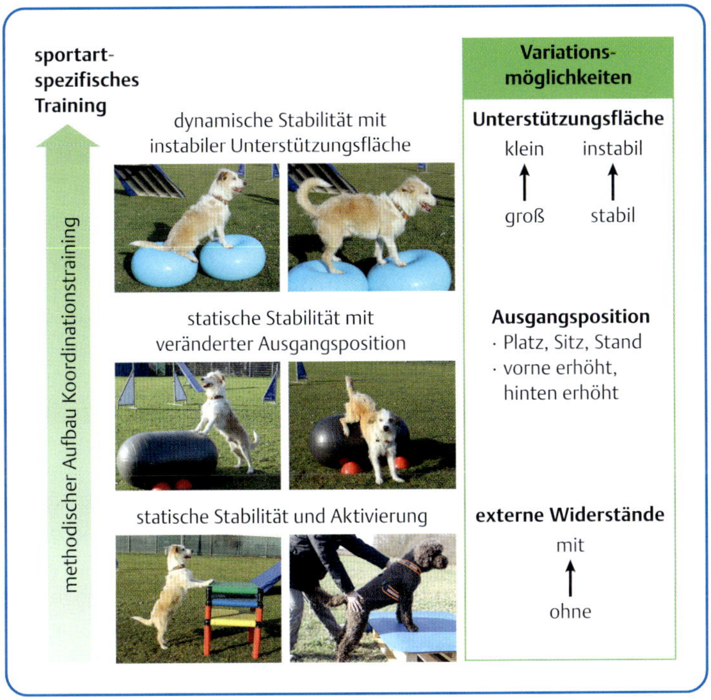

sportart-spezifisches Training

methodischer Aufbau Koordinationstraining

dynamische Stabilität mit instabiler Unterstützungsfläche

statische Stabilität mit veränderter Ausgangsposition

statische Stabilität und Aktivierung

Variations-möglichkeiten

Unterstützungsfläche
klein ↑ groß
instabil ↑ stabil

Ausgangsposition
· Platz, Sitz, Stand
· vorne erhöht, hinten erhöht

externe Widerstände
mit ↑ ohne

▶ **Abb. 9.30** Der methodische Aufbau eines Koordinationstrainings. (Fotos: Christiane Gräff)

d. h. eine stetige Leistungsverbesserung durch Steigerung der Belastung, wird im Koordinationstraining nicht durch Steigerung der Intensität oder der Wiederholungen gewährleistet, sondern über Differenzen wie:

- Veränderung der Körperstellung (Platz, Sitz, Steh)
- Wechsel von statischen zu dynamischen Übungen
- Verwendung von Hilfsmitteln (Schaukelbrett, Wippe)
- Veränderung der Unterstützungsfläche

Dabei sollten folgende methodischen Grundprinzipien eingehalten werden (▶ **Abb. 9.30**):

- vom Leichten zum Schweren
- vom Einfachen zum Komplexen
- von großen zu kleinen Unterstützungsflächen
- von stabilen zu instabilen Unterstützungsflächen
- von langsamen zu schnellen Bewegungen
- von einfachen zu schwierigen Ausgangspositionen

Die Effekte eines Koordinationstrainings im Überblick:

- Verletzungsprophylaxe
- verbesserte intra- und intermuskuläre Koordination
- verbesserte sensomotorische Lernfähigkeit
- Je besser die Koordination, desto besser können neue Bewegungen erlernt werden und desto geringer ist der Kraftaufwand.

9.7 Beweglichkeit

9.7.1 Störungen innerhalb der myofaszialen Wirkungsketten

Alle Hundesportarten verlangen von den Hunden ein hohes Maß an Beweglichkeit und Flexibilität. Beweglichkeit ist die Voraussetzung für eine gute Bewegungsausführung, deshalb sollten spezifische Übungen zur Verbesserung der Bewegungsreichweite in das Training integriert werden. Gute Beweglichkeitsleistungen eines Individuums ergeben sich aus dem Zusammenwirken der elastischen Eigenschaften von Muskeln, Sehnen und Bändern, aus der erforderlichen Kraft, um den anatomisch gegebenen Bewegungsspielraum zu erreichen, und aus der inter- und intramuskulären Koordination. Wie im Kapitel Beweglichkeit (S. 137) im Rahmen der Trainingsgrundlagen schon dargestellt wurde, gibt es sehr viele unterschiedliche Konzepte zur Verbesserung der Beweglichkeit. Die bisherigen Dehnprogramme konzentrieren sich alle auf die Verbesserung der Dehnfähigkeit der Muskulatur, das Fasziensystem wurde eher weniger beachtet. Aus diesem Grund soll hier das Konzept der Basisbewegungen bzw. Grundbewegungsmuster und die damit in Zusammenhang stehenden myofaszialen Wirkungsketten (S. 100) vorgestellt werden. Diese Grundbewegungsmuster können in allen sportlichen Bewegungen eines Hundes wiedergefunden werden. Sie spiegeln sich in den myofaszialen Wirkungsketten (S. 100) wider. Diese verbinden alle an der Bewegung beteiligten Gelenke, Faszien und Muskeln. Störungen innerhalb dieser myofaszialen Ketten führen zu einer Einschränkung der Beweglichkeit und damit zu Veränderungen der Basisbewegungen. Dies kann die Ursache für eine Verschlechterung der sportlichen Leistungsfähigkeit sein, auch eine erhöhte Verletzungsanfälligkeit des Sporthundes kann daraus resultieren. Deshalb ist es wichtig, durch eine gezielte Beweglichkeitsprüfung frühzeitig Dysfunktionen myofaszialer Wirkungsketten aufzufinden. Die im folgenden Kapitel vorgestellte Testreihe überprüft die verschiedenen Basisbewegungen, dabei werden unterschiedliche myofasziale Wirkungsketten mit unterschiedlicher Gewichtung beansprucht. Bei diesen Testbewegungen wird überprüft, ob der Sporthund in der Lage ist, die korrekte Anfangs- und/oder Endposition einer Bewegung einzunehmen.

Die Testbewegungen dienen also anfangs der Diagnostik und können dann später in die Therapie mit aufgenommen werden.

9.7.2 Sportphysiotherapeutische Bewegungstestreihe

Die sportphysiotherapeutische Bewegungstestreihe dient der Erfassung der Beweglichkeit und sollte bei jedem Sporthund durchgeführt werden, der in der Praxis vorgestellt wird. Zudem können die Testbewegungen auch als therapeutische Übungen genutzt werden.

Bewegungstest: Rumpfseitneigung

Eine Hand des Hundeführers fixiert die Flanke des Hundes, die andere Hand führt mittels eines Leckerchens den Hund in eine Seitneigebewegung. Sobald das maximale Bewegungsausmaß erreicht ist, wird die Bewegung zur Gegenseite ausgeführt (▶ Abb. 9.31).

Faktoren für eine korrekte Durchführung:

- stabiler Stand des Hundes
- Leckerchen wird auf Höhe des Trochanters an der Seite des Hundes von vorne nach hinten geführt
- In der Endposition sollte der Abstand Leckerchen zum Trochanter ca. eine Handbreite betragen.

Während der Bewegung und in der Endposition werden überprüft:

- Bewegungsfluss
- Stabilität/Gleichgewicht
- Symmetrie
- aktive Seitneigefähigkeit der gesamten Wirbelsäule

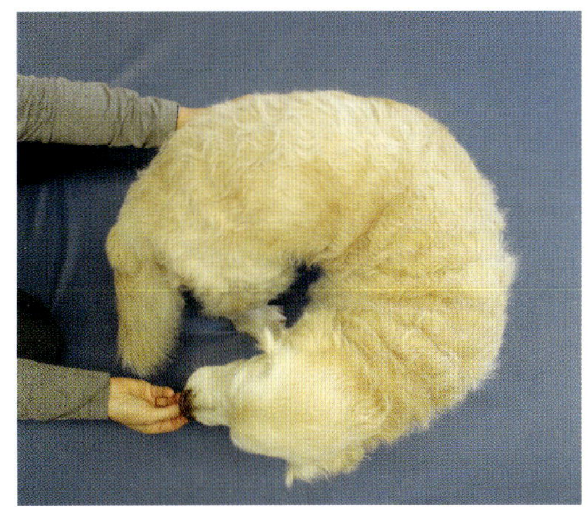

▶ **Abb. 9.31** Bewegungstest Rumpfseitneigung. Bei der Rumpfseitneigung wird das Bewegungsausmaß im Seitenvergleich beurteilt. Bei dieser Testbewegung sollte sich die Wirbelsäule im Hinblick auf Extension und Flexion in einer Neutralstellung befinden. (Foto: Christiane Gräff)

Der Test überprüft das Zusammenspiel folgender myofaszialer Ketten:

- Laterallinien (S. 103)
- Spirallinien (S. 103)
- funktionelle Rückenlinie (S. 105)
- tiefe Ventrallinie (S. 106)

Bewegungstest: Vorderkörpertiefstellung

Mittels eines Leckerchens und eventuell einer kleinen Unterstützung unter dem Bauch wird der Hund in eine Vorderkörpertiefstellung gebracht (▸ **Abb. 9.32**).

Faktoren für eine korrekte Durchführung:

- stabiler Stand des Hundes
- Leckerchen wird am Boden zwischen die Vorderbeine des Hundes geführt
- In der Endposition sollte sich der Hund im Stütz auf den Pfoten und nicht auf den Unterarmen befinden.

Während der Bewegung und in der Endposition werden überprüft:

- Bewegungsfluss
- Stabilität/Gleichgewicht
- Symmetrie
- Extensionsfähigkeit der Brustwirbelsäule
- Extensionsfähigkeit von Skapulothorakal- und Glenohumeralgelenk
- Fähigkeit der Gewichtsverlagerung nach hinten

Der Test überprüft das Zusammenspiel folgender myofaszialer Ketten:

- oberflächliche Ventrallinie (S. 102)
- tiefe kraniale Vordergliedmaßenlinie (S. 104)
- oberflächliche kraniale Vordergliedmaßenlinie (S. 104)
- funktionelle Ventrallinie (S. 106)
- funktionelle Rückenlinie (S. 105)
- oberflächliche Rückenlinie (S. 100)
- tiefe kaudale Vordergliedmaßenlinie (S. 105)
- oberflächliche kaudale Vordergliedmaßenlinie (S. 105)

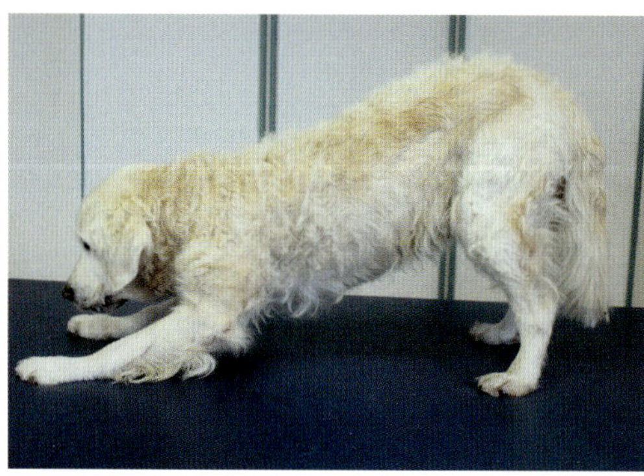

▸ **Abb. 9.32** Bewegungstest Vorderkörpertiefstellung. Die Vorderkörpertiefstellung dient zur Beurteilung u. a. der Extensionsfähigkeit der BWS und der Schulter. Auch die skapulathorakale Beweglichkeit kann in dieser Position gut im Seitenvergleich beurteilt werden. (Foto: Christiane Gräff)

Bewegungstest: High Five

Der Hund befindet sich in der Sitzposition. Mit der Pfote einer Vordergliedmaße soll er in die senkrecht gestellte Hand des Hundeführers einschlagen (▶ Abb. 9.33).

Faktoren für eine korrekte Durchführung:

- stabiler Sitz des Hundes
- Der Hund kennt das Kommando High Five o. ä.
- Die Hand des Hundeführers befindet sich ungefähr auf Höhe der Hundenase.

Während der Bewegung und in der Endposition werden überprüft:

- Bewegungsfluss
- Stabilität/Gleichgewicht
- Symmetrie
- aktive Extensionsfähigkeit des Glenohumeralgelenks
- skapulohumeraler Bewegungsrhythmus

▶ **Abb. 9.33** Bewegungstest High Five. Die Bewegungsübung High Five testet u. a. den skapulothorakalen Bewegungsrhythmus und die aktive Extensionsfähigkeit der Schultergelenke. Während der Testbewegung sollte auf Ausweichbewegungen geachtet werden. Hunde mit Bewegungseinschränkungen des Schultergelenks bzw. des skapulathorakalen Gelenks nehmen häufig die Vordergliedmaße in einer Zirkumduktionsbewegung nach vorne. (Foto: Christiane Gräff)

Der Test überprüft das Zusammenspiel folgender myofaszialer Ketten:

- tiefe kraniale Vordergliedmaßenlinie (S. 104)
- oberflächliche kraniale Vordergliedmaßenlinie (S. 104)
- tiefe kaudale Vordergliedmaßenlinie (S. 105)
- oberflächliche kaudale Vordergliedmaßenlinie (S. 105)
- funktionelle Rückenlinie (S. 105)
- funktionelle Ventrallinie (S. 106)
- oberflächliche Ventrallinie (S. 102)
- tiefe Ventrallinie (S. 106)

Bewegungstest: Katzenbuckel

Der Hundeführer führt den Kopf des Hundes mittels eines Leckerchens zum Sternum, dadurch entsteht eine Flexion der gesamten Wirbelsäule (▸ **Abb. 9.34**).

Faktoren für eine korrekte Durchführung:

- stabiler Stand des Hundes
- Leckerchen von der Nase mittig zur Sternumspitze führen
- ggf. den Bauch des Hundes etwas unterstützen, um die Flexionsbewegung zu forcieren

Während der Bewegung und in der Endposition werden überprüft:

- Bewegungsfluss
- Stabilität/Gleichgewicht
- Symmetrie
- aktive Flexionsfähigkeit der gesamten Wirbelsäule

Der Test überprüft das Zusammenspiel folgender myofaszialer Ketten:

- oberflächliche Rückenlinie (S. 100)
- Spirallinien (S. 103)
- funktionelle Rückenlinie (S. 105)
- oberflächliche kaudale Vordergliedmaßenlinie (S. 105)
- tiefe kaudale Vordergliedmaßenlinie (S. 105)
- oberflächliche Ventrallinie (S. 102)
- tiefe Ventrallinie (S. 106)
- funktionelle Ventrallinie (S. 106)
- oberflächliche kraniale Vordergliedmaßenlinie (S. 104)
- tiefe kraniale Vordergliedmaßenlinie (S. 104)

▸ **Abb. 9.34** Bewegungstest Katzenbuckel. Beim Katzenbuckel wird die Flexionsfähigkeit der WS beurteilt. Bewegungseinschränkungen entwickeln sich häufig aufgrund einer chronisch überlasteten und verspannten Rückenmuskulatur. (Foto: Christiane Gräff)

Bewegungstest: Bewegungsdiagonalen der HWS

Der Hund befindet sich im Stand oder in der Sitzposition. Mittels eines Leckerchens wird der Kopf des Hundes in eine Extension und Lateralflexionsbewegung der Halswirbelsäule geführt und anschließend in die entgegengesetzte diagonale Flexion und Lateralflexion zur anderen Seite. Die Testbewegungen erfolgen zu beiden Seiten (▶ **Abb. 9.35**).

Faktoren für eine korrekte Durchführung:

- stabile Ausgangsstellung des Hundes
- Leckerchen jeweils zur linken und rechten Schulter führen bzw. jeweils nach rechts und links oben
- Ggf. ist es notwendig, den Hund seitlich an der Schulter etwas abzustützen.

Während der Bewegung und in der Endposition werden überprüft:

- Bewegungsfluss
- Stabilität/Gleichgewicht
- Symmetrie
- aktive Beweglichkeit der Halswirbelsäule

Der Test überprüft das Zusammenspiel folgender myofaszialer Ketten:

- oberflächliche Rückenlinie (S. 100)
- oberflächliche Ventrallinie (S. 102)
- Laterallinien (S. 103)
- Spirallinien (S. 103)
- tiefe kaudale Vordergliedmaßenlinie (S. 105)
- oberflächliche kaudale Vordergliedmaßenlinie (S. 105)
- tiefe Ventrallinie (S. 106)
- oberflächliche kraniale Vordergliedmaßenlinie (S. 104)
- tiefe kraniale Vordergliedmaßenlinie (S. 104)

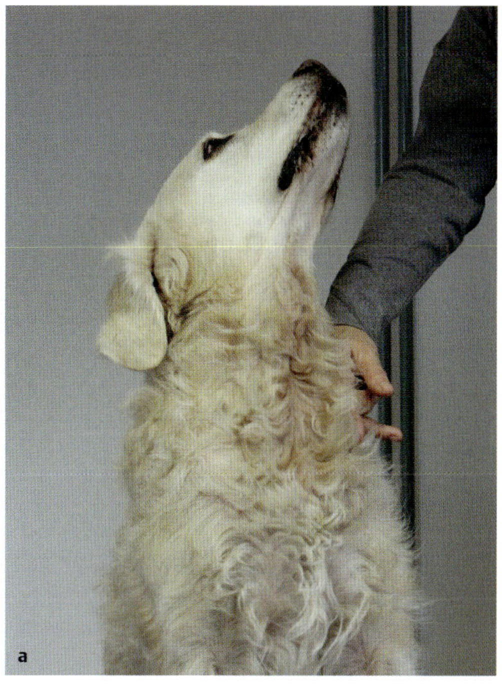

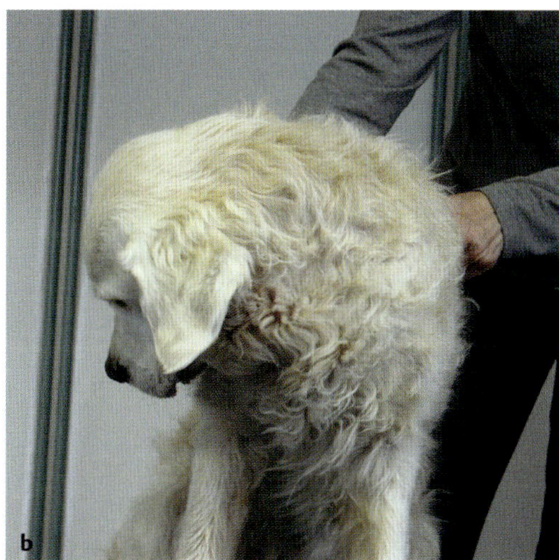

▶ **Abb. 9.35** Bewegungstest Bewegungsdiagonalen der HWS. Test für die Extensions- und Lateralflexionsfähigkeit der HWS nach links (a). Einseitige Belastungen, wie bei der Fußarbeit schon beschrieben, führen zu schmerzhaften Verspannungen der Nackenmuskulatur und der zervikalen Halsfaszie. Eine veränderte Skapulabeweglichkeit und damit verbunden eine Einschränkung der Schulterbeweglichkeit können als Folge dieser Verspannungen auftreten. Test für die Flexions- und Lateralflexionsfähigkeit der HWS nach rechts (b). Schmerzhafte Bewegungseinschränkungen können aufgrund der dadurch ausgelösten Durareizung auf ein Bandscheibenleiden im Bereich der HWS hindeuten. (Foto: Christiane Gräff)

Bewegungstest: Rumpf- und Hüftstreckung

Der Hund wird mit den Vorderbeinen erhöht positioniert, die Höhe richtet sich nach der Größe des Hundes. Anschließend wird mithilfe eines Leckerchens die Extension der Wirbelsäule und der Hintergliedmaßen forciert (▶ **Abb. 9.36**).

Faktoren für eine korrekte Durchführung:

- stabile Ausgangsstellung des Hundes
- korrekt gewählte Erhöhung, Vorderpfoten und Hüftgelenke befinden sich auf gleicher Ebene
- Mithilfe eines Leckerchens kann der Hund dann zusätzlich in eine vermehrte Extension geführt werden.

Während der Bewegung und in der Endposition werden überprüft:

- Bewegungsfluss
- Stabilität/Gleichgewicht
- Symmetrie
- Extensionsfähigkeit der Lendenwirbelsäule und der Hüftgelenke
- Gewichtsverlagerung auf die Hintergliedmaßen

Der Test überprüft das Zusammenspiel folgender myofaszialer Ketten:

- oberflächliche Ventrallinie (S. 102)
- oberflächliche Rückenlinie (S. 100)
- tiefe Ventrallinie (S. 106)
- funktionelle Ventrallinie (S. 106)
- funktionelle Rückenlinie (S. 105)

▶ **Abb. 9.36** Bewegungstest Rumpf- und Hüftstreckung. Mit diesem Bewegungstest kann u. a. die Extensionsfähigkeit insbesondere des lumbosakralen Übergangs und der Hüftgelenke beurteilt werden. (Foto: Christiane Gräff)

Falls die entsprechenden Bewegungen nicht korrekt durchgeführt bzw. die Endpositionen der Bewegungen nicht exakt eingenommen werden können, müssen die beteiligten Strukturen gezielter auf mögliche Einschränkungen untersucht werden.

9.7.3 Training der Beweglichkeit (Dehnen)

Die Beweglichkeit lässt sich am besten durch tägliche Übungen verbessern. Ein gezieltes Training der Beweglichkeit verfolgt folgende Ziele:

- die elastischen Eigenschaften des Bewegungsapparats zu verbessern
- die inter- und intramuskuläre Koordination der Muskulatur zu optimieren
- die erforderliche Kraft zu entwickeln, die den Spielraum der Gelenke gezielt ausnutzt

Wie schon erwähnt, werden verschiedene Dehnungsmethoden unterschieden. In der Hundesportpraxis haben sich vor allem die aktiv-dynamische, die aktiv-statische und die passiv-statische Dehnungsmethode bewährt.

Aktives Dehnen Bei den **aktiv-statischen** Dehnungsübungen kontrahieren sich die Antagonisten der zu dehnenden Muskulatur in der Endstellung. Die Dehnungsposition wird dann für 15–20 sec gehalten und jede Übung wird 3-mal wiederholt. Bei der **aktiv-dynamischen** Dehnungsmethode erfolgt die Dehnungsarbeit über Bewegungen in die Dehnposition, die dann 5-mal wiederholt werden. Die Dehnposition wird hierbei nicht gehalten. Sie wird vor allem für das Aufwärmen eingesetzt. Alle im vorhergehenden Kapitel aufgeführten Basisbewegungen eignen sich hervorragend als dynamische Dehnungsübungen für nahezu alle Sportarten. Dabei ist auf eine langsame, kontrollierte und fließende Bewegungsausführung zu achten.

Passiv-statisches Dehnen Statische Dehnungsübungen finden ihren Einsatz vorwiegend in der Rehabilitation nach Sportverletzungen oder als eigenständige Trainingseinheit zur Verbesserung der sportmotorischen Fähigkeit Beweglichkeit/Flexibilität sowie beim Abwärmen. Ziel passiv-statischer Dehnungsübungen ist die Mobilisation einer muskulär eingeschränkten Bewegung. Die hier vorgestellten Übungen sollten ausschließlich von Physiotherapeuten eingesetzt werden. Falls es notwendig ist, dass die Übungen auch als Heimübungen durchgeführt werden müssen, ist es sinnvoll, dass der Hundeführer zuvor fachkundig von einem Physiotherapeuten angeleitet wird. Jede Dehnungsübung wird 30 sec gehalten und kann bis zu 3-mal wiederholt werden. Die erforderlichen Übungen sollten täglich für 6 Wochen absolviert werden. Ausgangsstellung des Hundes ist für die folgenden Übungen die Seitenlage.

Übung 1: Dehnung des M. gastrocnemius

Ausgangstellung Der Hund wird in Seitenlage gelagert. Der Behandler befindet sich hinter dem Hund und umfasst mit der kopffernen Hand den Metatarsus der oben liegenden Hintergliedmaße. Die kopfnahe Hand liegt auf der Kranialseite des Kniegelenks.

Ausführung Das Kniegelenk wird maximal gestreckt, anschließend erfolgt eine Flexion im Tarsalgelenk. Wird die Extensionsbewegung des Kniegelenks mit einer Rotation kombiniert, kann die Dehnung auf verschiedene Anteile des M. gastrocnemius forciert werden (► **Abb. 9.37**).

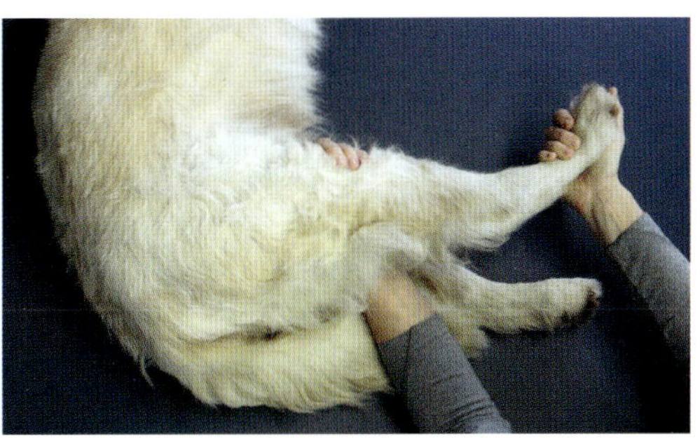

► **Abb. 9.37** Übung Dehnung des M. gastrocnemius (Endposition). (Foto: Christiane Gräff)

Übung 2: Dehnung des M. semitendinosus/M. biceps femoris

Ausgangsstellung Der Hund wird in Seitenlage gelagert. Der Behandler befindet sich hinter dem Hund und umfasst mit der kopffernen Hand den Metatarsus der oben liegenden Hintergliedmaße und flektiert das Tarsalgelenk. Die kopfnahe Hand liegt auf der Kranialseite des Kniegelenks und führt das Kniegelenk in eine maximale Extension.

Ausführung Für die Dehnung des M. semitendinosus wird die Hintergliedmaße anschließend bis zur Dehnung in Hüftflexion und Hüftaußenrotation geführt (▸ **Abb. 9.38**). Für die Dehnung des M. biceps femoris wird lediglich die Rotationsstellung verändert. Anstelle einer Hüftaußenrotation erfolgt nun eine Innenrotation des Hüftgelenks.

Übung 3: Dehnung des M. iliopsoas

Ausgangsstellung Der Hund wird in Seitenlage gelagert. Der Behandler befindet sich vor dem Hund und umfasst mit der kopffernen Hand von kranial den Oberschenkel der oben liegenden Hintergliedmaße. Die kopfnahe Hand liegt dorsal auf dem Sakroiliakalgelenk.

Ausführung Die Hintergliedmaße wird in Hüftextension und Hüftinnenrotation bewegt, bis ein Dehnungswiderstand spürbar wird. Um ein Ausweichen des Beckens zu verhindern, sollte während der Dehnung das Becken stabilisiert werden (▸ **Abb. 9.39**).

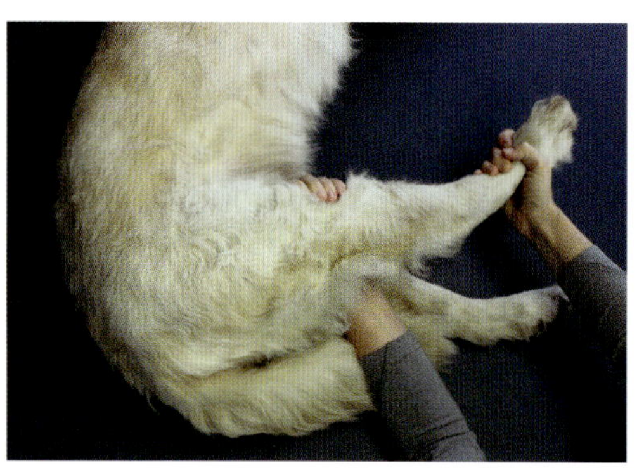

▸ **Abb. 9.38** Übung Dehnung des M. semitendinosus/M. biceps femoris (Endposition). (Foto: Christiane Gräff)

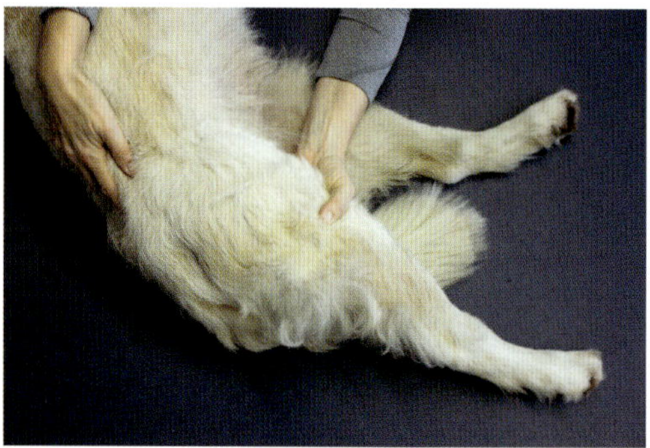

▸ **Abb. 9.39** Übung Dehnung des M. iliopsoas (Endposition). (Foto: Christiane Gräff)

Übung 4: Dehnung des M. sartorius/ M. rectus femoris

Ausgangsstellung Der Hund wird in Seitenlage gelagert. Der Behandler befindet sich hinter dem Hund und umfasst mit der kopffernen Hand die Tibia der oben liegenden Hintergliedmaße. Die kopfnahe Hand liegt auf der Kranialseite des Oberschenkels.

Ausführung Die Hintergliedmaße wird in der Hüfte extendiert und das Knie wird bei gleichzeitiger Innenrotation flektiert. Auch hierbei ist eine Stabilisierung des Beckens sinnvoll. Die Dehnung für den M. rectus femoris ist im Hinblick auf Hüftextension und Knieflexion identisch, eine Einstellung in Rotation ist nicht notwendig (▶ **Abb. 9.40**).

Übung 5: Dehnung des M. iliocostalis lumborum

Ausgangsstellung Der Hund wird in Seitenlage gelagert. Der Behandler befindet sich vor dem Hund und schiebt seine kopfferne Hand unter die Beckenseite der unten liegenden Hintergliedmaße. Die kopfnahe Hand liegt auf der Flanke der oben liegenden Rumpfseite.

Ausführung Durch Anheben des Beckens erfolgt eine Bewegung der Lendenwirbelsäule in Lateralflexion (▶ **Abb. 9.41**).

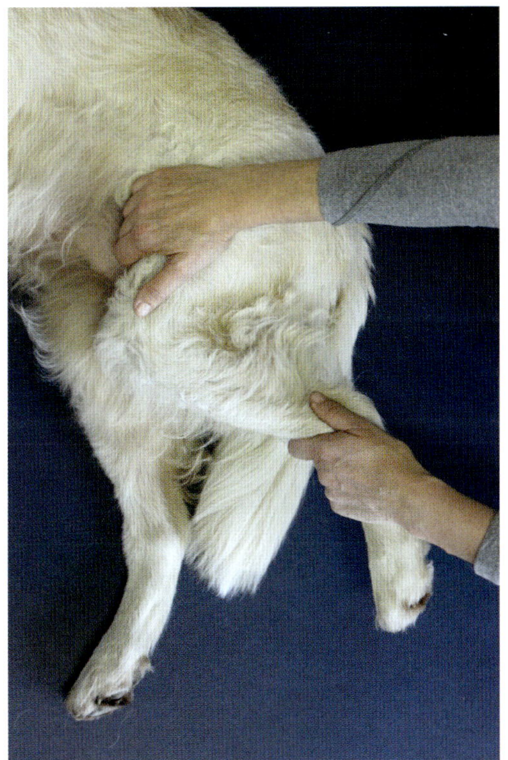

▶ **Abb. 9.40** Übung Dehnung des M. sartorius/M. rectus femoris (Endposition). (Foto: Christiane Gräff)

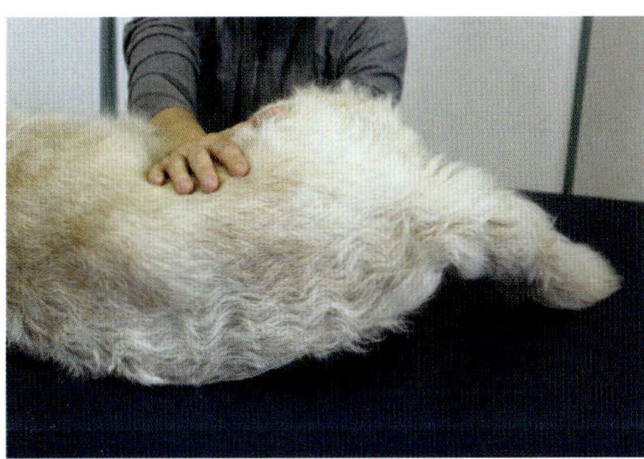

▶ **Abb. 9.41** Übung Dehnung des M. iliocostalis lumborum (Endposition). (Foto: Christiane Gräff)

Übung 6: Dehnung des M. latissimus dorsi

Ausgangsstellung Der Hund wird in Seitenlage gelagert, zur Einstellung einer leichten Lateralflexion des thorakolumbalen Übergangs wird dieser mithilfe eines kleinen Kissens unterlagert. Der Behandler befindet sich an der Kopfseite des Hundes, die kopfferne Hand umfasst die Pfote, die kopfnahe Hand liegt auf der Kaudalseite des Humerus.

Ausführung Die Vordergliedmaße wird so weit nach vorne geführt und außenrotiert, bis eine Dehnung des Muskels spürbar ist (▶ **Abb. 9.42**).

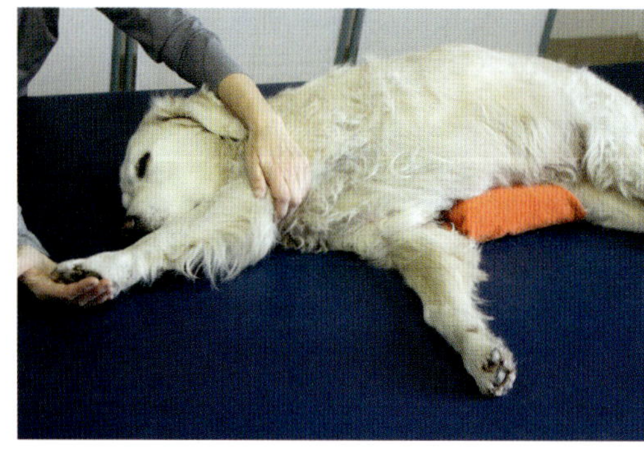

▶ **Abb. 9.42** Übung Dehnung des M. latissimus dorsi (Endposition). (Foto: Christiane Gräff)

Übung 7: Dehnung des M. triceps brachii (Caput longum)

Ausgangsstellung Der Hund wird in Seitenlage gelagert. Der Behandler befindet sich vor dem Hund und umfasst mit der kopfnahen Hand die Pfote der oben liegenden Vordergliedmaße, die kopfferne Hand umfasst das Olekranon.

Ausführung Die Vordergliedmaße wird im Glenohumeralgelenk in eine maximale Extension gebracht, anschließend wird das Ellbogengelenk flektiert, bis ein Dehnungswiderstand fühlbar wird (▶ Abb. 9.43).

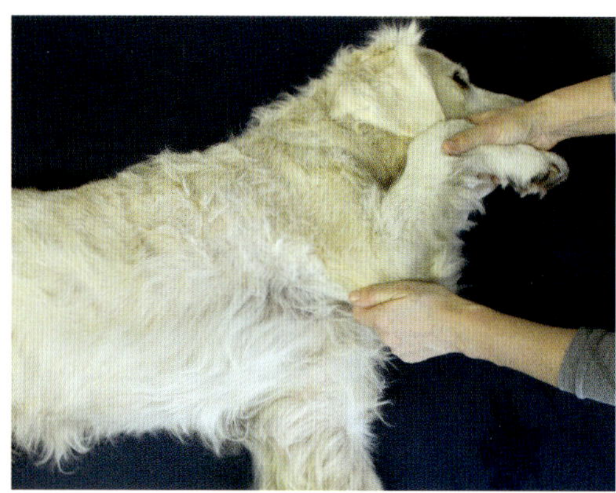

▶ **Abb. 9.43** Übung Dehnung des M. triceps brachii (Caput longum; Endposition). (Foto: Christiane Gräff)

Übung 8: Dehnung des M. biceps brachii

Ausgangsstellung Der Hund wird in Seitenlage gelagert. Der Behandler befindet sich hinter dem Hund und umfasst mit der kopffernen Hand den Unterarm der oben liegenden Vordergliedmaße, die kopfnahe Hand umfasst im Gabelgriff das Olekranon.

Ausführung Das Glenohumeralgelenk wird in maximaler Flexion eingestellt, es erfolgen eine Extension und Pronation im Ellbogengelenk, bis eine Spannung fühlbar ist (▶ **Abb. 9.44**).

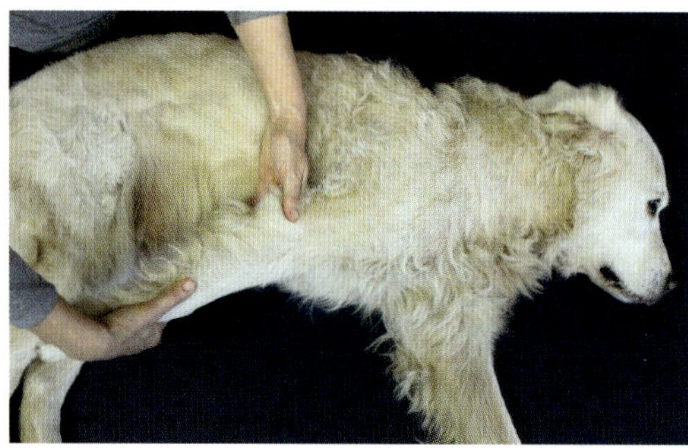

▶ **Abb. 9.44** Übung Dehnung des M. biceps brachii (Endposition). (Foto: Christiane Gräff)

Übung 9: Dehnung der Mm. pectorales superficiales

Ausgangsstellung Der Hund wird in Seitenlage gelagert. Der Behandler befindet sich hinter dem Hund und umfasst mit der kopffernen Hand den Unterarm der oben liegenden Vordergliedmaße, die kopfnahe Hand stabilisiert die Skapula.

Ausführung Ellbogen- und Karpalgelenk werden locker flektiert, dann erfolgt eine Abduktion und Außenrotation im Glenohumeralgelenk bis zur Dehnung (▸ **Abb. 9.45**).

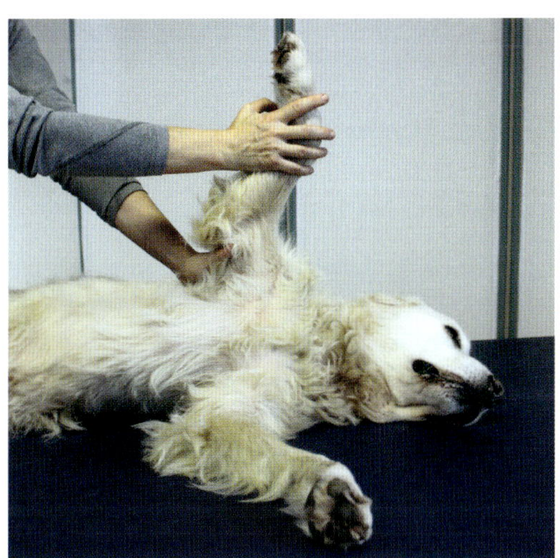

▸ **Abb. 9.45** Übung Dehnung der M. pectorales superficiales (Endposition). (Foto: Christiane Gräff)

Übung 10: Dehnung der Karpalgelenks- und Zehengelenksextensoren

Ausgangsstellung Der Hund wird in Seitenlage gelagert. Der Behandler befindet sich hinter dem Hund und umfasst mit der kopffernen Hand den Metakarpus und die Zehen der oben liegenden Vordergliedmaße, die kopfnahe Hand umfasst im Gabelgriff das Olekranon.

Ausführung Die Vordergliedmaße wird im Ellbogengelenk extendiert, das Karpalgelenk flektiert und die Zehengelenke bis zum fühlbaren Dehnungswiderstand ebenfalls flektiert (▸ **Abb. 9.46**). Gleichzeitig kann durch eine Ulnar- bzw. Radialabduktion die Dehnung auf verschiedene Muskeln forciert werden.

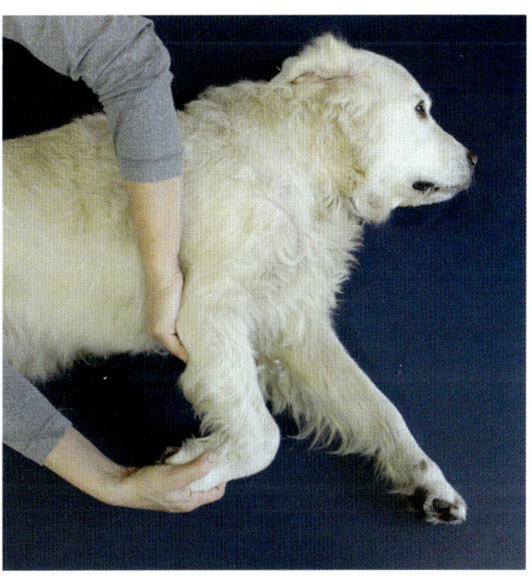

▸ **Abb. 9.46** Übung Dehnung der Karpalgelenks- und Zehengelenksextensoren (Endposition). (Foto: Christiane Gräff)

▸ **Tab. 9.14** Trainingsparameter Beweglichkeit.

Übung	Haltedauer	Wiederholungen	Serien	Wochenumfang
aktiv-dynamische Dehnungsübungen	keine	5	2–3	3×
passiv-statische Dehnungsübungen	30 sec	3	1	3×

Trainingsplan Beweglichkeit

Die Beweglichkeit sollte unabhängig von der Sportart ganzjährig trainiert werden (▸ **Tab. 9.14**). Die entsprechenden aktiven und passiven Übungen können jeweils wie beschrieben in ein Warm-up- (S. 187) bzw. Cool-down-Programm (S. 191) integriert werden.

9.8 Beispiele für Trainingspläne

Bei der Erstellung konkreter Trainingspläne muss an erster Stelle die **Jahresperiodisierung** (S. 143) und Trainingsplanung in Bezug zu einzelnen oder mehreren Saisonhöhepunkten stehen. An zweiter Stelle erfolgt die **Planung einer Trainingswoche** für die einzelnen im Hinblick auf die Jahresplanung erstellten Phasen. Zum Schluss erfolgt die Strukturierung der einzelnen **Übungseinheit**.

Aufgrund der Vielzahl der verschiedenen Hundesportarten mit jeweils sehr unterschiedlichen Anforderungen in Bezug auf die Hauptbeanspruchungsformen sowie durch die individuell sehr unterschiedlichen Trainingsvoraussetzungen und Leistungsziele ist es nicht möglich, an dieser Stelle Trainingspläne für jede Sportart und für jeden Leistungszustand darzustellen. Beispielhaft werden am Ende des Kapitels die Trainingsplanung für einen Agility-Hund, der an den Qualifikationsläufen zur Weltmeisterschaft teilnimmt, und einen Hund, der im 5 000-m-Geländelauf im THS auf nationalem Niveau startet, skizziert.

Im Hundesport ergeben sich dabei zum Teil etwas andere Schwierigkeiten in der Planung des Trainings als im menschlichen Sportbereich:

- Viele Besitzer betreiben mit ihren Hunden **mehrere Sportarten**; hierdurch ergeben sich bisweilen terminliche Probleme; außerdem liegen die Saisonhöhepunkte für die verschiedenen Sportarten zeitlich oft weit auseinander.
- Auch innerhalb vieler Sportarten bedingen die jeweiligen **Qualifikationssysteme**, dass es mehrere Saisonhöhepunkte gibt.
- In vielen Vereinen stehen für das Training nur **Außenanlagen** zur Verfügung, die oft in den Wintermonaten aufgrund der Bodenverhältnisse gar nicht oder nur eingeschränkt nutzbar sind. Der Zeitraum, der dann im Frühjahr für die Vorbereitung bis zum ersten Qualifikationswettkampf zur Verfügung steht, ist aus sportphysiotherapeutischer Sicht oftmals zu kurz (bisweilen bietet sich die Möglichkeit, diese Schwierigkeit durch die Nutzung von Reithallen oder „Indoor-Hundesportanlagen" zu umgehen).
- Ein anderes Extrem sind Hobbyhundesportler, die meist nur bei angenehmer Wetterlage trainieren, die Hunde aber oft in der Herbst- und Wintersaison komplett pausieren lassen.

9.8.1 Beispiel 1: Agility-Hund

Relevanz der Hauptbeanspruchungsformen für die Sportart Agility:

- Schnellkraft (Kraft) und Schnelligkeit
- Koordination
- Beweglichkeit
- Grundlagenausdauer (Ausdauer)

Jahresperiodisierung Die Höhepunkte im Sportjahr für einen Hund, der auf diesem Niveau startet, sind die drei Qualifikationswochenenden zur Teilnahme an der Weltmeisterschaft., eventuell die Bundessiegerprüfung des DVG, die Weltmeisterschaft (bei erfolgreicher Qualifikation) und die VDH-DM. Im Folgenden sind beispielhaft die Termine für das Jahr 2016 herausgegriffen:

- 1. und 2. Qualifikationslauf zur WM: 19./30. März
- 3. und 4. Qualifikationslauf zur WM: 09./10. April
- 5., 6. und Finallauf für die Qualifikation zur WM: 06./07./08. Mai
- Bundessiegerprüfung DVG Agility: 03./04. September
- Weltmeisterschaft: 23.–25. September
- VDH-DM Agility: 03./04. Dezember

Aus diesen Terminen ergibt sich eine Einteilung des Sportjahres in 3 Zyklen:

1. **Zyklus für die WM-Qualifikationsläufe** (▶ Tab. 9.15): Dieser erste Zyklus beginnt Ende Dezember des Vorjahres (Vorbereitungsphase) und geht bis zum Finallauf im Mai (Wettkampfphase); Zyklus umfasst insgesamt 18 Wochen
2. **Zyklus für die WM** selber (bzw. bei fehlgeschlagener Qualifikation evtl. für die DVG-BSP): Dieser zweite Zyklus beginnt nach der Übergangsperiode im Anschluss an die WM-Qualifikationen spätestens Anfang Juni (Vorbereitungsphase) und geht bis zur BSP Anfang September bzw. bis zur WM Ende September; Zyklus umfasst insgesamt 13 Wochen, bei Teilnahme an beiden Wettkämpfen 17 Wochen
3. **Zyklus für die VDH-DM** im Dezember: Dieser Zyklus beginnt nach einer kurzen Übergangsperiode nach den Wettkämpfen im September und endet mit der DM im Dezember; Zyklus umfasst insgesamt 13 (nach der BSP) bzw. 10 (nach der WM) Wochen. Zwischen zweitem und drittem Zyklus ist zeitlich kein Spielraum für eine längere Übergangsphase bzw. Sportpause.

Wochenplanung für Vorbereitungsphase III Im Folgenden wird beispielhaft eine Trainingswoche der Vorbereitungsphase III (6.–11. Woche) aus dem oben beschriebenen Zyklus herausgegriffen. In dieser Trainingsphase stehen folgende Trainingseinheiten auf dem Programm (▶ Tab. 9.16):

- Training der speziellen Ausdauer (S. 198):
  - Dies erfolgt für einen Hund im Agility am effektivsten mit der intensiven Intervallmethode; der Hund kann beispielsweise mit dem Fahrrad begleitet werden.
  - Die Übungseinheiten können an sich 2-mal pro Woche stattfinden, da die Superkompensation hier etwa 72 h lang ist. Aufgrund der Trainingsdichte, die dadurch entsteht, dass im Agility sehr viele verschiedene Beanspruchungen trainiert werden müssen, empfiehlt sich in der Praxis nur eine Ausdauereinheit pro Woche.
- Funktionelles Krafttraining (S. 200)/Kraftausdauer (S. 207):
  - Für einen Hund im Agility eignen sich prinzipiell ein funktionelles Krafttraining sowie ein Training der Kraftausdauer und der Sprungkraft (S. 210).
  - Die Superkompensation ist für ein Krafttraining nach etwa 48 h erreicht; für sich genommen werden 2 Krafteinheiten pro Woche empfohlen. Auch hier empfiehlt sich aufgrund der hohen Trainingsdichte in der Praxis nur 1 Übungseinheit pro Woche.
- Parcours- und Techniktraining:
  - Pro Woche sollten 2–3 Trainingseinheiten stattfinden; hier steht das Training der eigentlich im Agility geforderten Fähigkeiten im Vordergrund.
  - Je nach Aufbau des Parcours werden hier vor allem die Hauptbeanspruchungsformen Kraft (S. 199) (Schnellkraft, Sprungkraft, Kraftausdauer) und Schnelligkeit (S. 214) trainiert.
- Training von Koordination (S. 216) und Beweglichkeit (S. 222):
  - Diese Einheiten können täglich z. B. im Zusammenhang mit einem Spaziergang durchgeführt werden, da hier die Superkompensation bereits nach 24 h erreicht ist.

Planung einer Übungseinheit mit Schwerpunkt Techniktraining Im Folgenden wird beispielhaft eine Trainingseinheit aus der Vorbereitungs- bzw. Wettkampfphase herausgegriffen, in der es vorwiegend um das Parcours- und Techniktraining geht. Jede Trainingseinheit setzt sich aus folgenden Teilen zusammen (▶ Tab. 9.17):

- **Aufwärmen** (S. 187) mit allgemeinem und spezifischem Aufwärmen
- **eigentliches Wettkampftraining**: Hier geht es um die Techniken und Bewegungsabläufe, die bei der Sportart im Vordergrund stehen.
- **Abwärmen** (S. 191)

Während des Auf- und Umbaus im Rahmen des Technik- und Parcourstrainings pausieren die Hunde in der Regel, dabei ist vor allem bei kälteren Temperaturen darauf zu achten, dass die **Hunde nicht auskühlen**. Das Warmhalten der Hunde kann aktiv (durch Umherführen) oder passiv (durch Hundemäntel, warme Unterlagen) erfolgen.

▸ **Tab. 9.15** Beispiel Planung 1. Zyklus: WM-Qualifikation; Beginn.

Woche	Periode	Phase	Trainingseinheiten	Ereignisse/ Daten
Woche 1 + 2	Vorbereitungsperiode	Vorbereitungsphase I	• Grundlagenausdauer I • funktionelles Krafttraining • Koordination u. Beweglichkeit	Beginn: 28.12.2016
Woche 3–5	Vorbereitungsperiode	Vorbereitungsphase II	• Training der speziellen Ausdauer • funktionelles Krafttraining • Beweglichkeit; Koordination	–
Woche 6–11	Vorbereitungsperiode	Vorbereitungsphase III	• Training der speziellen Ausdauer • funktionelles Krafttraining; Parcours- und Techniktraining • erhaltendes Beweglichkeitstraining • begleitendes Stabilitätstraining	–
Woche 12	Wettkampfperiode	–	• Technik- und Parcourstraining • Training der speziellen Ausdauer • erhaltendes Beweglichkeitstraining • begleitendes Stabilitätstraining	1. + 2. Lauf 19./20. März
Woche 13	Wettkampfperiode	kurze Übergangsphase; Sportpause von 3 Tagen, dann Wiederaufnahme des Trainings	• langsamer Regenerationslauf; Parcours- und Techniktraining; Training der speziellen Ausdauer • erhaltendes Beweglichkeitstraining • begleitendes Stabilitätstraining	–
Woche 14	Wettkampfperiode	–	• Parcours- und Techniktraining; Training der speziellen Ausdauer • erhaltendes Beweglichkeitstraining • begleitendes Stabilitätstraining	–
Woche 15	Wettkampfperiode	–	• Parcours- und Techniktraining; Training der speziellen Ausdauer • erhaltendes Beweglichkeitstraining • begleitendes Stabilitätstraining	3. + 4. Lauf 09./10. April
Woche 16	Wettkampfperiode	kurze Übergangsphase; Sportpause von 3 Tagen, dann Wiederaufnahme des Trainings	• langsamer Regenerationslauf; Parcours- und Techniktraining; Training der speziellen Ausdauer • erhaltendes Beweglichkeitstraining • begleitendes Stabilitätstraining	–
Woche 17	Wettkampfperiode	–	• Parcours- und Techniktraining; Training der speziellen Ausdauer	–
Woche 18	Wettkampfperiode	–	• Parcours- und Techniktraining; Training der speziellen Ausdauer • erhaltendes Beweglichkeitstraining • begleitendes Stabilitätstraining	5. + 6. Lauf; Finallauf 06.–08. Mai
Woche 19–22	Übergangsperiode	–	• Regenerationsläufe; Cross-Training	–

► **Tab. 9.16** Trainingsplan Beispiel Agility für 1 Woche.

Wochentag	Mo	Di	Mi	Do	Fr	Sa	So
Trainingseinheit 1	spezielle Ausdauer	–	Parcours-/ Techniktraining	funktionelles Krafttraining	Parcours-/ Techniktraining	–	Parcours-/ Techniktraining
Trainingseinheit 2	Koordination + Beweglichkeit	Koordination + Beweglichkeit	Koordination + Beweglichkeit	Koordination + Beweglichkeit	Koordination + Beweglichkeit	–	Koordination + Beweglichkeit

► **Tab. 9.17** Trainingsplan mit Schwerpunkt Techniktraining.

Trainingsteil	Übungen	Dauer	Dauer kumulativ
Aufwärmen allgemein	Einlaufen	10 min	10 min
Aufwärmen spezifisch	aktiv-dynamisches Dehnen	2 min	12 min
	Ganzkörperübungen	2 min	14 min
	Technikübungen (Einspringen; Slalom)	5 min*	19 min
Sequenztraining	• z. B. Übung verschiedener Slalom-Eingänge • Übung verschiedener Sprungkombinationen	15 min*	34 min
Parcourstraining	Durchlaufen von 2 Trainingsparcours	10 min	44 min
Abwärmen	Auslaufen	10 min	54 min
	passiv-statisches Dehnen	5 min	49 min
	Lockerungs-Massage**	10 min	59 min

* Im eigentlichen Technik- und Parcourstraining geht relativ viel Zeit für den **Auf- und Umbau** der Sequenzen verloren, die Zeitangaben beziehen sich hier auf die Gesamtdauer, die diese Trainingsteile in Anspruch nehmen, und nicht auf die effektive Trainingszeit der Hunde. Weitere Infos im Text.

** Da eine Trainingseinheit auf gemeinschaftlich genutzten Plätzen oder Hallen oftmals nur 60 min umfasst, kann ein Teil des Allgemeinen Aufwärmens (Einlaufen) oder die Lockerungsmassage entweder **außerhalb des eigentlichen Trainingsgeländes** durchgeführt werden oder die vorherige Gruppe nutzt den Platz zeitgleich für ihr Abwärmen, während die folgende Gruppe bereits mit dem Aufwärmen beginnt.

Um Auf- und Umbau schneller bewerkstelligen zu können, hat es sich außerdem bewährt, dass die Trainer vorab den **Parcoursaufbau als Skizze** allen Teilnehmern (z. B. auf Papier; abfotografiert über Smartphone) zur Verfügung stellen.

Sowohl aus lerntheoretischer Sicht als auch vor dem Hintergrund der Begrenzung der körperlichen Beanspruchungen sollte im Technik- und Parcourstraining nur mit einer **begrenzten Anzahl an Wiederholungen** gearbeitet werden. Dies gilt insbesondere für Sequenzen mit einer Vielzahl an Sprüngen, vor allem dann, wenn diese auf maximaler Wettkampfhöhe liegen.

9.8.2 Beispiel 2: Hund, Geländelauf auf THS-BSP/VDH-DM THS

Relevanz der Hauptbeanspruchungsformen für den 5 000-m-Geländelauf:

- Ausdauer; Kraftausdauer; Schnellkraft

Jahresperiodisierung Saisonhöhepunkte für den Hund in diesem Beispiel sind die Bundessiegerprüfung THS und die VDH-DM THS. Im Folgenden sind beispielhaft die Termine für das Jahr 2016 herausgegriffen:

- Bundessiegerprüfung THS: 22.–24 Juli
- VDH-DM THS: 08./09. Oktober

Aus diesen Terminen ergeben sich 2 Zyklen von unterschiedlicher Länge (14 Wochen zwischen den Prüfungen im Juli und Oktober; ca. 38 Wochen bis zur Prüfung im Folgejahr), sodass hier nach der DM im Oktober eine längere Übergangsperiode in Form einer Sportpause eingelegt werden kann (► **Tab. 9.18**).

Wochenplanung für Vorbereitungsphase III Im Folgenden wird beispielhaft eine Trainingswoche der Vorbereitungsphase III (6.–11. und 18.–23. Woche) aus dem oben beschriebenen Zyklus herausgegriffen. In dieser Trainingsphase stehen folgende Trainingseinheiten auf dem Programm (► **Tab. 9.19**):

► **Tab. 9.18** Trainingsplan Beispiel 5 000-m-Geländelauf.

Woche	Periode	Phase	Trainingseinheiten	Ereignisse/Daten
Woche 1 + 2	Vorbereitungsperiode	Vorbereitungsphase I	• Grundlagenausdauer I • Kraft • Koordination und Beweglichkeit	Beginn: 02.05.2016
Woche 3–5	Vorbereitungsperiode	Vorbereitungsphase II	• Grundlagenausdauer II • Kraftausdauer • Koordination und Beweglichkeit	–
Woche 6–11	Vorbereitungsperiode	Vorbereitungsphase III	• Grundlagenausdauer II • Kraftausdauer • Schnelligkeit • erhaltendes Training von Koordination und Beweglichkeit	–
Woche 12	Wettkampfperiode	–	• erhaltendes Training der Beweglichkeit • begleitendes Stabilisationstraining	DVG BSP 22.–24. Juli
Woche 13–14	Übergangsperiode	–	• Regenerationsläufe • Cross-Training • Erhalt der Grundlagenausdauer	–
Woche 15 + 16	Vorbereitungsperiode	Vorbereitungsphase I	• Grundlagenausdauer I • Koordination und Beweglichkeit	–
Woche 16–17	Vorbereitungsperiode	Vorbereitungsphase II	• Grundlagenausdauer II • Kraftausdauer • Koordination und Beweglichkeit	–
Woche 18–23	Vorbereitungsperiode	Vorbereitungsphase III	• Grundlagenausdauer II • Kraftausdauer • Schnelligkeit	–
Woche 24	Wettkampfperiode	–	• erhaltendes Training von Beweglichkeit • begleitendes Stabilisationstraining	VDH-DM 08./09. Oktober
Woche 25–28	Übergangsperiode	–	• Regenerationsläufe; Cross-Training	–

► **Tab. 9.19** Trainingsplan 5 000-m-Geländelauf, Vorbereitungsphase III.

Wochentag	Mo	Di	Mi	Do	Fr	Sa	So
Trainingseinheit	Grundlagenausdauer II	Beweglichkeit/Stabilisation/Koordination	Kraftausdauer (Zugarbeit)	Grundlagenausdauer II	Beweglichkeit/Stabilisation/Koordination	Schnelligkeit (z. B. Abrufübungen)	–

- Training der Grundlagenausdauer II (S. 198)
  - Dies erfolgt für einen Hund in einer Ausdauersportart am effektivsten durch die extensive Intervallmethode.
  - Die Superkompensation ist hierfür nach 48–72 h erreicht.
  - Der Hund kann am Fahrrad begleitet werden (Abnahme von Zeit und Geschwindigkeit) und sollte hierbei nicht ziehen.
- Training der Kraftausdauer (S. 207)
  - Dies erfolgt durch Muskelarbeit gegen einen im Vergleich zum normalen Laufen höheren Widerstand, z. B. durch
    - Zugarbeit (Fahrrad, Scooter),
    - Bergauf-Laufen,
    - Laufen auf dem Unterwasserlaufband.
  - Die Superkompensation ist hierfür nach etwa 48 h erreicht.
- Training der Schnelligkeit (S. 214)
  - Dies erfolgt z. B. durch Abrufübungen.
  - Die Superkompensation ist hierfür nach 48–72 h erreicht.
- erhaltendes Training von Beweglichkeit (S. 222) und Koordination (S. 216)
  - Im Geländelauf sind die Anforderungen an die Koordination und Beweglichkeit weitaus geringer als im Agility, sodass hier 2 Trainingseinheiten pro Woche ausreichen.
- Insgesamt muss in diesem Fall berücksichtigt werden, dass in allen 3 Trainingseinheiten mit Ausnahme des Trainings der Beweglichkeit und Koordination zwar **verschiedene Hauptbeanspruchungsformen** trainiert werden, bei denen jedoch in allen 3 Fällen **dieselben Muskelgruppen** beansprucht werden, sodass hier auch zwischen den verschiedenen Trainingseinheiten mindestens 48 h liegen sollten.
- Alternativ kann eine Einheit des Ausdauertrainings als **Cross-Training** beispielsweise als Schwimmtraining absolviert werden. Dieses trainiert ebenfalls die kardiopulmonale Komponente der Ausdauer, es werden jedoch andere Muskelgruppen beansprucht als beim Laufen.

Planung einer Übungseinheit Grundlagenausdauer II (S. 198) Im Folgenden wird beispielhaft eine Trainingseinheit der Grundlagenausdauer II aus der Vorbereitungs- bzw. Wettkampfphase herausgegriffen. Jede Trainingseinheit setzt sich auch hier aus folgenden Teilen zusammen (▶ **Tab. 9.20**):

- Aufwärmen (S. 187)
- extensive Intervallmethode (S. 198)
- Abwärmen (S. 191)

Sollen konkrete Trainingspläne für andere Sportarten oder für andere Leistungsansprüche entwickelt werden, müssen dabei folgende Punkte berücksichtigt werden:

- Welche **Hauptbeanspruchungsformen** sind für die Sportart prinzipiell von Bedeutung? Wie ist

▶ **Tab. 9.20** Trainingseinheit Grundlagenausdauer II, Vorbereitungs-/Wettkampfphase.

Trainingsteil	Übungen	Dauer	Dauer kumulativ
Aufwärmen allgemein	Einlaufen; lockeres Tempo	10 min	10 min
Aufwärmen spezifisch	aktives Dehnen	2 min	12 min
	Ganzkörperübungen	2 min	14 min
Training der Grundlagen-Ausdauer II	extensive Intervallmethoden; Mittelzeit-Intervalle mit • 80 % Renngeschwindigkeit • 6–8 Wiederholungen á 1–3 min • dazwischen je 1 min lockeres Traben	je nach Dauer und Anzahl der Wiederholungen 12–32 min	26 bzw. 46 min
Abwärmen	lockeres Auslaufen bzw. Gehen	10 min	36 bzw. 56 min
	passiv-statisches Dehnen	5 min	41 bzw. 61 min
	Lockerungsmassage*	10 min	51 bzw. 71 min

* Da eine Trainingseinheit auf gemeinschaftlich genutzten Plätzen oder Hallen oftmals nur 60 min umfasst, kann ein Teil des Allgemeinen Aufwärmens (Einlaufen) oder die Lockerungsmassage entweder **außerhalb des eigentlichen Trainingsgeländes** durchgeführt werden oder die vorherige Gruppe nutzt den Platz zeitgleich für ihr Abwärmen, während die folgende Gruppe bereits mit dem Aufwärmen beginnt.

die Gewichtung im Hinblick auf die Sportart, aber auch im Hinblick auf eventuelle individuelle Stärken und Defizite zu beurteilen?

- Welche Form der **Energiebereitstellung** im Muskel spielt bei der Sportart prinzipiell eine Rolle? Wo liegen individuelle Stärken und Defizite hinsichtlich der Energiegewinnung im Muskel?
- Gibt es einen oder mehrere **Saisonhöhepunkte**? Wie liegen diese zeitlich zueinander und wie muss die Trainingsperiodisierung demnach erfolgen?
- Für die **Wochenplanung** spielt insbesondere die Frage nach der Art des Trainings (z. B. Schnellkrafttraining, Ausdauertraining, Kraftausdauertraining etc.) eine Rolle, da hierdurch **Regenerationszeiten** zwischen den einzelnen Trainingseinheiten vorgegeben werden. Hierbei müssen in der Regel aber auch praktische Gegebenheiten wie etwa durch den Hundesportverein vorgegebene Trainingszeiten und in der Regel auch die Arbeitszeiten der Hundesportler berücksichtigt werden. Vor allem dann, wenn nicht auf professionellem Niveau trainiert wird, müssen hier oftmals Kompromisse eingegangen werden, da ein anhand sportphysiotherapeutischer Gesichtspunkte erstellter optimaler Wochenplan aus den oben genannten praktischen Gründen von vielen Hundesportlern nicht umgesetzt werden kann.
- Im Hinblick auf die **Planung der einzelnen Übungseinheit** muss berücksichtigt werden, dass zusätzlich zu der Zeit, die für das Aufwärmen, für das eigentliche Training und für das Abwärmen benötigt wird, je nach Sportart oft ein weiterer Zeitaufwand durch den Aufbau von Geräten bzw. Parcours entsteht. Auch hier müssen in der Regel Platz- und Hallennutzungszeiten berücksichtigt werden.

9.9 Exkurs Training der Sprungtechnik

Für alle Hundesportarten, die als Bewegungskomponente den Sprung enthalten, empfiehlt es sich, beim Trainingsaufbau des Junghundes ein entsprechendes Training zur Entwicklung einer guten Sprungtechnik mit einfließen zu lassen. Je nach ausgeübter Sportart folgen auf dieses Basistraining weitere Trainingselemente, um die jeweiligen sportartspezifischen Sprünge zu trainieren; hier sei auf die entsprechende spezielle Trainingsliteratur verwiesen.

Der Hund muss bei Aufnahme des Sprungtrainings ausgewachsen sein, um eine übermäßige Belastung der noch nicht voll ausgereiften Knochen und Gelenke zu vermeiden. Lernziele des Basis-Sprungtrainings sind die Entwicklung einer effektiven Sprungtechnik mit einem kräftigen Abdruck aus der gesamten Hinterhand, eine stabile Landung und im weiteren Verlauf die selbstständige Planung von Absprung und Landung durch den Hund. Dabei lernt der Hund auch, die Energie aus der Vorwärtsbewegung beim Anlauf in die Aufwärtsbewegung mitzunehmen und nach der Landung wieder für die Fortbewegung zu nutzen (▶ **Abb. 9.47**).

Für das Basis-Sprungtraining eignen sich am besten stufenlos verstellbare Hürden ohne Ausleger, sodass der Hundesportler zu Beginn des Trainings direkt neben dem Sprung hocken oder knien kann. Es ist von Vorteil, wenn der Hund beispielsweise die positive Verstärkung über Clicker kennt; alternativ kann ein Lobwort zur positiven Verstärkung eingesetzt werden (▶ **Abb. 9.48**).

▸ **Abb. 9.47** Lernziele des Sprungtechniktrainings sind ein kräftiger Absprung (a), das Überwinden der Hürde ohne zu reißen (b), eine stabile Landung (c) und die Mitnahme der kinetischen Energie in die folgende Vorwärtsbewegung (d). (Foto: Silke Meermann)

a Border Collie unmittelbar nach dem Absprung in der Flugphase vor der Stange.

b Derselbe Hund befindet sich beim Überwinden der Hürde mittig über der Stange.

c Der Hund streckt die Vordergliedmaßen nach vorne-unten, um die Landung vorzubereiten; das rechte Vorderbein wird als erstes auffußen.

d Bei geraden Sprüngen, so wie hier im Bild, kann ein großer Teil der Bewegungsenergie direkt in die Vorwärtsbewegung mitgenommen werden.

Schritt 1 (▶ Abb. 9.48):

- Die Stange wird auf niedriger Höhe aufgelegt (für einen mittelgroßen Hund auf ca. 10 cm; versucht der Hund, über die Hürde zu steigen, anstatt zu springen, muss eventuell direkt mit einer höheren Hürde begonnen werden). Der Hundesportler hockt oder kniet neben der Hürde.
- Der Hund wird in geringem Abstand vor der Hürde im Sitzen oder Stehen platziert. Mithilfe eines Leckerchens bzw. mit der Hand wird er dann über die Hürde gelockt. Die Bestätigung erfolgt in dem Moment, in dem der Hund die Stange überquert hat, ohne diese zu berühren. Der Hund erhält seine Bestätigung am Boden hinter der Stange.
- Anschließend springt der Hund in umgekehrter Richtung über die Stange zurück und wird dabei wie oben beschrieben belohnt.
- **Lernziele Schritt 1:** Durch die positive Bestärkung soll der Hund von vorneherein Spaß am Springen entwickeln; die Verabreichung des Leckerchens auf dem Boden hinter der Stange führt dazu, dass der Hund sich auf die Stelle fokussiert, auf der er landet.
- Die meisten Hunde benötigen für Schritt 1 maximal 1–2 Übungseinheiten; jede Übungseinheit sollte nicht mehr als 10 Sprünge in jede Richtung (20 Sprünge insgesamt) beinhalten.

Schritt 2 (▶ Abb. 9.49):

- Die Ausgangsposition von Hund und Hundesportler ist die gleiche wie in Schritt 1 (▶ **Abb. 9.49a**); auch die Bestätigung erfolgt in gleicher Weise.
- In diesem Lernschritt wird die Höhe der Hürde nun schrittweise erhöht. Je kleiner der Hund ist, umso geringer sind die Steigerungen der Sprunghöhe (kleiner Hund: 5-cm-Schritte; mittlere und große Hunde: 10-cm-Schritte).
- Auf jeder Höhe sollte der Hund einige erfolgreiche Sprünge zeigen, bevor die Höhe weiter gesteigert wird.
- **Lernziele Schritt 2:** Der Hund lernt, dass er die Stange nicht berühren soll; er lernt, sich mit den Hintergliedmaßen abzudrücken und im Sprung die Wirbelsäule in Flexion zu bringen (▶ **Abb. 9.49b**). Durch die Bestätigung mit Leckerchen am Boden landen die Hunde in der Regel senkrecht zur Sprungrichtung (d. h. parallel zur Stange); auf diese Weise lernt der Hund bereits jetzt, Richtungsänderungen in der Luft umzusetzen (▶ **Abb. 9.49c**). Dadurch werden unnötige Torsionskräfte während der Landung an den Gelenken des erstbelasteten Beins vermieden.
- Je nach Sportart werden für diesen Schritt unterschiedlich viele Übungseinheiten benötigt, bis der Hund Stangen auf Wettkampfhöhe überwinden kann. Für einen mittelgroßen Hund im THS (Sprunghöhe 40 cm) kann dies u. U. bereits innerhalb einer Einheit erfolgen; das Training für den Sprung über die Meterhürde im Gebrauchshundsport sollte dagegen deutlich langsamer aufgebaut werden. Auch hier sollten insgesamt maximal 20 Sprünge pro Übungseinheit erfolgen.

▸ **Abb. 9.48** Sprungtechniktraining Schritt 1: Zu Beginn des Sprungtechniktrainings liegt die Stange sehr niedrig, der Hundesportler hockt direkt neben der Hürde, der sitzende Hund befindet sich unmittelbar vor der Hürde (a). Der Hund springt über die noch sehr niedrig aufgelegte Stange (b); dabei orientiert er sich automatisch zum Hundesportler bzw. zur Belohnung hin, in diesem Falle zu seiner rechten Seite; das Leckerchen wird immer direkt am Boden verabreicht. Um ein einseitiges Training zu vermeiden, sollte der Hund bei diesen Übungen immer direkt nacheinander hin- und her springen.
(Foto a: Susanne Meermann, Münster; Foto: Silke Meermann)

▸ **Abb. 9.49** Sprungtechniktraining Schritt 2: Die Ausgangsposition im zweiten Schritt ist die gleiche wie zuvor, allerdings wird jetzt die Stange schrittweise höher gelegt. Der Hund erlernt eine runde Sprungtechnik mit kräftigem Abdruck aus der Hinterhand; durch die Bestätigung am Boden lernt der Hund direkt, sich in der Luft über der Hürde zu drehen.
(Foto: Silke Meermann)

a Die Stange ist etwas höher aufgelegt als im ersten Schritt, der Hund sitzt jedoch weiterhin unmittelbar davor.

b Der Hund muss sich in der Absprungphase nun deutlich nach oben strecken, um die Stange ohne Abwurf überwinden zu können; dadurch wird eine steile bzw. runde Sprungtechnik gefördert.

c Durch die Orientierung zum Hundesportler bzw. zur Belohnung hin übt der Hund bereits in dieser Phase die Landung in einer Wendung.

Schritt 3 (▸ Abb. 9.50):

- Der Hundesportler befindet sich weiterhin neben dem Sprung, hockt oder kniet jetzt aber nicht mehr, sondern steht.
- Das Leckerchen wird jedoch weiterhin am Boden gegeben; dazu wirft der Hundesportler es am besten hinter die Stange, sobald der Hund diese ohne Berührung überwunden hat (durch ein zu frühes Werfen wird der Hund u. U. verleitet, unter der Stange her zu laufen).
- **Lernziele Schritt 3:** Der Hund lernt, seinen Sprung unabhängig von der Körperhaltung des Besitzers zu planen und sich weiterhin auf die Stelle der Landung hinter der Hürde zu fokussieren.

Schritt 4 (▸ Abb. 9.51):

- Der Hundesportler befindet sich in der gleichen Ausgangsposition wie in Schritt 3, d. h., er steht weiterhin neben der Hürde.
- Nun wird aber der Ort der Bestätigung am Boden variiert, indem das Leckerchen nicht mehr direkt unmittelbar hinter der Hürde verabreicht wird, sondern in verschiedene Richtungen und etwas weiter weg geworfen wird.
- Unmittelbar danach wird der Hund zum Rücksprung in die andere Richtung animiert; dadurch variiert nun erstmalig die Position des Hundes zur Hürde beim Absprung.
- **Lernziele Schritt 4:** Der Hund lernt weiterhin, sich auf die Landestelle hinter dem Sprung zu konzentrieren; gleichzeitig lernt er, aus verschiedenen Entfernungen und Winkeln zur Hürde den richtigen Absprungpunkt zu finden.

▸ **Abb. 9.50** Sprungtechniktraining Schritt 3: Als nächstes verändert der Hundesportler seine Position, er hockt jetzt nicht mehr, sondern steht neben dem Sprung; das Leckerchen wird direkt hinter die Hürde geworfen. (Foto: Silke Meermann)

▸ **Abb. 9.51** Sprungtechniktraining Schritt 4: Der Hundesportler variiert nun den Ort der Bestätigung, indem er das Leckerchen an verschiedene Stellen hinter der Hürde wirft. Der Hund lernt so auch, den Absprungpunkt vor dem Sprung selbstständig zu finden. (Foto: Silke Meermann)

Schritt 5 (▶ Abb. 9.52):

- Der Hundesportler variiert jetzt seine Ausgangsposition, indem er sich nun nicht mehr nur seitlich neben der Hürde positioniert, sondern auch aus weiter entfernten Positionen das Signal zum Springen gibt. Der Hund kann zum Hundesportler hin abgerufen oder vom Hundesportler aus über die Hürde weggeschickt werden.
- Dieser Schritt ist vor allem für diejenigen Sportarten von Bedeutung, bei denen der Hund sich im Sprung nicht in unmittelbarer Nähe der Besitzer befindet bzw. sich nach dem Sprung wieder in Richtung des Besitzers orientieren soll (vor allem Agility). Für den Hürdenlauf im THS bzw. auch für die Sprungreihe im Flyball ist dieser Schritt nicht erforderlich bzw. sogar eher kontraproduktiv!

▶ **Abb. 9.52** Sprungtechniktraining Schritt 5: Der Hundesportler bewegt sich von der Hürde weg und variiert seinen eigenen Standpunkt in Relation zur Hürde und zum Hund. Dieser Schritt ist insbesondere für das Sprungtraining im Agility wichtig. (Foto: Silke Meermann)

a Der Hundesportler positioniert den Hund mit etwas Abstand vor der Hürde.

b Der Hund kann über die Hürde abgerufen werden.

c Der Hund kann auch mit etwas Abstand über die Hürde vorausgeschickt werden.

10 Basics der physiotherapeutischen Techniken

10.1 Manuelle Lymphdrainage

Die manuelle Lymphdrainage ist eine Sonderform der klassischen Massage. Allerdings unterscheidet sich die manuelle Lymphdrainage in ihrer Ausführung deutlich von herkömmlichen Massagetechniken. Während klassische Massagetechniken hauptsächlich auf Faszien und Muskeln einwirken und dort eine Mehrdurchblutung erzielen, wirkt sich die manuelle Lymphdrainage ausschließlich auf Haut und Unterhaut aus. Eine Mehrdurchblutung ist hierbei nicht erwünscht. Die manuelle Lymphdrainage kann als sanfte intermittierende Drucktechnik beschrieben werden. Diese Form der Behandlung wurde von dem dänischen Physiotherapeuten Dr. Emil Vodder entwickelt und Ende der 1950er-Jahre erstmals in Deutschland vorgestellt. Heute ist die manuelle Lymphdrainage als Entstauungstherapie aus der Physiotherapie nicht mehr wegzudenken.

10.1.1 Das Lymphgefäßsystem

Neben Arterien und Venen besitzt der Organismus ein weiteres sehr wichtiges Transportsystem, das Lymphgefäßsystem. Über dieses System werden hauptsächlich Gewebeflüssigkeit, Proteine, Zelltrümmer, Fremdkörper und Schadstoffe, die sog. Lymphe, abtransportiert. In das Lymphgefäßsystem sind im gesamten Verlauf mehrere hundert Lymphknoten eingeschaltet. Die Lymphknoten filtern die Lymphe und befreien sie von Bakterien und anderen Schadstoffen. Das lymphatische System ist somit eng mit dem körpereigenen Immunsystem verbunden und für den Organismus überlebenswichtig. Es ist ein Netzwerk aus feinen Gefäßen und stellt kein geschlossenes System dar. Die kleinsten Lymphgefäße, die Lymphkapillaren, beginnen blind im Gewebe. Sie nehmen die Lymphe aus dem Zellzwischenraum auf und transportieren sie zu größeren Lymphgefäßen. Der Wandaufbau der Lymphgefäße entspricht dem der Venen. Die Lymphkapillaren sind etwas dünnwandiger als Venen. Die innerste Gefäßwandschicht, die **Intima**, wird aus dachziegelförmig angeordneten Endothelzellen gebildet, eine Basalmembran ist nicht vorhanden. Die **Media** besteht aus glatten Muskelzellen, die **Adventitia** aus Bindegewebszellen. Ähnlich wie die Venen sind auch die größeren Lymphgefäße, die Lymphkollektoren, durch Klappen in Abschnitte unterteilt. Diese Abschnitte werden als **Lymphangione** oder auch als Lymphherzen bezeichnet. Lymphangione können sich abschnittsweise kontrahieren und sichern damit den Weitertransport der Lymphe. In Ruhe kontrahieren sich die Lymphangione ca. 10–12-mal pro Minute. Die Kontraktion wird durch den Parasympathikus des vegetativen Nervensystems gesteuert. Die Lymphkollektoren vereinigen sich dann zu den größeren Lymphstämmen. Die zwei größten Lymphstämme des Körpers sind der Ductus thoracicus und der Truncus lymphaticus dexter. Letzterer transportiert die Lymphe der rechten Vordergliedmaße und der rechten Thorax-, Hals- und Kopfhälfte, der Ductus thoracicus die Lymphe des übrigen Körpers. Der Ductus thoracius mündet in den linken Venenwinkel, der Truncus lymphaticus dexter in den rechten Venenwinkel. Der Venenwinkel ist die Verbindungsstelle von V. subclavia und V. jugularis interna (▶ **Abb. 10.1**). So gelangt die Lymphe schließlich wieder ins Blut.

10.1.2 Die Bildung der Lymphe

Der Nährstoffaustausch zwischen Blut und interstitiellem Gewebe erfolgt in den Kapillaren (▶ **Abb. 10.2**).

Die Kapillaren sind vor allem aufgrund ihres großen Gesamtquerschnittes, der geringen Strömungsgeschwindigkeit und der großen Austauschfläche besonders für diese Aufgabe geeignet. Der Hauptteil des Stoffaustausches zwischen Blut und Interstitium erfolgt mittels Diffusion, wobei die Kapillarwand als eine Art semipermeable Membran fungiert. Das bedeutet, dass z. B. eine

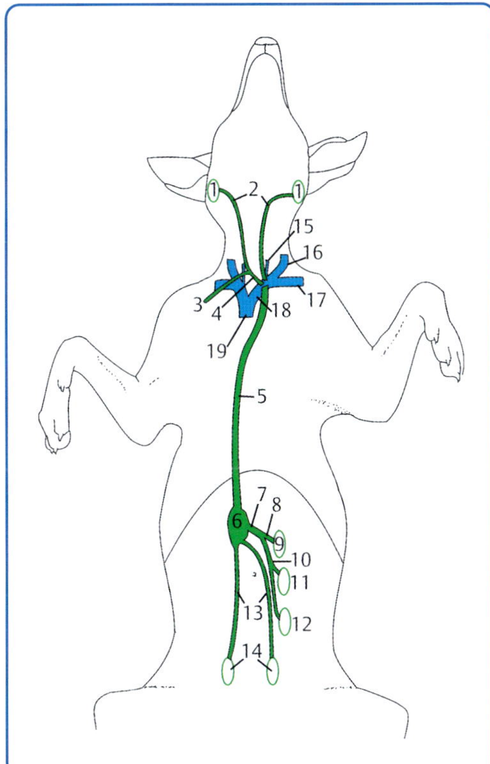

▶ **Abb. 10.1** Schema der Lymphsammelstämme beim Hund. 1 Lc. retropharyngeum; 2 Tr. trachealis; 3 rechte Achsellymphgefäße; 5 Ductus thoracicus; 6 Lendenzisterne (Cisterna chyli); 7 Tr. visceralis; 8 Efferenzen des Lc. celiacum; 9 Lc. celiacum; 10 Efferenzen der Lcc. mesenterica; 11 Lc. mesentericum kraniale; 12 Lc. mediastinale caudale; 13 Tr. lumbalis; 14 Lnn. iliaci mediales des Lc. iliosacrale; 15 V. jugularis interna; 16 V. jugularis externa; 17 V. subclavia; 18 V. brachiocephalica; 19 V. cava cranialis. (aus: Salomon FV, Geyer H, Gille U. Anatomie für die Tiermedizin. 3. Aufl. Stuttgart: Enke; 2015)

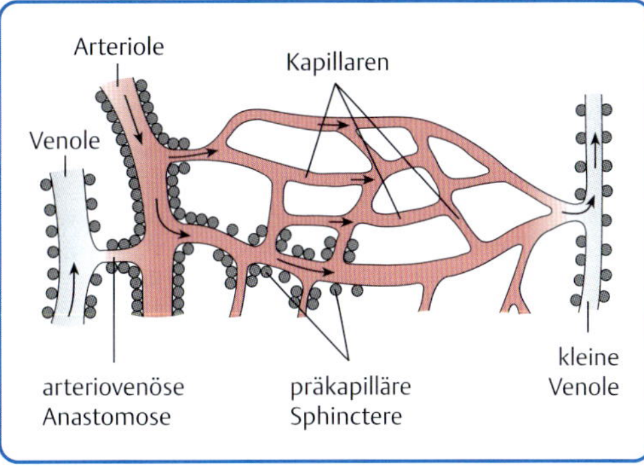

▶ **Abb. 10.2** Der Nährstoffaustausch im Gewebe erfolgt über ein großes Netz an Kapillaren (graue Kreise: glatte Muskulatur). (aus: von Engelhardt W et al. Physiologie der Haustiere. 5. Aufl. Stuttgart: Enke; 2015)

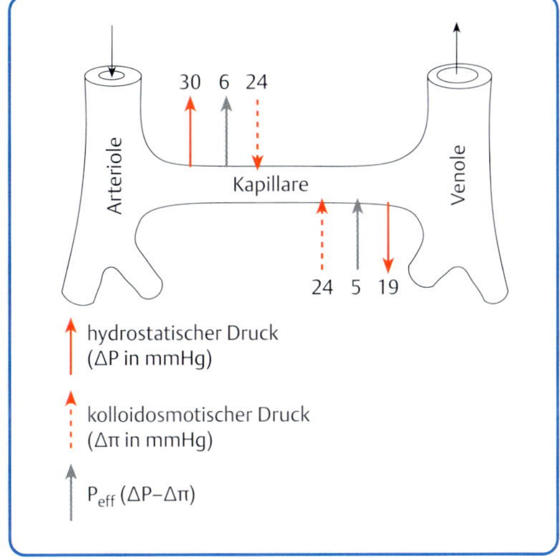

▶ **Abb. 10.3** Der hydrostatische und der onkotische Druckgradient sind die treibenden Kräfte für die Prozesse von Filtration und Reabsorption (Zahlenangabe in mmHg). (aus: von Engelhardt W et al. Physiologie der Haustiere. 5. Aufl. Stuttgart: Enke; 2015)

Diffusion von Plasmaproteinen aus den Kapillaren in das Interstitium möglich, aber eine Rückresorption vom Interstitium in die Kapillare ausgeschlossen ist. Proteine können nur über die Lymphgefäße zurück in den Blutkreislauf gelangen. Demgegenüber ist die Kapillarwand für Wasser in beide Richtungen durchlässig. Der gewebewärts gerichtete Flüssigkeitsstrom zwischen Kapillare und Interstitium wird als Filtration bezeichnet. Den lumenwärts gerichteten Flüssigkeitsstrom zwischen Interstitium und Kapillare nennt man Reabsorption. Die treibenden Kräfte für die Prozesse von Filtration und Reabsorption sind der hydrostatische Druckgradient am Anfang und der onkotische Druckgradient am Ende der Kapillare (▶ **Abb. 10.3**).

Von der abfiltrierten Plasmaflüssigkeit werden ca. 90 % im venösen Endabschnitt der Kapillare rückresorbiert. Die restlichen 10 % fließen zusammen mit den Plasmaproteinen über das Lymphgefäßsystem ab. Aber nicht nur Proteine und Wasser fließen über das Lymphgefäßsystem ab, auch Fette und Zelltrümmer werden über das Lymphgefäßsystem drainiert. Alle Stoffe, die über das Lymphsystem abgeführt werden, werden als lymphpflichtige Last bezeichnet. Jede Senkung des onkotischen Druckes, jede Erhöhung des hydrostatischen Druckes, jede mechanische Blockierung des Lymphabflusses und jede Erhöhung der lymphpflichtigen Last über die Transportkapazität von Lymphgefäßen hinaus führen zu einer Flüssigkeitsansammlung im Gewebe. Diese Flüssigkeitsansammlung wird als Ödem bezeichnet.

10.1.3 Das Lymphödem

Es wird zwischen primärem und sekundärem Lymphödem unterschieden. Primäre Lymphödeme entstehen aus einer Fehlanlage des Lymphgefäßsystems mit daraus resultierender Einschränkung der Transportkapazität. Bei sekundären Lymphödemen ist die Ursache erst im Laufe des Lebens erworben. Die häufigsten Ursachen für sekundäre Lymphödeme beim Hund sind Operationen, Verletzungen und Entzündungen.

10.1.4 Grundlagen der Lymphdrainagegriffe

Die manuelle Lymphdrainage nutzt die von Dr. Vodder entwickelten Grundgriffe. Es sind dies der stehende Kreis, der Pump-, der Dreh- und der Schöpfgriff. Diese Griffe wirken ausschließlich auf die Haut und Unterhaut ein. Bei der Ausführung wird die Haut über dem darunterliegenden Gewebe verschoben. Die Pumpwirkung auf die Lymphgefäße wird durch einen Druckwechsel erzeugt. Auf eine Phase des Druckanstiegs in Lymphabflussrichtung erfolgt immer eine drucklose Phase. Dabei sollte der Druck so sanft sein, dass zwar das Gewebe großflächig verschoben wird, aber eine Gewebemehrdurchblutung vermieden wird. Die Griffe erzeugen Dehnreize in Quer- und Längsrichtung der Lymphgefäße, dabei sollte niemals eine Schmerzreaktion ausgelöst werden.

Stehender Kreis Die gestreckten Finger einer Hand oder beider Hände werden flächig aufgelegt, die Hände beschreiben dann sanfte Kreise in Abflussrichtung. Dabei sollte der stehende Kreis 7-mal auf der Stelle ausgeführt werden (▸ Abb. 10.4).

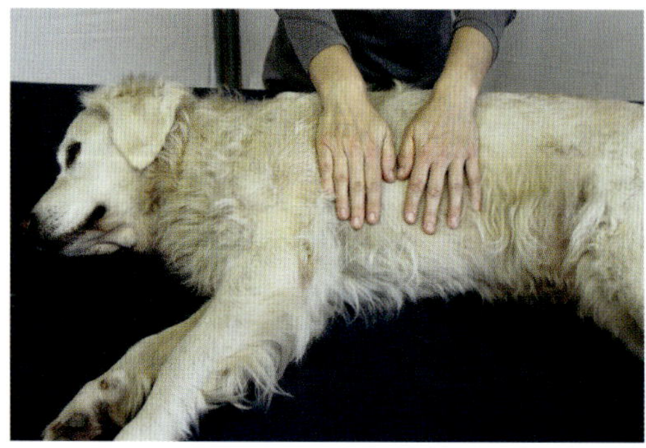

▸ **Abb. 10.4** Stehender Kreis am Rumpf. (Foto: Christiane Gräff)

Pumpgriff Der Pumpgriff wird fast ausschließlich an den Extremitäten angewendet. Beim Pumpgriff werden die Finger gestreckt und der Daumen abgespreizt. Die Hand wird so v-förmig nur mit dem Schwimmhautbereich aufgesetzt und durch eine Kippbewegung im Handgelenk von distal nach proximal verschoben (▸ Abb. 10.5).

Schöpfgriff Ähnlich wie der Pumpgriff wird der Schöpfgriff nur mit dem Schwimmhautbereich zwischen Finger und Daumen ausgeführt. Er kommt ausschließlich an den distalen Extremitätenabschnitten zur Anwendung. Im Gegensatz zum Pumpgriff wird zusätzlich die Haut noch diagonal zur Extremitätenlängsachse verschoben (▸ Abb. 10.6).

Drehgriff Dieser dynamische Griff eignet sich hervorragend für große Körperareale. Zu Beginn werden lediglich die Finger auf die Körperoberfläche aufgesetzt (▸ Abb. 10.7a), der Daumen wird leicht abgespreizt von den anderen Fingern aufgesetzt, dann wird die Hand abgesenkt, bis die Handfläche flächig aufliegt (▸ Abb. 10.7b), anschließend erfolgt ein Schub mit den Fingern II–IV zum Daumen hin (▸ Abb. 10.7c).

Die Griffe der manuellen Lymphdrainage steigern die Lymphangiomotorik im Hinblick auf Kontraktionskraft, Frequenz und Amplitude. Somit wird die Transportkapazität der Lymphgefäße erhöht. Zudem wird eine Art Sogwirkung auf die interstitielle Flüssigkeit ausgeübt und damit der Abtransport forciert.

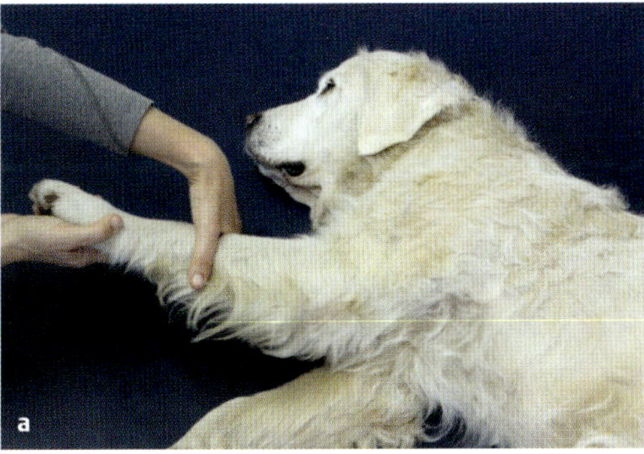

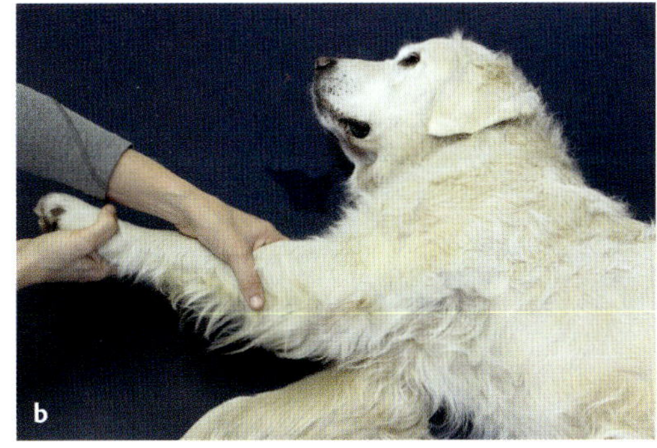

▶ **Abb. 10.5** Ausgangsstellung Pumpgriff an der Vordergliedmaße (a). Endstellung Pumpgriff an der Vordergliedmaße (b). (Foto: Christiane Gräff)

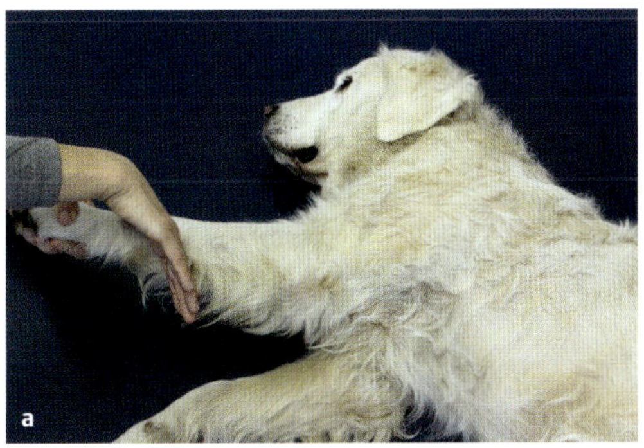

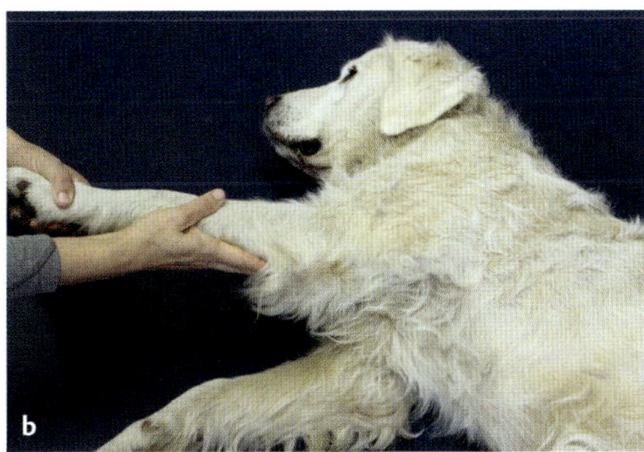

▶ **Abb. 10.6** Ausgangsstellung Schöpfgriff an der Vordergliedmaße (a). Endstellung Schöpfgriff an der Vordergliedmaße (b). (Foto: Christiane Gräff)

10.1.5 Behandlungsaufbau am Beispiel einer Kontusion des M. quadriceps

Bevor im eigentlichen Erkrankungsgebiet gearbeitet wird, erfolgt eine zentrale Vorbehandlung. Diese umfasst die gezielte Anregung der Lnn. cervicales superficiales und des Buglymphknoten, da beide Lymphknotengruppen dem Venenwinkel vorgeschaltet sind. Dies gilt besonders für die linke Seite, da die Hintergliedmaßen über den linken Venenwinkel abdrainiert werden. Ziel einer zentralen Vorbehandlung ist die Entleerung der regionalen Lymphknoten und eine gesteigerte Sogwirkung auf das komplette Lymphgefäßsystem. Eine zentrale Vorbehandlung umfasst folgende Behandlungsschritte:

1. passive Mobilisation der linken Skapula
2. stehende Kreise auf den Lnn. cervicales superficiales links und auf dem Buglymphknoten links
3. Bewährt hat sich außerdem eine myofasziale Behandlung des respiratorischen Diaphragmas und der kranialen Thoraxapertur zur Verbesserung der Atmung und der damit verbunden Verbesserung des lymphatischen Rückflusses.

Im Anschluss an die zentrale Vorbehandlung erfolgt eine Bauchtiefdrainage. Diese ist sehr wichtig, da der lymphatische Abfluss der Oberschenkelmuskulatur über die Lnn. iliaca mediales erfolgt. Bei der Bauchtiefdrainage wird mit tiefen Griffen über der Cysterna chyli begonnen (▶ **Abb. 10.8**), danach werden die nächsten Griffe halbkreisförmig um die Cysterna chyli auf dem Bauch angelegt, der Schub erfolgt jeweils in die Tiefe und zur Cysterna chyli hin.

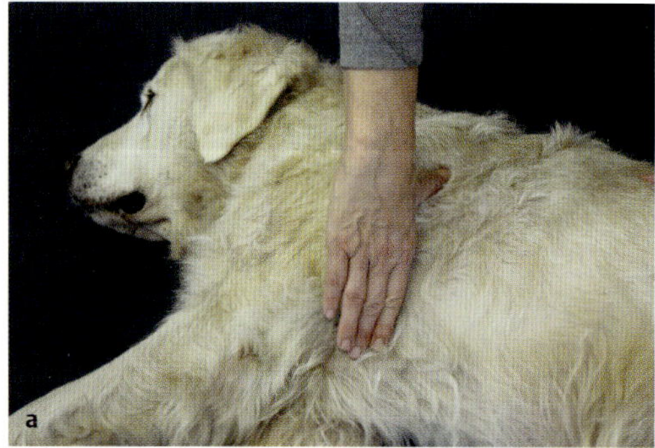

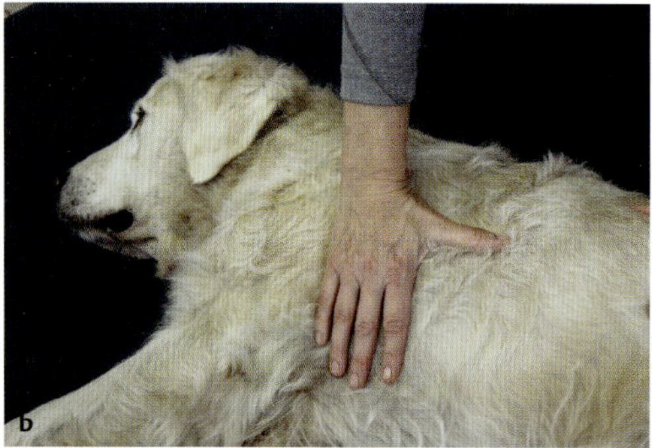

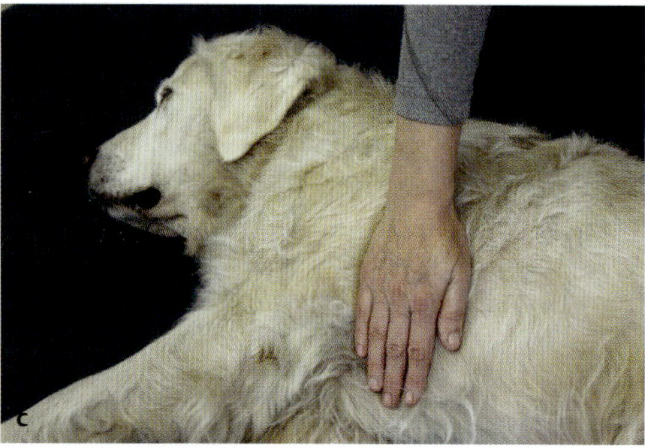

► **Abb. 10.7** Drehgriff. (Foto: Christiane Gräff)
a Ausgangsstellung Drehgriff am Rumpf.
b Senken der Hand mit Drucksteigerung.
c Endstellung Drehgriff am Rumpf.

Für eine Bauchtiefdrainage gelten einige Kontraindikationen, die es unbedingt zu beachten gilt, so z. B. Trächtigkeit, Läufigkeit, dekompensierte Herzinsuffizienz, Epilepsie und entzündliche Darmerkrankungen. Nach Abschluss der Bauchtiefdrainage werden die Lnn. inguinales superficiales et profundi aktiviert. Im nächsten Schritt wird die Hintergliedmaße von proximal nach distal gelympht. An der medialen und lateralen Seite des Oberschenkels kann mit stehenden Kreisen gearbeitet werden, für die kraniale Oberschenkelseite eignet sich hervorragend der Pumpgriff.

10.2 Funktionsmassage

In diesem Kapitel soll die Funktionsmassage, ebenfalls eine Sonderform der klassischen Massagetherapie, vorgestellt werden. Diese Massagetechnik verbindet Massagegriffe mit Bewegung. Nahezu jeder große Muskel an Rumpf oder Extremitäten eignet sich zur Funktionsmassage. Vor Einsatz der Technik sollte der Therapeut das schmerzfreie passive Bewegungsausmaß der beteiligten Gelenke prüfen. Die Technik wird dann ausschließlich im schmerzfreien Bewegungsbereich durchgeführt. Das bedeutet, die Funktionsmassage kann auch dann eingesetzt werden, wenn der vollständige Bewegungsumfang eines Gelenks noch nicht schmerzfrei möglich ist bzw. wenn in der ersten Phase der Wundheilung noch keine Dehnungsreize auf die Kollagenstrukturen erwünscht sind. Eine Muskelfunktionsmassage kann auf zwei verschiedene Arten erfolgen.

1. Der zu bearbeitende Muskel wird passiv angenähert, quer zu seinem Faserverlauf verformt und anschließend mit einer passiven Bewegung verlängert.

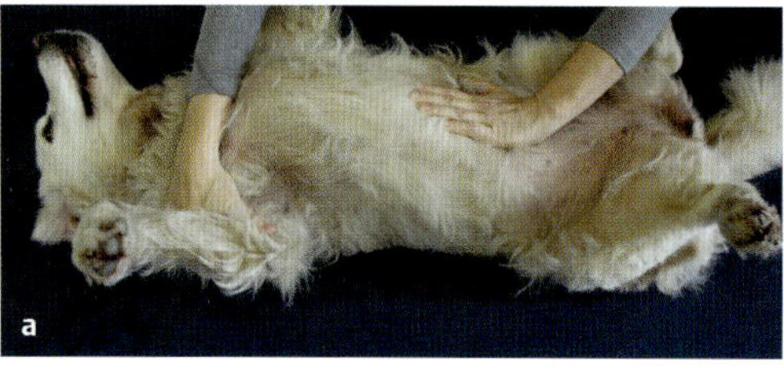

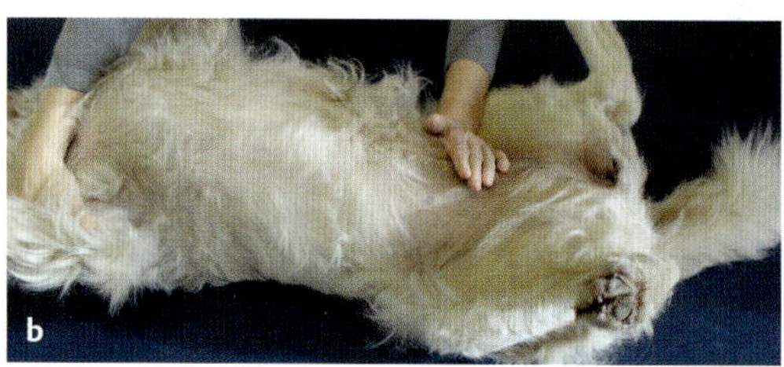

► **Abb. 10.8** Tiefer Griff über der Cysterna chyli (a). Schub zur Cysterna chyli (b). (Foto: Christiane Gräff)

2. Der zu bearbeitende Muskel wird passiv angenähert, es erfolgt eine manuelle Kompression in die Tiefe und in Längsrichtung der Muskelfasern und anschließend wird der Muskel unter Beibehaltung des Druckes mit einer Bewegung passiv verlängert.

Folgende Effekte können mit einer Funktionsmassage erzielt werden:

- Lösen von Adhäsionen zwischen den Gewebsschichten
- Detonisierung
- Verbesserung des lymphatischen und venösen Flüssigkeitsstromes im Muskel
- Hyperämisierung
- Verbesserung der Reparaturvorgänge im Gewebe
- Schmerzlinderung und damit Verminderung chronischer Schmerzzustände
- Verbesserung der sensomotorischen Wahrnehmung
- Verbesserung der synovialen Pumpe

Um möglichst alle Effekte zu erzielen, sollte die Technik mindestens 10 min pro Muskel ausgeübt werden. Die Funktionsmassage kommt bei Sporthunden vor allem an Muskeln zum Einsatz, die sich bei der speziellen Palpation verspannt und verkürzt darstellen. Dies sind häufig die Halte- bzw. Antischwerkraftmuskeln wie z. B. M. gastrocnemius, M. sartorius, M. quadriceps, M. rhomboideus thoracis, Mm. pectorales superficiales und der M. triceps brachii.

Beispiel: Funktionsmassage des M. quadriceps links Ziel ist die Verbesserung der Knieflexion. Der Patient wird in Seitlage rechts gelagert. Der Therapeut prüft passiv das Bewegungsausmaß der Knieflexion links. Anschließend erfolgt durch eine Knieextension eine Annäherung der Muskelfasern des M. quadriceps (▶ **Abb. 10.9**), eine Hand des Therapeuten nimmt flächigen Kontakt zum M. quadriceps auf und verformt den Muskel durch einen Schub quer zur Muskelfaserrichtung bzw. übt eine Kompression in die Tiefe des Muskelbauchs

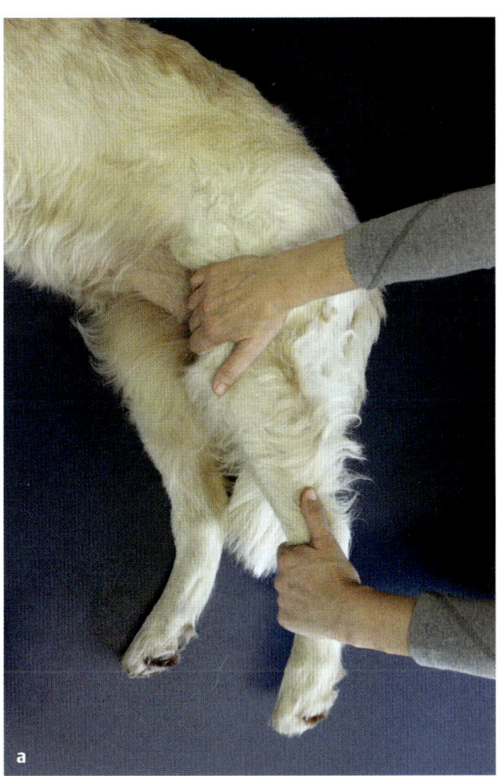

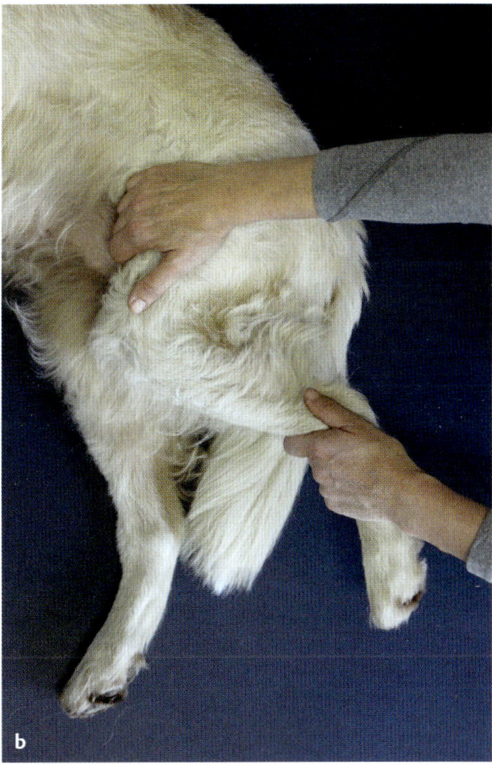

▶ **Abb. 10.9** Annäherung der Muskelfasern des M. quadriceps in Knieextension (a). In Knieflexion Kompression in die Tiefe des Muskelbauchs mit Schub in Längsrichtung der Muskelfasern (b). (Foto: Christiane Gräff)

mit Schub in Längsrichtung der Muskelfasern aus. Die zweite Hand des Therapeuten umfasst den Unterschenkel und bewegt das Kniegelenk in Flexion.

10.3 Dehnungsübungen

Obwohl die Durchführung und Wirkung von Dehntechniken von Wissenschaftlern sehr kontrovers diskutiert werden, sind passive Dehnungsübungen trotzdem fester Bestandteil des sportlichen Trainings und der physiotherapeutischen Arbeit. Dehnen bringt vor allem in den Sportarten eine Leistungssteigerung, in denen eine mangelnde Beweglichkeit einen begrenzenden Faktor darstellen würde, z. B. beim Windhundrennen. Die Rennhunde benötigen für einen raumgreifenden Galopp eine extreme Beweglichkeit der Wirbelsäule in Extension und Flexion. Ist die Beweglichkeit (S. 229) durch eine Verletzung oder durch eine funktionelle Muskelverkürzung eingeschränkt, sind Dehnungsübungen zur Wiedererlangung des normalen Bewegungsausmaßes in der Therapie unersetzlich.

10.4 Myofasziale Release-Techniken

Myofasziale Release-Techniken sind eine Form der Weichgewebemobilisierung. Die Techniken wirken im Speziellen auf die faszialen Umhüllungen der Muskeln. Die Muskeln mit ihren Faszien stehen in einer wechselseitigen Beziehung zueinander. Spannt sich ein Muskel an, wird sich diese Spannung über die Faszienketten auch auf andere Muskeln fortsetzen. Es entsteht so ein dynamisches Spannungsnetzwerk. Ist die Spannung der Faszien chronisch verändert, verlieren sie ihre Elastizität und Zugkraft. Dieser Funktionsverlust führt dann unweigerlich zu Bewegungseinschränkungen der Muskelfasern. Es gibt verschiedene Auslöser für eine chronische Spannungsveränderung der Faszien. So führt z. B. langanhaltender Stress zu Fasziendysfunktionen, aber auch Flüssigkeitsmangel und Fehlernährung führen zu Veränderungen der Faszienstruktur. Die Faszien verkleben miteinander und verfilzen. Mithilfe von myofaszialen Techniken erspürt der Therapeut Spannungs- und Strukturveränderungen von Muskeln und Faszien und behandelt diese sanft. Durch spezielle Zug- und Drucktechniken wird die Hämodynamik und damit der Stoffwechsel im Gewebe angeregt, mit dem Ziel, die Flexibilität und Zugkraft der Faszien wiederherzustellen. Diese Form der myofaszialen Release-Techniken kann als interaktive Behandlungstechnik betrachtet werden. Um Richtung, Kraft und Dauer der Dehnung zu bestimmen, bedarf es einer Rückmeldung des Gewebes. Der Therapeut arbeitet nicht am Gewebe, sondern mit dem Gewebe, welches ein hohes Maß an Aufmerksamkeit und Palpationsgefühl erfordert.

Die myofaszialen Release-Techniken bestehen aus folgenden Behandlungselementen:

- Kontaktaufnahme mit dem zu behandelnden Gewebe, es kommen die Handflächen, Fingerspitzen und Fingerknöchel zum Einsatz
- Feedback des Gewebes
- Dehnen (Längsrichtung, Twist)
- Halten
- Lösen
- Wiederholen
- Endgefühl

10.4.1 Die Grundtechniken der myofaszialen Behandlung

Es wird zwischen einem globalen und einem lokalen Release und der Gleit-Druck-Technik unterschieden. Eine Faszienbehandlung wird mit einem globalen Release begonnen. Beim globalen Release arbeitet der Therapeut mit einer ganzen Körperregion bzw. mit einer ganzen Muskelgruppe. Diese Technik eignet sich besonders für die Behandlung von oberflächlich gelegenen Faszien. Für das globale Release werden die Innenseiten der Hände flächig auf den zu behandelnden Muskel gelegt, die Dehnung erfolgt parallel zum Faserverlauf, bis eine Gegenspannung im Gewebe spürbar ist. Die Dehnung an dieser Gewebebarriere halten. Dann warten, bis sich die Spannung löst, anschließend erneut dehnen, halten und warten bis zum Lösen des Gewebes. Diese Technik wird so lange wiederholt, bis keine weitere Entspannung der Struktur wahrnehmbar ist. Im Anschluss an die globale Technik erfolgt eine lokale Behandlungstechnik. Hierbei wird lediglich ein kleiner Abschnitt eines Muskels entspannt und gedehnt. Die Gleit-Druck-Technik eignet sich gut zur großflächigen Behand-

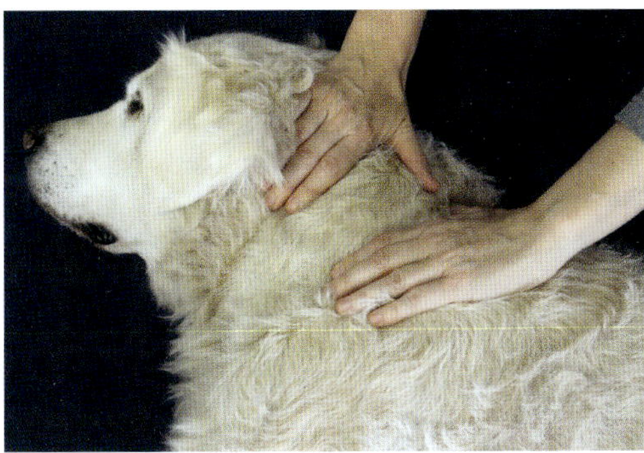

▸ **Abb. 10.10** Globales Faszienrelease M. trapezius (Pars cervicalis). (Foto: Christiane Gräff)

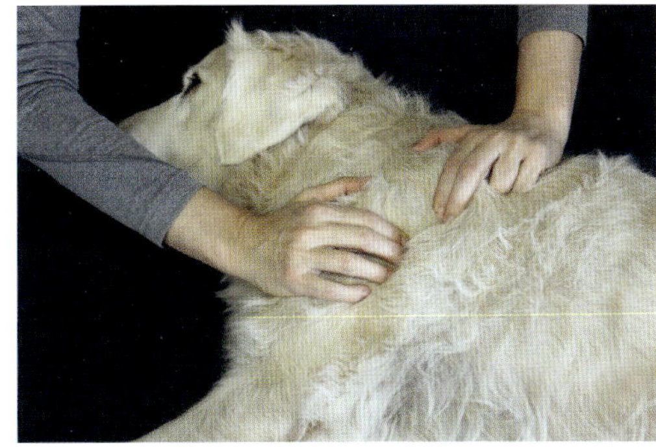

▸ **Abb. 10.11** Lokales Faszienrelease M. infraspinatus. (Foto: Christiane Gräff)

lung oder auch zur Behandlung eines langen Faszienspaltes. Die Gleit-Druck-Technik kann mit den Fingerknöcheln oder mit dem Daumen ausgeführt werden. Die therapeutische Bewegung ist ähnlich, als würde man ein Blatt Papier glatt streichen. Sollten in der Faszie Restriktionen spürbar sein, wird der Druck ins Gewebe so lange aufrechterhalten, bis der Daumen oder die Knöchel unbehindert weitergleiten können. Ziel der Behandlung ist die Wiederherstellung von Motilität und Mobilität sowie die Verbesserung von Hämodynamik und Stoffwechsel des Gewebes. Letztendlich ist es das erklärte Ziel der Hundesportphysiotherapie, dass sportartspezifische Bewegungen effektiv ausgeführt werden können und Überlastungsschäden durch Fehlbelastungen vermieden werden. Aus diesem Grund können die Techniken in der Prävention, als Unterstützung im Training, in Wettkampf- oder Übergangsphasen und im Rahmen der Rehabilitation eingesetzt werden.

10.4.2 Beispielhafte Darstellung der Grundtechniken

Globales Faszienrelease M. trapezius (Pars cervicalis)

Ausgangsstellung Eine Hand hat Kontakt zum M. trapezius im Bereich des Lig. nuchae, die andere Hand nimmt Kontakt zum Margo cranialis der Skapula auf (▸ **Abb. 10.10**).

Ausführung Dehnung der Skapula nach kaudal, halten, warten bis zum Release, erneut dehnen, halten. Die Sequenzen bis zum Endgefühl wiederholen.

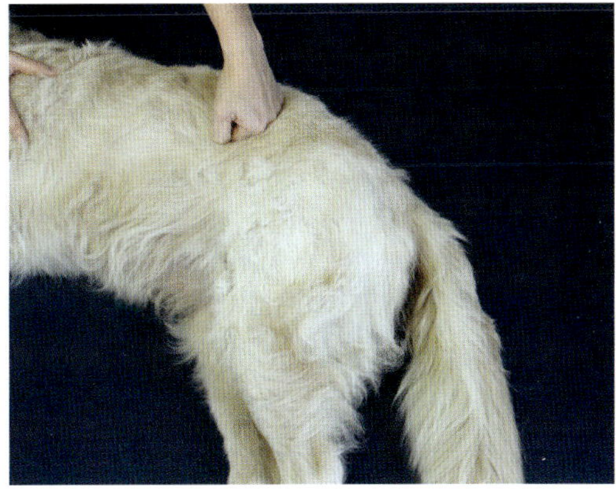

▸ **Abb. 10.12** Gleit-Druck-Technik M. iliocostalis. (Foto: Christiane Gräff)

Lokales Faszienrelease M. infraspinatus

Ausgangsstellung Die Fingerspitzen werden jeweils proximal und distal der Restriktion im Muskelbauch angelegt (▸ **Abb. 10.11**).

Ausführung Etwas Druck in die Tiefe geben und eine Dehnung auf das Gewebe setzen, halten, warten bis zum Release, erneut dehnen, halten. Die Sequenzen bis zum Endgefühl wiederholen.

Gleit-Druck-Technik M. iliocostalis

Ausgangsstellung Die Hand wird zu einer lockeren Faust geformt, die Fingerknöchel werden distal des Rippenbogens auf den M. iliocostalis aufgesetzt (▸ **Abb. 10.12**).

Ausführung Die Knöchel gleiten im Muskelfaserverlauf nach distal bis zum Muskelansatz.

10.5 Kompressionsbehandlung synovialer Gelenke

Die Extremitätengelenke beim Hund sind ausnahmslos gewichtstragende Elemente. Aus funktioneller Sicht hat es sich deshalb als vorteilhaft erwiesen, die Extremitätengelenke mittels Kompression zu behandeln. Die Indikationen für eine Kompressionsmobilisation sind pathologische Veränderungen der Synovia und/oder Schädigung des Gelenkknorpels. Ursachen hierfür sind, wie schon im Kapitel Wundheilung (S. 94) beschrieben, u. a. unphysiologische Belastungen, sportliche Überbelastung, einseitiges Training, Übergewicht, Achsenfehlstellungen der Extremitäten, Gelenkoperationen, Immobilisation eines Gelenks, aber auch Gelenkinfektionen. Soll die Funktion einer pathologisch veränderten Synovia bzw. eines geschädigten Gelenkknorpels verbessert werden, muss das Gewebe wieder seiner normalen Belastung zugeführt werden. Die Belastbarkeit eines Gelenks wird nur verbessert, wenn es belastet wird. Der adäquate Reiz für den Knorpel ist die Kompression. Traktion und Entlastung bewirken genau das Gegenteil. Die Kompressionsmobilisation unterstützt die Gewebereparatur und verbessert den Flüssigkeitsstrom im Gelenk. Liegt eine Gelenkstörung vor, sollte nicht nur die Gelenkkapsel getestet werden, sondern mittels Kompression auch die verschiedenen Knorpelzonen. Hierbei können sich folgende Untersuchungsbefunde zeigen:

- Löst eine Gelenkkompression Schmerzen aus, liegt wahrscheinlich eine Läsion des subchondralen Knochens vor, da der Gelenkknorpel selber keine Schmerzrezeptoren/freien Nervenendigungen besitzt.
- Bei einer schmerzhaften Gelenkkompression ohne Krepitationen sind meist nur die tieferen Knorpelschichten beschädigt.
- Ist bei der Kompressionsmobilisation eine Rauigkeit zu spüren ohne Schmerzangabe, handelt es sich um eine Schädigung der oberen Knorpelzone.
- Werden Krepitationen durch eine Kompressionsmobilisation verringert, handelt es sich um Veränderungen der synovialen Gleitfähigkeit.
- Verbessert sich die Gelenkbeweglichkeit unter Kompression, weist dies auf eine synoviale Gleitstörung hin.

Das Behandlungskonzept der Kompressionsmobilisation synovialer Gelenke lässt sich bei akuten und chronischen Gelenkdysfunktionen anwenden. Je akuter und entzündeter ein Gelenk, desto sanfter muss vorgegangen werden. Die Kompression sollte so dosiert werden, dass keine Schmerzen während der Behandlung ausgelöst werden. Die Kompression erfolgt zunächst statisch, später dann auch dynamisch. Dynamisch bedeutet, dass zusätzlich zur Kompression das Gelenk passiv bewegt wird. Anfänglich arbeitet man von der bestehenden Gelenkeinschränkung weg. Im weiteren Behandlungsverlauf und mit zunehmender Funktionsverbesserung kann das Bewegen unter Kompression in alle Bewegungsrichtungen erfolgen. Die Behandlungsdauer beträgt mindestens 10 min. Die Kompression erfolgt dabei im Sekundenrhythmus, d. h. 1 sec komprimieren, 1 sec Pause.

Beispiel einer Kompressionsmobilisation des Hüftgelenks Am Hüftgelenk wird eine Schädigung der oberen Knorpelzone durch eine Einschränkung der Extension und Abduktion deutlich. Dies führt im Gangbild zu einem spurengen Stand und zu einer funktionellen Verkürzung der terminalen Standbeinphase. Dies bedingt zwangsläufig einen vermehrten LSÜ-Twist der Gegenseite und damit verbunden eine vermehrte Belastung des lumbosakralen Übergangs. Häufig findet man bei der Untersuchung zusätzlich zur Einschränkung der Hüftbeweglichkeit auch sakroiliakale Dysfunktionen. Der Gelenkfunktionstest sollte unbedingt einen Kompressionstest am Hüftgelenk beinhalten. Hierzu wird der Patient auf die nicht betroffene Seite gelagert, der Therapeut steht bzw. sitzt hinter dem Patienten. Das zu testende Bein wird auf den Unterarm der kopffernen Hand des Therapeuten gelagert. Mit der kopfnahen Hand appliziert der Therapeut über den Trochanter eine Kompression ins Hüftgelenk. Um eine größere Gelenkfläche zu beurteilen, bewegt der Therapeut das Bein langsam passiv von Flexion in Extension (▶ **Abb. 10.13**). Während des Tests beurteilt der Therapeut die Oberflächenbeschaffenheit, die Gleitfähigkeit und die Schmerzhaftigkeit des Hüftgelenks.

Damit noch weitere Gelenkanteile untersucht werden können, übt der Therapeut eine axiale Kompression in das Hüftgelenk aus. Die Ausgangsstellung ist ebenfalls die Seitenlage, der Unter-

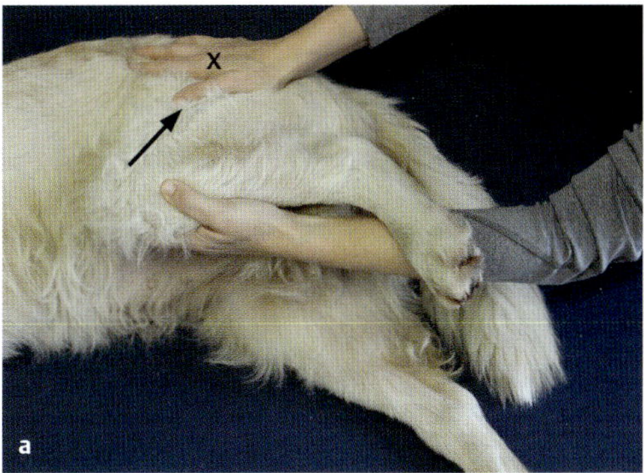

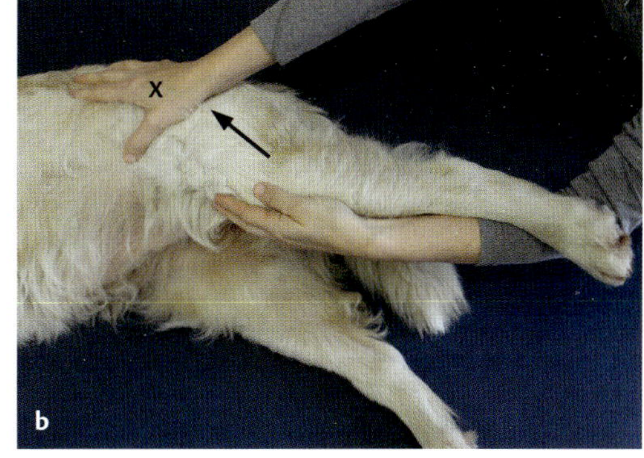

► **Abb. 10.13** Kompressionstest des Hüftgelenks in Flexion (a). Kompressionstest des Hüftgelenks in Extension (b). (Foto: Christiane Gräff)

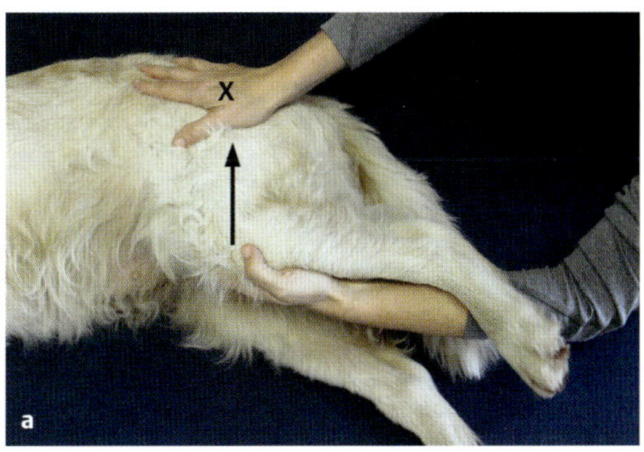

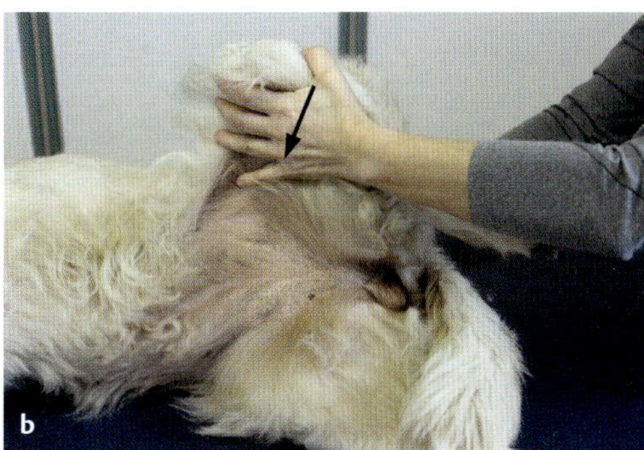

► **Abb. 10.14** Kompressionstest des Hüftgelenks in Adduktion (a). Kompressionstest des Hüftgelenks in Abduktion (b). (Foto: Christiane Gräff)

schenkel des Patienten wird bei leichter Knieflexion auf den Unterarm des Therapeuten gelagert. Die Kompression erfolgt über das leicht gebeugte Kniegelenk in Richtung Hüftgelenk. In dieser Ausgangsstellung kann der Therapeut das Bein zusätzlich in Ab- und Adduktion bewegen (► Abb. 10.14).

Die Kompressionsmobilisation des Hüftgelenks erfolgt anschließend in gleicher Weise. Die Intensität der Kompression richtet sich nach der Schmerzangabe des Patienten. Hier sei nochmals darauf hingewiesen, dass Schmerzen bei der Kompressionsmobilisation unbedingt zu vermeiden sind. Zu Beginn der Behandlung wird die Kompression statisch in verschiedenen Stellungen des Gelenks ausgeführt. Der Druck wird 1 sec gehalten und dann für 1 sec wieder gelöst. Diese Art Pumptechnik drückt die Synovia in tiefere Knorpelschichten und sorgt somit für eine bessere Ver- und Entsorgung des Gelenkknorpels. Zur Wiederherstellung der synovialen Gleitfähigkeit und der Verbesserung der eingeschränkten Gelenkbeweglichkeit in Extension stellt der Therapeut das Hüftgelenk an der restriktiven Barriere in Extension ein und übt einen axialen Druck in Richtung Hüftgelenk aus. Anschließend wird die Extremität passiv in Flexion geführt. Am Bewegungsende löst der Therapeut die axiale Kompression und führt die Extremität wieder zurück an die restriktive Barriere in Extension. Sobald die Extension schmerzfrei möglich ist, kann die Kompressionsmobilisation in beide Richtungen erfolgen. Wie schon erwähnt, sollte die Behandlung mindestens 10 min lang durchgeführt werden. Für die Ab- und Adduktion gilt die gleiche Vorgehensweise.

Die positiven Effekte einer Kompressionsmobilisation im Überblick:

- Verbesserung der Knorpelernährung
- Verbesserung der synovialen Gleitfähigkeit
- Entspannung der Gelenkkapsel
- Schmerzlinderung

10.6 Elektrotherapie und Ultraschalltherapie

10.6.1 Elektrotherapie

Die Elektrotherapie bezeichnet die Applikation von elektrischen Strömen zu therapeutischen Zwecken, dabei kommen im Bereich der Tierphysiotherapie vor allem Wechselströme zum Einsatz. Die **transkutane elektrische Nervenstimulation (TENS)** ist hier die gebräuchlichste Form der Elektrotherapie; vor allem im angloamerikanischen Raum kommt außerdem die **neuromuskuläre Elektrostimulation (NMES)** zum Einsatz (▶ **Tab. 10.1**). Fließt Strom in einem elektrischen Leiter wie beispielsweise Metall, so handelt es sich dabei um einen Elektronenstrom. Wird Strom dagegen an den Körper eines Lebewesens angelegt, kommt es dabei zu einer Bewegung der Ionen als geladene Teilchen. Bei der Applikation von Wechselströmen bewegen sich diese entsprechend den wechselnden Ladungen hin und her. Für die Elektrotherapie am Tier können Elektroden mit Nadel-Pads verwendet werden; alternativ kommen Elektroden mit einer glatten Oberfläche zur Anwendung, die mithilfe eines Kontaktgels auf die zuvor geschorenen oder rasierten Hautstellen angelegt werden. Es sind verschiedene Elektrotherapie-Geräte erhältlich, die entweder mit festgelegten Programmen arbeiten oder bei denen die verschiedenen Parameter (Frequenz, Amplitude, Pulsdauer, Pulsform etc.) manuell eingestellt werden können.

Die **Hauptindikation** für den Einsatz der transkutanen elektrischen Nervenstimulation (**TENS**) ist die Linderung von chronischen und akuten Schmerzzuständen. Dabei beruhen die Schmerzreduktion und der positive Effekt auf die Geweberegeneration auf mehreren verschiedenen Wirkprinzipien:

- Durch die elektrischen Impulse werden vor allem afferente Aβ-Fasern aktiviert. Diese besitzen eine höhere Leitungsgeschwindigkeit als die schmerzlindernden C-Fasern. Auf Ebene der Interneurone im Rückenmark kommt es dadurch zu einer Hemmung der Schmerzweiterleitung (Gate-Control-Theory).
- Die elektrische Stimulation bewirkt außerdem die Ausschüttung von Endorphinen.
- Muskelkontraktionen geschehen in Folge der Erregungsübertragung von einem motorischen Neuron über die muskuläre Endplatte auf den Muskel. Die Erregungsleitung entlang des Neurons läuft in Form eines Aktionspotenzials ab, welches zu einer Depolarisation der Zellmembran führt. Anschließend kommt es zu einer Re-

▶ **Tab. 10.1** Unterschiede TENS – NMES.

Vergleichsaspekte	TENS (transkutane elektrische Nervenstimulation)	NMES (neuromuskuläre Elektrostimulation)
Indikation	akute und chronische Schmerzzustände	Muskelschwäche
Wechselstrom mit niedriger Frequenz	30–150 Hz	25–50 Hz
Pulsdauer	50–100 µs	100–400 µs
Amplitude	so niedrig, dass die Empfindung für das Tier nicht unangenehm wird	so hoch, dass eine deutliche Muskelkontraktion ausgelöst wird
Wirkprinzipien	• Gate-Control-Theory: Hemmung der Schmerzweiterleitung • Endorphin-Ausschüttung • Detonisierung der Muskulatur • Hyperämisierung	• Depolarisation motorischer Neurone, dadurch Auslösung einer Muskelkontraktion
Anlage der Elektroden	lokal oder segmental (zum schmerzhaften Areal)	direkt über dem entsprechenden Muskel

fraktärzeit, in der das Neuron für kurze Zeit nicht erregbar ist und somit keine weitere Muskelkontraktion erfolgen kann. Durch Ausnutzung der Refraktärzeit führt die TENS in der Summe zu einer Detonisierung hypertoner Muskulatur; auch dieser Effekt wirkt schmerzlindernd.
- Durch die TENS kommt es darüber hinaus zur Freisetzung vasoaktiver Substanzen und damit zu einer Mehrdurchblutung des behandelten Gewebes. Hierdurch wird wiederum die Geweberegeneration gefördert.

Bei der TENS wird mit Wechselströmen mit niedrigen Frequenzen zwischen 30 und 150 Hertz gearbeitet; die Pulsdauer beträgt jeweils 50–100 µs. Die Amplitude wird dabei so niedrig gewählt, dass es weder zu einer sichtbaren Muskelkontraktion noch zu einer unangenehmen Empfindung für das Tier kommt. Die Anlage der Elektroden erfolgt entweder lokal, also direkt über bzw. neben dem schmerzhaften Bereich, oder aber segmental, also rechts und links paravertebral über den Austrittsstellen der Spinalnerven, die dem schmerzenden Areal segmental zugeordnet sind.

Die **Indikation** für den Einsatz der neuromuskulären Elektrostimulation (**NMES**) sind Schwächezustände einzelner oder mehrerer Muskeln. Dabei wird über eine künstliche elektrische Aktivierung des motorischen Neurons direkt eine Depolarisation ausgelöst, welche dann wiederum eine Muskelkontraktion bedingt. Die NMES kann entsprechend dort zum Einsatz kommen, wo Patienten nicht zu einer willkürlichen Muskelkontraktion in der Lage sind (z. B. neurologische Patienten). Sie kann außerdem eingesetzt werden, um Muskelkontraktionen zu unterstützen, die nicht in vollem Umfang aktiv ausgeführt werden können. Durch Studien am Menschen wurde gezeigt, dass dadurch einem Verlust der Muskelmasse beispielsweise nach orthopädischen Operationen zumindest teilweise entgegengewirkt werden kann. Ein wesentlicher Kritikpunkt an der NMES besteht jedoch darin, dass durch die künstliche Stimulation kein funktioneller Bewegungsablauf ausgelöst werden kann, da die inter- und intramuskuläre Koordination bzw. die Rekrutierung, die für eine koordinierte Muskelaktivierung notwendig ist, nicht den physiologischen Abläufen entsprechend ausgelöst werden. Die NMES arbeitet ebenfalls mit Wechselströmen mit niedrigen Frequenzen, diese liegen zwischen 25 und 50 Hertz, die Pulsdauer beträgt 100–400 µs. Dabei muss die Amplitude so hoch gewählt werden, dass eine deutliche Muskelkontraktion ausgelöst wird. Bei der NMES werden die Elektroden direkt über dem zu stimulierenden Muskel angelegt.

Kontraindikationen für den Einsatz aller Arten von Elektrotherapie sind:
- akute Hautinfektionen und offene Wunden
- Metallimplantate
- Trächtigkeit
- Patienten mit Herzschrittmachern

10.6.2 Ultraschalltherapie

Als Ultraschall werden Schallwellen bezeichnet, die oberhalb des menschlichen Hörbereichs liegen. Beim **therapeutischen Ultraschall** werden Frequenzen von mindestens 0,5 MHz verwendet; dabei bestimmt die Frequenz die Eindringtiefe der Schallwellen in das Gewebe: Je höher die Frequenz, desto geringer ist die Eindringtiefe. Ultraschallwellen sind mechanische Schwingungen. Sie werden erzeugt, indem Wechselstrom an einen piezoelektrischen Kristall angelegt wird, der dann mit der Frequenz des Wechselstroms oszilliert. Diese Umwandlung von elektrischer Energie in mechanische Schwingung wird als piezoelektrischer Effekt bezeichnet. Bei der Anwendung von therapeutischem Ultraschall bewirken dann umgekehrt die mechanischen Druck- und Zugimpulse wiederum Veränderungen der elektrischen Ladung im Gewebe, sodass auch hier piezoelektrische Effekte zum Tragen kommen.

Ultraschallwellen werden an Gewebegrenzen reflektiert, sodass der zu behandelnde Bereich insbesondere bei Hunden mit langem und dichtem Fell geschoren bzw. rasiert werden muss. Außerdem wird ein Medium zur Ankopplung des Schallkopfes an das Gewebe benötigt: Für die direkte Ankopplung wird ein Ultraschallgel benutzt, welches den Kontakt zwischen Schallkopf und Haut vermittelt. Bei der indirekten Ankopplung wird der Ultraschallkopf unter Wasser über die zu behandelnde Stelle gehalten. Die Absorption der Ultraschallwellen ist abhängig von der Art des Gewebes: Haut und Fettgewebe haben eine geringere

Absorptionsrate als proteinreiches Gewebe wie beispielsweise Muskulatur.

Die therapeutische Wirkung des Ultraschalls beruht in erster Linie auf einer **thermischen Wirkung**: Im behandelten Bereich kommt es zu einer Tiefenerwärmung, dabei ist die Eindringtiefe auf etwa 5 cm beschränkt und es wird eine Erwärmung des Gewebes um 1–4 °C angestrebt. Eine **Überhitzung** über 43 °C muss jedoch unbedingt verhindert werden, da es hierdurch zu einer unerwünschten Denaturierung von Strukturproteinen kommt. Um eine Überhitzung zu vermeiden, muss die Intensität, d. h. die applizierte Energie pro Flächeneinheit, bekannt sein: Je höher die Intensität, desto höher ist die Gewebeerwärmung. Bei gepulstem Ultraschall sowie bei der dynamischen Bewegung des Schallkopfes über der zu behandelnden Fläche ist das Risiko einer Überhitzung geringer als bei kontinuierlichem Ultraschall und statischer Anwendung. In diesem Zusammenhang müssen unbedingt die Herstellerangaben hinsichtlich Impulsmodus, Intensität, Frequenz und empfohlener Behandlungsdauer für die unterschiedlichen Ultraschallgeräte berücksichtigt werden! Gegenüber anderen Formen der Thermotherapie bietet die Anwendung von therapeutischem Ultraschall den Vorteil, dass die Wärmeapplikation sehr zielgerichtet auf einzelne anatomische Strukturen erfolgen kann. Die Erwärmung des Gewebes zieht folgende positive Effekte nach sich:

- verbesserte elastische Eigenschaften insbesondere von bindegewebigen Strukturen (Sehnen, Bänder, Gelenkkapseln)
- Förderung der Durchblutung im behandelten Bereich; dadurch Förderung der Gewebe-Regeneration in den frühen Wundheilungsphasen
- Reduktion von Muskelverspannungen
- Schmerzreduktion

Weitere positive Effekte der Ultraschalltherapie beruhen auf der **mechanischen Wirkung** in Form einer „Mikromassage" des Gewebes bzw. auf den **piezoelektrischen** Effekten im behandelten Gewebe: Hierdurch wird insbesondere die reguläre Ausrichtung von Bindegewebsstrukturen gefördert, es kommt zu einer Anregung der Phagozytose, zu einer Aktivierung der Angiogenese und zu einer vermehrten Proliferation von Fibroblasten. Alle diese Aspekte wirken sich positiv auf die späteren Phasen der Wundheilung aus.

Durch diese Wechselwirkungen im Körper ist der therapeutische Ultraschall vor allem dann von Nutzen, wenn eine vermehrte Durchblutung und Gewebsproliferation beispielsweise im Rahmen der Wund- und Gewebeheilung erwünscht ist. Entsprechend kommt der therapeutische Ultraschall für **folgende Zwecke** und bei **folgenden Indikationen** zum Einsatz:

- unterstützend bei der Wundheilung und Ausheilung verletzter Gewebe (Sehnen- und Bänderverletzungen, Wundheilungsstörungen, Frakturheilung)
- bei Muskelverspannungen und Kontrakturen
- in der Narbenbehandlung
- in der Behandlung myofaszialer Triggerpunkte

Kontraindikationen für therapeutischen Ultraschall sind:

- Neoplasien (Tumore, Metastasen)
- Infektionserkrankungen
- Blutgerinnungsstörungen, Thromben
- Wundnähte in den ersten 10–14 Tagen postoperativ
- offene Epiphysenfugen (Wachstum; Wachstumsstörungen)
- Trächtigkeit; Beschallung von inneren Organen, Augen, Rückenmark

10.7 Hydrotherapie

Die Hydrotherapie macht sich die physikalischen Reizwirkungen des Wassers zunutze. Im Bereich der Sportphysiotherapie kommen dabei vor allem die Schwimmtherapie und die Therapie auf dem Unterwasserlaufband (▶ **Abb. 10.15**) zum Einsatz. Bäder und Wickel, die ebenfalls der Hydrotherapie zugerechnet werden, finden beim Hund selten Verwendung.

Folgende physikalische Eigenschaften des Wassers spielen bei der Hydrotherapie eine Rolle und können therapeutisch genutzt werden:

Relative Dichte Als relative Dichte wird das Verhältnis des Gewichts eines Materials bei definiertem Volumen in Relation zum Gewicht einer Was-

▶ **Abb. 10.15** Die Arbeit auf dem Unterwasserlaufband ist eine häufig eingesetzte Form der Hydrotherapie. (Foto: Silke Meermann)

sermenge gleichen Volumens bezeichnet; die Maßeinheit ist das sog. **spezifische Gewicht**. Das spezifische Gewicht von Wasser liegt bei 1. Knochengewebe hat ein höheres spezifisches Gewicht als Wasser (etwa 1,5), Fettgewebe ein niedrigeres spezifisches Gewicht (etwa 0,8). Für ein Tier, das im Wasser läuft oder schwimmt, kann das spezifische Gewicht dadurch größer (magere Tiere) oder kleiner (fettleibige Tiere) gleich 1 sein, d. h., je nach Ernährungszustand schwimmt oder sinkt der Körper im Wasser; dies ist bei der Therapieplanung zu beachten.

Auftriebskraft des Körpers Ein Körper erfährt im Wasser eine Auftriebskraft, die dem Gewicht der Wassermenge entspricht, die der Körper verdrängt; dadurch ist ein Körper im Wasser leichter als an Land. Dies bedeutet, dass das Gewicht, welches ein Körper tragen muss, umso geringer ist, je weiter sich der Körper im Wasser befindet (▶ Tab. 10.2, ▶ Abb. 10.16):

▶ **Tab. 10.2** Prozentuale Gewichtsanteile in Abhängigkeit von der Wassertiefe.

Wassertiefe (Angabe in Gelenkhöhe)	Relatives Gewicht im Verhältnis zum Gewicht an Land
Tarsalgelenk	91 %
Kniegelenk	84 %
Trochanter major	38 %

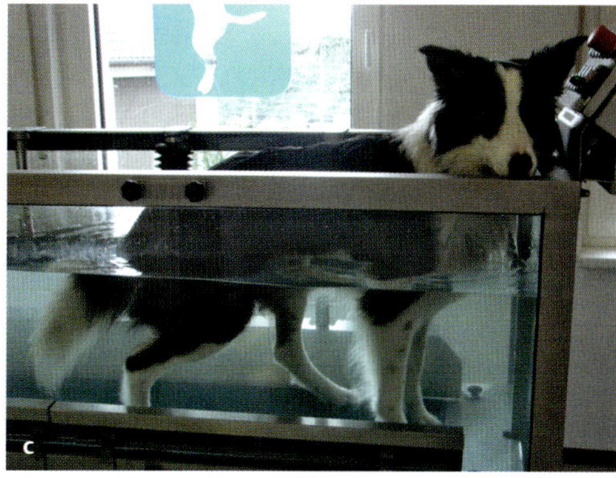

▶ **Abb. 10.16** Die Höhe der Auftriebskraft hängt davon ab, wie tief der Hund im Wasser steht. (Foto: Silke Meermann)

a Der Hund steht etwa bis zu den Tarsalgelenken im Wasser.

b Der Hund steht etwa bis zu den Kniegelenken im Wasser.

c Der Hund steht etwa bis zur Hälfte der Oberschenkel im Wasser.

Hydrostatischer Druck Als hydrostatischer Druck wird der Druck des Wassers auf die Oberfläche eines im Wasser befindlichen Körpers bezeichnet. Der Druck ist umso höher, je tiefer sich der Körper im Wasser befindet. Der hydrostatische Druck wirkt somit förderlich bei der Resorption von Ödemen, insbesondere im Gliedmaßenbereich, da sich diese naturgemäß am tiefsten im Wasser befinden. Aufgrund des hydrostatischen Druckes entsteht durch die Bewegungstherapie im Wasser jedoch auch eine wesentlich höhere Belastung des Herz-Kreislauf-Systems als an Land: Dies ist zum einen durch die Mehrbelastung des Herzens durch die forcierte Flüssigkeitsrückresorption bedingt, zum anderen vermindert der hydrostatische Druck den Bauchumfang, wodurch es zu einem Zwerchfellhochstand kommt und so die Inspiration erschwert wird (die Exspiration hingegen wird erleichtert, dadurch kann die Hydrotherapie auch als Atemgymnastik zum Einsatz kommen).

Viskosität und Widerstand Die Viskosität einer Flüssigkeit beschreibt den Reibungswiderstand, der bei einer Bewegung überwunden werden muss. Der Reibungswiderstand von Wasser ist wesentlich höher als der von Luft, sodass das Laufen im Wasser anstrengender ist als das Laufen an Land, da durch die Muskelarbeit ein höherer Reibungswiderstand überwunden werden muss. Der Reibungswiderstand ist außerdem abhängig von der Größe der Angriffsfläche und der Geschwindigkeit der im Wasser ausgeführten Bewegungen: Eine Verdopplung der Laufgeschwindigkeit im Wasser führt zu einer Vervierfachung des Reibungswiderstandes; die Arbeit im Wasser eignet sich daher besonders zum Training der Kraftausdauer.

Oberflächenspannung des Wassers Bewegungen, bei denen die Wasseroberfläche durchbrochen wird, sind anstrengender als solche, die nur über oder unter der Wasserfläche ausgeführt werden, da die Oberflächenspannung überwunden werden muss.

Wassertemperatur Je nach Trainingszustand, individuellem Termperaturempfinden und Therapieziel sollte die Wassertemperatur zwischen 25 und 35 °C liegen. Bei kälteren Temperaturen

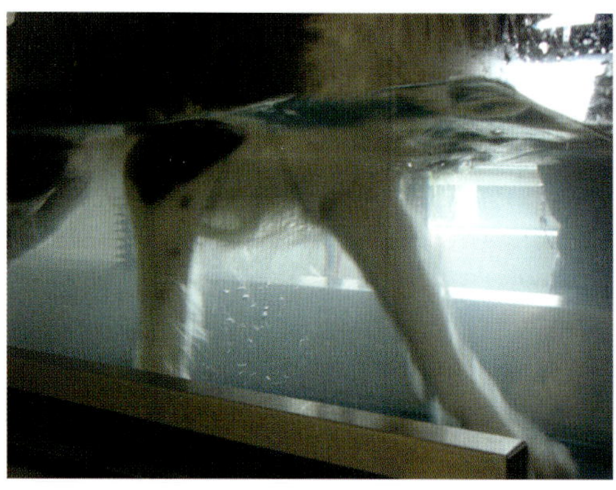

▸ **Abb. 10.17** Die physikalischen Effekte des Wassers wie die relative Dichte, die Auftriebskraft, der hydrostatische Druck, die Viskosität und der Wasserwiderstand sowie die Oberflächenspannung führen dazu, dass das Laufen auf dem Unterwasserlaufband eine gute Trainingsmöglichkeit für die Verbesserung der Muskelkraft und der Ausdauerleistung bei nur geringer Gelenkbelastung darstellt. (Foto: Silke Meermann)

kommt es zu einer starken Vasokonstriktion, bei wärmeren Temperaturen besteht das Risiko der Überhitzung und die Belastung des Herz-Kreislauf-Systems ist höher. Kleine Hunde, die beispielsweise zu Beginn der Rehabilitation nach einem Diskusprolaps nur eingeschränkt aktiv beweglich sind, sollten bei wärmeren Temperaturen (30–35 °C) trainiert werden. Große Hunde, die beispielsweise für ein Kraftausdauertraining bis zu 20 min in zügigem Schritt-Tempo auf dem Unterwasserlaufband laufen, sollten bei niedrigeren Temperaturen (20–25 °C) trainiert werden.

In der Summe können diese physikalischen Eigenschaften des Wassers im Rahmen der Hydrotherapie genutzt werden, um insbesondere die Muskelkraft und die Ausdauerleistung (Kraftausdauer) zu fördern (▸ **Abb. 10.17**). Sowohl beim Schwimmen als auch beim Training auf dem Unterwasserlaufband wird außerdem der aktive Bewegungsumfang der Gelenke vergrößert. Der Wasserdruck führt zu einer Verbesserung der Ödemresorption durch einen verbesserten lymphatischen und venösen Rückstrom einerseits und zu einer Reizung der Rezeptoren in der Haut andererseits, wodurch zusätzlich ein schmerzlindernder Effekt entsteht (Gate-Control-Theory). Durch die hohe spezifische Dichte und die Auftriebskraft des Wassers ist außerdem die Druckbelastung der Gelenkflächen deutlich niedriger als an Land.

Die Hydrotherapie kann zu **folgenden Zwecken** und bei **folgenden Indikationen** zum Einsatz kommen:

- Sportphysiotherapie und Physiotherapie allgemein:
  - Förderung des Muskelaufbaus bei geringer Gelenkbelastung
  - Ausdauer- und Krafttraining
  - als „Cross-Training"
  - unterstützend zur Gewichtsreduktion
- neurologische Patienten:
  - Diskopathien
  - Rückenmarksinfarkt
  - degenerative Myelopathie
  - lumbosakrales Stenose-Syndrom
- orthopädische Patienten:
  - Hüftgelenksdysplasie
  - Arthrosen, Spondylosen
  - postoperativ (insbesondere nach Kreuzbandrissen, Frakturen)

Kontraindikationen der Hydrotherapie sind:

- Herzinsuffizienz, dekompensierte Herzerkrankungen
- Atemwegserkrankungen
- akute Infekte, fieberhafte Erkrankungen
- infektiöse Hauterkrankungen und offene Wunden

10.7.1 Unterschiede Unterwasserlaufband und Schwimmtherapie

Streng genommen handelt es sich beim Training auf dem Unterwasserlaufband sowie beim Schwimmtraining um Formen der Hydrotherapie, beide Maßnahmen können jedoch auch der aktiven Bewegungstherapie zugeordnet werden und beinhalten außerdem Aspekte der Thermotherapie. Prinzipiell kommen bei beiden Therapieformen dieselben physikalischen Eigenschaften des Wassers zum Tragen, dennoch führen die unterschiedlichen Bewegungsabläufe beim Schwimmen einerseits und bei der Arbeit auf dem Unterwasserlaufband andererseits zu unterschiedlichen Effekten, sodass je nach Therapieziel die eine oder andere Therapieform bevorzugt wird (► Tab. 10.3):

Das **Schwimmtraining** bietet entscheidende Vorteile insbesondere in der initialen Rehabilitation neurologischer Patienten, die an Land nicht steh- oder gehfähig sind, da oftmals erste Gliedmaßenbewegungen möglich sind, wenn das Tier im Wasser schwimmt – dabei muss unbedingt gewährleistet werden, dass das Tier durch eine Hundeschwimmweste und den Therapeuten gesichert wird. Auch im Hinblick auf das Training der Rumpfstabilität bietet das Schwimmen Vorteile gegenüber dem Laufen auf dem Unterwasserlaufband. In verschiedenen Studien konnte für Menschen und Hunde außerdem gezeigt werden, dass das Ausmaß der Gliedmaßenflexion beim Schwimmen größer ist als beim Laufen an Land,

► **Tab. 10.3** Vor- und Nachteile des Schwimm- und Unterwasserlaufband-Trainings.

Schwimmtraining	Unterwasserlaufband
gut geeignet für neurologische Patienten in der intialen Phase, die nicht selbstständig geh- und stehfähig sind	gut geeignet für neurologische Patienten, bei denen ein physiologisches Gangbild angebahnt und gefördert werden soll
gut geeignet zur Förderung der Rumpfstabilität	weniger geeignet zur Förderung der Rumpfstabilität
gut geeignet zur Förderung der Gliedmaßenflexion; nicht geeignet bei eingeschränkter Gliedmaßenextension	gut geeignet zur Förderung der Gliedmaßenflexion; bedingt geeignet zur Förderung der Gliedmaßenextension
gut geeignet als „Cross-Training" für Sporthunde, aber weniger geeignet zur Anbahnung eines physiologischen Gangbildes	gut geeignet zur Kräftigung der Muskelgruppen, die auch bei der zyklischen Fortbewegung an Land benötigt werden
Belastungen sind schwer zu quantifizieren und exakt zu steuern, dadurch weniger geeignet für einen gezielten Aufbau von Kraft und Ausdauer im Training	Belastungen sind gut quantifizier- und steuerbar, dadurch gut geeignet zum gezielten Aufbau von Kraft und Ausdauer im Training von Sporthunden

das Ausmaß der Gliedmaßenextension ist dagegen geringer. Dieser Effekt kann dann genutzt werden, wenn Gelenkbewegungen bei eingeschränkter Flexion geübt werden sollen. Die Bewegungsabläufe beim Schwimmen unterscheiden sich von denen der zyklischen Fortbewegung an Land; beim Menschen wurde nachgewiesen, dass dabei auch die Muskulatur unterschiedliche Aktivitätsmuster aufweist. Dadurch ist das Schwimmtraining weniger geeignet zur Anbahnung eines physiologischen Gangbildes. Umgekehrt eignet sich Schwimmen dagegen sehr gut als „Cross-Training" für Sporthunde, bei dem zwar das kardiopulmonale System bzw. die Ausdauer trainiert, die Muskulatur jedoch in anderer Form beansprucht wird als bei der eigentlich ausgeübten Sportart (z. B. Geländelauf).

Entsprechend liegt demgegenüber der Hauptvorteil beim Einsatz des **Unterwasserlaufbandes** darin, dass hier ein physiologisches Gangbild angebahnt bzw. gefördert wird und die Belastung funktionell der zyklischen Fortbewegung an Land ähnelt. Daher eignet sich das Unterwasserlaufband insbesondere zur Gangschulung bei neurologischen Patienten zur Ausbildung der selbstständigen Gehfähigkeit. Aber auch Sporthunde können hiervon profitieren, da dieselben Muskelgruppen trainiert und gekräftigt werden, die auch für die zyklische Fortbewegung an Land benötigt werden. Aufgrund des Wasserwiderstands werden jedoch die Muskeln, die eine Protraktion der Vorder- und Hintergliedmaßen bedingen, im Unterwasserlaufband stärker beansprucht als solche, die eine Retraktion der Gliedmaßen bewirken. Der Reibungswiderstand des Wassers führt außerdem dazu, dass Hunde beim Laufen auf dem Unterwasserlaufband nicht im Passgang laufen können, sondern je nach Laufbandgeschwindigkeit und Wassertiefe die zyklischen Bewegungsmuster der Gangarten Schritt und Trab bevorzugen (langsame Geschwindigkeit bei mindestens knietiefem Wasser: Schritt; höhere Geschwindigkeit bei Tarsalgelenktiefe: Trab). Somit kann das Laufbandtraining auch eingesetzt werden, um ein pathologisches Passmuster, welches sich als Schonhaltung bei einer Erkrankung des Bewegungsapparats entwickeln kann, wieder durch physiologische Bewegungsmuster zu überlagern. Dabei ist zu berücksichtigen, dass die Hunde auf dem Laufband nicht tiefer als bis zum Trochanter major im Wasser arbeiten sollten, da sonst aufgrund des Auftriebs ein verändertes Gangbild mit Zehenspitzenfußung und maximal gestreckten Gelenken gefördert wird. Ähnlich wie beim Schwimmtraining konnte durch Studien an Hunden im Unterwasserlaufband ebenfalls eine vermehrte Flexion der Gliedmaßen belegt werden, das Ausmaß der Gliedmaßenextension im Laufband entspricht dabei dem beim Laufen an Land. Als weiteren Vorteil gegenüber dem Schwimmtraining bietet das Unterwasserlaufband insgesamt eine deutlich bessere Plan- und Kontrollierbarkeit der Therapie- und Trainingseinheiten, da die Belastung über die Wassertiefe, die Laufbandgeschwindigkeit, die Dauer und die Wiederholung der einzelnen Einheiten sehr genau definiert und dosiert werden kann. Dies ist auch beim gezielten Einsatz des Unterwasserlaufbandes zur Verbesserung der Hauptbeanspruchungsformen Kraft und Ausdauer bei Sporthunden von entscheidender Bedeutung.

11 Akute hundesporttypische (orthopädische) Verletzungen

11.1 Sportverletzung versus Sportschäden

Während eine **Sportverletzung** durch ein einmaliges Trauma beim Sport hervorgerufen wird, bezeichnet der Begriff **Sportschaden** einen chronischen, nicht mehr heilbaren Verschleiß von Gewebe, der nicht auf ein einzelnes Ereignis, sondern vielmehr auf eine schleichend fortschreitende Überlastung oder eine Summation von Mikrotraumata zurückzuführen ist. Zumeist handelt es sich dabei um arthrotische Veränderungen (S. 297), die durch den Verlust des hyalinen Gelenkknorpels sowie durch weitere Umbauprozesse an den Gelenken und den sie umgebenden Strukturen gekennzeichnet sind.

Dabei haben verschiedene retrospektive Untersuchungen beim Menschen an ehemaligen Leistungssportlern gezeigt, dass das Auftreten z. B. primär funktiogener Arthrosen extrem selten ist und derartige Veränderungen in der Regel sekundäre Folge größerer traumatischer Einwirkungen sind. Dies wird u. a. auch daran deutlich, dass in den Untersuchungen bei Dauerleistungssportlern (Langstreckenläufer, Skilangläufer, Radrennfahrer) kaum Arthrosen in den am meisten beanspruchten Beingelenken beobachtet werden. Arthrotische Veränderungen im Bereich der Gliedmaßen lassen sich meist auf Makrotraumata zurückführen; darüber hinaus treten beim Menschen ebenfalls häufig sekundäre Wirbelsäulenleiden auf.

Im Folgenden werden typische Verletzungen beschrieben, mit denen Sporthunde häufig beim Tierarzt bzw. Tierphysiotherapeuten vorgestellt werden. Dabei wird hier nur auf solche Verletzungen eingegangen, die sich praxistauglich und mit ausreichender Sicherheit diagnostizieren lassen. Darüber hinaus ist davon auszugehen, dass auch beim Hund Verletzungen wie Muskelfaserrisse sowie auch Zustände von „Muskelkater" auftreten; diese sind allerdings bisher für diese Tierart weder wissenschaftlich untersucht noch lassen sie sich praxistauglich gut differenzieren bzw. sicher diagnostizieren.

11.2 Fraktur

Eine Fraktur bezeichnet einen **Knochenbruch**, welcher mit einer Zusammenhangstrennung der Kompakta einhergeht. In der Regel treten Frakturen als Folge massiver **Traumata** wie Autounfälle oder Fensterstürze auf; demgegenüber kann es zu pathologischen oder **Spontanfrakturen** kommen, wenn die Knochensubstanz beispielsweise durch Knochentumoren oder Zysten vorgeschädigt ist.

Knochenfrakturen treten im **Hundesport** vor allem in Form von Ermüdungsfrakturen bei Rennhunden im Bereich der Hintergliedmaßen und hier insbesondere der Tarsal- und Metatarsalknochen auf. Auch im Agility und im Turnierhundsport kommt es bisweilen zu Knochenfrakturen, vor allem dann, wenn der menschliche Sportpartner dem Hund im Laufen auf die Pfoten bzw. Gliedmaßen tritt oder über bzw. auf den Hund fällt. Dabei sind kleinere Hunderassen aufgrund der geringeren Gesamtgröße, aber auch aufgrund des geringeren Knochendurchmessers stärker gefährdet.

Die **Diagnose** kann zum Teil bereits adspektorisch, in der Regel aber palpatorisch gestellt werden: Eine abnorme Beweglichkeit sowie Achsabweichungen sind in der Regel sicht- und fühlbar, auch freiliegende Knochenteile bei einer offenen Fraktur stellen sich auf diese Weisen dar. Die fühlbare Krepitation ist ebenfalls ein sicheres Frakturzeichen. Beim Hund gehen Gliedmaßenfrakturen in der Regel mit einer Lahmheit vierten Grades, also einer vollständigen Entlastung der Gliedmaße, einher. Die Diagnoseabsicherung erfolgt über Röntgenaufnahmen in zwei Ebenen.

Die Klassifizierung von Frakturen kann anhand verschiedener Kriterien erfolgen: Nach der **Anzahl der Fragmente** unterscheidet man einfache von komplizierten bzw. Trümmerfrakturen. Anhand der **Lokalisation** werden diaphysäre, also Schaftfrakturen, von gelenknahen, metaphysären Frakturen und solchen mit unmittelbarer Gelenkbeteiligung unterschieden. Die Begriffe Quer-, Schräg- oder Spiralfraktur beschreiben den **Verlauf der Frakturlinie**. Als Sonderform beim Junghund tritt die **Grünholzfraktur** auf, bei der es zu einer Zusammenhangstrennung der Kompakta, nicht aber des Periosts kommt. Ermüdungsfrakturen treten vor allem bei Windhunden und hier insbesondere im Bereich der Tarsalgelenke und Mittelfußknochen auf.

Bei den meisten Frakturen ist die **chirurgische Versorgung** mittels Osteosynthese der konservativen Therapie mit Schienen- oder Gipsverbänden vorzuziehen, da hierdurch eine wesentlich bessere Reposition und Ruhigstellung erreicht werden kann. Diese sind wiederum entscheidend für den Verlauf der Knochenheilung. Neben der Frakturversorgung mit Marknägeln (lange Röhrenknochen) oder Pins kommt vor allem der Plattenosteosynthese eine große Bedeutung zu; komplizierte Frakturen und Trümmerbrüche werden häufig mit einem Fixateur externe versorgt. Bei Frakturen ohne Dislokation im Bereich des Rumpfes sowie bei inkompletten geschlossenen Frakturen kann eine konservative Therapie erwogen werden; Rippenfrakturen werden fast immer konservativ behandelt. Beim Junghund heilt eine geschlossene, gut ruhiggestellte Fraktur in der Regel innerhalb von 6–12 Wochen aus; mit zunehmendem Alter steigt auch die Dauer der Frakturheilung.

Während der **Immobilisationsphase** muss eine Destabilisierung der Fraktur unbedingt vermieden werden, sodass nur die umgebenden Strukturen bzw. die nicht betroffenen Gliedmaßen behandelt werden können. Bei mit metallischen Implantaten versorgten Frakturen ist der lokale Einsatz von Elektrotherapie kontraindiziert, aber auch bei der Anwendung von Wärme- oder Kältereizen in unmittelbarer Nähe zu den Implantaten ist Vorsicht geboten.

Manuelle Lymphdrainage kann unmittelbar postoperativ im betroffenen Gewebe zur Anwendung kommen. Durch **Massagen** kann die Durchblutungssituation in der die Fraktur umgebenden Muskulatur verbessert werden; detonisierende Massagen können außerdem sekundär überlastete Strukturen entspannen. **Passive Bewegungsübungen** dienen dem Erhalt der Beweglichkeit benachbarter Gelenke; die hierdurch entstehenden piezoelektrischen Effekte tragen außerdem zu einer Verbesserung der Ausrichtung von Kollagenfasern im Ersatzgewebe bei und beschleunigen und verbessern die Heilungsprozesse am Knochen.

Mit fortschreitender Ausheilung können **aktive Bewegungsübungen** an Land oder im Wasser, z. B. Hydrotherapie (S. 258) als Schwimmtraining oder Training auf dem Unterwasserlaufband, sowie Koordinationsübungen hinzugenommen werden.

In der Regel erfolgt 6 Wochen nach Fraktur bzw. Operation eine Kontroll-Röntgenuntersuchung, bei der die Durchbauung des Frakturspaltes beurteilt wird. Bei guter Durchbauung ist nun nicht mehr die Immobilisation, sondern die Wiedererlangung der ursprünglichen Funktion (Gelenkbeweglichkeit, Koordination und Muskelkraft) das therapeutische Ziel. Als unerwünschte Nebenwirkungen der Immobilisationsphase stehen Verkürzungen bindegewebiger Strukturen an den umgebenden Gelenken sowie eine Atrophie der umgebenden Muskulatur im Vordergrund. Dadurch sind nun die Wiederherstellung der Gelenkbeweglichkeit sowie die Wiedererlangung der ursprünglichen Muskelkoordination und Muskelkraft die wichtigsten physiotherapeutischen Behandlungsziele. Dies bedeutet, dass erst im Anschluss an die eigentliche Frakturheilungsphase von mindestens 6 Wochen mit der Rehabilitation in Bezug auf die sportliche Belastung begonnen werden kann. Da die Hunde in der Frakturheilungsphase keiner sportlichen Aktivität nachgehen können, ist für die Rückkehr zum vorherigen Leistungsniveau eine Rehabilitationsphase von mindestens etwa 3 Monaten einzuplanen. In Abhängigkeit des oder der von der Fraktur betroffenen Knochen sowie in Abhängigkeit von der ausgeübten Sportart kann dies jedoch im Einzelfall stark variieren.

11.3 Muskelkontusion

Als Muskelkontusion bezeichnet man eine **Prellung oder Quetschung** eines Muskels durch eine direkte stumpfe Kraft von außen; dabei wird der Muskel gegen den darunter gelegenen Knochen gedrückt. Es kommt zu einer direkten Zerstörung von Muskelfasern, aber auch zu Einblutungen in den Muskel und in das umgebende Gewebe. Das Ausmaß der Gewebeschädigung ist von außen in der Regel nicht gut zu beurteilen; eine genauere Abschätzung kann mithilfe sonografischer Untersuchungen erfolgen. Hinweise auf eine Muskelkontusion ergeben sich in der Regel aus dem Vorbericht (vor allem Trauma durch Zusammenprall mit einem Gerät); klinisch steht die schmerzhafte Funktionseinschränkung des betroffenen Muskels im Vordergrund, die sich meist als Lahmheit äußert. Medikamentös können in der ersten Phase (48 h) nicht-steroidale Entzündungshemmer unterstützend eingesetzt werden; in den ersten 10–14 Tagen nach der Verletzung können ergänzend auch biologische Arzneimittel angewendet werden.

Kontusionen können prinzipiell an allen Muskeln auftreten, dabei ist jedoch beim Hund ähnlich wie beim Menschen der **M. quadriceps** und hier vor allem der Anteil des M. vastus intermedius besonders häufig betroffen. Dies liegt zum einen daran, dass er sich auf der Kranialseite des Oberschenkels befindet und dadurch besonders anfällig ist: Verschätzt sich ein Hund beispielsweise beim Sprung über eine feste Hürde, prallt er meist mit der Oberschenkelvorderseite gegen das Hindernis. Zum anderen liegt der M. vastus intermedius dem Oberschenkel direkt auf und wird von den anderen drei Muskelbäuchen umgeben, sodass er bei Gewalteinwirkungen nicht ausweichen kann und gegen den Femurschaft gedrückt wird. Eine Kontusion des M. quadriceps zeigt sich in einer unmittelbaren gemischten Lahmheit mit Einschränkung der Hüftflexion und Knie-Extension in der Hangbein- bzw. eingeschränkter Kniefixation in der Standbeinphase.

Muskelkontusionen sollten innerhalb der ersten 48 h nach dem RICE- oder **PECH-Prinzip** (S. 97) behandelt werden (RICE: Englisch für Rest, Ice, Compression, Elevation; PECH: Pause, Eis, Kompression, Hochlagern). Auch die manuelle Lymphdrainage (S. 248) kann in dieser ersten Phase nach einer Muskelkontusion zur Anwendung kommen; dann sollte allerdings die Kälteanwendung unterbleiben, weil es durch diese zu einem Verschluss der Lymphklappen und zu einem verlangsamten Abtransport der Lymphflüssigkeit kommt. In der Folge kommen vor allem durchblutungs- und heilungsfördernde Therapieformen zum Einsatz. Bewegungstherapeutische Maßnahmen kommen zur Anwendung, sobald der Hund wieder schmerzfrei ist.

11.4 Krallenabriss

Krallenabrisse treten nicht nur als häufige Verletzungen im Alltag, sondern auch im Hundesport häufig auf. Dabei sind vor allem **schnelle Sportarten** betroffen. Besondere Gefahrenmomente stellen **Landungen nach Sprüngen in einer Wendung** dar, Risiken gehen aber zum Teil auch von **Sportgeräten** wie dem Tunnel, der Wand, dem Laufsteg oder der Wippe aus. Meistens sind Krallen der Vordergliedmaßen betroffen, besonders häufig kommt es zu Verletzungen der **Daumenkrallen**. Bei der Landung nach einem Sprung kommt es vor allem am erstbelasteten Vorderbein zu einer starken Hyperextension des Karpalgelenks, bei der die Gelenkunterseite mit dem Daumenballen oftmals den Boden berührt. Erfolgt die Landung in einer Kurve, nimmt häufig auch die Daumenkralle Kontakt mit dem Untergrund auf. Ist dieser hart oder uneben, kann es dabei zu Verletzungen wie An- oder Abrissen der Kralle kommen.

Die betroffenen Hunde zeigen nicht immer eine Lahmheit, belecken in Ruhephasen die betroffene Kralle aber meist sehr intensiv, wodurch es häufig zu einer sekundären Infektion durch die im Speichel befindlichen Bakterien kommen kann.

Die **Therapie** besteht in der Regel in der Entfernung des lockeren Krallenanteils nach vorheriger Vereisung. Als Schutz vor mechanischen Reizen sowie als Leckschutz sollte für zwei Tage ein Krallenverband angelegt werden. Je nach Schmerzhaftigkeit kann für den gleichen Zeitraum mit einem nicht-steroidalen Antiphlogistikum gearbeitet werden. Da in der Regel keine tieferliegenden Strukturen verletzt werden, kann der Hund meist nach wenigen Tagen zurück in die Belastung.

Treten innerhalb einer Trainingsgruppe gehäuft Krallenverletzungen auf, sollte unbedingt die Gerätebeschaffenheit überprüft und notwendigenfalls verbessert werden. Einige Hunde scheinen individuell auch anfälliger für Krallenverletzungen zu sein – hier kann das Tragen von speziellen Neoprenbandagen die Krallen schützen. Dabei gilt es zu beachten, dass solche Bandagen auf vielen Prüfungen und Turnieren nicht zulässig sind. Darüber hinaus stabilisiert bzw. vermindert eine solche Bandage natürlich auch passiv-statisch den Bewegungsumfang des Karpalgelenks.

Die prophylaktische Amputation der Daumenkrallen ist in Deutschland per Tierschutzgesetz verboten. Auch aus funktioneller Sicht ist eine solche Amputation nicht sinnvoll, da die Hunde vor allem in Kurven, aber auch bei der Landung die Daumenkrallen als stabilisierendes Element nutzen.

11.5 Bissverletzungen

Bissverletzungen stellen insofern eine häufige Sportverletzung dar, da sowohl im Training als auch im Wettkampf meist viele Hunde aufeinandertreffen, die in der Regel keine stabilen Rudelstrukturen untereinander etabliert haben. Darüber hinaus wird in vielen Sportarten der Hund ohne Leine geführt, sodass eine direkte Kontaktaufnahme zu anderen Hunden möglich ist, wenn der Hund sich verselbstständigt. Außerdem kommt es vor allem bei den schnellen Sportarten meist zu einer deutlichen **Sympathikusaktivierung** der Hunde und die Motivation erfolgt oftmals über Geschwindigkeits- und **Beutereize**. Aus diesem Grund tragen beispielsweise Windhunde im Wettkampf spezielle Maulkörbe, die eine freie Atmung ermöglichen, gleichzeitig aber Bisse verhindern.

Bissverletzungen erfolgen meist in Richtung der **Schulter- und Nackenregion**. Auch wenn zunächst keine größeren Verletzungen sichtbar sind, sollte ein Hund, der gebissen wurde, in jedem Fall tierärztlich untersucht und die betroffene Region freigeschoren werden. Oftmals wird erst nach Entfernung der Haare das Ausmaß einer Verletzung deutlich. Auch kommt es bedingt durch das lockere Unterhautgewebe des Hundes häufig zu einer Taschenbildung unterhalb der Wunde.

Da Bissverletzungen aufgrund der in der Maulhöhle befindlichen Bakterien immer als infizierte Wunden anzusehen sind, ist in den allermeisten Fällen eine **antibiotische Abdeckung** notwendig.

Wann ein Hund nach einer Bissverletzung in den Sport zurückkehren kann, richtet sich im Einzelfall immer nach Art und Ausmaß der Verletzung sowie nach eventuellen Komplikationen im Heilungsverlauf. Der Hund sollte jedoch mindestens für die Dauer der Antibiose (in der Regel 5–7 Tage) sowie bis zum Abheilen der Hautverletzungen (bei unkompliziertem Heilungsverlauf 10 Tage) geschont werden; beachten Sie dazu auch das Kapitel Wundheilung (S. 94).

12 Überbelastungs- und Fehlbelastungsfolgen im Hundesport

12.1 Wirbelsäulendysfunktion und Dysfunktionen der Sakroiliakalgelenke

Während der Begriff (somatische) Dysfunktion vor allem in der Osteopathie verwendet wird, wird dasselbe Phänomen in der chiropraktischen Nomenklatur als (vertebraler) Subluxationskomplex bezeichnet. In der Physiotherapie spricht man dagegen auch von einer eingeschränkten Gelenkbeweglichkeit; diese findet sich im allgemeinen Sprachgebrauch in den Begriffen Blockierung oder Blockade wieder. Der Begriff der Dysfunktion stellt heraus, dass ein funktioneller Befund, nämlich die gestörte Funktion des artikulären Komplexes, im Vordergrund steht: Dabei sind nicht nur die knöchernen Strukturen selber, sondern auch das umgebende Gewebe mit seinen artikulären, myofaszialen, vaskulären, lymphatischen und neuronalen Anteilen in ihrer Funktion beeinträchtigt. Liegt eine Dysfunktion im Bereich der Wirbelsäule vor, führt der erhöhte Tonus der paravertebralen Muskulatur zu einer Bewegungseinschränkung und Fehlstellung zweier benachbarter Wirbel. Dadurch verändert sich der Querschnitt der Foramina intervertebralia, sodass in der Folge die hindurchziehenden Blutgefäße eingeengt und der betroffene Spinalnerv in seiner Funktion beeinträchtigt wird. So kommt es zum einen zu einer gestörten Mikrozirkulation im umgebenden Gewebe, zum anderen wird der Spinalnerv durch die Druckzunahme gereizt. Diese Dauerreizung wiederum befördert den muskulären Hypertonus, sodass sich die segmentale Fehlstellung bzw. Bewegungseinschränkung weiter verfestigt. Schmerzen, eine eingeschränkte Muskelkoordination und somit ein erhöhtes Verletzungsrisiko sind die Folgen.

12.1.1 Häufige Sportarten und Hinweise aus der Anamnese

Das Sakroiliakalgelenk und die Wirbelsäule werden in verschiedenen Sportarten sehr stark belastet. Eine direkte Messung der Belastungen in den unterschiedlichen Sportarten ist bislang nicht möglich. Deshalb sind die tatsächlichen im Hundesport auftretenden Belastungen noch weitgehend unbekannt. Kenntnisse über die SIG- und Wirbelsäulenbelastungen wären insbesondere für die High-Impact-Sportarten wie Agility, Dog Frisbee, Flyball, Gebrauchshundsport, THS, Windhundrennen und Zughundsport wünschenswert. Denn nicht selten werden Sporthunde gehäuft wegen Rückenbeschwerden in der tierärztlichen bzw. physiotherapeutischen Praxis vorgestellt. Je nach Lokalisation der Dysfunktion können die klinischen Symptome sehr unterschiedlich sein. Typisch sind Symptome wie z. B. bewegungsabhängige Schmerzen und Bewegungseinschränkungen sowie ein muskulärer Hypertonus. Oftmals berichten die Patientenbesitzer von einer Bewegungsunlust ihres Hundes oder dass der Hund Probleme beim Springen zeigt.

Vor allem die Bedeutung einer uneingeschränkten Funktion der Kreuzdarmbeingelenke wird auch durch aktuelle Untersuchungen herausgestellt [6]: So ist die Extensionsbewegung im Bereich der Sakroiliakalgelenke signifikant höher, wenn der Hund eine in Relation zu seiner Körpergröße hohe Sprunghöhe überwinden muss. Ein eingeschränkter Bewegungsspielraum der Kreuzdarmbeingelenke wirkt sich demnach negativ auf die Absprungphase aus und führt zu Stangenabwürfen bzw. einer kompensatorisch höheren Belastung der übrigen Gelenke der Hinterhand. Vor allem den Sportarten mit einem hohen Anteil an Fußarbeit (Gebrauchshundsport, Obedience, THS) kommt außerdem aufgrund der asymmetrischen körperlichen Belastung eine besondere Bedeutung zu.

Auch bei Familienhunden oder Hunden, die ausschließlich im Agility geführt werden, finden sich im Alltag oft einseitige Belastungsformen: Die meisten Hunde werden beispielsweise am Fahrrad immer rechts geführt; ist das Auto am Bordstein geparkt, springen sie bevorzugt von einer Seite hinein etc. Um dieser Einseitigkeit entgegenzuwirken, empfehlen sich Übungen zur Verbesserung der Koordination (S.218), der Flexibilität (S.229) und der funktionellen Kraft (S.200). Alle Übungen sollten immer möglichst symmetrisch ausgeführt werden.

12.1.2 Relevante Anatomie

Die Sakroiliakalgelenke werden aus dem Os sacrum als Teil der Wirbelsäule einerseits sowie den Darmbeinschaufeln als Teil des knöchernen Beckens andererseits gebildet. Es handelt sich dabei um Gelenke mit einer straffen Kapsel, welche darüber hinaus durch zahlreiche Bänder verstärkt wird; dies sind rückenseitig die Ligamenta sacroiliacalia dorsalia und bauchseitig die Ligamenta sacroiliacalia ventralia sowie die Ligamenta sacroiliacalia interossea. Darüber hinaus zieht das Ligamentum sacrotuberale beim Hund als dünner Strang beidseits von der Apex des Kreuzbeins zum jeweiligen Tuber ischiadicum (▸ Abb. 12.1).

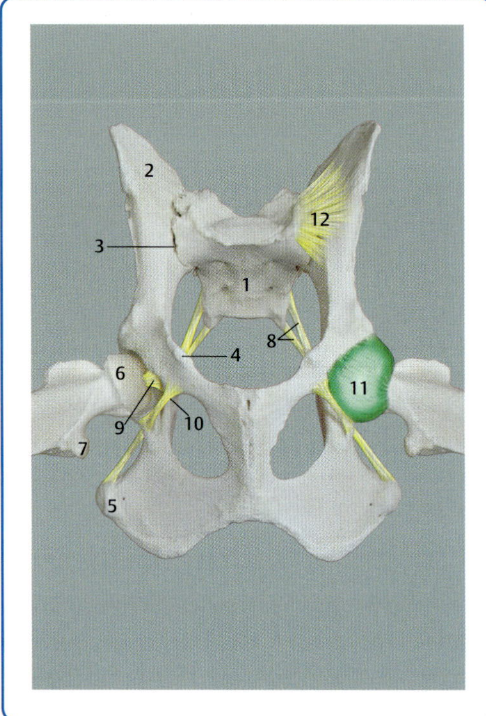

▸ **Abb. 12.1** Bänder des Kreuzdarmbeingelenks und des Hüftgelenks beim Hund, Ventralansicht. 1 Os sacrum, 2 Os ilium, 3. Art. sacroiliaca, 4 Eminentia iliopubica, 5 Tuber ischiadicum, 6 Caput ossis femoris, 7 Trochanter minor, 8 Lig. sacrotuberale, 9 Lig. capitis ossis femoris, 10 Lig. transversum acetabuli, 10 Gelenkkapsel der Art. coxae, 12 Lig. sacroiliacum ventrale. (aus: Salomon FV, Geyer H, Gille U. Anatomie für die Tiermedizin. 3. Aufl. Stuttgart: Enke; 2015)

Durch diese Bauweise kommt den Sakroiliakalgelenken eine Art Stoßdämpferfunktion bei der Kraftübertragung von der Beckengliedmaße auf die Wirbelsäule zu. Die Sakroiliakalgelenke werden von der Glutäalmuskulatur umgeben, welche von Kreuz- und Darmbein kommend zum Trochanter major des Oberschenkels zieht.

Die Wirbelsäule des Hundes besteht aus 7 Halswirbeln, 13 Brust- und 7 Lendenwirbeln sowie den 3 miteinander verschmolzenen Kreuzbeinwirbeln und einer variablen Anzahl von Schwanzwirbeln. Diese segmentale Gliederung ermöglicht einerseits Flexibilität, andererseits bietet die Wirbelsäule dem empfindlichen Rückenmark Schutz. Die gelenkige Verbindung zwischen zwei Wirbeln erfolgt ventral über die Bandscheiben; dorsal befinden sich die sog. Facetten- oder kleinen Wirbelgelenke. Diese Gelenke stellen gleichzeitig die dorsale Begrenzung der Foramina intervertebralia dar. Die Zwischenwirbellöcher werden außerdem durch die Ligamenta flava, die vorderen und hinteren Einziehungen im Bereich der Wirbelbögen, sowie die Bandscheiben begrenzt (▸ Abb. 12.11). Durch die Zwischenwirbellöcher ziehen die jeweiligen Spinalnerven mit ihren zugehörigen Blut- und Lymphgefäßen. Zwischen zwei Wirbeln sind Bewegungen in Extension und Flexion, in Rotation sowie in Lateralflexion möglich. Bei jeder dieser Bewegungen verändert sich der Durchmesser der Foramina intervertebralia. Die Wirbelsäule wird von der paravertebralen Muskulatur umgeben, die auch als autochthone Rückenmuskulatur bezeichnet wird, da sie als rumpfstabilisierende Muskulatur weitgehend unwillkürlich arbeitet. Die paravertebrale Muskulatur ist ebenfalls segmental gegliedert, ihre Fasern überspannen dabei ein oder mehrere Wirbelsäulensegmente. Die Innervation erfolgt über die Spinalnerven.

12.1.3 Ätiologie/Pathogenese

Im Hinblick auf die Entstehung von Dysfunktionen werden Makro- und Mikrotraumata unterschieden. In Folge eines Makrotraumas kommt es zunächst zu einer Überdehnung von Bindegewebe und Muskulatur, auf die der Körper wiederum mit einer Tonussteigerung der Muskulatur reagiert. Diese muskuläre Schutzspannung bewirkt die Ruhigstellung der betroffenen Körperregion. Demgegenüber entstehen Mikrotraumata durch immer gleich ablaufende, sich häufig wiederholende Bewegungen. Dabei sind vor allem einseitig ausgeführte Bewegungen problematisch (vgl. auch einseitige Fußarbeit). Sowohl durch einmalige massive Einwirkungen als auch durch kleine, aber wiederkehrende Belastungen können Schon- und Fehlhaltungen entstehen, welche auf Dauer zu Fehlbelastungen der betroffenen Gelenke führen. Muskuläre Fehlspannungen verschlechtern die Mikrozirkulation, dadurch kommt es zu Störungen im Zellstoffwechsel sowie im Bereich der lokalen Immunabwehr. Dies wiederum kann Entzündungsprozessen und dadurch letztendlich chronisch-degenerativen Prozessen am Gelenk Vorschub leisten. Dadurch kann sich aus einer anfänglich rein funktionellen Einschränkung in der Folge ein struktureller Befund beispielsweise in Form einer Arthrose entwickeln. Im Bereich der Sakroiliakalgelenke kommt der Kruppenmuskulatur eine besondere Bedeutung zu: Bei Dysfunktionen im Bereich des Beckens kommt es zu Spannungsänderungen in dieser Muskelgruppe, was wiederum eine Verkürzung der Schrittlänge nach sich zieht. Darüber hinaus kann die Steigerung des Muskeltonus zu einer Beeinträchtigung der Funktion des Nervus ischiadicus führen, welcher zwischen den Kruppenmuskeln verläuft. Die Funktionseinschränkung bleibt dabei in der Regel auch nicht auf das ursprünglich betroffene Gelenk oder Segment beschränkt: Von der Dysfunktion ist auch das autonome Nervensystem betroffen, indem es zu einer Erhöhung des Sympathikotonus kommt. Dadurch verändert sich wiederum die Einstellung der Muskelspindelzellen über die Gamma-Schleife, was zu einer Erhöhung des Muskeltonus im gesamten Körper führt (► **Abb. 12.2**).

Ausgehend von einer lokalen Störung können sich so generalisierte Verspannungen entwickeln. Die Übertragung in entfernte Körperregionen geschieht darüber hinaus auch durch die auf- und absteigenden myofaszialen Wirkungsketten (S. 100).

Myofasziale Wirkungsketten Sakroiliakalgelenk

Rezidivierende SIG-Blockaden sind bei Sporthunden eine sehr häufige und schmerzhafte Problematik. Oftmals sind Störungen der oberflächlichen Rückenlinie für die fixierte Fehlstellung des Sakroiliakalgelenks verantwortlich. Dies können Störungen innerhalb einer aufsteigenden Läsionskette sein wie z. B. fasziale Verklebungen innerhalb des M. gastrocnemius. Es können aber auch Störungen innerhalb einer absteigenden Läsionskette sein wie z. B. fasziale Verklebungen innerhalb der Fascia thoracolumbalis und/oder Dysfunktionen der Kopfgelenke. Bei rezidivierenden ►

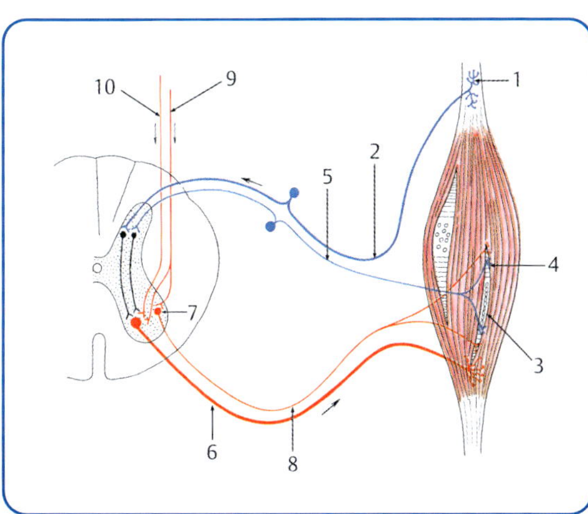

► **Abb. 12.2** Regelkreis für die Muskelspannung. 1 Golgi-Sehnen-Organ; 2 Ib-Fasern; 3 Kernkettenmuskelspindel; 4 Flower-Spray-Endigung = Sekundärendigung; 5 II-Fasern; 6 A_α-Fasern; 7 γ_2-Motorneuron; 8 A_γ-Fasern; 9 extrapyramidale Bahn; 10 Pyramidenbahn. (aus: Salomon FV, Geyer H, Gille U. Anatomie für die Tiermedizin. 3. Aufl. Stuttgart: Enke; 2015)

SIG-Dysfunktionen und vor allem bei Sakrumfehlstellungen sollten die funktionellen und strukturellen Zusammenhänge der Sakroiliakalgelenke mit den viszeralen Organen des Beckens nicht vernachlässigt werden. Häufig finden sich bei der Untersuchung der Patienten Restriktionen im Bereich der Harnblase oder auch des Rektums. Die Einschränkung der Harnblasen- und Rektumsmobilität kann dann über Spannungsveränderungen der Delbet-Faszie zu Sakrumdysfunktionen führen. Die Delbet-Faszie oder auch Lamina sacro-recto-genito-pubicales fasst verschiedene Strukturen der Fascia pelvis zusammen. Restriktionen der Beckenorgane bedingen natürlich gleichzeitig auch wieder Spannungsveränderungen der oberflächlichen und tiefen Ventrallinien, was in der Folge zu einem Stabilitätsverlust des Rumpfes und damit letztendlich auch zu einer Instabilität der Sakroiliakalgelenke führen kann.

Biomechanisch können sowohl im Bereich der Sakroiliakalgelenke als auch im Bereich der kleinen Wirbelgelenke verschiedene Arten von Dysfunktionen unterschieden werden. Dabei arbeiten die verschiedenen Disziplinen zum Teil mit unterschiedlichen biomechanischen Modellen und verwenden auch eine entsprechend unterschiedliche Nomenklatur. Im Bereich der Sakroilikalgelenke können Dysfunktionen vom Sakrum (Fehlstellungen des Kreuzbeins) oder aber vom Os ilium (funktioneller Beckenschiefstand) ausgehend beschrieben werden. Dabei werden im Bereich des Sakrums bilateral symmetrische Verkippungen im Sinne einer Nutation bzw. Kontranutation von Torsionsfehlstellungen um die diagonal verlaufenden Sakrumachsen unterschieden. Im Bereich des Beckens treten im Wesentlichen unilaterale Fehlstellungen auf, bei denen die Darmbeinschaufel einer Körperseite in ihrer Bewegung nach kranioventral bzw. kaudodorsal eingeschränkt ist. In Bezug auf die vertebralen Dysfunktionen werden ebenfalls bilateral-symmetrische Fehlstellungen von kombinierten Dysfunktionen mit einer Extensions- oder Flexionskomponente sowie einer Rotations- und Lateralflexionskomponente unterschieden. Dabei ist zu berücksichtigen, dass im Bereich der Wirbelsäule Rotations- und Lateralflexionsbewegungen immer gekoppelt auftreten. Auch der betroffene Wirbelsäulenabschnitt spielt eine Rolle, da sich die anatomischen Verhältnisse und dadurch auch die biomechanischen Gegebenheiten in den verschiedenen Regionen unterscheiden.

Während die Physiotherapie und die Sportphysiotherapie grundsätzlich auch Mobilisationstechniken für die Behandlung von Gelenkfunktionseinschränkungen kennt, werden im Bereich der Osteopathie und der Chiropraktik noch wesentlich präzisere Beschreibungen der verschiedenen Dysfunktionen unterschieden und weitaus differenziertere Behandlungsmethoden gelehrt – hier sei auf die entsprechenden Ausbildungen und Lehrbücher verwiesen.

Dysfunktionen der Sakroiliakalgelenke sind bei Hunden – unabhängig davon, ob sie als Familienhunde leben oder im Sport eingesetzt werden – sehr häufig; sie treten in unserer Praxis bei etwa 75 % aller untersuchten Hunde auf. Bei ihrer Entstehung ist häufig kein einzelner Auslöser zu identifizieren, sodass vor allem Mikrotraumata eine Rolle spielen. Aufgrund ihrer speziellen Bauweise und ihrer Funktion als Stoßdämpfer bei der Schubübertragung aus der Hintergliedmaße sind die Kreuzdarmbeingelenke besonders anfällig für Dysfunktionen. Hinzu kommt, dass durch die asymmetrische Belastung im Galopp (S. 115) als sog. asymmetrische Gangart, bei der sich die Bewegungsabläufe der linken und rechten Hintergliedmaße unterscheiden, und im Sprung (S. 152) einseitige Belastungen sehr häufig sind. Hunde, die im Agility geführt werden, sind daher oftmals betroffen; aber auch die einseitige Fußarbeit bei Hunden, die im Obedience, im Gebrauchshundsport oder THS geführt werden, zieht häufig Dysfunktionen im Bereich der Sakroiliakalgelenke nach sich. Darüber hinaus ist auch davon auszugehen, dass die Mehrzahl der Hunde in Bezug auf ihren Körperbau, aber auch hinsichtlich ihrer motorischen Fähigkeiten keine perfekte Symmetrie aufweist. Viele Hunde haben eine bevorzugte Art zu galoppieren (z. B. Links-, Rechts- oder Kreuzgalopp), oftmals fallen ihnen auch Drehbewegungen in eine Richtung leichter als in die Gegenrichtung. Dieses Phänomen spiegelt sich beim Menschen als Rechts- oder Linkshändigkeit wider und wird beim Pferd als „natürliche Schiefe" bezeichnet.

Dysfunktionen im Bereich der Wirbelsäule können isoliert oder in Kombination mit Dysfunktionen der Sakroiliakalgelenke auftreten. Liegt eine sakroiliakale Dysfunktion vor, so führt dies zu

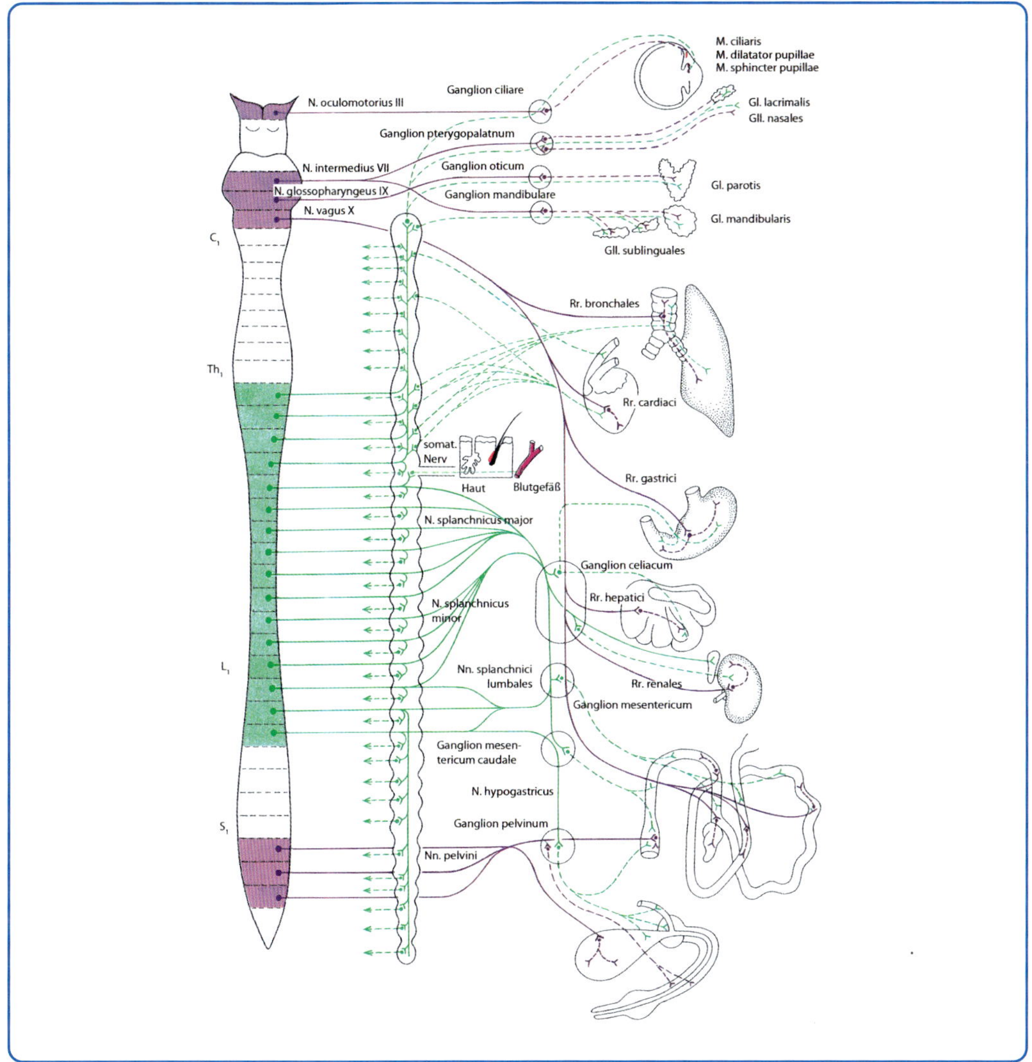

▸ **Abb. 12.3** Peripheres vegetatives Nervensystem, schematisch; grün = Sympathikus, violett = Parasympathikus. (aus: Salomon FV, Geyer H, Gille U. Anatomie für die Tiermedizin. 3. Aufl. Stuttgart: Enke; 2015)

einem funktionellen Beckenschiefstand. Kompensatorisch entstehen dadurch in der Folge meist vertebrale Dysfunktionen im Bereich der hinteren Lendenwirbelsäule. Dysfunktionen von Wirbelsäulensegmenten können aber auch primär durch Mikro- oder Makrotraumata im selben Bereich entstehen. Auch hier kommt wiederum den einseitigen Belastungen eine besondere Bedeutung zu: So führt beispielsweise die Bevorzugung einer Galoppart (Rechts- oder Linksgalopp) dazu, dass die Wirbelsäule tendenziell eher in Lateralflexion in dieselbe Richtung eingestellt ist und entsprechend Dysfunktionen mit Lateralflexionskomponente in dieser Richtung häufig sind. Auch körperbauliche Voraussetzungen wie beispielsweise ein Senkrücken spielen eine Rolle. Darüber hinaus kommt im Bereich der Wirbelsäule der Segmentalreflektorik eine besondere Bedeutung zu: So können vertebrale Dysfunktionen auch in Folge einer Störung des jeweils segmental zugeordneten viszeralen Organs entstehen (▸ **Abb. 12.3**).

Es ist unklar, ob Sporthunde tatsächlich häufiger von sakroiliakalen oder vertebralen Dysfunktionen betroffen sind als Familienhunde. Da für

Sporthunde eine uneingeschränkte Gelenkfunktion aber absolut unabdingbar ist und den Hundesportlern hier kleine Funktionseinschränkungen auch oft sehr schnell auffallen, werden sie eventuell auch nur häufiger aufgrund solcher Fragestellungen in der Praxis vorgestellt.

12.1.4 Diagnostik

Da es sich bei einer Dysfunktion um ein funktionelles Phänomen handelt und die bildgebenden Verfahren wie Röntgen, Computer- und Kernspintomografie bisher nur zur Darstellung struktureller Veränderungen genutzt werden können, gibt es derzeit keinen Test, mit dem ein solcher Befund objektiv darstellbar ist. Die Funktionseinschränkung lässt sich nur über eine Gelenkfunktionsprüfung diagnostizieren – entsprechend sind die palpatorischen Fähigkeiten sowie die Erfahrung des Therapeuten, aber auch die Bereitschaft, sich auf seinen jeweiligen Patienten einzustellen, von großer Bedeutung. Durch ergänzende Untersuchungen wie den Test der Kibler'schen Hautfalte oder die Druckpunktuntersuchung können die betroffenen Regionen bzw. Segmente identifiziert werden; durch die Gelenkfunktionsprüfung wird dann die Art der Dysfunktion bestimmt. Während im Bereich der Gliedmaßengelenke dabei der Bewegungsumfang (range of motion) und das jeweilige Endgefühl im Vordergrund stehen, ist es im Bereich der Sakroiliakalgelenke sowie auch im Hinblick auf die kleinen Wirbelgelenke von besonderer Bedeutung, in welcher Position das entsprechende Gelenk arretiert und welche Bewegungsrichtung eingeschränkt ist. Je nach Therapierichtung und Nomenklatur wird dies zum Teil unterschiedlich bezeichnet. Folgende Befunde sind hinweisend auf eine Dysfunktion im Bereich der Sakroiliakalgelenke:

- funktionelle Beinlängendifferenz, d. h., der Malleolus eines Beines erscheint tiefer als der der anderen Seite
- asymmetrische Kontur der Kruppe (direkt durch Beckenschiefstand; u. U. auch durch einseitige Hypotrophie der Kruppenmuskulatur)
- Schrittlängendifferenz
- asymmetrische Rutenhaltung oder Rutenbewegungen
- schiefes Sitzen, zögerliches Absitzen
- Probleme beim Springen
- Berührungsempfindlichkeit im Bereich des lumbosakralen Übergangs (LG 3)

Die Überprüfung des Vorlaufphänomens und der „Wipptest" dienen der weiteren Eingrenzung. Während der Untersucher beim Wipptest das Kreuzdarmbeingelenk durch federnden Druck auf das Tuber sacrale an die Grenze des passiven Bewegungsspielraums führt, legt er beim Vorlauftest beide Daumen auf die Tuber sacralia und lässt dann die Wirbelsäule des Hundes durch eine zweite Person in Flexion bringen (▶ **Abb. 12.4**).

Wird der Daumen am Tuber sacrale dabei auf einer Seite mit nach vorne gezogen, so weist dieser positive Vorlauf auf eine Dysfunktion der entsprechenden Seite hin.

Folgende Befunde sind hinweisend auf eine Dysfunktion im Bereich der Wirbelsäule:

- Verquellung der Kibler'schen Hautfalte
- Berührungsempfindlichkeit im Bereich des betroffenen Segments; positive Reaktion am entsprechenden Shu-Punkt
- verquollene oder hypertone Segmente im Bereich der paravertebralen Muskulatur
- eingeschränkte Teilbewegungen der entsprechenden Wirbelsäulenregion (z. B. eingeschränkte Lateralflexion in eine Richtung)

Palpatorisch sind die statische Überprüfung der Rippen und Lendenwirbelquerfortsätze sowie die Bewegungspalpation der einzelnen Segmente bei über das Becken induzierter, rhythmischer Lateral-

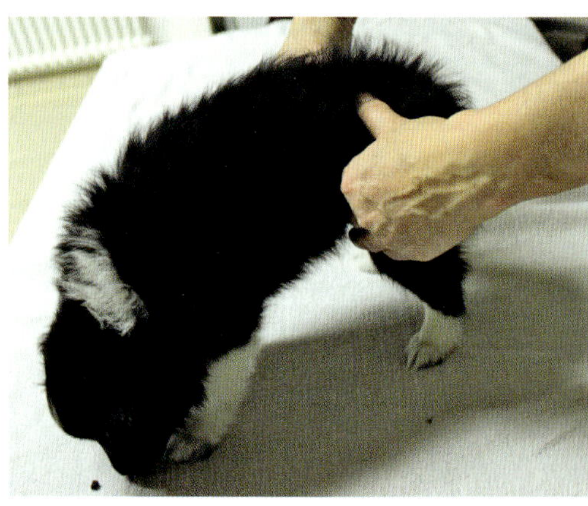

▶ **Abb. 12.4** Vorlauftest bei einem 7 Wochen alten Sheltie-Welpen. (Foto: Christiane Gräff)

flexion („Hula-Hoop“) von Bedeutung; im Bereich der Halswirbelsäule kommt der Translationstest nach Mitchell zur Anwendung.

12.1.5 Therapeutische Möglichkeiten

Werden bei der Gelenkfunktionsprüfung sakroiliakale oder vertebrale Dysfunktionen festgestellt, so steht an erster Stelle die Behandlung der entsprechenden Gelenke oder Segmente, um die Dysfunktionen zu beheben. Dies kann durch weiche Mobilisationstechniken geschehen, aber auch durch Impulstechniken, wie sie in der Chiropraktik Anwendung finden. Dabei geht es nicht so sehr um das mechanische „Lösen“ von Bewegungseinschränkungen, vielmehr zielen die Behandlungstechniken auch darauf ab, den muskulären Hypertonus zu senken und die Nervenfunktion wieder zu normalisieren (▸ **Abb. 12.5**).

So wirken viele Techniken, die beispielsweise in der Osteopathie und in der Chiropraktik angewandt werden, über die Aktivierung von Mechanorezeptoren in der autochthonen Rückenmuskulatur. Im Anschluss an die Behandlung der betroffenen Segmente empfiehlt es sich, auch das myofasziale System mit zu behandeln, da sich auch hier Fehlspannungen als Folge der Dysfunktionen finden können. Anschließend sollte dem Hund Gelegenheit gegeben werden, sich eine Weile möglichst frei zu bewegen. Neben der Behandlung der Dysfunktionen kommt vor allem der Prophylaxe eine besondere Bedeutung zu. Haben Hunde eine „natürliche Schiefe“, also die Tendenz, immer ähnliche Fehlbelastungs- und dadurch Dysfunktionsmuster zu entwickeln, sollte möglichst symmetrisch trainiert werden.

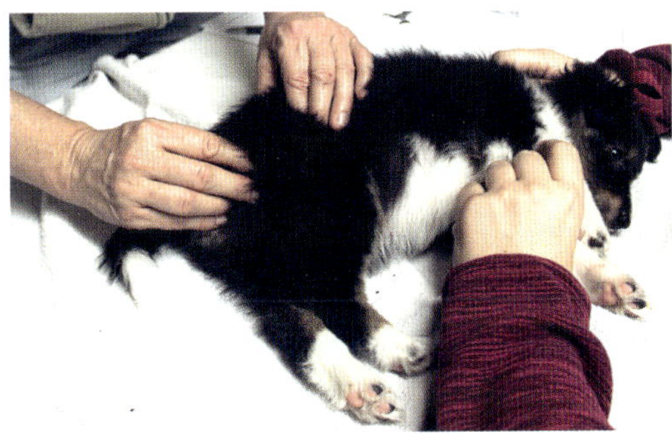

▸ **Abb. 12.5** Mobilisation des Os ilium bei einem 7 Wochen alten Sheltie-Welpen. (Foto: Christiane Gräff)

12.2 Spondylose

Spondylose ist eine Sammelbezeichnung für chronisch-degenerative Veränderungen und Verknöcherungen der Wirbelsäule. Spondylosen sind im Röntgenbild als ventrale Ausziehungen an den Unterseiten der Wirbelkörper sichtbar und entstehen durch eine fortschreitende Kalzifizierung des Ligamentum longitudinale ventrale.

12.2.1 Häufige Sportarten und Hinweise aus der Anamnese

Im Zentrum dieser krankhaften Veränderungen steht eine frühzeitige Bandscheibendegeneration, hierfür kommen folgende Ursachen in Betracht:

- genetische Disposition
- Wirbelsäulendeformitäten, z. B. lumbosakrale Übergangswirbel
- Belastungsfaktoren, z. B. hochintensives Training, insbesondere extreme Sprungbelastungen, Fehlbelastungen, einseitige Belastungen, aber auch Bewegungsmangel

Typische Symptome für chronisch-degenerative Veränderungen und Verknöcherungen der Wirbelsäule sind hartnäckige Rückenschmerzen, die belastungsabhängig, aber auch in Ruhe auftreten können. Charakteristisch ist so beispielsweise auch ein Verlust der Beweglichkeit der Wirbelsäule. Zusätzlich können neurologische Störungen auftreten.

12.2.2 Relevante Anatomie

Im Bereich der Wirbelsäule ist es sinnvoll, ein Bewegungssegment als funktionelle Einheit zu betrachten (▸ **Abb. 12.6**). Das Bewegungssegment wurde erstmals 1959 von Junghans beschrieben. Ein Bewegungssegment besteht aus zwei benachbarten Wirbeln, der dazwischenliegenden Bandscheibe sowie dem dazugehörigen Kapselbandapparat und der Muskulatur. Ferner gehören auch der sich in diesem Teil befindliche Abschnitt des Rückenmarkkanals und das Foramen intervertebrale mit dem entsprechenden Spinalnerv dazu.

Innerhalb eines Bewegungssegments nimmt die Bandscheibe eine zentrale Stellung ein. Einerseits

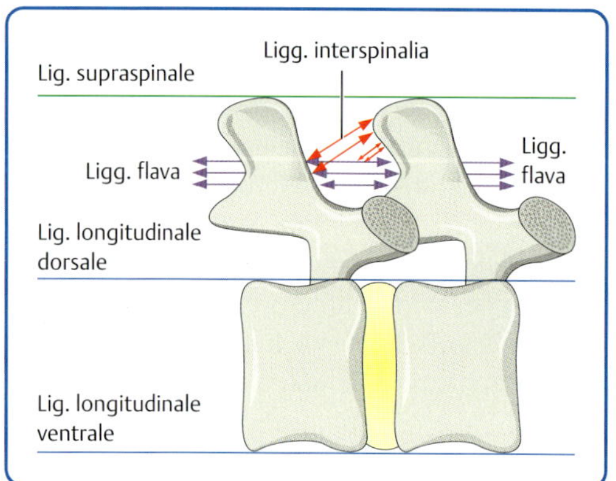

▶ **Abb. 12.6** Das Bewegungssegment im Querschnitt mit seinen funktionellen Anteilen. (aus: Hohmann M. Physiotherapie in der Kleintierpraxis. Stuttgart: Sonntag; 2012)

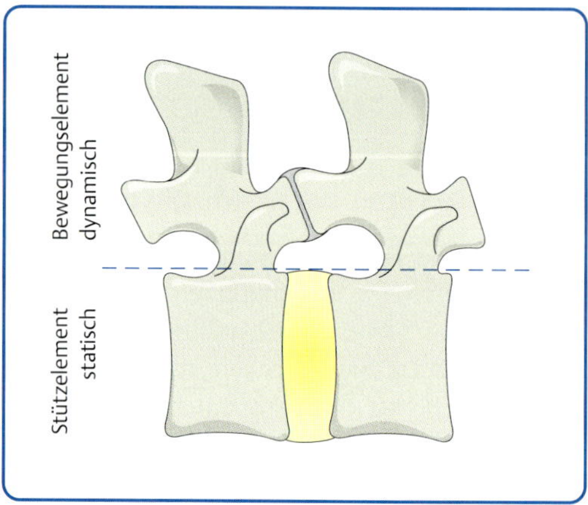

▶ **Abb. 12.7** Einteilung des Bewegungssegments. (aus: Hochschild J. Strukturen und Funktionen begreifen. 3. Aufl. Stuttgart: Thieme; 2005)

stabilisiert sie das Bewegungssegment durch ihre Verbindung mit dem Lig. longitudinale ventrale und der festen Verankerung mittels Sharpey-Fasern mit den kranialen und kaudalen Endplatten der Wirbelkörper. Andererseits sorgt sie durch die Verformbarkeit des Nucleus pulposus für Elastizität und Beweglichkeit im Bewegungssegment. Das Bewegungssegment als Funktionseinheit besteht aus einem ventralen und einem dorsalen Pfeiler. Der ventrale Pfeiler wird von zwei benachbarten Wirbelkörpern und der dazwischenliegenden Bandscheibe gebildet. Der ventrale Pfeiler agiert als eine Art Stützelement, welcher axiale Druckbelastungen aufnimmt und weiterleitet. Der dorsale Pfeiler besteht aus den Querfortsätzen und den Dornfortsätzen der Wirbelkörper mit ihrem Bandapparat, den Wirbelbögen und der kurzen Rückenmuskulatur. Der dorsale Pfeiler stellt das dynamische Bewegungselement dar, d. h., er lässt bestimmte Bewegungen zu, während andere blockiert werden. Die Bandscheibe und der Bandapparat stehen zwischen den beiden Pfeilern in einem funktionellen Gleichgewicht, man spricht von einem diskoligamentären Gleichgewicht (▶ Abb. 12.7).

Die Bandscheibe setzt sich aus dem Nucleus pulposus und dem Anulus fibrosus zusammen. Der Anulus fibrosus besteht aus mehreren Typ-II-Kollagenfaserschichten und einigen wenigen elastischen Fasern. Die Kollagenfasern verlaufen in unterschiedliche Richtungen, sodass eine Gitterstruktur entsteht. Durch diese funktionelle Anordnung ist die Bandscheibe in der Lage, alle auftretenden Bewegungen zu bremsen. Der gefäß- und nervenlose Nucleus pulposus besteht aus dünnen elastischen Kollagenfibrillen. Aufgrund der Zusammensetzung seiner extrazellulären Matrix besitzt er die Fähigkeit, viel Wasser im Inneren zu binden. Durch den Wassergehalt entsteht eine hohe Spannung, sodass der Nucleus pulposus nach allen Seiten hin Druck ausübt. Somit hält er den Abstand zwischen 2 Wirbeln aufrecht und wirkt gleichzeitig als hydroelastischer Stoßdämpfer. Die Innervation des Bewegungssegments erfolgt durch zwei Äste des entsprechenden Spinalnervens. Der **R. meningeus** innerviert innerhalb des Spinalkanals das Periost, die Meningen und die epiduralen Gefäße, außerdem das Lig. longitudinale dorsale und die äußeren Schichten des Anulus fibrosus. Der **R. articularis des R. dorsalis** versorgt die dazugehörige Gelenkkapsel, die angrenzenden Bänder, das Periost und die gelenknahe Muskulatur. Die Gelenkkapsel ist dicht mit **Propriozeptoren** und **Nozizeptoren** besetzt. Die Propriozeptoren der Gelenkkapsel haben zusätzlich einen reflektorischen Einfluss auf die Rückenmuskulatur. Bei einer Wirbelgelenksdysfunktion wird die Gelenkkapsel überdehnt, daraus folgt aufgrund einer Fehlbeanspruchung die Reizung der Nozi- und Propriozeptoren. Dies verursacht zum einen Schmerz und zum anderen führt es zu einer Tonuserhöhung der entsprechenden Muskulatur.

Hier kann schnell ein arthromuskulärer Teufelskreis entstehen. Im Weiteren sollen noch einige biomechanische Aspekte erläutert werden. In einem Bewegungssegment sind folgende Bewegungsrichtungen möglich:

- Extension und Flexion
- Seitneigung nach rechts und links
- Rotation nach rechts und links

Das Ausmaß der Beweglichkeit ist allerdings in den verschiedenen Wirbelsäulenabschnitten unterschiedlich ausgeprägt, was durch die Anordnung der Wirbelgelenke, durch die Wirbelsäulenkrümmungen und durch die stabilisierende Wirkung des Thorax bedingt ist. So sind in der hinteren HWS die Seitneigung und die Extensions- und Flexionsbewegungen gut möglich, in der LWS ist die Extensions- und Flexionsbewegung vor allem im Bewegungssegment L7/S1 besonders ausgeprägt. Die Brustwirbelsäule ist dagegen in axialer Rotation beweglicher. Eine Besonderheit stellt die Kopplung der Bewegungen in einem Bewegungssegment dar: Bedingt durch die Anordnung von Gelenkflächen und Bändern ist eine Seitneigung immer mit einer Rotationsbewegung verbunden. Eine weitere Besonderheit ist der Verlauf der Rotationsachse. Die Rotationsachse ist nicht ortsfest, d. h., bei einer Flexionsbewegung wandert die Rotationsachse nach dorsal in den Bereich der Wirbelbogengelenke und bei einer Extensionsbewegung wandert sie in die ventralen Bandscheibenabschnitte. Das gilt insbesondere für die Brust- und Lendenwirbelsäule. Nicht uninteressant ist sicherlich auch die physiologisch-funktionelle Verbindung zwischen inneren Organen und der Wirbelsäule. Jedes innere Organ ist über fasziale Strukturen an der dorsalen Bauchwand verankert. Störungen innerer Organe oder Adhäsion nach abgelaufenen Entzündungen oder operativen Eingriffen können über diese Verbindungen zu Fehlstellungen im Bereich der LWS und des Sakrums führen. Im Rahmen einer Prostataentzündung oder einer Prostatahyperplasie kann eine vermehrte Ventralisation des Sakrums beobachtet werden. Störungen des Colon descendens führen häufig zu Rotationsfehlstellung der Lendenwirbelsäule, während Dünndarmrestriktionen zu Dysfunktionen im thorakolumbalen Übergang führen.

i Myofasziale Wirkungsketten Wirbelsäule

Betrachtet man eine Spondylose bzw. eine Verkalkung des Lig. longitudinale ventrale aus Sicht der myofaszialen Wirkungsketten, wird klar, dass eine Spondylose eine massive Dysfunktion der tiefen Ventrallinie darstellt. Restriktionen des respiratorischen Diaphragmas und des Mediastinums können die Folge sein. Daraus resultiert häufig eine Veränderung des intrathorakalen Druckes und damit einhergehend venöse Abflussstörungen im Bereich der Vv. lumbales bzw. der V. azygos. Die venöse Stase kann vor allem nach längeren Ruhezeiten und dadurch verminderter Aktivität der Muskelpumpe zu Rückenschmerzen und Steifigkeit führen.

12.2.3 Ätiologie/Pathogenese

Belastbarkeit, Elastizität, Flexibilität und die uneingeschränkte Beweglichkeit der Wirbelsäule hängen von der Unversehrtheit der Bewegungssegmente ab. Wird das komplexe Zusammenspiel der einzelnen Bestandteile der Bewegungssegmente gestört, z. B. durch degenerative Veränderungen der Bandscheiben, kommt es zu weitreichenden Veränderungen innerhalb der Bewegungssegmente. Eine degenerative Veränderung der Bandscheibe führt zu einem Verlust der Wasserbindungskapazität und damit auch zu einer Abnahme der Spannkraft des Nucleus pulposus. Durch diesen Wasserverlust verschiebt sich das diskoligamentäre Gleichgewicht in Richtung Wirbelgelenk, was dort ebenfalls zu degenerativen Veränderungen in Form von Spondylarthrosen führt. Die Bandscheibe verliert an Dicke, das hat zur Folge, dass die Ligamente weniger gespannt sind und das Bewegungssegment an Stabilität verliert. Das begünstigt einerseits die Entstehung von Bandscheibenvorwölbungen bzw. Bandscheibenvorfällen und anderseits die Zubildung von Osteophyten. Diese werden im Bereich der Wirbelsäule auch als Spondylophyten bezeichnet. Typischerweise bilden sich anfänglich die osteophytären Anlagerungen im Ansatzbereich des Ligamentum longitudinale ventrale an der Unterseite des Wirbelkörpers. Zunehmende Zugbelastungen und pH-Wert-Veränderungen hin zum sauren Bereich begünstigen die Einlagerung von Kalksalzen in das betroffene Band und führen dadurch zu einer zunehmenden Verknöcherung. Zu Beginn finden sich die spondylotischen Veränderungen gehäuft in Wirbelsäulenabschnitten mit großer physiologischer Beweglichkeit wie beispielsweise am thorakolumbalen und lumbosakralen Übergang (TLÜ und LSÜ). Im fortgeschrittenen Stadium der Erkrankung zeigt sich dann unter Umständen eine komplette Verknöcherung des Lig. longitudinale ventrale. Dadurch erhält die Wirbelsäule ein bambusartiges Aussehen. Diese massive Ausprägung der Spondylose führt zu erheblichen Bewegungseinschränkungen in den einzelnen Bewegungssegmenten. Der Verlust der Bandscheibendicke und die Wirbelgelenksarthrose können zudem noch den Spinalkanal verengen. Degenerative Veränderungen der Wirbelsäule betreffen somit alle Strukturen eines Bewegungssegments, d. h., der Bandscheibenvorfall bzw. die Bandscheibenvorwölbung, die Spondylose, die Spondylarthrose und die Spinalkanalstenose sind letztlich Ausdruck eines gemeinsamen Pathomechanismus. Hinsichtlich der Geschwindigkeit, der Ausprägung und der Schmerzhaftigkeit von degenerativen Prozessen der Bewegungssegmente lässt sich keine allgemeingültige Regel aufstellen, denn der Verschleißprozess ist von vielen inneren und äußeren Faktoren abhängig (▸ **Abb. 12.8**).

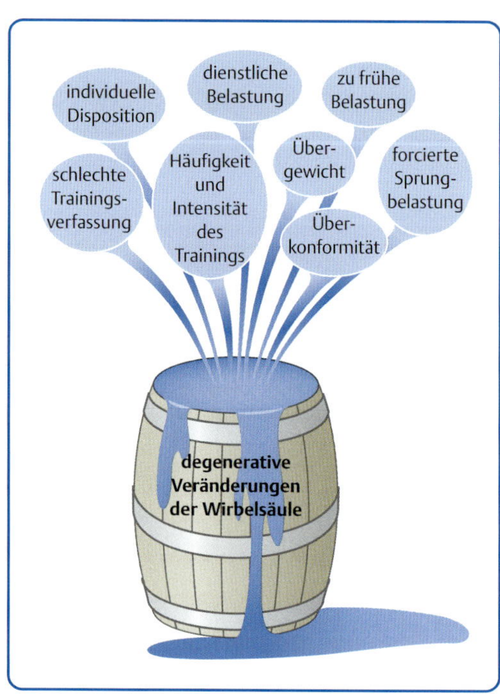

▸ **Abb. 12.8** Dieses Fassmodell stellt die vielfältigen Einflüsse zur Entstehung von degenerativen Wirbelsäulenveränderungen dar.

12.2.4 Diagnostik

Die zunehmende Einlagerung von Kalksalzen in das Ligamentum longitudinale ventrale und die daraus resultierende Verknöcherung sind als Aufhellungen im normalen Röntgenbild sichtbar. Um das vollständige Ausmaß einer Spondylose korrekt beurteilen zu können, sind dabei **Röntgenaufnahmen in zwei Ebenen** erforderlich: Die seitliche Aufnahme gibt einen guten Überblick über die betroffenen Segmente; allerdings lässt sich das gesamte Ausmaß einer Verknöcherung nur in der zweiten Ebene (anterioposterior) erkennen. Anhand der im Röntgenbild sichtbaren Ausmaße der Spondylose erfolgt eine Einteilung in vier Schweregrade:

- Grad 0: keine Spondylose
- Grad I: beginnende Nasenbildung
- Grad II: deutliche Nasenbildung

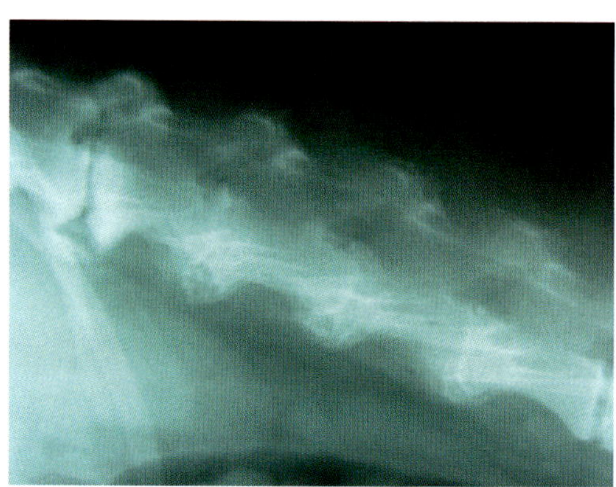

▸ **Abb. 12.9** Der komplette Verlust des Zwischenwirbelraumes und die bambusartige Verknöcherung führen zu einer Versteifung der Wirbelsäule. (Foto: Christiane Gräff)

- Grad III: isolierte Überbrückung des Zwischenwirbelspaltes
- Grad IV: geschlossene Knochenplatte; „Bambuswirbelsäule" (▸ **Abb. 12.9**)

Für die Klassifizierung der Schweregrade anhand des Röntgenbefundes gilt jedoch, dass diese nicht mit der Höhe der klinischen Symptomatik des betroffenen Hundes korrelieren müssen! Dies ist zum einen auf ein individuell unterschiedliches Schmerzempfinden zurückzuführen. Zum anderen muss man berücksichtigen, dass die Kalzifizierung des Ligamentum longitudinale ventrale bereits als „Verknöcherung" sichtbar ist, wenn die tatsächliche Kalzifizierung noch um ein Vielfaches niedriger ist als bei echtem Knochen und noch eine gute Beweglichkeit gegeben ist. Auch lassen sich auf CT-Aufnahmen sowie an Wirbelsäulenpräparaten bisweilen **Pseudarthrosen** erkennen, welche im einfachen, seitlichen Röntgenbild nicht sichtbar sind und dort eine vollständige Versteifung suggeriert wurde.

12.2.5 Therapeutische Möglichkeiten

Degenerative Veränderungen im Bereich der Bewegungssegmente sind – ebenso wie Arthrosen – nicht heilbar. Auch eine ursächliche Therapie der Spondylose, welche die Knochenzubildungen entfernen würde, gibt es nicht. Es sei denn, es liegen Veränderungen im Sinne einer Spinalkanal- oder Foramenstenose vor, hier kann je nach klinischer Symptomatik eine chirurgische Intervention angezeigt sein. Die **Therapieziele** richten sich nach den Einschränkungen und Symptomen, die durch die degenerativen Veränderungen hervorgerufen werden. Dies sind vor allem Rückenschmerzen und Rückensteifheit.

Bei durch Spondylosen verursachten Symptomen bieten sich folgende Behandlungsmöglichkeiten an:

Eine **medikamentöse Behandlung** zielt darauf ab, möglichst schnell Schmerzfreiheit zu erreichen. Da die Schmerzen bei einer Spondylose – anders als der Arthroseschmerz – meist nicht durch eine Entzündung hervorgerufen werden, sollten schmerz- und entzündungshemmende Mittel nur so lange gegeben werden, bis der Hund schmerzfrei ist. Es können nicht-steroidale Antiphlogistika (**NSAIDs**; vor allem sog. COX-1- und COX-2-Hemmer) in Tablettenform verabreicht werden.

Darüber hinaus können **Akupunktur** und **Neuraltherapie** zu einer schnellen Schmerzreduktion beitragen:

- Akupunktur: Schmerzreduktion durch Endorphin-Freisetzung sowie Gate-Controll-Theorie; vor allem Behandlung von Punkten des Blasenmeridians sowie von schmerzlindernden Fernpunkten
- Neuraltherapie: Infiltration eines kleinen Depots eines Lokalanästhetikums im Bereich der schmerzhaften Segmente (auch hierbei Nutzung der Akupunkturpunkte des Blasenmeridians)

Auch **homöopathische Arzneimittel** und Präparate der **Biologischen Therapie** können unterstützend zum Einsatz kommen; als Einzelmittel ist hier vor allem Hekla lava zu nennen.

Die zur Anwendung kommenden **physiotherapeutischen Maßnahmen** werden vor allem nach der im Vordergrund stehenden Symptomatik ausgewählt.

- Massage
- manuelle Therapieformen zur Mobilisierung von Bewegungseinschränkungen
- somatische Techniken (Osteopathie/Chiropraktik)
- osteopathische Faszientechniken
- bei neurologischen Ausfällen und Muskeldefiziten ggf. reflexinduzierte Therapie, Koordinationsschulung, Erhalt/Verbesserung der Muskelkraft usw.

Eine **aktive trainingsmedizinische Therapie** ist angezeigt, sobald die Patienten beschwerdefrei sind.

12.2.6 Prävention

Bei degenerativen Veränderungen der Wirbelsäule muss aus trainingstherapeutischer Sicht zwischen präventiven und rehabilitativen Maßnahmen unterschieden werden. Krankheitsprävention kann in drei Arten der Prävention untergliedert werden (▸ **Abb. 12.10**):

Primärprävention zielt darauf ab, eine Erkrankung zu verhindern und setzt vor Eintreten der Krankheit ein. Zentrale Strategie einer Primärprävention ist es, die Auslösefaktoren einer Krankheit ganz auszuschalten. In der Prävention von degenerativen Prozessen im Bereich der Wirbelsäule ist dies vor allem die Modifikation der äußeren Belas-

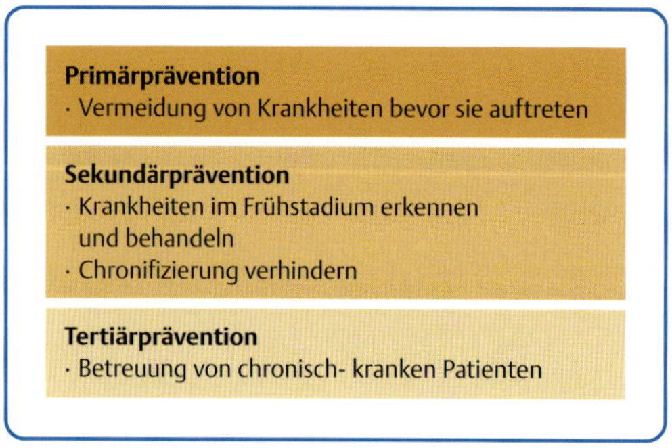

Primärprävention
· Vermeidung von Krankheiten bevor sie auftreten

Sekundärprävention
· Krankheiten im Frühstadium erkennen und behandeln
· Chronifizierung verhindern

Tertiärprävention
· Betreuung von chronisch- kranken Patienten

▶ **Abb. 12.10** Die verschiedenen Formen der Prävention.

tungsfaktoren. Hierbei können folgende Faktoren berücksichtigt werden:

- extreme Belastungen, Fehlbelastungen und einseitige Belastungen vermeiden
- optimale Trainingsplanung und -steuerung
- optimale Nährstoffversorgung
- Übergewicht vermeiden
- Bewegungsmangel vermeiden
- genügend Freilaufzeiten neben der sportlichen Betätigung
- Entwicklung einer guten koordinativen Leistungsfähigkeit
- Aufbau einer guten Rumpfstabilität durch ein gezieltes Training der lokalen und globalen Stabilisatoren der Wirbelsäule

Sekundärprävention zielt darauf ab, Krankheiten im Frühstadium zu erkennen. Eine Progredienz und eine Chronifizierung der Veränderungen sollen verhindert werden. Da schon krankhafte Veränderungen sichtbar sind, ist es nicht mehr ausreichend, nur die krankmachenden Einflüsse zu reduzieren. In die Behandlung müssen nun auch Überlegungen mit einfließen, inwieweit z. B. der ausgeübte Hundesport überhaupt noch mit der Erkrankung vereinbar ist oder ob die Sportart gewechselt werden muss. Passive Behandlungsformen im Rahmen einer physiotherapeutischen Behandlung sind in dieser Phase nicht zwingend erforderlich. Treten bei den Patienten Schmerzen und/oder Muskelverspannungen auf, sollten diese natürlich entsprechend mitbehandelt werden. Hinsichtlich der Trainingstherapie bei beginnenden degenerativen Veränderungen steht nicht nur die Muskulatur im Vordergrund der Behandlung, sondern auch das bradytrophe Kollagengewebe der Bandscheibe. Während positive Veränderungen der Muskulatur relativ einfach und schnell zu erreichen sind, muss bei der Rehabilitation von Bandscheibengewebe mit längeren Zeiträumen gerechnet werden. Durch die Therapie soll nicht nur die Rumpfstabilität verbessert, sondern es soll auch eine höhere Belastbarkeit aller viskoelastischen Elemente der Wirbelsäule erreicht werden. Dazu muss der Stoffwechsel in diesen Geweben verbessert werden. Ein gezieltes Trabtraining (S. 220) ist hier Trainingsmittel der Wahl. Im Trab wird eine Art Walkmechanismus auf die Bandscheiben ausgeübt, dieser verbessert einerseits die Ernährungssituation der Kollagenfasern und andererseits wird die Syntheseleistung der Fibroblasten verbessert. Dieser Anpassungsmechanismus steigert die Gewebebelastbarkeit deutlich. Ergänzt wird das Trabtraining durch ein gezieltes Koordinations- (S. 218) und funktionelles Krafttraining (S. 200). Insgesamt sollte mit einer Rehabilitationszeit von einem Jahr gerechnet werden.

Tertiärprävention setzt bei der Manifestation von degenerativen Wirbelsäulenveränderungen mit entsprechender Schmerzsymptomatik und Bewegungseinschränkungen ein. Nach der Akutbehandlung kann der Patient, wie schon beschrieben, mit komplementärmedizinischen Behandlungsverfahren weiter stabilisiert werden. Ein aktives Training muss an die aktuelle Belastbarkeit des Patienten angepasst werden. Am besten eignen sich zu Beginn der Behandlung isometrische Ganzkörperübungen zur Aktivierung der lokalen Stabilisatoren der Wirbelsäule.

12.3 Lumbosakrale Instabilität

Das **Cauda-equina-Kompressions-Syndrom** (CEKS) bezeichnet alle Erkrankungen, die eine Einengung des Wirbelkanals am lumbosakralen Übergang und dadurch eine Beeinträchtigung der Nerven der Cauda equina sowie deren Blutgefäße bedingen. Zum Teil werden die Begriffe **lumbosakrales Stenose-Syndrom** (LSSS) sowie **degenerative lumbosakrale Stenose** (DLSS) synonym verwendet, wobei vor allem die letztere Bezeichnung impliziert, dass es sich um eine erworbene Erkrankung handelt, die häufig auch mit einem Bandscheibenvorfall (Hansen Typ II) einhergeht (▶ **Abb. 12.11**).

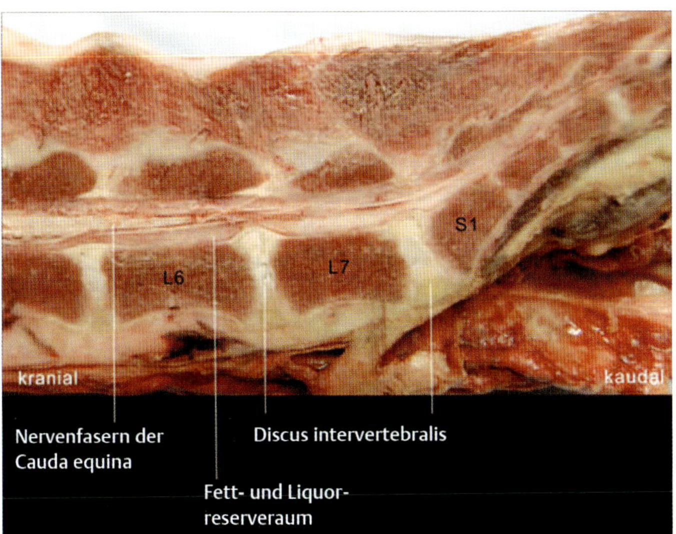

▶ **Abb. 12.11** Anatomisches Präparat des lumbosakralen Übergangs im Sagittalschnitt. Die intervertebralen Bandscheiben L 6–7 und L 7–S 1 zeigen eine mittel- bzw. geringgradige Herniation ohne Kompression der Nervenfasern der Cauda equina, die zentral im lumbosakralen Wirbelkanal liegen und von epiduralem Fett umgeben sind. Sechster Lendenwirbel (L 6), siebter Lendenwirbel (L 7), erster Kreuzbeinwirbel (S 1). (aus: Ondreka N. Röntgenmerkmale des lumbosakralen Übergangs beim Deutschen Schäferhund im Vergleich zu anderen Rassen und Genetik dieser Merkmale beim Deutschen Schäferhund [Dissertation]. Giessen: VBB Laufersweiler; 2009)

12.3.1 Häufige Sportarten und Hinweise aus der Anamnese

Je nach zugrunde liegender Ursache sowie dem Fortschreiten der Problematik können auch die klinischen Anzeichen sehr unterschiedlich ausgeprägt sein. In den meisten Fällen entwickeln sich die Symptome langsam progressiv. Als Leitsymptom kann eine Schmerzhaftigkeit im Bereich des lumbosakralen Übergangs festgestellt werden. Die Schmerzsymptomatik tritt belastungsabhängig auf und kann durch eine Extension des lumbosakralen Übergangs bzw. durch Druck in der betroffenen Region provoziert werden (Extension des LSÜ durch Hochbiegen der Rute oder gleichzeitige Extension beider Hintergliedmaßen; Druck auf den Lumbosakralpunkt LG 3). Im Frühstadium fällt den Besitzern so zunächst meist auf, dass die Hunde Sprünge und andere Bewegungen, die zu einer Streckung des lumbosakralen Übergangs führen, meiden. Oftmals zeigen Hunde, die im Schutzhundsport geführt werden, Probleme, insbesondere beim Zupacken am Schutzärmel. Die Hunde fassen zu und lassen den Schutzärmel mit einem kurzen Aufschrei sofort wieder los. Im fortgeschrittenen Stadium kommen Schwierigkeiten beim Aufstehen und eine allgemeine Hinterhandschwäche mit zunehmender Muskelatrophie insbesondere der Flexoren hinzu; es können Ataxien bis hin zu Paresen einer oder beider Hinterbeine beobachtet werden. Neurologisch fallen meist zunächst ein verminderter Flexor-, ein verminderter Tibialis-cranialis- sowie ein verminderter Perineal-Reflex auf; bisweilen kommt es zu Lähmungen der Rute. Im Spätstadium treten zusätzlich zu Propriozeptionsdefiziten bisweilen auch Harn- und Kotinkontinenz auf. Die zunehmenden Sensibilitätsstörungen sowie die progressive Muskelschwäche führen zu vermehrtem Zehenschleifen und ziehen dadurch oft schlecht verheilende Abschürfungen an den Pfotenrücken nach sich. Prädisponiert für das Auftreten des Cauda-equina-Kompressions-Syndroms sind Hunde größerer Rassen mit einem Gewicht von über 20 kg. Neuere Untersuchungen der Veterinärmedizinischen Fakultät der Justus-Liebig-Universität Gießen in Kooperation mit dem Institut für Tierzucht und Genetik der Tierärztlichen Hochschule Hannover legen vor allem für den Deutschen Schäferhund eine mittlere bis hohe genetische Veranlagung nahe. Daraus leitet sich die Empfehlung ab, zusätzlich zu den Hüft- und Ellbogenaufnahmen bei allen Junghunden auch den lumbosakralen Übergang zu röntgen und entsprechend auffällige Tiere nicht zur Zucht zuzulassen.

12.3.2 Relevante Anatomie

Zu den anatomischen Strukturen des lumbosakralen Übergangs gehören der 6. und 7. Lendenwirbel und das Os sacrum. Der letzte Lendenwirbel und das Os sacrum sind über die beiden Wirbelgelenke und über eine Bandscheibe miteinander gelenkig verbunden. Neben der diarthrotischen und synchondrotischen Verbindung wird der Bewegungsumfang im Bereich des lumbosakralen Übergangs durch lange und kurze Bänder vorgegeben. Die kurzen Bänder sind monosegmental angeordnet, d. h., sie verbinden jeweils ein Segment mit seinem Nachbarsegment. Zu den kurzen Bändern gehören die Ligamenta flava und das Ligamentum interspinale. Ligamentum longitudinale dorsale und ventrale sowie das Ligamentum supraspinale überspannen mehrere Segmente, sie repräsentieren die langen Bänder des lumbosakralen Übergangs. Das Becken und das Os sacrum mit ihren gelenkigen Verbindungen zur Lendenwirbelsäule dienen vor allem der Kraftübertragung von den Hintergliedmaßen auf den Rumpf. Die Beweglichkeit im lumbosakralen Übergang beträgt im Mittel ca. 27° Beugung und 5–30° Extension. Das ergibt eine Gesamtbewegungsamplitude von annähernd 60°. Hündinnen weisen gegenüber Rüden eine größere Beweglichkeit auf. Entgegen der früheren Lehrmeinung sind im lumbosakralen Übergangsbereich außer diesen Extensions- und Flexionsbewegungen durchaus auch Rotations- und Translationsbewegungen möglich. Die Möglichkeit zu diesen Bewegungen ergibt sich aus der Stellung und Winkelung der kleinen Wirbelgelenke. Mittels röntgenologischer Aufnahmen konnte nachgewiesen werden, dass die Wirbelgelenke in der vorderen Lendenwirbelsäule annähernd gerade gewinkelt und im Bereich der hinteren LWS und am lumbosakralen Übergang ca. 35–40° schräg gewinkelt sind. Die stetige Zunahme der Winkelung in den Wirbelgelenken der LWS von kranial nach kaudal ermöglicht eine gleichmäßig auf mehrere Segmente verteilte Rotationsbewegung. Weiterhin finden sich hier auch eher bogenförmige oder gewinkelte Gelenkspalte mit einer vergrößerten Gelenkfläche (► **Abb. 12.12**). Konvex geformte und vergrößerte Gelenkflächen haben vor allem den Vorteil einer besseren Stabilität in diesem Bewegungssegment.

Eine Ausnahme bildet hier der Deutsche Schäferhund. 80 % der Hunde dieser Rasse zeigen eher eine gerade Ausformung der Wirbelgelenke, wohingegen andere Rassen in der Mehrzahl eine runde bzw. gewinkelte Form zeigen. Auch verläuft die Änderung der Winkelung der Wirbelgelenke beim Deutschen Schäferhund nicht kontinuierlich zunehmend von kranial nach kaudal, sondern häufig wird hier eine sehr abrupte Winkeländerung im Segment L 7/S 1 beobachtet. Diese abrupte Veränderung des Gelenkwinkels führt dazu, dass sich die Rotationsbewegung auf den lumbosakralen Übergang konzentriert. Dies hat zur Folge, dass die biomechanischen Belastungen am lumbosakralen Übergang beim Deutschen Schäferhund besonders hoch sind. Ein weiterer nicht zu vernachlässigender Aspekt ist bei großen Hunden die Größenzunahme der Gelenkflächen im Verhältnis zur Gesamtgröße des Gelenkfortsatzes im lumbosakralen Übergang. Je größer und schwerer der Hund, desto größer sind seine Gelenkflächen. So überragen bei 70 % der großen Hunde die Kontaktflächen der Wirbelgelenke den Wirbelspalt. Daraus resultiert ein deutlich vergrößerter Bewegungsspielraum (► **Abb. 12.13**). Die größten Veränderungen wurden ebenfalls beim DSH gefunden. 45 % der Gelenkflächen liegen kranial der Wirbelendplatte, dies ermöglicht ein weites kraniales Gleiten der Gelenkfortsätze von S 1. Dies führt zu einer Ventralverlagerung des Kreuzbeins und in der Folge zu einer erhöhten Belastung der Bandscheibe.

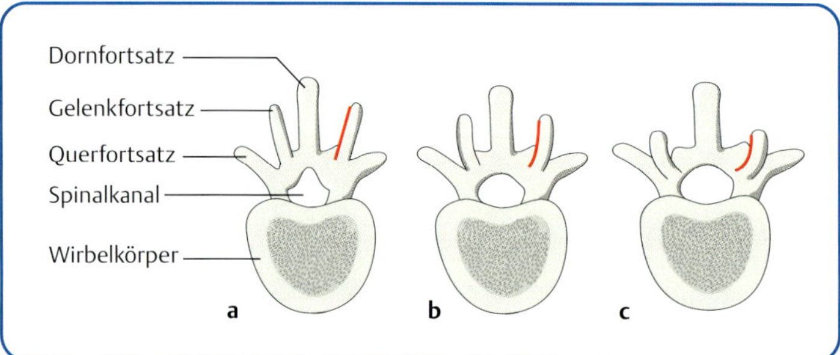

► **Abb. 12.12** Formen der Facettengelenke. **a** gerade Form, **b** gewinkelte Form, **c** runde Form.

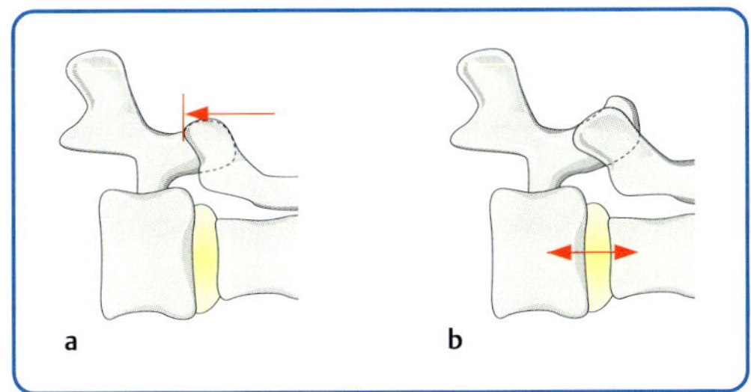

▶ **Abb. 12.13** Größe der kaudalen Gelenkfortsätze von L 7, ihre Gelenkflächen und der daraus resultierende Bewegungsspielraum (schematisch, vereinfacht). **a** Kleine Hunderassen: Die kaudalen Gelenkfortsätze von L 7 sind klein und ihre Gelenkfläche nimmt etwa 50 % der Oberfläche ein. Die Gelenkfläche liegt größtenteils kaudal der Wirbelendplatte. Ein weites Vorgreifen der kranialen Gelenkfortsätze von S 1 findet nicht statt. **b** Große Hunderassen: Die kaudalen Gelenkfortsätze von L 7 sind groß und ihre Gelenkfläche nimmt bis zu 95 % der Oberfläche ein. Bis zu 45 % der Gelenkfläche liegen kranial der Wirbelendplatte. Ein weites Gleiten der kranialen Gelenkfortsätze von S 1 ist möglich und belastet so die Bandscheibe.

Liegt bei einem Hund aufgrund der Ausformung der kleinen Wirbelgelenke ein solcher größerer Bewegungsspielraum vor, so kann er nur durch eine gut entwickelte Muskulatur stabilisiert werden. Dabei ist die segmentale Stabilität weniger eine Frage der Muskelmasse, sondern vielmehr der muskulären Kontrolle, das bedeutet, dass der muskulären Koordination hierbei eine besondere Bedeutung zukommt. Die segmentale Integrität des lumbosakralen Übergangs wird durch die tiefen, kurzen Muskeln gewährleistet, die an den einzelnen Segmenten ansetzen. Im Bereich der Rückenmuskulatur sind dies die Mm. multifidii und im Bereich der Bauchmuskeln der M. transversus abdominis und der M. obliquus internus abdominis. Die lokalen Muskeln funktionieren wie kleine Sprungfedern, die das Gelenk zentrieren und stabilisieren. Damit der lumbosakrale Übergang bei einer dynamischen Belastung rechtzeitig geschützt wird, ist eine Art Vorprogrammierung notwendig: Die Muskulatur baut also eine Schutzspannung auf, bevor die eigentliche Bewegung stattfindet. Geht dabei das richtige Timing verloren, führt dies zu einem Verlust der muskulären Kontrolle der Gelenkbewegungen. Studien in der Humanmedizin konnten zeigen, dass bei Patienten mit Rückenschmerzen der M. transversus abdominis erst mit einer deutlichen zeitlichen Verzögerung anspannt. Dadurch wird die Wirbelsäule einer Belastung ausgesetzt, ohne dass ein segmentaler Schutz gewährleistet ist. Vergrößerter anatomischer Bewegungsspielraum und der Verlust der Muskelkontrolle bilden somit die Grundlage einer dynamischen Instabilität. Vor diesem Hintergrund wird auch nachvollziehbar, warum die regelmäßige Untersuchung auf Dysfunktionen sowie deren Behandlung bei betroffenen Hunden so wichtig ist: Besteht im Bereich der Sakroilikalgelenke, am lumbosakralen Übergang oder im Bereich der kaudalen Lendenwirbelsäule eine Dysfunktion, so ist die muskuläre Feinabstimmung beeinträchtigt. Das Beheben der Dysfunktionen ist Voraussetzung, um die neuromuskulären Abläufe, die für die muskuläre, segmentale Stabilisierung notwendig sind, wieder zu ermöglichen.

i Myofasziale Wirkungsketten Lumbosakraler Übergang

Auf Dauer können sich Funktionsstörungen im Bereich des lumbosakralen Übergangs entlang der myofaszialen Wirkungsketten fortpflanzen und es entstehen sog. Läsionsketten. So führt eine Ventralisation des Sakrums nicht selten zu Bewegungseinschränkungen der Halswirbelsäule. Betrachtet man die myofasziale Verbindung des Os sacrum mit dem Kniegelenk, wird deutlich, warum eine lumbosakrale Instabilität langfristig auch Kniebeschwerden auslösen kann. Durch die Ventralisation des Sakrums wird das Lig. sacrotuberale gedehnt, dies führt zu einer Tonuserhöung der Hamstrings, u. a. auch des M. semimembranosus. Aufgrund seiner faszialen Verbindung zum medialen Meniskus ist der M. semimembranosus für das Kaudalgleiten des medialen Meniskus verantwortlich. Eine erhöhte Spannung des M. semimembranosus führt zu einer zu starken Bewegung des Meniskus nach kaudal, sodass dieser in maximaler Flexionsposition des Kniegelenks komprimiert wird. Möglicherweise könnte dies ein Grund dafür sein, warum manche Hunde die korrekte Sitzposition vermeiden.

12.3.3 Ätiologie/Pathogenese

Die beschriebenen anatomischen Voraussetzungen führen dazu, dass bei großen Rassen und insbesondere beim Deutschen Schäferhund die biomechanischen Belastungen in der Bewegung be-

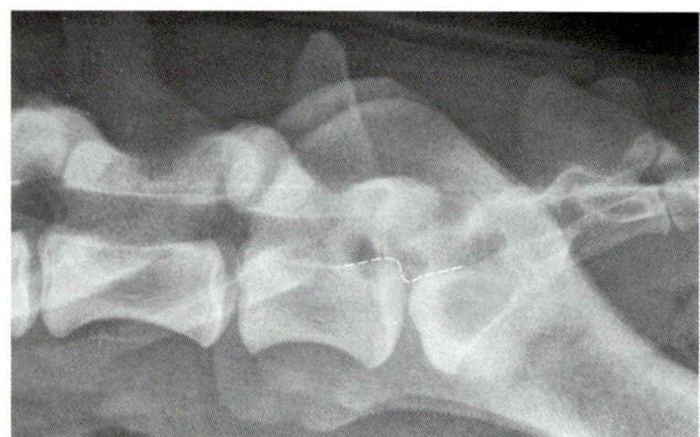

▶ **Abb. 12.14** Röntgenaufnahme der kaudalen Lendenwirbelsäule und des lumbosakralen Übergangs im laterolateralen Strahlengang. Beispiel einer Stufenbildung des Wirbelkanals auf Höhe des lumbosakralen Übergangs, die sich bei diesem Hund bereits in neutraler Position manifestiert. (aus: Ondreka N. Röntgenmerkmale des lumbosakralen Übergangs beim Deutschen Schäferhund im Vergleich zu anderen Rassen und Genetik dieser Merkmale beim Deutschen Schäferhund [Dissertation]. Giessen: VBB Laufersweiler; 2009)

sonders hoch sind. Vor allem der schnelle Galopp, aber auch Sprünge sowie Bewegungen mit gleichzeitiger Rotationskomponente führen dazu, dass es aufgrund der Instabilität im lumbosakralen Übergang zu einem Ventralgleiten des Sakrums (▶ **Abb. 12.14**) und dadurch unter Umständen zu einer kurzzeitigen Kompression der nervalen Strukturen in diesem Bereich, d. h. der Cauda equina, kommen kann.

Zeigen die Hunde dauerhaft neurologische Auffälligkeiten, spricht man nicht mehr von einer dynamischen Instabilität, sondern von einer lumbosakralen Stenose bzw. von einem Cauda-equina-Kompressions-Syndrom. Die Wirbelsäule stellt in ihrer Gesamtheit ein System dar, das in der Lage ist, einwirkende verformende Kräfte elastisch aufzufangen. Im Gebrauchshundsport treten bei der sog. langen Flucht über ca. 50 m beim Fassen des Schutzdienstärmels durch den Sporthund aufgrund der Geschwindigkeit hohe Kompressionskräfte auf. Diese übertragen sich von der Halswirbelsäule über die Brustwirbelsäule und weiter auf den lumbosakralen Übergang. Diese Kompressionskräfte führen bedingt durch die dynamische Instabilität im lumbosakralen Übergang zu einer vermehrten Ventralkippung des Kreuzbeins. Diese Bewegung bewirkt kurzfristig eine Verengung des Wirbelkanals, wodurch die dort befindlichen Nerven unter Druck geraten. Dies löst einen einschießenden Schmerz aus und der Sporthund lässt den Schutzärmel sofort wieder los. Dadurch können vorübergehend Lahmheiten der Hintergliedmaßen und eine Abschwächung der Pfotenstellreaktion auftreten. Die klinischen Symptome sowie die von der Atrophie betroffenen Muskeln ergeben sich aus dem Versorgungsgebiet der zur Cauda equina gehörigen Nerven:

- N. ischiadicus (Aufzweigung in N. fibularis und N. tibialis)
  - Ursprungssegmente: L 6, L 7, S 1
  - über N. tibialis: motorische Innervation der ischiokruralen Muskulatur, der Kniegelenksbeuger und Tarsalstrecker
  - über N. fibularis: motorische Innervation der Tarsalbeuger
  - sensorische Innervation der Hintergliedmaße distal des Kniegelenks
  - Test über Flexorreflex und Tibialis-cranialis-Reflex
- N. pudendus
  - Ursprungssegmente: S 1, S 2, S 3
  - motorische Innervation der Sphinkteren (Schließmuskeln)
  - sensorische Innervation von Präputium, Skrotum, Peritoneum und Vulva
  - Test über Perineal- bzw. Anal- und Vulvo-/Bulbo-Urethral-Reflex
- N. pelvicus
  - Ursprungssegmente: S 1, S 2, S 3
  - motorische Innervation der glatten Muskulatur von Blase und Enddarm
- Nn. caudales
  - Ursprungssegmente: Cd1–Cd5
  - Innervation der Rute (motorisch und sensibel)

Im Rahmen des Cauda-equina-Kompressions-Syndroms kommt es zu einer Hyporeflexie der betroffenen Nerven im Sinne einer UMN-Läsion der Hinterbeine.

Da der N. femoralis nicht zur Cauda equina gehört, ist sein Versorgungsgebiet nicht betroffen. Das bedeutet, dass der Patellarreflex nicht beeinträchtigt ist und auch der M. quadriceps nicht hypotrophiert.

12.3.4 Diagnostik

Die klinische Untersuchung durch den Sportphysiotherapeuten umfasst ein allgemeines Screening und die spezielle Untersuchung des Bewegungsapparats. Folgende Untersuchungsbefunde können auf eine lumbosakrale Instabilität hinweisen:

- Der Druck auf das Spatium intervertebrale von L 7/S 1 löst Schmerzen aus.
- Die Hyperextension des lumbosakralen Übergangs ist schmerzhaft.
- Begleitend können sakroiliakale Dysfunktionen vorliegen.
- Hypertonus und Druckschmerzhaftigkeit des M. iliocostalis
- Atrophie der Kruppen- und Hinterbackenmuskulatur
- Propriozeptionsdefizite
- verminderter Flexor-, verminderter Tibialis-cranialis- sowie verminderter Perineal-Reflex

Aufgrund der vorliegenden Symptomatik kann nur der Verdacht einer lumbosakralen Instabilität gestellt werden. Darüber hinaus können verschiedene röntgenologische Veränderungen auf einer Aufnahme des lumbosakralen Übergangs im seitlichen Strahlengang zusätzliche Hinweise auf eine lumbosakrale Instabilität liefern:

- beginnende Spondylose im lumbosakralen Übergang
- Sklerosierung der dorsalen Anteile der kranialen Kreuzbeinendplatte
- Stufenbildung zwischen 7. Lendenwirbel und Kreuzbein
- lumbosakraler Übergangswirbel

Um Instabilitäten röntgenologisch nachzuweisen, müssen Funktionsröntgenaufnahmen angefertigt werden. Hierbei wird die kaudale Wirbelsäule im seitlichen Strahlengang in Flexion, in Neutralposition und in Extension geröntgt. Häufig sind die Aufnahmen in Flexion und in Neutralposition völlig unauffällig und erst die Aufnahme in Extension zeigt ein Wirbelgleiten oder ein Ventralgleiten des Kreuzbeins mit entsprechender Stufenbildung. Zur endgültigen Absicherung können Kontrastmitteluntersuchungen, Computertomografie (CT) oder Magnetresonanztomografie (MRT) durchgeführt werden.

12.3.5 Therapeutische Möglichkeiten

Bei der Wahl der Therapie spielen mehrere Faktoren eine Rolle. Die Therapie ist einerseits vom klinischen Befund abhängig, aber auch davon, wie der Hund weiterhin eingesetzt werden soll. Handelt es sich bei den betroffenen Patienten um Diensthunde, kann eine operative Entlastung des Spinalkanals, eine sog. dorsale Laminektomie, Mittel der Wahl sein. Im Vordergrund steht hier sicherlich als Therapieziel die Erhaltung der weiteren Dienstfähigkeit. Der lumbosakrale Übergang bleibt auch nach diesem Eingriff aber weiterhin instabil, d. h., der Belastungsschmerz durch die Kompression der Nervenfasern ist zwar erst einmal ausgeschaltet, die vermehrte Belastung auf Bandscheiben, Bänder, Wirbel- und Wirbelgelenke bleibt jedoch. Diese Überbelastung führt im weiteren Verlauf zu einem Fortschreiten der degenerativen Veränderungen im lumbosakralen Übergang. Dieses Fortschreiten der Erkrankung kann allerdings durch eine veränderte dienstliche Nutzung und durch das Vermeiden von Spitzenbelastungen hinausgezögert werden. Allerdings wohlwissend, dass die hohe Belastung im Dienst bei einem nicht gelenkgesunden Hund frühzeitig zu degenerativen Veränderungen und damit auch zu Schmerzen und Einschränkungen führt. Bei Sporthunden ohne neurologische Symptome ist sicherlich erst einmal eine konservative Therapie angezeigt. Im Vordergrund der Therapie steht vor allem das Vermeiden von zu hohen Belastungen im Bereich des lumbosakralen Übergangs. Folgende Belastungen sollten reduziert bzw. vermieden werden:

- zu langes Stehen und Springen auf den Hinterbeinen, wie es oft in Zwingeranlagen der Fall ist
- Springen
- Überwinden der Kletterwand
- lange Flucht beim Schutzdienst
- schnelle Stopps und Wendungen

Das bedeutet nicht zwangsläufig, dass der Besitzer ganz auf den Sport verzichten muss, aber ein Wechsel in eine andere Sportart, z. B. in die Fährtenarbeit oder zum Obedience, ist sinnvoll. Im Mittelpunkt der weiteren Therapie steht dann eine sportphysiotherapeutische Behandlung mit einem gezielten Trainingsaufbau. Als vorrangiges Therapieziel ist eine verbesserte muskuläre Stabilisierung des lumbosakralen Übergangs anzustreben. Dazu sollten das muskuläre Zusammenspiel, die funktionelle Kraft (S. 200) und die Kraftausdauer (S. 207) von Rücken-, Bauch- und Kruppenmuskulatur verbessert werden.

12.4 Subkutane Pannikulose

Die **subkutane Pannikulose** kann als lokale Störung des Unterhautbindegewebes bezeichnet werden. Die Bereiche einer subkutanen Pannikulose manifestieren sich beim **Kibler-Hautfaltentest** als verdicktes oder verhärtetes Gewebe. Das Rollen der Hautfalte ist schmerzhaft. Oftmals treten zusätzlich noch **vegetativ-reflektorische Zeichen** wie z. B. vasomotorische, pilomotorische und sudomotorische Reaktionen auf. Weiterhin kann es zu Flüssigkeitsansammlungen im Gewebe kommen, sehr häufig befinden sich diese Aufquellungen im Bereich des zervikothorakalen Übergangs und der vorderen Brustwirbelsäule, außerdem lassen sich Veränderungen der darunterliegenden Muskulatur im Sinne einer Atrophie oder Hypertrophie erkennen.

12.4.1 Häufige Sportarten und Hinweise aus der Anamnese

Patienten mit diesem Krankheitsbild zeigen oftmals Berührungsschmerzen und einen ausgeprägten Juckreiz am Rumpf. Diese Störung kann bei Sporthunden in den verschiedensten Sportarten auftreten. Das Risiko, an einer Pannikulose zu erkranken, ist in den High-Impact-Sportarten (S. 151) aufgrund der höheren Belastung des Bewegungsapparats und des Herz-Kreislauf-Systems etwas größer (▶ **Tab. 6.1**). Aber eine Pannikulose kann auch bei Familienhunden auftreten. So finden sich gehäuft über myofaszialen Triggerpunkten Veränderungen des subkutanen Gewebes im Sinne einer Pannikulose.

12.4.2 Relevante Anatomie

Die lokale Störung des Unterhautbindegewebes kann auch als **Bindegewebszone** bezeichnet werden. Bindegewebszonen entstehen aufgrund von Funktionseinschränkungen oder Erkrankungen innerer Organe oder durch Gelenk- bzw. Wirbelsäulendysfunktionen. Es besteht somit eine Beziehung zwischen inneren Organen, Haut, Muskel- und Skelettsystem (▶ **Abb. 12.15**). Diese Beziehung basiert auf der Reflexbeziehung innerhalb eines Wirbelsäulensegments, der sog. **segmentalen Innervation**, d. h., von einem Rückenmarkssegment aus werden über die entsprechende Nervenwurzel bestimmte Bereiche von Haut, Skelett, Muskulatur und inneren Organen innerviert. Diese werden dann als **Dermatom, Sklerotom, Myotom** und **Viszerotom** bezeichnet.

Zu den oben schon erwähnten segmental-vegetativ reflektorischen Zeichen gehören:

- vasomotorische Reaktionen
  - Kälte- bzw. Wärmeabstrahlung über der Haut
  - Blasse bzw. gerötete Haut
- pilomotorische Reaktionen
  - fehlende oder vermehrte Aufrichtung des Felles durch die Mm. arectores pilorum
- sudomotorische Reaktionen
  - vermehrte bzw. fehlende Aktivität der Talg- und Schweißdrüsen

12.4.3 Ätiologie/Pathogenese

Bei der Pannikulose handelt es sich nicht um eine Sportverletzung. Vielmehr ist die bei Sporthunden auftretende Pannikulose häufig Ausdruck einer chronischen Überbelastung. Fehlendes Auf- und Abwärmen vor und nach sportlicher Belastung, unstrukturierte hochintensive Trainingsstunden, das Nichtbeachten von Regenerationszeiten und die fehlende Trainingsplanung und -steuerung führen oftmals zu schmerzhaften Veränderungen des Bewegungsapparats und langfristig auch zu Störungen anderer Organsysteme. Diese krankhaften Veränderungen zeigen sich dann an der Körperoberfläche in Form einer Pannikulose.

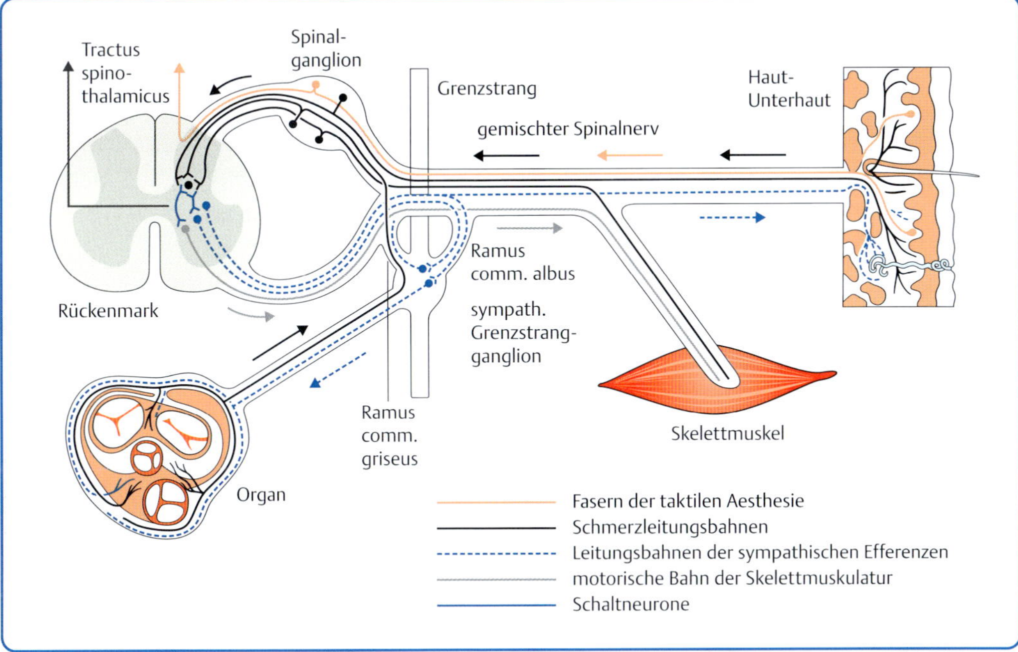

▸ **Abb. 12.15** Schema der Nervenverbindungen zwischen inneren Organen, Muskeln und Haut-Unterhaut; die viszerogenen und kutiviszeralen Spinalreflexe. (aus: Schiffter R, Harms E. Bindegewebsmassage. 14. Aufl. Stuttgart: Thieme; 2005)

Myofasziale Wirkungsketten Unterhautbindegewebe

Häufig finden sich Verquellungen im Bereich des zervikothorakalen Übergangs. Aus segmentalreflektorischer Sicht korrespondiert dieser Wirbelsäulenabschnitt mit den Organen Herz und Lunge. Betrachtet man bindegewebige Verquellungen des zervikothorakalen Übergangs aus myofaszialer Sicht, können diese Ausdruck für eine venöse Abflussstörung sein. Eine Dysfunktion der tiefen Ventrallinie und damit einhergehende Restriktionen des respiratorischen Diaphragmas und des Mediastinums können Ursachen für solch eine venöse Stase sein.

▸ **Abb. 12.16** 13-jährige Golden-Retriever-Hündin mit einer verquollenen Hautfalte im Bereich der vorderen Brustwirbelsäule. (Foto: Christiane Gräff)

12.4.4 Diagnostik

Die Diagnose Pannikulose kann nur durch eine gezielte Palpation gestellt werden. Getestet wird hauptsächlich mit dem Kibler-Hautfaltentest. Treten beim Kibler-Hautfaltentest Schmerzen auf und stellt sich die Hautfalte verquollen (▸ **Abb. 12.16**) oder verhärtet dar, spricht das für einen positiven Befund im Hinblick auf eine Pannikulose.

Das gleichzeitige Vorhandensein von vegetativ-reflektorischen Krankheitszeichen sichert die Diagnose. Diese beschriebenen segmentalen vegetativ-reflektorischen Symptome äußern sich oft lange bevor andere Untersuchungen einen positiven Befund ergeben. Eine Organstörung kann sich auf drei verschiedenen Ebenen manifestieren: Zu Beginn einer Organstörung können **reflektorische Symptome** auf der Körperoberfläche beobachtet werden. Im weiteren Verlauf der Störung werden **funktionelle Veränderungen** wie z. B. Inkontinenz sichtbar. Und erst im fortgeschrittenen Stadium einer Erkrankung werden die **strukturellen Veränderungen** des betroffenen Organs mittels technischer Untersuchungen nachweisbar. Für die Praxis bedeutet das, auch wenn scheinbar gesunde Sporthunde zum halbjährlichen physiotherapeutischen Check-up kommen, sollte der Sportphysiotherapeut auf diese segmentalen Symptome achten und den Patienten ggf. an den Haustierarzt überweisen. Nur so sind eine frühzeitige Diagnose und Therapie oder sogar ein präventives Vorgehen möglich.

12.4.5 Therapeutische Möglichkeiten

Die Interaktion auf segmentaler Ebene lässt sich nicht nur diagnostisch nutzen, über die Beeinflussung der Rückenmarkssegmente können auch therapeutische Effekte erzielt werden. Im Vordergrund stehen hierbei die Schmerzlinderung, die Verbesserung der Trophik von Haut, Unterhaut, Faszie und Muskulatur sowie die Verbesserung der Organfunktion. Zur Behandlung einer subkutanen Pannikulose können therapeutische Techniken aus der Bindegewebsmassage wie z. B. die Gewebswäsche (► **Abb. 3.28**) eingesetzt werden. Aber auch die tiefe Gewebsmassage oder myofasziale Techniken sind adäquate Therapieformen zur Behandlung dieses Krankheitsbildes.

12.5 Limber-Tail-Syndrom

Das Limber-Tail-Syndrom ist auch als cold tail syndrome, dead tail oder Wasserrute bekannt. Es ist eine Erkrankung, die häufig bei Pointer, Setter, Beagle, Retriever und Foxhound anzutreffen ist.

12.5.1 Häufige Sportarten und Hinweise aus der Anamnese

Die erkrankten Hunde zeigen häufig einen aufgekrümmten Rücken und starke Schmerzen im Bereich des Rutenansatzes, die Rute wird dabei einige Zentimeter vom Rutenansatz ab sehr gestreckt gehalten und hängt dann gerade nach unten. Schon leichte Rutenbewegungen werden vermieden, das gerade Vorsitzen fällt den betroffenen Hunden ebenfalls schwer. Betroffen sind meist Hunde, die im Dummysport und/oder jaglich geführt werden. Vorberichtlich erfolgte oft am Vortag eine ungewohnte Belastung oder eine Belastung in kalter Umgebung bzw. in kaltem Wasser.

12.5.2 Relevante Anatomie

Der Hund verfügt über drei Kreuzbeinwirbel, die zum Kreuzbein verschmelzen. Die Anzahl der Schwanzwirbel variiert; es können bis zu 20 Wirbel vorkommen. Der erste Schwanzwirbel artikuliert mit den Procc. articulares caudales des dritten Kreuzbeinwirbels. Der Zwischenraum von drittem Kreuzbeinwirbel und erstem Schwanzwirbel wird auch als Spatium interarcuale bezeichnet. Die ersten Schwanzwirbel ähneln in ihrem Aufbau noch sehr den Lendenwirbeln, die hinteren Schwanzwirbel sind zunehmend einfacher gebaut. Bei den Muskeln der Rute können zwei Gruppen unterschieden werden: zum einen die Wirbelsäulen-Schwanzmuskeln und zum anderen die Becken-Schwanzmuskeln. Die Wirbelsäulen-Schwanzmuskeln können nochmals in dorsale und ventrale Muskeln unterteilt werden. Die dorsalen Wirbelsäulen-Schwanzmuskeln sind eine direkte Fortsetzung der epaxialen Stammesmuskulatur (► **Abb. 12.17**).

Die Becken-Schwanzmuskeln sind die Muskeln des Diaphragma pelvis. Das Diaphragma pelvis wird von zwei Muskeln gebildet. Der M. coccygeus entspringt an der Spina ischiadica und inseriert an den Querfortsätzen des 2.–5. Schwanzwirbels. Bei bilateraler Kontraktion fungiert er als Niederzieher der Rute. Er presst die Rute gegen den Anus. Der M. levator ani ist in zwei Anteile unterteilt, in den M. iliocaudalis und in den M. pubocaudalis. Der M. iliocaudalis entspringt am Corpus ossis ilii und inseriert an den 3.–7. Schwanzwirbeln. Der M. pubocaudalis entspringt am Ramus cranialis ossis pubis, der Ansatz erfolgt gemeinsam mit dem M. iliocaudalis (► **Abb. 12.18**).

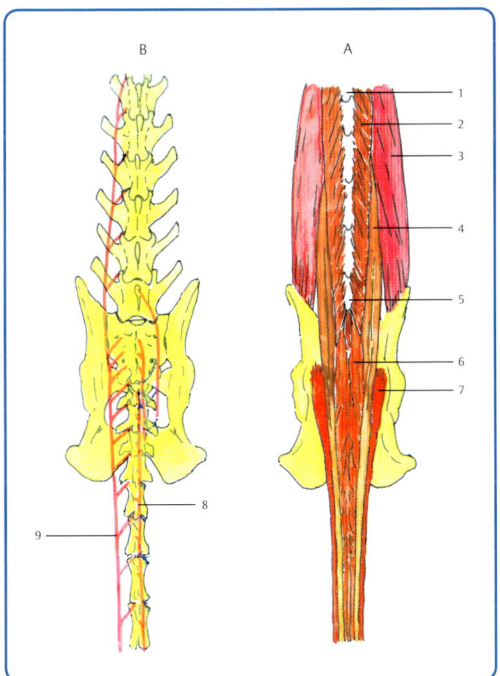

▶ **Abb. 12.17** Muskeln der lumbosakralen Region. A Epaxiale Muskeln, Dorsalansicht. B Skizze der sakrokaudalen Muskeln. 1 zweiter Lendenwirbel, 2 Mm. multifidii, 3 M. longissmus lumborum, 4 M. sacrocaudalis lateralis, 5 siebter Lendenwirbel, 6 M. sacrocaudalis dorsalis medialis, 7 M. intertransversarius dorsalis caudalis, 8 M. sacrodaudalis dorsalis medialis, 9 M. sacrocaudalis dorsalis lateralis. (aus: Hohmann M. Bewegungsapparat Hund. Stuttgart: Sonntag; 2015)

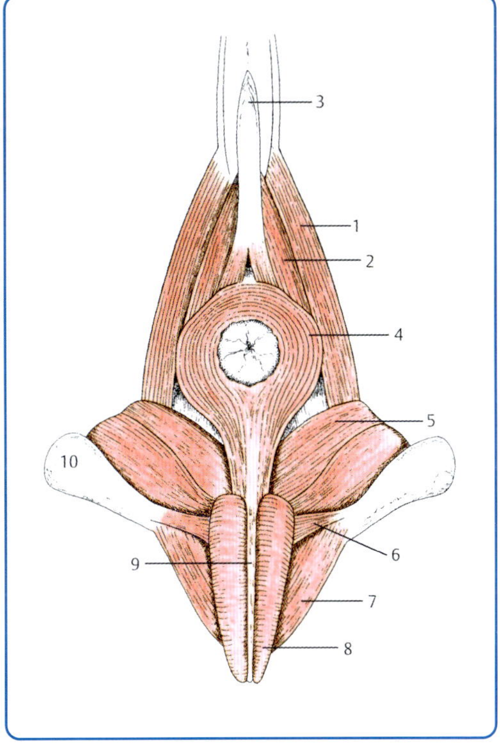

▶ **Abb. 12.18** Muskulatur der Perinealregion beim männlichen Hund, oberflächliche Schicht: 1 M. coccygeus, 2 M. iliocaudalis und M. pubocaudalis, 3 M. rectococcygeus (glatter Muskel), 4 M. sphincter ani externus, 5 M. obturatorius internus, 6. M. ischiourethralis, 7 M. ischiocavernosus, 8 M. bulbospongiosus, 9 M. retractor penis, 10 Tuber ischiadicum. (aus: Salomon FV, Geyer H, Gille U. Anatomie für die Tiermedizin. 3. Aufl. Stuttgart: Enke; 2015)

12.5.3 Ätiologie/Pathogenese

Das Limber-Tail-Syndrom ist ein multifaktorielles Geschehen. Meist liegt die Ursache in einer Kombination aus anstrengender, langer Jagdarbeit, nass-kaltem Wetter, kalter Wassertemperatur und mangelhaftem Trainingszustand des Hundes. Weitere Faktoren können ein ungenügendes Warm-up sowie ein ungenügendes Trockenreiben des Hundes sein. Aufgrund einer Untersuchung im Jahre 1999 an Englischen Pointern konnte eine muskuläre Überlastung des M. coccygeus nachgewiesen werden.

i Myofasziale Wirkungsketten

Diaphragma pelvis

Spannungsveränderungen des Diaphragma pelvis können zu weiteren Dysfunktionen im Verlauf der tiefen Ventrallinie führen. Restriktionen des Diaphragma pelvis bedingen häufig Dysfunktionen der Sakroiliakalgelenke und/oder der Kopfgelenke. Die Kopfgelenke wiederum stehen in engem Kontakt zum Foramen jugulare. So können Blockaden der Kopfgelenke u. a. den venösen Abfluss aus dem Schädel beeinträchtigen oder über eine Reizung des N. vagus Übelkeit und Verdauungsbeschwerden auslösen.

12.5.4 Diagnostik

Bei der Untersuchung fällt zunächst eine abnorme Rutenhaltung auf, weiterhin sollten Schmerzhaftigkeit, Tonus und Beweglichkeit der Rute beurteilt werden. Als Begleitverletzung liegt meist eine Dysfunktion der Sakroiliakalgelenke und/oder der Kopfgelenke vor. Eine weitere Abklärung kann über den Tierarzt erfolgen. Im Zusammenhang mit dem Limber-Tail-Syndrom können folgende Untersuchungsbefunde erhoben werden:

- leichter Anstieg des Enzyms Kreatinkinase im Blut
- spontane Entladungen bei der EMG-Untersuchung des M. coccygeus
- Veränderungen bei der Thermografie und der Szintigrafie

12.5.5 Therapeutische Möglichkeiten

Im Vordergrund der therapeutischen Bemühungen sollten die Schmerzlinderung, die Verbesserung der Durchblutung des M. coccygeus, die Tonussenkung des M. coccygeus und des Lig. sacrotuberale sowie das Lösen der Dysfunktionen stehen. Bewährt haben sich Wärmeanwendungen z. B. in Form von Rotlicht, Faszientechniken und direkte Mobilisationstechniken. Da die betroffenen Patienten zu Rezidiven neigen, sollte eine umfassende Beratung des Hundeführers erfolgen. Folgende Maßnahmen können zur Vermeidung dieser Verletzung getroffen werden:

- gezieltes Training zur Verbesserung der Ausdauer und Kraftausdauer
- gezieltes Warm-up und Cool-down
- Trockenreiben und Warmhalten der Hunde in den Pausen
- Einhalten von Regenerationszeiten

12.6 Instabilität Schultergelenk

Laut einer amerikanischen Internetstudie aus dem Jahre 2009 gehörten Schulterverletzungen neben Zehen- und Rückenverletzungen zu den häufigsten Verletzungen im Agility [50]. Dazu gehören auch Verletzungen, die sowohl die mediale als auch die laterale Seitenstabilität des Schultergelenks betreffen. Unter einer **Schulterinstabilität** oder auch **Subluxation** versteht man die gesteigerte Translationsfähigkeit des Humeruskopfes in der Gelenkpfanne, welche aus einem fehlenden oder gestörten Zusammenspiel der stabilisierenden Mechanismen resultiert, wobei 75 % aller betroffenen Patienten eine Instabilität nach medial zeigen. Bei den kleinen Hunderassen überwiegt die Schulterinstabilität nach medial, während bei den großen Rassen eher laterale Instabilitäten beobachtet werden können. Dabei kann die Verletzung durch ein einzelnes Trauma bzw. durch Mikrotraumen ausgelöst werden.

12.6.1 Häufige Sportarten und Hinweise aus der Anamnese

Die Sporthunde werden wegen einer mittelgradigen Vordergliedmaßenlahmheit vorgestellt. Häufig besteht zusätzlich noch eine Rotationsfehlhaltung im Sinne einer Außen- bzw. Innenrotationshaltung der betroffenen Gliedmaße. Die Lahmheit verstärkt sich beim Laufen auf unebenen Untergründen. Meist sind Hunde betroffen, die in Sportarten geführt werden, die ein hohes Maß an Wendigkeit und Schnelligkeit verlangen, z. B. Agility, Dummyarbeit (▶ **Abb. 12.19**) oder Dog Frisbee.

12.6.2 Relevante Anatomie

Im Schultergelenk artikulieren das Caput humeri und die Cavitas glenoidalis der Skapula. Die Gelenkpfanne wird durch das Labrum glenoidale vergrößert. Das Schultergelenk ist von der Form her ein Kugelgelenk und es ist das Gelenk mit dem

▶ **Abb. 12.19** Schnelligkeit und Wendigkeit sind auch bei der Dummyarbeit gefragt. (Foto: Christiane Gräff)

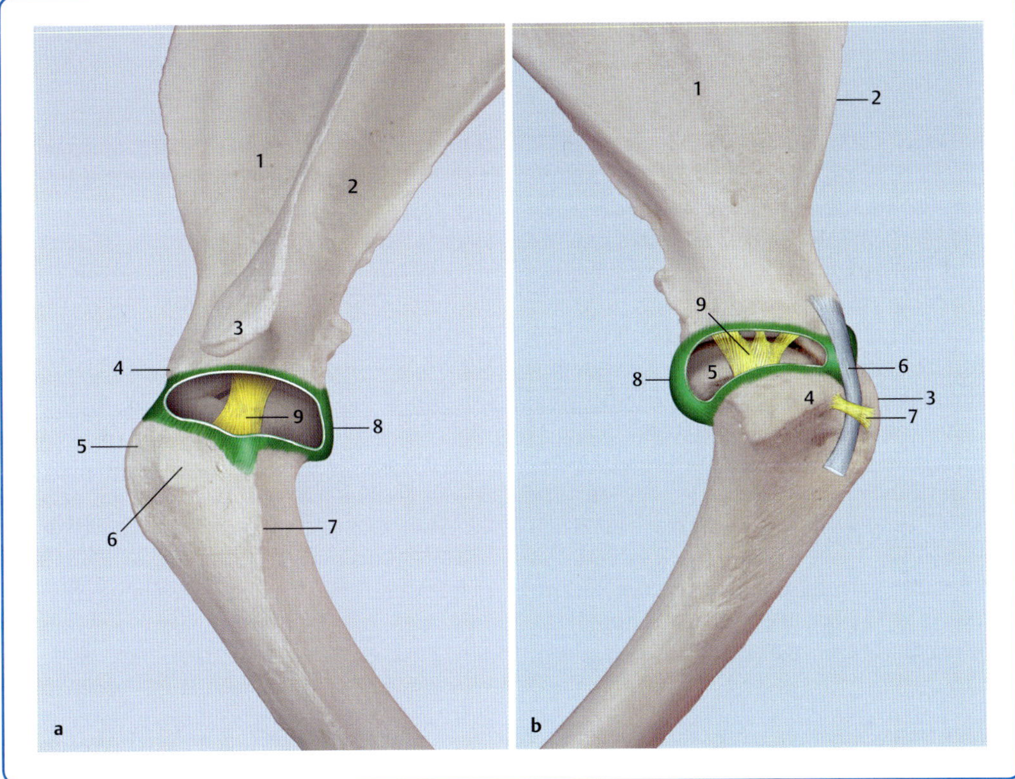

▸ **Abb. 12.20**

a Linkes Schultergelenk des Hundes, Lateralansicht; 1 Fossa supraspinata, 2 Fossa infraspinata, 3 Proc. hamatus, 4 Tuberculum supraglenoidale, 5 Tuberculum majus, 6 Facies musculi infraspinati, 7 Linea musculi tricipitalis, 8 Gelenkkapsel, 9 Lig. glenohumerale laterale. (aus: Salomon FV, Geyer H, Gille U. Anatomie für die Tiermedizin. 3. Aufl. Stuttgart: Enke; 2015)

b Linkes Schultergelenk des Hundes, Medialansicht; 1 Fossa subscapularis, 2 Margo cranialis scapulae, 3 Tuberculum majus humeri, 4 Tuberculum minus humeri, 5 Caput humeri, 6 Ursprungssehne des M. biceps brachii, 7 Halteband (Lig. transversum humerale), 8 Gelenkkapsel, 9 Lig. glenohumerale mediale. (aus: Salomon FV, Geyer H, Gille U. Anatomie für die Tiermedizin. 3. Aufl. Stuttgart: Enke; 2015)

größten Bewegungsumfang im Körper des Hundes. Die Gelenkkapsel zieht vom Labrum glenoidale bis zum Collum humeri und wird durch die **Ligg. glenohumeralia** verstärkt (▸ **Abb. 12.20**).

Außerdem bildet die Gelenkkapsel eine Kapselsehnenscheide um die Ursprungssehne des M. biceps brachii. Somit verläuft die Ursprungssehne des M. biceps brachii intraartikulär. Die Innervation der Gelenkkapsel erfolgt über die Rr. articulares des N. subscapularis, N. suprascapularis, N. musculocutaneus und N. axillaris. Die passive Stabilität durch die Ligg. glenohumeralia wird aktiv durch folgende monoartikulären Muskeln unterstützt:

- M. subscapularis (medial)
- M. supraspinatus (lateral)
- M. infraspinatus (lateral)

Myofasziale Wirkungsketten Schultergelenk

Betrachtet man die Schulter im Hinblick auf die myofaszialen Wirkungsketten, wird sehr schnell deutlich, dass die Schulter eine zentrale Stellung innerhalb verschiedener myofaszialer Wirkungsketten einnimmt. Ein erhöhter faszialer Zug aus bzw. in die Schulterregion kann entstehen durch:

- Dysfunktionen der funktionellen Linien
- Dysfunktionen der oberflächlichen kranialen bzw. kaudalen Vordergliedmaßenlinien
- Dysfunktionen der tiefen kranialen bzw. kaudalen Vordergliedmaßenlinien

12.6.3 Ätiologie/Pathogenese

Wiederholtes Ausgleiten auf rutschigen Böden wie z. B. bei der Landung nach einem Sprung, bei der Aufnahme eines Apportels oder auch beim Slalomlaufen kann zu forcierten Scherbewegungen in Richtung Abduktion bzw. Adduktion des Schultergelenks führen. Die mediale Instabilität als Folge von chronischen Abduktionsverletzungen geht mit einer Überdehnung der Subskapularissehne, des medialen Lig. gelenohumerale und der medialen Gelenkkapsel einher. Eine laterale Instabilität, bedingt durch wiederholte verstärkte Bewegungen in Schulteradduktion, führt zu einer Überdehnung der Sehne des M. infraspinatus und des proximalen Anteils des Lig. glenohumerale laterale im Bereich des Labrum glenoidale sowie der lateralen Gelenkkapsel. Eine kraniale Instabilität kann durch den Schub des Humeruskopfes nach kranial und damit einhergehender Überdehnung der Bizeps- und Supraspinatussehne entstehen. Häufigste Ursache ist auch hier die Landung nach einem Sprung.

12.6.4 Diagnostik

Der Verdacht einer Schulterinstabilität kann klinisch gestellt werden. Die betroffenen Hunde zeigen eine deutliche Lahmheit in der Stemmphase der Gliedmaße. Wird im Stand die nicht betroffene Gliedmaße durch den Untersucher angehoben, zeigt sich eine deutliche Zentrierungsstörung des Humerkopfes auf der betroffenen Seite. Bei der orientierenden Palpation im Stand werden das Akromion und das Tuberculum majus im Seitenvergleich beurteilt. Die Stellung der beiden Knochenpunkte zueinander ist bei einer Subluxation verändert. Bei der spezifischen Gelenkuntersuchung zeigen Hunde mit einer medialen Instabilität auf der betroffenen Seite einen erweiterten Bewegungsumfang in Richtung Schulterabduktion, hierbei ist eine deutliche Translation des Humeruskopfes nach medial zu palpieren. Bei frischen Verletzungen ist oftmals die Abduktionsbewegung schmerzhaft eingeschränkt. Hunde mit einer lateralen Instabilität zeigen bei der klinischen Gelenkuntersuchung eine vermehrte laterale Translationsfähigkeit des Humeruskopfes. Die Verdachtsdiagnose einer Schulterinstabilität sollte anschließend durch eine Arthroskopie gesichert werden.

12.6.5 Therapeutische Möglichkeiten

Im Rahmen eines konservativen Behandlungsversuchs sollte frühzeitig mit einer begleitenden Physiotherapie begonnen werden. Die Schonung des Patienten ist eine der wichtigsten Maßnahmen während der Rehabilitation von Kapsel-Band-Verletzungen. Nach ca. 6 Wochen haben die verletzten bindegewebigen Strukturen lediglich 60 % ihrer Zugkraft zurückgewonnen. Das bedeutet, dass die verletzten Strukturen Monate benötigen, um ihre funktionelle Belastbarkeit wiederzuerlangen. Werden die Strukturen über ihre funktionelle Belastbarkeit hinaus belastet, besteht die Gefahr eines Rezidivs. Die Verbesserung der Gelenkstabilität ist eines der Hauptziele bei der Nachsorge. Zu Beginn der Proliferationsphase kann mit passiven Bewegungen der Schulter im Matrixbereich in alle Bewegungsrichtungen gearbeitet werden. Hinsichtlich der Wiederholungszahl von passiven Bewegungen kursieren oftmals nicht nachvollziehbare Angaben. Nicht selten liest man von 15–20 Wiederholungen, was deutlich zu wenig ist. In einer 1991 durchgeführten Humanstudie wurde eine optimale Wiederholungszahl mit 60 Zyklen Extension/Flexion innerhalb von 5 min ermittelt. Bewährt haben sich auch oszillierende Pendelbewegungen über 15–20 min. In dieser Phase sollten auch schon entsprechende propriozeptive Trainingsreize zur Verbesserung der Gelenkstabilität gesetzt werden (▸ **Abb. 12.21**).

Auch ein Unterwasserlaufband-Training (S. 258) zur Verbesserung der Ausdauerfähigkeit hat sich bewährt. Alle flankierenden Maßnahmen, wie im Kapitel Wundheilung (S. 94) beschrieben, z. B. Elektrotherapie (S. 256) und therapeutischer Ultraschall (S. 257), können ebenfalls angewendet werden. Mit fortschreitender Dauer des Heilungsprozesses und mit einer verbesserten funktionellen Belastbarkeit werden die Übungsformen systematisch komplexer und intensiver (▸ **Abb. 12.21**).

▸ **Abb. 12.21** Verbesserung der Schulterstabilität unter Entlastung der Vordergliedmaße zu Beginn der Proliferationsphase, denn nach Verletzungen geht die stabilisierende Funktion der Muskeln zuerst verloren (a). Verbesserung der Schulterstabilität unter Belastung der Vordergliedmaße in der Reorganisations- und Umbauphase. Der stufenförmige Belastungsaufbau in den einzelnen Reha-Phasen verhindert eine Überlastung der verletzten Strukturen (b). (Foto: Christiane Gräff)

12.7 Tendopathie der Bizepssehne

Eine Bizepssehnentendopathie ist ein schmerzhafter Reizzustand der Sehne im Sulcus intertubercularis. Im Zuge degenerativer Prozesse kann es im stark beanspruchten Ursprungsbereich zu Kalkausfällungen kommen. Auch spontane Teilrupturen bzw. Rupturen der Sehne sind nicht selten.

12.7.1 Häufige Sportarten und Hinweise aus der Anamnese

Betroffene Hunde zeigen eine teilweise über Monate bestehende intermittierende Lahmheit, die unter Belastung zunimmt. Die Erkrankung tritt gehäuft bei Hunden auf, die in einer High-Impact-Sportart (S. 151) geführt werden (▸ **Tab. 6.1**), vor allem dann, wenn Trainingsprinzipien vonseiten der Hundeführer und Trainer missachtet bzw. nicht verstanden werden. Letztendlich kann die Ursache für eine chronische Überlastung der Bizepssehne natürlich auch nicht sportbedingt sein, vor allem Erkrankungen der Lendenwirbelsäule und/oder der Hintergliedmaßen führen durch die Verlagerung des Körpergewichts nach vorne zu einer vermehrten Belastung der Bizepssehne.

12.7.2 Relevante Anatomie

Der zweigelenkige M. biceps brachii entspringt mit einer Sehne am Tuberculum supraglenoidale scapulae und zieht von dort durch den Sulcus intertubercularis des Humerus nach distal. Dabei steht der proximale Teil der Sehne in unmittelbarer Verbindung mit dem Schultergelenk. Die Gelenkkapsel bildet eine Art Kapselsehnenscheide und fungiert als synoviale Hülle der Bizepssehne. Im Sulcus intertubercularis ist die Bizepssehne durch ein querverlaufendes Band, das Lig. transversum humeri, fixiert (▸ **Abb. 12.20**).

Die Sehne geht dann in einen kräftigen Muskelbauch über. Der M. biceps brachii verläuft kraniomedial entlang des Humerus und zieht dann über die Beugeseite des Ellbogengelenks hinweg. Der zweischenkelige Sehnenansatz im Bereich des Ellbogengelenks ist y-förmig, wobei die Hauptsehne am Proc. coronoideus medialis ulnae ansetzt und der schwächere Anteil an der Tuberositas radii inseriert. Darüber hinaus besitzt der M. biceps brachii noch eine weitere Sehne, die als Lacertus fibrosus in die Fascia antebrachii einstrahlt. Lacertus fibrosus und sehnige Einlagerungen in den Muskelbauch sind Bestandteile des passiven Stehapparats an der Schultergliedmaße. Die Tragefunktion des M. biceps brachii wird durch die Muskelfaserzusammensetzung begünstigt. Der Muskel besteht vorwiegend aus ermüdungsresistenten Typ-I-Fasern. Der M. biceps brachii fungiert während der Fortbewegung in der Stemmphase hauptsächlich als Stabilisator des Schultergelenks und der gesamten Schultergliedmaße. In der Vorschwingphase dient der M. biceps brachii besonders im Trab und im Galopp als Vorführer der Gliedmaße. Weiterhin wirkt er als Beuger des Ellbogengelenks. Die extrazelluläre Matrix von Sehnen besteht hauptsächlich aus Typ-I-Kollagenfasern, elastischen Fasern und der Grundsubstanz. Die Kollagenfasern gewährleisten eine hohe Zugbelastbarkeit, während die elastischen Fasern für die Rückstellkraft nach Belastung verantwortlich sind. Die proximale Bizepssehne ist eine sog. Gleitsehne. Das bedeutet, dass sie nicht in gerader Richtung vom Ursprung zum Muskelbauch verläuft, sondern ihre Verlaufsrichtung um einen Drehpunkt ändert. Das Skelettelement, das als Drehpunkt oder Widerlager fungiert, wird auch als Hypomochlion bezeichnet. Im Falle der proximalen Bizepssehne stellt der kraniale Anteil des Humeruskopfes dieses mechanische Widerlager für die Sehne dar. Bei Extensions- und Flexionsbewegungen im Schultergelenk bewegt sich dabei weniger die Sehne im Sulcus intertubercularis, sondern es gleitet eher der Humeruskopf auf der Sehne. Der Sehnenansatz am Knochen wird als Enthese bezeichnet. Die Enthesen zeigen einen spezifischen Aufbau und dienen dem Ausgleich der Kräfte zwischen Sehne und Knochen. Der Übergang von der Sehne auf den Knochen baut sich aus vier Zonen auf (▸ **Abb. 12.22**):

- Zone 1: kollagenes Gewebe
- Zone 2: nicht-mineralisierte Knorpelzone; funktionelle Aufgabe dieser Zone ist es, die über die Sehne einwirkenden Zugkräfte auf den Knochen durch die Elastizität der Knorpelanteile zu mindern
- Zone 3: mineralisierte Faserknorpelzone
- Zone 4: Knochen

Innerhalb dieser vier Zonen sind die Versorgung des Gewebes und die Durchblutungssituation sehr unterschiedlich. Die Sehne selbst wird über Blutgefäße aus dem Epi- und Perimysium und aus dem Periost versorgt. Zusätzlich erfolgt ihre Ernährung über Diffusion aus der Synovia der Sehnenscheide. Insgesamt besitzen Sehnen eine gegenüber anderen bindegewebigen Strukturen reduzierte Stoffwechselaktivität. Die Zone 2 als Übergangszone wird sehr schlecht bis gar nicht durchblutet; der Knorpel (Zone 3) wird ebenfalls gar nicht durchblutet. Dagegen wird der Knochen (Zone 4) wiederum gut durch Blutgefäße versorgt. Krankhafte Störungen dieser Sehnenansatzpunkte werden als Enthesiopathien bezeichnet. Im Rahmen einer Sehnenerkrankung spricht man auch von Insertions- bzw. Ansatztendopathie. Die Tenosynovitis beschreibt eine entzündliche Veränderung des Sehnengleitgewebes.

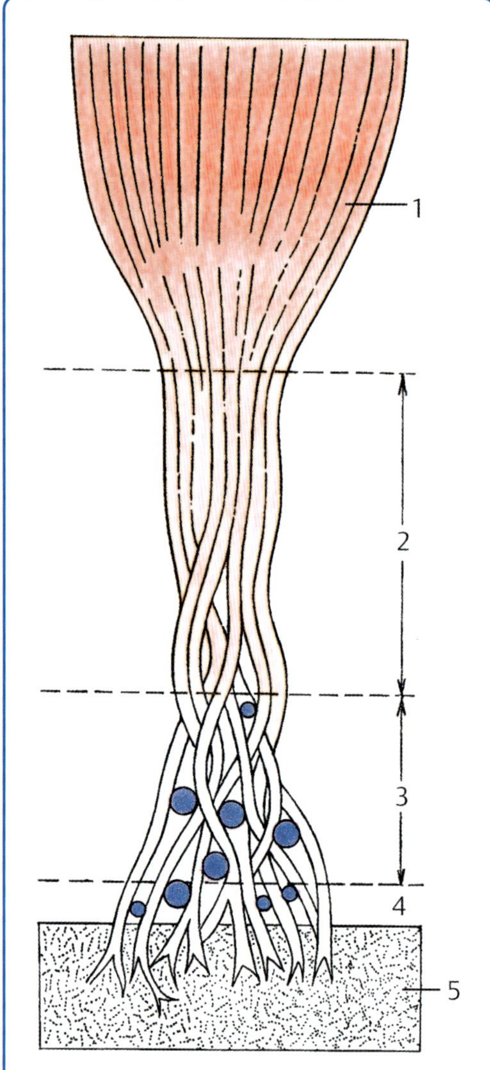

▸ **Abb. 12.22** Chondral-apophysärer Sehnenansatz. 1 Muskel; 2 kollagene Faserbündel; 3 nicht-mineralisierte Faserknorpelzone; 4 mineralisierte Faserknorpelzone; 5 Knochen. (aus: Salomon FV, Geyer H, Gille U. Anatomie für die Tiermedizin. 3. Aufl. Stuttgart: Enke; 2015)

12.7.3 Ätiologie/Pathogenese

Läsionen der proximalen Bizepssehne sind die dritthäufigste Ursache für Schulterlahmheiten beim Hund. Vor allem repetitive Belastungen führen besonders bei Arbeitshunden, Sporthunden und Hunden mit Übergewicht zu Mikrotraumen der Sehne. Aktuelle Studien haben außerdem gezeigt, dass es in der Flugphase über einem Sprung zu einer Flexion im Schultergelenk kommt, die signifikant größer ist, wenn der Hund über eine in Relation zu seiner eigenen Körpergröße hohe Hürde springen muss [6]. Da es dadurch zu einer starken Beanspruchung bzw. Dehnung der Bizepsursprungssehne kommt, wird hierin eine mögliche Erklärung für die häufig vorkommenden Schulterprobleme bei Agility-Hunden gesehen. Im angelsächsischen Sprachraum wird eine Verletzung durch wiederholte Belastungen als Repetitive Strain Injury bezeichnet. Typische Belastungsmomente der Bizepssehne im Hundesport sind z. B. die Landephase beim Sprung, Bergablaufen sowie schnelle Stopp- und Drehbewegungen (▸ **Abb. 12.23**).

Als Folge können verschiedene Erkrankungen der Sehne und ihres Gleitlagers wie z. B. Tenosynovitis, Insertionstendopathie, Mineralisation, partielle oder vollständige Ruptur auftreten. Die Tatsache, dass die Bizepssehne intraartikulär verläuft, macht sie anfällig für alle entzündlichen Veränderungen und Erkrankungen, die das Schultergelenk betreffen.

▸ **Abb. 12.23** Richtungswechsel nach der Landung erhöhen die mechanischen Belastungen auf die Bizepssehne. (Foto: Christiane Gräff)

Myofasziale Wirkungsketten Bizepssehne

In Bezug auf die myofaszialen Wirkungsketten können Dysfunktionen im Verlauf der tiefen kranialen Vordergliedmaßenlinie ebenfalls zu einer Überbelastung bzw. Fehlbelastung des M. biceps brachialis führen. So bedingt eine Varusfehlstellung des Karpalgelenks einerseits eine Überdehnung des Ligamtentum collaterale radiale und andererseits im weiteren Verlauf der tiefen kranialen Vordergliedmaßenlinie eine vermehrte Zugbelastung des M. biceps brachii. Therapeutisch würde es dann nicht ausreichen, nur die Sehne zu behandeln. Der Zusammenhang zwischen Varusfehlstellung des Karpalgelenks und vermehrter Zugbelastung des M. biceps brachii ist sicher auch bei einer Läsion des Proc. coronoideus im Rahmen einer Ellbogendysplasie nicht uninteressant. Der vermehrte Zug der distalen Bizepssehne führt bei einer Pronationsbewegung zu einer Kompression des Caput radii an den Proc. coronoideus. Die vermehrte Belastung kann dann eine Fissur/Fraktur des Proc. coronoideus bedingen.

12.7.4 Diagnostik

Bei der Gangbilduntersuchung fällt eine Lahmheit in der Standbeinphase der betroffenen Gliedmaße auf, mit einer deutlichen Verkürzung der terminalen Stemmphase. Wird bei der Gangbildanalyse eine tonische Nackenreaktion ausgelöst, wird im Seitenvergleich eine reduzierte Vorführbewegung der Gliedmaße sichtbar. Bei der Funktionsuntersuchung zeigt sich eine Schmerzhaftigkeit bei Flexion des Schulter- und Extension des Ellbogengelenks mit manuellem Druck auf die Bizepssehne im Bereich des Sulcus intertubercularis. Der Muskeltonus des M. biceps brachii ist erhöht. Im fortgeschrittenen Stadium liegt eine Atrophie der Musculi supra- und infraspinati vor. Die Diagnosesicherung erfolgt mittels verschiedener Verfahren, z. B. durch Röntgen (▸ **Abb. 12.24**).

Allerdings haben neuere diagnostische Verfahren, insbesondere die Sonografie und die Magnetresonanztomografie, zur genaueren Feststellung der Bizepssehnenläsionen an Bedeutung gewonnen.

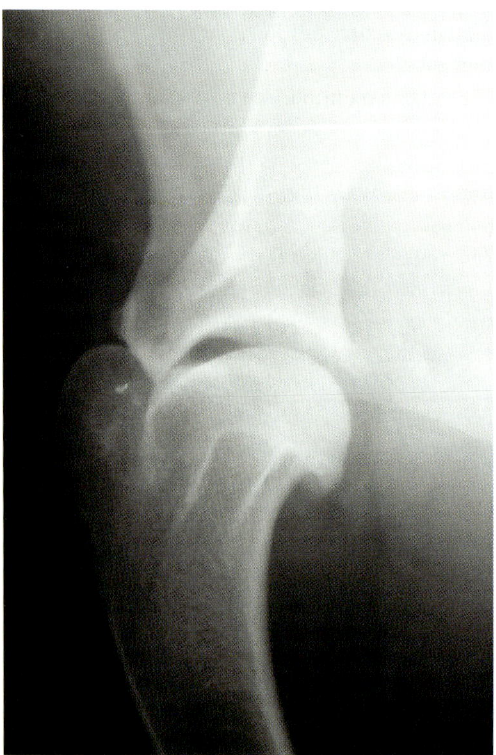

▸ **Abb. 12.24** In der mediolateralen Röntgenaufnahme zeigt sich eine Verkalkung der Ursprungssehne des M. biceps brachii. (aus: Suter PF, Kohn B, Schwarz G, Hrsg. Praktikum der Hundeklinik. 11. Aufl. Stuttgart: Enke; 2013)

12.7.5 Therapeutische Möglichkeiten

Grundsätzlich kann eine Bizepssehnentendopathie zunächst konservativ behandelt werden. Aufgrund der schlechten Stoffwechselaktivität des tenoossären Übergangs besonders in den Zonen 2 und 3 gestaltet sich die Rehabilitation allerdings meist sehr zäh. Innerhalb des Heilungsprozesses dauert die Proliferationsphase etwa 6 Wochen, d. h., der Sporthund sollte für mindestens 6–8 Wochen geschont werden. Bei guter Entwicklung des Heilungsverlaufs kann der Sporthund dann langsam wieder an die Belastung herangeführt werden. Liegen kleinere Läsionen der Bizepssehne vor, verlängert sich die Proliferationsphase und damit auch die Schonungszeit um weitere 6 Wochen. Die Behandlungsergebnisse hängen in starkem Maße davon ab, wie gut es dem Besitzer gelingt, seinen Hund zu schonen. In der Akutphase kann therapeutisch mit Kryokinetiks gearbeitet werden. Hierbei werden Eisabreibungen im Wechsel mit schmerzfreien passiven Bewegungen kombiniert. Ziel der Behandlung sind eine Schmerzlinderung und eine Anregung des Stoffwechsels. Der Ablauf einer Kryokinetiksbehandlung sieht wie folgt aus:

- 20 sec Eisabreibungen, geeignet sind hierfür Eiswürfel oder Eislollys
- 2 min passives schmerzfreies Bewegen
- Das Programm wird mit Eis begonnen und mit Eis abgeschlossen.
- Während einer Behandlung sollen 3–5 Serien durchgeführt werden.
- Kryokinetiks sollten 3-mal pro Tag angewendet werden.

Aufgrund der häufigen Wiederholungen sollten die Besitzer zur Durchführung der Therapie angeleitet werden. In der ersten Behandlungseinheit können zur Schmerzdämpfung noch vegetativ/taktile Techniken zum Einsatz kommen. Bewährt hat sich hier die Segmentmassage in den sympathischen Kerngebieten der BWS. Mit Beginn der Proliferationsphase kann flankierend zur Unterstützung der Stoffwechselanregung der therapeutische Ultraschall eingesetzt werden. Außerdem können Quer- und Längsdehnungen des M. biceps brachii zur Regulierung der muskulären Spannungslage sinnvoll sein. Weiterhin ist in Abhängigkeit von Belastbarkeit und Schmerzempfinden ein koordinatives Training für die Vordergliedmaße empfehlenswert. Von einer Behandlung mit lokalen Injektionen mit Kortikoiden sollte abgesehen werden. Kortikoide zerstören die Kollagenstruktur in den Sehnen. Folgen sind eine verminderte Belastbarkeit und eine verminderte Elastizität der Sehnen. Im weiteren Verlauf kann es zu Rupturen der Sehne kommen. Bei Therapieresistenz hat sich die Behandlung mit extrakorporalen Stoßwellen bewährt. In hartnäckigen Fällen kann ein chirurgischer Eingriff im Sinne einer Tenotomie oder aber Tenodese notwendig werden.

12.8 Insertionstendopathie des M. gastrocnemius

Eine Insertionstendopathie des M. gastrocnemius ist eine schmerzhafte Reizung am Sehnenansatz des Muskels in der Kniekehle. Ein chronischer Entzündungsreiz führt zu periostalen Veränderungen an den Sesambeinen und an der kaudalen Fläche des distalen Femurs.

12.8.1 Häufige Sportarten und Hinweise aus der Anamnese

Die Patienten zeigen eine hochgradige Lahmheit der Hintergliedmaße, zeitweise wird die betroffene Gliedmaße komplett aus der Belastung genommen (Lahmheitsgrad III/IV). Die Insertionstendopathie des M. gastrocnemius ist eine häufige Erkrankung einiger Gebrauchshundrassen wie z. B. des Border Collies, des Australian Shepards oder des Deutschen Schäferhundes, die in einer High-Impact-Sportart (S. 151) geführt werden (▸ **Tab. 6.1**).

12.8.2 Relevante Anatomie

Der M. gastrocnemius ist ein zweiköpfiger Muskel. Das Caput laterale und das Caput mediale entspringen an der Tuberositas supracondylaris lateralis bzw. medialis am kaudalen Femur. In beide Muskelanteile ist jeweils ein Sesambein eingelagert. Diese Sesambeine werden auch Fabellen oder vesalische Sesambeine genannt. Die Fabellen dienen einerseits als Hypomochlion und tragen dadurch entscheidend zur Hebelwirkung des M. gastrocnemius bei, andererseits dienen sie den Sehnen als Abstandshalter, wodurch diese bei ihrem Verlauf über das Kniegelenk vor einer Druckschädigung geschützt werden. Nach der Fusion gehen beide Gastrocnemiusköpfe in eine starke Sehne über, die am Tuber calcanei inseriert. Im Insertionsbereich wird die Sehne durch die Bursa tendinis calcanei geschützt. Der M. gastrocnemius ist somit ein zweigelenkiger Muskel, der Knie- und Tarsalgelenk überspannt. In der Schwungbeinphase agiert er als Beuger des Knie- und Strecker des Tarsalgelenks, in der Stemmphase hingegen streckt er beide Gelenke. Außerdem übernimmt die lange Sehne des M. gastrocnemius die Funktion eines Energiespeichers. Sie wirkt dabei wie ein Federelement: Einerseits dämpft sie bei höheren Geschwindigkeiten (Trab und Galopp) die entstehenden Bodenreaktionskräfte ab, andererseits nimmt sie gleichzeitig die kinetische Energie als potenzielle Energie auf und setzt sie für den nächsten Schritt wieder frei.

12.8.3 Ätiologie/Pathogenese

Die Insertionstendopathie des M. gastrocnemius ist eine typische Erkrankung von Sport- und Arbeitshunden (▸ **Abb. 12.25**). Dabei ist das Caput laterale des M. gastrocnemius häufiger betroffen als das Caput mediale. Repetitive Belastungen, wie auch im Fall der Tendopathie der Bizepssehne (S. 291) beschrieben, lösen dabei einen chronischen Entzündungsreiz am Periost aus. Im Bereich des Wadenmuskels ziehen sich die entzündlichen Veränderungen entlang des intramuskulären Sehnenbündels bis tief in den Muskelbauch und das Peritendineum. In der Humanmedizin spricht man auch von einer Fabella dolorosa, die in seltenen Fällen auch zu einer Reizung des N. peroneus führen kann. Die Peroneusschädigung wurde in dieser Art in der Veterinärmedizin jedoch noch nicht beschrieben.

▸ **Abb. 12.25** Auch ein abrupter Richtungswechsel erhöht die mechanische Belastung auf die Insertion des M. gastrocnemius im Bereich der Fabellen. (Foto: Christiane Gräff)

Myofasziale Wirkungsketten Musculus gastrocnemius

Im Hinblick auf die myofaszialen Wirkungsketten ist der M. gastrocnemius Teil der oberflächlichen Rückenlinie. Die Folgen von Dysfunktionen der oberflächlichen Rückenlinie wurden im Kapitel Die myofaszialen Wirkungsketten (S. 100) ausführlich dargestellt.

12.8.4 Diagnostik

Die Patienten zeigen an der betroffenen Gliedmaße eine verkürzte terminale Stemmphase mit einem verminderten Schub nach vorne. Die Hunde vermeiden besonders im Galopp oder bei einem Sprung einen kräftigen Pfotenabdruck mit der erkrankten Seite. Bei der Palpation besteht typischerweise eine Druckdolenz im Bereich der lateralen oder medialen Fabelle. Die Diagnose kann dann mittels Sonografie, Computer- bzw. Magnetresonanztomografie gesichert werden. Sowohl der Vorbericht als auch die Lahmheit können auch auf andere Verletzungsmechanismen hindeuten: Bei einer hochgradigen intermittierenden Hinterhandlahmheit muss insbesondere eine Kreuzbandruptur ausgeschlossen werden. Dabei zeigt sich oft ein etwas anderes Gangbild mit gemischter Stützbein-Hangbein-Lahmheit, Zehenspitzenfußung und nach außen rotierter Gliedmaße; auch der Palpationsbefund ist ein anderer: Das Kniegelenk ist mehr oder weniger stark gefüllt, nicht die Fabelle, sondern der Kniekehldruckpunkt (Bl 40) reagiert empfindlich, und die Schubladenprobe bzw. der Tibia-Kompressionstest liefern ein positives Ergebnis im Sinne einer Instabilität des Kniegelenks. Dabei reagiert aber auch der Hund mit Gastrocnemiustendopathie unter Umständen schmerzhaft auf die beiden letztgenannten Tests, da durch die Griffanlage bei der Schubladenprobe oft unbeabsichtigt Druck auf die Fabellen ausgeübt wird und es beim Tibia-Kompressionstest zwangsläufig zu einer Dehnung des M. gastrocnemius kommt. Auch Störungen im Bereich der myofaszialen Wirkungskette, z. B. Dysfunktionen der Sakroiliakalregion, können in Folge ungünstiger Trainingsbedingungen entstehen und in manchen Fällen ebenfalls zu intermittierenden Lahmheiten im Bereich der betroffenen Hintergliedmaße führen. Dabei finden sich häufig weitere palpatorische Auffälligkeiten. Dies können eine Berührungsempfindlichkeit im Bereich der Kruppe bzw. des lumbosakralen Übergangs (LG 3), eine leichtgradige Reflexverzögerung, ein Beckenschiefstand und ein positives Vorlaufphänomen sein. Bei Vorliegen von sakroiliakalen Dysfunktionen finden sich häufig auch sekundäre Fehlspannungen im Bereich der Mm. gastrocnemii, die sich beispielsweise als geringgradige Berührungsempfindlichkeiten im Bereich oft beider Muskelursprünge äußern können. Nach Behandlung der Beckenregion lässt sich diese Empfindlichkeit im Bereich der Wadenmuskeln in diesen Fällen dann nicht mehr befunden; bei einer primären Gastrocnemiustendopathie bleibt die Palpationsempfindlichkeit bestehen.

12.8.5 Therapeutische Möglichkeiten

Im Vordergrund der Behandlung von Gastrocnemiusansatztendopathien steht, wie schon bei der Therapie einer Bizepssehnentendopathie (S. 291) beschrieben, die absolute Schonung für mindestens 6–8 Wochen. Begleitend kann eine Ultraschalltherapie durchgeführt werden. Ultraschall führt tief im Gewebe zu mechanischen, thermischen, chemischen und schmerzstillenden Wirkungen. Aufgrund der unregelmäßigen Körperoberfläche im Bereich der Kniekehle kann ein mit Wasser gefüllter Gummibeutel die Behandlungsfläche etwas vergrößern und für einen besseren Kontakt mit dem Gewebe sorgen. Hierfür sollte sowohl der Schallkopf als auch die Seite des Beutels, die der Haut aufliegt, mit einer ausreichenden Menge Kontaktgel bedeckt werden. Anschließend wird der Schallkopf auf den Gummibeutel aufgesetzt und die Behandlung durchgeführt. Um eine übermäßige Wärmeproduktion zu vermeiden, sollte mit pulsierendem Ultraschall behandelt werden. Da das Behandlungsfeld sehr klein ist, beträgt die Behandlungsdauer maximal 5 min. Zusätzlich zur Ultraschallbehandlung können Querdehnungen und Bewegungsübungen sinnvoll sein.

12.9 Gelenkarthrose

Myofasziale Wirkungsketten Zehengelenk

Die Zehengelenksarthrose der Vordergliedmaßen gehört noch immer zu den therapeutischen Herausforderungen der sportphysiotherapeutischen Praxis. Deshalb soll das Prinzip der myofaszialen Wirkungsketten und der damit verbundene therapeutische Ansatz anhand der Zehengelenksarthrose exemplarisch dargestellt werden. Eine Zehengelenksarthrose verursacht Fehlhaltungen der gesamten Extremität und führt zu massiven Gangbildveränderungen. Zehengelenksarthrosen entstehen häufig aufgrund einer Fehlstellung im Sinne einer Durchtrittigkeit, als Folge anderer Gelenkerkrankungen, durch starkes Übergewicht oder durch zu starke körperliche Belastung. Da häufig nicht nur ein Zehengelenk betroffen ist, handelt es sich bei vielen Patienten um eine Form der Polyarthrose. In der Therapie kommt es auffallend oft vor, dass sich die Patienten nur ungern mit manuellen Techniken an den betroffenen Zehengelenken behandeln lassen. Betrachtet man eine Zehengelenksarthrose im Hinblick auf die myofaszialen Wirkungsketten und hier besonders auf die tiefen und oberflächlichen Vordergliedmaßenlinien, ergeben sich zusätzliche Therapieansätze mit deutlich verbesserter Compliance vonseiten der Patienten. Das Aufspüren und behandeln von Tonusveränderungen und Verklebungen innerhalb dieser Ketten der Vordergliedmaßen entlastet die Gelenke und die Weichteilstrukturen, fördert den lymphatisch-venösen Abtransport, verbessert die Beweglichkeit der Gelenke und reduziert die Schmerzen.

12.9.1 Ätiologie/Pathogenese

Eine Arthrose ist eine degenerative Gelenkerkrankung, bei der es zu einer fortschreitenden, irreversiblen Schädigung des Gelenks, insbesondere des hyalinen Gelenkknorpels, und zu Veränderungen der Zusammensetzung der Synovia kommt. In fortgeschrittenen Stadien wird die unter dem Knorpel befindliche, subchondrale Knochensubstanz angegriffen und es kommt zu Veränderungen an der Gelenkkapsel. Die Gelenkoberflächen werden rau, die Gleitfähigkeit der Knorpel nimmt ab. Durch die fortschreitende Gewebszerstörung werden Entzündungsmediatoren freigesetzt, die wiederum zu Gelenkschmerzen führen. Der Prozess kann durch verschiedene therapeutische Maßnahmen verlangsamt, jedoch nicht rückgängig gemacht werden. Während der Begriff Arthrose (durch die Endung -ose) vor allem die Chronizität der Veränderung betont, beinhaltet das im angloamerikanischen Sprachgebrauch verwendete Synonym **Osteoarthritis** (OA) einen stärkeren Hinweis auf den entzündlichen Charakter sowie auf die Beteiligung des Knochens. Desweiteren findet sich in der englischsprachigen Literatur auch der Begriff **Degenerative Joint Disease** (DJD), der denselben Prozess umschreibt. Insgesamt leiden ungefähr 20 % aller Hunde an einer Knorpeldegeneration eines oder mehrerer Gelenke. Ein Zusammenhang zwischen gewissen Hundesportarten und erkranktem Gelenk ist mit der geringen Anzahl an Studien bisher nicht erkennbar.

Als **Arthrose-Auslöser** werden beim Hund pathologische Gelenkveränderungen sowie Über- und Fehlbelastungen angenommen:

- **Gelenkdysplasien** (dadurch in der Folge Fehlbelastungen, z. B. HD, ED, OCD etc.)
- Überbelastung des ursprünglich gesunden Gelenks (**Mikrotraumata**)
  - durch Überlastung bei Sport- und Arbeitshunden
  - durch Überlastung als Folge von Übergewicht
  - durch Verschleiß im Alter
- Gelenktraumata (**Makrotraumata**)
  - durch äußere Einwirkungen (Verletzungen, Kreuzbandriss etc.)
  - Operationen im Gelenkbereich
- als Spätfolge nach Arthritiden

Gelenkdysplasien wie beispielsweise Hüftgelenksdysplasie (► **Abb. 12.26**) stellen die klassische Ursache für eine Arthrose dar. Am dysplastischen Gelenk ist die Hauptbelastungszone des Knorpels wesentlich kleiner als im gesunden Gelenk; dadurch kommt es bei einer Hüftgelenksdysplasie zu einer ungleich größeren Druckbelastung des Gelenkknorpels in dieser Zone. Die Coxarthrose (Arthrose des Hüftgelenks) ist somit eine häufige (Spät-)Folge der Hüftgelenksdysplasie.

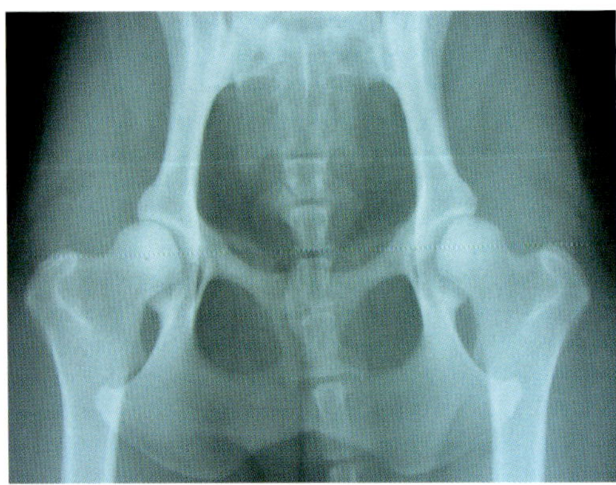

▸ **Abb. 12.26** Als Folge einer Hüftgelenksdysplasie entwickelt sich im Laufe der Zeit eine Coxarthrose. Die Hüftgelenksdysplasie äußert sich in dieser Abbildung in einer beidseits vorhandenen Divergenz zwischen Gelenkpfanne und Femurkopf, einer ungenügenden Abdeckung durch den kranialen Pfannenrand und einem Norbergwinkel von jeweils nur etwa 90°. Da es sich um die Aufnahme eines Junghundes handelt, sind noch keine deutlichen sekundären Veränderungen außer einer leichten Kragenlinie sichtbar. (Foto: Silke Meermann)

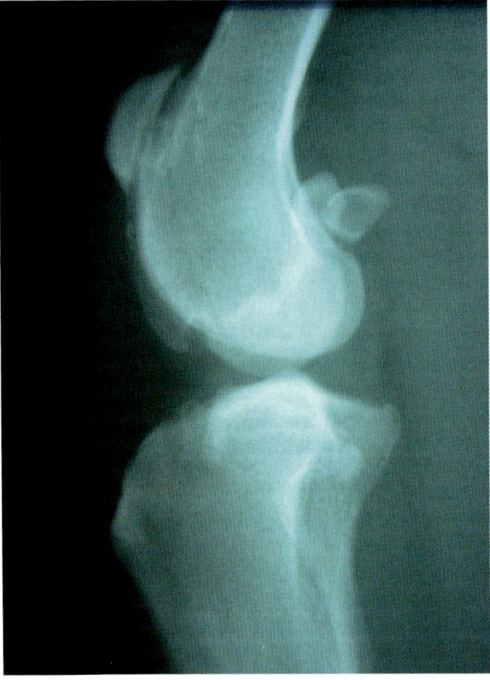

▸ **Abb. 12.27** Gonarthrosen sind in der Regel Folge einzelner traumatischer Ereignisse bzw. Folge von Gelenkinstabilitäten, wie sie bei einem Riss des kranialen Kreuzbandes oder einer Meniskusläsion entstehen. Auf dieser Aufnahme sind bereits deutliche arthrotische Veränderungen im Sinne osteophytärer Zubildungen am Femoropatellar-, aber auch am Femorotibialgelenk sichtbar. (Foto: Silke Meermann)

Entwickelt sich die Arthrose in Folge eines Traumas, so spricht man auch von einer posttraumatischen Arthrose. Beim Hund ist hier beispielhaft die Gonarthrose (Kniegelenksarthrose) nach vorangegangenem Kreuzbandriss zu nennen (▸ Abb. 12.27).

Da die Regenerationsfähigkeit von Geweben im Alter schlechter wird und auch die Gelenkstabilität (z. B. durch einen Verlust an stabilisierender Muskulatur) mit zunehmendem Alter abnimmt, steigt dadurch das Risiko für die Entstehung einer Arthrose im Alter an; dieser Prozess wird umgangssprachlich als „Verschleiß" bezeichnet.

! Merke

Antibiotika, die zur Gruppe der Gyrasehemmer gehören, können ebenfalls Knorpel- und dadurch in der Folge Gelenkschäden herbeiführen. Es besteht daher eine Kontraindikation für die Gabe von Enrofloxacin bei Hunden, die sich im Wachstum befinden. Beim Menschen wird ein Zusammenhang zwischen der Verabreichung von Gyrasehemmern und der Ruptur der Achillessehne vor allem für ältere Personen über 60 Jahre beobachtet; dieser Zusammenhang ist beim Hund bisher nicht belegt. Dennoch sollten diese Wirkstoffe insbesondere bei Sporthunden daher nur nach strenger Indikationsstellung und eingehender Risiko-Nutzen-Abwägung eingesetzt werden.

Weitere Erklärungsmodelle für die Entstehung degenerativer Gelenkerkrankungen finden Sie im Kapitel Pathophysiologie des Gelenkknorpels (S. 93).

12.9.2 Klinik und Symptome

Zu den häufigsten **Anzeichen** einer Arthrose beim Hund gehören schmerzhafte Funktionseinschränkungen mit Gelenksteifheit. Die Symptome verbessern sich typischerweise bei trocken-warmer Witterung sowie durch leichte Bewegung („Einlaufen" nach Steifheit am Morgen bzw. nach längeren Ruhephasen) und verschlechtern sich meist bei nass-kaltem Wetter. Bisweilen fallen auch eine Schwellung des betroffenen Gelenks sowie eine Muskelatrophie im entsprechenden Bereich auf.

Bei der **klinischen Untersuchung** kann sich das betroffene Gelenk ebenfalls schmerzhaft darstellen (positive Schmerzreaktion bei Kontrolle der entsprechenden Gelenkdruckpunkte), meist ist außerdem der Bewegungsumfang eingeschränkt. Diese Einschränkung kann muskulär (als „Schutzspannung" der Muskulatur zur Vermeidung schmerzhafter Bewegungen), aber auch bindegewebig (Veränderungen durch bindegewebige Zubildungen und Reaktionen des Kapsel-Band-Apparats) oder knöchern (mechanisch eingeschränkter Bewegungsumfang durch knöcherne Zubildungen/ Osteophyten) sein. Bisweilen ist auch eine Verdickung des Gelenks palpierbar (▸ **Abb. 12.28**).

Entsprechend dem Fortschreiten der arthrotischen Veränderungen können vier Stadien unterteilt werden:

- **Stadium 1** ist gekennzeichnet durch eine abnehmende Knorpeldichte mit Rauigkeiten an der Knorpeloberfläche.
- Im **Stadium 2** wird der hyaline Gelenkknorpel dann durch Granulationsgewebe und minderwertigen Faserknorpel ersetzt; es kommt zu zystischen Veränderungen an Knorpel und Knochen.
- **Stadium 3** ist durch eine Proliferation von Bindegewebe und Chondrozyten gekennzeichnet.
- Im **Stadium 4** kommt es schließlich zu Veränderungen am subchondralen Knochen: Der Knochen im Bereich der Gelenkfläche wird flacher und im Randbereich entstehen durch osteophytäre Zubildungen sog. Randwülste.

12.9.3 Diagnostik

In den meisten Fällen lässt sich die Diagnose bereits über ein einfaches Röntgenbild absichern; auch im CT sowie im MRT lassen sich die arthrotischen Veränderungen darstellen (schmalerer Gelenkspalt; Sklerosen im subchondralen Knochen; Anlagerungen von Osteophyten etc.). Dabei ist zu beachten, dass das Ausmaß der im Röntgenbild sichtbaren Veränderungen nicht immer mit der Intensität der vom Tier gezeigten Schmerzen und Einschränkungen korreliert. Wahrscheinlich spielt auch hier ein subjektiv sehr unterschiedliches, individuelles Schmerzempfinden eine Rolle. So reagieren einige Tiere extrem schmerzhaft am betroffenen Gelenk, obwohl sich im Röntgenbild nur geringgradige Veränderungen zeigen – andere Hunde hingegen zeigen kaum Einschränkungen bei hochgradigen röntgenologischen Auffälligkeiten.

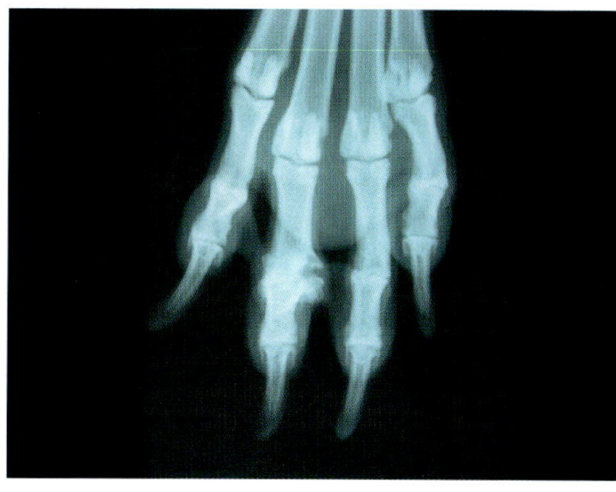

▸ **Abb. 12.28** Vor allem bei Zehengelenksarthrosen sind oftmals eine Verdickung des Gelenks sowie ein deutlich eingeschränkter Bewegungsumfang palpierbar. In dieser Aufnahme fällt auch röntgenologisch die Veränderung am Mittelgelenk der 4. Zehe auf. (Foto: Silke Meermann)

12.9.4 Therapeutische Möglichkeiten

Da es sich bei einer Arthrose um eine chronisch-degenerative Erkrankung handelt, ist eine Heilung nicht möglich. Die Therapie verfolgt daher grundsätzlich zwei Ziele: **Schmerzreduktion** oder im Optimalfall die Schmerzfreiheit einerseits sowie die **Erhaltung der Beweglichkeit** und Funktion des betroffenen Gelenks andererseits. Vor allem die Erhaltung der Gelenkbeweglichkeit setzt voraus, dass das Fortschreiten der Arthrose verlangsamt bzw. aufgehalten wird.

Um eine Schmerzreduktion oder Schmerzfreiheit zu erreichen, wird häufig medikamentös behandelt; es kommen aber auch Therapieformen wie Schmerzakupunktur, Neuraltherapie und Golddrahtimplantation sowie sämtliche schmerzlindernden Maßnahmen aus der Physiotherapie (TENS, Massage etc.) zum Einsatz. Im Hinblick auf die Erhaltung von Beweglichkeit und Funktion des betroffenen Gelenks stehen funktionelle, physiotherapeutische Therapieformen dagegen sogar an vorderster Stelle.

Betrachtet man die pathologischen Prozesse, die an einem arthrotischen Gelenk ablaufen, so wird deutlich, dass eine Vielzahl einzelner Faktoren hieran beteiligt ist und dass es im Verlauf außerdem zu einer Schädigung aller umgebenden Strukturen und Gewebe kommt. Daraus ergeben sich viele verschiedene therapeutische Ansätze, um den „Teufelskreis der Arthrose" beim Hund zu unterbrechen:

- medikamentöse Behandlung
- physiotherapeutische Maßnahmen und physikalische Anwendungen
- Futtermittelzusätze
- Akupunktur, Neuraltherapie, Golddrahtimplantation
- biologische Therapie
- Gewichtsreduktion

Die **medikamentöse Behandlung** zielt vor allem darauf ab, möglichst schnell eine effektive Schmerzreduktion bzw. Schmerzfreiheit zu erreichen. Dadurch wird einerseits der Entstehung eines „Schmerzgedächtnisses" vorgebeugt; andererseits wird gewährleistet, dass wieder schmerzfreie Bewegungen möglich sind und dadurch sekundäre Bewegungseinschränkungen reduziert werden können. Die Mehrzahl der beim Hund in der Arthrose-Therapie eingesetzten Medikamente wirken direkt am betroffenen Gelenk, indem sie die Synthese von Entzündungsmediatoren hemmen.

- Gabe von nicht-steroidalen Antiphlogistika (**NSAIDs**; vor allem sog. COX-1- und COX-2-Hemmer)
- Gabe von **steroidalen Antiphlogistika**
- Pentosan-Polysulfat-Natrium (kurweise Verabreichung von Injektionen); fördert den Abbau von Entzündungsprodukten

Physiotherapeutische Maßnahmen und physikalische Anwendungen unterstützen sowohl die Schmerzreduktion (Gate-Control-Theorie nach Melzack und Wall) als auch die Erhaltung von Beweglichkeit und Funktion des betroffenen Gelenks. Sie können außerdem wirkungsvoll zum Erhalt bzw. Aufbau der Muskulatur beitragen und sekundäre Probleme wie Muskelverspannungen in anderen Körperregionen lösen.

Darüber hinaus können unterstützend Substanzen zum Einsatz kommen, die den Aufbau und die Qualität der Synovia und des Gelenkknorpels verbessern. Dies geschieht meist in Form von **Futtermittelzusätzen**. Häufig verwendete Präparate sind Glykosaminoglykane, Chondroitinsulfat und Hyaluronsäure. Diese werden zum Teil auch prophylaktisch bzw. metaphylaktisch großen Hunden im Wachstum, Hunden im Leistungssport und Hunden mit Gelenkfehlstellungen verabreicht. Leider fehlen hier Wirksamkeitsstudien für Hunde, sodass der Effekt dieser Präparate immer wieder kontrovers diskutiert wird.

Auch der Zusatz von **mehrfach ungesättigten Fettsäuren** zum Futter scheint einen positiven Effekt bei degenerativen Gelenkerkrankungen zu haben, da durch die Beeinflussung des Arachidonsäurezyklus chronische Entzündungsprozesse abgemildert werden.

Außerdem finden **Phytotherapeutika** (pflanzliche Wirkstoffe wie Weidenrindenextrakt oder Teufelskralle, meist ebenfalls in Form von Futtermittelzusätzen) Anwendung beim Hund.

Auch Therapieformen wie **Akupunktur**, **Neuraltherapie** und **Golddrahtimplantation** werden beim Hund in der Arthrose-Therapie eingesetzt. Diese verbessern ebenfalls Schmerzsituation und Gelenkfunktion:

- **Akupunktur:** Schmerzreduktion u. a. durch Endorphin-Freisetzung sowie Gate-Control-Theorie; Akupunkturpunkte liegen oft im Verlauf von Muskelfunktionsketten (funktioneller Ansatz)
- **Neuraltherapie:** Nutzung von (Akupunktur-) Punkten in der Nähe des betroffenen Gelenks sowie der darüber- und darunterliegenden Gelenke zum Einbringen kleiner Depots von Lokalanästhetika
- **Goldakupunktur und Golddrahtimplantation:** An (Akupunktur-)Punkten direkt am betroffenen Gelenk sowie an Fernpunkten werden kleine Golddrähte eingebracht; der Therapie-Effekt beruht wahrscheinlich einerseits auf einer „Dauerakupunktur" und andererseits auf einer Reduktion der Gewebeansäuerung durch das Goldmaterial.

In der **biologischen Therapie** werden homöopathisch aufbereitete Tiefpotenzen eingesetzt, die vor allem den Gelenkstoffwechsel verbessern sollen. Hier fehlen jedoch weiterhin sowohl wissenschaftliche Erklärungsmodelle für die Wirkprinzipien homöopathischer Arzneimittel sowie belastbare Studien hinsichtlich der Wirksamkeit.

Die **Gewichtsreduktion** spielt als therapeutische Maßnahme vor allem bei übergewichtigen Hunden eine wichtige Rolle, da jedes Zuviel an Körpergewicht eine mechanische Mehrbelastung der Gelenke verursacht. Neuere Untersuchungen deuten jedoch darauf hin, dass noch weit komplexere, metabolische Prozesse bei übergewichtigen Tieren eine Rolle spielen: So synthetisiert das Fettgewebe Substanzen wie beispielsweise Leptin und Adiponektin, welche chronischen Entzündungsprozessen Vorschub leisten. Für Hunde konnte in verschiedenen Studien ein Zusammenhang von Gewichtsreduktion und Abnahme der klinischen Arthrose-Symptomatik belegt werden. Außerdem konnte auch eine Korrelation von Übergewicht des Hundes und einem erhöhten Body-Mass-Index (BMI) beim Besitzer nachgewiesen werden.

Bezüglich wirksamer Behandlungsansätze bei Arthrosen wird häufig diskutiert, ob sich hyaliner Knorpel überhaupt regenerieren kann. Dabei konnte die **Regenerationsfähigkeit von hyalinem Knorpel** bereits durch Untersuchungen an Kaninchen in den 1970er-Jahren gezeigt werden [6]. Klinisch lässt sich in arthrotisch veränderten Gelenken jedoch auch der Ersatz des hyalinen Knorpels durch minderwertigen Faserknorpel beobachten. Hier wird diskutiert, ob dabei die Größe des Defektes eine Rolle spielt, d. h., dass kleinere Defekte im hyalinen Knorpel regenerieren können, während bei größeren Defekten Faserknorpel als Ersatzgewebe gebildet wird. In den 1980er-Jahren konnte ebenfalls an Kaninchen gezeigt werden, dass sich passive Bewegung positiv auf die Neubildung von hyalinem Knorpel auswirkt.

Physiotherapeutische Therapiemöglichkeiten

Vergleicht man die Gelenke des Körpers mit anderen Strukturen und Geweben wie z. B. der Muskulatur oder dem Bindegewebe, so sind deren Anpassungsmöglichkeiten an eine Belastung begrenzt. Einzelne Gelenkstrukturen können durch Über- bzw. Unterbeanspruchung abgenutzt bzw. abgebaut werden. Daher müssen im Training akute Verletzungen und chronische Überlastungen der Gelenke unbedingt vermieden werden. Umgekehrt kann ein sinnvoll geplantes und korrekt durchgeführtes Training auch in gewissem Umfang positive Anpassungsreaktionen im Bereich der Gelenke bewirken. Da alle Strukturen und Gewebearten im lebenden Organismus den biologischen Gesetzen der Anpassung unterliegen, können sie somit über unterschiedliche Zeiträume hinweg auch positiv beeinflusst werden. So können sich Widerstandsfähigkeit und Belastbarkeit des Gelenkknorpels durch eine Verbreiterung seiner Kontaktflächen einerseits sowie durch eine höhere Elastizität aufgrund besserer Wassereinlagerungsfähigkeit andererseits verbessern. Vor dem Hintergrund, dass die Knorpelernährung von physiologischen Belastungsreizen abhängt, ergibt sich die Konsequenz, dass auch die Therapie bei degenerativen Gelenkerkrankungen die Steigerung solcher **Be- und Entlastungsreize** zum Ziel haben sollte. Beim Hund kann dies einerseits durch physiologische Alltagsbewegungen erfolgen, wobei Gehstrecke und Gehtempo jeweils individuell angepasst werden müssen. Dabei sollte nach dem Prinzip des „Pacing" gearbeitet werden. Dieses beinhaltet, dass Belastungen und Pausen im sinnvollen Wechsel erfolgen und die Belastungsphasen nur langsam gesteigert werden. Vor allem dann, wenn der Patient nicht lahmfrei gehen kann, stellt das Training auf dem Unterwasserlaufband (S. 258) eine sinnvolle Ergänzung dar. Hier trägt die Auftriebskraft des Wassers zu einer Gewichtsentlastung und dadurch zu einer Reduktion der Kompressionskräfte am Gelenk bei. Weiterhin kommen passive Bewegungen im schmerzfreien Bereich mit oder ohne Gelenkkompression zum Einsatz (PROM-Übungen; Manuelle Therapie). Insgesamt müssen außerdem eventuelle Bewegungseinschränkungen durch Verkürzungen im Bereich der Gelenkkapsel und der gelenkumgebenden Muskulatur in der physiotherapeutischen Behandlung mit berücksichtigt werden.

12.10 Fallbeispiele

12.10.1 Fallbeispiel 1: Rüde Tom, 7-jähriger Border Collie

Tom wurde wegen einer Hintergliedmaßenlahmheit rechts in unserer sportphysiotherapeutischen Praxis vorgestellt.

Vorgeschichte

Bei Tom wurde im zweiten Lebensjahr eine mittelgradige Hüftgelenksdysplasie festgestellt. Die Besitzer entschieden sich damals auf Anraten des behandelnden Tierarztes zur Durchführung einer Pektinektomie. Die begleitende Physiotherapie wurde in unserer Praxis durchgeführt. Die Nachbehandlung erwies sich als komplikationslos und wir konnten Tom nach 6 Behandlungen aus unserer physiotherapeutischen Behandlung entlassen. Da die Besitzerin den Wunsch hatte, mit Tom Agility zu betreiben, führten wir mit ihr ein intensives Beratungsgespräch hinsichtlich der Sportfähigkeit von Tom. Wir rieten ihr, mit Tom keine High-Impact-Sportarten wie Agility oder THS zu betreiben, da einerseits röntgenologisch schon arthrotische Veränderungen der Hüftgelenke sichtbar waren und andererseits auch bereits funktionelle Einschränkungen im Sinne einer eingeschränkten Extensionsfähigkeit der Hüftgelenke bestanden, rechts mehr als links. Die Besitzerin entschied sich trotzdem für den Agilitysport und Tom wurde uns regelmäßig zweimal im Jahr zum sportphysiotherapeutischen Check-up vorgestellt. Nach 2 Jahren zeigte Tom bei der sportphysiotherapeutischen Untersuchung vermehrt Schmerzen, insbesondere bei der Hüftextension. Eine daraufhin durchgeführte Kontrollröntgenuntersuchung zeigte eine deutliche Verschlechterung der arthrotischen Veränderungen der Hüftgelenke. Die Besitzerin zog die Konsequenzen und beendete mit Tom den Agilitysport. In den darauffolgenden Jahren blieb Tom lahmheitsfrei, die Einschränkung der Hüftextension verschlechterte sich nicht weiter. Vor einem Jahr erkrankte Tom an einer Prostatitis, diese wurde medikamentös behandelt, aufgrund des guten Behandlungsergebnisses durch die Medikamente wurde von einer Kastration abgesehen.

Aktuelle Anamnese

Aktuell wurde uns Tom jetzt wegen einer rechtsseitigen Hintergliedmaßenlahmheit vorgestellt. Während eines Urlaubsaufenthalts hat die Besitzerin mit Tom ein Hoopers-Agility-Seminar besucht. Nach dem ersten Seminartag zeigte Tom am nächsten Morgen eine starke Lahmheit der rechten Hintergliedmaße, teilweise nahm er die Hintergliedmaße komplett aus der Belastung. Bei der daraufhin durchgeführten tierärztlichen Untersuchung wurde die Verdachtsdiagnose Entzündung des rechten Hüftgelenks gestellt. Es erfolgte eine Behandlung mit NSAIDs für 14 Tage. Schon nach wenigen Tagen setzte Tom bei jedem Schritt die betroffene Hintergliedmaße wieder ein.

Befunde der körperlichen Untersuchung

Gangbildanalyse Beim Aufstehen aus dem Sitz setzte Tom die linke Hintergliedmaße mehr zur Körpermitte, die rechte Hintergliedmaße wurde etwas nach außen gestellt. Im Schritt zeigten sich ein verstärkter LSÜ-Twist nach links und eine deutliche Standbeinlahmheit rechts, besonders die terminale Standbeinphase wurde frühzeitig abgebrochen. Das wurde auch in der Gangart Trab deutlich, hier nahm Tom die rechte Hintergliedmaße auch immer wieder aus der Belastung, vor allem bei den Wendungen am Ende der Gehstrecke. Als zusätzliche Provokation wurde ein 50 cm hoher Tischaufsprung gewählt, auch hier wurde die rechte Hintergliedmaße beim Abdruck vom Boden nicht eingessetzt.

Bewegungsprüfung und Palpation Bei der orientierenden Palpation zeigte sich eine deutliche Überwärmung im Bereich der vorderen LWS und des lumbosakralen Übergangs und eine schlechte Abhebbarkeit der Kibler'schen Hautfalte in der gesamten LWS. Es zeigte sich außerdem eine deutliche Atrophie der Hamstrings und des M. gastrocnemius rechts, die kraniale Oberschenkelmuskulatur rechts war hyperton. Es bestand ein Hypertonus der linksseitigen paravertebralen Muskulatur, insbesondere des M. iliocostalis links im LWS-Bereich. Bei der Schmerzprovokation im Stand zeigten sich ein Druckschmerz im Sulcus sacralis rechts, des M. iliacus rechts und des rechten medialen Gastrocnemiusansatzes im Bereich der Fabelle. Das rechte Ilium stand im Vergleich zu links weiter kranial und ventral. Die linke Sakrumbasis stand im Vergleich zu rechts weiter dorsal. Bei der Bewegungsprüfung war der Vorlauftest rechts positiv. Die Ventralisationsfähigkeit der linken Sakrumbasis war eingeschränkt. Die Extension beider Hüftgelenke war endgradig schmerzhaft eingeschränkt, rechts mehr als links, ebenso zeigte sich eine endgradig schmerzhaft eingeschränkte Kniegelenksextension rechts. Außerdem offenbarte sich eine rechtsseitige Restriktion der Delbet-Faszie mit Einschränkungen der laterolateralen Blasenmobilität rechts.

Interpretation der Befunde

Die sakrale Dysfunktion im Sinne einer L/R-Sakrumtorsion könnte durch die Restriktionen der Delbet-Faszie und die Einschränkung der Blasenmobilität bedingt sein. Auslöser dieser Restriktionen könnte die vor einem Jahr abgelaufene Prostatitis gewesen sein. Dadurch könnte auch die Tonusveränderung des M. iliacus erklärbar sein, die ihrerseits eine Ventralrotationsdysfunktion des rechten Iliums bedingte. Eine Ventralrotation des Iliums führt zu einer vermehrten Innenrotation des Hüftgelenks und kompensatorisch zu einer verstärkten Außenrotation im Kniegelenk. Dadurch nimmt die Zugspannung auf den rechten M. iliopsoas, die Hamstrings und auf den medialen Anteil des M. gastrocnemius zu. Die Tonuserhöhung des M. iliopsoas könnte für die vermehrte Extensionseinschränkung der rechten Hüfte verantwortlich sein. Die schmerzhaft bedingte Einschränkung des rechten Hüftgelenks und die Sakroiliakalgelenksblockade führen kompensatorisch zu einem verstärkten LSÜ-Twist nach links und damit zu einem Hypertonus des M. iliocostalis links. Durch die schnellen Stopps und Wendungen beim Hoopers Agility wurde der M. gastrocnemius zusätzlich gestresst. Aufgrund der schon veränderten Grundspannung des medialen Gastrocnemiuskopfes kommt es in der Folge zu einer akuten rechtsseitigen Ansatztendopathie des M. gastrocnemius im Bereich der medialen Fabelle. Die Ansatztendopathie führt dann zu einer schmerzhaft eingeschränkten Knieextension und zu einer Standbeinlahmheit, die sich vorwiegend in einer veränderten terminalen Standbeinphase zeigt. Ein kräftiger Pfotenabdruck und der Schub aus der rechten Hintergliedmaße werden vermieden. So entsteht nicht nur eine Muskelatrophie des M. gastrocnemius, sondern auch der Hamstrings. Bei Betrachtung sämtlicher Befunde konnte davon ausgegangen werden, dass bei Tom eine absteigende Dysfunktionskette vorlag.

Auf die zunächst durchgeführte Probebehandlung erfolgte zusätzlich eine fachtierärztliche Untersuchung, die die Diagnose einer Sehnenansatztendopathie des rechten M. gastrocnemius, Caput mediale, bestätigte.

Funktionelle Diagnosen

- Sehnenansatztendopathie des rechten M. gastrocnemius (Caput mediale)
- Dysfunktion des rechten Sakroiliakalgelenks

Differentialdiagnosen

- entzündlicher Reizzustand rechtes Hüftgelenk
- entzündlicher Reizzustand des Lig. patellare rechts
- Teilruptur des Lig. cruciatum kraniale rechts
- Zehengelenksverletzung rechte Hintergliedmaße

Therapieziele

Nahziele

- Schmerzlinderung
- Verbesserung des venösen und lymphatischen Abflusses der rechten Hintergliedmaße
- Detonisierung der hypertonen Muskulatur
- Mobilisierung der SIG-Dysfunktion
- Verbesserung der Hüft- und Kniegelenkbeweglichkeit rechts

Fernziele

- Verbesserung der Rumpf-, Hüftgelenks- und Kniegelenksstabilität
- Verbesserung der Kraft und Kraftausdauer der Hamstrings und des M. gastrocnemius rechts

Therapiemaßnahmen

1.–3. Woche

- konsequente Schonung mit Leinenpflicht ggf. auch im Haus und im Garten; Spaziergänge 4 × 15 min
- globale und lokale Faszientechniken für den M. iliocostalis links, M. iliacus rechts, M. iliopsoas rechts und den M. gastrocnemius
- osteopathische Techniken
- manuelle Lymphdrainage
- therapeutischer Ultraschall
- passives Durchbewegen Hüft- und Kniegelenk rechts im Matrixbereich

- Querdehnungen für den M. gastrocnemius
- Hausaufgabenprogramm: Tägliches passives Durchbewegen der Hüftgelenke bds. und des Kniegelenks rechts im Matrixbereich sowie detonisierende Massagegriffe für die paravertebrale Rückenmuskulatur und den M. gastrocnemius rechts. Tägliche Quarkwickel im Bereich des Sehnenansatzes. Die Besitzerin wurde für das Hausaufgabenprogramm entsprechend instruiert und angeleitet.

4.–8.Woche

- Erweiterung der Spaziergänge auf 4 × 30 min, weiterhin Leinenpflicht
- isometrische Übungen im Stand auf einer festen Unterlage (zu Beginn: 3 × 5 × 10 sec; SP: 30 sec)
- Cavalettiübungen im Schritt (3 × 10 Wiederholungen; P: 30 sec)
- aktive und passive Mobilisation der Hüftgelenke bds. und des rechten Kniegelenks
- Hausaufgabenprogramm: Für die Durchführung der oben beschriebenen Übungen wurde die Besitzerin angeleitet, außerdem sollte sie noch 3-mal pro Woche die Hüft- und Kniegelenke passiv durchbewegen und zusätzlich 2-mal pro Woche die Rückenmuskulatur und den M. gastrocnemius rechts massieren.

9.–12. Woche

- Erweiterung der Spaziergänge auf 4 × 45 min, weiterhin Leinenpflicht
- 2-mal pro Woche Schritt-/Trabtraining (4–6 × 2–5 min; P: 1 min). Wird das Training gut toleriert und Tom bleibt beschwerdefrei, können ab der 10. Woche 2–3 Galoppsprints über 50–80 m eingebaut werden.
- aktive Mobilisation der Hüftgelenke bds. und des rechten Kniegelenks
- Sitz-Steh-Übung (zu Beginn: 3 × 10 Wiederholungen, P: 1 min)
- Cavalettiübungen im Schritt und Trab mit Variation der Untergründe (zu Beginn: 3 × 10 Schritt und 3 × 10 Trab, P: 30 sec; SP: 3 min)
- isometrische Übungen auf instabilen Untergründen (zu Beginn: 3 × 3 × 10 sec; SP: 2 min)
- Alle Übungen wurden entsprechend als Hausaufgabenprogramm angeleitet.

Ab 13. Woche

- Die Galoppsprints als Belastungstest wurden gut toleriert, deshalb keine Beschränkung der Spaziergänge und Aufhebung der Leinenpflicht.
- Die Übungen des Hausaufgabenprogramms sollten weiterhin fortgeführt werden, die Progression der einzelnen Übungen wurde mit der Besitzerin besprochen.
- Bei der Kontrolluntersuchung nach 6 Wochen zeigte sich der Patient völlig lahm- und schmerzfrei. Somit konnte die Therapie erfolgreich abgeschlossen werden.

12.10.2 Fallbeispiel 2: Rüde Tim, 6-jähriger Airdale Terrier

Tim wurde wegen einer linksseitigen Vordergliedmaßenlahmheit in unserer sportphysiotherapeutischen Praxis vorgestellt.

Vorgeschichte

Tim und seine Besitzerin betrieben bis vor 2 Jahren auf nationaler Ebene intensiv THS. Aufgrund einer Schmerzproblematik im hinteren Rücken wurde Tim tierärztlich untersucht. Die Verdachtsdiagnose Cauda-equina-Kompressions-Syndrom wurde durch eine Computertomografie bestätigt. Es zeigte sich bei den CT-Aufnahmen eine erhebliche Ventralisation des Os sacrum. Zeitgleich litt Tim auch an einer akuten Prostatitis, diese wurde medikamentös erfolgreich behandelt. Da Tim keine neurologischen Symptome zeigte, entschloss sich die Besitzerin für eine konservative Therapie. Zur Anwendung kamen klassische physiotherapeutische und osteopathische Techniken. Nachdem Tim schmerzfrei war, absolvierte seine Besitzerin mit ihm ein intensives Kraft- und Kraftausdauerprogramm. Eine 6 Monate später durchgeführte computertomografische Untersuchung zeigte im Vergleich zur ersten Aufnahme ein deutlich weniger stark ventralisiertes Sakrum. Die Besitzerin gab mit dem Auftreten der ersten Symptome den Tunierhundesport auf und wechselte mit Tim zur Sportart Obedience.

Aktuelle Anamnese

Aktuell wurde uns Tim wegen einer leichten Vordergliedmaßenlahmheit links vorgestellt; außerdem fiel der Besitzerin auf, dass Tim bei der Übung „Platz" nicht mehr die korrekte Position einnehmen konnte. Im Platz konnte Tim die linke Vordergliedmaße im Vergleich zu rechts nicht ganz so weit vorne platzieren, d. h., die linke Schulter von Tim befand sich gegenüber rechts in einer vermehrten Flexionsstellung. Ein direktes Unfallereignis war der Besitzerin nicht bekannt. Allerdings hat sie mit Tim gerade das Training und insbesondere die Fußarbeit forciert, da ein wichtiger Qualifikationswettkampf anstand.

Befunde der körperlichen Untersuchung

Gangbildanalyse Im Schritt und im Trab zeigte sich eine dezente gemischte Lahmheit der linken Vordergliedmaße. Ansonsten waren keine Veränderungen festzustellen. Als Provokationstest sollte die Besitzerin über eine Extension der HWS bei Tim eine tonische Nackenreaktion auslösen. Dabei konnte man deutlich beobachten, dass die linke Vordergliedmaße im Vergleich zur rechten weniger weit nach vorne oben genommen wurde.

Bewegungsprüfung und Palpation Es zeigte sich eine leichte Überwärmung im zervikothorakalen Übergang, die Kibler'sche Hautfalte war im vorderen Bereich der BWS schlechter abhebbar. Bei der Durchführung der sportphysiotherapeutischen Bewegungstestreihe konnten die Bewegungstests Vorderkörpertiefstellung, High Five und Bewegungsdiagonalen der HWS nicht korrekt ausgeführt werden. Bei der Vorderkörpertiefstellung wurde die linke Vordergliedmaße im Vergleich zur rechten weniger weit nach vorne gesetzt, bei der High-Five-Übung wurde die linke Vordergliedmaße über eine Zirkumduktionsbewegung und eine Gewichtsverlagerung zur Gegenseite nach vorne oben angehoben, hierbei war das Bewegungsausmaß gegenüber rechts eingeschränkt. Bei der aktiven Bewegungsprüfung der HWS über die Bewegungsdiagonalen zeigte sich eine Einschränkung der HWS in der diagonalen Flexion und Seitneigung rechts. Bei der passiven segmentalen Bewegungsprüfung fand sich auf Höhe von C6/C7 eine Seitneigungseinschränkung nach rechts. Zusätzlich war auch die passive Vorführung der linken Vordergliedmaße eingeschränkt. Bei der Palpation fand sich ein Druckschmerz über der 1. Rippe links. Bei der Bewegungsprüfung der 1. Rippe zeigte sich eine Inspirationsdysfunktion. Die Verschieblichkeit und die Mobilität der Fascia cervicalis superficialis waren links gegenüber rechts deutlich eingeschränkt.

Interpretation der Befunde

Möglicherweise können die Lahmheit und die vermehrte Flexionsstellung im Schultergelenk der linken Vordergliedmaße in der Platzposition auf eine Inspirationsdysfunktion der 1. Rippe links zurückgeführt werden. Alle Befunde aus der sportphysiotherapeutischen Bewegungstestreihe bestätigen diese Annahme. Es wäre denkbar, dass durch die intensiv betriebene Fußarbeit sowohl die Tonuserhöhung der Fascia cervicalis superficialis als auch eine Tonuserhöhung des M. scalenus medius links zu einem vermehrten kranialwärts gerichteten Zug an der 1. Rippe und zu deren Blockierung geführt haben. Der Hypertonus des M. scalenus medius links könnte auch Ursache der zervikalen Dysfunktion sein.

Funktionelle Diagnosen

- Inspirationsdysfunktion der 1. Rippe links
- ESR – Dysfunktion C6/C7 links

Differentialdiagnosen

- Bandscheibenprotrusion im Bereich der hinteren HWS ohne neurologische Symptome
- Kompressionsläsion des Plexus brachialis links ohne neurologische Symptome
- kraniale Subluxation des Glenohumeralgelenks links
- Bizeps- und/oder Supraspinatussehnentendopathie links

Therapieziele

- Schmerzlinderung
- Verbesserung der Beweglichkeit im Segment C6/C7 und der 1. Rippe links

- Detonisierung und Verbesserung der Verschieblichkeit der Fascia cervicalis superficialis und des M. scalenus medius links
- Dysfunktionen vorbeugen

Therapiemaßnahmen

- spezielle Faszientechniken zum Spannungsausgleich des respiratorischen Diaphragmas, des Mediastinums und der Fascia cervicalis superficialis
- lokale Faszienrelease-Techniken im Bereich des M. scalenus medius links
- Mobilisation der 1. Rippe und der ESR-Dysfunktion links im Segment C6/C7 mit speziellen osteopathischen Techniken
- aktive Mobilisation der HWS
- Hausaufgabenprogramm: Übungen der Bewegungstestreihe als aktive dynamische Dehnungsübungen zur Verbesserung der Beweglichkeit. Die Übungen sollten einmal täglich in 3 Serien á 15–20 sec durchgeführt werden.
  - Bewegungsdiagonalen
  - Vorderkörpertiefstellung
  - High Five

Nach 4 Wochen erfolgte eine Therapiekontrolle. Die Besitzerin berichtete, dass Tim sofort nach der ersten Behandlung lahmheitsfrei war und auch die Platzposition konnte er direkt im Anschluss wieder korrekt einnehmen. Bei der Befundung zeigten sich keine Auffälligkeiten. Die Besitzerin wurde dahingehend instruiert, dass sie die dynamischen Bewegungsübungen in das Cool-down-Programm von Tim integrieren sollte. Außerdem wurde ihr noch eine Kräftigungsübung für die Nackenmuskulatur mit dem Apportel gezeigt, zusätzlich wurde ihr nahegelegt, die Fußarbeit zum Ausgleich auch auf der linken Seite zu üben.

13 Sport für Hunde mit Handicap

Sehr häufig wird von Sporthundeführern die Frage nach der Sporttauglichkeit ihres Hundes nach einer Verletzung bzw. einer Gelenk- oder Wirbelsäulenschädigung gestellt. Leider ist diese Frage so leicht nicht zu beantworten, denn es lassen sich keine allgemeingültigen Empfehlungen aussprechen. Bedauerlicherweise existieren hierzu auch keine wissenschaftlich fundierten Informationen. Tierärzte und Sportphysiotherapeuten stehen in ihrer Beratungsfunktion einerseits den Erwartungen der Patientenbesitzer gegenüber und andererseits müssen sie die biomechanischen Veränderungen der Wirbelsäule bzw. der Gelenke nach etwaigen Erkrankungen bzw. Operationen sowie die Rückfallrisiken und Spätfolgen berücksichtigen. Die Empfehlung, Hundesport zu betreiben, sollte nicht in einer zusätzlichen Belastung für den Patienten resultieren. Wie schon im Kapitel zu den sportartspezifischen Belastungen (S. 149) beschrieben, können die Hundesportarten in zwei Belastungsstufen, die sog. High-Impact- und Low-Impact-Sportarten (S. 151) eingeteilt werden (▸ **Tab. 6.1**). High-Impact-Sportarten bergen zum einen ein größeres Verletzungsrisiko, zum anderen führen sie aufgrund der hohen Belastung oftmals zu degenerativen Veränderungen am Bewegungsapparat. In Langzeitstudien am Menschen konnte nachgewiesen werden, dass Patienten mit einer Vorerkrankung am Kniegelenk eine doppelt so hohe Rate an Kniearthrosen aufwiesen wie diejenigen ohne Verletzung oder Erkrankung in der Vorgeschichte. Auch bei Verletzungen oder Erkrankungen, in deren Folge es zu Instabilitäten der Gelenke kommt, ist das Auftreten einer Arthrose vorprogrammiert. Weiterhin konnte festgestellt werden, dass dauerhafte körperliche Beanspruchungen der Wirbelsäule in Hyperextension und Rotation zu degenerativen Veränderungen im Bereich der Wirbelsäule führen. Diese durch Studien am Menschen gewonnenen Erkenntnisse können aufgrund des derzeitigen Erfahrungswissens in der Hundesportmedizin so auch in vielen Punkten auf Hunde bzw. Sporthunde übertragen werden. Das bedeutet für die Praxis, dass Hunde mit einer Gelenkerkrankung wie beispielsweise einer Osteochondrosis dissecans (OCD), Ellbogendysplasie (ED), Hüftgelenksdysplasie (HD) oder Ruptur des kranialen Kreuzbandes nicht mehr in einer High-Impact-Sportart auf Wettkampf- bzw. Prüfungsniveau geführt werden sollten. Andererseits profitiert natürlich das Bewegungssystem von einer gemäßigten sportlichen Betätigung. Gerade ein gezieltes Koordinations-, Kraft- und ein moderates Ausdauertraining, angepasst an die jeweilige Belastbarkeit des Patienten, wirken sich positiv auf die Gelenke und die Wirbelsäule aus. Natürlich muss dem auch Rechnung getragen werden, dass die meisten Sporthunde ein ausgeprägtes „will to please“ bzw. einen großen Arbeitswillen zeigen (▸ **Abb. 13.1**).

Diese Hunde müssen beschäftigt und gearbeitet werden. Hier gilt es Kompromisse einzugehen und ggf. in eine andere Sportart zu wechseln. Hier bieten sich sehr viele Low-Impact-Sportarten an. Eine weitere Möglichkeit besteht darin, die intensiven

▸ **Abb. 13.1** Viele Sporthunde zeigen einen großen Arbeitswillen. Das überkonforme Verhalten der Sporthunde kann langfristig zu körperlichen Schäden führen. (Foto: Julian Blum, Waghäusel)

▶ **Tab. 13.1** Sportarten für Hunde mit Handicap.

Besonders geeignet	Eingeschränkt erlaubt	Nicht empfohlen
Fährtenarbeit	Geländelauf	Frisbee
Mantrailing	Hoopers Agility	Agility
Flächensuche, Leichensuche und Wasserortung (Rettungshundearbeit)	Dog Dancing	THS
Zielobjektsuche	Hütearbeit	Gebrauchshundsport
Rally Obedience	Dummyarbeit	Flyball
Degility	Longieren	Schlittenhunderennen
Mobility	Treibball	Zugarbeit
Obedience IPO 1–2	Obedience IPO 3	Windhundrennen

Belastungen der High-Impact-Sportart zu reduzieren. Diese Optionen sollen durch einige Beispiele verdeutlicht werden. Im Rahmen des Agilitysports könnten die Belastungen z. B. auf das Niveau des Mobilitysports reduziert werden. Auch das gerade im Trend liegende Hoopers Agility könnte eine entsprechende Alternative sein. Im Gebrauchshundsport sind in der Regel die Unterordnung und die Fährtenarbeit unproblematisch. Einige Teilaufgaben aus dem Schutzdienst wie z. B. das Revieren, Stellen und Verbellen und die kurze Flucht sind je nach Erkrankung eingeschränkt empfehlenswert, wohingegen der Apport über die Schrägwand und die 1-m-Hürde sowie die lange Flucht bei Erkrankungen des Bewegungsapparats nicht empfehlenswert sind. Der Geländelauf im THS kann entschärft werden, indem der Hund, wie in früheren Jahren, neben seinem Besitzer läuft, statt ihn zu ziehen. Grundsätzlich sollten allerdings für die Entscheidung zur Wiederaufnahme sportlicher Aktivitäten folgende Bedingungen erfüllt sein:

- Schmerzfreiheit des Patienten
- physiologischer Bewegungsumfang aller Gelenke und der Wirbelsäule
- keine neurologischen Defizite
- keine röntgenologisch sichtbaren degenerativen Veränderungen

Folgende Belastungen sind ungünstig und sollten strikt vermieden werden:

- repetitive axiale Stauchungen
- hohe Maximalbelastungen
- Rotations- und Hyperextensionsbelastungen der Wirbelsäule
- einseitige Belastungen

Eine Übersicht besonders oder eingeschränkt geeigneter sowie nicht empfohlener Sportarten bietet ▶ **Tab. 13.1**.

Abschließend lässt sich sagen, dass sich die Beratung hinsichtlich der Wiederaufnahme der sportlichen Aktivität des Sporthundes nur an der individuellen Belastbarkeit des Sporthundes orientieren darf und nicht an den etwaigen Wünschen der Besitzer. Allerdings wäre es wünschenswert, wenn Tiermediziner und Sportphysiotherapeuten die Sporthundebesitzer begleiten und unterstützen würden, denn häufig stehen diese unter einem enormen Druck. Oftmals ist es auch das sportliche Umfeld, z. B. Trainer, Sportkollegen und Züchter, mit seinen Wünschen und Erwartungen, die zusätzlich Druck auf den Sporthundebesitzer ausüben.

14 Ausblick

14.1 Untersuchungen und Konsequenzen für das Agility

Mit dem vorliegenden Buch möchten wir einerseits auf die Belastungen aufmerksam machen, denen Hunde in den verschiedenen Hundesportarten ausgesetzt sind; andererseits haben wir versucht, die für den Humanbereich etablierte Trainingsmethodik insbesondere im Hinblick auf die sportliche Leistungssteigerung, aber auch hinsichtlich der Verletzungsprophylaxe auf den Hundesport zu übertragen. Leider gibt es für beide Themengebiete bislang wenig wissenschaftliche Untersuchungen, um diese abgeleiteten Grundlagen für Hunde zu untermauern. Die in den USA und in Großbritannien durchgeführten Untersuchungen sind ebenso wie die von Prof. Martin Fischer und Katja Söhnel erst kürzlich hier in Deutschland durchgeführten Studien zur Belastung beim Sprung im Agility erste Meilensteine auf dem Weg zu mehr gesicherten wissenschaftlichen Erkenntnissen im Hundesport [29], [74], [82]. Durch solche Untersuchungen werden einzelne Fragestellungen beantwortet, aber es ergeben sich in der Regel daraus auch neue Fragen: Prof. Fischer und sein Team konnten so zwar darstellen, dass sich die Kräfte, die bei einem Sprung mit anschließender Wendung auftreten, deutlich von den Kräften unterscheiden, die bei einem geraden Sprung einwirken. Dabei fanden sie jedoch keine signifikanten Unterschiede im Hinblick auf die Belastung zwischen einem Anfängerhund und einem erfahrenen Sporthund. Die Erfahrung des Hundeführers, die in einer anderen Studie als Einflussfaktor auf das Verletzungsrisiko der Hunde im Agility vermutet wurde, wurde hier aber beispielsweise nicht untersucht. Dieser Aspekt ist dementsprechend Gegenstand einer Anschlussstudie, die ganz aktuell in Zusammenarbeit mit der Westfälischen Wilhelms-Universität Münster durchgeführt wird.

Für die Sportart Agility wären darüber hinaus außerdem Untersuchungen zu den Belastungen, die an den anderen Geräten entstehen, von Bedeutung. Da hier oftmals mit verschiedenen Techniken gearbeitet wird, sollten diese Unterschiede unbedingt beleuchtet werden:

- Darstellung der Belastung an den **Kontaktzonengeräten** (A-Wand, Steg, Wippe): Wie unterscheidet sich die Belastung bei der „2-on-2-off"-Technik von der Belastung durch „Running Contacts"?
- Darstellung der Belastung im **Slalom** auf die Wirbelsäule und die Extremitäten-Gelenke: Welche Unterschiede entstehen durch die verschiedenen Techniken „Fädeln" und „Wedeln"? Welche Rolle spielen die Abmessungen des Hundes und der Slalomtore bei der Wahl der Technik?

Auch im Bereich der humanen Sportwissenschaften dauert es oftmals sehr lange, bis neue wissenschaftliche Erkenntnisse in das Regelwerk der jeweiligen Sportart übernommen und dann in die Praxis umgesetzt werden. Wir wünschen uns daher für den Hundesport ein schnelles Handeln der Akteure und Funktionäre hinsichtlich entsprechender Regeländerungen auf nationaler und internationaler Verbandsebene. Wir hoffen, dass dabei nicht die Wahrung persönlicher Interessen, die Angst vor neuen Methoden und die Furcht vor Veränderungen das Einbringen neuer Erkenntnisse und Ideen verhindern, die der Risikominimierung und Gesunderhaltung der Sporthunde dienen können!

So können bereits aus den zum jetzigen Zeitpunkt vorliegenden Studien zur Sportart Agility Konsequenzen hinsichtlich einer anderen **Einteilung der Starterklassen** abgeleitet werden [1], [6], [4], [5], [19], [50], [65], [74], [84]:

- Starterklassen sollten nicht allein nach der Widerristhöhe, sondern nach den Körpermaßen unter Berücksichtigung des Körpergewichts und der Körperlänge eingeteilt werden.
- Auch eine Einteilung nach Rassegruppen bzw. Körpertypen mit entsprechenden Vorgaben für Hürdenabstände und Parcoursverlauf an Wendungen erscheint sinnvoll.
- Darüber hinaus sollte die „Large"-Klasse weiter unterteilt werden, sodass nicht mehr Hunde mit einer Widerristhöhe von nurmehr 43 cm Hürdenhöhen von 65 cm überwinden müssen.

14.2 Untersuchungen und Regeländerungen in anderen Sportarten

Auch für die anderen Hundesportarten wäre es wünschenswert, wenn deren Belastungsanforderungen auf den Bewegungsapparat wissenschaftlich untersucht werden würden: Aus unserer Erfahrung erscheinen subjektiv beispielsweise die „Schwimmerwende" auf der Flyball-Box, die Landung auf den Hintergliedmaßen im Dog Frisbee und die Übung „Angriff auf den Hund aus der Bewegung" im Gebrauchshundsport besonders belastend.

Auch für andere Sportarten könnten Regeländerungen sicherlich dazu beitragen, die Belastungen für die Hunde zu reduzieren, ohne den Charakter der Sportart völlig zu verändern.

Im Folgenden finden sich beispielhaft einige Vorschläge, die aus unserer Sicht zur Verletzungsprophylaxe beitragen könnten:

- **Flyball:** Vorschrift, dass die Hunde die Schwimmerwende abwechselnd links- und rechtsherum ausführen müssen
- **Gebrauchshundsport:**
  - Verringerung der Distanz bei der Übung „Angriff auf den Hund aus der Bewegung", um die Geschwindigkeit des Hundes vor dem Anbiss zu reduzieren; evtl. vollständiger Verzicht auf den Anbiss des Hundes; der Hund könnte den Figuranten z. B. lediglich durch Umkreisen stellen und sichern.
  - Verzicht auf den Stockeinsatz bzw. auf die Stockschläge
- **Obedience/Fußarbeit:** Abschaffung des einseitigen Trainings auf der linken Seite; es könnte beispielsweise am Prüfungstag gelost werden, ob die Prüfung mit dem Hund rechts oder links geführt absolviert werden muss.
- **THS:**
  - Abschaffung des einseitigen Führens auf der linken Seite in den Laufdisziplinen; hier könnte beispielsweise vorgeschrieben werden, dass der 1. Lauf einer Disziplin links, der 2. Lauf aber rechts geführt werden muss.
  - Einteilung der Hunde in Größenklassen (ähnlich wie im Agility) mit verschiedenen Hindernishöhen für große und kleine Hunde
  - Wissenschaftliche Untersuchung der Belastungsanforderungen an der neuen, trapezförmigen Wand; diese erscheinen uns höher als die Belastungen an der alten A-Wand; Einführung eines Gerätes, das nach wissenschaftlichen Erkenntnissen konstruiert wurde.

Weiterhin wäre es hilfreich, dass für eine gezielte Leistungssteuerung Parameter untersucht und Geräte entwickelt werden, die z. B. Herzfrequenz- und Laktatmessungen in der Praxis möglich machen. Diese Erkenntnisse aus der Hundesportmedizin könnten dann auch auf die Rehabilitation übertragen werden. Außerdem wäre es wünschenswert, dass Sporthunde regelmäßig auf ihre Stresstoleranz untersucht werden. Hier stellt sich unter anderem auch die Frage, ob die für den Menschen beschriebene, durch Dauerstress hervorgerufene Nebenniereninsuffizenz auch beim Hund auftreten und dann entsprechend diagnostiziert und ggf. behandelt werden kann. Wir sehen in der Praxis zunehmend gestresste Sporthunde bzw. Hunde, die an körperlichen Krankheiten durch Dauerstress leiden. Das mag daran liegen, dass der Triebaufbau der Sporthunde durch die Hundeführer zum Teil sehr stark betrieben wird, es kann aber auch daran liegen, dass entsprechende Ruhe- und Regenerationszeiten für die Hunde nicht eingehalten werden. Hier könnte auch die Vorgabe einer maximalen Anzahl von Starts pro Jahr bzw. pro Saison Abhilfe schaffen.

14.3 Hundesportverbände – Tierärzte – Tierphysiotherapeuten

Darüber hinaus wünschen wir uns für die Zukunft eine weitere Verbesserung und Intensivierung der Kommunikation und Zusammenarbeit zwischen Hundesportverbänden, Tierärzteschaft und Tierphysiotherapeuten. Eine enge Kooperation aller Beteiligten bildet unserer Ansicht nach die Basis für umfassende Präventionskonzepte für die Gesunderhaltung von Sporthunden insgesamt, aber auch für eine erfolgreiche Rehabilitation des Sporthundes als Individuum nach einer Verletzung oder chirurgischen Intervention. Dazu sollten einerseits Tierärzte und Tierphysiotherapeuten, die Sporthunde behandeln, in der Breite ein umfangreicheres Hintergrundwissen über die verschiedenen Hundesportarten und deren Reglements erhalten. Andererseits sollte auch weiterhin auf allen Ebenen des Hundesports, also bei den Sportlern selber, aber vor allem auch bei Trainern und Leistungsrichtern darauf hingearbeitet werden, deren Basiswissen über gesundheitliche Aspekte, insbesondere des Bewegungsapparats des Hundes, zu erweitern.

Folgende Instrumente sind unserer Ansicht nach denkbar, um diese Ziele umzusetzen:

a) Verbesserung der Ausbildung von **Tierärzten** hinsichtlich Fragestellungen des Hundesports:
   - Kenntnisse über die verschiedenen Hundesportarten, deren Reglements und Belastungsanforderungen könnten bereits im **Studium** der Tiermedizin vermittelt werden z. B. in Form von Wahlpflichtangeboten für diejenigen Studierenden, die ihre Zukunft in der Kleintiermedizin sehen.
   - Für Tierärzte, die mit Sporthunden arbeiten, sollte möglichst in Kooperation zwischen der ATF einerseits und dem VDH sowie dessen angegliederten Sportverbänden andererseits ein qualifiziertes **Fortbildungsangebot** geschaffen werden.
   - Langfristig wäre es wünschenswert, dass Tierärzte, die sich im Bereich der Sportphysiotherapie bzw. Sportmedizin spezialisiert haben, dies auch in Form eines deutschen Zusatzabschlusses (**Fachtierarzt- oder Zusatzbezeichnung**) für Tierbesitzer und überweisende Kollegen darlegen können, ähnlich wie dies in den USA und auf internationalem Niveau seit 2010 über die Prüfung zum Diplomate of the American College of Veterinary Sports Medicine and Rehabilitation möglich ist.

b) Professionalisierung des Berufs des **Tierphysiotherapeuten** und Spezialisierung auf dem Gebiet der Sportphysiotherapie: Anders als der Beruf des Physiotherapeuten im Humanbereich ist der Beruf des Tierphysiotherapeuten bisher in Deutschland keine einheitliche, staatlich anerkannte oder geschützte Berufsbezeichnung. Dadurch ist hier die Ausbildungslage, aber auch das Niveau der theoretischen Kenntnisse und praktischen Fähigkeiten extrem inhomogen. Sämtliche Ausbildungsgänge und Prüfungen werden in Deutschland bisher ausschließlich von privaten Instituten ausgerichtet. Da die Sportphysiotherapie für Hunde nur einen Teilbereich der Tierphysiotherapie repräsentiert, ist dies hierfür noch deutlich weniger einheitlich. Unserer Ansicht nach ist es jedoch essenziell, auch für dieses Berufsfeld eine weitere Professionalisierung und Spezialisierung anzustreben, beispielsweise durch folgende Maßnahmen:
   - **Vereinheitlichung der Ausbildungsinhalte** in Bezug auf theoretischen Wissensstoff und Praxiserfahrung; Vereinheitlichung der Ausbildungsdauer
   - **Vereinheitlichung der Prüfungsinhalte** hinsichtlich Theorie und Praxis
   - Zusätzlich zu den verschiedenen institutsinternen Abschlussprüfungen sollte eine Prüfung mit anschließender **Anerkennung von offizieller Seite** erfolgen; Vorbild könnte hier unserer Ansicht nach die Erlaubnispflicht für Hundetrainer sein, die das Tierschutzgesetz in § 11(6) und (8f) fordert. Für uns ist es schwer nachzuvollziehen, warum die „Ausbildung von Hunden für Dritte" bzw. die „Anleitung der Ausbildung von Hunden durch den Tierhalter" einer Erlaubnis der zuständigen Behörde (Kreisveterinäramt) bedarf, die Untersuchung und Behandlung von Tieren Dritter jedoch ohne jegliche Prüfung oder Erlaubnis möglich ist.

c) Verbesserung der Ausbildung von **Hundesportlern**, **Hundetrainern** und **Leistungsrichtern** hinsichtlich gesundheitlicher Aspekte: Hier sollten unbedingt die Prozesse fortgesetzt und weiter vorangetrieben werden, die in den letzten Jahren bereits an verschiedenen Stellen in den Hundesport Einzug gehalten haben:
   - Das Angebot an **Praxis-Workshops für interessierte Hundesportler** durch qualifizierte Tierärzte und Tierphysiotherapeuten zu verschiedenen Trainingsaspekten (Warm-up/Cool-down; individuelle Trainingsgestaltung; Kraft-, Ausdauer-, Beweglichkeits- und

Schnelligkeits-Koordinationstraining etc.) sollte erweitert werden.

- Die Trainingsgestaltung aus sportphysiotherapeutischer Sicht sowie der Umgang mit Lahmheiten und Erkrankungen des Bewegungsapparats beim Sporthund sollten **verpflichtende Ausbildungsinhalte für Hundetrainer** werden, die ihre Trainerausbildung über einen der Hundesportverbände absolvieren.
- Ebenso sollten **Leistungsrichter innerhalb der Anwartschaft ein Pflichtmodul** zum Thema „Erkennen von und Umgang mit Lahmheiten und Bewegungsstörungen auf Wettkämpfen und Prüfungen“ absolvieren.

Fazit

Ohne Ehrgeiz, Zielstrebigkeit und Leistungsbereitschaft sind keine sportlichen Erfolge zu erringen. Allerdings kann verbissener und blinder Ehrgeiz deutlich mehr Schaden anrichten, vor allem wenn er wie hier auf Kosten der Gesundheit eines anderen Lebewesens, des Hundes, geht. Genau wie Eltern von ihren Kindern nicht immer Höchstleistung erwarten sollten, so sollten auch Hundeführer ihre Wertschätzung und ihre Zuwendung für ihre Hunde nicht von deren Leistung abhängig machen. Wenn wir aber den sportlichen Ehrgeiz als Wunsch verstehen, mit unseren Hunden gemeinsam zu lernen und uns als Team weiterzuentwickeln, dann ist das sicherlich erstrebenswert.

15 Literatur

[1] Alcock J, Birch E, Boyd J. Effect of jumping style on the performance of large and medium elite agility dogs. Comparative Exercise Physiology 2015; 11(3): 145–150

[2] Albers J. Biomechanische Untersuchungen an der Bizepssehne des Hundes [Inaugural-Dissertation]. Ludwig-Maximilians-Universität München; 2012

[3] Alexander CS, Hrsg. Physikalische Therapie für Kleintiere. Stuttgart: Parey; 2004

[4] Birch E, Boyd J, Doyle G et al. The effects of altered distances between obstacles on the jump kinematics and apparent joint angulations of large agility dogs. Vet J 2015; 204: 174–178

[5] Birch E, Boyd J, Doyle G et al. Small and medium agility dogs alter their kinematics when the distance between hurdles differs. Comparative Exercise Physiology 2015; 11(2): 75–78

[6] Birch E, Lesniak K. Effect of fence height on joint angles of agility dogs. Vet J 2013; 198: e99-e102

[7] Bloomberg M. Thyroid Function of the Racing Greyhound. University of Florida; 1987

[8] Bocksthaler B, Levine D, Millis D. Physiotherapie auf den Punkt gebracht – Rehabilitation und Schmerzmanagement – Ein Leitfaden für die Kleintierpraxis. Babenhausen: BE Vet; 2004

[9] Boeckh-Behrens WU, Buskies W. Fitness-Krafttrainig. Hamburg: Rowohlt Taschenbuch; 2007

[10] Brunnberg Leo, Waibl H, Lehmann J. Lahmheit beim Hund – Untersuchen, Erkennen, Behandeln. Kleinmachnow: Procane Claudo Brunnberg; 2014

[11] Bruns S, Lausberg F. Sport mit dem Hund – der gesunde Weg zu Spaß und Erfolg. Brunsbek: Cadmos-Verlag; 2006

[12] Bruyette D. Veterinary Information Network. 2001

[13] Chaitow L. Neuromuskuläre Techniken. München/Jena: Urban & Fischer; 2003

[14] Chaitow L. Positional Release-Techniken. München/Jena: Urban & Fischer; 2003

[15] Challande-Kathmann I, Hrsg. Rehabilitation und Physiotherapie bei Hund und Katze. Hannover: Schlütersche; 2009

[16] Coppinger R und L. Dogs – A startling new Understanding of Canine Origin. New York: Behavior and Evolution Scribner; 2001

[17] Corts M, ter Harmsel I. Sportosteopathie. Stuttgart: Karl F. Haug; 2013

[18] Couto CG. Managing thrombocytopenia in dogs and cats. Vet Med 1999; 94(5): 460–465

[19] Cullen KL, Dickey JP, Bent LR et al. Internet-based survey of the nature and perceived causes of injury to dogs participating in agility training and competition events. J Am Vet Med Assoc 2013; 243(7): 1010–1018

[20] Deemter F, Wolters J. Rückentraining. Stuttgart: Thieme; 2012

[21] de Mareés H. Sportphysiologie. Köln-Mülheim: Tropon Werken; 1989

[22] de Morree JJ. Dynamik des menschlichen Bindegewebes. München/Jena: Urban & Fischer; 2001

[23] Diemer F, Sutor V. Praxis der medizinischen Trainingstherapie. Stuttgart: Thieme; 2007

[24] Draehmpaehl D, Zohmann A. Akupunktur bei Hund und Katze. Stuttgart: Enke; 1998

[25] Einsingbach T, Klümper A, Biedermann L. Sportphysiotherapie und Rehabilitation. Stuttgart: Thieme; 1992

[26] Eitner D, Kuprian W, Meissner L, Ork H. Sport-Physiotherapie. Stuttgart/New York: Gustav Fischer; 1990

[27] Federation Cynologique International (AISBL). FCI-Standard Nr. 166: Deutscher Schäferhund. Im Internet: www.vdh.de/welpen/mein-welpe/deutscher-schäferhund-stockhaar

[28] Federation Cynologique International (AISBL). FCI-Standard Nr. 148: Dachshund. Im Internet: www.vdh.de/welpen/mein-welpe/dackel

[29] Fischer MS. Belastungen im Agility-Sport. Im Internet: www.vdh.de/fileadmin/media/news/2016/28-32.pdf

[30] Fischer MS, Lilje KE. Hunde in Bewegung. Dortmund: VDH Service GmbH; 2011

[31] Földi M, Strößenreuter R. Grundlagen der manuellen Lymphdrainage. München: Elsevier; 2011

[32] Fossum Welch T. Chirurgie der Kleintiere. München: Elsevier; 2009

[33] Fox SM, Millis D. Multimodale Schmerztherapie bei caniner Osteoarthritis. Hannover: Schlütersche; 2014

[34] Frewein J, Vollmerhaus B, Hrsg. Anatomie von Hund und Katze. Berlin: Blackwell; 1994

[35] Gräff C, Meermann S. Osteopathie bei Hunden. Stuttgart: Ulmer; 2009

[36] Grosser M, Starischka S, Zimmermann E. Das neue Konditionstraining. München: blv Sportwissen; 2008

[37] Hastings P, Wallace WE. Structure in Action: the Making of a Durable Dog. Aloha: Dogfolk Enterprises; 2011

[38] Henninger W. CT-Untersuchung muskuloskelettaler Erkrankungen. Hundkatzepferd 2015; 5: 22–29

[39] Herron MR. Clinical Pathology of the Racing Greyhound. 1991

[40] Hohmann M. Bewegungsapparat Hund: Funktionelle Anatomie, Biomechanik und Pathophysiologie. Stuttgart: Sonntag; 2015

[41] Hohmann M, Hrsg. Physiotherapie in der Kleintierpraxis – von der Befundung zum Therapieplan. Stuttgart: Sonntag; 2008

[42] Hüter-Becker A, Betz U, Heel C. Das neue Denkmodell in der Physiotherapie. Stuttgart: Thieme; 2006

[43] Hüter-Becker A. Physikalische Therapie, Massage, Elektrotherapie und Lymphdrainage. Stuttgart: Thieme; 2011

[44] Jaggy A, Hrsg. Atlas und Lehrbuch der Kleintierneurologie., 2. Aufl. Hannover: Schlütersche; 2007

[45] Kaltenborn F. Manuelle Therapie der Extremitätengelenke. Oslo: Olaf Norlis Bokhandel; 1982

[46] Kasper M, Zohmann A. Ganzheitliche Schmerztherapie für Hund und Katze. Stuttgart: Sonntag; 2007

[47] Koch D., Fischer MS. Lahmheitsuntersuchung beim Hund: Funktionelle Anatomie, Diagnostik und Therapie. Stuttgart. Enke; 2015

[48] Köhler F. Vergleichende Untersuchung zur Belastung von Lawinen- und Rettungshunden bei der Lauf- und der Sucharbeit [Inaugural-Dissertation]. Ludwig-Maximilians-Universität München; 2004

[49] Lederman E. Die Praxis der manuellen Therapie. München: Elsevier; 2008

[50] Levy M, Hall CB, Trentacosta N et al. A preliminary retrospective survey of injuries occurring in dogs participating in Canine Agility. Vet Comp Orthop Traumatol 2009; 22(4): 321–324

[51] Mai S. Bewegungstherapie für Hunde – in Hundesport und Rehabilitation. Stuttgart: Sonntag; 2006

[52] Manheim CJ. Praxisbuch Myofascial Release. Bern: Hans Huber; 2011

[53] McGowan C, Goff L, Stubbs N, Hrsg. Animal Physiotherapie – Assessment, Treatment and Rehabilitation of Animals. Oxford: Blackwell; 2007

[54] Mecklenburg L. Developing Jumping Skills. South Hadley: Clean Run; 2007

[55] Meermann S. Sportphysiotherapie für Hunde. ZGTM 2016; 30: 23–29

[56] Meyer H, Zentek J. Ernährung des Hundes. Stuttgart: Enke; 2013

[57] Michael D. Windhundsport in Deutschland aus Tierärztlicher Sicht. Vortrag beim DWZRV-Rennvereinstag; 2003

[58] Myers TW. Anatomy Trains. München: Elsevier; 2004

[59] Neumann S, Braun G, Hellmann K et al. Behandlung von degenerativen Gelenkerkrankungen des Hundes mit Zeel ad us. Vet. im Vergleich zu Carprofen. Kleintiermedizin 2007; 7/8(10): 215

[60] Nickel R, Schummer A, Seiferle E. Lehrbuch der Anatomie der Haustiere. Band I: Bewegungsapparat. Stuttgart: Parey; 2004

[61] Niewöhner I. Sprungtraining für Agility-Hunde. Hausen: Drehpunkt; 2016

[62] O'Heare J. Die Neurophysiologie des Hundes. Bernau: Animal Learn; 2009

[63] Ondreka N. (2013) Neues zur Rückenproblematik bei großen Hunderassen. Hundesport 02/2013

[64] Paoletti S. Faszien – Anatomie – Strukturen – Techniken – Spezielle Osteopathie. München/Jena: Urban & Fischer; 2001

[65] Pfau T, Garland de Rivaz A, Brighton S et al. Kinetics of jump landing in agility dogs. Vet J 2001; 190: 278–283

[66] Richardson C, Jodges P, Hides J. Segmentale Stabilisation im LWS- und Beckenbereich. München: Elsevier; 2009

[67] Richter P, Hebgen E. Triggerpunkte und Muskelfunktionsketten. Stuttgart: Hippokrates; 2007

[68] Rühl J, Laubach V. Funktionelles Zirkeltraining. Aachen: Meyer & Meyer; 2011

[69] Sagerer C, Freiwald J. Aufwärmen Leichtathletik: Lauf und Sprung. Reinbek: rororo sport; 1994

[70] Salomon FV, Geyer H, Gille U. Anatomie für die Tiermedizin. Stuttgart: Enke; 2005

[71] Schämann A. Akademisierung und Professionalisierung der Physiotherapie: „Der studentische Blick auf die Profession“ [Inaugural-Dissertation]. Humboldt-Universität zu Berlin; 2005

[72] Schleip R, Findley TW, Chaitow L, Huijing PA. Lehrbuch Faszien. München: Elsevier; 2014

[73] Schomacher J. Manuelle Therapie. Stuttgart: Thieme; 2007

[74] Söhnel K, Fischer MS. Belastung im Agility. Kleintiermedizin 2016; 4: 158–163

[75] Steiss J, Brewer W, Welles E, Wright J. Hematologic & Serum Biochemical Reference Values in Retired Greyhounds. Compendium on Continuing Education 2000; 22: 243–248

[76] Travell JG, Simons DG. Handbuch der Muskeltriggerpunkte. Obere Extremität, Kopf und Thorax. Stuttgart: Gustav Fischer; 1998

[77] van Cranenburgh B. Segmentale Phänomene. München: Kiener; 2011

[78] van den Berg F, Hrsg. Angewandte Physiologie. Band 1: Das Bindegewebe des Bewegungsapparats verstehen und beeinflussen. 4. Aufl. Stuttgart: Thieme; 2016

[79] van den Berg F, Hrsg. Angewandte Physiologie. Band 3: Therapie, Training, Tests. 2. Aufl. Stuttgart: Thieme; 2007

[80] Verstegen M, Williams P. Das Core-Ausdauerprogramm. München: Südwest; 2006

[81] von der Leyen K. Blog-Eintrag zum Thema Geschirre. Im Internet: www.lumpi4.de/halsband-geschirr-glaubensfrage-9 065 993/

[82] Wagner H. Moderne Bewegungsforschung. Im Internet: www.vdh.de/fileadmin/media/news/2016/34-37-web.pdf

[83] Weineck J. Optimales Training. Erlangen: Perimed Fachbuch; 1990

[84] Yanoff SR, Hulse HA, Hogan MR et al. Measurements of Vertical Ground Reaction Force in Jumping Dogs. VCOT 1992; 2:5–11

[85] Zink CM. Fitnesstraining für Hunde – für Alltag und Hundesport. Cham: Müller Rüschlikon; 2005

[86] Zink CM, van Dyke JB, Hrsg. Canine Sports Medicine and Rehabilitation. Ames: Wiley-Blackwell; 2013

[87] Zintl F. Ausdauertraining. München: blv Sportwissen; 1988

Sachverzeichnis

H

I

J

K

L

M

S

Z